应用型本科规划教材

模拟电子技术基础

（第二版）

主　编　黄瑞祥

副主编　周选昌　赵胜颖　郑利君
　　　　杨慧梅　肖林荣　肖　铎

ZHEJIANG UNIVERSITY PRESS
浙江大学出版社

内容提要

本书是浙江省应用型本科规划教材，由浙江省四所高校多年从事模拟电子技术教学和研究的教师合作完成。以"精心组织、保证基础、精选内容、面向应用"为编写原则，强调基础性、系统性和实用性。

全书共分十章，内容包括集成运算放大器、半导体二极管及其基本电路、三极管放大电路基础、场效应管及其放大电路、差分放大器与多级放大器、滤波电路及放大电路的频率响应、反馈放大电路、功率放大电路、信号产生电路和直流稳压电源。各章均有小结和与内容相适应的习题。

本书可作为高等院校信息电子类、自动化类、计算机类等专业的教材，也可供其他从事电子技术工作的工程技术人员参考。

图书在版编目(CIP)数据

模拟电子技术基础 / 黄瑞祥主编. —2版(修订本).
—杭州：浙江大学出版社，2013.12(2019.7重印)
ISBN 978-7-308-12517-8

Ⅰ.①模… Ⅱ.①黄… Ⅲ.①模拟电路—电子技术—高等学校—教材 Ⅳ.①TN710

中国版本图书馆CIP数据核字（2013）第277784号

模拟电子技术基础

黄瑞祥　主编

从书策划　王　波　樊晓燕
责任编辑　王　波
封面设计　俞亚彤
出版发行　浙江大学出版社
（杭州市天目山路148号　邮政编码310028）
（网址：http://www.zjupress.com）
排　　版　杭州中大图文设计有限公司
印　　刷　虎彩印艺股份有限公司
开　　本　787mm×1092mm　1/16
印　　张　20.75
字　　数　505千
版 印 次　2013年12月第2版　2019年7月第4次印刷
书　　号　ISBN 978-7-308-12517-8
定　　价　39.00元

应用型本科院校信电专业基础平台课规划教材系列

编 委 会

总　序

近年来我国高等教育事业得到了空前的发展，高等院校的招生规模有了很大的扩展，在全国范围内发展了一大批以独立学院为代表的应用型本科院校，这对我国高等教育的持续、健康发展具有重大的意义。

应用型本科院校以着重培养应用型人才为目标，目前，应用型本科院校开设的大多是一些针对性较强、应用特色明确的本科专业，但与此不相适应的是，当前，对于应用型本科院校来说作为知识传承载体的教材建设远远滞后于应用型人才培养的步伐。应用型本科院校所采用的教材大多是直接选用普通高校的那些适用研究型人才培养的教材。这些教材往往过分强调系统性和完整性，偏重基础理论知识，而对应用知识的传授却不足，难以充分体现应用类本科人才的培养特点，无法直接有效地满足应用型本科院校的实际教学需要。对于正在迅速发展的应用型本科院校来说，抓住教材建设这一重要环节，是实现其长期稳步发展的基本保证，也是体现其办学特色的基本措施。

浙江大学出版社认识到，高校教育层次化与多样化的发展趋势对出版社提出了更高的要求，即无论在选题策划，还是在出版模式上都要进一步细化，以满足不同层次的高校的教学需求。应用型本科院校是介于普通本科与高职之间的一个新兴办学群体，它有别于普通的本科教育，但又不能偏离本科生教学的基本要求，因此，教材编写必须围绕本科生所要掌握的基本知识与概念展开。但是，培养应用型与技术型人才是又应用型本科院校的教学宗旨，这就要求教材改革必须淡化学术研究成分，在章节的编排上先易后难，既要低起点，又要有坡度、上水平，更要进一步强化应用能力的培养。

为了满足当今社会对信息与电子技术类专业应用型人才的需要，许多应用型本科院校都设置了相关的专业。而这些专业的特点是课程内容较深、难点较多，学生不易掌握，同时，行业发展迅速，新的技术和应用层出不穷。针对这一情况，浙江大学出版社组织了十几所应用型本科院校信息与电子技术类专业的教师共同开展了“应用型本科信电专业教材建设”项目的研究，共同研究目前教材的不适应之处，并探讨如何编写能真正做到“因材施教”、适合应用型本科层次信电类专业人才培养的系列教材。在此基础上，组建了编委会，确定共同编写“应用型本科院校信电专业基础平台课规划教材系列”。

本专业基础平台课规划教材具有以下特色：

在编写的指导思想上，以“应用类本科”学生为主要授课对象，以培养应用型人才为基本目的，以“实用、适用、够用”为基本原则。“实用”是对本课程涉及的基本原理、基本性质、基本方法要讲全、讲透，概念准确清晰。“适用”是适用于授课对象，即应用型本科层次的学生。“够用”就是以就业为导向，以应用型人才为培养目的，达到理论够用，不追求理论深度和内容的广度。突出实用性、基础性、先进性，强调基本知识，结合实际应用，理论与实践相结合。

在教材的编写上重在基本概念、基本方法的表述。编写内容在保证教材结构体系完整的前提下，注重基本概念，追求过程简明、清晰和准确，重在原理，压缩繁琐的理论推导。做到重点突出、叙述简洁、易教易学。还注意掌握教材的体系和篇幅能符合各学院的计划要求。

在作者的遴选上强调作者应具有应用型本科教学的丰富的教学经验，有较高的学术水平并具有教材编写经验。为了既实现“因材施教”的目的，又保证教材的编写质量，我们组织了两支队伍，一支是了解应用型本科层次的教学特点、就业方向的一线教师队伍，由他们通过研讨决定教材的整体框架、内容选取与案例设计，并完成编写；另一支是由本专业的资深教授组成的专家队伍，负责教材的审稿和把关，以确保教材质量。

相信这套精心策划、认真组织、精心编写和出版的系列教材会得到广大院校的认可，对于应用型本科院校信息与电子技术类专业的教学改革和教材建设起到积极的推动作用。

系列教材编委会主任
顾伟康
2006年7月

前　言

为了满足当今社会对应用型人才的需求，许多高校都设置了信息电子类、自动化类、计算机类等专业，但与应用型人才培养目标相适应的教材却很缺乏，很多仍在沿用以往适合于研究型人才培养的教材。为此，浙江大学出版社组织了浙江大学城市学院、浙江大学宁波理工学院、浙江工业大学之江学院、杭州电子科技大学、浙江理工大学、宁波大学、中国计量学院、浙江科技学院、浙江万里学院、绍兴文理学院等院校具有丰富教学经验的教师专门为应用型本科学生编写了这套"应用型本科规划教材"，以达到"因材施教"的目的。

《模拟电子技术基础》是"应用型本科规划教材"之一。在这本教材的编写过程中，我们重点关注当前学科发展的现状、市场需求导向以及应用型本科学生的特点。本教材语言浅显、通俗易懂，对基本概念的阐述清晰；同时，每章后的习题丰富，通过例题可以使读者加深对基本概念的理解，而大量的习题对读者检验基本概念的掌握程度、加深基本概念的理解、牢记基本概念的要点都有积极的帮助作用。

在内容的安排上，本教材首先介绍了作为"放大器件"的集成运算放大器及其应用，让读者先了解"放大"、"器件"等概念，介绍了一些简单的实用电路；然后再介绍一般的电子器件——二极管、三极管、场效应管以及它们的应用。放大电路(放大器)是本教材的重点，在介绍完器件后，接着介绍了差分放大电路、多级放大电路、滤波电路及放大电路的频率响应、反馈放大电路、功率放大电路、信号产生电路、直流稳压电源等；最后简单介绍了几种放大电路设计的实例。

本书共分 11 章，第 1 章和第 3 章由浙江大学城市学院周选昌编写，第 2 章和第 4 章由浙大城市学院黄瑞祥编写，第 5 章和第 7 章由浙大城市学院赵胜颖编写，第 6 章由嘉兴学院肖林荣编写，第 8 章和第 10 章由浙江工业大学之江学院郑利君编写，第 9 章由浙江大学宁波理工学院杨慧梅编写，第 11 章由浙大城市学院肖铎编写。全书由黄瑞祥担任主编，负责全书的统稿工作。

本书在编写过程中得到了浙江很多高校和浙江大学出版社王波、樊晓燕等的大力支持和指导，在此一并表示感谢，同时对本书参考文献的作者表示感谢。

由于编写时间仓促，编者水平有限，书中难免有疏漏和不足之处，恳请广大读者予以批评指正。

编　者

2013年10月

目　　录

绪　　论

一、模拟电子技术基础课程的地位和作用

随着电子技术的发展，许多高校都设置了信息电子类、自动化类、计算机类等专业，模拟电子技术基础是上述各类专业的专业基础课程，为必修课程。它的前修课程一般有电路原理（或电路分析）、微积分（或高等数学）等，它的后续课程有数字电子技术基础（也可同时上甚至先上）、高频电子线路、电子系统设计等。因此，模拟电子技术基础是上述各类专业的专业入门课程，将为以后的专业课程学习打下基础。

二、模拟电子技术基础课程的内容

1. 电路元件

具有导电性能的元件称为电路元件，如电阻、电容、电感、变压器等均为电路元件。这些元件有一个共同的特点，都是线性元件（以后如果不特殊说明，我们也只讨论它们在线性情况下的应用）。

2. 电路（线路）

由电路元件按一定的规律连接而成的网络称为电路，或称电网络，或网络。

以上两方面的内容在前修课程《电路原理》（或《电路分析》）中已经作了比较详细的讨论，本课程中主要是将它们与我们下面要介绍的器件放在一起进行分析和讨论。

3. 电子器件

我们把半导体三极管、场效应管、集成电路等称为电子器件。它们有以下两个特性：

①有源器件：能实现从电源能量到信号能量的转换（信号能被放大）。

②非线性特性：器件本身特性是非线性的，但我们可以通过预置工作点等办法，让器件工作在某一工作点上，在一定工作范围内使器件呈现出线性特性。

4. 电子电路

包含有电子器件，并且能实现某种特定电功能的电路称为电子电路。

电子电路具有各种功能，所以在现代科学技术中获得了极其广泛的应用，例如：

对信号进行处理或传输，如音频功放、电台等；

信号的变换和传输，如电视等；

信号的检测，如自动控制、反馈控制等；

计算机，包括硬件（各种部件和设备）和软件（各种程序）等。

三、模拟电子技术基础课程的主要任务和分析方法

模拟电子技术基础课程要解决的主要任务有：

(1)了解各种电子电路的基本工作原理——定性；

(2)分析电子电路中各支路的电流、电压之间的关系——定量；

(3)确定描述电路特点的主要指标及电路与元器件参数间的关系——分析；

(4)根据电路指标及要求，设计电路及确定元器件的参数值——设计。

模拟电子技术基础课程的分析方法主要还是应用电路原理课程中的线性电路分析方法，包括基尔霍夫电压定理、基尔霍夫电流定理、伏安关系、戴维南定理（电压源定理）、诺顿定理（电流源定理）、叠加原理、回路电流法、节点电压法等等。但是，由于本课程分析的是电子电路，其中还包含有电子器件，所以特别要求掌握电子器件的线性化处理方法及其等效电路等，这是本课程的一个重点。

第 1 章　集成运算放大器

集成运算放大器简称为“运放”，是一种十分理想的增益器件。它的工作特性非常接近于理想情况，实际工作性能也非常接近于理论计算水平。这表明利用集成运算放大器可以使电路设计变得非常简单。它可以广泛地应用于涉及模拟信号处理的各个领域。

由于集成运算放大器内部是由大量的晶体管组成的，考虑到晶体管电路的工作原理将在后面章节中介绍，因此本章仅将运算放大器作为一个电路器件来对待。有关运算放大器内部电路的分析详见本书后面相关章节的相关内容。

本章主要介绍理想运算放大器的工作性能与端口特性，详细分析运算放大器的同相、反相及差分三种基本方式的工作原理与性能特点，熟悉运算放大器的基本应用与电路设计，熟悉集成运算放大器的性能指标与使用，掌握比较器的应用。通过本章的学习，读者可以掌握常用运放电路的分析，也可以自主设计放大电路。

1.1　理想运算放大器

1.1.1　运算放大器的电路符号与端口

从信号的观点来看，运算放大器有两个输入端和一个输出端。运算放大器的电路符号如图 1-1-1(a)所示，三角形表示信号的传递方向。其中端口 1 和端口 2 为输入端，端口 3 为输出端。

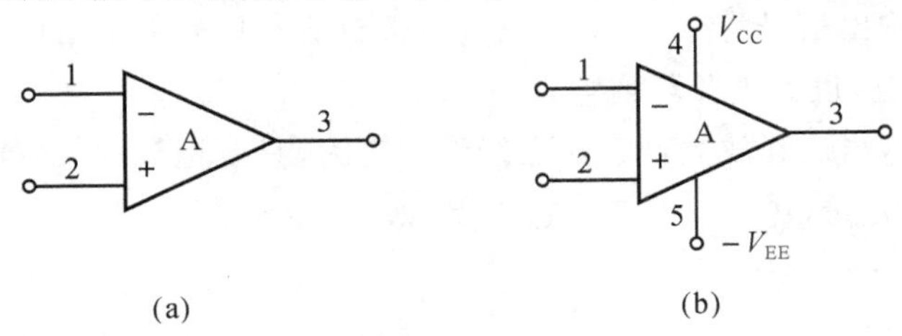

图 1-1-1　运算放大器的电路符号及端口

从供电的观点来看，大多数运算放大器需要两个直流电源供电，如图 1-1-1(b) 所示。其中端口 4 为连接到一个正电源 V_{CC}，端口 5 连接到一个负电源 $-V_{EE}$。通常情况下，这两个直流电源为对称电源，即 $V_{CC}=V_{EE}$。在以后的分析中，如不作特殊说明一般均采用双电源供电方式，因此运算放大器的电源端口就不再明确画出。

除了三个信号端口与两个电源端口外，有些运算放大器可能还会有一些特殊的端口，如相位补偿端口、调零端口等等。

1.1.2 理想运算放大器的功能与特性

运算放大器的输入与输出关系为：若加在其两个输入端的信号电压差值为 $v_2 - v_1$，则将该差值乘以运算放大器的增益（放大量）A，在端口 3 输出的结果为

$$v_3 = A(v_2 - v_1) \tag{1-1-1}$$

随着技术的不断发展和成熟，实际中使用的运算放大器已经接近于理想放大器。一个实际运算放大器的理想化条件是：

(1) 端口输入电阻 R_i 趋于无穷大，即 $R_i \to \infty$；

(2) 端口输出电阻 R_o 趋于零，即 $R_o \to 0$；

(3) 增益（放大量）A 趋于无穷大，即 $A \to \infty$；

(4) 共模抑制比趋于无穷大，即 $\mathrm{CMR} \to \infty$。

另外，还应有无限大的频带宽度、趋于零的失调和漂移等。有关共模抑制比、频带宽度、失调和漂移等概念将在后面的相关章节中介绍。虽然集成运算放大器不可能具备上述理想特性，但在低频工作时它的特性是十分接近理想的。

依据上述情况，理想运算放大器的等效电路模型如图 1-1-2 所示。输出与 v_2 同相（有相同的符号），而与 v_1 反相（有相反的符号）。因此输入端口 1 称为反相输入端，并用“—”标注（输入端电压可用 v_- 表示）；而输入端口 2 称为同相输入端，用“+”标注（输入端电压可用 v_+ 表示）。

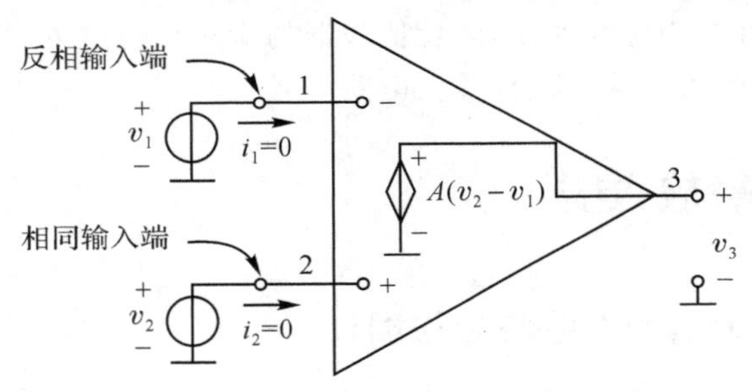

图 1-1-2 理想运算放大器的等效电路模型

运算放大器的输出信号为 $v_3 = A(v_2 - v_1)$，仅对输入信号的差量 $(v_2 - v_1)$ 有响应，因此数值 A 称为差模增益，也称为开环增益。

依据式(1-1-1)，当运算放大器工作在线性状态时，只要运算放大器的输出电压 v_3 为有限值时，输入信号的差量 $(v_2 - v_1)$ 就必趋于零，即

$$v_2 - v_1 = \frac{v_3}{A} \xrightarrow{A \to \infty} 0 \quad \text{或者} \quad v_2 = v_1 \tag{1-1-2}$$

可见，端口 1 与端口 2 应看作短路，但实际上又不是真正的短路，因此将此称为“虚短路”（简称“虚短”）。

另外，由于输入端口的输入阻抗为无穷大，因此输入端口的输入电流为零，即

$$i_1 = i_2 = 0 \tag{1-1-3}$$

可见端口 1、端口 2 应看作是开路，但实际上又不是真正的开路，因此将此称为“虚开路”（简称“虚断”）。

由于理想运算放大器的开环增益 A 为无穷大，若输入信号 $v_1 \neq v_2$，则输出信号趋向于无穷大，从信号放大的观点来看是无法控制的。为了在实际使用时实现对信号的放大，一般采用闭合环路的方式实现。详见下面各节内容分析。

1.2 运算放大器的反相输入

运算放大器并不是单独使用的，一般情况下是利用无源器件连接成闭合环路工作的。按输入方式可分为反相输入工作方式、同相输入工作方式、差分输入工作方式等。本节介绍运算放大器的反相输入工作方式。其他工作方式在后面两节介绍。

运算放大器的反相输入工作方式也称为反相放大器，即输入信号从反相输入端输入，它的基本电路如图 1-2-1(a) 所示。它是由一个运算放大器与两个电阻 R_1 和 R_2 组成。电阻 R_2 从运算放大器的输出端连接到反相输入端构成闭合环路。电阻 R_1 是计及信号源 v_s 内阻的外接电阻。

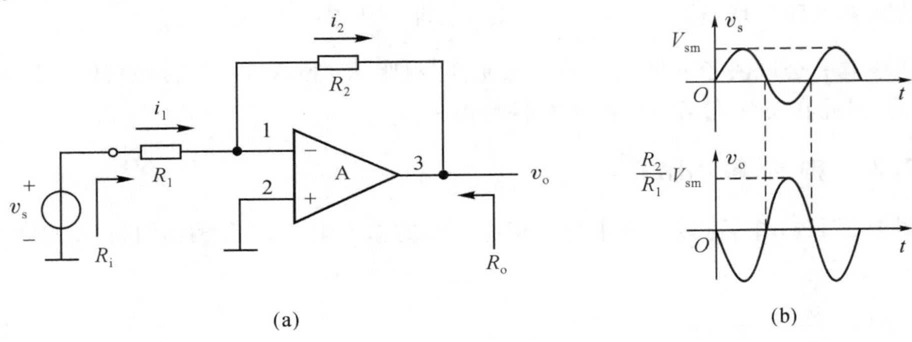

图 1-2-1 反相放大器

1.2.1 闭环增益

分析图 1-2-1(a) 的反相放大器电路并确定它的闭环增益 G，其定义为输出电压与输入电压之比，即

$$G = \frac{v_o}{v_s} \tag{1-2-1}$$

假设运算放大器是理想的，利用其"虚短路"的特性，则有 $v_1 = v_2$，因为 $v_2 = 0$，则 $v_1 = 0$，此时端口1也称为"虚地"，即它的电压为零但不是实际接地。

利用欧姆定律可以分别求得通过电阻 R_1 的电流 i_1 和通过电阻 R_2 的电流 i_2，即

$$i_1 = \frac{v_s - v_1}{R_1} = \frac{v_s - 0}{R_1} = \frac{v_s}{R_1}$$

$$i_2 = \frac{v_1 - v_o}{R_2} = \frac{0 - v_o}{R_2} = -\frac{v_o}{R_2}$$

又因为理想运算放大器的输入端口为"虚开路"，即端口输入电流为零。利用基尔霍夫电流定理，则有 $i_1 = i_2$，即

$$\frac{v_s}{R_1} = -\frac{v_o}{R_2}$$

因此可得反相放大器的闭环增益为

$$G=\frac{v_o}{v_s}=-\frac{R_2}{R_1} \tag{1-2-2}$$

可见闭环增益是由两个电阻 R_2 和 R_1 的比值决定，负号表示闭环放大器将信号反相，即输入、输出信号的相位差为180°，因此称为反相放大器。对于正弦波输入时，其输入、输出波形如图1-2-1(b)所示。

闭环增益也可以从另外一个角度来分析。因为理想运算放大器的输入端口1的电流为零，则反相输入端口的电压 v_1 是由输出信号 v_o 与输入信号 v_s 在端口1上的线性叠加组成的，因此有

$$v_1=\frac{R_1}{R_1+R_2}v_o+\frac{R_2}{R_1+R_2}v_s$$

又因为运算放大器的"虚短路"特性，因此反相输入端口电压 $v_1=v_2=0$，则有

$$R_1v_o+R_2v_s=0$$

则反相放大器的闭环增益为 $G=\frac{v_o}{v_s}=-\frac{R_2}{R_1}$，与前面所得结果一致。

闭环增益完全取决于外围电路的无源元件(电阻 R_2 和 R_1)，而与运算放大器的开环增益 A 无关，因此在实际应用时增益非常容易控制。

1.2.2 输入、输出阻抗

在图1-2-1(a)中，可以分别求得反相放大器的输入阻抗 R_i 和输出阻抗 R_o。其中输入阻抗 R_i 为

$$R_i=\frac{v_s}{i_1}=\frac{v_s}{v_s/R_1}=R_1 \tag{1-2-3}$$

即为端口1与信号源之间的外接电阻。因此改变电阻 R_1 的取值，可十分容易得到需要的放大器输入阻抗。

依据理想运算放大器的条件，其输出阻抗为

$$R_o=0 \tag{1-2-4}$$

1.2.3 有限开环增益的影响

对于实际的运算放大器，其开环增益 A 为有限值时，依据式(1-1-2)端口电压 $v_1\neq v_2$，此时不再满足"虚短路"条件。因为 $v_2=0$，则有 $v_1=-\frac{v_o}{A}$，如图1-2-2所示。此时有

$$i_1=\frac{v_s-v_1}{R_1}=\frac{v_s+\left(\frac{v_o}{A}\right)}{R_1}$$

$$i_2=\frac{v_1-v_o}{R_2}=\frac{-\frac{v_o}{A}-v_o}{R_2}=-\frac{\left(1+\frac{1}{A}\right)}{R_2}v_o$$

又因为 $i_1=i_2$，则可得闭环增益为

$$G=\frac{v_o}{v_s}=-\frac{R_2/R_1}{1+\frac{1+R_2/R_1}{A}} \tag{1-2-5}$$

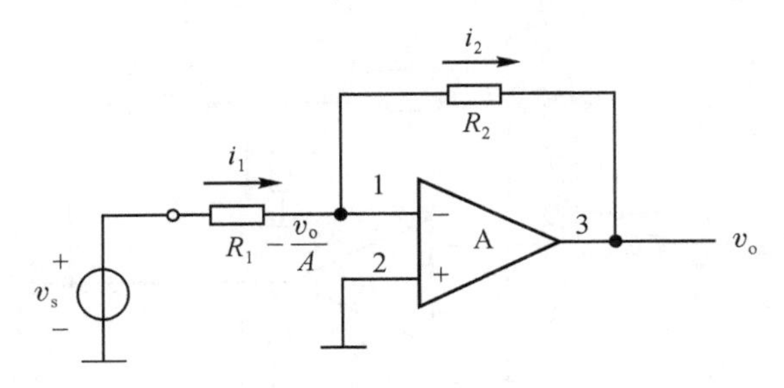

图 1-2-2 有限开环增益的影响

当开环增益 A 趋向于无穷大时，闭环增益 G 就趋向于理想值。在实际应用时，电阻 R_2 和 R_1 的差值不是很大，因此只要开环增益 A 足够大，就可以将实际的运算放大器看作理想的。

例 1-2-1 在图 1-2-3 所示的电路中，假设运算放大器是理想的，电阻 R_1、R_2、R_P 均为已知值。

(1) 试求放大器的闭环增益 G、输入阻抗 R_i 和输出阻抗 R_o。

(2) 若电阻 $R_1=0$，试求放大器的闭环增益 G、输入阻抗 R_i 和输出阻抗 R_o。

(3) 若电阻 $R_2=0$，试求放大器的闭环增益 G、输入阻抗 R_i 和输出阻抗 R_o。

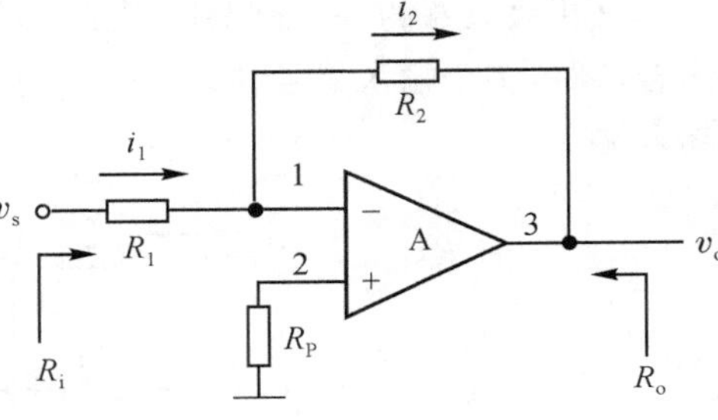

图 1-2-3 例 1-2-1 电路

解：(1) 因为理想运算放大器的端口输入电流为零，则有端口 2 电压 $v_2=0$，因此 $v_1=0$。与反相放大器的工作情况一致，因此有：

$$环路增益\ G=\frac{v_o}{v_s}=-\frac{R_2}{R_1}$$

输入阻抗 $R_i=R_1$，输出阻抗 $R_o=0$。

另外，电阻 R_P 对于信号的放大是不起作用的。但在实际使用时，电阻 R_P 可以增加共模抑制比。该电阻也称为平衡电阻，在实际电路中的取值一般取 $R_P=R_1 /\!/ R_2$。

(2) 当电阻 $R_1=0$ 时，环路增益 $G=\frac{v_o}{v_s}=-\frac{R_2}{R_1}\xrightarrow{R_1=0}-\infty$，输入阻抗 $R_i=R_1=0$，输出阻抗 $R_o=0$。

(3) 当电阻 $R_2=0$ 时，环路增益 $G=\frac{v_o}{v_s}=-\frac{R_2}{R_1}\xrightarrow{R_2=0}0$，输入阻抗 $R_i=R_1$，输出阻抗 $R_o=0$。

例 1-2-2 在图 1-2-4 所示的电路中，假设运算放大器是理想的，试导出该电路的闭环增益 $G=v_o/v_i$ 的表达式。

解 依据理想运算放大器的特点，则有 $v_+=v_-=0$，因此有

$$i_1=\frac{v_i-v_-}{R_1}=\frac{v_i}{R_1},\ i_2=\frac{v_--v_x}{R_2}=-\frac{v_x}{R_2},\ i_3=\frac{v_x}{R_3},\ i_4=\frac{v_x-v_o}{R_4}$$

又因为有 $i_1=i_2$，且 $i_2=i_3+i_4$。消去变量 v_x 可得到闭环增益：

$$G=\frac{v_o}{v_i}=-\frac{R_2}{R_1}\left(1+\frac{R_4}{R_2}+\frac{R_4}{R_3}\right)$$

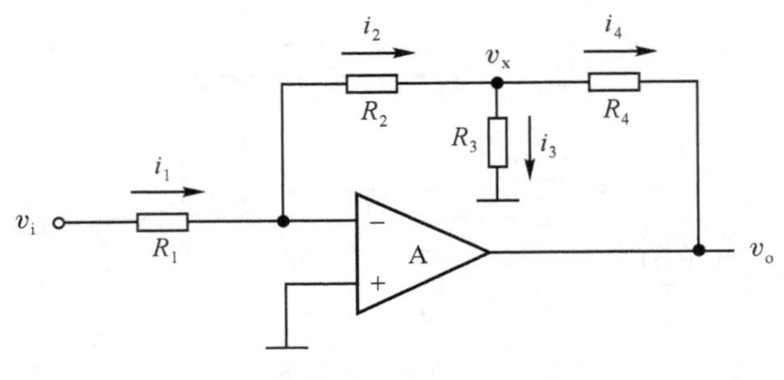

图 1-2-4　例 1-2-2 电路

1.2.4　加权加法器

反相放大器的一个重要应用是实现加权加法电路，如图 1-2-5 所示。图中电阻 R_F 构成闭合环路，多个输入信号 $v_1, v_2, \cdots, v_n$ 分别通过电阻 $R_1, R_2, \cdots, R_n$ 连接到运算放大器的反相输入端。

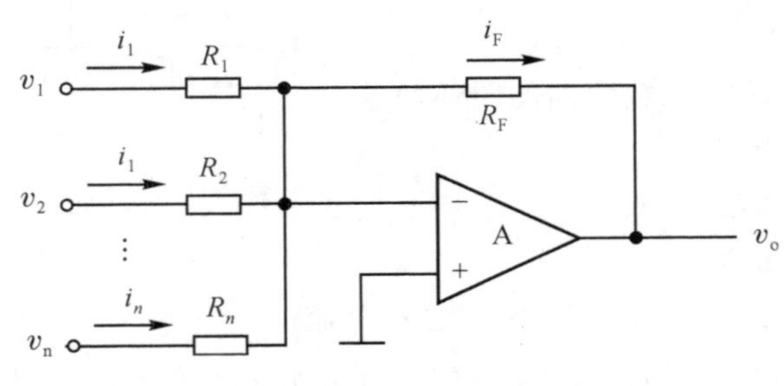

图 1-2-5　加权加法器电路

依据反相放大器的工作原理可知，理想运算放大器的反相输入端为虚地，因此可以得到各输入电流分别为

$$i_1 = \frac{v_1}{R_1},\ i_2 = \frac{v_2}{R_2},\ \cdots,\ i_n = \frac{v_n}{R_n}$$

并且有 $i_F = i_1 + i_2 + \cdots + i_n$。因此，输出电压为

$$v_o = -i_F R_F = -\left(\frac{R_F}{R_1}v_1 + \frac{R_F}{R_2}v_2 + \cdots + \frac{R_F}{R_n}v_n\right) = -\sum\left(\frac{R_F}{R_j}\cdot v_j\right) \tag{1-2-6}$$

由式(1-2-6)可知，输出信号的大小是输入信号的加权和，因此，该电路称为加权加法器。式中的系数 $\frac{R_F}{R_j}$ 为对应输入信号的权重，其中 $j \in (1,2,\cdots,n)$。通过改变电阻 $R_1, R_2, \cdots, R_n$ 的取值，可以调整相应的加权系数，并且相互之间互不影响。

另外，由式(1-2-6)可知，该加权的系数具有相同的符号。然而，在实际使用中有时会需要相反符号的信号进行加法(即信号的相减)，则它可以通过两个运算放大器的级联来实现。详细情况可见例 1-2-3 和例 1-2-4。

例 1-2-3　试分析图 1-2-6 所示的利用运算放大器实现的加权电路。假设运算放大器是理想的，电路中的各电阻为已知，要求写出输出信号与输入信号的关系。

解　该电路是由两个运算放大器电路级联组成的，并且每一级均是反相加权加法器电路。假设第一级的输出信号为 v_{o1}，则第一级输出为

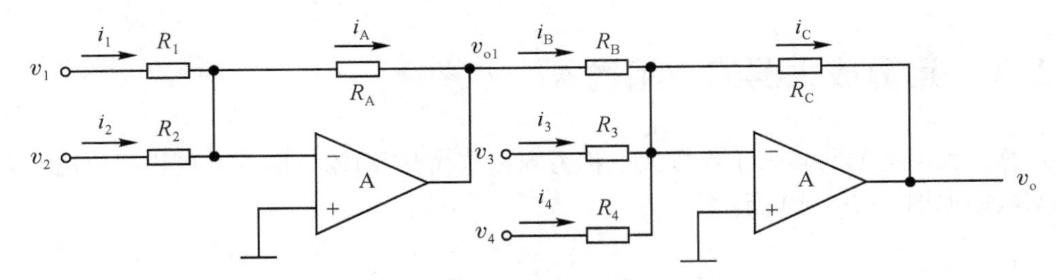

图 1-2-6　例 1-2-3 电路

$$v_{o1} = -\left(\frac{R_A}{R_1}v_1 + \frac{R_A}{R_2}v_2\right)$$

第二级的输出为

$$v_o = -\left(\frac{R_C}{R_B}v_{o1} + \frac{R_C}{R_3}v_3 + \frac{R_C}{R_4}v_4\right)$$

因此总的输出为

$$v_o = \left(\frac{R_C}{R_B}\times\frac{R_A}{R_1}\right)v_1 + \left(\frac{R_C}{R_B}\times\frac{R_A}{R_2}\right)v_2 - \left(\frac{R_C}{R_3}\right)v_3 - \left(\frac{R_C}{R_4}\right)v_4$$

例 1-2-4　利用运算放大器设计一个实现如下算法的电路：

$$v_o = v_1 + 2v_2 - 4v_3$$

要求运算放大器必须采用反相输入方式，并且要求对应输入信号 v_1 的输入阻抗为 10kΩ，对应输入信号 v_3 的输入阻抗为 5kΩ。试设计该电路并确定电路中的各电阻取值。

解　因为 $v_o = v_1 + 2v_2 - 4v_3 = -[-(v_1 + 2v_2)] - 4v_3$

令 $v_{o1} = -(v_1 + 2v_2)$，则 $v_o = -(v_{o1} + 4v_3)$

由此可见，该电路是由两级反相输入方式的加权电阻组成。其中第一级实现对信号 v_1、v_2 的加权，产生 v_{o1}；第二级实现对信号 v_{o1}、v_3 的加权。因此该电路结构如图 1-2-7 所示。

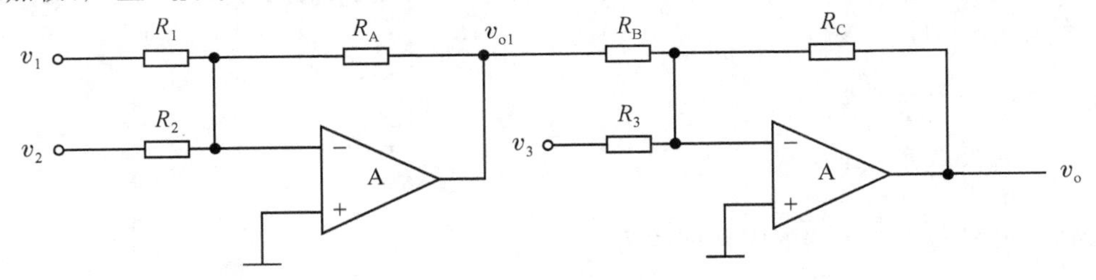

图 1-2-7　例 1-2-4 电路

该电路的输出为

$$v_o = \left(\frac{R_C}{R_B}\times\frac{R_A}{R_1}\right)v_1 + \left(\frac{R_C}{R_B}\times\frac{R_A}{R_2}\right)v_2 - \left(\frac{R_C}{R_3}\right)v_3$$

又依据输入阻抗及加权系数的要求，则各电阻取值的确定方法如下：

因为对应输入信号 v_3 的输入阻抗为 5kΩ，则取 $R_3 = 5\text{k}\Omega$。同时因信号 v_3 的加权系数为 4，则取电阻 $R_C = 20\text{k}\Omega$；信号 v_{o1} 的加权系数为 1，则取电阻 $R_B = 20\text{k}\Omega$。

又因为对应输入信号 v_1 的输入阻抗为 10kΩ，则取电阻 $R_1 = 10\text{k}\Omega$。同时因信号 v_1 的加权系数为 1、信号 v_2 的加权系数为 2，则取电阻 $R_A = 10\text{k}\Omega$、$R_2 = 5\text{k}\Omega$。

1.3 运算放大器的同相输入

运算放大器的同相输入工作方式也称为同相放大器，即输入信号直接从同相端输入，它的基本电路如图 1-3-1(a) 所示。

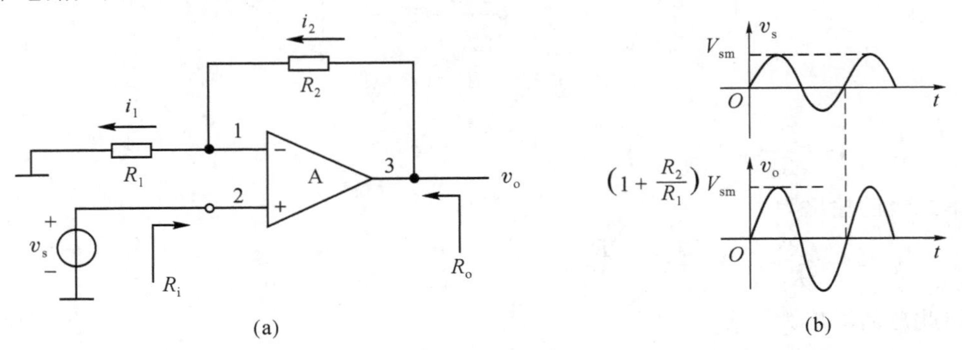

图 1-3-1 同相放大器

1.3.1 闭环增益

假设运算放大器是理想的，利用其虚短路的特性，则有 $v_1 = v_2$，因为 $v_2 = v_s$，则 $v_1 = v_s$。利用欧姆定律可以分别求得通过电阻 R_1 的电流 i_1 和通过电阻 R_2 的电流 i_2，即

$$i_1 = \frac{v_1}{R_1} = \frac{v_s}{R_1}$$

$$i_2 = \frac{v_o - v_1}{R_2} = \frac{v_o - v_s}{R_2}$$

又因为理想运算放大器的输入端口为虚开路，即端口输入电流为零。利用基尔霍夫电流定理，有 $i_1 = i_2$，即

$$\frac{v_s}{R_1} = \frac{v_o - v_s}{R_2}$$

则有
$$\frac{v_s}{R_1} + \frac{v_s}{R_2} = \frac{v_o}{R_2}$$

因此，可得同相放大器的闭环增益为

$$G = \frac{v_o}{v_s} = 1 + \frac{R_2}{R_1} \tag{1-3-1}$$

可见，同相放大器的闭环增益为正值，即表示输入、输出信号的相位差为 0，因此称为同相放大器。对于正弦波输入时，其输入、输出波形如图 1-3-1(b) 所示。

同样，闭环增益也可以从另外一个角度来分析。因为理想运算放大器的输入端口 1 的电流为零，则反相输入端口的电压 v_1 是由输出信号 v_o 经电阻 R_2、R_1 分压得到的，因此有

$$v_1 = \frac{R_1}{R_1 + R_2} v_o$$

又因为运算放大器的虚短路特性，因此反相输入端口电压 $v_1 = v_s$，则有

$$v_s = \frac{R_1}{R_1 + R_2} v_o$$

则同相放大器的闭环增益为 $G=\dfrac{v_o}{v_s}=\dfrac{R_1+R_2}{R_1}=1+\dfrac{R_2}{R_1}$，与前面所得结果一致。

1.3.2　输入、输出阻抗

在图 1-3-1(a) 中，依据理想运算放大器的特性，其端口输入电流为零，则有同相放大器的输入阻抗为

$$R_i=\infty \tag{1-3-2}$$

同理，依据理想运算放大器的特性，其输出阻抗为

$$R_o=0 \tag{1-3-3}$$

1.3.3　有限开环增益的影响

对于实际的运算放大器，其开环增益 A 为有限值时，依据式(1-1-2) 端口电压 $v_1\neq v_2$，此时不再满足虚短路条件。

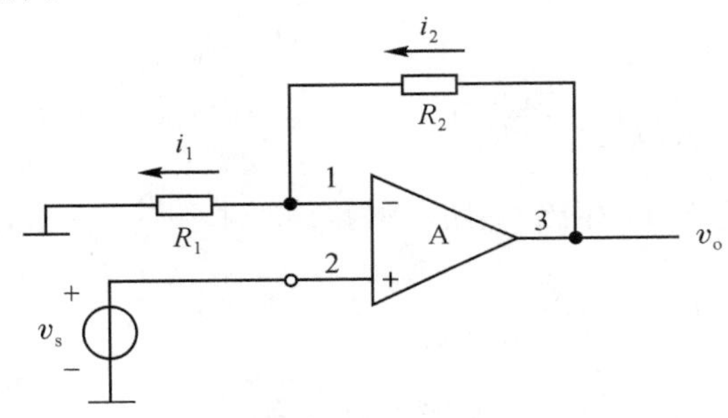

图 1-3-2　有限开环增益的影响

在图 1-3-2 所示的电路中，$v_1=\dfrac{R_1}{R_1+R_2}v_o$，$v_2=v_s$。

依据式(1-1-1) 有 $v_o=A(v_2-v_1)=A\left(v_s-\dfrac{R_1}{R_1+R_2}v_o\right)$，即

$$v_o\left(\frac{1}{A}+\frac{R_1}{R_1+R_2}\right)=v_s$$

则可得闭环增益为

$$G=\frac{v_o}{v_s}=\frac{1+R_2/R_1}{1+\dfrac{1+R_2/R_1}{A}} \tag{1-3-4}$$

当开环增益 A 趋向于无穷大时，闭环增益 G 就趋向于理想值。在实际应用时，电阻 R_2 和 R_1 的差值不是很大，因此只要开环增益 A 足够大，就可以将实际的运算放大器看作理想的。

例 1-3-1　在图 1-3-3 所示的电路中，假设运算放大器是理想的，电阻 R_1、R_2、R_3、R_4 均为已知值。试求：

(1) 放大器的闭环增益 G 和输入阻抗 R_i。

(2) 若电阻 $R_3=0$(即短路) 时，试求放大器的闭环增益 G 和输入阻抗 R_i。

(3) 若电阻 $R_4=\infty$(即开路) 时，试求放大器的闭环增益 G 和输入阻抗 R_i。

解　(1) 在图 1-3-3 所示电路中，依据运算放大器是理想的，则有 $v_1=\dfrac{R_1}{R_1+R_2}v_o$，

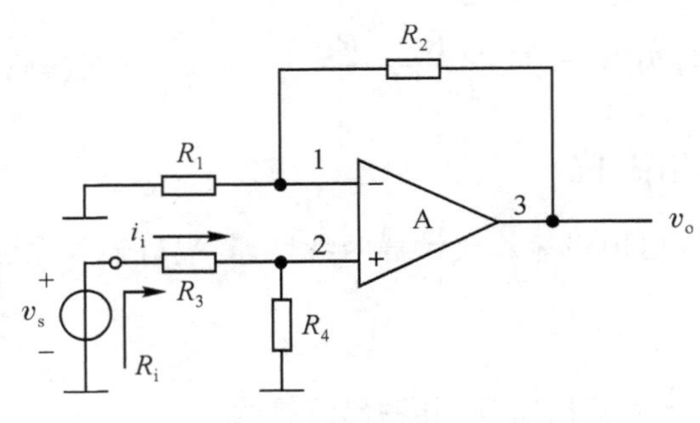

图 1-3-3　例 1-3-1 电路

$v_2 = \dfrac{R_4}{R_3+R_4}v_s$。

因为 $v_1 = v_2$，则有

$$\frac{R_1}{R_1+R_2}v_o = \frac{R_4}{R_3+R_4}v_s$$

因此闭环增益为

$$G = \frac{v_o}{v_s} = \left(1+\frac{R_2}{R_1}\right)\left(\frac{R_4}{R_3+R_4}\right)$$

由上式可知，与式(1-3-1)相比，其闭环增益缩小了$\dfrac{R_4}{R_3+R_4}$倍，这是因为放大器的输入信号 v_s 经电阻 R_3、R_4 分压后缩小了$\dfrac{R_4}{R_3+R_4}$倍。

又因为输入电流 $i_i = \dfrac{v_s}{R_3+R_4}$，因此输入阻抗为

$$R_i = \frac{v_s}{i_i} = R_3 + R_4$$

(2) 若电阻 $R_3 = 0$(即短路)时，依据前面分析可得放大器的闭环增益 $G = 1+\dfrac{R_2}{R_1}$，输入阻抗 $R_i = R_4$。

(3) 若电阻 $R_4 = \infty$(即开路)时，放大器的闭环增益为 $G = 1+\dfrac{R_2}{R_1}$。因为运算放大器的端口输入电流为零，因此有 $i_i = 0$，则输入阻抗 $R_i = \infty$。

例 1-3-2　在图 1-3-4 所示的电路中，$R_1 = 1\text{k}\Omega$，$R_2 = 9\text{k}\Omega$，$R_3 = 2\text{k}\Omega$，$R_4 = 3\text{k}\Omega$，假设运算放大器是理想的。试写出输出信号的表达式。

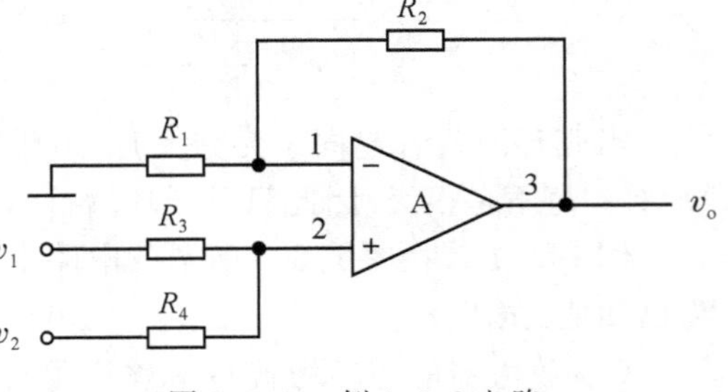

图 1-3-4　例 1-3-2 电路

解　利用线性叠加原理。当 v_1 单独作用时(令 $v_2 = 0$)，此时输出信号为

$$v_{o1} = \left(1+\frac{R_2}{R_1}\right)\left(\frac{R_4}{R_3+R_4}\right)v_1$$

当 v_2 单独作用时(令 $v_1 = 0$)，此时输出信号为

$$v_{o2} = \left(1+\frac{R_2}{R_1}\right)\left(\frac{R_3}{R_3+R_4}\right)v_2$$

因此在 v_1、v_2 共同作用时，放大器的输出为

$$v_o = v_{o1} + v_{o2} = \left(1+\frac{R_2}{R_1}\right)\left(\frac{R_4}{R_3+R_4}\right)v_1 + \left(1+\frac{R_2}{R_1}\right)\left(\frac{R_3}{R_3+R_4}\right)v_2$$

$$= \left(1+\frac{R_2}{R_1}\right)\left[\left(\frac{R_4}{R_3+R_4}\right)v_1 + \left(\frac{R_3}{R_3+R_4}\right)v_2\right]$$

将各电阻值代入上式即可得到

$$v_o = 6v_1 + 4v_2$$

1.3.4　电压跟随器

在图 1-3-1(a) 所示的电路中，若令电阻 $R_1=\infty$(即开路)、电阻 $R_2=0$(即短路)，如图 1-3-5 所示。此时闭环增益 $G=\frac{v_o}{v_s}=1+\frac{R_2}{R_1}=1$，则有 $v_o=v_s$，即输出信号跟随输入信号的变化，因此把该电路称为电压跟随器。

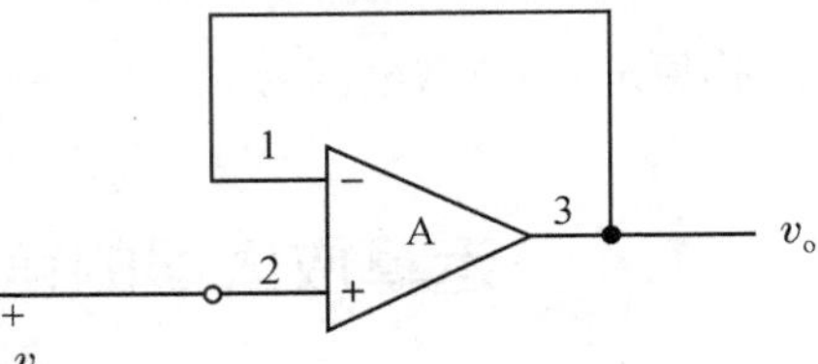

图 1-3-5　电压跟随器电路

电压跟随器的特点是具有高输入阻抗和低输出阻抗。主要用来实现阻抗变换，常用于连接在具有高阻抗的信号源与低阻抗的负载之间作为缓冲放大器，因此也称为缓冲器。

图 1-3-6 所示的电路为卡拉 OK 伴唱机的混合前置放大器电路，其功能是将伴唱的声音信号(话音放大器输出)与卡拉 OK 磁带的音乐信号(录音机输出)进行混合放大。其中 A_1 为电压跟随器，实现阻抗变换与隔离，A_2 为基本的反相加法器电路，其输出电压为

$$v_o = -\left(\frac{R_3}{R_1}v_1 + \frac{R_3}{R_2}v_2\right)$$

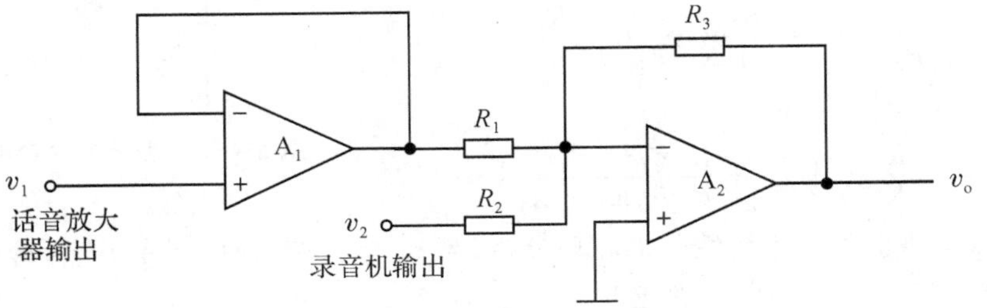

图 1-3-6　卡拉 OK 伴唱机的混合前置放大器电路

例 1-3-3　要求将一个开路电压为 1 V、内阻为 1 MΩ 的信号源连接到 1 kΩ 的负载电阻上。求：

(1) 直接连接时负载上的电压与电流；

(2) 通过电压跟随器连接时负载上的电压与电流。

解　(1) 直接连接时如图 1-3-7(a) 所示。此时负载上的电压与电流分别为

$$v_L = \frac{R_L}{R_S+R_L}v_s = \frac{1\times10^3}{1\times10^3+1\times10^6}\times1 \approx 1(\text{mV})$$

$$i_L = \frac{v_s}{R_S+R_L} = \frac{1}{1\times10^3+1\times10^6} \approx 1(\mu\text{A})$$

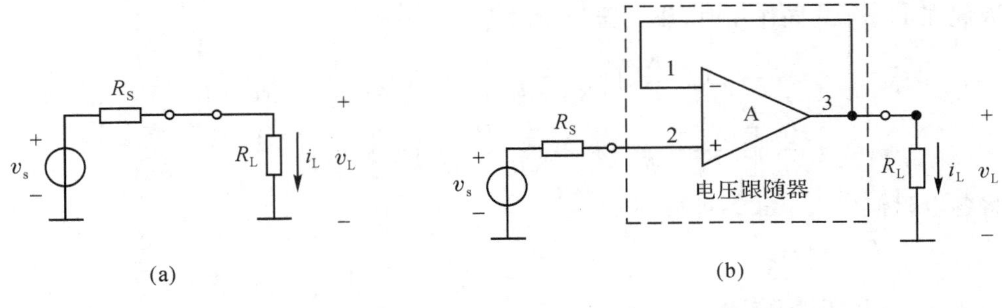

图 1-3-7　例 1-3-3 电路

(2) 通过电压跟随器连接的电路如图 1-3-7(b) 所示。此时 $v_2 = v_s$，依据电压跟随器的工作原理，则负载电压为 $v_L = v_2 = v_s = 1\ \text{V}$，通过负载的电流为 $i_L = \frac{v_L}{R_L} = \frac{1}{1\times 10^3} = 1(\text{mA})$。

1.4　运算放大器的差分输入

由同相放大器与反相放大器的组合可以构成一些复杂的放大器，其典型的电路为差分输入方式，如图 1-4-1 所示。该电路有两个输入信号，其中 v_1 是反相输入方式，v_2 为同相输入方式。

由前面分析可知，$v_+ = \frac{R_4}{R_3+R_4}v_2$，$v_- = \frac{R_1}{R_1+R_2}v_o + \frac{R_2}{R_1+R_2}v_1$。依据理想运算放大器的虚短路特点，则有 $v_+ = v_-$，即

$$\frac{R_4}{R_3+R_4}v_2 = \frac{R_1}{R_1+R_2}v_o + \frac{R_2}{R_1+R_2}v_1$$

则有

$$v_o = -\frac{R_2}{R_1}v_1 + \left(1+\frac{R_2}{R_1}\right)\left(\frac{R_4}{R_3+R_4}\right)v_2$$

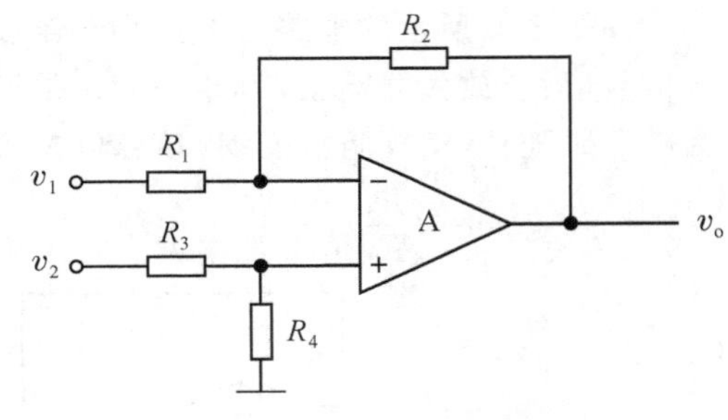

图 1-4-1　差分放大器电路

另外，该电路也可以用线性叠加原理分析。当 v_1 单独作用时(即令 $v_2 = 0$)，它是一个反相放大器，如图 1-4-2(a) 所示，其输出为

$$v_{o1} = -\frac{R_2}{R_1}v_1$$

当 v_2 单独作用时(即令 $v_1 = 0$)，它是一个同相放大器，如图 1-4-2(b) 所示，其输出为

$$v_{o2} = \left(1+\frac{R_2}{R_1}\right)\left(\frac{R_4}{R_3+R_4}\right)v_2$$

则当 v_1、v_2 共同作用时，其输出为

$$v_o = -\frac{R_2}{R_1}v_1 + \left(1+\frac{R_2}{R_1}\right)\left(\frac{R_4}{R_3+R_4}\right)v_2$$

在上式中，若取 $\frac{R_4}{R_3} = \frac{R_2}{R_1}$，则上式变换为

$$v_o = \frac{R_2}{R_1}(v_2 - v_1)$$

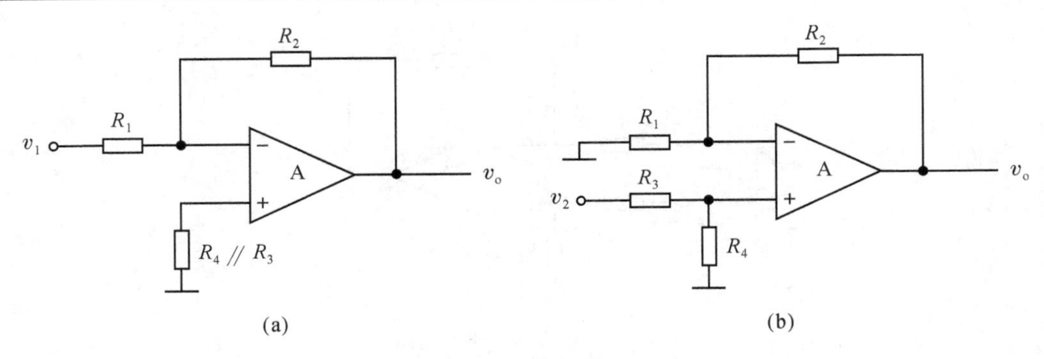

图 1-4-2　应用叠加原理分析图 1-4-1 电路

可见其输出仅与输入信号的差量($v_2 - v_1$)有关，因此称为差分放大器。为了使该电路匹配要求更容易实现，一般选择 $R_1 = R_3$ 和 $R_2 = R_4$。

例 1-4-1　在图 1-4-3 所示的电路中，假设运算放大器是理想的，试写出输出与输入信号的关系表达式，并确定输入阻抗 R_i。

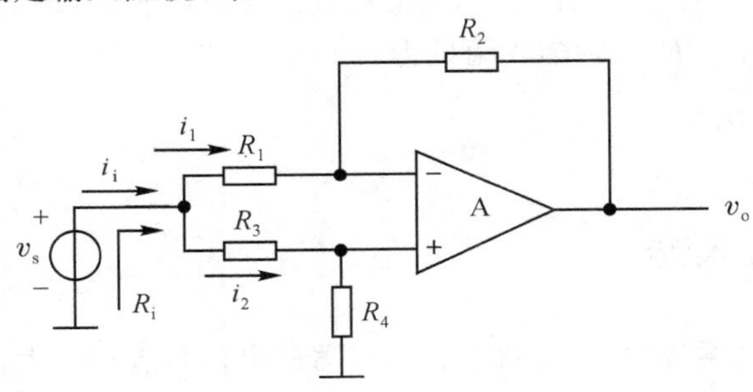

图 1-4-3　例 1-4-1 电路

解　由前面分析，并且 $v_2 = v_1 = v_s$，因此该电路的输出输入关系为

$$v_o = -\frac{R_2}{R_1}v_s + \left(1 + \frac{R_2}{R_1}\right)\left(\frac{R_4}{R_3 + R_4}\right)v_s$$

若满足$\dfrac{R_4}{R_3} = \dfrac{R_2}{R_1}$关系时，输出 $v_o = 0$，此时输出与输入信号无关，该特性也称为运算放大器的共模特性。

又 $v_+ = \dfrac{R_4}{R_3 + R_4}v_s = v_-$，则电流 $i_1 = \dfrac{v_s - v_-}{R_1} = \dfrac{v_s - \dfrac{R_4}{R_3 + R_4}v_s}{R_1} = \dfrac{1}{R_1}\left(\dfrac{R_3}{R_3 + R_4}\right)v_s$，电流 $i_2 = \dfrac{v_s}{R_3 + R_4}$，因此输入电流为

$$i_i = i_1 + i_2 = \frac{1}{R_1}\left(\frac{R_3}{R_3 + R_4}\right)v_s + \frac{v_s}{R_3 + R_4} = \left(1 + \frac{R_3}{R_1}\right)\frac{v_s}{R_3 + R_4}$$

因此输入阻抗为

$$R_i = \frac{v_s}{i_i} = \frac{R_3 + R_4}{1 + R_3/R_1}$$

例 1-4-2　在图 1-4-4 所示的电路中，假设运算放大器是理想的，试写出输出与输入信号的关系表达式，并确定输入阻抗 R_i。

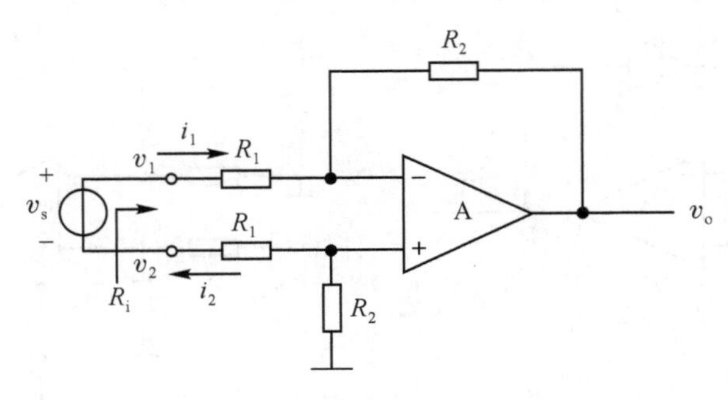

图 1-4-4　例 1-4-2 电路

解　由前面分析可知 $v_o = \frac{R_2}{R_1}(v_2 - v_1)$，又因为 $v_1 - v_2 = v_s$，因此输出与输入的关系为

$$v_o = -\frac{R_2}{R_1}v_s$$

由于理想运算放大器的虚短路特性，因此有 $v_s = i_1R_1 + 0 + i_2R_1$，并且 $i_1 = i_2$，因此有 $v_s = i_1R_1 + 0 + i_2R_1 = i_1(2R_1)$，则输入阻抗为

$$R_i = \frac{v_s}{i_1} = 2R_1$$

1.5　仪表放大器

在精密测量和控制系统中，需要将来自传感器的电信号进行放大，这种电信号往往是一种微弱的差值信号。仪表放大器也称为数据放大器，它是用来放大这种差值信号的高精度放大器，它具有极高的输入阻抗、很大的共模抑制比，并且其增益能在较大的范围内可调。

仪表放大器是由三个集成运算放大器电路构成的，如图 1-5-1 所示。其中运算放大器 A_1 和 A_2 组成对称的同相放大器，运算放大器 A_3 组成差分放大器，并且 $R_1 = R_2$，$R_3 = R_5$，$R_4 = R_6$。R_G 为外接电阻，用来调节仪表放大器的增益。

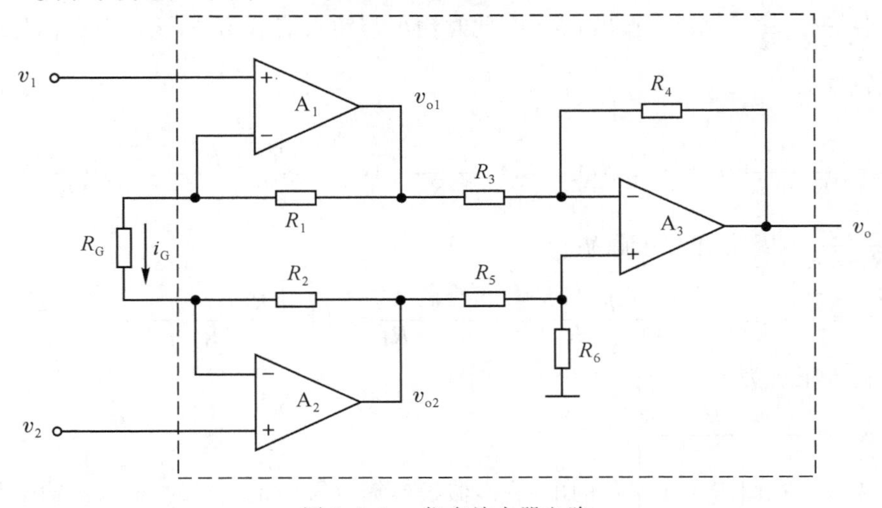

图 1-5-1　仪表放大器电路

因为理想运算放大器的虚短路特性，因而电阻 R_G 两端的电压为 (v_1-v_2)，通过电阻 R_G 的电流为 $i_G=\frac{v_1-v_2}{R_G}$。又因为运算放大器的虚开路特性，则有

$$v_{o1}-v_{o2}=(R_1+R_G+R_2)i_G=\left(1+\frac{2R_1}{R_G}\right)(v_1-v_2)$$

对于运算放大器 A_3 而言，它是一个差分放大器，其输出为 $v_o=-\frac{R_4}{R_3}(v_{o1}-v_{o2})$。因此，仪表放大器的增益为

$$G=\frac{v_o}{v_1-v_2}=-\frac{R_4}{R_3}\left(1+\frac{2R_1}{R_G}\right)$$

上式表明，改变电阻 R_G，可以设定不同的增益值。例如，取 $R_3=R_4, R_1=R_2=25\text{k}\Omega$ 时，仪表放大器的增益可由 $-1(R_G\rightarrow\infty)$ 变化到 $-1001(R_G=50\Omega)$。

由于仪表放大器在输入端采用了对称的同相放大器，因而仪表放大器的两个输入端具有极高的输入阻抗，其阻值可达几百 MΩ 以上。

1.6　积分器与微分器

前面介绍的都是利用电阻连接在运算放大器的输出端与反相输入端之间构成闭合环路实现的。然而在运算放大器的闭合环路和输入回路中还可以一起使用电阻和电容，可以得到大量的非常有用的运算放大器的应用。本节将介绍利用运算放大器构成的积分器和微分器电路。

1.6.1　具有通用阻抗的反相输入方式

利用通用阻抗 $Z_1(\text{j}\omega)$ 和 $Z_2(\text{j}\omega)$ 分别代替图 1-2-1 中的电阻 R_1 和 R_2，即可得到如图 1-6-1 所示的电路。

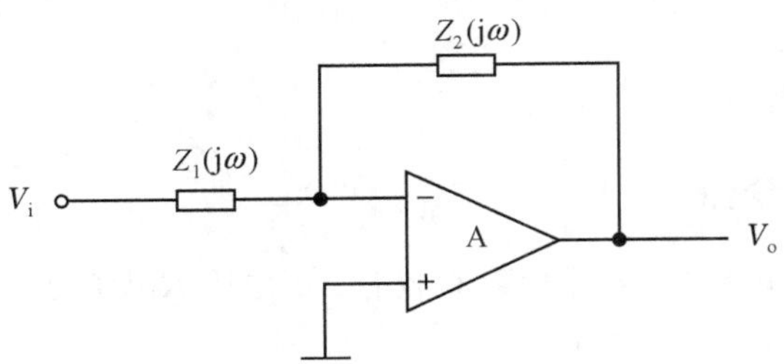

图 1-6-1　具有通用阻抗的反相放大器

对于理想运算放大器，该电路的闭环增益（即该电路的传递函数）为

$$T(\text{j}\omega)=\frac{V_o(\text{j}\omega)}{V_i(\text{j}\omega)}=-\frac{Z_2(\text{j}\omega)}{Z_1(\text{j}\omega)} \tag{1-6-1}$$

在式(1-6-1)中，若令 $\omega=0$，则可以得到放大器的直流增益

$$T(0)=-\frac{Z_2(0)}{Z_1(0)} \tag{1-6-2}$$

在式(1-6-1)中，若 $\omega\neq0$，则可以得到放大器的稳态响应时的传递函数，即频率为 ω 的

正弦输入信号的传输幅度和相位。

$$T(j\omega)=-\frac{Z_2(j\omega)}{Z_1(j\omega)}=T(\omega)\cdot e^{j\varphi_T} \tag{1-6-3}$$

其中，$T(\omega)=\left|\frac{Z_2(j\omega)}{Z_1(j\omega)}\right|$为传递函数的幅频响应，$\varphi_T$为传递函数的相频响应。

例 1-6-1 在图 1-6-2 所示的电路中，假设运算放大器是理想的。试写出该电路的传递函数，并确定其直流增益。同时写出其稳态时的幅频响应与相频响应的表达式。

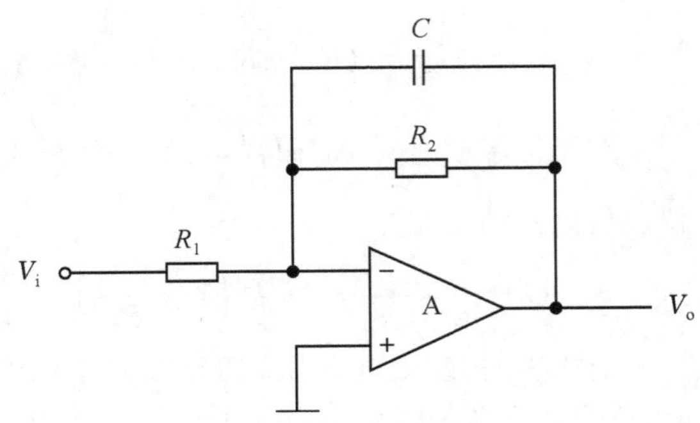

图 1-6-2 例 1-6-1 电路

解 由图 1-6-2 可知，$Z_1(j\omega)=R_1$，$Z_2(j\omega)=R_2 /\!/ \frac{1}{j\omega C}$，则电路的传递函数为

$$T(j\omega)=\frac{V_o(j\omega)}{V_i(j\omega)}=-\frac{Z_2(j\omega)}{Z_1(j\omega)}=-\frac{R_2 /\!/ \frac{1}{j\omega C}}{R_1}=-\frac{R_2}{R_1}\times\frac{1}{1+j\omega R_2C}$$

在传递函数的表达式中，若令$\omega=0$，则可以得到放大器的直流增益$T(0)=-\frac{R_2}{R_1}$。从电路上看，当输入为直流信号时，电路中的电容呈现为开路。因此，该电路在直流情况下与图 1-2-1 是一致的。

在传递函数的表达式中，若$\omega\neq0$，则可以得到放大器的稳态响应的传递函数，即

$$T(j\omega)=-\frac{R_2}{R_1}\times\frac{1}{1+j\omega R_2C}=\frac{-R_2/R_1}{1+j\omega R_2C}=T(\omega)\cdot e^{j\varphi_T} \tag{1-6-4}$$

其中幅频响应为

$$T(\omega)=|T(j\omega)|=\frac{R_2/R_1}{\sqrt{1+(\omega R_2C)^2}} \tag{1-6-5}$$

相频响应为

$$\varphi_T=\pi-\arctan(\omega R_2C) \tag{1-6-6}$$

1.6.2 反相积分器

在图 1-6-1 所示的电路中，若用电容C代替Z_2，电阻R代替Z_1，则可得到如图 1-6-3 所示的反相积分器电路。

由图 1-6-3 可知，$i=\frac{v_i}{R}$。该电流通过电容C，并在电容C上积聚电荷。假设电路从$t=0$时刻开始工作，那么电流i在电容上积聚的电荷为$\int_0^t i\mathrm{d}t$，因此电容上的电压的变化量为$\frac{1}{C}\int_0^t i\mathrm{d}t$。如果电容上的初始电压(即$t=0$的电压)为$V_C$，则有

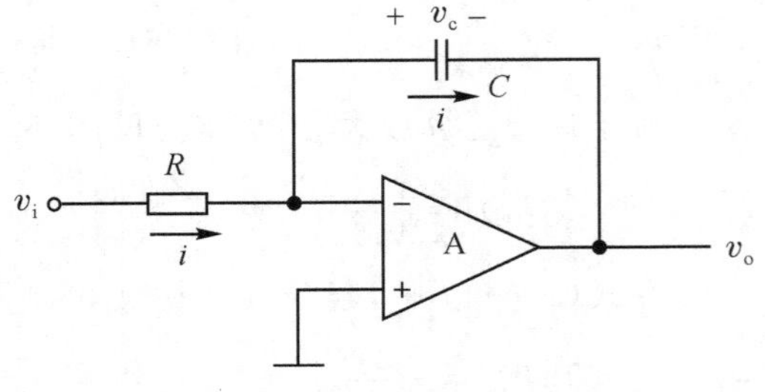

图 1-6-3 反相积分器电路

$$v_c(t) = V_C + \frac{1}{C}\int_0^t i\mathrm{d}t$$

又输出电压 $v_o(t) = -v_c(t)$，因此

$$v_o(t) = -V_C - \frac{1}{C}\int_0^t i\mathrm{d}t = -V_C - \frac{1}{C}\int_0^t \frac{v_i}{R}\mathrm{d}t = -V_C - \frac{1}{RC}\int_0^t v_i\mathrm{d}t \tag{1-6-7}$$

可见该电路的输出电压与输入电压是积分关系，V_C 为积分的初始条件，$\tau = RC$，称为积分时间常数。该积分器是一个反相积分器，也称为密勒积分器。

该积分电路也可以采用频域来描述。此时 $Z_1(\mathrm{j}\omega) = R$，$Z_2(\mathrm{j}\omega) = \frac{1}{\mathrm{j}\omega C}$，可得传递函数为

$$T(\mathrm{j}\omega) = \frac{V_o(\mathrm{j}\omega)}{V_i(\mathrm{j}\omega)} = -\frac{Z_2(\mathrm{j}\omega)}{Z_1(\mathrm{j}\omega)} = -\frac{1}{\mathrm{j}\omega RC} \tag{1-6-8}$$

在式(1-6-8)中，$\frac{1}{\mathrm{j}\omega}$ 在频域中就表示为积分算子。在式(1-6-8)中，若 $\omega \neq 0$，则稳态响应为

$$T(\mathrm{j}\omega) = \frac{V_o(\mathrm{j}\omega)}{V_i(\mathrm{j}\omega)} = -\frac{1}{\mathrm{j}\omega RC} = \frac{1}{\omega RC} \cdot \mathrm{e}^{\mathrm{j}90^\circ} \tag{1-6-9}$$

因此有：

反相积分器的幅频响应为

$$T(\omega) = \frac{1}{\omega RC} \tag{1-6-10}$$

反相积分器的相频响应为

$$\varphi = +90^\circ \tag{1-6-11}$$

例 1-6-2　在图 1-6-3 所示的反相积分器电路中，若电容上的初始电压 V_C 为零，当输入信号 v_i 为对称的方波时，其波形如图 1-6-4(a) 所示，试画出输出信号 v_o 的波形。

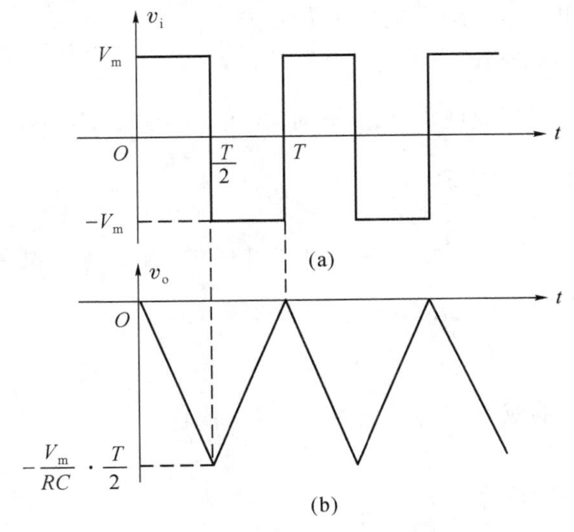

图 1-6-4　反相积分器的输入输出波形

解　由式(1-6-7)，且电容上的初始电压 V_C 为零，则积分器的输出为

$$v_o(t)=-\frac{1}{RC}\int_0^t v_i \mathrm{d}t$$

在 $0\leqslant t\leqslant \frac{T}{2}$ 时，$v_i=V_m$，则有 $v_o(t)=-\frac{1}{RC}\int_0^t V_m \mathrm{d}t=-\frac{V_m}{RC}t$

在 $\frac{T}{2}\leqslant t\leqslant T$ 时，$v_i=-V_m$，则有

$$v_o(t)=-\frac{1}{RC}\int_0^t v_i \mathrm{d}t=-\frac{1}{RC}\left[\int_0^{\frac{T}{2}} V_m \mathrm{d}t+\int_{\frac{T}{2}}^t(-V_m)\mathrm{d}t\right]=-\frac{V_m}{RC}\times(T-t)$$

在 $T\leqslant t\leqslant \frac{3}{2}T$ 时，$v_i=V_m$，则有

$$v_o(t)=-\frac{1}{RC}\int_0^t v_i \mathrm{d}t=-\frac{1}{RC}\left[\int_0^{\frac{T}{2}} V_m \mathrm{d}t+\int_{\frac{T}{2}}^T(-V_m)\mathrm{d}t+\int_T^t V_m \mathrm{d}t\right]=-\frac{V_m}{RC}(t-T)$$

同理，可得在不同时间时的输出，其对应的输出波形如图 1-6-4(b) 所示。

由此可见，反相积分器具有波形变换的能力，此处将对称方波转换为对称的三角波。

1.6.3 反相微分器

在图 1-6-1 所示的电路中，若用电容 C 代替 Z_1，电阻 R 代替 Z_2，则可得到如图 1-6-5 所示的反相微分器电路。

由图 1-6-5 可知，$v_c=v_i$，通过电容 C 的电流为 $i=C\frac{\mathrm{d}v_c}{\mathrm{d}t}=C\frac{\mathrm{d}v_i}{\mathrm{d}t}$，该电流全部流过电阻 R，因此输出电压为

$$v_o=-iR=-RC\frac{\mathrm{d}v_i}{\mathrm{d}t} \tag{1-6-12}$$

可见该电路的输出电压与输入电压是微分关系，因此称为反相微分器电路。

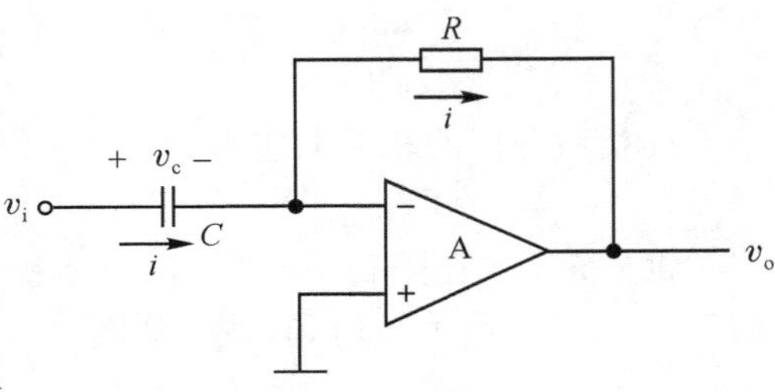

图 1-6-5 反相微分器电路

该微分电路也可以采用频域来描述。此时 $Z_1(\mathrm{j}\omega)=\frac{1}{\mathrm{j}\omega C}$，$Z_2(\mathrm{j}\omega)=R$，可得传递函数为

$$T(\mathrm{j}\omega)=\frac{V_o(\mathrm{j}\omega)}{V_i(\mathrm{j}\omega)}=-\frac{Z_2(\mathrm{j}\omega)}{Z_1(\mathrm{j}\omega)}=-\mathrm{j}\omega RC \tag{1-6-13}$$

其中，$\mathrm{j}\omega$ 在频域中就表示为微分算子。在式(1-6-13) 中，若 $\omega\neq 0$，则稳态响应为

$$T(\mathrm{j}\omega)=\frac{V_o(\mathrm{j}\omega)}{V_i(\mathrm{j}\omega)}=-\mathrm{j}\omega RC=\omega RC\cdot \mathrm{e}^{-\mathrm{j}90^\circ} \tag{1-6-14}$$

因此有：

反相微分器的幅频响应为

$$T(\omega)=\omega RC \tag{1-6-15}$$

反相微分器的相频响应为

$$\varphi=-90^\circ \tag{1-6-16}$$

例 1-6-3 在图 1-6-5 所示的反相微分器电路中，当输入信号 v_i 为对称的三角波时，其波形如图 1-6-6(a) 所示，试画出输出信号 v_o 的波形。

解 由式(1-6-12) 可知，微分器的输出为

$$v_o = -iR = -RC\frac{dv_i}{dt}$$

在 $0 \leqslant t \leqslant T/2$ 时，输入信号为 $v_i = V_m - \frac{4V_m}{T}t$，则有 $v_o(t) = -RC\frac{dv_i}{dt} = \frac{4V_mRC}{T}$

在 $T/2 \leqslant t \leqslant T$ 时，输入信号为 $v_i = -3V_m + \frac{4V_m}{T}t$，则有 $v_o(t) = -RC\frac{dv_i}{dt} = -\frac{4V_mRC}{T}$

同理，可得在不同时间时的输出，其对应的输出波形如图 1-6-6(b) 所示。

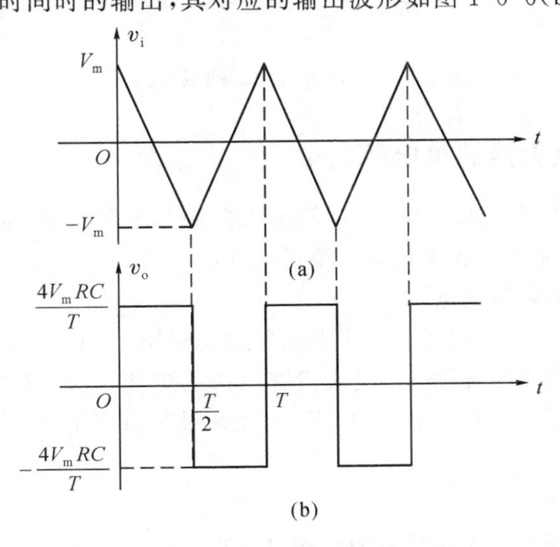

图 1-6-6　反相积分器的输入输出波形

由此可见，反相微分器也具有波形变换的能力，此处将对称三角波转换为对称的方波。

由上述分析可见，积分电路与微分电路均具有波形变换的能力，它常用来实现波形变换、滤波等信号处理功能，在实际中具有广泛的应用领域。

1.7　运算放大器的电源供电

1.7.1　运算放大器的双电源供电

前面已经提到运算放大器在工作时必须要有电源供电，通常情况下一般是采用对称电源供电，即 $V_{CC} = V_{EE}$。图 1-7-1 为双电源供电的运算放大器电路，其中图(a) 为反相放大器的供电，图(b) 为同相放大器的供电。此时各信号端口(即反相输入端、同相输入端、输出端) 的直流电平均为零(即为正负电源的中点电位 $\frac{1}{2}[V_{CC} + (-V_{EE})]$)。

在采用对称电源供电时，由于各信号端口的直流电平为零，便于多级放大器的直接耦合级联，也可以放大直流信号。

采用双电源供电的不足之处是需要两个电源 V_{CC}、$-V_{EE}$，因而增加了电源供电电路的复杂性。

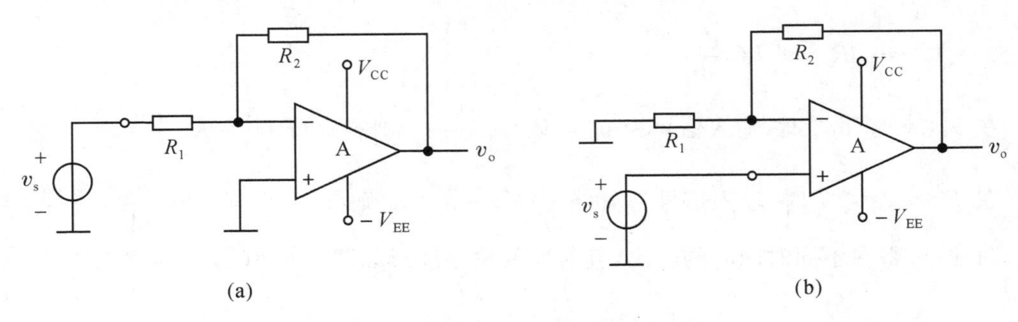

图 1-7-1　运算放大器的双电源供电

1.7.2　运算放大器的单电源供电

运算放大器也可以单电源工作，即运算放大器的单电源供电，它可以是正电源或负电源。此时反相放大器与同相放大器电路需要做相应的修改。

1.反相放大器的单电源供电

在反相放大器中，为了实现运算放大器的单电源供电，并且获得最大的动态范围，这使得运算放大器的信号端口的直流电位应设置在电源的中点，它可以通过两个电阻分压来设置其电位，如图 1-7-2 所示。图中电阻 R_3、R_4 是用来设置直流工作点，使得

$$V_+=\frac{R_4}{R_3+R_4}V_{CC}=\frac{1}{2}V_{CC}$$

所以取 $R_3=R_4$。此时反相输入端口及输出端口的直流电位均为 $\frac{1}{2}V_{CC}$。电容 C_1、C_2 为放大器的交流耦合隔直电容，即电容对交流信号呈现短路，对直流信号呈现开路。此时反相交流放大器的闭环增益为 $G=-\frac{R_2}{R_1}$。

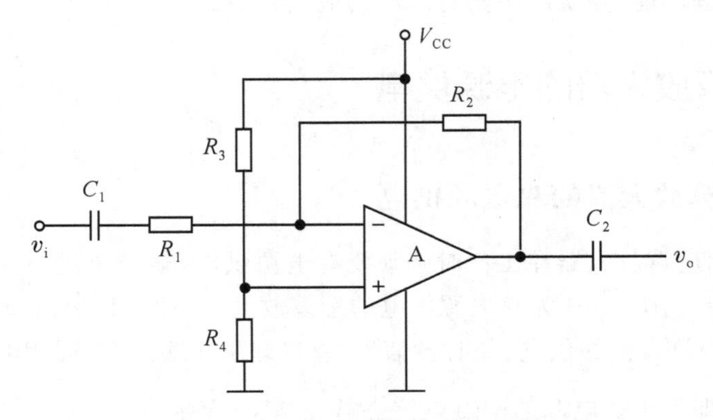

图 1-7-2　反相放大器的单电源供电

2.同相放大器的单电源供电

同相放大器的单电源供电电路如图 1-7-3 所示。图中电阻 R_3、R_4 是用来设置直流工作点，使得

$$V_+=\frac{R_4}{R_3+R_4}V_{CC}=\frac{1}{2}V_{CC}$$

所以取 $R_3 = R_4$。此时反相输入端口及输出端口的直流电位均为 $\frac{1}{2}V_{CC}$。电容 C_1、C_2、C_3 为放大器的交流耦合隔直电容。此时同相交流放大器的闭环增益为 $G = 1 + \frac{R_2}{R_1}$。

另外，电阻 R_5 的接入是为了增加交流放大器的输入阻抗，此时，对应的输入阻抗为

$$R_i = R_5 + R_3 // R_4$$

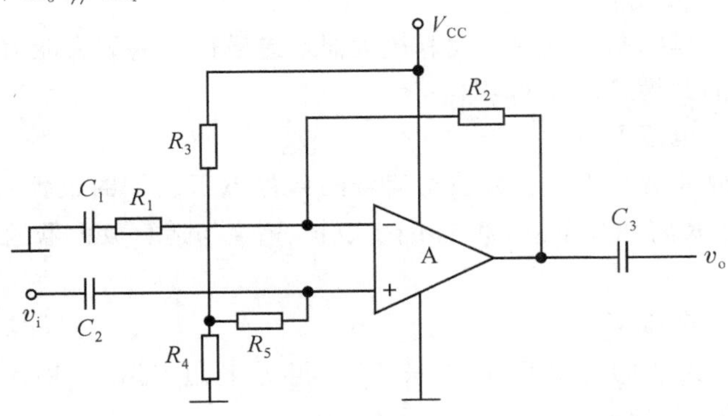

图 1-7-3　同相放大器的单电源供电

在单电源供电的运算放大器电路中，由于电路中采用了交流耦合隔直电容，因此该电路只能放大交流信号。

1.8　集成运算放大器的指标、种类与使用

1.8.1　集成运算放大器的主要指标

1. 开环差模电压增益 A_{Vd}

A_{Vd} 表示集成运算放大器在无反馈情况下的差模电压增益，描述集成运算放大器工作在线性区时输出电压与输入差模电压之比，即

$$A_{Vd} = \frac{v_o}{v_+ - v_-} \tag{1-8-1}$$

通常用 $20\lg|A_{Vd}|$ 表示，其单位为分贝(dB)，称为差模增益。有的通用运算放大器的 A_{Vd} 可达十万倍以上，即差模增益达 100dB 以上。理想运放的开环电压增益 $A_{Vd} \to \infty$。

2. 差模输入电阻 R_{id}

R_{id} 反映了运算放大器输入端向差模输入信号源索取电流大小的指标。对于电压放大电路，R_{id} 越大越好。通用运算放大器的差模输入阻抗可达 1MΩ 以上，理想运放的差模输入电阻 $R_{id} \to \infty$。

3. 输出电阻 R_o

集成运放的输出电阻 R_o 就是从运放输出端向运放看入的等效信号源内阻，集成运放的输出电阻越小越好。理想运放的差模输出电阻 $R_o \to 0$。

4. 最大输出电压 V_{opp}

在指定的电源供电电压下，集成运放的最大不失真输出电压幅度。如通用型集成运放

LM741 在电源电压为正负 15V 时，V_{opp} 为正负 12V。

5. 共模抑制比 CMR

CMR 是指运算放大器的开环差模放大倍数 A_{Vd} 与共模放大倍数 A_{Vc} 之比的绝对值，通常用式(1-8-2)表示：

$$CMR = 20\lg\left|\frac{A_{Vd}}{A_{Vc}}\right| \tag{1-8-2}$$

单位为分贝。共模抑制比反映了运算放大器对差模信号的放大能力和对共模信号的抑制能力。理想运放的共模抑制比 CMR→∞。

6. 最大共模输入电压 V_{icM}

V_{icM} 是指运算放大器在正常放大差模信号的条件下所能加的最大共模电压，超过此电压时共模抑制比 CMR 将明显下降，甚至不能工作。V_{icM} 与运算放大器的输入级电路结构密切相关。

7. 最大差模输入电压 V_{idM}

V_{idM} 是输入差模电压的极限参数，当差模输入电压超过 V_{idM} 时，输入级的正常输入性能被破坏，甚至损坏输入级电路。

8. 输入偏置电流 I_{IB}

I_{IB} 是指运算放大器输入端差放管的基极偏置电流的平均值，即

$$I_{IB} = \frac{1}{2}(I_{B1} + I_{B2}) \tag{1-8-3}$$

I_{IB} 相当于基极偏置电流 I_{B1}、I_{B2} 的共模成分，它将影响运算放大器的温漂。

9. 输入失调电流 I_{IO} 与输入失调电压 V_{IO}

输入失调电流 I_{IO} 是指运算放大器的输入端差放管基极偏置电流之差的绝对值，即

$$I_{IO} = |I_{B1} - I_{B2}| \tag{1-8-4}$$

由于信号源内阻的存在，I_{IO} 会转换为一个输入电压，使放大器在静态(即没有输入)时输出电压不为零。

输入失调电压 V_{IO} 是指为使静态时集成运算放大器的输出为零而在输入端所加的补偿电压大小。输入失调电流 I_{IO} 与输入失调电压 V_{IO} 越小，表明输入级电路的对称性越好。

10. 上限转折频率 f_H 与单位增益频率 f_T

上限转折频率 f_H（又称为开环增益带宽 BW）是指运算放大器的差模电压增益 A_{Vd} 下降 3dB 时所对应的信号频率。由于运算放大器内部电路中晶体管很多，结电容也很多，因此 f_H 一般很低，通用型运算放大器只有十几到几百赫兹。

单位增益频率 f_T（又称为单位增益带宽 BW_G）是指运算放大器的差模电压增益 A_{Vd} 下降到 1dB(或 0dB)时所对应的信号频率。由于增益带宽积近似为常量，因此有

$$f_T = f_H \cdot A_{Vd}$$

上限转折频率 f_H 与单位增益频率 f_T 的关系如图 1-8-1 所示。

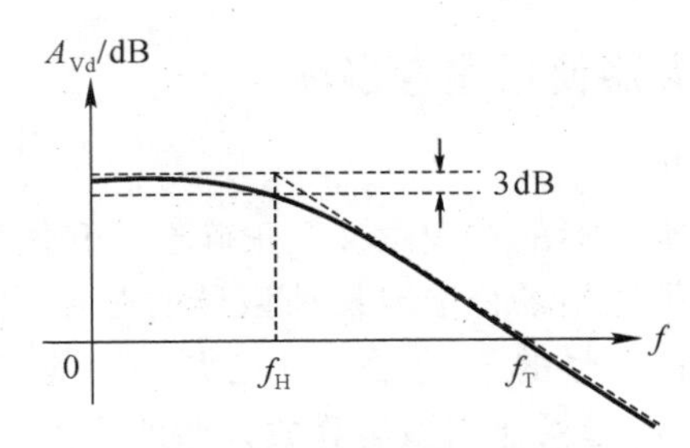

图 1-8-1　转折频率与单位增益频率

11. 转换速率 S_R

转换速率也称为摆率，是指运算放大器在输入为大信号时输出电压对时间的最大变化速率，即

$$S_R = \left.\frac{dv_o}{dt}\right|_{max} \tag{1-8-5}$$

转换速率 S_R 越大，表明集成运算放大器的高频性能越好。目前一般通用型运放的转换速率在 1～10V/μS 左右。

若对于输出信号为 $v_o(t) = V_{om}\sin \omega t$，则转换速率为

$$S_R = \left.\frac{dv_o}{dt}\right|_{max} = \omega V_{om} = 2\pi f V_{om}$$

1.8.2　集成运算放大器的种类

集成运算放大器是模拟电路系统中一个应用十分广泛的单元电路，按照集成运算放大器的应用特点可分为通用型集成运算放大器和专用型集成运算放大器两大类。

通用型集成运算放大器适用于一般的电路应用。通用型集成运算放大器如 μA741、AD508、ICL7650、LF353 等。

专用型集成运算放大器是指集成运算放大器的某些指标特别优秀，以适应特殊的应用场合。它可分为：

高速型集成运算放大器：具有转换速率高等特点，适用于 A/D、D/A 转换电路中。如 LM318。

高精度型集成运算放大器：具有低失调、低温漂、低噪声和高增益的特点。适用于对微弱信号的精密检测和运算，常用于高精度的仪器设备中。如 μA725。

高阻型集成运算放大器：具有高输入阻抗的集成运算放大器，输入阻抗高达 $10^9\Omega$ 以上，适用于测量放大器、采样—保持(S/H)电路等。如 μA740。

低功耗型集成运算放大器：具有静态功耗低、工作电源电压低等特点，它们的电源电压只有几伏，功耗只有几毫瓦，甚至更小。适用于能源有限的应用领域，如空间技术、军事科学、遥感遥测等领域。如 TLC2252。

其他专用集成运算放大器还有高压型、大功率型、仪表放大器、隔离放大器、缓冲放大器、对数/指数放大器、可编程放大器等等。随着新技术、新工艺的发展，还会有更多的新产品出现。

1.8.3　集成运算放大器使用注意事项

1. 集成运算放大器的选用

了解集成运算放大器基本指标的物理意义是正确选用和使用的基础。在设计运算放大器电路时，首先查阅手册，依据应用场合选定某种型号的芯片，了解其封装方式以及芯片中含有运算放大器的个数。不同型号的芯片，在一个芯片中可能有一个、两个或四个运算放大器。在无特殊的应用场合，一般选用通用型运算放大器即可。

2. 集成运算放大器的静态调试

由于集成运算放大器的失调电压和失调电流的存在，在输入为零时输出往往不为零，则需要采用外加调零电路，使之输出为零。调零电路中的电位器应采用精密电位器。

对于单电源供电的集成运算放大器，应加偏置电路，设置合适的静态工作点。通常运算放大器的输入输出信号脚的电位为电源电压的一半，以便能放大正、负两个方向的变化信号，且使两个方向的最大输出电压基本相同。在采用单电源供电时，通常应在信号的输入输出端串接隔直耦合电容。

若运算放大器电路产生自激现象，则应在运算放大器的供电端加去耦电容，一般用一个大电容(10μF)和一个高频滤波电容(0.01μF～0.1μF)并联在电源的两极。

3. 集成运算放大器的保护电路

集成运算放大器在实际使用时常因输入信号过大、电源电压极性接反或电压过高、输出端直接接地或接电源等原因而损坏，因此为使运算放大器安全工作，常需要保护电路。

输入保护：运算放大器在开环工作时因输入差模电压过大而损坏，在闭环工作时因共模电压过大而损坏，一般在输入端接入二极管保护电路(二极管的知识将在第2章中介绍)。图1-8-2(a)是防止差模电压过大的保护电路，图1-8-2(b)是防止共模电压过大的保护电路。

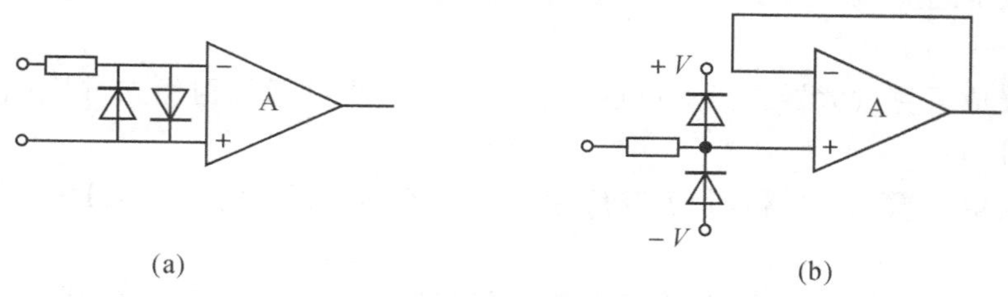

图1-8-2　输入保护电路

输出保护：当运算放大器的输出端对地或对电源短路时，如果没有保护措施，运算放大器内部输出级电路会因电流过大而损坏。一般在输出端串接一个电阻，并加接限幅电路而实现保护，如图1-8-3所示。

电源保护：为了防止电源极性接反而损坏运算放大器，可利用二极管串接在电源端而实现保护，如图1-8-4所示。

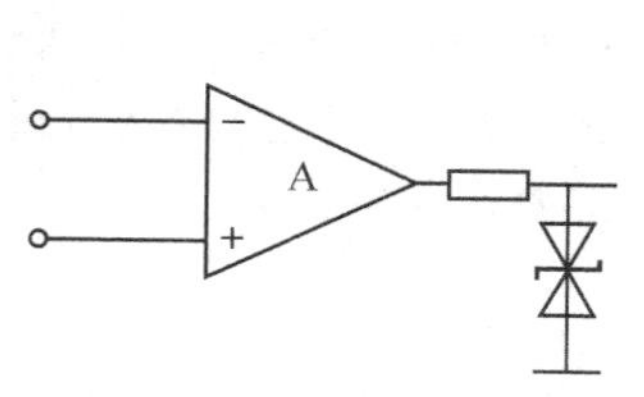

图1-8-3　输出保护电路

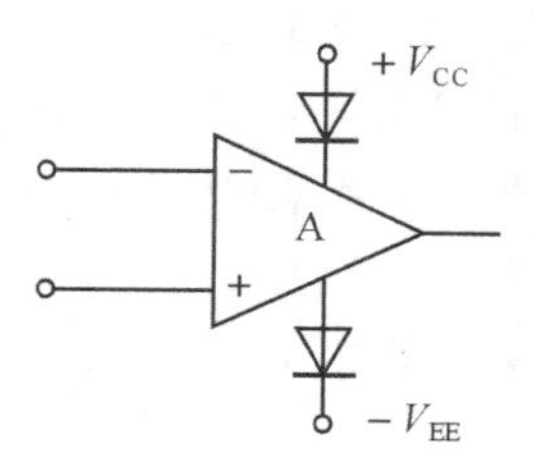

图1-8-4　电源端保护电路

1.9　电压比较器

电压比较器是集成运算放大器的基本应用电路之一，其输入为模拟电压信号，输出只有两种可能的状态，即高电平或者低电平。因此，电路中的集成运算放大器工作在非线性状态。电压比较器可广泛地应用在各种电路中，在自动控制、电子测量、数模转换、各种非正弦波的产生和变换电路等中都得到了广泛的应用。本节将介绍电压比较器的工作原理和基本应用电路。

1.9.1　电压比较器的工作原理

电压比较器的作用是对两个输入模拟电压信号进行比较，并根据比较结果输出高电平或低电平。电压比较器的电路符号如图 1-9-1(a)所示。图中，v_i 为待比较的输入电压信号，V_R 为输入参考电压，即比较器的门限电压。对于理想的电压比较器，当 $v_i<V_R$ 时，比较器输出信号为高电平，即 $v_o=V_{OH}$，当 $v_i>V_R$ 时，比较器输出信号为低电平，即 $v_o=V_{OL}$。当 $v_i=V_R$ 时，比较器输出信号处于跃变状态。理想电压比较器的特征方程为

$$v_o=\begin{cases}V_{OH} & \text{当 } v_i<V_R \text{ 时}\\ V_{OL} & \text{当 } v_i>V_R \text{ 时}\end{cases} \tag{1-9-1}$$

其传输特性如图 1-9-1(b)所示。

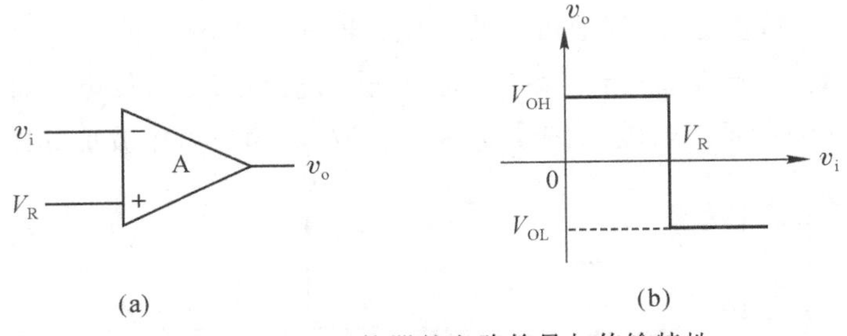

图 1-9-1　电压比较器的电路符号与传输特性

对于实际的电压比较器，其输出电压高电平 V_{OH} 与低电平 V_{OL} 一般比其供电的正、负电源电压 V_{CC}、$|V_{EE}|$ 低 1～2V。

1.9.2　不同比较特性的电压比较器电路

由于电压比较器在实际电路使用中有不同的电压比较特性，电压比较器电路可以分为单限比较器、迟滞比较器和窗口比较器三种类型。

1. 单限比较器

单限比较器是指电路中只有一个门限电压 V_R，在输入电压信号增大或减小过程中只要经过门限电压 V_R，输出电压就产生跃变。

图 1-9-2(a)所示的电路，其门限电压为 $V_R=0$ 的单限比较器电路，又称为过零比较器。当 $v_i<0$ 时，比较器输出信号为高电平，即 $v_o=V_{OH}$；当 $v_i>0$ 时，比较器输出信号为低电平，即 $v_o=V_{OL}$。其传输特性曲线如图 1-9-2(b)所示。若输入信号 v_i 为正弦波，其输出电压波形如图 1-9-2(c)所示。利用过零比较器可以将正弦波转变为方波。

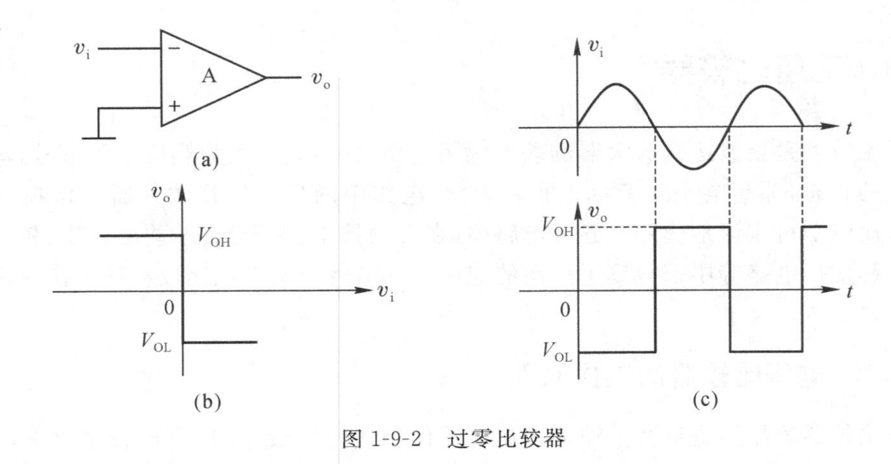

图 1-9-2　过零比较器

图 1-9-3(a)为一般的单限比较器电路，其中增加了参考电压 V_{REF}，便于门限电压的调整。图中比较器的反相输入端电压为

$$V_{-}=\frac{R_2}{R_1+R_2}v_i+\frac{R_1}{R_1+R_2}V_{REF}$$

令 $V_{-}=0$ 即可求得 v_i 的值，该值即为门限电压

$$V_R=-\frac{R_1}{R_2}V_{REF} \tag{1-9-2}$$

由式(1-9-2)可知，改变 R_2 的值可以改变比较器的门限电压。当 $v_i<V_R$ 时，比较器输出信号为高电平，即 $v_o=V_{OH}$；当 $v_i>V_R$ 时，比较器输出信号为低电平，即 $v_o=V_{OL}$，其传输特性如图 1-9-3(b)所示。若输入信号 v_i 为正弦波，其输出电压波形如图 1-9-3(c)所示。

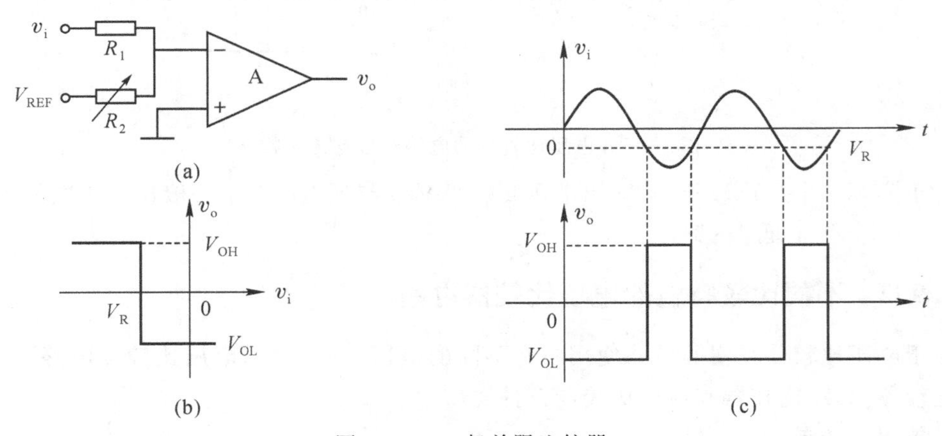

图 1-9-3　一般单限比较器

例 1-9-1　在图 1-9-4(a)所示的电路中，参考电压 $V_{REF}=2\text{V}$，$R_1=R_2$，比较器输出的高电平电压为 $V_{OH}=12\text{V}$，低电平电压为 $V_{OL}=-12\text{V}$。试求解：

(1)比较器的门限电压为多少？

(2)画出比较器的传输特性。

(3)当输入信号为 $v_i=6\sin\omega t$ 时，画出输出信号的波形。

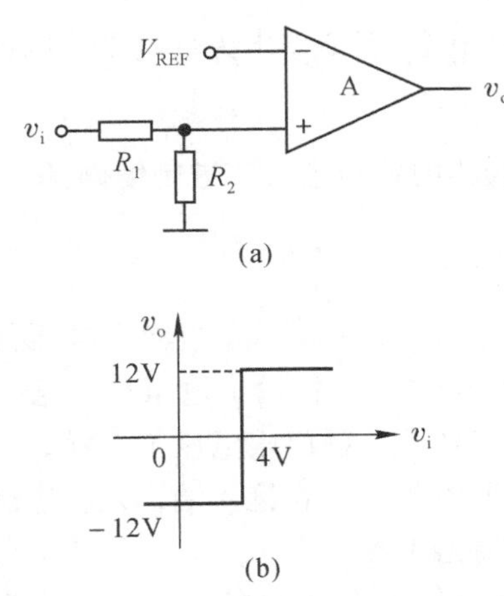

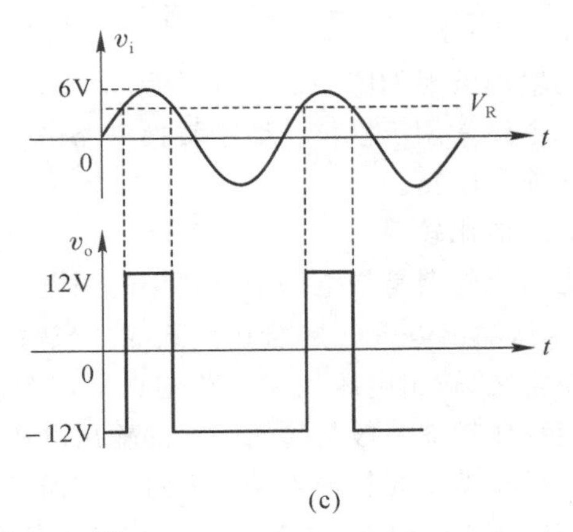

图 1-9-4　例 1-9-1 图

解　(1)令 $V_{REF}=\dfrac{R_2}{R_1+R_2}v_i$，则有 $v_i=\left(1+\dfrac{R_1}{R_2}\right)V_{REF}=2V_{REF}=4V$。

因此该比较器的门限电压为 $V_R=4V$。

(2)当 $v_i<V_R$ 时，比较器输出信号为低电平，即 $v_o=V_{OL}$，当 $v_i>V_R$ 时，比较器输出信号为高电平，即 $v_o=V_{OH}$，因此其传输特性如图 1-9-4(b)所示。

(3) 当输入信号为 $v_i=6\sin\omega t$ 时，其输出电压波形如图 1-9-4(c)所示。

例 1-9-2　图 1-9-5(a)所示为多个单限比较器组成的多阈值比较电路，比较器输出的高电平电压为 5V，低电平电压为 0V。当输入电压如图 1-9-5(b)所示时，试画出各个电压比较器的输出波形。

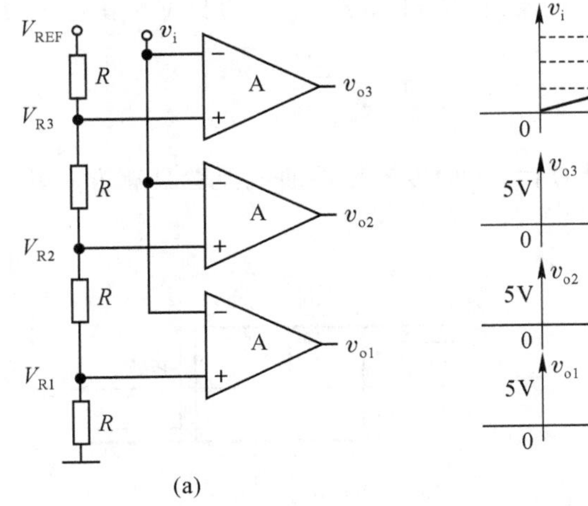

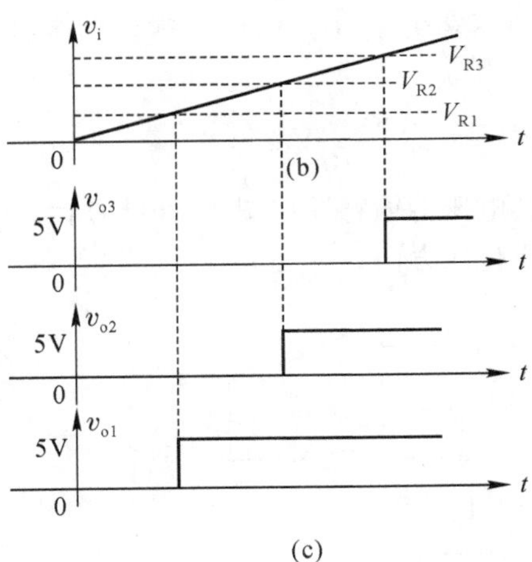

图 1-9-5　多阈值比较电路

解　对于 v_{o1} 输出的门限电压为 $V_{R1}=\dfrac{R}{R+R+R+R}V_{REF}=\dfrac{1}{4}V_{REF}$，当 $v_i>V_{R1}$ 时输出为高电平，否则输出为低电平。对于 v_{o2} 输出的门限电压为 $V_{R3}=\dfrac{R+R}{R+R+R+R}V_{REF}=\dfrac{1}{2}V_{REF}$，当 $v_i>V_{R2}$ 时输出为高电平，否则输出为低电平。对于 v_{o3} 输出的门限电压为 $V_{R3}=$

$\frac{R+R+R}{R+R+R+R}V_{REF}=\frac{3}{4}V_{REF}$，当 $v_i > V_{R3}$ 时输出为高电平，否则输出为低电平。因此各比较器的输出波形如图 1-9-5(c)所示。

该电路常用于模拟—数字转换电路中，只要将比较器的输出进行二进制编码，即为实现模数转换的电路。

2. 迟滞比较器

迟滞比较器是指电路中有两个门限电压 V_{IL} 和 V_{IH}，且 $V_{IL} < V_{IH}$。当输入电压信号 $v_i > V_{IH}$ 时，输出电压 v_o 才会产生跃变。当输入电压信号 $v_i < V_{IL}$ 时，输出电压 v_o 才会产生跃变。换言之，输出电压从 V_{OL} 跃变到 V_{OH} 和从 V_{OH} 跃变到 V_{OL} 的门限电压不一样。

迟滞比较器一般是将比较器的输出电压通过反馈网络加到同相输入端，形成正反馈(即输出信号反馈到同相输入端)，迟滞比较器又称为施密特触发器。

在图 1-9-6(a)中，输入信号 v_i 加在比较器的反相输入端。假设比较器的输出为高电平 V_{OH}，此时比较器的同相输入端电压为

$$V_{+1}=\frac{R_1}{R_1+R_2}V_{OH}$$

当 v_i 由小增大地通过 V_{+1} 时，输出电压由 V_{OH} 下跃到 V_{OL}。可见 V_{+1} 就是比较器的上门限电压 V_{IH}，即

$$V_{IH}=\frac{R_1}{R_1+R_2}V_{OH} \tag{1-9-3}$$

假设比较器的输出为低电平 V_{OL}，此时比较器的同相输入端电压为

$$V_{+2}=\frac{R_1}{R_1+R_2}V_{OL}$$

当 v_i 由大变小地通过 V_{+2} 时，输出电压由 V_{OL} 上跃到 V_{OH}。可见 V_{+2} 就是比较器的下门限电压 V_{IL}，即

$$V_{IL}=\frac{R_1}{R_1+R_2}V_{OL} \tag{1-9-4}$$

因此其电压传输特性如图 1-9-6(b)所示。从传输特性曲线上看具有方向性，图中的箭头表明了变化的方向。

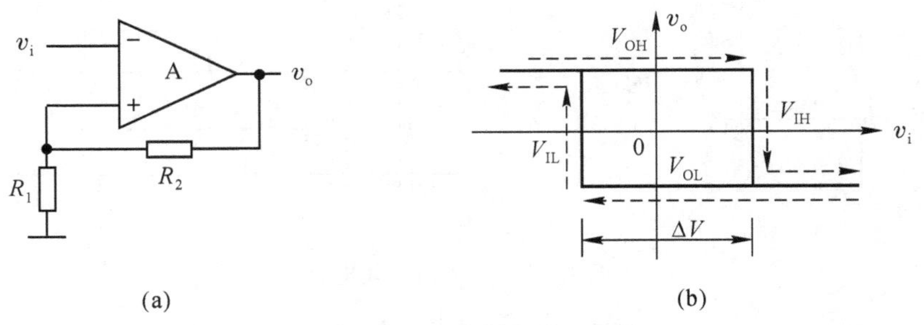

图 1-9-6　反相输入迟滞比较器

在 1-9-6(b)中，输入电压 v_i 变化方向不同，其门限电压也不同的特性称为迟滞特性。两个门限的电压之差称为回差电压(或称为门限宽度、迟滞宽度)。其迟滞宽度为

$$\Delta V=V_{IH}-V_{IL}=\frac{R_1}{R_1+R_2}(V_{OH}-V_{OL}) \tag{1-9-5}$$

调节电阻 R_1 和 R_2 的值，可以改变迟滞宽度。

为了改变电压传输特性的跃变方向，可以将图 1-9-6(a)中的输入端和 R_1 的接地端互换，构成同相输入的迟滞比较器电路，其电路及电压传输特性如图 1-9-7 所示。

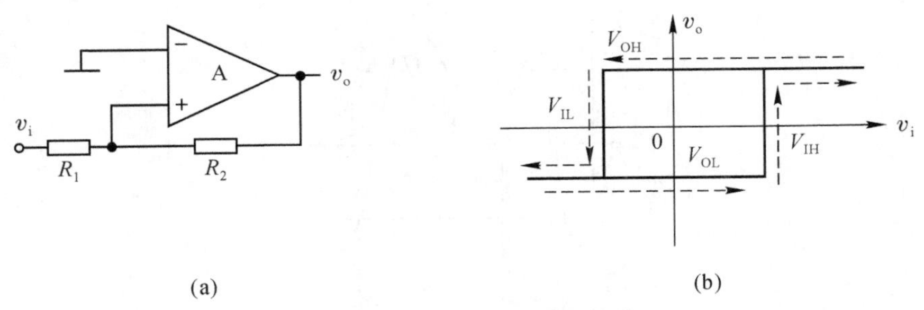

图 1-9-7　同相输入迟滞比较器

在实际应用中，利用迟滞特性可以有效地克服噪声和干扰的影响。迟滞比较器常用于波形整形、波形产生等电路。

例 1-9-3　在图 1-9-8(a)(b)所示的电路中，$R_2=2R_1$。假设比较器输出的高电平 $V_{OH}=6V$，低电平 $V_{OL}=-6V$。试回答下列问题：

(1)它们分别为哪种类型的电压比较器？

(2)对于图(b)电路，试画出其电压传输特性，并求迟滞电压 ΔV。

(3)若输入信号 v_i 的波形如图(c)所示，试画出输出电压 v_{o1} 和 v_{o2} 的波形。

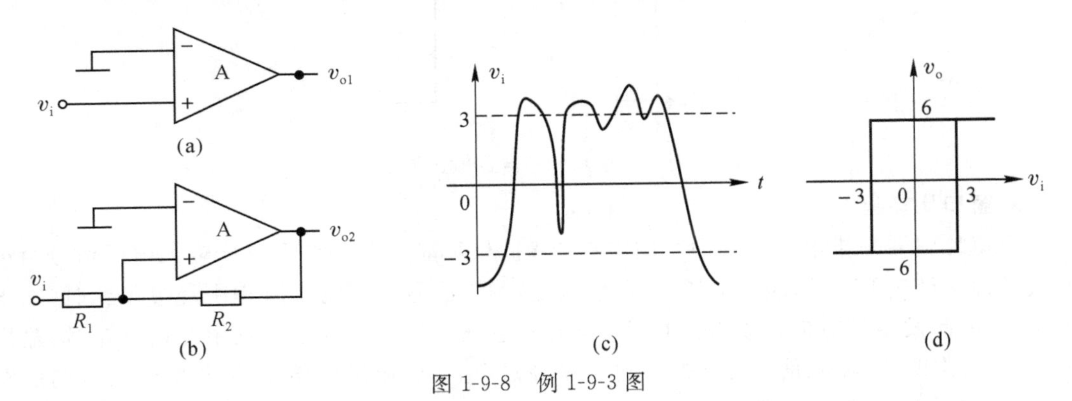

图 1-9-8　例 1-9-3 图

解　(1)由电路可知，图(a)为过零比较器，图(b)为同相输入的迟滞比较器。

(2)在图(b)中，假设输出为低电平，即 $v_{o2}=V_{OL}$，此时 $v_+=\dfrac{R_2}{R_1+R_2}v_i+\dfrac{R_1}{R_1+R_2}V_{OL}$，令 $v_+=0$，求得 v_i 的电压即为上门限电压为 $V_{IH}=-\dfrac{R_1}{R_2}V_{OL}=-\dfrac{1}{2}V_{OL}=3V$。

假设输出为高电平，即 $v_{o2}=V_{OH}$，此时 $v_+=\dfrac{R_2}{R_1+R_2}v_i+\dfrac{R_1}{R_1+R_2}V_{OH}$，令 $v_+=0$，求得 v_i 的电压即为下门限电压为 $V_{IL}=-\dfrac{R_1}{R_2}V_{OH}=-\dfrac{1}{2}V_{OH}=-3V$，因此迟滞电压为 $\Delta V=V_{IH}-V_{IL}=6V$。其电压传输特性如图 1-9-8(d)所示。

(3) 若输入信号 v_i 的波形如图 1-9-8(c)所示，则输出电压 v_{o1} 和 v_{o2} 的波形如图 1-9-9 所示。从图中可以看出，若采用过零比较器时，由于过零值会产生跃变，则输出信号会产生错误跃变。若采用迟滞比较器时，只要输入信号在迟滞电压范围内，输出信号就不会引起错误的跃变。因此采用迟滞比较器可以有效地克服干扰信号的影响。

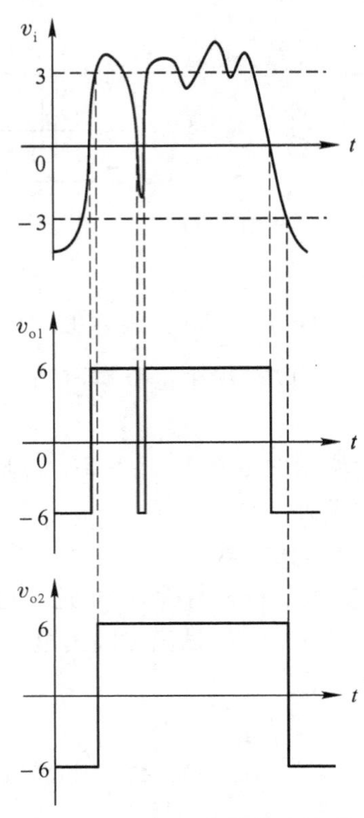

图 1-9-9 例 1-9-3 的输出波形

3. 窗口比较器

窗口比较器是指电路中有两个门限电压 V_{IL} 和 V_{IH}，且 $V_{IL} < V_{IH}$。当输入电压信号由小变大过程中经过 V_{IL} 时，输出电压 v_o 发生跃变，输入信号继续增大过程中经过 V_{IH} 时，输出电压 v_o 再此发生反方向的跃变。同样，当输入电压信号由大变小过程中经过 V_{IH} 时，输出电压 v_o 发生跃变，输入信号继续减小过程中经过 V_{IL} 时，输出电压 v_o 再此发生反方向的跃变。因此也称为双限比较器。

图 1-9-10(a)为窗口比较器电路，且 $V_{IL} < V_{IH}$。图中 D_1、D_2 为理想二极管(注：二极管器件将在第 2 章中介绍，二极管具有单向导电性)。该电路的工作原理如下：

当 $v_i < V_{IL}$ 时，输出电压 v_{o2} 为高电平，此时二极管 D_2 导通，v_{o1} 为低电平，D_1 截止，输出 v_o 为高电平 V_{OH}。

当 $V_{IL} < v_i < V_{IH}$ 时，输出电压 v_{o2} 为低电平，v_{o1} 也为低电平，此时二极管 D_2、D_1 均截止，输出 v_o 为低电平 $V_{OL} = 0$。

当 $v_i > V_{IH}$ 时，输出电压 v_{o2} 为低电平，v_{o1} 为高电平，此时二极管 D_1 导通，D_2 截止，输出 v_o 为高电平 V_{OH}。

因此窗口比较器的电压传输特性如图 1-9-10(b)所示，由于其形状像窗口，因此称为窗口比较器。其窗口电压为 $\Delta V = V_{IH} - V_{IL}$。图中两个二极管的连接方式相当于实现了取大运算的功能。

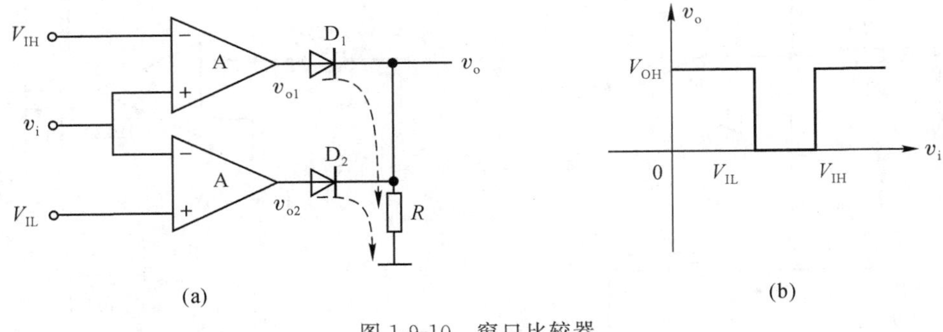

图 1-9-10　窗口比较器

本章小结

本章首先介绍了集成运算放大器的电路符号及其工作原理，理想运算放大器的功能与特性，并在此基础上详细分析了反相放大器、同相放大器、差分放大器的基本电路结构、工作原理及性能特点。

另外，本章还分析了利用运算放大器实现各种常用的运算电路，如加权电路、积分电路、微分电路、仪表放大器电路等。

最后还介绍了运算放大器的电源供电方式，运算放大器的指标与分类，电压比较器的工作原理等。

习　题

1-1　在题 1-1 图所示的电路中，运算放大器的开环增益 A 是有限的，$R_1 = 1\text{M}\Omega$，$R_2 = 1\text{k}\Omega$。当 $v_i = 4.0\text{V}$ 时，测得输出电压为 $v_o = 4.0\text{V}$，则该运算放大器的开环增益 A 为多少？

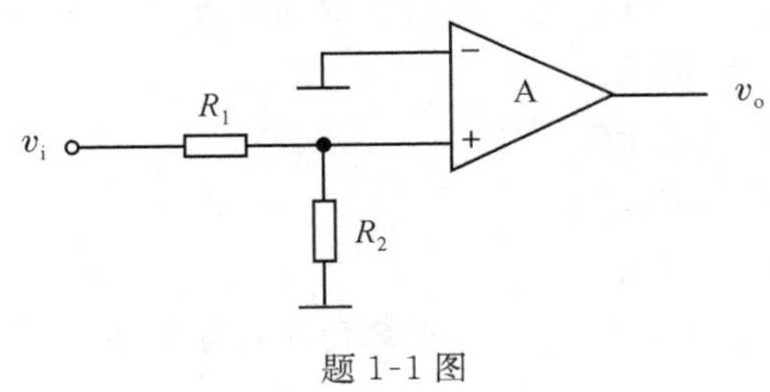

题 1-1 图

1-2　假设题 1-2 图所示电路中的运算放大器都是理想的，试求每个电路的电压增益 $G = \frac{v_o}{v_i}$，输入阻抗 R_i 及输出阻抗 R_o。

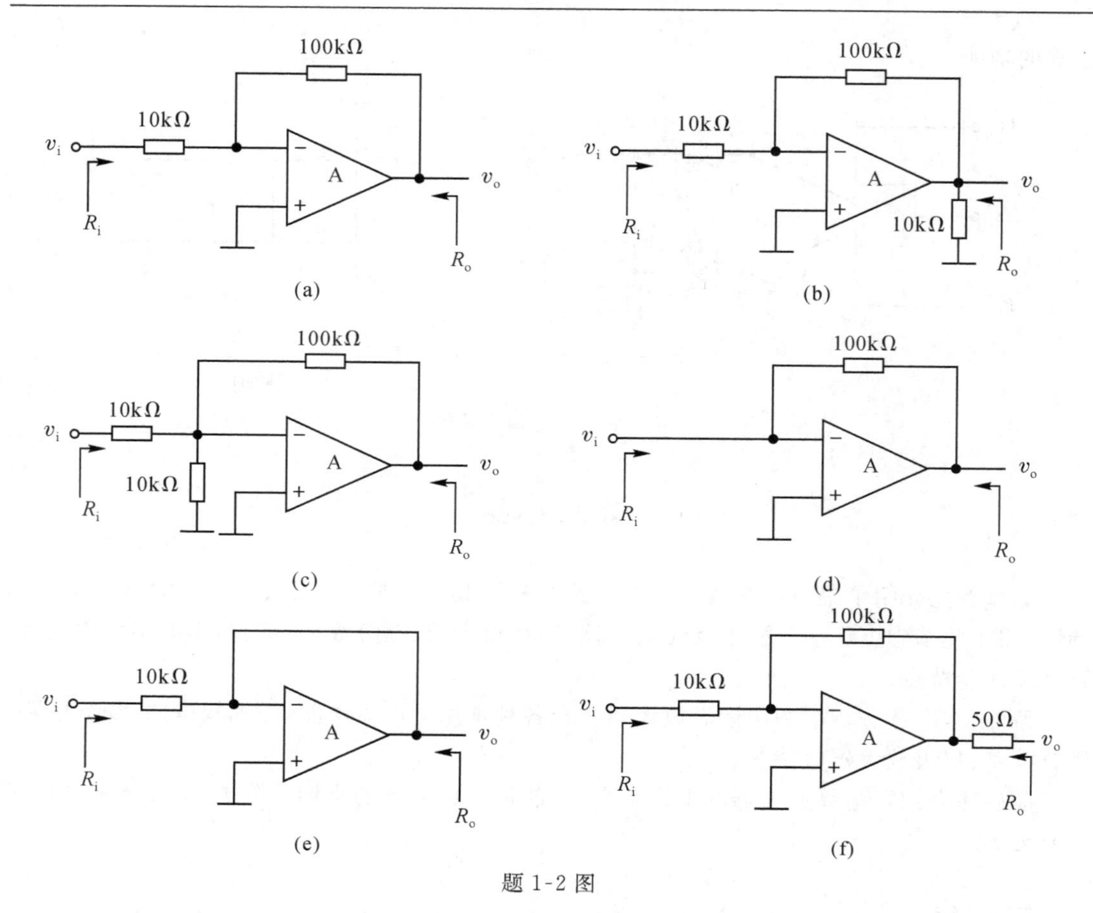

题 1-2 图

1-3 有一个理想运算放大器及三个 10 kΩ 电阻，利用串并联组合可以得到最大的电压增益 $|G|$（非无限）为多少？此时对应的输入阻抗为多少？最小的电压增益 $|G|$（非零）为多少？此时对应的输入阻抗为多少？要求画出相应的电路。

1-4 一个理想运算放大器与电阻 R_1、R_2 组成反相放大器，其中 R_1 为输入回路电阻，R_2 为闭合环路电阻。试问在下列情况下放大器的闭环增益为多少？

(a) $R_1 = 10\ \text{k}\Omega, R_2 = 50\ \text{k}\Omega$

(b) $R_1 = 10\ \text{k}\Omega, R_2 = 5\ \text{k}\Omega$

(c) $R_1 = 100\ \text{k}\Omega, R_2 = 1\ \text{M}\Omega$

(d) $R_1 = 10\ \text{k}\Omega, R_2 = 1\ \text{k}\Omega$

1-5 设计一个反相运算放大电路，要求放大器的闭环增益为 −5 V/V，使用的总电阻值为 120 kΩ。

1-6 一个理想运算放大器电路如图 1-2-1(a) 所示，其中 $R_1 = 10\ \text{k}\Omega, R_2 = 20\ \text{k}\Omega$。将一个电平值为 0 V 与 2 V 的对称方波信号加到输入端，试画出对应的输出电压波形。要求坐标对齐，并标明电平值。

1-7 在图 1-2-4 所示的电路中，设 $R_1 = R_2 = R_4 = 1\ \text{M}\Omega$，并假设运算放大器是理想的，若要求闭环增益为下列值，试求对应的 R_3 阻值。

(a) $G = -10$ V/V　　(b) $G = -100$ V/V　　(c) $G = -2$ V/V

1-8　题1-8图为具有高输入阻抗的反相放大器，假设运算放大器是理想的。已知 $R_1 = 90$ kΩ，$R_2 = 500$ kΩ，$R_3 = 270$ kΩ，试求 $G = v_o/v_i$ 及输入阻抗 R_i。

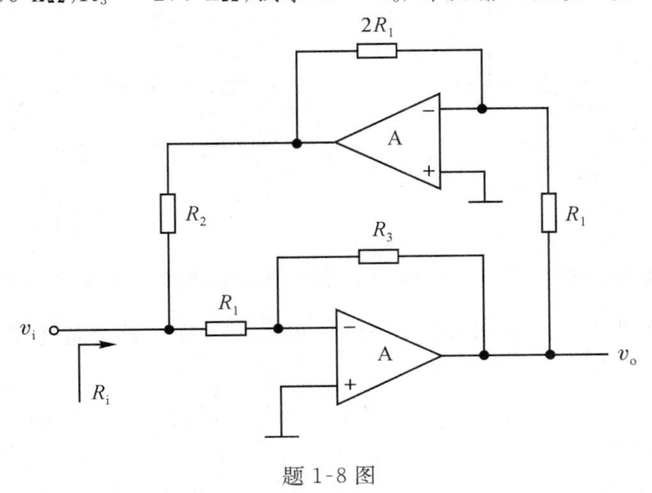

题1-8图

1-9　设计题1-9图所示的电路，使其输入阻抗为100 kΩ，并且当使用10 kΩ电位器 R_4 时增益在 -1 V/V 到 -10 V/V 范围内变化。当电位器位于中间时，放大器的增益为多少？

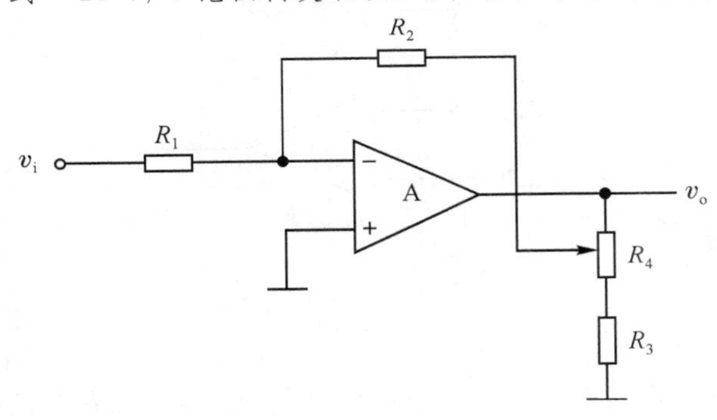

题1-9图

1-10　设计一个运算放大器电路，它的输入分别为 v_1、v_2、v_3，输出为 $v_o = -(v_1 + 2v_2 + 4v_3)$。要求对输入信号 v_3 的输入阻抗为10 kΩ，画出相应的电路，并标明各电阻的取值。

1-11　要求利用两个反相放大器设计一个实现函数 $v_o = v_1 - 2v_2 + 4v_3$ 的电路。

1-12　利用反相放大器来设计一个求平均值电路。

1-13　给出一个电路实现加权加法器的功能并给出相应的元件值，要求将 $5\sin\omega t$(V) 的正弦信号的直流电平从0转变为 -5 V。

1-14　若使用同相放大器来实现具有以下的闭环增益，如图1-3-1(a)所示，那么应该使用多大值（R_1、R_2）的电阻？要求至少使用一个10 kΩ的电阻。

(a) $G = +1$ V/V　　(b) $G = +2$ V/V　　(c) $G = +11$ V/V

(d) $G = +10$ V/V

1-15　在题1-15图所示的电路中，用10kΩ的电位器来调节放大器的增益。假设运算放大器是理想的，试导出增益与电位器位置 x 的关系，并且求出增益的调节范围。

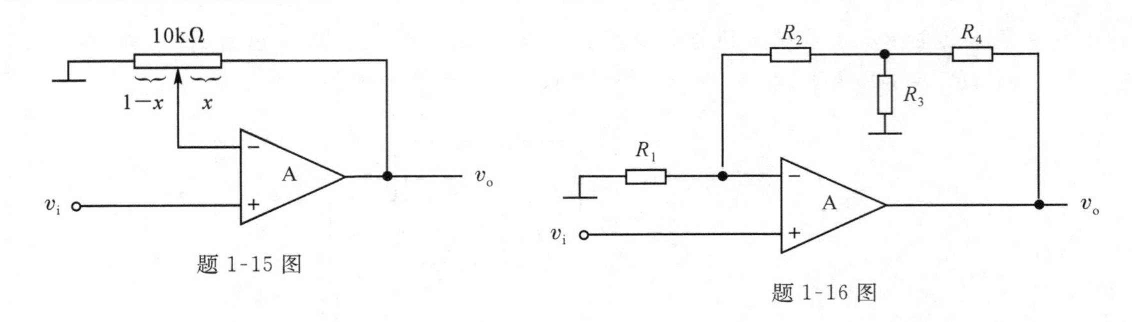

题 1-15 图

题 1-16 图

1-16　在题1-16图所示的电路中，假设运算放大器是理想的，求放大器的闭环增益$G=\frac{v_o}{v_i}$。

1-17　要求只能使用 1 kΩ 和 10 kΩ 的电阻，设计一个同相放大器电路，并且要求其增益为+10 V/V。

1-18　在题 1-18 图所示的电路中，假设运算放大器是理想的。当输入信号分别为

$$v_1(t) = 10\sin(2\pi \times 50t) - 0.1\sin(2\pi \times 1000t)\ (\text{V})$$

$$v_2(t) = 10\sin(2\pi \times 50t) + 0.1\sin(2\pi \times 1000t)\ (\text{V})$$

求 v_o。

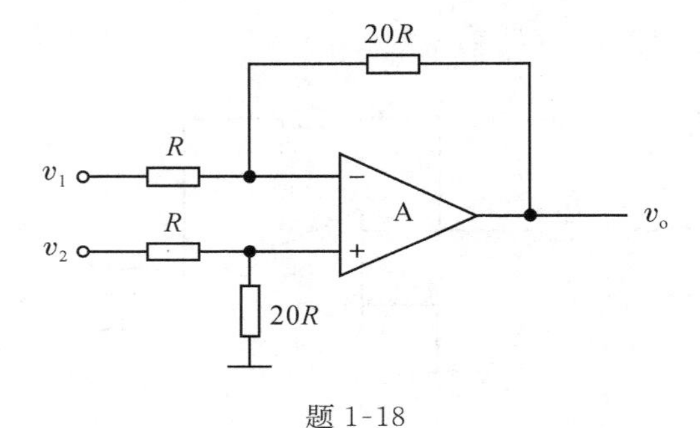

题 1-18

1-19　要求只利用一个运算放大器和部分电阻设计一个电路，要求它的输出为 $v_o = v_1 + 2v_2 - 2v_3$。画出设计电路并确定各电阻的取值。

1-20　题 1-20 图所示为一个改进型的差分放大器，该电路包含一个电阻 R_G，它可以用来改变放大器的增益。试求其电压增益 $G = v_o/v_i$。

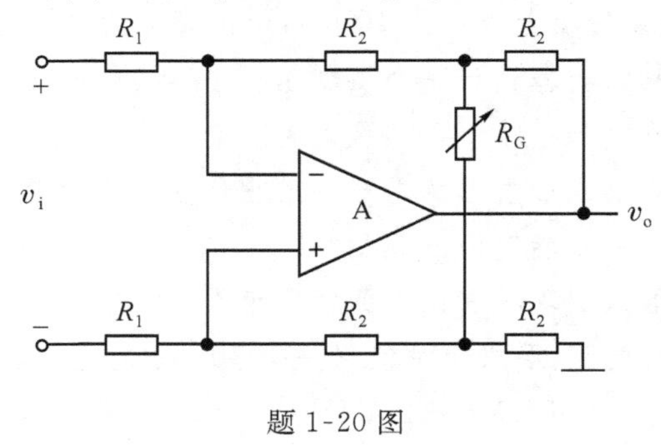

题 1-20 图

1-21　题 1-21 图所示的电路为浮动负载(两个连接端都没接地的负载提供电压)，这在电源电路中有很好的应用性。

(a) 假设运算放大器是理想的，当节点 A 输入峰峰值为 1 V 的正弦波 v_i 时，试画出节点 B、节点 C 对地时的电压波形，并画出 v_o 的波形。

(b) 电压增益 v_o/v_i 为多少？

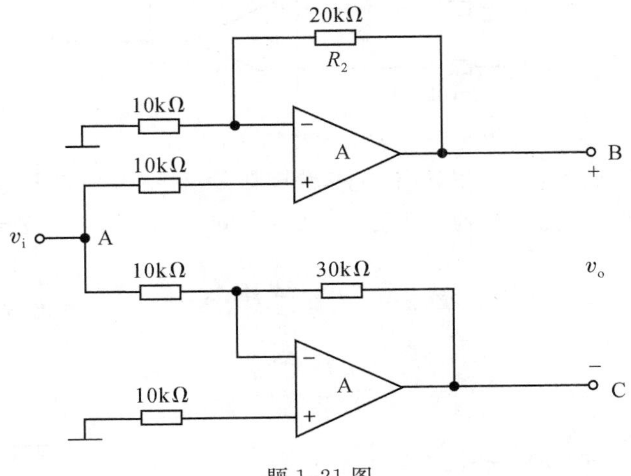

题 1-21 图

1-22　题 1-22 图所示的电路是实现电压/电流转换器的功能，即它们给负载阻抗 Z_L 提供的电流 i_L 与负载阻抗 Z_L 无关，仅与输入 v_i 成比例，试证明。

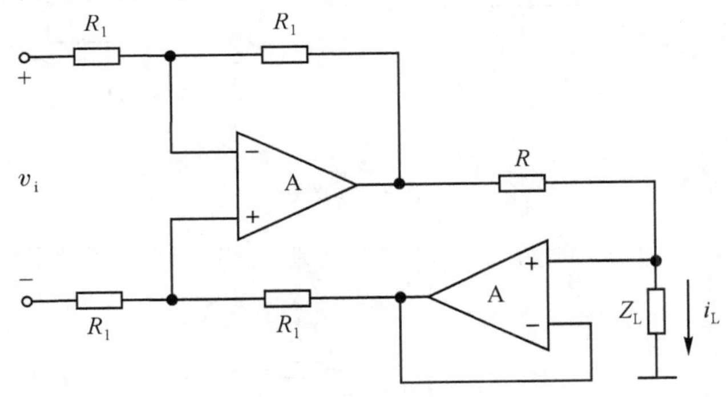

题 1-22 图

1-23　设计一个密勒积分器，使它的时间常数为 1 s，输入阻抗为 100 kΩ。在 $t=0$ 时刻，在它的输入端加上 −1 V 的直流电压。问：在什么时刻 $v_o=-10$ V？输出达到 0 V 需要多长时间？达到 +10 V 需要多长时间？

1-24　一个密勒积分器的初始输入电压和输出电压均为 0，时间常数为 1 ms。若输入的波形如题 1-24 所示，试画出输出的波形（要求坐标对齐并标明数值）。

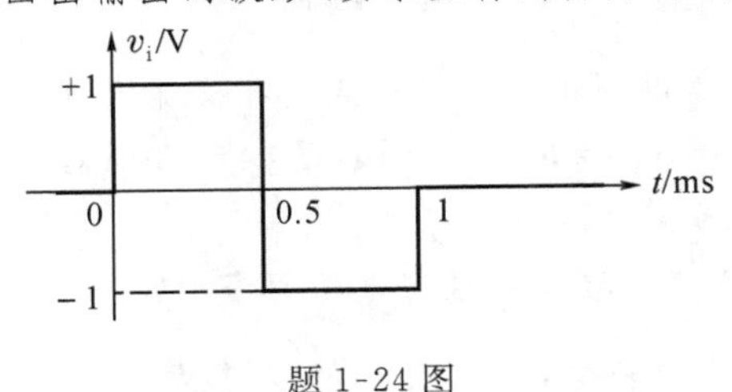

题 1-24 图

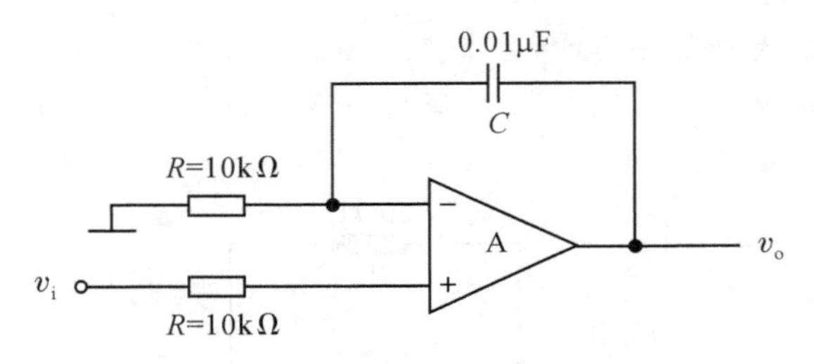

题 1-25 图

1-25　在题 1-25 图所示的电路中，假设运算放大器是理想的，电容上的初始电压为零。在 $t=0$ 时，加到同相输入端的电压为 $v_i(t)=10e^{-t/\tau}(\mathrm{mV})$，其中 $\tau=5\times10^{-4}$ s。求输出电压 $v_o(t)$。

1-26　在题 1-26 图中，假设运算放大器是理想，试写出该传递函数的表达式 $T(s)=\dfrac{V_o(j\omega)}{V_i(j\omega)}$。

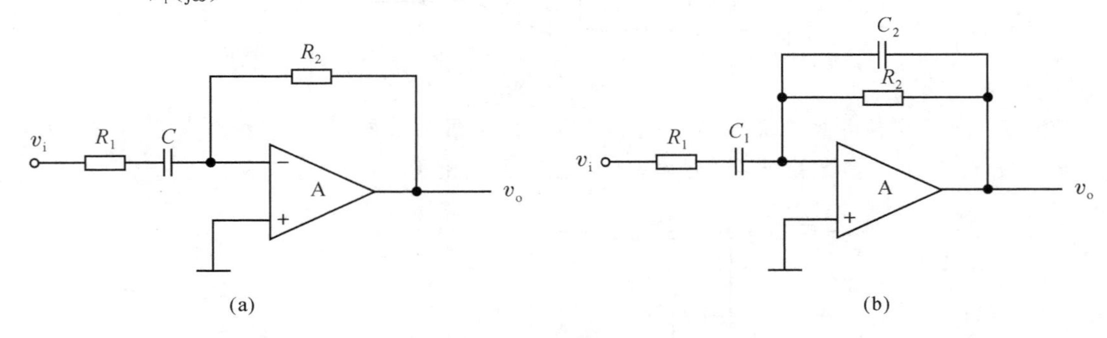

题 1-26 图

1-27　一个同相积分器电路如题 1-27 图所示。试求 v_o 与 v_i 的关系式，假设运算放大器是理想的。

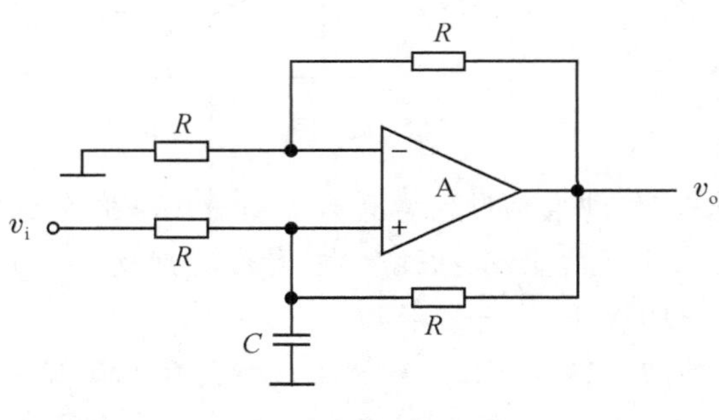

题 1-27 图

1-28　题 1-28 图为实用的单电源供电的自举式同相交流电压放大器电路，假设运算放大器是理想的。已知 $R_1=R_3=R_4=10\ \mathrm{k\Omega}$，$R_2=100\ \mathrm{k\Omega}$，$R_5=100\ \mathrm{k\Omega}$。$C_1=C_2=C_3=10\ \mu\mathrm{F}$，$V_{CC}=+15$ V。问：

(a) 运算放大器的各信号端口的直流电位为多少？

(b) 交流放大倍数 $\dfrac{v_o}{v_i}$ 为多少，输入阻抗 R_i 为多大？

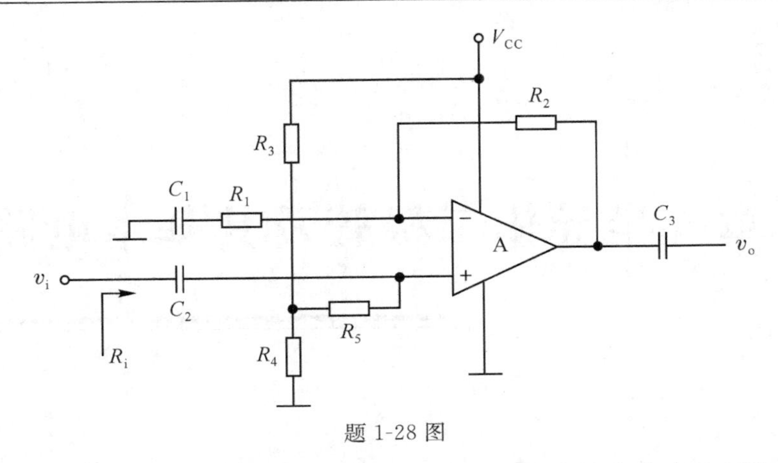

题 1-28 图

1-29　在题 1-29 图所示的电路中，比较器的输出电压的最大值为 ±12V。试画出各电路的电压传输特性。

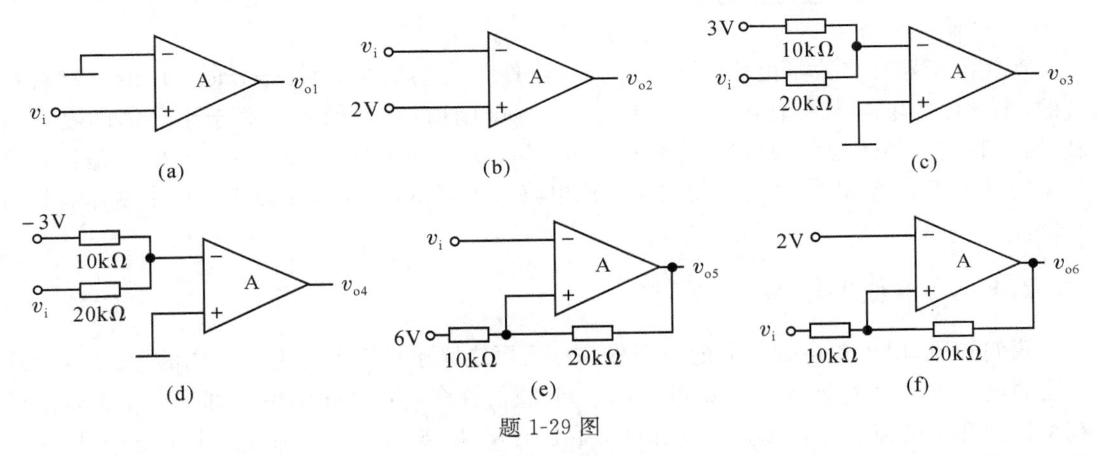

题 1-29 图

1-30　在题 1-30(a)图所示的电路中，比较器的输出电压的最大值为 ±12V，输入电压波形如题 1-30(b)图所示。当 $t=0$ 时 $v_{o1}=0\text{V}$，分别画出输出电压 v_{o1} 和 v_{o2} 的波形。

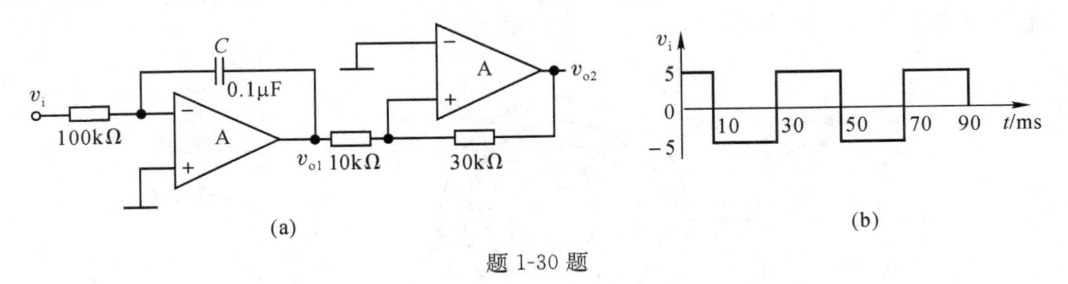

题 1-30 题

第 2 章　半导体二极管及其基本电路

2.1　半导体基础知识

现代电子器件多数是由性能介于导体与绝缘体之间的半导体(Semiconductor)材料制成的，半导体的电阻率一般在 $10^{-3}\sim10^{9}\,\Omega\cdot\text{cm}$ 范围内，在自然界中属于半导体的物质很多，用来制造半导体器件的材料主要有硅(Si)、锗(Ge)、砷化镓(GaAs)等。其中硅是目前最常用的一种半导体材料，也是当前制作集成电路的主要材料；而砷化镓主要用来制作高频高速器件。

2.1.1　本征半导体

我们知道，原子是由带正荷的原子核和分层围绕原子核运动的电子组成的，其中处于最外层的电子称为价电子(Valence Electron)，物质的许多物理和化学性质都与原子的价电子有关。硅和锗的原子结构模型分别如图 2-1-1(a)和(b)所示。它们都有四个价电子，同属于四价元素。为了简化起见，常常把内层电子和原子核看成一个整体，称为惯性核，惯性核的周围是价电子。显然，硅和锗的惯性核模型是相同的，它们的惯性核都带有四个正的电子电荷量(用带圆圈的+4 符号表示)，如图 2-1-1(c)所示。

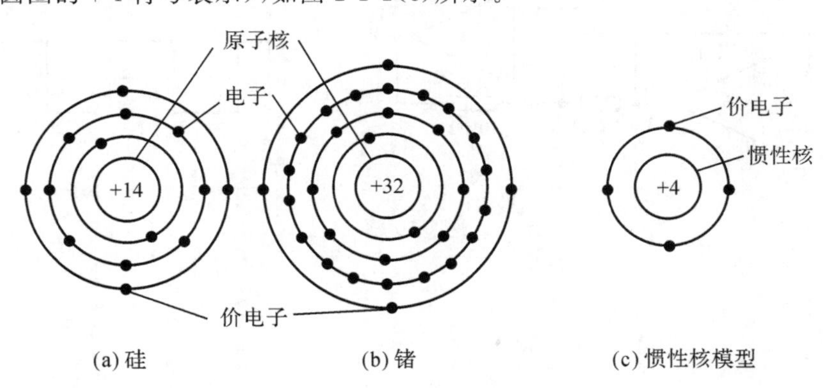

图 2-1-1　硅和锗的原子结构模型

1. 本征半导体

本征半导体(Intrinsic Semiconductor)是一种完全纯净的、结构完整的半导体晶体。纯净的硅和锗都是晶体，它们的原子都是有规则地排列着，并通过由价电子组成的共价键(Covalent Bond)把相邻的原子牢固地联系在一起。共价键就是相邻两个原子中的价电子作为共用电子对而形成的相互作用力。硅和锗中的每个原子均与相邻四个原子构成四个共价键，如图 2-1-2 所示。图中表示的是二维结构，实际上半导体晶体结构是三维的。整块晶体内部晶格排列完全一致的晶体称为单晶。硅和锗的单晶为本征半导体，它们是制造半导体器件的基本材料。

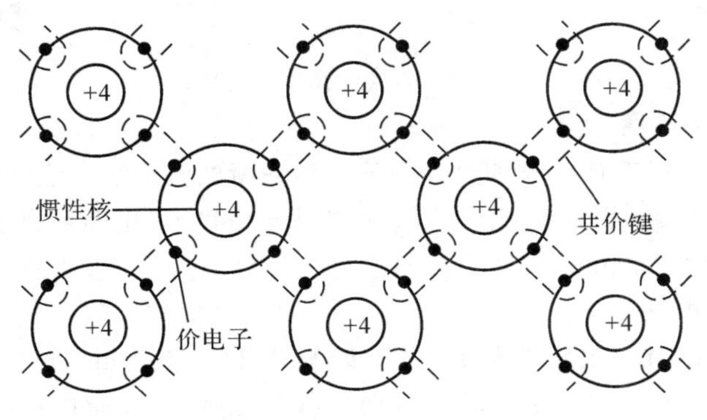

图 2-1-2　硅和锗的共价键结构

2. 本征激发和复合

本征半导体在热力学温度 $T=0$ K(K 为温度单位，称为开尔文)和没有外界影响的条件下，其价电子全部束缚在共价键中，不存在自由运动的电子。但当温度升高或受到光线照射时，少量共价键中的价电子从外界获得足够的能量，从而挣脱共价键的束缚而成为自由电子(Free Electron)，这种现象称为本征激发。

当电子挣脱共价键的束缚成为自由电子后，共价键中就留下空位，这个空位叫做空穴(Hole)，空穴的出现是半导体区别于导体的一个重要特点。由于共价键中出现了空穴，相应原子就带有一个电子电荷量的正电，邻近共价键中的价电子受它的作用很容易跳过来填补这个空穴，这样空穴便转移到邻近的共价键中去；而后出现在新的地方的空穴又被其相邻的价电子填补。这种过程持续下去，就相当于空穴在晶格中移动，如图 2-1-3 所示。由于带负电荷的价电子依次填补空穴的作用与带正电荷的粒子作反方向运动的效果相同，因此在分析时，用空穴的运动来代替共价键中价电子的运动就更加方便。在这里可把空穴看成是一个带正电的载流子，它所带的电量与电子相等，符号相反。

由以上可见，半导体借以导电的载流子比导体多了一种空穴，或者说，半导体是依靠自由电子和空穴两种载流子导电的物质。在本征半导体中，自由电子和空穴总是成对出现的。也就是说，有一个自由电子就必定有一个空穴，因此在任何时候，本征半导体中的自由电子和空穴数总是相等的，即

自由电子的数目＝空穴的数目

所以，本征半导体呈电中性。实际上，在自由电子—空穴对产生过程中还同时存在着复合过程，这就是自由电子在热骚动过程中与空穴相遇而释放能量，形成自由电子—空穴对消失的过程。

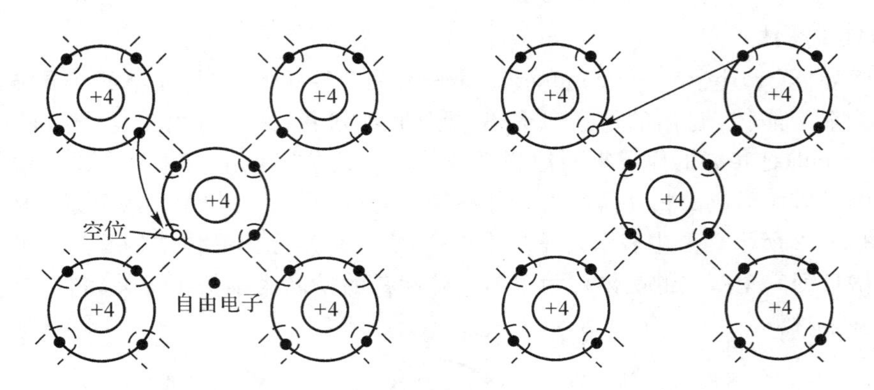

图 2-1-3 空穴在晶格中的移动

3. 热平衡载流子浓度

当温度一定时，上述本征激发和复合在某一热平衡载流子浓度值（即单位体积内的载流子数）上达到动态平衡。可以证明，这个热平衡载流子浓度 n_i（也即自由电子浓度值 n 或空穴浓度值 p，单位为载流子 /cm^3）为

$$n_i = AT^{3/2}e^{-E_{GO}/2kT} \tag{2-1-1}$$

式中：A 是一个由具体材料决定的常数，对于硅为 $3.88\times10^{16}\text{cm}^{-3}\text{K}^{-3/2}$，对于锗为 $1.76\times10^{16}\text{cm}^{-3}\text{K}^{-3/2}$；$E_{GO}$ 是 $T=0\text{K}$（即 $-273℃$）时的禁带宽度（带隙能量），对于硅为 1.21eV（电子伏特），对于锗为 0.785eV；k 为玻尔兹曼常数，$k=8.63\times10^{-5}\text{eV/K}=1.38\times10^{-23}\text{J/K}$，J 为焦耳。

由式(2-1-1)可知，n_i 与温度有关，随温度升高而迅速增大。在室温（$T=300\text{K}$）时，可求得硅的 $n_i\approx1.5\times10^{10}$ 载流子 /cm^3，锗的 $n_i\approx2.4\times10^{13}$ 载流子 /cm^3。需要指出的是，n_i 的数值虽然很大，但它仅占原子密度很小的比例。例如：硅单晶的原子密度大约为 $5\times10^{22}\text{cm}^{-3}$，因此 n_i 仅为它的三万亿分之一，即在室温下每三万亿个原子中只有一个价电子是被激发的。所以本征半导体的导电能力是很低的，例如本征硅的电阻率约为 $2.2\times10^5\Omega\cdot\text{cm}$。

2.1.2 杂质半导体

在本征半导体中掺入微量的杂质，就成为杂质半导体（Doped Semiconductor），就会使半导体的导电性能发生显著的改变。因掺入杂质性质不同，杂质半导体可分为 N 型（电子型）半导体和 P 型（空穴型）半导体。

1. N 型半导体

在硅（或锗）的晶体内掺入少量五价元素的杂质，如磷、锑或砷等，可使晶体中的自由电子浓度大大增加，故将这种杂质半导体称为 N 型或电子型半导体。因为五价元素的原子有五个价电子，当它顶替晶格中的四价硅原子时，每个五价元素原子中的四个价电子与周围四个硅原子以共价键形式相结合，而余下的一个价电子就不受共价键束缚，它在室温时所获得的热能就足以使它挣脱原子核的吸引而成为自由电子。由于该电子不是共价键中的价电子，因而不会同时产生空穴，如图 2-1-4 所示。

对于每个五价元素的原子，尽管它释放出一个自由电子后变成带一个电子电荷量的正离子，但它束缚在晶格中，不能像载流子那样起导电作用，这时整块半导体仍保持电中性。这样与本征激发浓度相比，N 型半导体中自由电子的浓度大大增加了，而空穴因与自由电子相

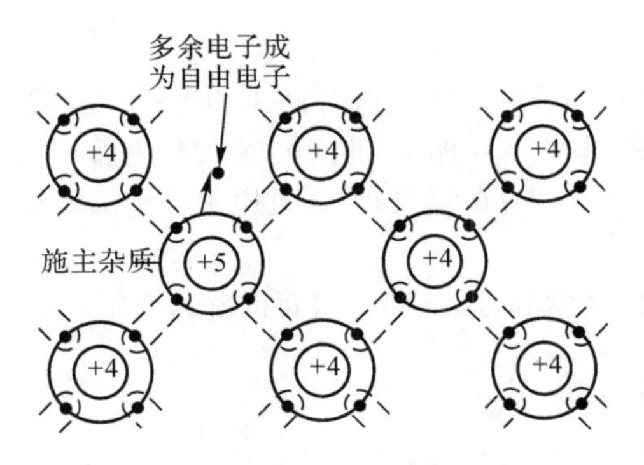

图 2-1-4　N 型半导体结构

遇而复合的机会增大，因而其浓度反而更小了。于是有

自由电子的数目 > 空穴的数目

所以在上述 N 型半导体中，将自由电子称为多数载流子，简称多子；空穴称为少数载流子，简称少子。并将五价元素称为施主(Donor) 杂质，它释放出一个自由电子后变成受晶格束缚的正离子。

2. P 型半导体

同理，在硅(或锗) 的晶体内掺入少量三价元素杂质，如硼、镓、铟或铝等，可使晶体中的空穴浓度大大增加，故将这种半导体称为 P 型或空穴型半导体。因为三价元素原子只有三个价电子，当它顶替四价硅原子与周围四个硅原子组成共价键时，因缺少一个价电子，在晶体中便产生一个空位，当相邻共价键上的电子受到热振动或在其他激发条件下获得能量时，就有可能填补这个空位，使三价元素原子成为不能移动的负离子，而原来硅原子的共价键则因缺少一个电子，形成了空穴，整块半导体仍呈电中性，如图 2-1-5 所示。于是有

空穴的数目 > 自由电子的数目

可见在 P 型半导体中，空穴是多子，自由电子是少子。因三价元素的原子在硅晶体中能接受电子而成为负离子，故相应地将三价元素称为受主(Acceptor) 杂质。

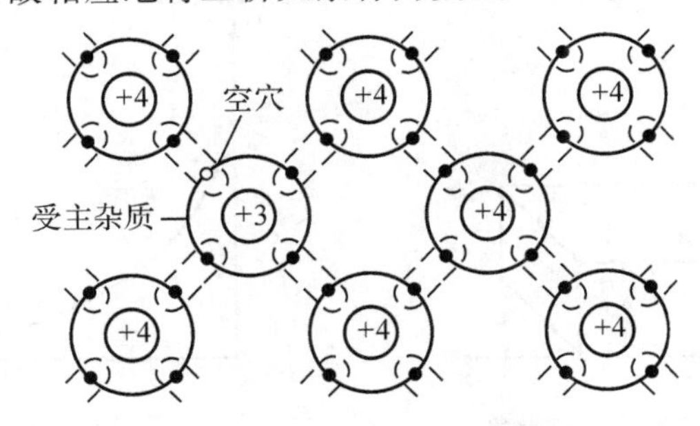

图 2-1-5　P 型半导体结构示意图

3. 多子和少子的热平衡浓度

由以上分析可见，无论 P 型或 N 型半导体，掺杂越多，多子数量就越多，少子数量就越少。它们之间的定量关系满足下面的两个关系式。

首先，它们都处于热平衡状态，满足相应的热平衡条件。即当温度一定时，两种载流子的热平衡浓度值的乘积恒等于本征载流子浓度值 n_i 的平方，设 n_o 和 p_o 分别为自由电子和空穴的热平衡浓度值，则

$$n_o p_o = n_i^2 \tag{2-1-2}$$

其次，由于整块半导体处于电中性状态，满足电中性条件，即整块半导体中的正电荷量恒等于负电荷量。例如，在 N 型半导体中，带负电荷的仅有多子自由电子，而带正电荷的有已经电离的杂质原子和少子空穴。在室温时，杂质原子已全部电离，则它的电中性条件为

$$n_o = N_d + p_o \tag{2-1-3}$$

式中：N_d为施主杂质浓度，通常其远大于 n_i，因而也就远大于 p_o，则上式可简化为

$$n_o \approx N_d \tag{2-1-4}$$

即多子浓度近似等于掺杂浓度。

同理，在 P 型半导体中，带正电荷的只有多子空穴，而带负电荷的有已经电离的受主杂质和少子电子。则其电中性条件为

$$p_o = N_a + n_o \approx N_a \tag{2-1-5}$$

式中：N_a 为受主杂质浓度。

由以上分析可见，掺入不同的杂质，就能改变杂质半导体的导电类型，这是制造 PN 结的一种主要方法。

2.1.3 两种导电机理——扩散和漂移

空穴和自由电子在硅晶体中的移动有两种过程——扩散和漂移，相应地可形成两种电流——扩散电流和漂移电流。

1. 扩散

扩散是与不规则的热运动联系在一起的，在一块处于热平衡状态的半导体中，均匀分布的自由电子和空穴不会因随机运动而造成电荷的定向流动。但是，如果由于某种原因（例如不均匀光照）使硅片一个部分中的自由电子浓度高于其他的部分，那么电子将会从高浓度区域向低浓度区域扩散。这一扩散过程引起电荷的定向流动，相应产生的电流称为扩散电流(Diffusion Current)。

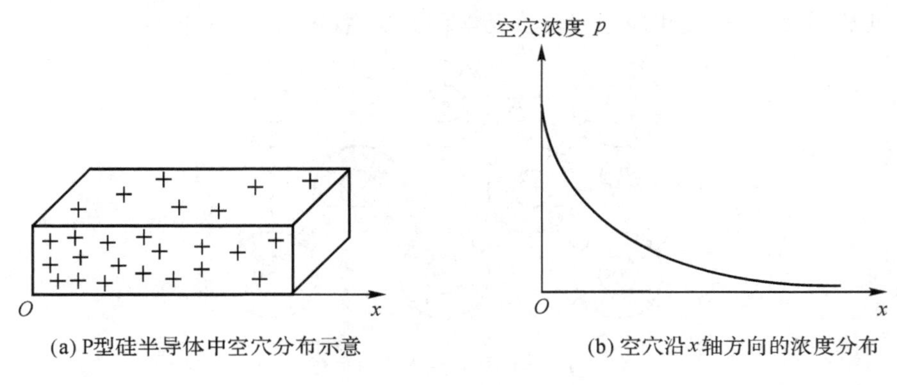

图 2-1-6 一条 P 型硅半导体

例如图 2-1-6(a) 所示的硅棒，其中图 2-1-6(b) 所示为空穴沿 x 轴方向的浓度分布。这样一个浓度分布将导致沿 x 轴方向的空穴扩散电流，由于在任何一点的电流值与浓度曲线的斜率（或称为浓度梯度$\frac{dp(x)}{dx}$）成比例关系，则

$$J_P = -qD_P \frac{dp(x)}{dx} \tag{2-1-6}$$

式中：J_P 为扩散电流密度（即沿 x 轴方向每单位面积中的电流），单位为 A/cm^2；q 为电子的电荷量，$q = 1.6 \times 10^{-19}$ C；D_P 为比例常数，称为空穴扩散系数。由于斜率 $\frac{dp(x)}{dx}$ 是负的，则在 x 方向将得到一个正电流。

类似地，在由电子浓度梯度（斜率）产生电子扩散的情况下，同样可以得到电子的扩散电流密度

$$J_N = qD_N \frac{dn(x)}{dx} \tag{2-1-7}$$

式中：D_N 为电子的扩散系数。显然负的浓度梯度 $\frac{dn(x)}{dx}$ 将产生一个负的电流密度，说明自由电子扩散电流方向与浓度减小方向相反。对于在硅材料中扩散的空穴和电子，常温下扩散系数的典型值分别为

$$D_P = 13\ cm^2/s, \qquad D_N = 34\ cm^2/s$$

2. 漂移

半导体中载流子的另一种运动过程是漂移。在外加电场作用下，载流子将在热骚动状态下产生定向的运动，定向运动的速度叫做漂移速度。如果电场强度为 E（单位为 V/cm），空穴会产生顺电场方向的漂移运动，漂移速度 v_{drift}（单位为 cm/s）为

$$v_{drift} = \mu_p \cdot E \tag{2-1-8}$$

这里常数 μ_p 称为空穴的迁移率，单位为 $cm^2/(V \cdot s)$。带负电荷的自由电子在电场作用下会产生与电场方向相反的漂移运动，漂移速度为 $\mu_n \cdot E$，其中 μ_n 称为自由电子的迁移率，单位也为 $cm^2/(V \cdot s)$。迁移率的大小与温度、载流子性质、半导体材料和掺杂浓度等因素有关。温度越高，掺杂浓度越大，迁移率就越小；空穴的迁移率比自由电子的小（即 $\mu_p < \mu_n$）；硅材料中载流子的迁移率比锗材料中的小。例如，在室温时，硅材料中，$\mu_n = 1500\ cm^2/(V \cdot s)$，$\mu_p = 600\ cm^2/(V \cdot s)$；锗材料中，$\mu_n = 3900\ cm^2/(V \cdot s)$，$\mu_p = 1900\ cm^2/(V \cdot s)$；GaAs 材料中，$\mu_n = 8500\ cm^2/(V \cdot s)$，$\mu_p = 400\ cm^2/(V \cdot s)$。迁移率影响半导体器件的工作速度和工作效率，采用迁移率大的材料（如 GaAs）可以制成工作速度或工作频率高的半导体器件。

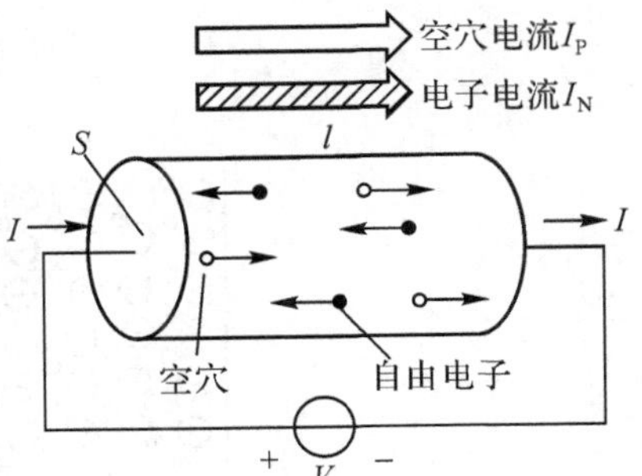

图 2-1-7 电场作用下的漂移运动

在图 2-1-7 中，若设 $J_{P\text{-drift}}$ 和 $J_{N\text{-drift}}$ 分别为空穴和自由电子的漂移电流密度（即通过单位截面积的电流），则它们可分别表示为

$$J_{P\text{-drift}} = qp\mu_p E \tag{2-1-9}$$

$$J_{N\text{-drift}} = -(-q)n\mu_n E \tag{2-1-10}$$

总的漂移电流密度由式(2-1-9)和(2-1-10)求和得到

$$J_{drift} = q(p\mu_p + n\mu_n)E \tag{2-1-11}$$

式中：p 和 n 分别为空穴和自由电子的浓度，$q = 1.6 \times 10^{-19}$ C（库仑），E 为外加电场强度，单位为 V/cm。

2.2 PN结的形成和特性

由上节可知，P型半导体中含有受主杂质，在室温下受主杂质电离为带正电的空穴和带负电的受主离子；N型半导体中含有施主杂质，在室温下，施主杂质电离为带负电的自由电子和带正电的施主离子。另外，P型和N型半导体中还有少数受本征激发产生的自由电子和空穴。通常本征激发产生的载流子数要比掺杂产生的少得多。要注意，半导体中的正负电荷数是相等的，它们的电量相互抵消，因此半导体保持电中性。

2.2.1 PN结的形成

当P型半导体和N型半导体相接触时，在它们的交界处就出现了空穴和电子的浓度差异，N型区内电子很多而空穴很少，P型区内空穴很多而电子很少。这样，电子和空穴都要从浓度高的地方向浓度低的地方扩散。因此，有一些电子要从N区向P区扩散，并与P区中的空穴复合，也有一些空穴要从P区向N区扩散，并与N区中的电子复合，如图2-2-1所示。

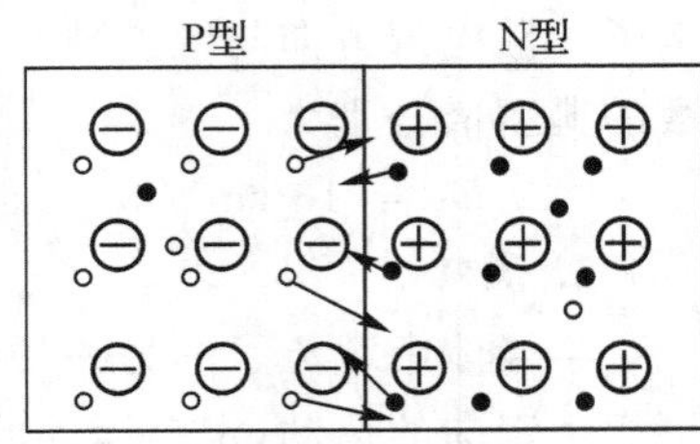

图2-2-1 载流子的扩散

由于电子和空穴都是带电的，它们扩散的结果就使P区和N区中原来保持的电中性被破坏了。P区一边失去空穴，留下了带负电的杂质离子（图2-2-1中用⊖表示）；N区一边失去自由电子，留下了带正电的杂质离子（图中用⊕表示）。半导体中的离子虽然带电，但由于物质结构的关系，它们被束缚在晶格中不能移动，因此不参与导电。这些不能移动的带电粒子通常称为空间电荷，它们集中在P区和N区的交界面附近，形成了一个很薄的区域，称为空间电荷区，这就是PN结。在这个区域内，多数载流子已扩散到对方并复合掉了，或者说已经消耗尽了，因此空间电荷区有时又称为耗尽区，它的电阻率很高，所以又可以称为阻挡层、势垒区等，这些名称可以互相通用。扩散越强，空间电荷区越宽。由于多数载流子的扩散将形成由P区流向N区的扩散电流 I_D，如图2-2-2所示。

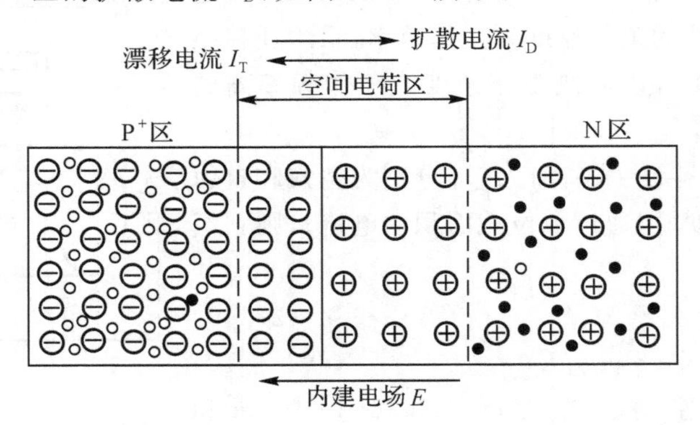

图2-2-2 空间电荷区的形成

在出现了空间电荷区以后，由于正负电荷之间的相互作用，在空间电荷区中就形成了一个电场，其方向是从带正电的N区指向带负电的P区。由于这个电场是由载流子扩散运动即由内部形成的，而不是外加电压形成的，故称为内建电场。显然这个内建电场的方向是阻止扩散的，因为这个电场的方向与载流子扩散运动的方向相反。同时，根据电场的方向和自由电子、空穴的带电极性还可以看出，这个电场将使 N 区少数载流子空穴向 P 区漂移，使 P 区的少数载流子自由电子向 N 区漂移，漂移运动的方向正好与扩散运动的方向相反，形成了由 N 区流向 P 区的漂移电流 I_T。

随着上述多子扩散运动的进行，紧靠接触面两侧留下的离子电荷量增多，空间电荷区增宽，其间的内建电场相应增大，结果是多子扩散减弱，少子漂移增强，直到扩散和漂移运动达到动态平衡（$I_D = I_T$）。这时，通过空间电荷区的总电流为零，因而通过 PN 结的净电流也就为零。

达到动态平衡时，由内建电场 E 产生的电位差称为内建电位差，一般用 V_B 表示，如图 2-2-3 所示。实际上，V_B 就是不同半导体接触时的接触电压差。图中，$-x_P$ 和 x_N 为空间电荷区两侧边界的坐标值。

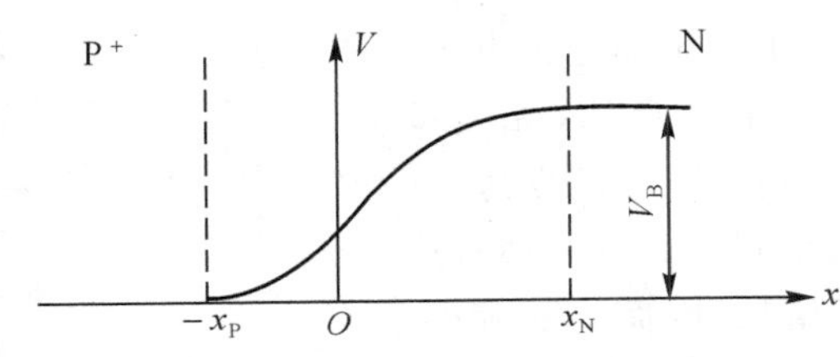

图 2-2-3　PN 结的内建电位差

根据动态平衡条件（$I_D = I_T$）可求得 V_B 的近似表达式为

$$V_B \approx V_T \ln \frac{N_a N_d}{n_i^2} \tag{2-2-1}$$

其中

$$V_T \approx \frac{kT}{q} \tag{2-2-2}$$

称为热电压（Thermal Voltage），单位为伏特。在室温时，即 $T = 300\text{K}$ 时 $V_T \approx 26\text{mV}$。

这个重要参数以后经常要用到。在有的教材中把室温看作 20℃，即 $T = 293\text{K}$，则这时 $V_T \approx 25\text{mV}$。式(2-2-1)表明，PN 结两边的掺杂浓度 N_a、N_d 越大，n_i 越小，V_B 就越大。锗的 n_i 大于硅，因而锗的 V_B 小于硅。在室温时，锗的 $V_B \approx 0.2 \sim 0.3\text{V}$，硅的 $V_B \approx 0.5 \sim 0.7\text{V}$。在温度升高时，由于 n_i 的增大影响比 V_T 大，因而 V_B 将相应地减小。通常温度每升高 1℃，V_B 大约减小 2.5mV。

要说明的是，图 2-2-1 所示的 PN 结两边是对称的，称为对称结。实际的 PN 结一般为不对称结，如图 2-2-2 所示，它的 P 型和 N 型半导体具有不同的掺杂浓度，其中 P 区掺杂浓度大于 N 区的称为 P^+N 结；N 区掺杂浓度大于 P 区的称为 PN^+ 结，由图 2-2-2 和图 2-2-3 可见，若 PN 结的截面积为 S，则空间电荷区在 P 区一侧的负电荷量为 $Q_- = -qSx_P N_a$，N 区一侧的正电荷量为 $Q_+ = qSx_N N_d$，并且它们的绝对值相等，则

$$\frac{x_N}{x_P} = \frac{N_a}{N_d} \tag{2-2-3}$$

式(2-2-3)表明，空间电荷区任一侧的宽度与该侧的掺杂浓度成反比。或者说，空间电荷区主要向低掺杂的一侧扩展。例如 P^+N 结，由于 P 区的 N_a 大于 N 区的 N_d，则 $x_P < x_N$。

2.2.2　PN结的单向导电性

上面所讨论的PN结处于平衡状态，称为平衡PN结。PN结的基本特性——单向导电性只有在外加电压时才显示出来。

1. 正向特性

在图2-2-4(a)中，当PN结加上外加电压V，且V的正端接P区，负端接N区时，外加电场与PN结内建电场方向相反。在这个外加电场作用下，PN结的平衡状态被打破，P区中的多子空穴和N区中的多子自由电子都要向PN结移动，当P区空穴进入PN结后，就要和原来的一部分负离子中和，使P区的空间电荷量减少，同样，当N区电子进入PN结时，中和了部分正离子，使N区的空间电荷量减少，结果使PN结变窄(图2-2-4(b)中$l < l_0$)，即耗尽区厚度变薄(从原来未加电压时的1-1′线变到2-2′线)，而且这时耗尽区中通过的载流子增加，因而电阻减小，所以这个方向的外加电压称为正向电压或正向偏置电压(简称正偏)。

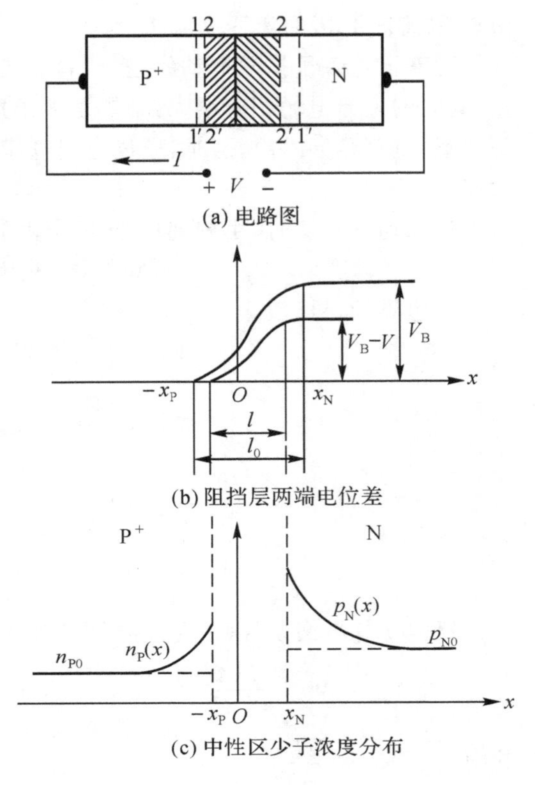

(a) 电路图

(b) 阻挡层两端电位差

(c) 中性区少子浓度分布

图2-2-4　P⁺N结外加正偏电压

若忽略半导体本身的体电阻及引线电阻，则外加电压将全部加在PN结上(耗尽层上)。由于外加电压与内建电位差的极性相反，因而PN结两端的电位差由V_B减小到(V_B-V)，如图2-2-4(b)所示。也就是势垒降低了，这样P区和N区中能越过这个势垒的多子大大增加，形成扩散电流I_D。相应地，由于势垒降低，则少子的漂移运动减弱，所以这时扩散运动将大于漂移运动，N区电子不断扩散到P区，P区空穴不断扩散到N区。PN结内的电流便由起支配地位的扩散电流所决定，在外电路上形成一个流入P区、流出N区的正向电流I，如图2-2-4(a)中所示。这样，P区中的多子空穴将源源不断地通过PN结扩散到N区，成为N区中的非平衡少子，并通过边扩散、边复合，建立起如图2-2-4(c)所示的少子浓度分布$p_N(x)$。同理，N区中的多子电子也将源源不断地通过PN结扩散到P区，成为P区中非平衡少子，并通过边扩散、边复合，建立起少子浓度分布$n_P(x)$。图中，p_{N0}和n_{P0}分别为N区和P区中的热平衡少子浓度。

当外加电压V升高，PN结电场便进一步减弱，扩散电流随之增加，在正常工作范围内，PN结上外加电压只要稍有变化(如0.1V)，便能引起电流的显著变化，因此正向电流I是随外加电压V升高而急速上升的。这样，正向偏置的PN结表现为一个很小的电阻。

在这种情况下，由少数载流子形成的漂移电流，其方向与扩散电流相反，与正向电流I相比，其数值很小，可忽略不计。

2. 反向特性

在图2-2-5(a)中，外加电压V的正端接N区，负端接P区，则外加电场方向与PN结内建电场方向相同，在这种外电场作用下，P 区中的空穴和 N 区中的电子都将进一步离开 PN 结，使耗尽区厚度加宽（从 1-1′ 线变为 2-2′ 线），这时 PN 结处于反向偏置（简称反偏）。

由于外加电压与内建电位差 V_B 的极性一致，因而PN结两端的电位差由 V_B 增大到（V_B+V），如图 2-2-5(b) 所示。这样 P 区和 N 区中的多子就很难越过势垒，因此扩散电流减小，趋近于零。但量，由于结电场的增加，使 N 区和 P 区中的少子更容易产生漂移运动，所以在这种情况下，PN 结内的电流由起支配地位的漂移电流所决定。漂移电流的方向与扩散电流相反，表现在电路上有一个注入 N 区的反向电流 I_R，它是由少数载流子的漂移运动形成的，如图 2-2-5(a) 中所示。这样，在内建电位差（V_B+V）的作用下，P 区在 PN 结边界处的电子将漂移到 N 区，N 区在 PN 结边界处的少子空穴将漂移到 P 区。因此，PN 结两侧边界处的少子浓度趋于零。在 P 区和 N 区形成如图 2-2-5(c) 所示的少子浓度分布。

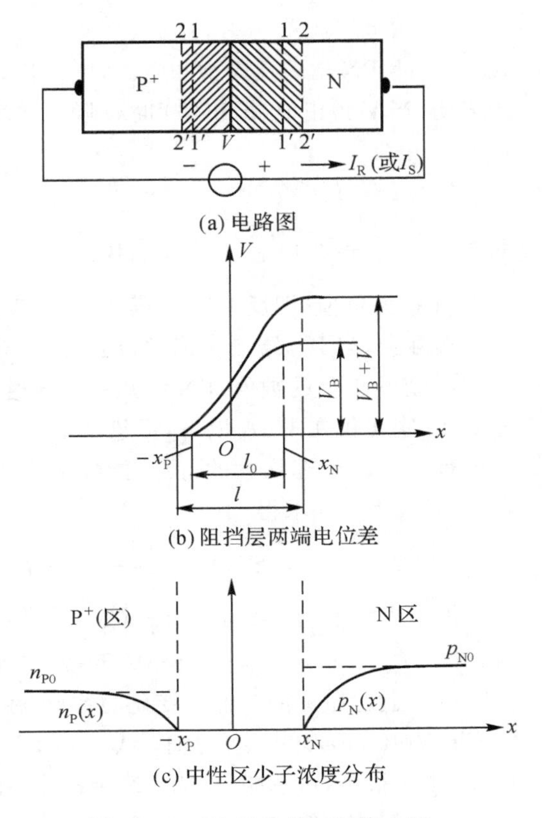

图 2-2-5　P⁺ N 结外加反偏电压

由于半导体中的少子浓度很小，所以由少子漂移所产生的 I_R 是很微弱的，一般为微安数量级。同时，少数载流子是由本征激发产生的，PN结制成后，其少子浓度决定于温度，而几乎与外加电压无关。在一定温度 T 时，由于热激发而产生的少子数量是一定的，则漂移电流值趋于恒定。当反向电压 V 稍大时，多子通过 PN 结的扩散作用可以忽略，反向电流 I_R 就几乎全是少子漂移作用形成的，其值几乎与外加反向电压大小无关，故反向电流又称为反向饱和电流（Reverse Saturation Current），用 I_S 表示。

如上所述，I_S 是由少子通过 PN 结漂移而形成的，因而其值与 PN 结两边的掺杂浓度有关。两边掺杂浓度越大，相应的热平衡少子浓度就越小，I_S 也就越小，在室温时，硅 PN 结的 I_S 约为 $10^{-9}\sim10^{-16}$ A，锗 PN 结的 I_S 约为 $10^{-6}\sim10^{-8}$ A。由于 I_S 很小，所以 PN 结在反向偏置时，呈现出一个很大的电阻，此时可认为它基本是不导电的。由此看来，PN 结的正向电阻很小，反向电阻很大（基本不导电），这就是 PN 结的单向导电性。

3. 伏安特性

以硅二极管 PN 结为例。在硅二极管 PN 结两端，施加正、反向电压时，通过管子 PN 结的电流如图 2-2-6 所示。

这里的 V-I 特性是根据式 (2-2-4) 用 PSPICE 程序仿真得出的，其中的 $I_S=10^{-8}$ A。

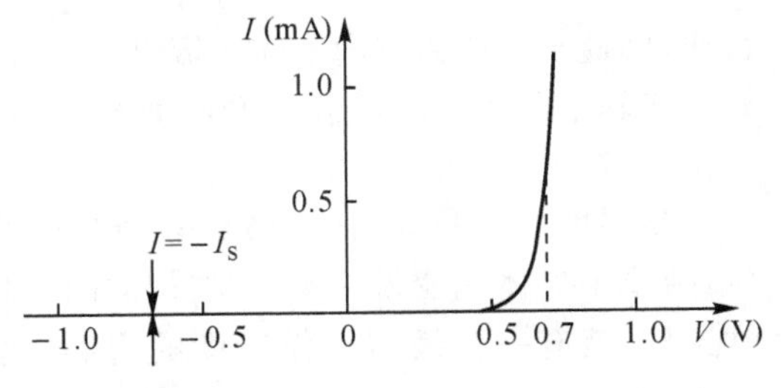

图 2-2-6　硅二极管 PN 结的 V-I 特性

根据理论分析，PN 结的 V-I 特性可表达为

$$I \approx I_S(e^{V/V_T} - 1) \tag{2-2-4}$$

式中：I_S 为 PN 结的反向饱和电流，V 为 PN 结两端的外加电压，V_T 为热电压（≈ 26 mV）。上式表明，当 V 为正值（即正偏）时，I 随 V 的增大而增大，若 $V \gg V_T$（$V > 100$ mV），则上式可简化为

$$I \approx I_S e^{V/V_T} \tag{2-2-5}$$

或

$$V = V_T \ln \frac{I}{I_S} = 2.3 V_T \lg \frac{I}{I_S} \tag{2-2-6}$$

当 V 为负值（即反偏）时，若 $|V| \gg V_T$，则 $e^{V/V_T} \to 0$，$I \approx -I_S$，即为反向饱和电流。

实际上，当 PN 结加正偏时，I 虽然按 V 的指数规律增大，但由于 I_S 很小，所以当 V 不太大时，I 仍是很小的数值，PN 结几乎不导通，如图 2-2-6 所示。例如，取 $I_S = 10^{-15}$ A，当 $V <$ 0.54 V 时，I 仅在 1 μA 以下，可忽略不计。只有当 V 较大时，I 才会有明显的数值，且显示出 V 稍有增大，I 迅速增大的特点（指数特性）。例如，V 由 V_1 增大到 V_2，相应地 I 由 I_1 增大到 I_2，根据式 2-2-6 求得

$$V_2 - V_1 = 2.3 V_T \lg \frac{I_2}{I_S} - 2.3 V_T \lg \frac{I_1}{I_S} = 2.3 V_T \lg \frac{I_2}{I_1} \tag{2-2-7}$$

由上式可知，$I_2 = 10\, I_1$ 时，$V_2 - V_1 = 2.3 V_T = 2.3 \times 26$ mV ≈ 60 mV；当 $I_2 = 100 I_1$ 时，$V_2 - V_1 = 4.6 V_T \approx 120$ mV，可见，V 每增加 60 mV，I 将按每次 10 倍迅速增大。

由于上述加正偏时电流变化的特点，在工程上定义一个电压，称为导通电压（Turn-on, Cut-in Voltage），用 $V_{D(on)}$ 表示；认为 $V > V_{D(on)}$ 时，PN 结正向导通，I 有明显的数值，而 $V < V_{D(on)}$ 时，I 很小，可忽略，认为 PN 结截止。在工程上一般取

硅 PN 结： $V_{D(on)} = 0.7$ V

锗 PN 结： $V_{D(on)} = 0.25$ V

上述 PN 结的伏安特性所表现出来的单向导电性是一种十分有用的特性，利用这种特性，以后可以实现许多功能电路。

4. 温度特性

当温度升高时，PN 结两边的热平衡少子浓度相应增加，从而使 PN 结的反向饱和电流 I_S 增大。实验结果表明：温度每升高 10 ℃，I_S 约增大一倍，如图 2-2-7 所示（图中为了使读者看清楚 I_S 随温度升高而增大的情况，所以纵坐标在负方向上放大了）。

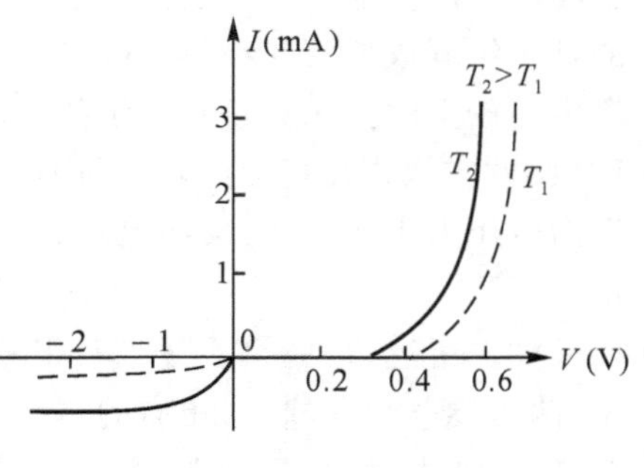

图 2-2-7 温度特性

加正偏时，虽然 e^{V/V_T}（其中 $V_T = \dfrac{kT}{q}$）随温度升高而减小，但不如 I_S 随温度升高而增大得快，因此 PN 结的正向电流随温度升高而略有增大，如图 2-2-7 所示。由图可见，这种温度效应实际上与 $V_{D(on)}$ 随温度升高而略有减小是等价的。实验结果表明：温度每升高 1 ℃，$V_{D(on)}$ 约减小 2.5mV。

当温度进一步升高时，热平衡少子浓度进一步增加。在极端情况下，本征激发占支配地位，杂质半导体就变得与本征半导体相似，PN 结也就不存在了。因此，为了保证 PN 结能正常工作，就有一个最高工作温度的限制。这个最高工作温度，硅为 150 ～ 200℃，锗为 75 ～ 100℃。

2.2.3　PN 结的反向击穿

如前所述，当给 PN 结加反向电压时，通过 PN 结的反向电流很小，但当反向电压增大到一定值时，PN 结的反向电流随反向电压的增加而急剧增大，如图 2-2-8 所示。这种现象就称为 PN 结的反向击穿（电击穿）。反向电流开始剧增时所对应的反向电压称为击穿电压，用 $V_{(BR)}$ 表示。

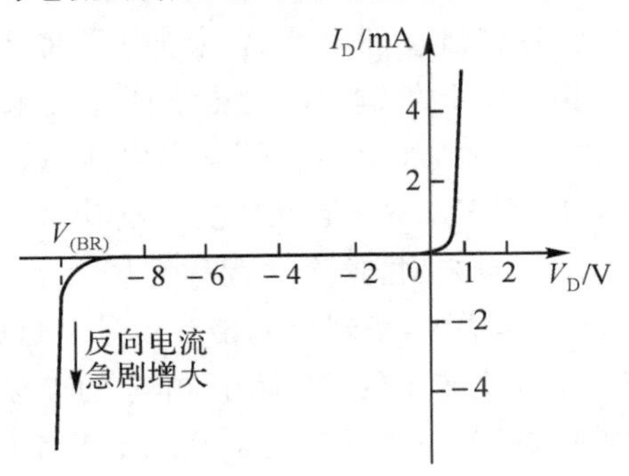

图 2-2-8　PN 结的击穿特性

PN 结电击穿后电流很大，两端电压又很高，因而消耗在 PN 结上的功率是很大的，容易使 PN 结发热超过它的耗散功率而过渡到热击穿，这时 PN 结的电流和温度之间出现恶性循环，结温升高使反向电流更加增大，而电流增大又使结温进一步升高，从而很快就会把 PN 结烧毁。产生 PN 结电击穿的原因有雪崩击穿和齐纳击穿两种类型。

1. 雪崩击穿

当 PN 结上的反向电压增加时，空间电荷区中的电场增强，通过空间电荷区的电子和空穴，在电场作用下获得的动能增大。当反向电压增大到一定数值时，电子和空穴获得的动能足以把束缚在共价键中的价电子碰撞出来，产生自由电子—空穴对，这种现象称为碰撞电离。新产生的电子和空穴与原有的电子和空穴一样，在强电场作用下，重新获得能量，又可通过碰撞，再产生电子—空穴对，这就是载流子的倍增效压，如图 2-2-9 所示。

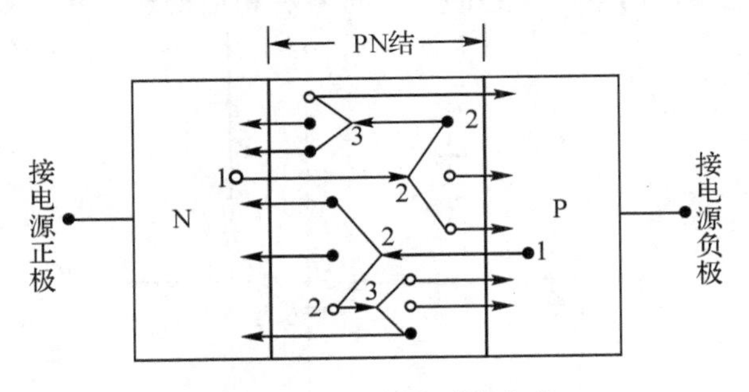

图 2-2-9　PN 结的雪崩击穿

当 PN 结上反向电压增大到某一数值后，载流子的倍增情况就像在陡峭的积雪山坡上发生雪崩一样，载流子增加得多而快，使反向电流急剧增大，这种现象称为 PN 结的雪崩击穿（Avalanche Breakdown）。雪崩击穿发生在掺杂浓度较低的 PN 结中，因为这种结构的空间电荷区宽，因碰撞而电离的机会就多。当然，外加反向电压也就必须足够高，才能使较宽的空间电荷区中具有产生雪崩击穿所需的强电场。因此，雪崩击穿的击穿电压较高，其值随掺杂浓度降低而增大。

当温度升高时，半导体中晶格的热振动加剧，导致载流子运动的平均自由路程缩短，因此，在与原子碰撞前载流子由外加电场获得的能量减小，发生碰撞而电离的可能性减小，所以必须加大反向电压，才能发生雪崩击穿，因此，雪崩击穿电压随温度升高而增大，具有正的温度系数。

2. 齐纳击穿

当PN结两边的掺杂浓度很高时，空间电荷区（耗尽层）将变得很薄。在这种空间电荷区内，载流子与中性原子相碰撞而将共价键中的价电子碰撞出来的机会极小，因而不会发生碰撞电离。但是在这种空间电荷区中，加上不大的反向电压，就能建立很强的电场（发生齐纳击穿需要的电场强度约为2×10^5 V/cm)，足以把空间电荷区内中性原子的价电子直接从共价键中拉出来，产生自由电子—空穴对，这个过程称为场致激发。场致激发能够产生大量的载流子，使PN结的反向电流迅速增大，呈现反向击穿现象。这种击穿称为齐纳击穿（Zener Breakdown）。可见齐纳击穿发生在高掺杂的PN结中，相应的击穿电压较低，且击穿电压随掺杂浓度增加而减小。例如，掺杂浓度为$10^{18}\,\mathrm{cm}^{-3}$的锗PN结，其空间电荷区宽度只有0.04 μm，如果加上1 V的反向电压时，空间电荷区内的场强可达2.5×10^5 V/cm，从而引起齐纳击穿。

一般情况下，反向击穿电压在6 V以下的属于齐纳击穿，6 V以上的主要是雪崩击穿。

当温度升高时，由于束缚在共价键中的价电子所具有的能量状态较高，在电场作用下价电子比较容易挣脱共价键的束缚，产生自由电子—空穴对，形成场致激发。可见，齐纳击穿电压随温度升高而降低，具有负的温度系数。前已指出，当击穿电压在6 V左右时，两种击穿现象都有可能发生，相应击穿电压的温度系数将趋于零。

3. 稳压二极管

由前述可知，PN结一旦击穿后，尽管通过它的反向电流急剧增大，但是PN结两端的电压几乎维持不变。同时，只要限制它的反向电流，使PN结的发热不要超过它的耗散功率而引起热击穿，PN结就不会被烧坏。当加在PN结两端的反向电压降低后，PN结仍可以恢复原来的状态。利用这种特性制成的二极管称为稳压二极管或齐纳二极管（Zener Diode），简称稳压管，用来产生稳定的电压。它的电路符号和相应的伏安特性如图2-2-10所示。

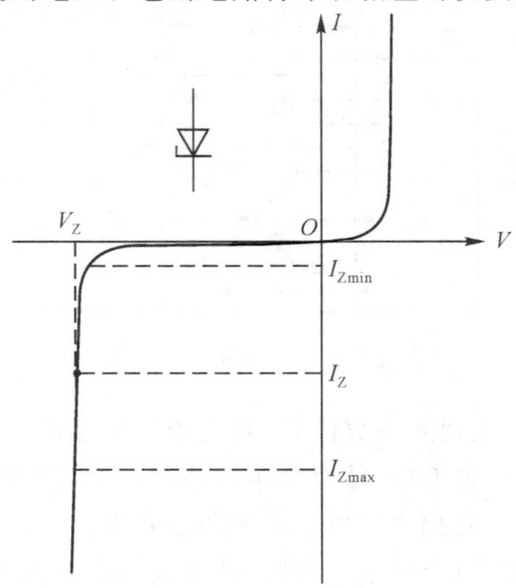

图2-2-10　稳压管的电路符号和相应的伏安特性

稳压管的参数主要有以下几种。

- 稳压电压：用 V_Z 表示，它是在规定电流 I_Z 时稳压管两端的电压。
- 最小稳定电流 I_{Zmin}：保证稳压管可靠击穿所允许的最小反向电流。当 $I_Z < I_{Zmin}$ 时，稳压管将不再稳压。
- 最大稳定电流 I_{Zmax}：保证稳压管安全工作所允许的最大反向电流。当 $I_Z > I_{Zmax}$ 时，加到 PN 结上的功率将使 PN 结过热而烧毁。

2.2.4　PN 结的电容特性

PN 结内有电荷的存储，当外加电压变化时，存储的电荷量随之变化，说明 PN 结具有电容的性质。这种电容由势垒电容和扩散电容两部分组成。

1. 势垒电容 C_B

在 PN 结的势垒区（即空间电荷区、耗尽层）中，存储有一定数量的空间电荷，当外加电压改变时，就会引起空间电荷的改变，形成电容效应，这个电容称为势垒电容，用 C_B 表示。

PN 结势垒区的宽度和空间电荷量是随外加电压变化的，PN 结反偏电压减小，耗尽层的宽度减小，空间电荷量减少，相当于势垒电容“放电”；PN 结反偏电压增加，则空间电荷量增加，相当于势垒电容“充电”。理论分析表明，势垒电容的大小与 PN 结的面积成正比，与耗尽层的厚度成反比，而耗尽层的厚度是随外加电压变化的。反偏电压越大，C_B 愈小；正偏时，C_B 会随正偏的增大而增大，如图 2-2-11 所示。

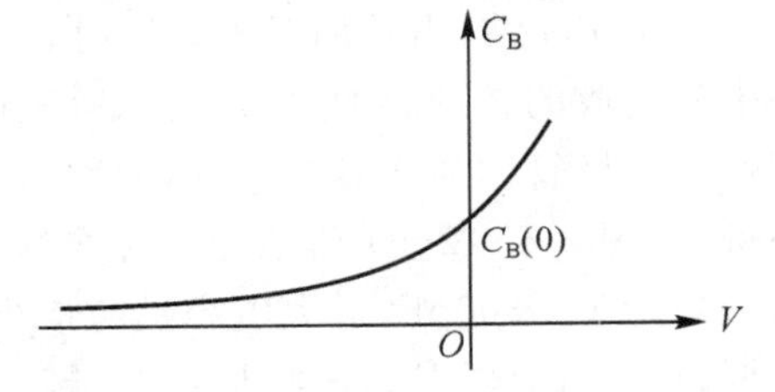

图 2-2-11　势垒电容 C_B 随 V 的变化特性

经推导，势垒电容的表达式为

$$C_B = \frac{C_B(0)}{\left(1 - \frac{V}{V_B}\right)^n} \tag{2-2-8}$$

式中：V_B 为内建电位差；n 为常数，称为变容指数，其值与 PN 结的工艺结构有关，一般为 $\frac{1}{2} \sim \frac{1}{3}$。

由于 C_B 与 PN 结是并联的，PN 结反偏时，结电阻很大，尽管 C_B 较小，但其作用不可忽略。而 PN 结正偏时，虽然 C_B 较大，由于此时结电阻很小，相对来说 C_B 的作用反而较小。在现代电子设备中，常把反向偏置的 PN 结作为压控可变电容来使用。

2. 扩散电容 C_D

PN 结的正向电流是由 P 区空穴和 N 区电子的相互扩散造成的，为了要使 P 区形式扩散电流，注入的少数载流子电子沿 P 区必须有浓度差，在结的边缘处浓度大，离结远的地方浓度小，也就是说在 P 区有电子的积累。同理，在 N 区也有空穴的积累。当 PN 结正向电压加大时，正向电流随着加大，就要有更多的载流子积累起来以满足电流加大的要求；而当正向电压减小时，正向电流减小，积累在 P 区的电子或 N 区的空穴就要相对减少，这样就相应地要有载流子的“充入”或“放出”。因此，积累在 P 区的电子或 N 区的空穴随外加电压的变化就构成了 PN 结的扩散电容 C_D。它反映了在外加电压作用下载流子在扩散过程中积累的情况。

经推导，扩散电容 C_D 可由下式表示：

$$C_D = K_D(I + I_S) \tag{2-2-9}$$

式中：K_D 为一常数，其值与 PN 结两边的掺杂浓度等有关。

由上式可知，扩散电容 C_D 与通过 PN 结的电流 I 有关，其值大于势垒电容。当外加反向电压时，$I = -I_S$，C_D 趋于零。

3. PN 结电容 C_j

由于势垒电容 C_B 和扩散电容 C_D 均并接在 PN 结上，所以 PN 结的总电容 C_j 为两者之和，即

$$C_j = C_B + C_D \tag{2-2-10}$$

外加正向偏置电压时，C_D 较大，且 $C_D \gg C_B$，故 C_j 以扩散电容为主，$C_j \approx C_D$，其值约为几十皮法～几千皮法。当外加反向电压时，C_D 趋于零，故 C_j 以势垒电容为主，$C_j \approx C_B$，其值约为几皮法～几十皮法。

4. 变容二极管

一个 PN 结，当外加反向电压时，它的反向电流很小，近似为开路，因此是一个主要由势垒电容构成的较理想的电容器件，且其电容值随外加反向电压的变化而变化，利用这种特性制作的二极管称为变容二极管，简称为变容管(Varactor Diode)，图 2-2-12(a) 所示为它的电路符号，图 2-2-12(b) 所示为某种变容二极管的特性曲线。不同型号的变容管，其电容最大值大约为 5～300pF。最大电容量与最小电容量之比大约为 5∶1。变容管的应用十分广泛，如谐振回路中的电调谐、压控振荡器、频率调制、参量电路等中应用较多。

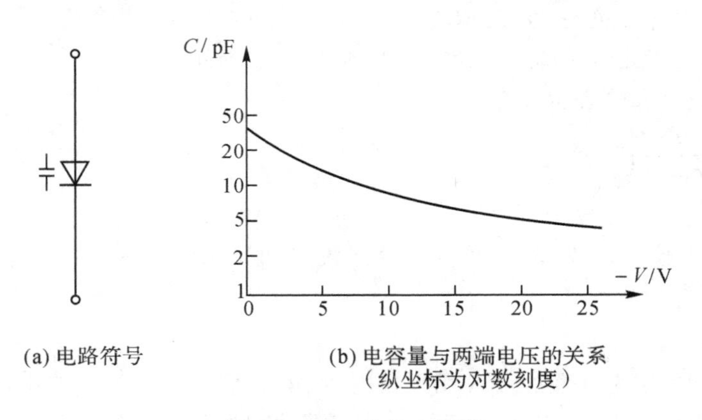

图 2-2-12　变容二极管

2.3　半导体二极管的结构及指标参数

2.3.1　半导体二极管的结构

半导体二极管按其结构的不同可分为点接触型、面接触型和平面型等几类。

点接触型二极管的结构如图 2-3-1(a) 所示。它是由一根很细的金属触丝(如三价元素铝、镓等) 和一块 N 型半导体(如锗) 的表面接触，然后在正方向通过很大的瞬时电流，使触丝和半导体牢固地熔接在一起，三价金属与 N 型锗片结合构成 PN 结，然后引出相应的电极

引线，外加管壳密封而成。由于点接触型二极管的金属丝很细，形成的 PN 结面积很小，所以极间电容很小，工作频率较高，但不能承受较高的反向电压和通过较大的电流。这种类型的二极管适于做高频检波和脉冲数字电路中的开关元件，也可用来作小电流整流。例如 2AP1 为点接触型锗二极管，最大整流电流为 16 mA，最高工作频率为 150 MHz。

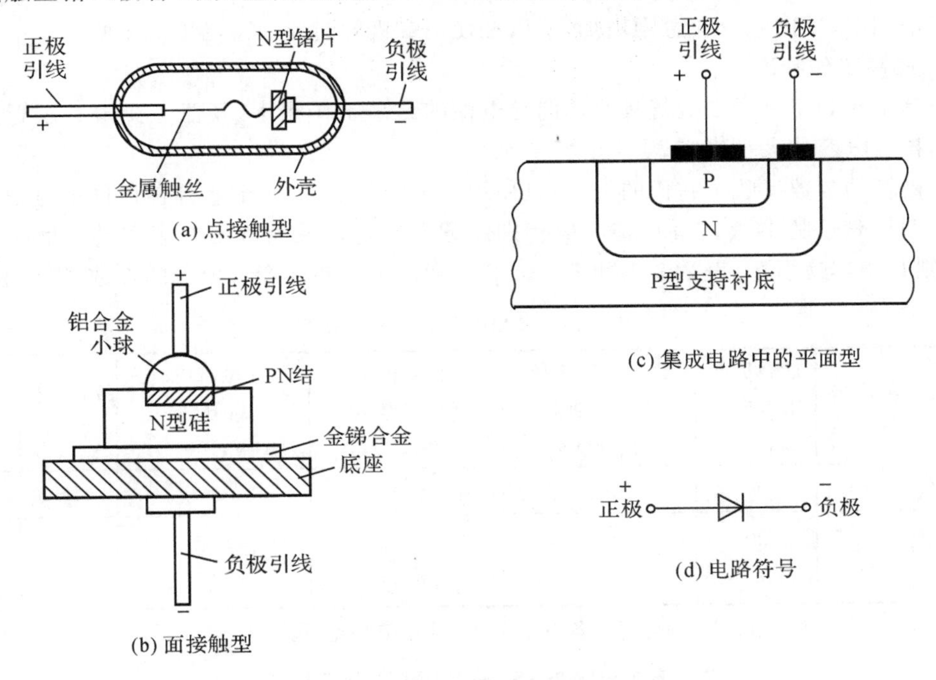

图 2-3-1　半导体二极管的结构和电路符号

面接触型或称面结合型二极管的结构如图 2-3-1(b) 所示。将三价元素铝球置于 N 型硅片上，加热使铝球与硅片互相熔合和渗透，形成合金，从而使接触的那部分硅片转变成 P 型，形成 PN 结。面接触型二极管的 PN 结面积大，允许通过较大的电流，但结电容也大，因此这类管子适用于整流等低频电路中。例如硅面接触型二极管 2CP1，最大整流电流为 400 mA，而最高工作频率只有 3 kHz。

平面型二极管是用制造集成电路的工艺制成的，其结构如图 2-3-1(c) 所示。结面积较大的平面型二极管可用于整流等低频电路；结面积小的平面型二极管，由于极间电容小，适用于高频电路和脉冲数字电路，常用的有 2CK9 ～ 19 等。二极管的电路符号如图 2-3-1(d) 所示。

2.3.2　二极管的主要参数

1. 最大整流电流 I_F

最大整流电流是指二极管长期工作时，允许通过的最大正向平均电流。其大小决定于 PN 结的面积、材料和散热条件。因为电流通过 PN 结要引起管子发热，电流太大，发热量超过限度，就会使 PN 结烧坏。例如 2AP1 的最大整流电流为 16 mA。

2. 反向击穿电压 $V_{(BR)}$

反向击穿电压是指二极管反向击穿时的电压值。击穿时，反向电流剧增，二极管的单向导电性被破坏，甚至因过热而烧坏。一般手册上给出的最高反向工作电压约为击穿电压的一半，以确保管子的安全工作。例如，2AP1 的最高反向工作电压规定为 20 V，而反向击穿电压实际上大于 40 V。

3. 反向电流 I_R

反向电流是指二极管未击穿时的反向电流，其值愈小，则二极管的单向导电性愈好。由于温度增加时，反向电流会急剧增加，所以在使用二极管时要注意温度的影响。

4. 最高工作频率 f_M

最高工作频率是指二极管具有单向导电性的最高工作频率，其值主要由二极管的势垒电容和扩散电容的大小决定。

二极管的参数反映了它们的性能，是使用二极管的依据。一般半导体器件手册中都给出了不同型号管子的参数。在使用时，应特别注意不要超过最大整流电流和最高反向工作电压，否则管子容易损坏。表 2-3-1 和表 2-3-2 中列出了一些国产二极管的参数，以供参考。

表 2-3-1 2AP1 ～ 7 检波二极管

参数 / 型号	最大整流电流	最高反向工作电压（峰值）	反向击穿电压（反向电流为 400μA）	正向电流（正向电压为 1V）	反向电流（反向电压分别为 10V，100V）	最高工作频率	极间电容
	mA	V	V	mA	μA	MHz	pF
2AP1	16	20	⩾ 40	⩾ 2.5	⩽ 250	150	⩽ 1
2AP7	12	100	⩾ 150	⩾ 5.0	⩽ 250	150	⩽ 1

注：2AP1 ～ 7 为点接触型锗管，在电子设备中作检波和小电流整流用。

表 2-3-2 2CZ52 ～ 57 系列整流二极管

参数 / 型号	最大整流电流	最高反向工作电压（峰值）	最高反向工作电压下的反向电流（125℃）	正向压降（平均值）（25℃）	最高工作频率
	A	V	μA	V	kHz
2CZ52	0.1	25，50，100，200，300，400，500，600，700，800，900，1000，1200，1400，1600，1800，2000，2200，2400，2600，2800，3000	1000	⩽ 0.8	3
2CZ54	0.5		1000	⩽ 0.8	3
2CZ57	5		1000	⩽ 0.8	3

注：2CZ52 ～ 57 系列整流二极管主要用于电子设备的整流电路中。

2.3.3 半导体器件型号命名方法(根据国家标准 GB249—74)

1. 半导体器件的型号

半导体器件的型号由五个部分组成(如图 2-3-2 所示)。

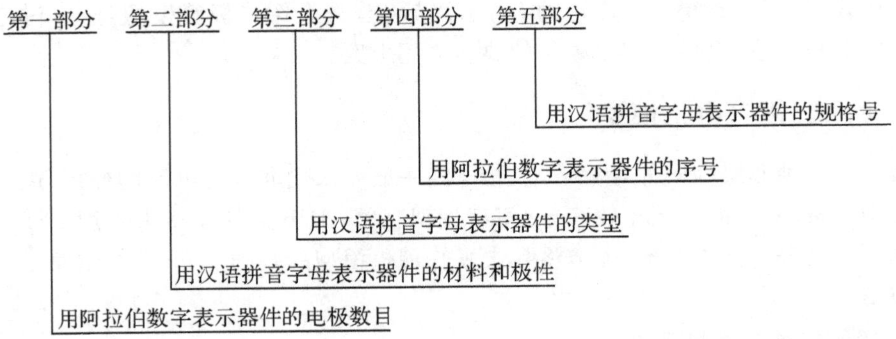

第一部分　第二部分　第三部分　第四部分　第五部分

用汉语拼音字母表示器件的规格号

用阿拉伯数字表示器件的序号

用汉语拼音字母表示器件的类型

用汉语拼音字母表示器件的材料和极性

用阿拉伯数字表示器件的电极数目

图 2-3-2　半导体器件型号的组成

2. 型号组成部分的符号及其意义(见表 2-3-3)

表 2-3-3　半导体器件型号组成部分的符号及其意义

第一部分		第二部分		第三部分				第四部分	第五部分
用数字表示器件的电极数目		用汉语拼音字母表示器件的材料和极性		用汉语拼音字母表示器件的类型				用数字表示器件的序号	用汉语拼音字母表示器件的规格号
符号	意义	符号	意义	符号	意义	符号	意义		
2	二极管	A	N 型，锗材料	P	普通型	D	低频大功率管		
		B	P 型，锗材料	V	微波型		($f_a < 3$MHz, $P_c \geq 1$W)		
		C	N 型，硅材料	W	稳压管	A	高频大功率管		
		D	P 型，硅材料	C	参量管		($f_a \geq 3$MHz, $P_c \geq 1$W)		
3	三极管	A	PNP 型，锗材料	Z	整流管	T	半导体闸流管(可控整流器)		
		B	NPN 型，锗材料	L	整流堆				
		C	PNP 型，硅材料	S	隧道管	Y	体效应器件		
		D	NPN 型，硅材料	N	阻尼管	B	雪崩管		
		E	化合物材料	U	光电器件	J	阶跃恢复管		
				K	开关管	CS	场效应器件		
				X	低频小功率管 ($f_a < 3$MHz, $P_c < 1$W)	BT	半导体特殊器件		
						FH	复合管		
				G	高频小功率管 ($f_a \geq 3$MHz, $P_c < 1$W)	PIN	PIN 型管		
						JG	激光器件		

2.4　二极管电路的分析方法与应用

半导体二极管是由 PN 结构成的，上述 PN 结的各种特性就是二极管所具有的特性。在电子技术中，二极管电路得到了广泛的应用。本节将首先介绍二极管模型，然后讨论含有二极管电路的分析方法，最后介绍二极管的典型应用电路。

2.4.1 二极管电路模型

二极管是一种非线性器件，因而二极管电路一般要采用非线性电路的分析方法。这里主要介绍模型分析法，有的模型比较简单，便于近似估算；较复杂的模型为利用 PSPICE 程序借助计算机辅助分析提供基础。本节将在二极管理想模型的基础上，着重介绍便于工程分析的简单模型。

1. 二极管的理想指数模型

通常将式(2-2-4) 所表示的指数特性称为二极管的理想指数模型，因为它是在理想条件下导出的。这里重新写出如下：

$$I = I_S(e^{V/V_T} - 1) \tag{2-4-1}$$

实际上，上述表达式仅能较好地反映实际器件的正向特性，而且要忽略 PN 结(耗尽层)两边 P 区和 N 区中实际存在的体电阻、P 区和 N 区与金属引线间的接触电阻以及金属引线电阻等(以上三部分通常称为 PN 结串接电阻 r_S)。当外加反向电压时，由于耗尽层内产生自由电子—空穴对以及表面漏电流等的影响，实际二极管的反向电流已不再是 I_S，而是比 I_S 大得多(硅管一般为 μA 量级，但仍可忽略)，且其值随反向电压增大而略有增加。

如果需要考虑 P 区和 N 区中的体电阻等，或者需要进一步考虑击穿特性和非线性电容特性，那么就要对上述理想指数模型分别进行修正，使实际二极管的模型变得很复杂。因此，在进行工程分析时，一般只需采用理想指数模型。

2. 伏安特性曲线模型

伏安特性曲线是二极管的曲线模型。伏安特性曲线可以根据上述理想指数模型直接绘制，如图 2-4-1 所示(图中假定硅二极管的 $I_S = 10^{-8}$ A)。实际上，二极管的伏安特性曲线一般都是通过实际测量得到。因此，测量精度越高，伏安特性曲线就越逼近实际二极管的特性。

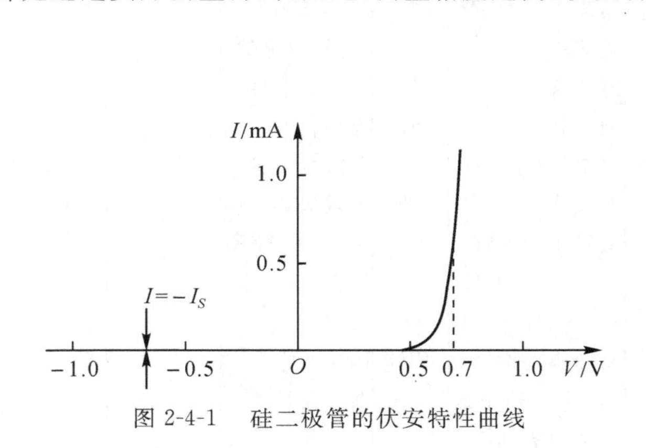

图 2-4-1 硅二极管的伏安特性曲线

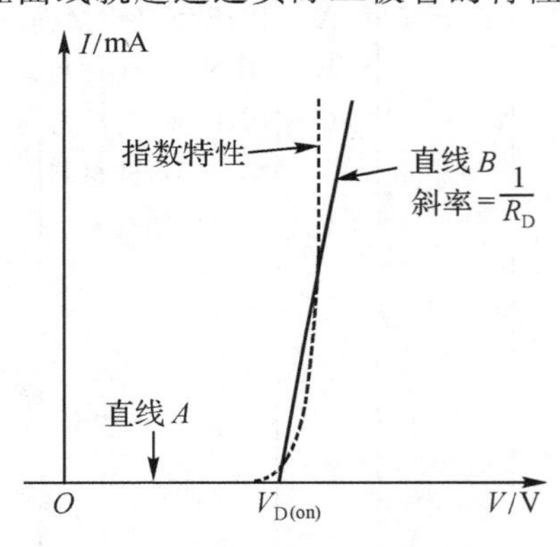

图 2-4-2 用两条直线来近似的二极管伏安特性曲线

3. 简化二极管模型(折线模型)

作为非线性器件的二极管，它的非线性主要表现在单向导电性上，而导通后伏安特性的非线性则是第二位的。因此，在主要利用二极管单向导电性所构成的功能电路中，二极管的伏安特性曲线可以用两条直线来近似，如图 2-4-2 所示。图中虚线表示实际二极管的伏安特性，直线 A 和 B 用来近似它。

图 2-4-2 中，这两条直线在导通电压 $V_{D(on)}=0.7$ V(锗管为 0.25 V) 上转折，其中导通后的直线 B 的斜率为 $1/R_D$，R_D 称为二极管的导通电阻，其值约为几十欧姆。这种模型也称为折线模型。

如定义一种理想二极管(Ideal Diode)，其伏安特性和电路符号如图 2-4-3 所示，即在 $V<0$ 时开路，$V>0$ 时短路。则图 2-4-2 所示二极管伏安特性可用图 2-4-4 所示等效电路模型表示，称为简化二极管电路模型(折线模型)。

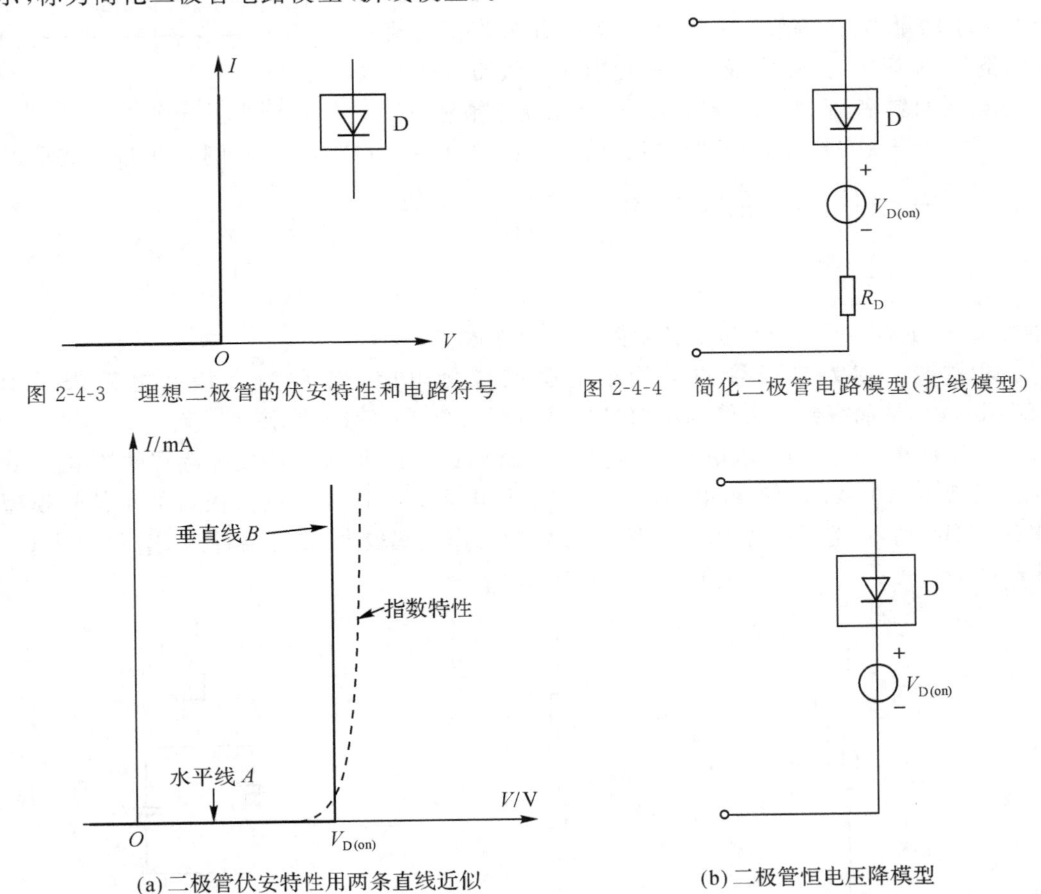

图 2-4-3　理想二极管的伏安特性和电路符号

图 2-4-4　简化二极管电路模型(折线模型)

(a) 二极管伏安特性用两条直线近似

(b) 二极管恒电压降模型

图 2-4-5　恒电压降模型的二极管特性和等效电路

4. 恒电压降模型

如果二极管的导通电阻 R_D 与外电路电阻相比可以忽略，则可用恒电压降模型(忽略 R_D)，如图 2-4-5(b) 所示。图(a) 中的虚线表示实际二极管的伏安特性，两条直线在导通电压 $V_{D(on)}=0.7$ V 上转折(锗管为 0.25 V)。

5. 理想二极管模型

当二极管的导通电压 $V_{D(on)}=0.7$ V(锗管为 0.25 V) 可以忽略不计时，就成为了理想二极管，如图 2-4-3 中所示。

在实际电路中，当电源电压远比二极管的管压降大时，利用此法来近似分析是可行的。

6. 小信号电路模型

如果加到二极管上的电压 V 是由直流电压 V_Q 和叠加其上的增量电压 ΔV 组成，即 $V=V_Q+\Delta V$，则相应产生的电流为 $I=I_Q+\Delta I$，如图 2-4-6 所示。图中，V_Q 和 I_Q 在伏安特性曲线上对应的点称为静态工作点，用 Q 表示。一般来说，叠加在 Q 点上的 ΔI 与 ΔV 之间的关系是非线性的；但是，若 ΔV 足够小，则可认为，在 ΔV 的变化范围内，二极管伏安特性曲线近似为一段直线，这样，二极管对叠加在 Q 点上的微小增量而言，等效为一电阻 r_j，其值即为该直线段斜率的倒数。实际上，这段直线的斜率近似等于伏安特性曲线在 Q 点上的斜率。显然，ΔV 越小，这种近似就越精确。

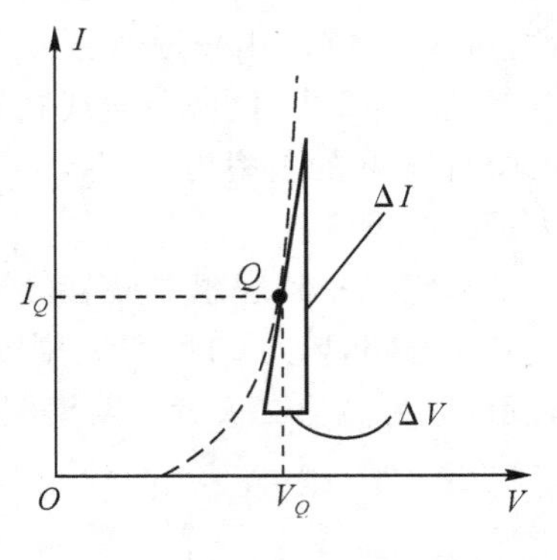

图 2-4-6　二极管增量电阻

当二极管伏安特性可用理想指数模型表示时，$I\approx I_S(e^{V/V_T}-1)$，则 r_j 可按下式求得

$$\frac{1}{r_j}=\frac{\partial I}{\partial V}\bigg|_Q=\frac{\partial}{\partial V}[I_S(e^{V/V_T}-1)]\bigg|_{V=V_Q}=\frac{I_Q+I_S}{V_T}\approx\frac{I_Q}{V_T}$$

故

$$r_j=\frac{V_T}{I_Q} \tag{2-4-2}$$

式中：$I_Q=I_S(e^{V_Q/V_T}-1)$ 为二极管在 Q 点上的电流。

通常将 r_j 称为二极管的增量结电阻或增量电阻，或称为肖特基电阻(Schottky Resistance)，从而得到二极管的小信号电路模型如图 2-4-7(a) 所示。

如果考虑 PN 结的串联电阻 r_S(包括 PN 结两边 P 区和 N 区中实际存在的体电阻、P 区和 N 区与金属引线间的接触电阻以及金属引线电阻等三部分)，则二极管的小信号模型如图 2-4-7(b) 所示，它是一个线性电路。若 ΔV 的工作频率较高，则还需计入 PN 结电容 C_j，如图 2-4-7(c) 所示。

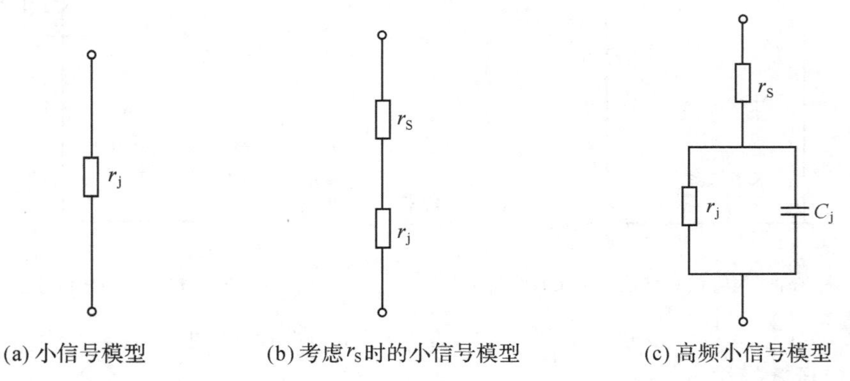

图 2-4-7　二极管的小信号电路模型

以上小信号电路模型受到 ΔV 足够小的限制。在工程上，限定 $|\Delta V|<5.2\ \text{mV}$，由此产生的误差是可接受的。

2.4.2　二极管电路的分析方法

应用二极管模型可以分析常见的二极管电路。例如，对于图 2-4-8(a) 所示电路，它是由直流电源(电压为 V_{DD})、半导体二极管 D 和限流电阻 R 组成的串联电路。分析时,可将非线性的二极管从电路中分离出来,如图 2-4-8(b) 所示,并分别写出电路的伏安特性关系。其中,二极管外回路方程可描述为

$$V = V_{DD} - IR \tag{2-4-3}$$

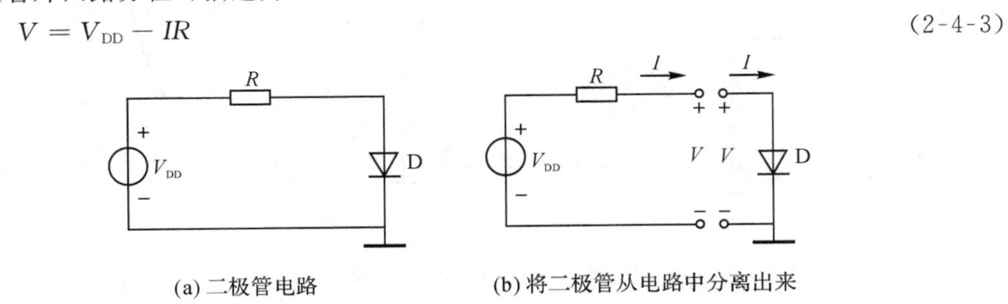

图 2-4-8　半导体二极管电路

二极管的伏安关系可由下述非线性方程表示:

$$I = f(V) \tag{2-4-4}$$

对上述两方程联立求解,便可求得所需的 V 和 I 值。当二极管的伏安特性用理想指数模型描述时,可在计算机上采用迭代法进行数值求解,这里不详细介绍。

1. 图解分析法

当二极管的伏安特性用伏安特性曲线表示时,可采用图解分析法。以图 2-4-8 所示电路为例,它的二极管外回路方程是线性方程(见式(2-4-3)),对应于一条直线,如图 2-4-9(a) 所示,该直线在两坐标轴上的交点分别为

当 $I = 0$ 时, $V = V_{DD}$

当 $V = 0$ 时, $I = \dfrac{V_{DD}}{R}$

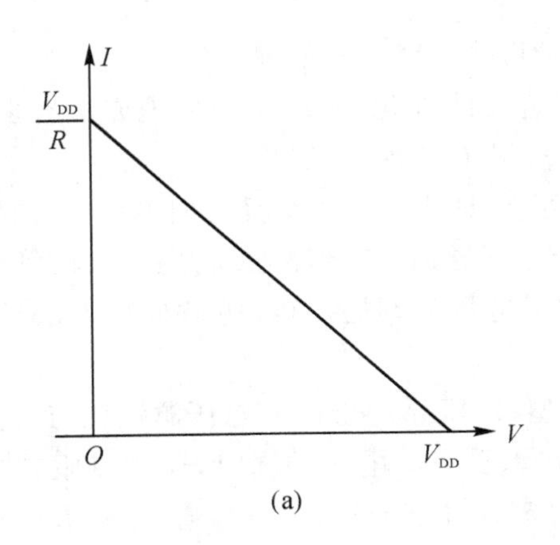

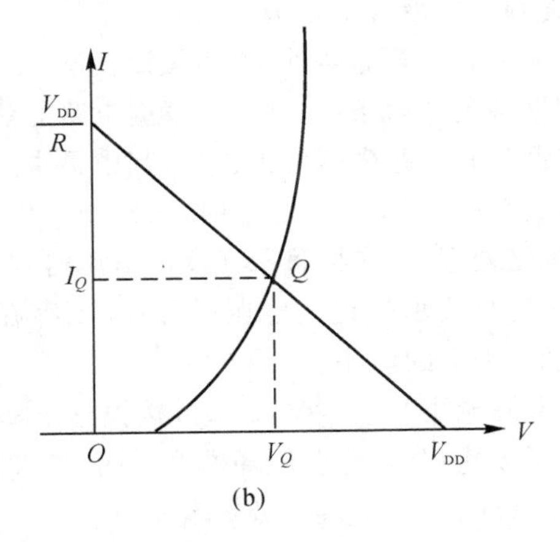

图 2-4-9　二极管电路的图解分析法

将图 2-4-9(a) 中的直线移到图 2-4-9(b) 所示二极管伏安特性曲线上,显然它们的交点 Q 所对应的值(I_Q,V_Q) 就是所求联立方程的解。

通常将二极管外回路方程所描述的直线称为二极管的负载线(Load Line)。

例 2-4-1　试求图 2-4-10(a) 所示电路的静态工作点电压和电流。

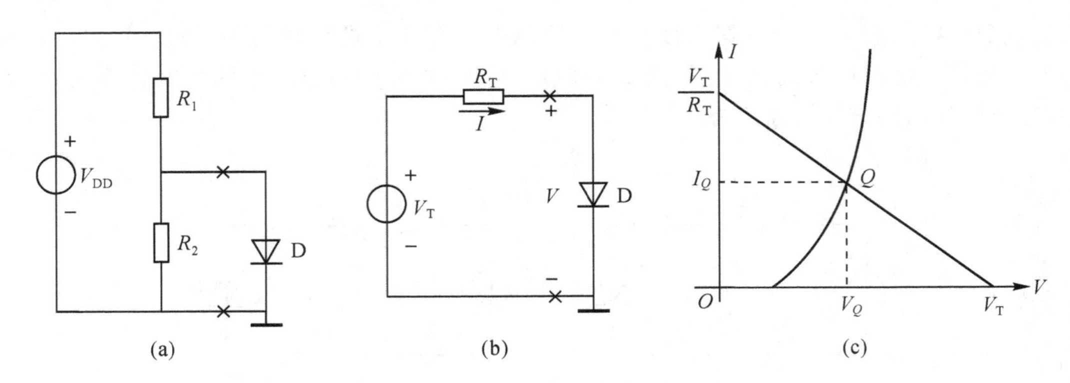

图 2-4-10　例 2-4-1 电路的图解分析

解　用戴维南定理将图 2-4-10(a) 中二极管外电路化简成图 2-4-10(b) 所示串联电路。图中

$$V_T = V_{DD}\frac{R_2}{R_1+R_2},\ R_T = R_1 /\!/ R_2$$

显然，二极管外回路方程为

$$V = V_T - IR_T$$

将相应的负载线画在二极管伏安特性曲线上，如图 2-4-10(c) 所示，它们的交点 Q 就是所要求的解(I_Q,V_Q)。

2. 简化分析法

采用简化二极管模型，二极管电路的分析就会变得十分简单。具体的分析方法是：首先假设二极管不导通，等效处理为开路或将管子拿掉(无论用哪种等效电路模型，其不导通时，都是开路处理)，然后利用已学过的线性电路的知识来判定二极管两端承受的电压极性和大小，最终判定二极管是否满足导通的条件。

如果不满足导通条件，说明假设正确，二极管可作开路等效处理。

如果满足导通条件，则可以根据电路的状况进行线性化等效处理。处理方法有多种，亦即有多种等效电路模型可供选择，其中最常用的主要有两种，它们是：

当电源电压 $V_{DD} \gg V_{D(on)}$ 时，按理想二极管处理。即当二极管承受正向电压时，二极管导通，按短路处理；当二极管承受反向电压时，二极管不导通，按开路处理。理想二极管模型表明，二极管只要承受正向电压就导通，不存在导通电压的问题。这种等效处理方法迅速、快捷，不会带来大的误差。

当电源电压 $V_{DD} > V_{D(on)}$ 时，按恒电压降模型(恒压源) 处理，其电压源极性与二极管承受的电压极性相同。恒电压降模型表明：二极管在承受正向电压的同时，还需克服二极管的导通电压(硅管 $V_{D(on)} = 0.7V$，锗管 $V_{D(on)} = 0.25V$) 才能导通，一旦导通，二极管两端将呈现出恒电压降特性，通常称之为钳位特性。一般情况下这种等效处理结果比较接近于实际情况。

实际分析二极管电路时是采用理想二极管模型还是采用恒电压降模型或是采用简化二极管电路模型(折线模型)，要视具体情况而定。

以图 2-4-8 所示电路为例，将二极管用简化二极管电路模型(折线模型) 替代，得到图 2-4-11(a) 所示电路，由图可知，当 $V_{DD} > V_{D(on)}$ 时，二极管承受正向偏压，理想二极管导通

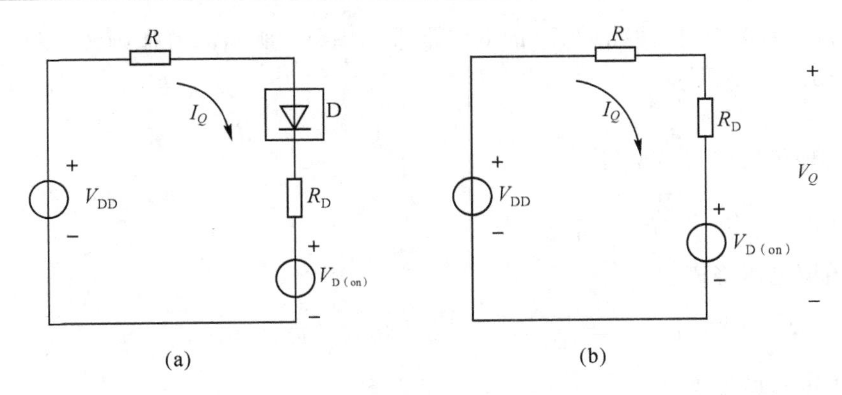

图 2-4-11　二极管电路简化分析法

(短路),图 2-4-11(a) 便简化为图(b) 所示的线性电路,并由此求得

$$I_Q = \frac{V_{DD} - V_{D(on)}}{R + R_D}$$

$$V_Q = V_{D(on)} + I_Q R_D$$

在实际电路中,通常满足 $R \gg R_D$,则二极管可采用恒电压降模型,R_D 可忽略,上两式可简化为

$$I_Q \approx \frac{V_{DD} - V_{D(on)}}{R}$$

$$V_Q \approx V_{D(on)}$$

在电路中如果满足 $V_{DD} \gg V_{D(on)}$,即二极管导通电压 $V_{D(on)}$ 也可忽略时,实际二极管可用理想二极管模型替代,则二极管两端电压近似为零,通过二极管的电流为

$$I_Q \approx \frac{V_{DD}}{R}$$

$$V_Q \approx 0$$

例 2-4-2　设简单二极管电路如图 2-4-12(a) 所示。图中,$R = 10\ \text{k}\Omega$,二极管的 $V_{D(on)} = 0.7\ \text{V}$,导通电阻 $R_D = 50\ \Omega$。图(b) 是电路图(a) 的习惯画法。对于下列两种情况,求电路的 I_D 值和 V_D 值:(1)$V_{DD} = 15\ \text{V}$;(2)$V_{DD} = 1.5\ \text{V}$。在每种情况下,用理想二极管模型、恒电压降模型和折线模型分别求解。

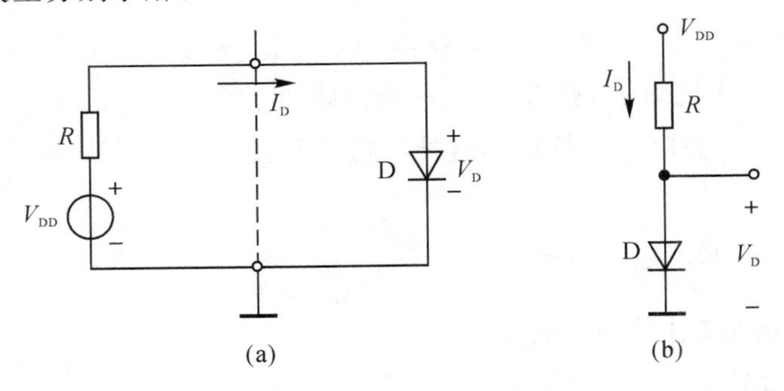

图 2-4-12　例 2-4-2 的电路

解　在图 2-4-12(a) 的电路中,虚线左边为线性部分,右边为非线性部分,符号"⊥"为参考电位点,或叫"地",即电路的公共端点(公共端),电路中任意一点的电位都是对此公共

端而言的。为了简单起见，图(a)所示的电路常采用图(b)所示的习惯画法，以后经常用到。现按题意分别求解如下：

(1)$V_{DD}=15$ V 时

① 使用理想二极管模型得

$$V_D=0,\ I_D=\frac{V_{DD}}{R}=\frac{15}{10}=1.5(\text{mA})$$

② 使用恒电压降模型得

$$V_D=0.7\ \text{V},\ I_D=\frac{V_{DD}-V_D}{R}=\frac{15-0.7}{10}=1.43(\text{mA})$$

③ 使用折线模型得

$$I_D=\frac{V_{DD}-V_{D(on)}}{R+R_D}=\frac{15-0.7}{10+0.05}=1.42(\text{mA})$$

$$V_D=V_{D(on)}+I_DR_D=0.7+1.42\times0.05=0.77(\text{V})$$

(2)$V_{DD}=1.5$ V 时

① 使用理想二极管模型得

$$V_D=0,\ I_D=\frac{V_{DD}}{R}=\frac{1.5}{10}=0.15(\text{mA})$$

② 使用恒电压降模型得

$$V_D=0.7\ \text{V},\ I_D=\frac{V_{DD}-V_D}{R}=\frac{1.5-0.7}{10}=0.08(\text{mA})$$

③ 使用折线模型得

$$I_D=\frac{V_{DD}-V_{D(on)}}{R+R_D}=\frac{1.5-0.7}{10+0.05}=0.08(\text{mA})$$

$$V_D=V_{D(on)}+I_DR_D=0.7+0.08\times0.05=0.704(\text{V})$$

上例表明，由于在电路中，$R\gg R_D$，所以 R_D 可忽略。在电源电压远大于二极管导通电压的情况下，在电路中，实际二极管可用理想二极管模型替代；但当电源电压较低时，二极管采用恒电压降模型能提供较合理的结果。正确选择尽可能使解题简单的电路模型，是电子电路工作者必须要掌握的基本技能。

3. 小信号分析法

例 2-4-3 在图 2-4-13(a)所示电路中，已知 $I_Q=0.87$ mA，$R=10$ kΩ，$\Delta V_{DD}=\sin(2\pi\times100\,t)$(V)，PN 结的串联电阻 $r_S=5\Omega$，试求 ΔV。

解 令 $V_{DD}=0$，并将二极管用小信号电路模型表示，画出等效电路如图 2-4-13(b)所示。其中

$$r_j=\frac{V_T}{I_Q}=\frac{26}{0.87}\approx30\ (\Omega)$$

已知 $r_S=5$ Ω，则由图 2-4-13(b)电路求得

$$\Delta I=\frac{\Delta V_{DD}}{R+r_S+r_j}\approx\frac{\Delta V_{DD}}{R}=0.1\sin(2\pi\times100t)\ (\text{mA})$$

$$\Delta V=\Delta I(r_S+r_j)\approx3.5\sin(2\pi\times100t)\ (\text{mV})$$

由于 $|\Delta V|<5.2$ mV，满足小信号电路模型成立的条件。

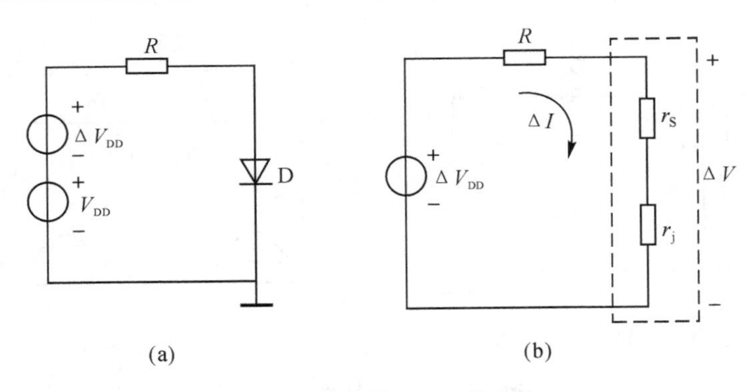

图 2-4-13　例 2-4-3 的电路

2.4.3　二极管应用电路

利用二极管的单向导电性和反向击穿特性，可以构成整流、稳压、限幅等各种功能电路。

1. 整流电路

整流(Rectifier) 电路是电源设备的重要组成部分。电源设备广泛用于各种电子系统中，其组成框图如图 2-4-14 所示。图中，电源变压器将电网电压 ~ 220 V/50 Hz 变换成所需的交流电压 v_i；整流电路将交流电压变换成单极性电压 v_1；滤波电路取出 v_1 中的直流分量，滤除 v_1 中的交流成分后得到 v_2，稳压电路用来克服电网电压波动和输出负载变化对输出电压的影响，以输出稳定的直流电压 V_o，并进一步抑制滤波电路未滤净的残留交流成分(或称为纹波电压)。

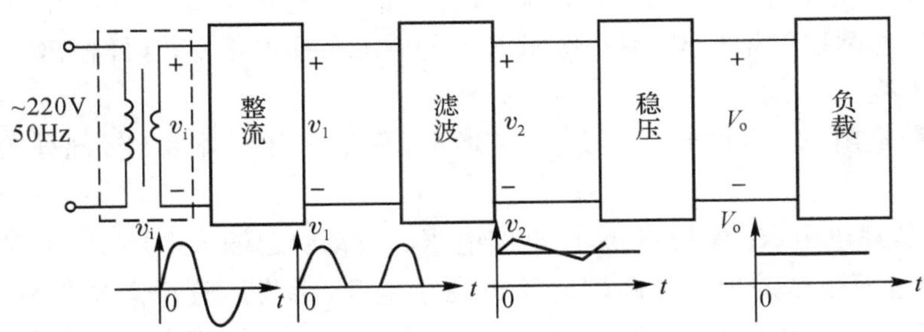

图 2-4-14　电源设备的组成框图

图 2-4-15(a) 为最简单的整流电路，称为半波整流电路。若二极管用简化电路模型(折线模型) 来替代，并且在实际电路中，v_i 的幅值远大于 $V_{D(on)}$，则 $V_{D(on)}$ 可忽略。由图可见，当 $v_i = V_m \sin\omega t$ 为正半周时，整流二极管 D 导通，电流由上而下流过负载 R；当 v_i 为负半周时，二极管 D 截止，负载中没有电流，负载上电压降为零。因此，输出为半周的正弦脉冲电压，如图 2-4-15(b) 所示。

图中，输出电压的平均值为

$$V_o = \frac{1}{\pi}\left(\frac{R}{R + R_D} V_m\right)$$

而交流成分则是由频率为 50 Hz 及其整数倍的众多正弦波组成。

通过滤波器，输出反映平均分量的直流电压 V_o，及叠加因未滤净的残留交流成分，即纹波电压。

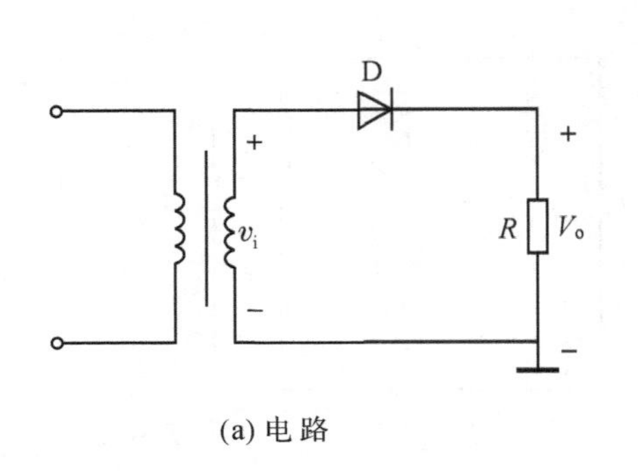

(a) 电路

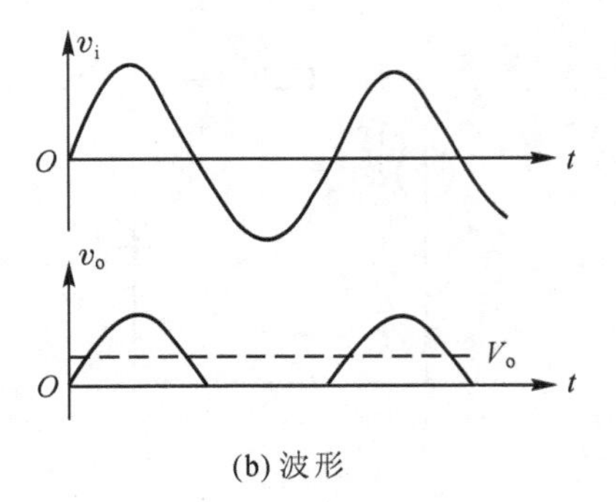

(b) 波形

图 2-4-15 半波整流电路

2. 稳压电路

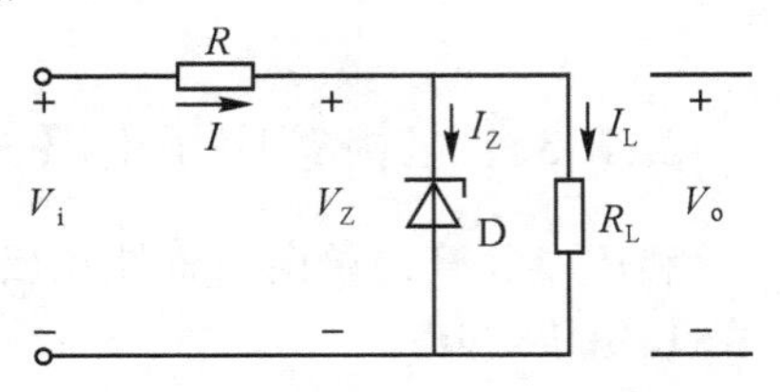

图 2-4-16 稳压二极管稳压电路

稳压电路的形式很多，最简单的稳压电路是由稳压二极管所组成的稳压电路，如图 2-4-16 所示。图中，R_L 为负载电阻，R 为限流电阻，用以保证通过稳压管的电流在安全范围内。

在图 2-4-16 所示电路中，由于稳压二极管 D 与负载电阻 R_L 并联，所以也称为并联型稳压电路。下面讨论稳压电路的工作原理。

(1) 如果输入电压 V_i 不变而负载电阻 R_L 减小，这时负载上电流 I_L 要增加，电阻 R 上的电流 $I = I_Z + I_L$ 也有增大的趋势，则 $V_R = I \cdot R$ 也趋于增大，这将引起输出电压 $V_o = V_Z$ 下降。稳压管的反向伏安特性已经表明，如果 V_Z 略有减小，稳压管电流 I_Z 将显著减小，I_Z 的减少量将补偿 I_L 所需要的增加量，使得电阻 R 上的电流 I 基本不变，这样输出电压 $V_o = V_i - IR$ 也就基本不变。

当然，负载电阻 R_L 增大时，I_L 减小，I_Z 增加，保证了 I 基本不变，同样稳定了输出电压 V_o。

(2) 如果负载电阻 R_L 保持不变，而电网电压的波动引起输入电压 V_i 升高时，电路的传输作用使输出电压也就是稳压管两端电压也趋于上升。由稳压管反向特性可知，I_Z 将显著增加，于是电流 $I = I_Z + I_L$ 加大，所以电阻上的电压 V_R 升高，即输入电压的增加量基本降落在电阻 R 上，从而使输出电压 V_o 基本上保持不变，达到了稳定输出电压的目的。同理，当电压 V_i 降低时，也通过类似过程来稳定输出电压 V_o。

在设计稳压管稳压电路时，经常需要对稳压电路的参数进行选择。

(1) 稳压管的选择

可根据下列条件初选管子：

$$V_Z = V_o$$

$$I_{Zmax} \geqslant (2 \sim 3) I_{Lmax}$$

当 V_i 增大时，会使稳压管的 I_Z 增大，所以稳压电流 I_{Zmax} 应适当选择大一些。

(2) 输入电压 V_i 的确定

输入电压 V_i 高，限流电阻 R 大，稳压电路的稳定性能好，但损耗大。一般选择

$$V_i = (2 \sim 3) V_o$$

(3) 限流电阻 R 的选择

① R 的阻值

在 V_i 最小和 I_L 最大时，流过稳压管的电流最小，此时 I_Z 电流不能低于稳压管的最小稳定电流 I_{Zmin}。

$$I_Z = \frac{V_{imin} - V_Z}{R} - I_{Lmax} \geqslant I_{Zmin}$$

即
$$R \leqslant \frac{V_{imin} - V_Z}{I_{Lmax} + I_{Zmin}} \quad \text{或者} \quad R_{max} = \frac{V_{imin} - V_Z}{I_{Lmax} + I_{Zmin}}$$

在 V_i 最高和 I_L 最小时，流过稳压管的电流最大，这时应保证 I_Z 不大于稳压管的最大稳定电流 I_{Zmax}。

$$R \geqslant \frac{V_{imax} - V_Z}{I_{Zmax} + I_{Lmin}} \quad \text{或者} \quad R_{min} = \frac{V_{imax} - V_Z}{I_{Zmax} + I_{Lmin}}$$

② R 的功率 P_R

$$P_R = (2 \sim 3)\,\frac{V_{Rmax}^2}{R} = (2 \sim 3)\,\frac{(V_{imax} - V_Z)^2}{R}$$

P_R 一般要求适当选择大一些。

例 2-4-4　已知某稳压二极管的特性为：稳压电压 $V_Z = 6.8$ V，$I_{Zmax} < 10$ mA，$I_{Zmin} > 0.2$ mA，直流输入电压 $V_i = 10$ V，其不稳定量 $\Delta V_i = \pm 1$ V，$I_L = 0 \sim 4$ mA。试求：

(1) 直流输出电压 V_o；

(2) 为保证稳压管安全工作，限流电阻 R 的最小值；

(3) 为保证稳压管稳定工作，限流电阻 R 的最大值。

解　(1)V_o

由稳压二极管电路图 2-4-16 可见，直流输出电压 V_o 等于稳压管的稳压电压 V_Z，即 $V_o = V_Z = 6.8$ V。

(2)R_{min}

当 V_i 最大，R_L 开路时，通过稳压管的电流为最大。因此，为保证稳压管安全工作，$I_Z \leqslant I_{Zmax}$，由此可求得限流电阻的最小值为

$$R_{min} = \frac{V_{imax} - V_Z}{I_{Zmax} + I_{Lmin}} = \frac{11\ \text{V} - 6.8\ \text{V}}{10\ \text{mA}} = 0.42\ \text{k}\Omega$$

(3)R_{max}

当 V_i 最小，R_L 最小时，流入稳压管的电流为最小；为保证稳压管稳定工作，要求 $I_Z \geqslant I_{Zmin}$。由可此得

$$R_{max} = \frac{V_{imin} - V_Z}{(I_{Lmax} + I_{Zmin})} = \frac{9\ \text{V} - 6.8\ \text{V}}{4\ \text{mA} + 0.2\ \text{mA}} = 0.52\ \text{k}\Omega$$

综合以上分析，可选取限流电阻 $R = 510\ \Omega$。

3. 限幅电路

限幅电路又称削波电路，是用来限制输出电压范围的电路。它的典型特性如图 2-4-17 所示。图中，v_i 和 v_o 分别为限幅电路的输入和输出电压。V_{iL} 和 V_{iH} 分别称为下门限和上门限电压。V_{omax} 和 V_{omin} 分别为限幅电路的上、下限幅电压。

由图可见，当 $V_{iL} \leqslant v_i \leqslant V_{iH}$ 时，$v_o = Av_i$，A 为常数；

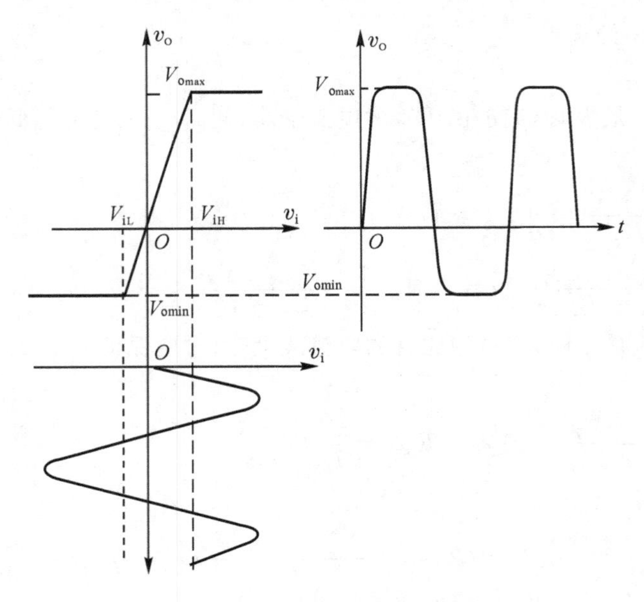

图 2-4-17 限幅电路的双向限幅特性

当 $v_i > V_{iH}$ 时,$v_o = V_{omax}$;

当 $v_i < V_{iL}$ 时,$v_o = V_{omin}$。

例如,输入电压为正弦波 $v_i = V_m \sin\omega t$ 时,输出变换为上、下削平的周期性波形。

通常将具有上、下门限的限幅电路称为双向限幅电路。仅有一个门限的称为单向限幅电路,其中,仅有上门限的称为上限幅电路,仅有下门限的称为下限幅电路,它们的限幅特性分别如图 2-4-18(a) 和(b) 所示。

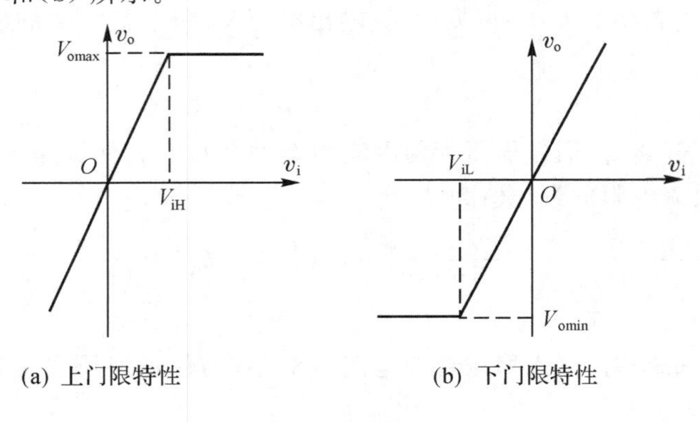

图 2-4-18 单向限幅特性

利用二极管的正向导通特性或反向击穿特性可以构成限幅电路。图 2-4-19(a) 所示是采用两个二极管构成的双向限幅电路。图中直流电压 V_1 和 V_2 用来控制限幅器的上、下门限值。若二极管采用恒电压降模型表示,则它的上、下门限值分别为

$$V_{iL} = -(V_2 + V_{D(on)})$$

$$V_{iH} = V_1 + V_{D(on)}$$

由图 2-4-19(a) 可见:

当 $v_i > V_{iH}$ 时,D_1 导通,D_2 截止,$v_o = V_{omax} = V_{iH}$;

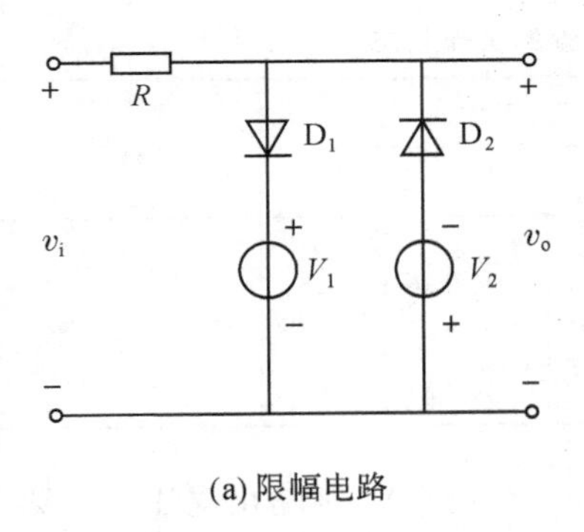

(a) 限幅电路

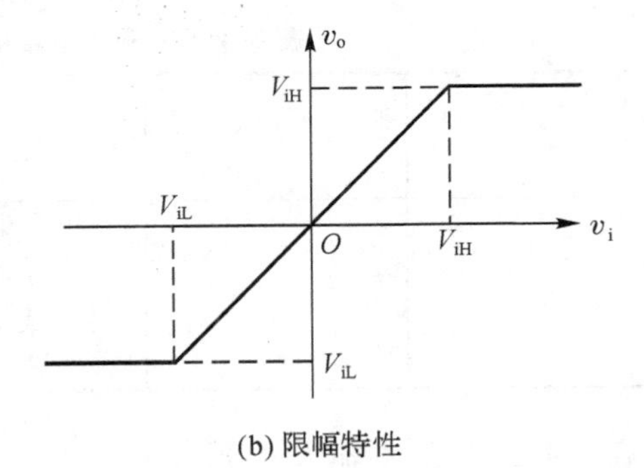

(b) 限幅特性

图 2-4-19　双向限幅电路

当 $V_{iL} \leqslant v_i \leqslant V_{iH}$ 时，D_1，D_2 均截止，$v_o = v_i$；

当 $v_i < V_{iL}$ 时，D_1 截止，D_2 导通，$v_o = V_{omin} = V_{iL}$。

根据以上分析，可以画出电路的限幅特性如图 2-4-19(b) 所示。

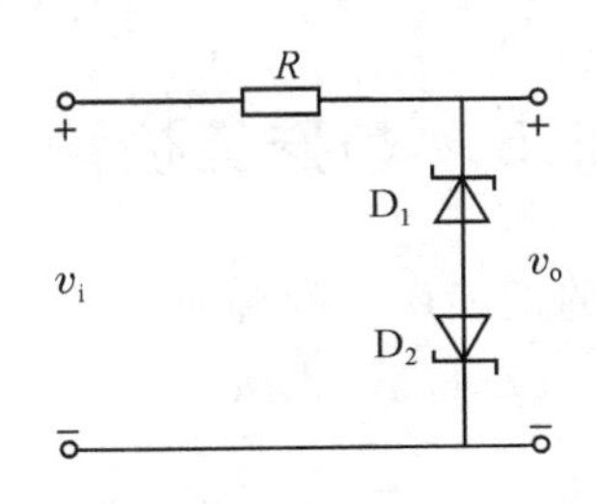

图 2-4-20　采用稳压管的双向限幅电路

图 2-4-20 所示是采用两个背靠背串接的稳压管构成的双向限幅电路。若稳压管 D_1 和 D_2 的稳压值分别为 V_{Z1} 和 V_{Z2}，当它们正向导通时的管压降均为 $V_{D(on)}$（恒电压降模型）。

由图 2-4-20 可见：

当 $v_i > V_{Z1} + V_{D(on)}$ 时，D_1 反向击穿，D_2 正向导通，$V_o = v_{omax} = V_{Z1} + V_{D(on)}$；

当 $v_i < -(V_{Z2} + V_{D(on)})$ 时，D_2 反向击穿，D_1 正向导通，$v_o = v_{omin} = -(V_{Z2} + V_{D(on)})$；

当 $-(V_{Z2} + V_{D(on)}) \leqslant v_i \leqslant V_{Z1} + V_{D(on)}$ 时，D_1，D_2 均截止，$v_o = v_i$。

因此，上述限幅电路的上、下门限值分别为

$$V_{iL} = -(V_{Z2} + V_{D(on)})$$

$$V_{iH} = V_{Z1} + V_{D(on)}$$

4. 开关电路

在开关电路中，利用二极管的单向导电性以接通或断开电路（二极管以理想模型替代），这在数字电路中得到了广泛的应用。在分析这种电路时，应当掌握一条基本原则，即判断电路中的二极管处于导通状态还是截止状态，可以先将二极管断开，然后观察（或经过计算）二极管正、负两极间是正向电压还是反向电压，若是正向电压则二极管导通，否则二极管截止。

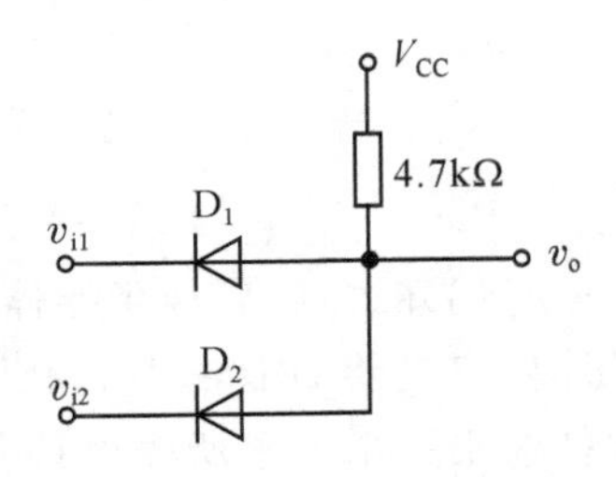

图 2-4-21　二极管开关电路

例 2-4-5　二极管开关电路如图 2-4-21 所示，$V_{CC} = 5V$。当 v_{i1} 和 v_{i2} 为 0 V 或 5 V 的不同组合情况下，求输出电压 v_o 的值。设二极管是理想的。

解　(1) 当 $v_{i1} = 0$ V，$v_{i2} = 5$ V 时，D_1 为正向偏置，导通，则 $v_o = 0$（因二极管是理想的），此时 D_2 的负极电位为 5 V，正极电位为 0 V，则 D_2 处于反向偏置，故 D_2 截止。

(2) 类似地，将 v_{i1} 和 v_{i2} 的其余三种组合及输出电压列于表 2-4-1 中。

表 2-4-1 开关电路中二极管的工作状态

v_{i1}(V)	v_{i2}(V)	二极管工作状态		v_o(V)
		D_1	D_2	
0	0	导通	导通	0
0	5	导通	截止	0
5	0	截止	导通	0
5	5	截止	截止	5

由表2-4-1可见,在输入电压 v_{i1} 和 v_{i2} 中,只要有一个为0 V,则输出电压为0 V;只有当两个输入电压均为5 V时,输出电压才为5 V,这种关系在数字电路中称为与逻辑。

2.5 特殊二极管

除前面所讲的普通二极管、稳压管、变容管外,还有若干种特殊二极管,如肖特基二极管、发光二极管、光敏二极管、激光二极管、隧道二极管等。这里仅选取几种特殊二极管作简要介绍。

2.5.1 肖特基二极管

肖特基二极管是由金属和半导体接触而形成的,又称为肖特基势垒二极管(Schottky Barrier Diode,简称 SBD),它的结构示意图和电路符号如图 2-5-1 所示。

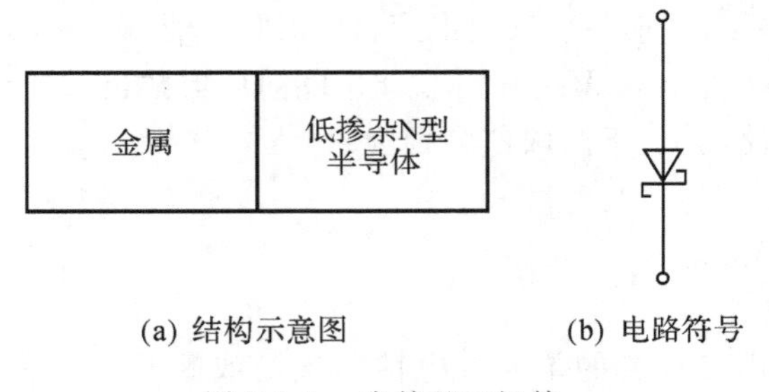

(a) 结构示意图 (b) 电路符号

图 2-5-1 肖特基二极管

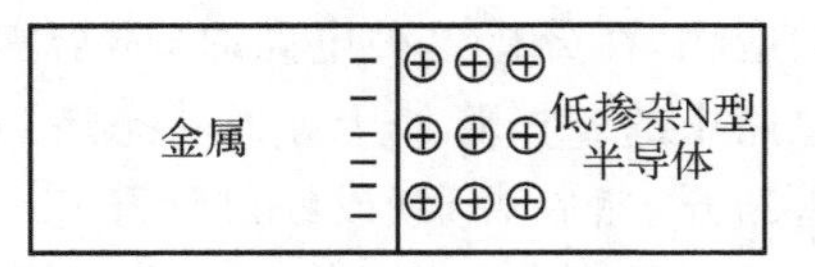

图 2-5-2 金属 — 半导体结的电荷分布

我们知道,金属或半导体中的电子要逸出体外,都必须要有足够的能量去克服体内原子核的吸引力。通常把逸出一个电子所需的能量称为逸出功。如果将逸出功大的金属与逸出功小的半导体相接触,电子就会从半导体逸出并进入金属,从而使交界面的金属侧带负电,半导体侧留下带正电的施主离子,如图 2-5-2 所示。金属是导体,带负电荷的电子只能分布在表面的一个薄层内,而 N 型半导体中的正离子被束缚在晶格内,分布在较大的宽度内,产生内建电场 E,这个内建电场将会阻止 N 型半导体中的电子进一步向金属注入。同时,金属中少量能量大的电子也会逸出金属进入半导体中的空间电荷区,并在内建电场的作用下向半导体漂移,形成反向漂移电流。随着内建电场的增强,最后使正、反向流动的电子达到动态平衡,流过金属—半导体结的净电流为零。通常将达到动态平衡时由内建电场形成的势垒称为肖特基表面势垒。

与 PN 结中的空间电荷区(耗尽层、阻挡层) 类似，当外加正向电压，即外电源的正极接金属(这里相当于P型半导体)，负极接N型半导体时，由于外加电压所产生的电场与内建电场方向相反，从而削弱了内建电场，使半导体中有更多的电子越过势垒进入金属，形成自金属到半导体的正向电流，且其值随外加电压的增大而急剧增加，相当于正向 PN 结特性。当外加反向电压时，使内建电场增大，导致从半导体进入金属的电子减少，因而从金属逸出进入半导体的漂移电子为主，相应形成由半导体到金属的反向电流。显然，这个电流是很小的，且其值几乎与外加反向电压的大小无关。

由此可见，肖特基二极管具有与 PN 结相似的伏安特性，即单向导电性。但两者也有差别。首先，由于肖特基二极管中的空间电荷区(阻挡层) 薄，相应的正向导通电压和反向击穿电压均较PN结低。比如，肖特基二极管的开启电压只有0.4 V左右，而一般硅二极管的开启电压在 0.6 ～ 0.7 V。其次，肖特基二极管是依靠一种载流子工作的器件，消除了 PN 结中存在的少子存储现象，因而可以运用于高频高速电路。最后，由于省掉了 P 型半导体，因而有较低的串联电阻 r_S。

需要指出，只有在由金属与低掺杂半导体形成的结才会产生上述单向导体性。如果上述 N 型半导体是高掺杂的，则由于半导体内的空间电荷区很薄，金属中的电子就会通过隧道效应进入半导体，半导体中的电子也会通过隧道效应进入金属，这样就失去了单向导电性。通常将这种金属与高掺杂半导体之间的接触称为欧姆接触。在普遍二极管中，如果 N 区为低掺杂，则必须在其间制作高掺杂的 N^+ 区，称为引线区，从这个区引出金属引线，以保证它们之间为欧姆接触，如图 2-5-3 所示。

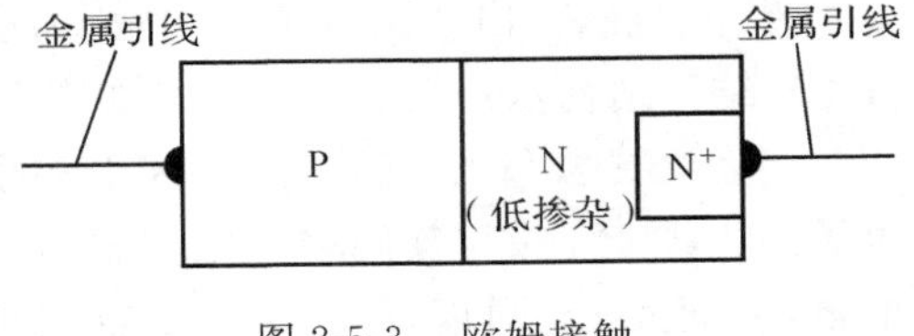

图 2-5-3　欧姆接触

2.5.2　光电子器件

在光的照射下，半导体中能激发产生电子—空穴对，改变半导体的导电能力。相反，在某些半导体中，当自由电子和空穴复合时，要产生光的辐射，并且不同半导体材料，辐射光的颜色不同。例如，磷砷化镓(GaAsP) 发红光或黄光，磷化镓(GaP) 发红光或绿光，氮化镓(GaN) 发蓝光，砷化镓(GaAs) 发不可见的红外光等。利用上述光电转换可以制成各种光电子器件，如光敏二极管、发光二极管、激光二极管、光电耦合器、太阳能电池等。

1. 光敏二极管

光敏二极管(Photodiode) 的结构与 PN 结二极管类似，但在它的 PN 结处，通过管壳上的一个玻璃窗口能接收外部的光照。它的结构示意图和电路符号如图 2-5-4 所示。例如，在一块低掺杂的 P 型半导体表面附近，形成一层很薄的 N 型半导体，保证入射光透过 N 型区照射到空间电荷区上。这种器件的 PN 结在反向偏置状态下工作。

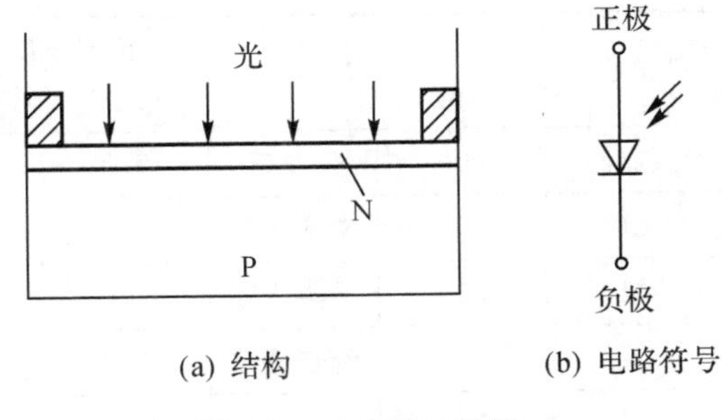

(a) 结构　(b) 电路符号

图 2-5-4　光敏二极管

在光照下，空间电荷区内激发出大量的自由电子—空穴对，当二极管加反偏时，它的反向电流随光照强度的增加而上升。图 2-5-5(a)所示是光敏二极管的等效电路，图(b)是它的特性曲线。其主要特点是，它的反向电流一方面与照度成正比，其灵敏度的典型值为 0.1 μA/lx(勒克斯，为照度的单位)数量级；另一方面还与入射光的波长有关，其中使反向电流达到最大的光波长称为峰值波长。光敏二极管可用来作为光的测量器件，是将光信号转换为电信号的常用器件。

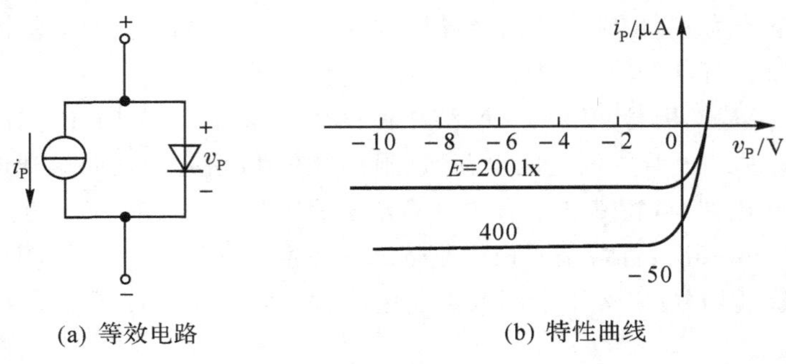

(a) 等效电路　　(b) 特性曲线

图 2-5-5　光敏二极管的等效电路和特性曲线

2. 发光二极管

发光二极管(Light-Emitting Diode，简写为 LED)是由电能转换为光能的半导体器件，其 PN 结的结构示意图和电路符号如图 2-5-6 所示。

当发光二极管加正偏时，N 区中多子自由电子注入 P 区，并与其间多子空穴复合而释放能量，从而发光。同理，P 区中多子空穴注入 N 区，并与其间多子电子复合而发光。发光二极管发光的光谱范围是比较窄的，其波长由所使用的基本材料而定。发光二极管的伏安特性与普通二极管相似，只是正向导通电压要大一些，一般大于1V。表 2-5-1 所示是几种常用发光二极管材料的主要特性。

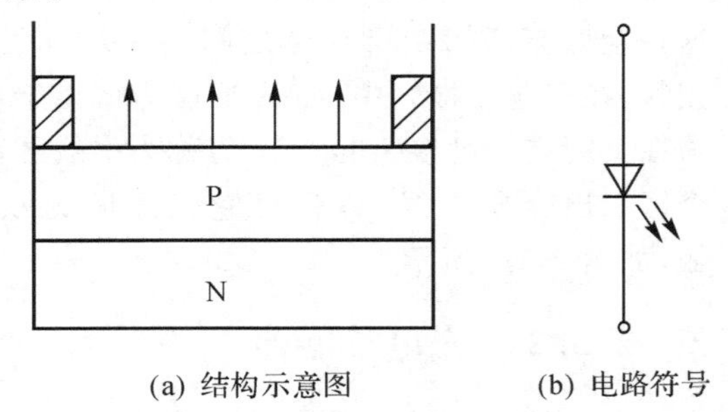

(a) 结构示意图　　(b) 电路符号

图 2-5-6　发光二极管

表 2-5-1　发光二极管的主要特性

颜色	波长(nm)	基本材料	正向电压(10mA 时)(V)	光强(10mA 时，张角 ±45°)(mcd*)	光功率(μW)
红外	900	砷化镓	1.3 ～ 1.5		100 ～ 500
红	655	磷砷化镓	1.6 ～ 1.8	0.4 ～ 1	1 ～ 2
鲜红	635	磷砷化镓	2.0 ～ 2.2	2 ～ 4	5 ～ 10
黄	583	磷砷化镓	2.0 ～ 2.2	1 ～ 3	3 ～ 8
绿	565	磷化镓	2.2 ～ 2.4	0.5 ～ 3	1.5 ～ 8

* cd(坎德拉)，发光强度的单位。

发光二极管常用来作为显示器件，除单个使用外，也常用来构成七段数字显示器，如图 2-5-7 所示，用 7 只发光二极管排列成 8 字形。控制各段发光二极管的通断就可显示 0 到 9 的十个数字。控制通断的电路如图 2-5-8 所示，图(a) 所示为共阳极电路，图(b) 所示为共阴极电路，图中 R 为限流电阻。

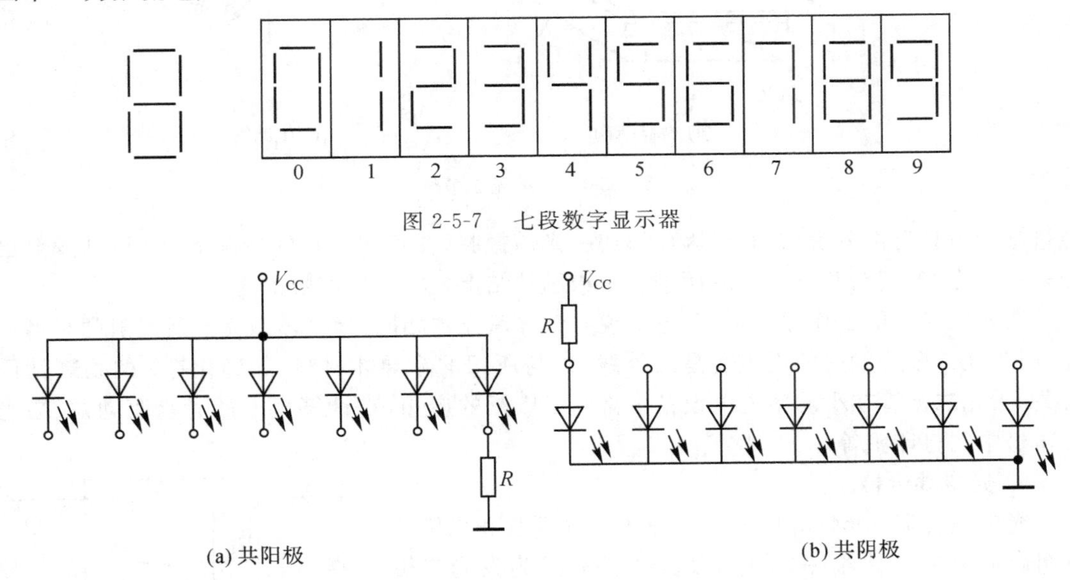

图 2-5-7　七段数字显示器

图 2-5-8　七段数字显示器控制电路

发光二极管的另一种重要用途是将电信号变换为光信号，通过光缆传输，然后再用光敏二极管接收，再现电信号，如图 2-5-9 所示。在发射端，一个 0 ～ 5 V 的脉冲信号通过 500 Ω 的电阻作用于发光二极(LED)，使 LED 产生一数字光信号，并作用于光缆。由 LED 发出的光约有 20% 能耦合到光缆。在接收端，传送的光中约有 80% 能耦合到光敏二极管，最后在接收电路的输出端复原为高低电平的数字信号。

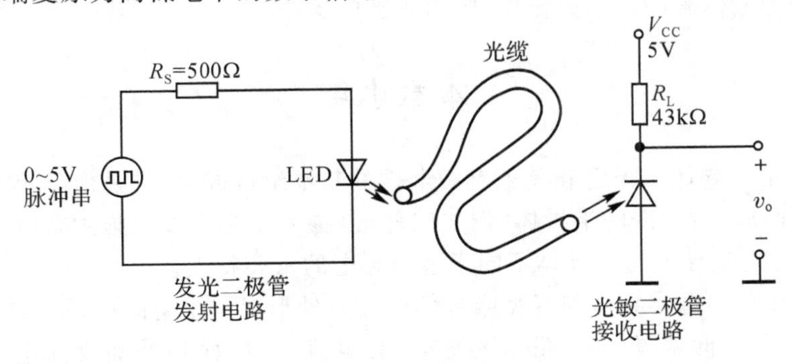

图 2-5-9　光电传输系统

3. 激光二极管

在上述光电传输系统中，若传输的光限于单色的相干性的波长，则光缆的传输效率更高。相干性的光是一种电磁辐射，其中所有的光子具有相同的频率且同相位。相干的单色光可以用激光二极管(Laser Diode) 产生，如图 2-5-10 所示。

激光二极管的物理结构是在发光二极管的结间安置一层具有光活性的半导体，其端面

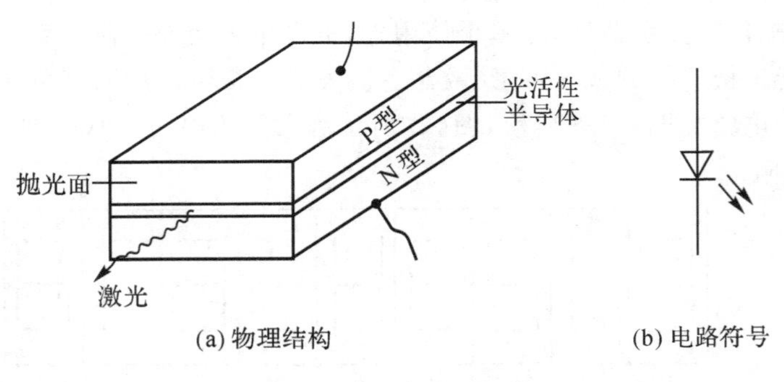

(a) 物理结构　　(b) 电路符号

图 2-5-10　激光二极管

经过抛光后具有部分反射功能，因而形成一光谐振腔。在正向偏置的情况下，LED 结发射出光来并与光谐振腔相互作用，从而进一步激励从结上发射出单波长的光。

激光二极管的工作原理，从理论上说与气体激光器相同。但气体激光器所发射的是可见光，而激光二极管发射的则主要是红外线，这与所用的半导体材料(如砷化镓)的物理性质有关。激光二极管在小功率光电设备中得到了广泛的应用，如计算机上的光盘驱动器、激光打印机中的打印头等。

4. 光电耦合器

光电耦合器(Optical Coupler)是由发光器件和光敏器件组合而成的一种器件。其中，发光器件一般为发光二极管，而光敏器件的种类较多，有光敏二极管、光敏三极管、光敏电阻等。图 2-5-11 所示为采用光敏二极管的光电耦合器的内部电路。

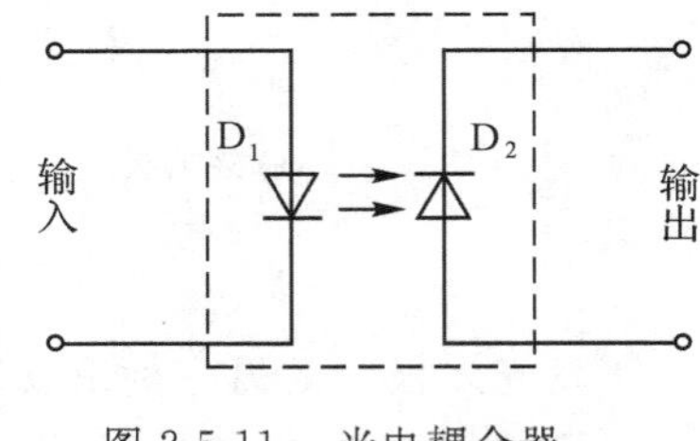

图 2-5-11　光电耦合器

图中，将电信号加到光电耦合器的输入端，使发光二极管 D_1 发光，照射到光敏二极管 D_2 上，在输出端输出光电流。这样，通过电 → 光和光 → 电的两次变换将电信号从输入端传送到输出端。同时，两个二极管之间是电隔离的。因此，光电耦合器是用光传输信号的电隔离器件，应用非常广泛。

本章小结

(1)PN 结是半导体二极管和其他有源器件的基本组成部分，它是由 P 型半导体和 N 型半导体相结合而成。对纯净的半导体(例如硅材料)掺入受主杂质或施主杂质，便可制成P型和 N 型半导体。空穴导电是半导体不同于金属导电的重要特点。

(2)PN结中的P型半导体与N型半导体的交界处形成一个空间电荷区或耗尽区。当PN结外加正向电压(正向偏置)时，耗尽区变窄，有电流流过；而当外加反向电压(反向偏置)时，耗尽区变宽，没有电流流过或电流极小，这就是半导体二极管(或 PN 结)的单向导电性。

(3) 常用 V-I 特性来描述 PN 结(或二极管)的性能，V-I 特性的理想指数模型为：$I \approx I_S(e^{V/V_T}-1)$。

(4) 二极管的主要参数有最大整流电流、反向电流和反向击穿电压。在高频电路中，还要注意它的最高工作频率。

(5) 稳压二极管是一种特殊二极管，利用它在反向击穿状态下的恒压特性，常用它来构成简单的稳压电路。它的正向压降与普通二极管相近。

(6) 二极管电路的分析，主要采用模型分析法。在分析电路的静态情况时，一般采用简化二极管模型，如理想二极管模型、恒电压降模型及折线模型等；只有当输入信号很微小时，才采用小信号电路模型。

(7) 其他特殊二极管，如变容二极管，肖特基二极管，光敏、发光、激光二极管等均具有非线性的特点，其中光电子器件(光敏、发光、激光、光电耦合器等)在信号处理、存储和传输中获得了广泛的应用。

习　题

2-1　电话线路上的直流电压约为 50 V，用于电话机通话时的直流电源。话机内部电路对电压有极性的要求。话机电路中有一个导向电路，如题 2-1 图所示。外线与话机引线相接时不必考虑电压极性。试说明其工作原理。

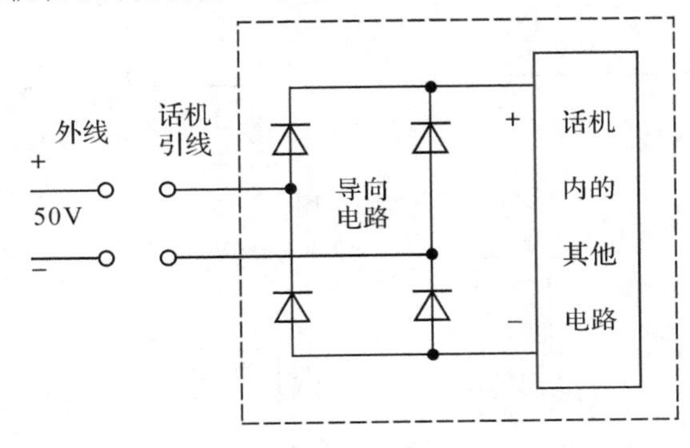

题 2-1 图

2-2　已知硅和锗 PN 结的反向饱和电流分别为 10^{-14} A 和 10^{-8} A。若外加电压为 0.25 V，0.45 V，0.65 V 时，试求室温下各电流 I，并指出电压增加 0.2 V 时，电流增加的倍数。

2-3　在室温时锗二极管和硅二极管的反向饱和电流分别为 1 μA 和 0.5 pA，若两个二极管均通过 1 mA 正向电流，试求它们的管压降分别为多少。

2-4　两个硅二极管在室温时反向饱和电流分别为 2×10^{-12} A 和 2×10^{-15} A，若定义二极管电流 $I=0.1$ mA 时所需施加的电压为导通电压，试求各 $V_{D(on)}$。若 I 增加到 10 倍，试问 $V_{D(on)}$ 增加多少伏。

2-5　已知 $I_S(27℃)=10^{-9}$ A，试求温度为 −10 ℃，47 ℃ 和 60 ℃ 时的 I_S 值。

2-6　题 2-6 图所示电路中为三个完全相同的二极管，$I_S=10^{-14}$ A。要求在输出电压 $V_o=2$ V 时，求电流值 I。如果从输出端流向负载的电流为 1 mA，输出电压的变化为多少？

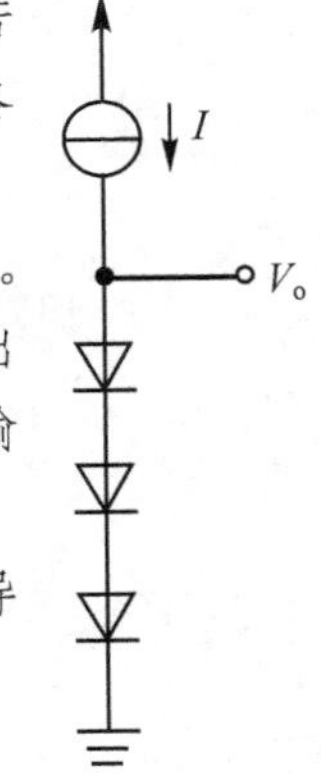

题 2-6 图

2-7　在题 2-7 图所示电路中，设二极管为理想的，试判断图中各二极管是否导通，并求 V_{Ao} 值。

2-8　题 2-8 图所示电路中，设二极管为理想的，求图中所示的电压和电流值。

2-9　题 2-9 图所示电路中，设二极管是理想的，求图中标记的电压和电流值。

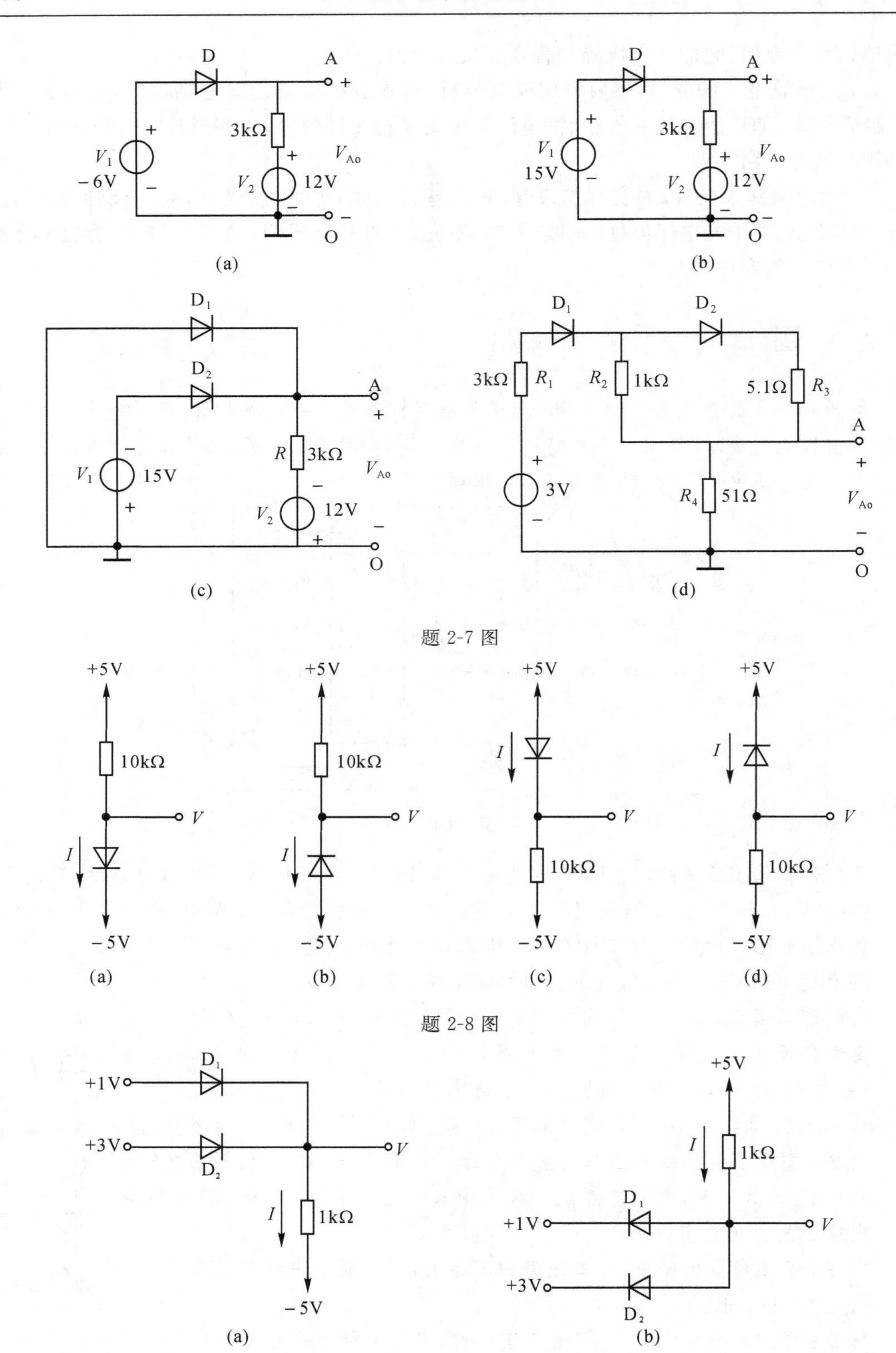

题 2-7 图

题 2-8 图

题 2-9 图

2-10　假定题 2-10 图电路中的二极管是理想的，求图中标记的电压和电流值。

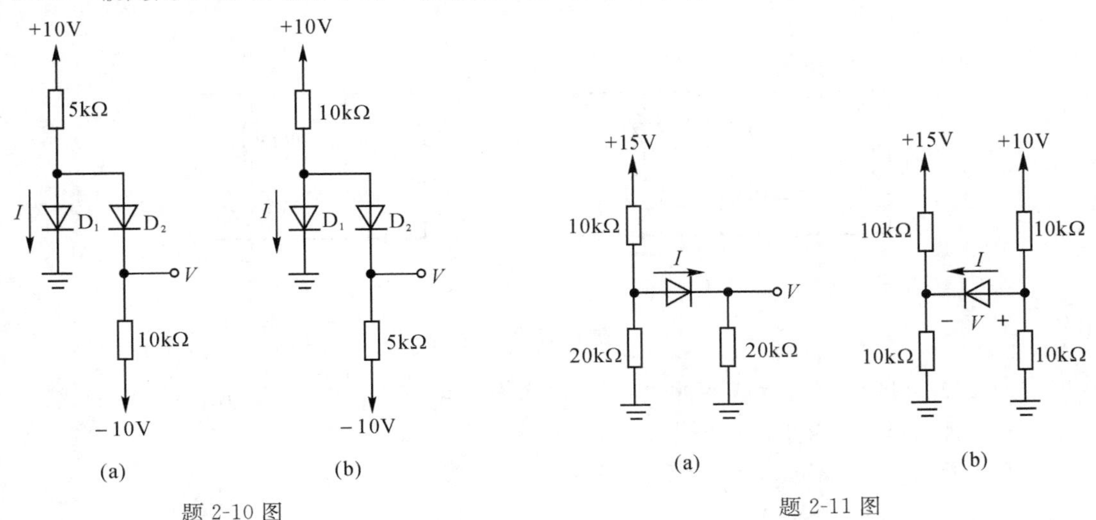

题 2-10 图　　　　题 2-11 图

2-11　假定题 2-11 图电路中的二极管是理想的，利用戴维南定理简化电路，并求图中标记的电压和电流值。

2-12　题 2-8 图所示电路中，利用恒电压降模型（$V_D = 0.7$ V），求图中标注的电压和电流值。

2-13　在题 2-13 图所示电路中，已知二极管参数 $V_{D(on)} = 0.25$ V，$R_D = 7\ \Omega$，PN 结的串联电阻 $r_S = 2\ \Omega$，$V_{DD} = 1$ V，$v_S = 20\sin\omega t$ (mV)，试求通过二极管的电流 $i_D = I_{DQ} + i_d$。

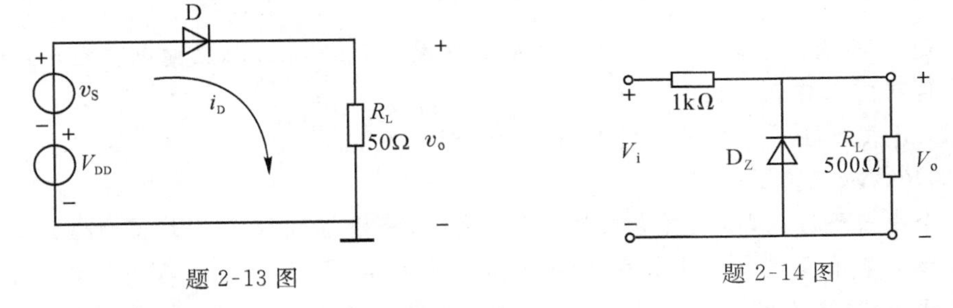

题 2-13 图　　　　题 2-14 图

2-14　已知题 2-14 图所示电路中稳压管的稳定电压 $V_Z = 6$ V，最小稳定电流 $I_{Zmin} = 5$ mA，最大稳定电流 $I_{Zmax} = 25$ mA。

(1) 分别计算 V_i 为 15V、35V 两种情况下输出电压 V_o 的值；

(2) 若 $V_i = 35$V 时负载开路，则会出现什么现象？为什么？

2-15　在测试电流为 28mA 时稳压管的稳压值为 9.1V，增量电阻为 5Ω。求稳压管的 V_{ZO}，并分别求电流为 10mA 和 100mA 时的稳压值。

2-16　在题 2-16 图所示稳压电路中，要求输出稳定电压为 7.5V，已知输入电压 V_i 在 15V 到 25V 范围内变化，负载电流 I_L 在 0 到 15mA 范围内变化，稳压管参数为 $I_{Zmax} = 50$mA，$I_{Zmin} = 5$mA，$V_Z = 7.5$V，$r_Z = 10\Omega$，试求 R 的取值范围。

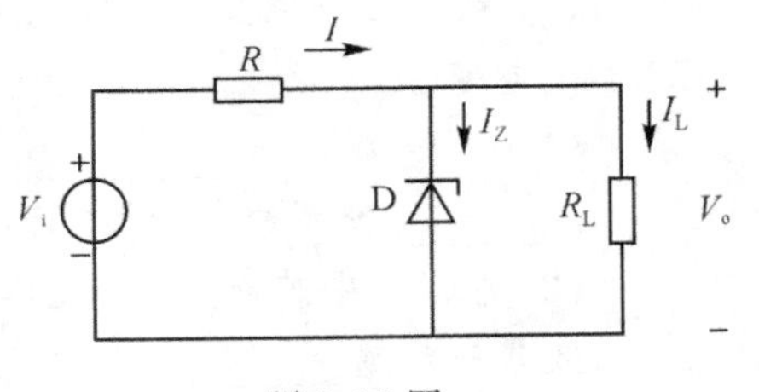

题 2-16 图

2-17 题 2-17 图所示电路中的二极管为理想的，试画出输出电压 v_o 的波形。设 $v_i = 6\sin\omega t$ (V)。

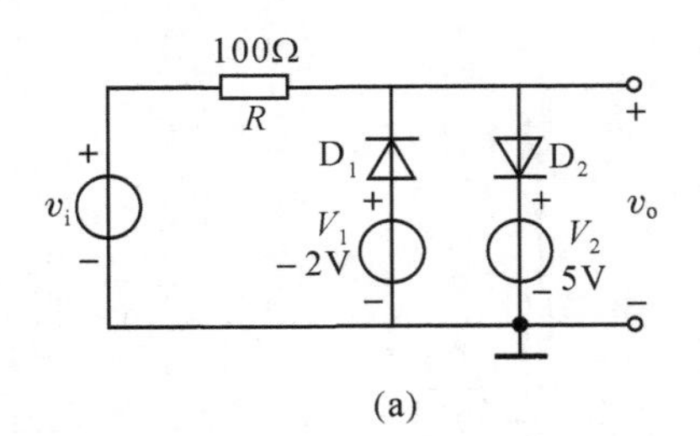

(a)

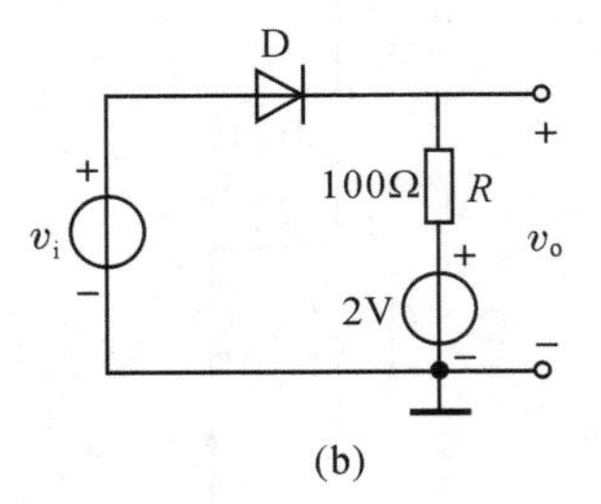

(b)

题 2-17 图

2-18 题 2-18 图所示为双向限幅电路，已知二极管参数 $V_{D(on)} = 0.7V$，$R_D = 100\Omega$，试：

(1) 画出($V_o \sim V_i$) 限幅特性曲线；

(2) 若 $V_i = V_m\sin\omega t$，$V_m = 5$ V，画出 v_o 的波形。

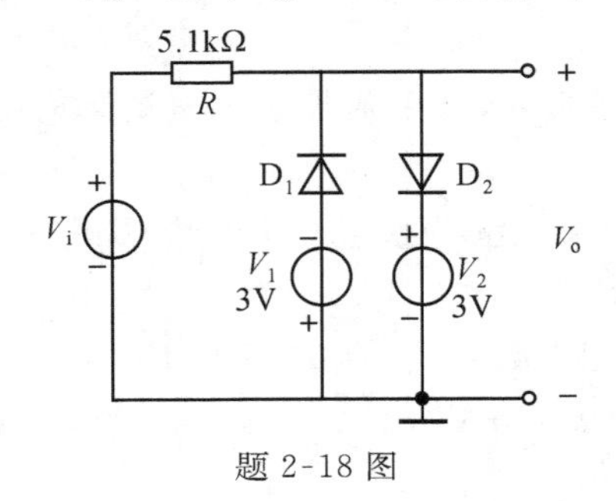

题 2-18 图

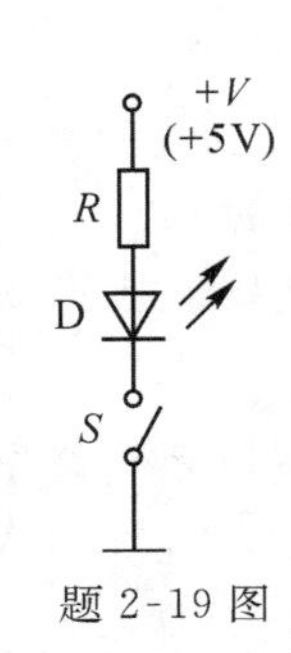

题 2-19 图

2-19 在题 2-19 图所示电路中，发光二极管导通电压 $V_D = 1.5V$，正向电流在 5～15mA 时才能正常工作。试问：

(1) 开关 S 在什么位置时发光二极管才能发光？

(2) R 的取值范围是多少？

2-20 一个半波整流电路，它的输入为一个三角波，峰峰值为 16V，平均值为 0，$R = 1k\Omega$。设二极管能用简化二极管模型(折线近似) 表示，且 $V_{D(on)} = 0.65V$，$r_D = 20\Omega$。求输出电压 v_o 的平均值。

2-21 判断题，用“√”或“×”表示。

(1) 在 N 型半导体中如果掺入足够量的三价元素，可将其改型为 P 型半导体。 (   )

(2) 因为 N 型半导体的多子是自由电子，所以它带负电。 (   )

(3) PN 结在无光照、无外加电压时，结电流为零。 (   )

(4) 稳压二极管工作在稳压状态时，处于正向导通状态。 (   )

2-22 填空题。

(1) 半导体中有__________和__________两种载流子，在本征半导体中掺入________价元素，可形成 P 型半导体。

(2) 本征硅中若掺入 5 价元素的原子，则多数载流子应是__________，掺杂越多，则其数量一定越________；相反，少数载流子应是__________，掺杂越多，则其数量一定越________。这样掺杂形成的半导体类型为______________。

(3)PN 结空间电荷区又称为____________区，在平衡条件下，电性呈__________，因为区内______________所带的电量相等。P 区侧应带__________，N 区一侧应带__________。空间电荷区的电场称为__________，其方向从__________指向__________。

(4)PN 结加正向电压时，空间电荷区将____________。

(5) 二极管的单向导电性为：外加正向电压时__________，外加反向电压时__________。

(6) 二极管的反向饱和电流值越小，则其______________越好。

(7) 稳压二极管的稳压区是其工作在______________状态。

第3章　三极管放大电路基础

在前一章中介绍了半导体二极管的工作原理，它是半导体器件的基础，它的主要特性是单向导电性。然而半导体二极管是一个二端器件，它不能对信号进行放大。本章将介绍的半导体三极管（又称晶体三极管，简称三极管或晶体管）是一个三端器件，它是放大器设计的基础。

半导体三极管是由两个靠得很近并且背对背排列的PN结组成的，它是由自由电子与空穴作为载流子共同参与导电的，因此半导体三极管也称为双极型三极管（Bipolar Junction Transistors），简称BJT。

本章首先对半导体三极管的物理结构与工作原理进行简要描述，然后对三极管的端口电流及器件的伏安特性进行介绍。给出了不同工作模式时的三极管电路工作模型，阐述了半导体三极管直流偏置电路的分析与设计，详细地分析了各种由三极管组成放大电路的性能与特点。

3.1　三极管的物理结构与工作模式

3.1.1　物理结构与电路符号

三极管是由两个靠得很近并且背对背排列的PN结组成的。根据PN结的排列方式不同，三极管可分为两种类型：一种称为NPN型三极管，它的物理结构如图3-1-1(a)所示，对应的电路符号如图3-1-1(b)所示；另一种称为PNP型三极管，它的物理结构如图3-1-2(a)所示，对应的电路符号如图3-1-2(b)所示。

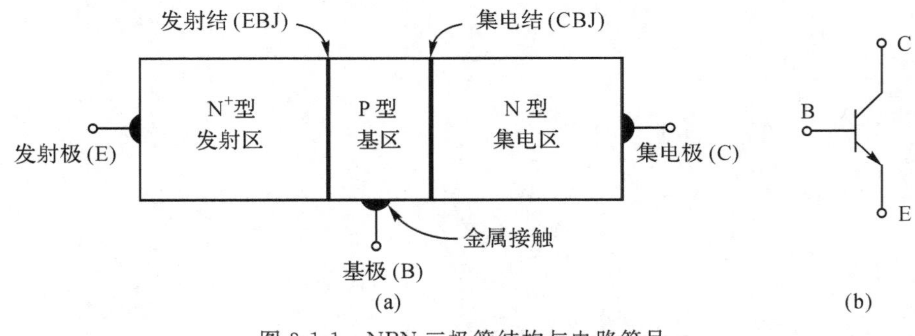

图3-1-1　NPN三极管结构与电路符号

两个 PN 结所对应的三个中性区分别为发射区、基区、集电区，它们的电极引出连线分别称为发射极（E）、基极（B）、集电极（C）。发射区与基区之间的 PN 结称为发射结（简称 EBJ），集电区与基区之间的 PN 结称为集电结（简称 CBJ）。

该结构的特点是基区的宽度很小（μm 数量级），发射区的掺杂浓度远大于基区的掺杂浓度（几十 ～ 上百倍），用 N^+ 或 P^+ 表示，集电结的面积大于发射结面积。

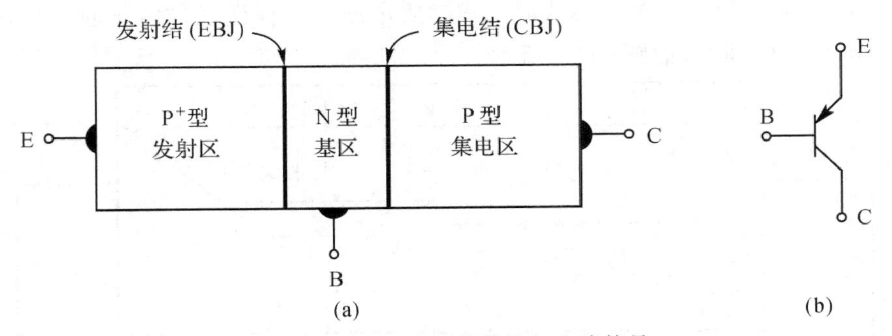

图 3-1-2　PNP 三极管结构与电路符号

图 3-1-3 给出了一个比较实际的 NPN 型三极管的横截面。由图可知，集电区实际上是包围着发射区的，所以集电结比发射结有更大的结面积，这样使得被注入到薄基区的自由电子很难逃脱被收集的命运。

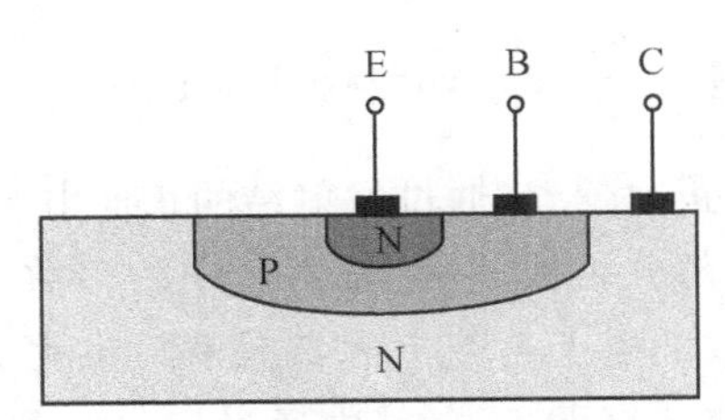

图 3-1-3　NPN 三极管的横截面图

3.1.2　三极管的工作模式

三极管由两个 PN 结组成，即发射结（EBJ）和集电结（CBJ）。依据这两个 PN 结的偏置情况（正偏和反偏），可以得到三极管的不同工作模式，如表 3-1-1 所示。

表 3-1-1　三极管的工作模式

工作模式	发射结（EBJ）	集电结（CBJ）
放大模式	正偏	反偏
截止模式	反偏	反偏
饱和模式	正偏	正偏
倒置模式	反偏	正偏

放大模式也称为正向放大模式，当三极管作为放大器件工作时应采用这种工作模式。当作为开关应用时（如逻辑电路），应采用截止模式和饱和模式。倒置模式在放大电路中一般不采用。

3.2 三极管放大模式的工作原理

3.2.1 三极管内部载流子的传递

对于 NPN 型三极管，在放大模式时要求偏置电压 V_{BE} 保证发射结正向偏置，偏置电压 V_{CB} 保证集电结反向偏置，如图 3-2-1 所示。

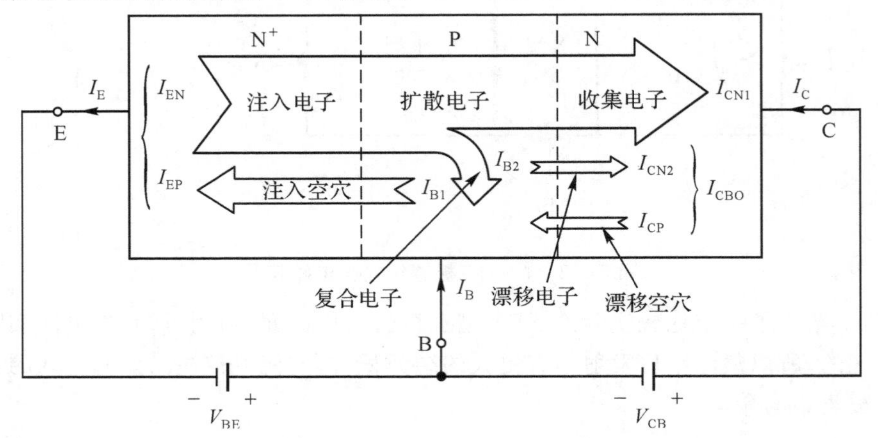

图 3-2-1 NPN 型三极管放大模式的载流子传递

在发射结处，由于发射结正向偏置，通过发射结的正向电流是由两边的多数载流子通过发射结扩散而形成的。它由两部分组成：一是发射区中的多数载流子（自由电子）通过发射结源源不断地注入基区而形成的电子电流 I_{EN}，二是基区的多数载流子（空穴）通过发射结注入发射区而形成的空穴电流 I_{EP}（即 I_{B1}）。其中通过发射结注入基区的自由电子边扩散边复合，同时向集电结边界行进。由于基区很薄，注入基区的自由电子在行进过程中仅有很小部分被基区中的空穴复合掉（形成的电流 I_{B2}），而绝大部分都到达了集电结边界。

在集电结处，由于集电结反向偏置，通过集电结的电流是由两边的少数载流子通过集电结漂移而形成的。它由三部分组成：一是由发射区注入基区的大量自由电子通过集电结被集电区收集而形成的电流 I_{CN1}，二是基区中少数载流子（自由电子）通过集电结而形成的漂移电流 I_{CN2}，三是集电区中少数载流子（空穴）通过集电结而形成的漂移电流 I_{CP}。

另外由于发射区为高掺杂浓度、基区为低掺杂浓度，因此在发射区中有 $I_{EN} \gg I_{EP}$。在集电区中，由于 I_{CP}、I_{CN2} 是由少数载流子形成的，而 I_{CN1} 是由发射区中注入大量的自由电子经基区的少量复合后被集电区收集的，因此有 $I_{CN1} \gg I_{CN2}$、I_{CP}。

通过上述分析，在众多的载流子中，唯有发射区中的自由电子通过发射结注入、基区扩散（复合）和集电区收集三个环节将发射区的注入电流 I_{EN} 转化为集电结电流 I_{CN1}，成为正向受控的电流，且其大小仅受发射结的正向偏置电压 V_{BE} 控制，而几乎与集电结反向偏置电压 V_{CB} 无关。其他载流子对正向受控作用来说都是无用的，是三极管的寄生电流。在一般情况下，由少数载流子形成的电流 I_{CP}、I_{CN2} 可忽略不计，但随着温度的升高，由于本征激发的增强，基区和集电区的少数载流子大量增加，I_{CP}、I_{CN2} 则显著增大。

3.2.2　三极管的各极电流

通过上述三极管内部载流子的传递情况分析可知，三极管内部载流子的定向移动形成了三极管的外部电流，即集电极电流 I_C、基极电流 I_B、发射极电流 I_E。

集电极电流 I_C

由图 3-2-1 可知，集电极的电流由三部分组成的，即有

$$I_C = I_{CN1} + (I_{CN2} + I_{CP}) = I_{CN1} + I_{CBO} \tag{3-2-1}$$

其中

$$I_{CBO} = I_{CN2} + I_{CP} \tag{3-2-2}$$

就是集电结本身的反向饱和电流。由于它是由少数载流子形成的，在常温下一般是很小的，可忽略不计，但它与温度密切相关，温度每升高 10℃，I_{CBO} 大约增大一倍。因此集电极的电流主要由发射区注入到基区、并被集电区收集的自由电子形成的电流 I_{CN1}，它主要受发射结的正向偏置电压 V_{BE} 影响。集电极的电流可表示为

$$I_C = I_S e^{\frac{V_{BE}}{V_T}} \tag{3-2-3}$$

其中 I_S 为饱和电流，它与基区的宽度成反比，与发射结的面积成正比，因此也称为比例电流。I_S 的典型范围为 10^{-12} A 到 10^{-18} A（取决于器件的尺寸大小）。I_S 也与温度有关，温度每升高 5℃，I_S 约增大一倍。

基极电流 I_B

在图 3-2-1 中，基极电流是由三部分组成的，即有

$$I_B = I_{B1} + I_{B2} - I_{CBO} \tag{3-2-4}$$

由于 $I_{CBO} = I_{CN2} + I_{CP}$ 很小可忽略不计，因此基极电流主要是由两部分决定的。第一部分 I_{B1} 是由基区注入到发射区的空穴引起的，它与发射结的正向偏置电压 V_{BE} 有关，即与 $e^{\frac{V_{BE}}{V_T}}$ 成比例关系。第二部分 I_{B2} 是基区中的空穴与发射区注入的自由电子复合引起的电流。由于基区很薄，仅有很少部分的空穴与自由电子进行复合，它也与 $e^{\frac{V_{BE}}{V_T}}$ 成比例关系。由式(3-2-3)可知，基极电流也与集电极电流 I_C 成比例关系，它可表示为

$$I_B = \frac{I_C}{\beta} = \left(\frac{I_S}{\beta}\right) e^{\frac{V_{BE}}{V_T}} \tag{3-2-5}$$

其中 β 称为共发射极的电流放大系数，它反映了基极电流 I_B 对集电极电流 I_C 的控制能力。对于给定的三极管，其 β 值为常数，一般在 50 到 200 之间，但会受温度的变化而影响。

发射极电流 I_E

若将三极管看成一个结点，则流入三极管的电流必须等于流出电流。在图 3-2-1 中可以看出发射极流出的电流 I_E 必等于集电极电流 I_C 与基极电流 I_B 之和，即

$$I_E = I_B + I_C \tag{3-2-6}$$

利用式(3-2-3) 和式(3-2-5) 可得

$$I_E = \frac{\beta + 1}{\beta} I_C = \frac{1}{\alpha} I_C = \frac{1}{\alpha} I_S e^{\frac{V_{BE}}{V_T}} \tag{3-2-7}$$

或者

$$I_C = \alpha I_E \tag{3-2-8}$$

其中比例系数 α 称为共基极的电流放大倍数，它反映了发射极电流 I_E 转化为集电极电流 I_C

的能力。

另外由式(3-2-7)可知,系数 α 与 β 满足以下关系

$$\alpha = \frac{\beta}{1+\beta} \quad 或者 \quad \beta = \frac{\alpha}{1-\alpha} \tag{3-2-9}$$

由上式可以看出,α 也是一个常数(对于给定的三极管),并且其值一般小于1,且非常接近于1。例如,如果 $\beta = 100$,则有 $\alpha \approx 0.99$。

对于PNP型的三极管,其内部载流子传递的工作原理与NPN型三极管对应,因此,本书不再作详细分析。PNP型三极管的外部各极电流的大小与NPN型一样,但其实际电流的流向则刚好与NPN型三极管相反。

例3-2-1 对于一个NPN型三极管,当 $I_C = 1\text{mA}$ 时,$V_{BE} = 0.7\text{V}$。求当 $I_C = 0.1\text{mA}$ 和 10mA 时,对应的 V_{BE} 分别为多少?

解 因为 $I_C = I_S e^{\frac{V_{BE}}{V_T}}$,则有 $V_{BE} = V_T \ln\left(\frac{I_C}{I_S}\right)$,因此有 $V_{BE1} = V_T \ln\left(\frac{I_{C1}}{I_S}\right)$。所以有

$$V_{BE1} - V_{BE} = V_T \ln\left(\frac{I_{C1}}{I_C}\right)$$

若当 $I_{C1} = 0.1\text{mA}$ 时,$V_{BE1} - V_{BE} = V_T \ln\left(\frac{I_{C1}}{I_C}\right) = 26 \times \ln\left(\frac{0.1}{1}\right) = -0.06\text{V}$,则 $V_{BE1} = V_{BE} - 0.06 = 0.7 - 0.06 = 0.64(\text{V})$

若当 $I_{C1} = 10\text{mA}$ 时,$V_{BE1} - V_{BE} = V_T \ln\left(\frac{I_{C1}}{I_C}\right) = 26 \times \ln\left(\frac{10}{1}\right) = 0.06\text{V}$,则 $V_{BE1} = V_{BE} + 0.06 = 0.7 + 0.06 = 0.76(\text{V})$

例3-2-2 对某一电路中的NPN三极管测量显示基极电流为 $14.46\mu\text{A}$,发射极电流为 1.46mA,发射结电压为 0.7V。求该条件下的 α、β 和 I_S。

解 因为 $I_B = 14.46\mu\text{A}$,$I_E = 1.46\text{mA}$,所以

$$I_C = I_E - I_B = 1.46\text{mA} - 14.46\mu\text{A} = 1.446\text{mA}, 则$$

$$\beta = \frac{I_C}{I_B} = \frac{1.446\text{mA}}{14.46\mu\text{A}} = 100 \qquad \alpha = \frac{\beta}{1+\beta} = \frac{100}{1+100} = 0.99$$

因为 $I_C = I_S e^{\frac{V_{BE}}{V_T}}$,则

$$I_S = I_C e^{\frac{-V_{BE}}{V_T}} = 1.446 \times 10^{-3} e^{\frac{-0.7\text{V}}{26\text{mV}}} = 2.94 \times 10^{-15}(\text{A})$$

3.3 三极管的饱和与截止模式

3.3.1 三极管的饱和模式

当三极管的发射结与集电结同时加正向偏置电压时,则三极管工作在饱和模式,其内部多数载流子(自由电子)的传递如图3-3-1所示。

由图可知,三极管内部的载流子传递过程可分解为两种方向相反的传递过程的叠加。一是假设发射结正向偏置 $V_{BE} > 0$、集电结零偏 $V_{BC} = 0$,产生相应的载流子正向传递,将发射结产生的电流 I_{EN1} 传递到集电极 I_{CN1}。另一假设是集电结正向偏置 $V_{BC} > 0$、发射结零偏 V_{BE}

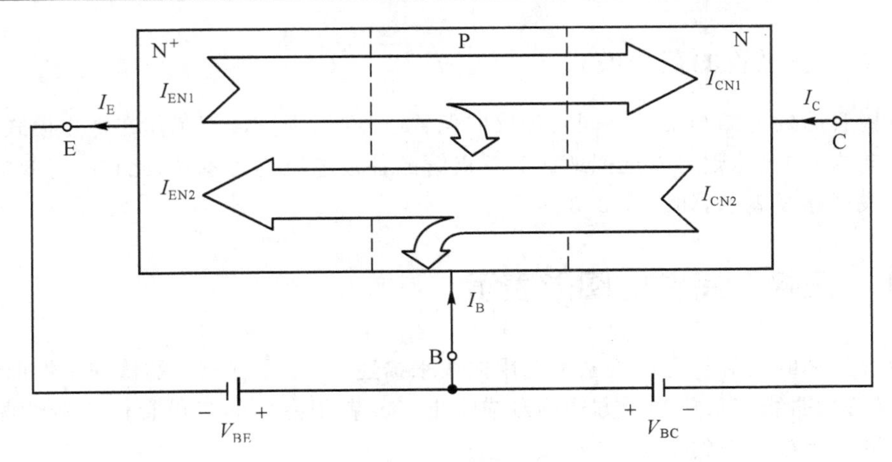

图 3-3-1　NPN 型三极管饱和模式的载流子传递

$=0$，产生相应的载流子反向传递，将集电结产生的电流 I_{CN2} 传递到发射极 I_{EN2}。因此合成的发射极电流 I_E 和集电极电流 I_C 分别为

$$\left.\begin{aligned} I_E &= I_{EN1} - I_{EN2} \\ I_C &= I_{CN1} - I_{CN2} \end{aligned}\right\} \tag{3-3-1}$$

可见，在饱和工作模式时，I_C、I_E 将同时受到两个结的正向偏置电压 V_{BE}、V_{BC} 的控制，已不再具有放大模式的正向受控作用。并且随着集电结正偏电压 V_{BC} 的增大，I_{CN2} 增大，导致了 I_C 和 I_E 迅速减小。同时由于正向、反向传递的载流子在基区中均有复合，因此基极电流 I_B 比放大模式时增大了，且随 I_{CN2} 增大而迅速增大。因此 I_C 与 I_E 之间或 I_C 与 I_B 之间不再满足放大模式下的各电流关系。

鉴于两个结均为正向偏置，因此在饱和模式下，它们可以近似用两个导通电压表示，分别为 $V_{BE(sat)}$ 和 $V_{BC(sat)}$，称为饱和导通电压。PN 结的导通电压与其两边的掺杂浓度有关，掺杂浓度越大，反向饱和电流就越小，相应的导通电压就越大。三极管的集电结是低掺杂的，它的导通电压比发射结低。对于硅三极管，工程上一般取

$$\left.\begin{aligned} V_{BE(sat)} &= 0.7\text{V} \\ V_{BC(sat)} &= 0.4\text{V} \end{aligned}\right\} \tag{3-3-2}$$

在饱和模式时，则有 $V_{CE(sat)} = V_{CB(sat)} + V_{BE(sat)} = V_{BE(sat)} - V_{BC(sat)}$，所以有

$$V_{CE(sat)} = 0.7 - 0.4 = 0.3(\text{V}) \tag{3-3-3}$$

相应的饱和模式的等效电路模型如图 3-3-2 所示。

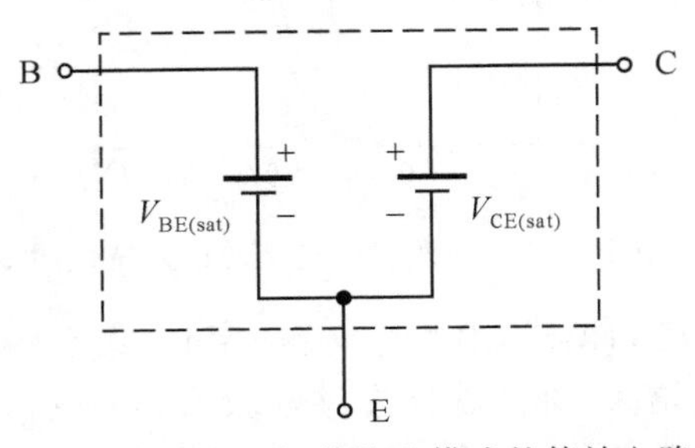

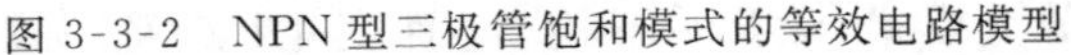
图 3-3-2　NPN 型三极管饱和模式的等效电路模型

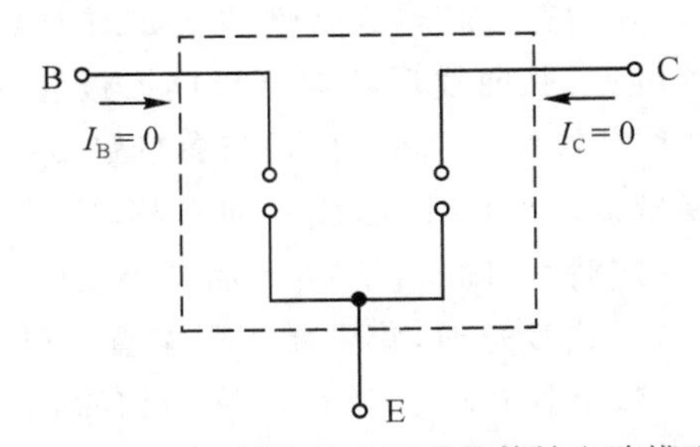

图 3-3-3　三极管截止模式的等效电路模型

3.3.2 三极管的截止模式

当三极管的发射结与集电结同时加反向偏置电压时，则三极管工作在截止模式，若忽略它们的反向饱和电流，则可以近似地认为三极管的各极电流均为零，因此它的等效电路模型可以用两段开路线表示，如图 3-3-3 所示。

3.4 三极管特性的图形表示

三极管各端的电流与电压关系可以用曲线来描述，这就是三极管的伏安特性曲线。一般情况下，该特性曲线都采用实验方法逐点描绘出来或者用专用的三极管伏安特性曲线图示仪直接在屏幕上显示得到。

由于三极管是三端器件，作为四端网络，它的每对端口均有两个变量(端口电压与电流)，总共有四个端口变量。在实际中采用最多的是输入特性曲线和输出特性曲线。

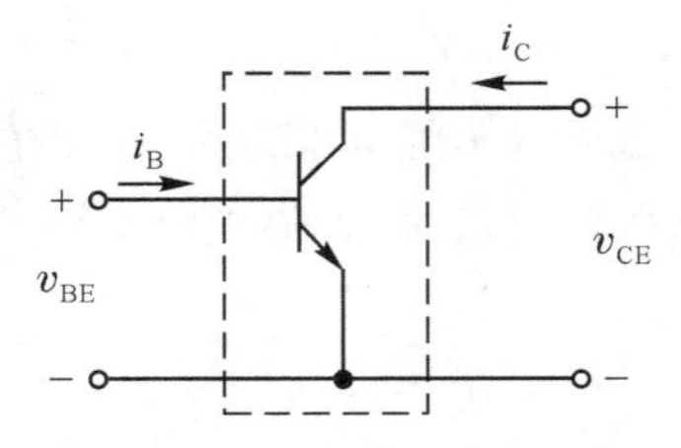

图 3-4-1 共发射极连接的端口电压与电流

输入特性曲线是以输出电压为参变量，描述输入端口的输入电流与输入电压之间的关系曲线。输出特性曲线是以输入电流(有时也用输入电压)为参变量，描述输出端口的输出电流与输出电压之间的关系曲线。由于三极管在不同连接时有不同的端电压和端电流，因此也有不同的伏安特性曲线。下面将以应用最广的共发射极连接方式来说明三极管的伏安特性曲线。

将三极管接成共发射极连接，即将三极管的发射极作为输入、输出的公共端，如图 3-4-1 所示。

此时对应的伏安特性曲线为

$$\text{输入特性曲线}: i_B = f_1(v_{BE})\big|_{v_{CE}=\text{常数}} \tag{3-4-1}$$

$$\text{输出特性曲线}: i_C = f_2(v_{CE})\big|_{i_B=\text{常数}} \tag{3-4-2}$$

3.4.1 输入特性曲线

在图 3-4-1 电路中，当 v_{CE} 为常数时，输入特性曲线是描述输入端口电流 i_B 随端口电压 v_{BE} 变化的曲线。改变参变量 v_{CE} 的值，可以得到一组曲线。实际的三极管输入特性曲线如图 3-4-2 所示。由图可见，其曲线形状与半导体二极管的伏安特性曲线相类似，不同之处是与参变量 v_{CE} 有关。当参变量 v_{CE} 增大时，曲线将向右移动，或者说，当 v_{BE} 一定时，i_B 随 v_{CE} 的增大而减小。其中 v_{CE} 在 0～0.3V 内变化时，集电结正向偏置，三极管工作在饱和模式，因此在 v_{BE} 一定时，随着 v_{CE} 自 0.3V 减小到 0V 时，三极管饱和加深，导致 i_B 迅速增大，即曲线向左移动较大。当 v_{CE} 大于 0.3V 以上时，集电结反向偏置，三极管工作在放大模式，i_B 几乎不随 v_{CE} 而变化。实际上，i_B 随 v_{CE} 增大而略有减小，即曲线向右略有移动。

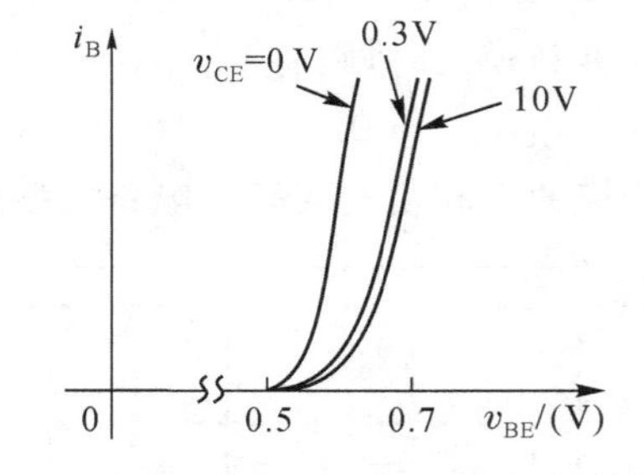

图 3-4-2 共发射极连接的输入特性曲线

在工程分析时，当三极管工作在放大模式时，即 v_{CE} 大于 0.3V 以上时，可以忽略 v_{CE} 对 i_B 的影响，近似认为输入特性曲线是一条不随 v_{CE} 变化的曲线。

3.4.2　输出特性曲线

在图 3-4-1 电路中，当 i_B 为常数时，输出特性曲线是描述输出端口电流 i_C 随端口电压 v_{CE} 变化的曲线。改变参变量 i_B 的值，可以得到一组曲线。实际的三极管输出特性曲线如图 3-4-3 所示。

在图 3-4-3 中，依据外加电压 v_{CE} 的不同，整个曲线组可以划分为四个区，即放大区、截止区、饱和区和击穿区。

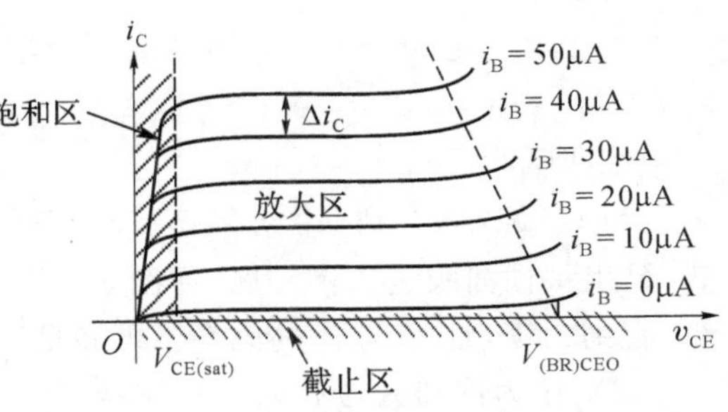

图 3-4-3　共发射极连接的输出特性曲线

放大区

在这个区域中，即 $v_{CE} > V_{CE(sat)}$ 且 $i_B > 0\mu A$ 时，三极管工作在放大模式，i_C 与 i_B 满足 $i_C = \beta \cdot i_B$ 的关系。当 i_B 等量增加时，输出特性曲线也将等间隔地平行上移。理想情况时，放大区内的 i_C 不随 v_{CE} 变化而变化。但对于实际器件，由于外加电压 v_{CE} 的变化导致基区的宽度发生变化，该效应称为基区的宽度调制效应。当 v_{CE} 增大时，基区内载流子的复合减小，导致系数 α 和 β 略有增大，因此每条曲线都随 v_{CE} 的增大而略有上翘。

若将参变量由 i_B 变为 v_{BE}，并将不同 v_{BE} 的各条曲线向负轴方向延伸，它们将近似相交于公共点 A 上，如图 3-4-4 所示。对应的电压用 V_A 表示($V_A < 0$)，称为厄尔利电压。显然其值的大小可以用来表示输出特性曲线上翘的程度。$|V_A|$ 越大，上翘程度越小。一般情况下厄尔利电压 $|V_A|$ 的值约为 50～100V。其值与基区的宽度有关，基区宽度越小，基区宽度的调制效应对 i_C 的影响就越大，$|V_A|$ 也就相应越小。

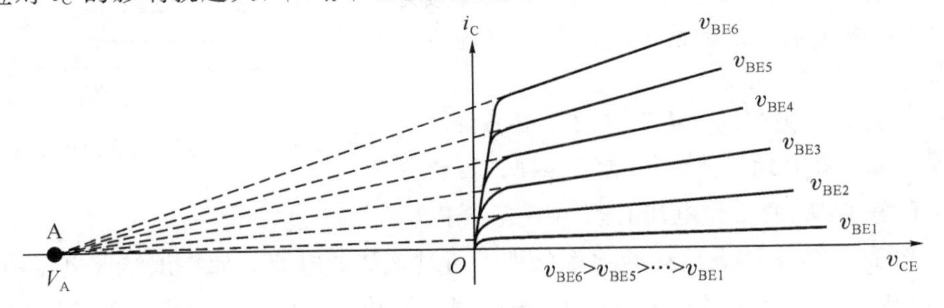

图 3-4-4　厄尔利电压

考虑到厄尔利电压的影响，式(3-2-3) 所示的集电极电流应作如下修正：

$$i_C = I_S e^{\frac{v_{BE}}{V_T}}\left(1 - \frac{v_{CE}}{V_A}\right) \tag{3-4-3}$$

$i_C \sim v_{CE}$ 直线的非零斜率表明从集电极看进去的输出电阻不是无限的，而是一个有限值，它定义为三极管的输出电阻 r_o，则有

$$\frac{1}{r_o} = \frac{\partial i_C}{\partial v_{CE}}\Big|_{v_{BE}=\text{常数}} \tag{3-4-4}$$

利用式(3-4-3)可以得到

$$r_o = \frac{|V_A|}{I_{CQ}} \tag{3-4-5}$$

其中 $I_{CQ} = I_S e^{\frac{V_{BE}}{V_T}}|_{v_{BE}=V_{BEQ}(常数)} = I_S e^{\frac{V_{BEQ}}{V_T}}$ 为 $v_{BE} = V_{BEQ}$ 工作点电压时的集电极电流。

在设计和分析时,通常情况下没有必要考虑厄尔利电压对 i_C 与 v_{CE} 关系的影响。但是其有限的输出电阻 r_o 对三极管放大器的增益有很大的影响,这将在后面分析中会看到。

截止区

工程上规定 $i_B = 0$ 以下的区域称为截止区,三极管工作在截止模式。此时各极电流均为零,即 $i_B = i_C = i_E = 0$。

饱和区

当 v_{CE} 减小,直到 $v_{CE} < V_{CE(sat)}$ 时,三极管的两个结均为正向偏置,三极管工作在饱和模式,输出特性曲线进入饱和区,如图 3-4-3 所示。在这个区域中,i_C 随着 v_{CE} 的减小而迅速减小,直到为零,且 i_C 与 i_B 的关系不再满足 $i_C = \beta \cdot i_B$ 的关系。为了简化起见,工程上将 $V_{CE(sat)} = 0.3\text{V}$ 作为饱和区与放大区的分界线。

击穿区

随着 v_{CE} 的增大,加在集电结上的反向偏置电压 v_{CB} 相应增大。当 v_{CE} 增大到一定值 $V_{(BR)CEO}$ 时,集电结发生反向击穿,导致集电极电流 i_C 剧增。$V_{(BR)CEO}$ 电压称为击穿电压。

由于集电结是低掺杂的,产生的反向击穿主要是雪崩击穿,击穿电压比较大。集电极反向击穿电压随 i_B 增大而减小,因为 i_B 增大时,i_C 相应增大,通过集电结的载流子增多,碰撞的机会就增大,因而产生雪崩击穿的电压减小。

极限参数

采用共发射极连接时,半导体三极管的工作受到三个极限参数的限制。其中,除了上述介绍的集电极反向击穿电压 $V_{(BR)CEO}$ 以外,其他两个极限参数是最大允许集电极电流 I_{CM} 和最大允许集电极耗散功率 P_{CM},如图 3-4-5 所示。

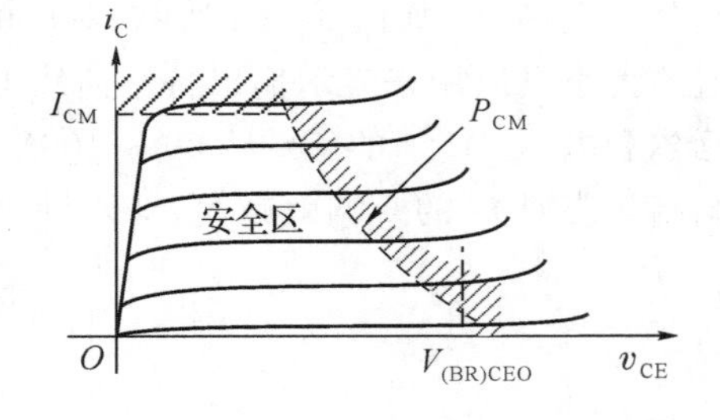

图 3-4-5 半导体三极管的安全工作区

当 i_C 过大时三极管的 β 将下降。I_{CM} 是指 β 明显下降时所对应的最大允许集电极电流。因此,若要保持 β 基本不变,则 i_C 的工作电流必须小于或等于 I_{CM}。

在三极管中,两个结上消耗的功率分别为通过该结的电流与加在该结上电压的乘积。由于 v_{CE} 的电压绝大部分是降在集电结上,因此消耗的功率主要是集电结上的耗散功率 $P_C = v_{CE} \cdot i_C$。这个功率将导致集电结发热而使集电结温度升高。当温度超过最高工作温度时,三极管的性能下降,甚至被烧坏。P_{CM} 就是在集电结最高工作温度的限制下三极管所能承受的最大允许集电极耗散功率。为了保证三极管的安全工作,耗散功率 P_C 必须小于或等于 P_{CM}。

这三个极限参数是三极管安全工作的重要参数,并且必须同时满足,即

$$v_{CE} \leqslant V_{(BR)CEO} \text{ 且 } i_C \leqslant I_{CM} \text{ 且 } P_C \leqslant P_{CM} \tag{3-4-6}$$

由三个极限参数限定的区域称为三极管的安全工作区,如图 3-4-5 中的三条虚线构成的区域。实际工作时,为保证三极管的工作安全,三极管的 v_{CE}、i_C 应限制在这个区域内。

3.4.3　转移特性曲线

所谓转移特性曲线是指将输入端口的控制变量转移到输出端口的输出变量上。半导体三极管的转移特性曲线主要是描述输入端口的电压 V_{BE} 转移到输出端口的电流 i_C 上。

图 3-4-6 是 NPN 型三极管的 i_C-v_{BE} 转移特性曲线，由前面分析可知，它具有指数关系：

$$i_C = I_S e^{\frac{v_{BE}}{V_T}}$$

它与二极管的伏安关系曲线相似。同理，也可以得到 i_B-v_{BE} 和 i_E-v_{BE} 的特性曲线，它们均具有指数关系，但它们具有不同的比例电流：i_B 的比例电流为 I_S/β，i_E 的比例电流为 I_S/α。

当 v_{BE} 小于 0.5V 时，电流很小，几乎可以忽略。在大多数正常电流范围内，v_{BE} 通常在 0.6 ~ 0.8 V 之间。在工程计算时一般取 V_{BE} = 0.7 V，这与二极管的分析方法类似。对于 PNP 型三极管，只要用 v_{EB} 取代 v_{BE} 即可。

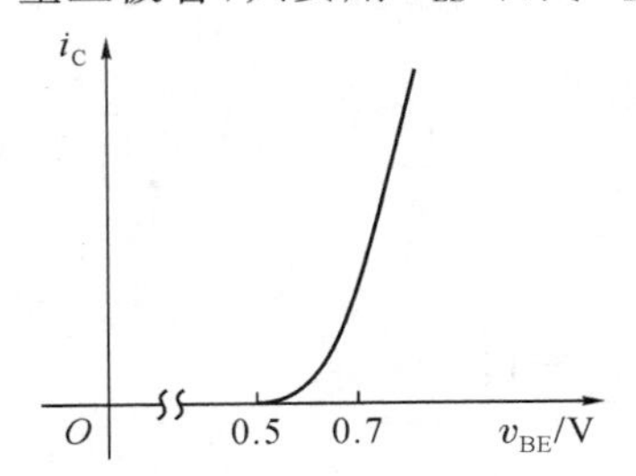

图 3-4-6　NPN 型三极管的 i_C-v_{BE} 特性

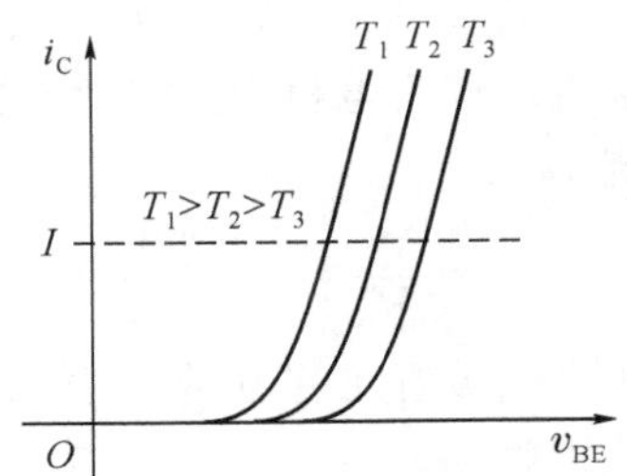

图 3-4-7　温度对 i_C-v_{BE} 的影响

与硅二极管一样，当 PN 结工作在恒定电流时，温度每升高 1℃，发射结两端的电压下降 2 mV。图 3-4-7 表示了三极管在三个不同温度下的 i_C-v_{BE} 曲线。

3.5　三极管电路的直流分析

3.5.1　三极管直流电路的分析方法

本节仅考虑施加了直流电压的三极管电路。为了确定三极管在电路中的工作模式，则必须首先要分析三极管的各极电压，进一步确定三极管的各个结的偏置电压情况，从而确定三极管的工作模式。

在下面的各个例子中，将采用简单的模型，在这个简单的模型中，假设三极管导通时 V_{BE}（或 V_{EB}）= 0.7 V，饱和电压 $V_{CE(sat)}$（或 $V_{EC(sat)}$）= 0.3 V，并且忽略厄尔利效应。

以 NPN 型三极管为例，三极管的直流电路分析方法可以归纳为：

① 若 V_{BE} < 0.7 V，则三极管工作在截止模式，此时 $I_B = I_C = I_E = 0$，依据电路情况进一步确定三极管各极的电压；

② 若 $V_{BE} \geqslant$ 0.7 V 时，假设三极管工作在放大模式，则取 V_{BE} = 0.7 V，计算三极管的各极电压和电流；

③ 依据 ② 中各极的电压判断三极管的工作状态。若 $V_{CE} = V_C - V_E > V_{CE(sat)}$，则三极管工作在放大模式，假设正确，此时三极管各极的电压和电流是正确的解，分析结束。若 V_{CE} =

$V_C - V_E < V_{CE(sat)}$，则三极管工作在饱和模式，假设不正确，转入步骤④；

④ 利用三极管的饱和模型代入，重新分析三极管的各极电压和电流。

对于在 PNP 型三极管直流电路中，分析方法与上述一致，不同之处仅将用 V_{EB}、V_{EC}、$V_{EC(sat)}$ 分别代替 V_{BE}、V_{CE}、$V_{CE(sat)}$ 即可。

3.5.2　三极管直流电路分析实例

例 3-5-1　在图 3-5-1 所示电路中，试分析该电路，确定三极管各极的电压和电流。假定三极管的 $\beta = 100$。

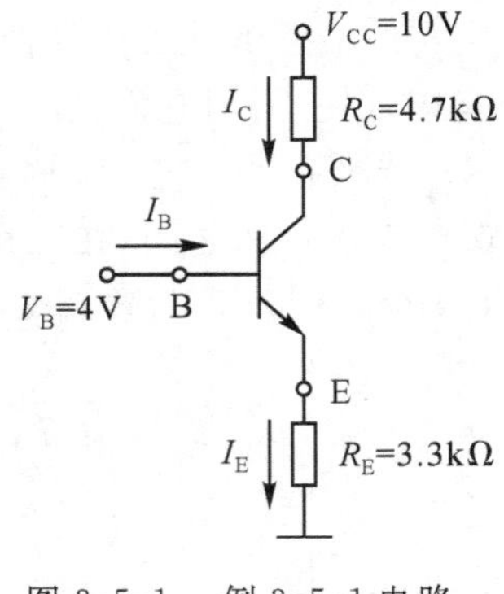

图 3-5-1　例 3-5-1 电路

解　从图中可以看到基极电压为 $V_B = 4$ V，发射极通过电阻 R_E 接地。因此可以确定发射结正向偏置。此时假设 $V_{BE} = 0.7$ V，可以得到发射极电压为

$$V_E = V_B - V_{BE} = 4 - 0.7 = 3.3(\text{V})$$

该电压即为电阻 R_E 上的压降，因此可以确定通过电阻 R_E 上的电流 I_E

$$I_E = \frac{V_E}{R_E} = \frac{3.3\ \text{V}}{3.3\ \text{k}\Omega} = 1\ \text{mA}$$

假设三极管工作在放大模式，则三极管的集电极电流、基极电流分别为

$$I_C = \alpha I_E = \frac{\beta}{1+\beta} I_E = 0.99\ \text{mA}$$

$$I_B = I_E - I_C = 1 - 0.99 = 0.01(\text{mA}) = 10(\mu\text{A})$$

则三极管的集电极电压为

$$V_C = V_{CC} - I_C R_C = 10 - 0.99 \times 4.7 = 5.3(\text{V})$$

三极管的工作模式判断：因为 $V_{CE} = V_C - V_E = 5.3 - 3.3 = 2$ V，该电压大于饱和电压 $V_{CE(sat)} = 0.3$ V，因此三极管确实工作在放大模式，假设正确，则上述求得的各极电压、电流即为电路的解。

例 3-5-2　在图 3-5-2 所示的电路中，试分析该电路，确定三极管各极的电压和电流。假定三极管的 $\beta = 100$。

解　从图中可以看到基极电压为 $V_B = 0$ V，发射极通过电阻 R_E 接地。因此可以得到 $V_{BE} < 0.7$ V，发射结不导通，三极管工作在截止模式。此时 $I_B = I_C = I_E = 0$。因此可以得到发射极电压为 $V_E = 0$ V。三极管的集电极电压为

$$V_C = V_{CC} - I_C R_C = 10 - 0 \times 4.7 = 10(\text{V})。$$

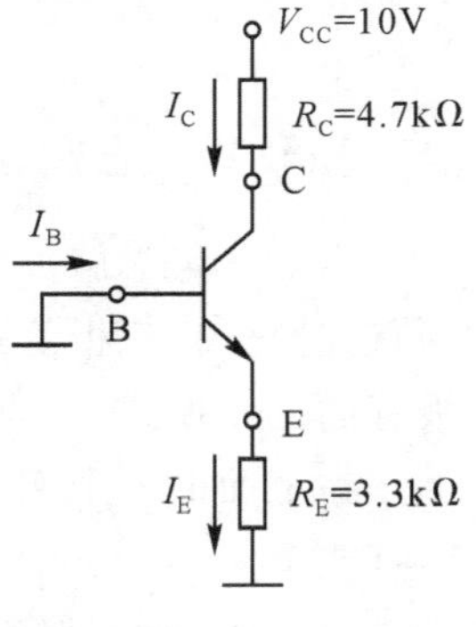

图 3-5-2　例 3-5-2 电路

例 3-5-3　在图 3-5-3(a) 所示的电路中，试分析该电路，确定三极管各极的电压和电流。假定三极管的 $\beta = 100$。

解　从图中可以看到基极电压为 $V_B = 6$ V，发射极通过电阻 R_E 接地。因此可以得到发射结正向偏置。此时假设 $V_{BE} = 0.7$ V，可以得出发射极电压为

$$V_E = V_B - V_{BE} = 6 - 0.7 = 5.3(\text{V})$$

该电压即为电阻 R_E 上的压降，因此可以确定通过电阻 R_E 上的电流 I_E

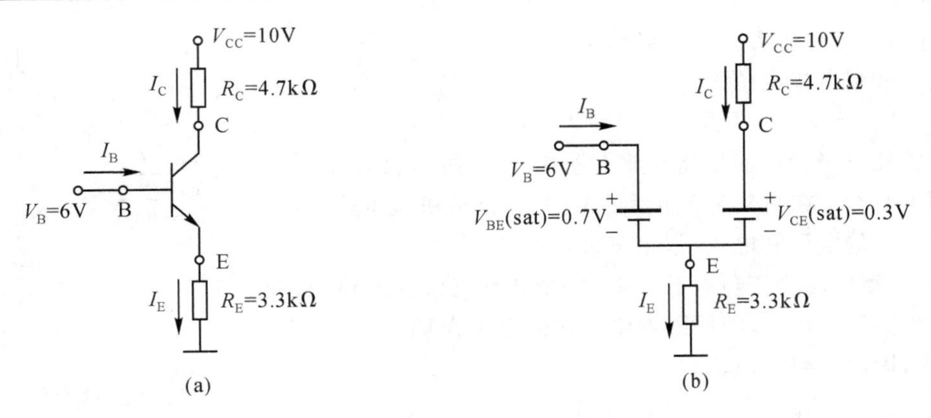

图 3-5-3　例 3-5-3 电路

$$I_E = \frac{V_E}{R_E} = \frac{5.3\ \text{V}}{3.3\ \text{k}\Omega} = 1.61\ \text{mA}$$

假设三极管工作在放大模式，则三极管的集电极电流、基极电流分别为

$$I_C = \alpha I_E = \frac{\beta}{1+\beta} I_E = 1.59\ \text{mA}$$

$$I_B = I_E - I_C = 0.02\ \text{mA}$$

则三极管的集电极电压为

$$V_C = V_{CC} - I_C R_C = 10 - 1.59 \times 4.7 = 2.53(\text{V})$$

三极管的工作模式判断：因为 $V_{CE} = V_C - V_E = 2.53 - 5.3 = -2.77(\text{V})$，该电压小于饱和电压 $V_{CE(sat)} = 0.3\text{V}$，因此可以确定三极管工作在饱和模式，假设不正确。

由于三极管工作在饱和模式，则可以用饱和模型来代替三极管，如图 3-5-3(b) 所示。

此时，

$$V_E = V_B - V_{BE(sat)} = 6 - 0.7 = 5.3(\text{V}),$$

$$I_E = \frac{V_E}{R_E} = \frac{5.3\text{V}}{3.3\text{k}\Omega} = 1.61\text{mA},$$

$$V_C = V_E + V_{CE(sat)} = 5.3 + 0.3 = 5.6(\text{V}),$$

$$I_C = \frac{V_{CC} - V_C}{R_C} = \frac{10 - 5.6}{4.7} = 0.94(\text{mA}),$$

$$I_B = I_E - I_C = 1.61 - 0.94 = 0.67(\text{mA})$$

从上面三个例子可以看到，即使在相同的电路中，若基极所加的电压不一样，则三极管的工作模式有可能是不一样的，具体情况要根据电路的实际情况来分析确定。在例 3-5-3 中可以看到，当三极管工作在饱和模式时，基极的电流 I_B 显著增大，此时不再满足 $I_C = \beta I_B$ 关系。

例 3-5-4　在图 3-5-4 所示电路中，试分析该电路，确定三极管各极的电压和电流。假定三极管的 $\beta = 100$。

解　从图中可以看到 $V_{BB} = 5\text{V}$ 经电阻 R_B 和发射结后接地。因此可以确定发射结正向偏置。此时假设 $V_{BE} = 0.7\text{V}$，可以得出基极电压为 $V_B = V_{BE} = 0.7\text{V}$，因此基极电流为

$$I_B = \frac{V_{BB} - V_B}{R_B} = \frac{5 - 0.7}{100} = 43(\mu\text{A})$$

$$I_C = \beta I_B = 100 \times 43\mu\text{A} = 4.3\text{mA}$$

$$I_E = I_B + I_C = 4.343\text{mA}$$

则三极管的集电极电压为

$$V_C = V_{CC} - I_C R_C = 10 - 2 \times 4.3 = 1.4(\text{V})$$

经验证三极管确实工作在放大模式(验证过程忽略)。

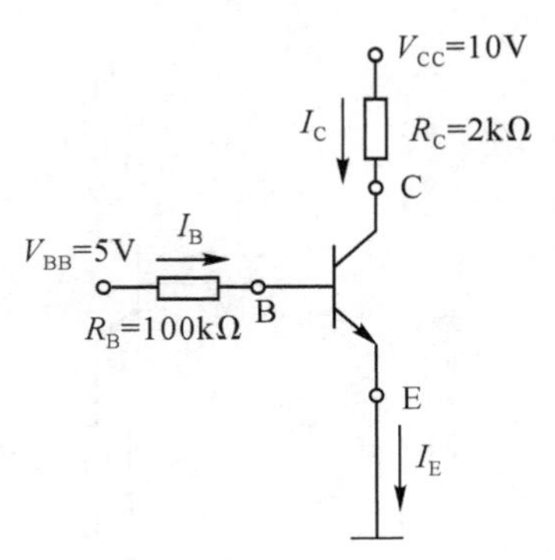

图 3-5-4 例 3-5-4 电路

例 3-5-5 在图 3-5-5 所示的电路中,试分析该电路,确定三极管各极的电压和电流。假定三极管的 $\beta = 100$。

解 该电路为正负电源供电的 PNP 型三极管电路。从图中可以看到 $V_B = 0\text{V}$,则可以得出发射极电压为 $V_E = V_{EB} + V_B = 0.7\text{V}$,因此发射极电流为

$$I_E = \frac{V_{CC} - V_E}{R_E} = \frac{10 - 0.7}{2} = 4.65(\text{mA})$$

$$I_C = \alpha I_E = \frac{\beta}{1+\beta} I_E = 4.6\text{mA}$$

$$I_B = I_E - I_C = 0.05\text{mA}$$

则三极管的集电极电压为

$$V_C = V_{EE} + I_C R_C = -10 + 1 \times 4.6 = -5.4(\text{V})$$

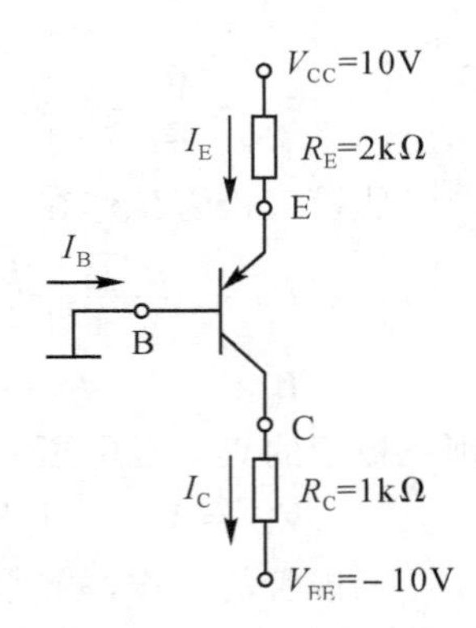

图 3-5-5 例 3-5-5 电路

例 3-5-6 在图 3-5-6(a) 所示电路中,试分析该电路,确定三极管各极的电压和电流。假定三极管的 $\beta = 100$。

解 该电路通过电阻 R_{B1}、R_{B2} 分压的形式为三极管的基极提供偏置电压。为了分析简化起见,将三极管基极左边的电路 R_{B1}、R_{B2} 及电源 V_{CC} 利用戴维南等效电路 V_{BB} 及 R_{BB} 表示,如图 3-5-6(b) 图所示。则有

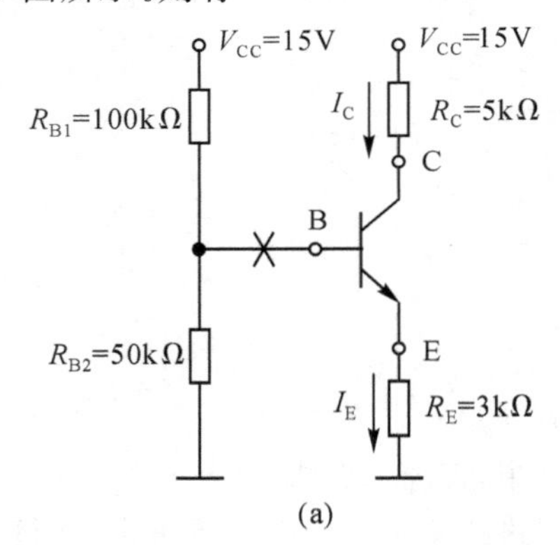

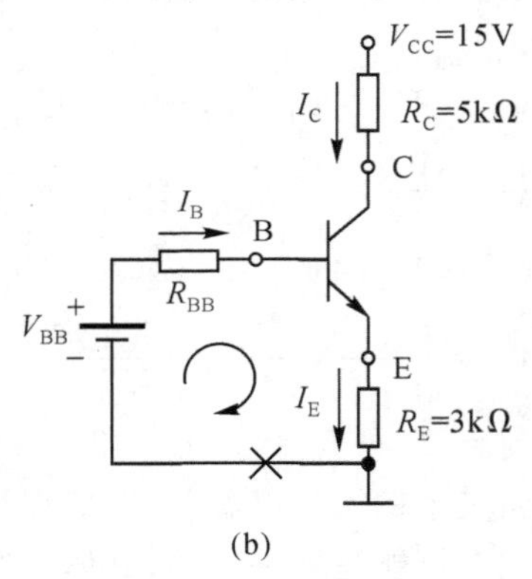

图 3-5-6 例 3-5-6 电路

$$V_{BB} = \frac{R_{B2}}{R_{B1} + R_{B2}} V_{CC} = \frac{50}{100+50} \times 15 = 5(\text{V})$$

$$R_{BB} = R_{B1} \mathbin{/\!/} R_{B2} = 33.3\text{k}\Omega$$

在图(b) 左下方的回路中有

$$V_{BB} = I_B R_{BB} + V_{BE} + I_E R_E$$

并利用 $I_E = (1+\beta) I_B$,则有

$$I_B = \frac{V_{BB} - V_{BE}}{R_{BB} + (1+\beta)R_E} \quad \text{或者} \quad I_E = \frac{V_{BB} - V_{BE}}{R_E + \dfrac{R_{BB}}{(1+\beta)}} \tag{3-5-1}$$

可以求得 $I_B = 12.8\mu A$，$I_E = 1.29mA$，因此集电极电流为

$$I_C = \beta I_B = 1.28mA$$

因此三极管的发射极电压为 $V_E = I_E R_E = 3.87V$

三极管的基极电压为 $V_B = V_{BE} + V_E = 0.7 + 3.87 = 4.57(V)$

三极管的集电极电压为 $V_C = V_{CC} - I_C R_C = 15 - 1.28 \times 5 = 8.6(V)$

另外，在图 3-5-6(b) 中并结合从式(3-5-1) 中还可以看出，若要计算基极的电流 I_B，则可以将发射极的电阻 R_E 折算到基极回路中，其折算方法为乘上系数 $(1+\beta)$，即为 $(1+\beta)R_E$；若要计算发射极的电流 I_E，则可以将基极的电阻 R_{BB} 折算到发射极中，其折算方法为乘上系数 $\frac{1}{(1+\beta)}$，即为 $\frac{R_{BB}}{(1+\beta)}$。

可见，发射极与基极的电阻可以互相折算，这在以后的计算中是十分有用的。

若系数 β 足够大，则由式(3-5-1) 可以得到 $I_E \approx \frac{V_{BB} - V_{BE}}{R_E}$，此时发射极的电压为 $V_E = I_E R_E \approx V_{BB} - V_{BE}$，三极管的基极电压为 $V_B = V_{BE} + V_E \approx V_{BB}$，可见基极电压即为电阻 R_{B1}、R_{B2} 分压，此时基极电流 $I_B \approx 0$。又因为 β 足够大，则有 $\alpha \approx 1$，因此 $I_E \approx I_C$，这在工程估算时是十分方便的。

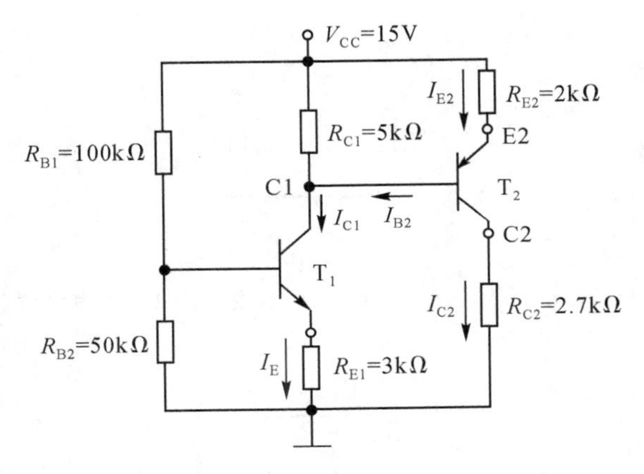

图 3-5-7　例 3-5-7 电路

例 3-5-7　在图 3-5-7 所示电路中，它是由 NPN 型三极管 T_1 与 PNP 型三极管 T_2 组成的，试分析该电路，确定各三极管各极的电压和电流。假定两个三极管的 $\beta = 100$。

解　该电路的左半边与例 3-5-6 是一样的，可以得到三极管 T_1 的各极电压与电流如下：$V_{E1} = 3.87\ V$，$V_{B1} = 4.57\ V$，$I_{B1} = 12.8\ \mu A$，$I_{E1} = 1.29\ mA$，$I_{C1} = 1.28\ mA$。

此时三极管 T_1 的集电极电压为 $V_{C1} = V_{CC} - (I_{C1} - I_{B2})R_{C1}$。

由于三极管的 $\beta = 100$ 足够大，因此估算时可以忽略 I_{B2} 的电流，即取 $I_{B2} = 0$，则三极管 T_1 的集电极电压为 $V_{C1} = V_{CC} - (I_{C1} - I_{B2})R_{C1} \approx V_{CC} - I_{C1}R_{C1} = 8.6V$。

此时对于三极管 T_2，则其发射极电压为 $V_{E2} = V_{C1} + V_{EB} = 8.6 + 0.7 = 9.3(V)$

发射极的电流为 $I_{E2} = \frac{V_{CC} - V_{E2}}{R_{E2}} = \frac{15 - 9.3}{2} = 2.85(mA)$

集电极的电流为 $I_{C2} = \alpha I_{E2} = \frac{\beta}{1+\beta} I_{E2} = 2.82mA$

则集电极的电压为 $V_{C2} = I_{C2}R_{C2} = 2.82 \times 2.7 = 7.62(V)$

通过分析可知，三极管 T_2 也工作在放大模式。

另外若考虑 I_{B2} 的电流，则有 $I_{B2} = I_{C2}/\beta = 0.0282mA$，可见 $I_{B2} \ll I_{C1}$，因此在计算 V_{C1} 时忽略 I_{B2} 电流是允许的。

3.5.3 三极管直流偏置电路设计

为保证三极管工作在放大模式,使得三极管的集电极电流尽可能保持稳定,并且要求输出端工作点位于合适的位置上,使得输出信号的幅度有较大的动态范围。本节介绍常用的单电源供电的分压式偏置电路设计方法。

图 3-5-8(a) 是最常使用的分立元件三极管放大器电路的直流偏置电路,它仅使用了一个电源 V_{CC},三极管的基极电压是通过两个电阻 R_{B1}、R_{B2} 对电源 V_{CC} 的分压而得到的,另外,发射极中还接入了电阻 R_E。该电路的偏置方式也称为分压式偏置电路。图 3-5-8(b) 为基极分压式电路用戴维南等效后的电路。

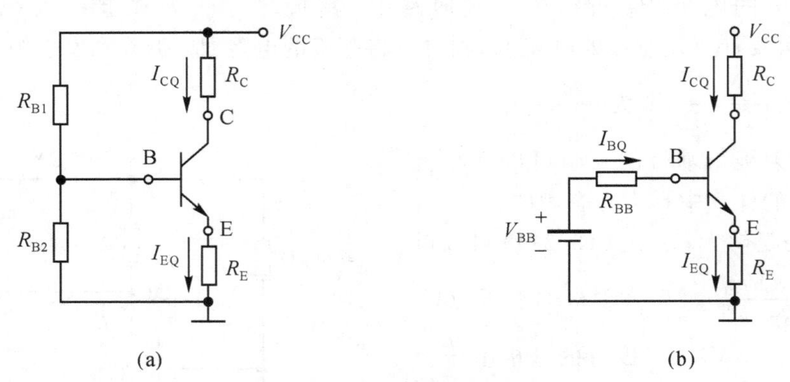

图 3-5-8 单电源供电的分压式偏置电路

其中

$$V_{BB} = \frac{R_{B2}}{R_{B1} + R_{B2}} V_{CC} \tag{3-5-2}$$

$$R_{BB} = R_{B1} \mathbin{/\!/} R_{B2} = \frac{R_{B1} R_{B2}}{R_{B1} + R_{B2}} \tag{3-5-3}$$

在图 3-5-8(b) 中,其左下方的回路中有:

$V_{BB} = I_{BQ} R_{BB} + V_{BE} + I_{EQ} R_E$ 并利用 $I_{EQ} = (1+\beta) I_{BQ}$,则有:

$$I_{BQ} = \frac{V_{BB} - V_{BE}}{R_{BB} + (1+\beta) R_E} \quad 或者 \quad I_{EQ} = \frac{V_{BB} - V_{BE}}{R_E + \dfrac{R_{BB}}{(1+\beta)}} \tag{3-5-4}$$

为了使得发射极电流 I_{EQ} 对温度及 β 的变化不敏感,要求电路设计时应满足下面两个条件:

$$V_{BB} \gg V_{BE} \tag{3-5-5}$$

$$R_E \gg \frac{R_{BB}}{1+\beta} \tag{3-5-6}$$

式(3-5-5) 确保 V_{BE} 的较小变化(一般由温度变化引起) 将被较大的电压 V_{BB} 掩盖。但是 V_{BB} 的大小有一个限制:对于给定的电源电压 V_{CC},若 V_{BB} 越大,R_C 两端的电压和集电结两端的电压 V_{CB} 之和就越小。另一方面,为了得到较大的增益和较大的信号幅度,R_C 两端应有较高的电压。因此这是一个矛盾,解决的方法是取一个折中值。在工程上来说,一般取 $V_{BB} = \frac{V_{CC}}{3}$,$V_{CB}$(或者 V_{CE}) 为 $\frac{V_{CC}}{3}$,R_C 两端的电压 $I_{CQ} R_C = \frac{V_{CC}}{3}$。

式(3-5-6)表明通过选择较小的电阻R_{BB}使得I_E对β的变化不敏感，这可以通过采用较小的电阻R_{B1}和R_{B2}实现。但是，较小的电阻R_{B1}和R_{B2}使得其从电源上获得较大的电流，这将导致放大器的输入阻抗降低。一般情况下，选择通过电阻R_{B1}和R_{B2}的电流为发射极电流I_{EQ}的十分之一。

在发射极中接入电阻R_E可以稳定三极管直流电路的工作点，即稳定集电极电流I_{CQ}。如果由于某些变化导致发射极电流的增加，那么电阻R_E上的压降也增加，如果基极的电压不变，则三极管的V_{BE}会减小，从而减小集电极(和发射极)的电流。因此接入电阻R_E可以稳定偏置电流。

例3-5-8　设计图3-5-8(a)所示放大器的偏置电路，要求$I_{EQ}=1\text{mA}$，电源电压$V_{CC}=12\text{V}$。假设三极管的$\beta=100$。

解　依据工程估算方法，因为$\beta=100$，则有$\alpha\approx1$，$I_{CQ}\approx I_{EQ}=1\text{mA}$，$I_{BQ}\approx0$

取$I_{CQ}R_C=\dfrac{V_{CC}}{3}$，则有$R_C=\dfrac{V_{CC}}{3I_{CQ}}=4\text{k}\Omega$，

取$V_{CB}=\dfrac{V_{CC}}{3}=4\text{V}$，则$V_B=V_{CC}-I_{CQ}R_C-V_{CB}=4\text{V}$，所以

$$V_E=V_B-V_{BE}=4-0.7=3.3(\text{V})$$

则发射极的电阻为$R_E=\dfrac{V_E}{I_{EQ}}=\dfrac{3.3}{1\text{mA}}=3.3\text{k}\Omega$

选择通过电阻R_{B1}和R_{B2}的电流为发射极电流I_{EQ}的十分之一，即为$0.1I_{EQ}=0.1\text{mA}$

因此$R_{B1}+R_{B2}=\dfrac{V_{CC}}{0.1I_{EQ}}=\dfrac{12}{0.1\text{mA}}=120\text{k}\Omega$，

又因为$V_{BB}=\dfrac{R_{B2}}{R_{B1}+R_{B2}}V_{CC}=\dfrac{V_{CC}}{3}=4\text{V}$

则可以得到$R_{B1}=80\text{k}\Omega$，$R_{B2}=40\text{k}\Omega$

3.6　三极管放大器的主要参数

本章前面部分介绍了三极管的工作原理与端口特性，利用三极管工作特性，可以将三极管作为信号放大器使用，它是三极管的主要应用领域之一。

三极管作为信号放大器件时必须要求三极管工作在放大模式，这就需要直流偏置电压来保证，被放大的信号对象是交流信号，目的是放大交流信号的幅度。

本书介绍的是线性放大器的实现，而三极管的集电极电流i_C与v_{BE}是指数关系(非线性关系)。具体的实现方法是，首先让三极管直流偏置在i_C-v_{BE}关系曲线上相对比较直线的工作点Q的位置上(对应的电压电流分别为V_{BEQ}，I_{CQ})，然后将所要放大的交流信号v_{be}叠加在直流电压V_{BEQ}上，要求交流信号v_{be}的幅度足够小，可以认为三极管被约束在i_C-v_{BE}特性曲线的一小段几乎是线性的线段上，这样，在这个范围内可以近似认为i_C-v_{BE}呈现线性关系，可以实现线性放大。

3.6.1　三极管放大器电路

三极管放大器的基本电路如图3-6-1(a)所示。图中v_{be}为待放大的交流小信号，经三极

管放大后从集电极输出。直流电压 V_{BEQ} 和 V_{CC} 为三极管提供直流偏置电压，保证三极管工作在放大模式。

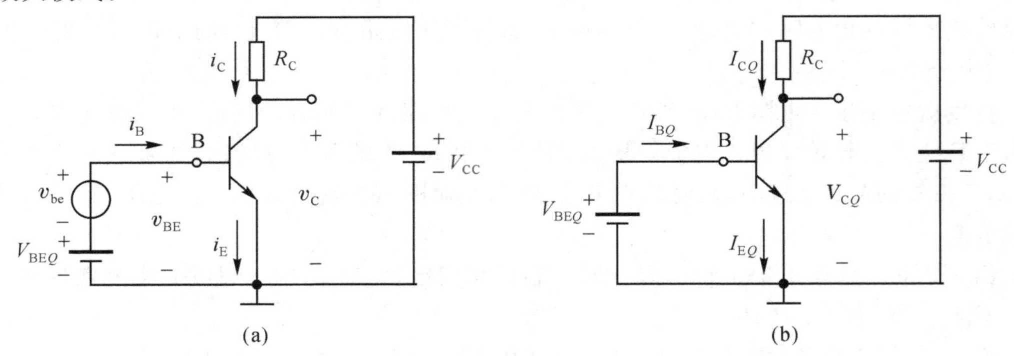

图 3-6-1　三极管放大器电路

首先分析三极管的直流偏置电路。令交流小信号 $v_{be}=0$，则可以得到放大器的直流通路，如图 3-6-1(b) 图所示。利用上一节的直流分析方法，可以得到三极管的工作点 Q 处的直流偏置电压和直流偏置电流，它们的结果如下：

$$I_{CQ}=I_S e^{V_{BEQ}/V_T} \tag{3-6-1}$$

$$I_{EQ}=I_{CQ}/\alpha \tag{3-6-2}$$

$$I_{BQ}=I_{CQ}/\beta \tag{3-6-3}$$

$$V_{CQ}=V_{CEQ}=V_{CC}-I_{CQ}R_C \tag{3-6-4}$$

显然，为了保证三极管在加上交流信号工作时仍然处于放大模式，则要求 V_{CQ} 的电压必须高于 V_{BQ} 的电压。

3.6.2　集电极电流与跨导

当三极管工作在放大模式时，若加上交流小信号 v_{be}，如图 3-6-1(a) 所示，则基极与发射极之间的总瞬时电压为

$$v_{BE}=V_{BEQ}+v_{be}$$

此时对应的集电极的总瞬时电流为

$$i_C=I_S e^{v_{BE}/V_T}=I_S e^{(V_{BEQ}+v_{be})/V_T}=I_S e^{(V_{BEQ}/V_T)}e^{(v_{be}/V_T)}=I_{CQ}e^{v_{be}/V_T} \tag{3-6-5}$$

当小信号 v_{be} 满足 $v_{be}\ll V_T$ 时，则有

$$i_C=I_{CQ}e^{v_{be}/V_T}\approx I_{CQ}\left(1+\frac{v_{be}}{V_T}\right)=I_{CQ}+\frac{I_{CQ}}{V_T}v_{be}=I_{CQ}+i_c \tag{3-6-6}$$

由上式可见，集电极的总瞬时电流是由直流工作电流 I_{CQ} 与交流信号电流 i_c 叠加组成的，其中

$$i_c=\frac{I_{CQ}}{V_T}v_{be} \tag{3-6-7}$$

该式表示了将基极与发射极之间的交流电压 v_{be} 转化为集电极交流电流 i_c。该式还可以改写为

$$i_c=g_m v_{be} \tag{3-6-8}$$

其中 g_m 称为跨导：

$$g_m = \frac{I_{CQ}}{V_T} \tag{3-6-9}$$

它反映了将交流电压 v_{be} 转化为集电极交流电流 i_c 的能力，它与集电极的偏置电流 I_{CQ} 成正比关系。其单位为西门子(S)。

另外，从三极管的 i_C-v_{BE} 特性曲线上也可以得到三极管的跨导 g_m，如图 3-6-2 所示，三极管的跨导 g_m 是在 i_C-v_{BE} 特性曲线上对应的直流工作点 Q 处的斜率，即

$$g_m = \frac{\partial i_C}{\partial v_{BE}}\bigg|_{v_{BE}=V_{BEQ}} \tag{3-6-10}$$

因此有

$$g_m = \frac{\partial i_C}{\partial v_{BE}}\bigg|_{v_{BE}=V_{BEQ}} = \frac{\partial}{\partial v_{BE}}(I_S e^{v_{BE}/V_T})\bigg|_{v_{BE}=V_{BEQ}} = \frac{1}{V_T}(I_S e^{v_{BE}/V_T})\bigg|_{v_{BE}=V_{BEQ}}$$

$$= \frac{1}{V_T}I_S e^{V_{BEQ}/V_T} = \frac{I_{CQ}}{V_T}$$

可见其结果与式(3-6-9) 一样。

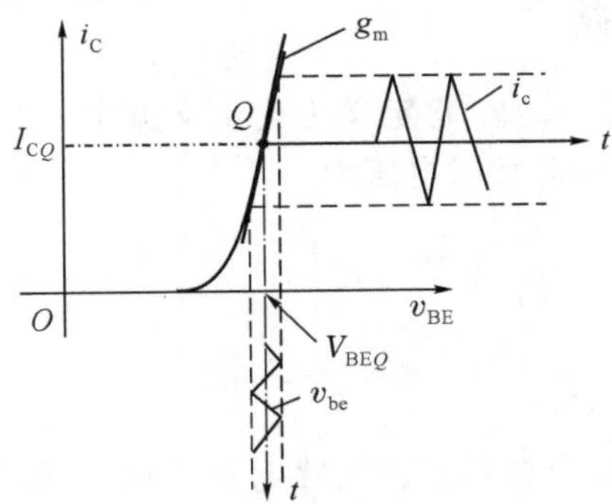

图 3-6-2　三极管跨导的图形表示

3.6.3　基极电流与基极的输入电阻

在交流小信号 v_{be} 的作用下，基极输入的总瞬时电流为

$$i_B = \frac{1}{\beta}i_C = \frac{1}{\beta}(I_{CQ} + i_c) = \frac{I_{CQ}}{\beta} + \frac{1}{\beta}g_m v_{be}$$

这样有

$$i_B = I_{BQ} + i_b \tag{3-6-11}$$

其中 $I_{BQ} = I_{CQ}/\beta$，为三极管的基极直流偏置电流。基极的交流信号电流为

$$i_b = \frac{g_m}{\beta}v_{be} = \frac{1}{\beta}i_c \tag{3-6-12}$$

因此，从基极看进去的基极与发射极之间的交流电阻用 r_{be} 表示为

$$r_{be} = \frac{v_{be}}{i_b} = \frac{\beta}{g_m} = \frac{\beta}{I_{CQ}/V_T} = \frac{V_T}{I_{CQ}/\beta} = \frac{V_T}{I_{BQ}} \tag{3-6-13}$$

3.6.4　发射极电流与发射极的输入电阻

在交流小信号 v_{be} 的作用下，发射极的总瞬时电流为

$$i_E = \frac{1}{\alpha} i_C = \frac{1}{\alpha}(I_{CQ} + i_c) = \frac{I_{CQ}}{\alpha} + \frac{1}{\alpha} g_m v_{be}$$

这样有

$$i_E = I_{EQ} + i_e \tag{3-6-14}$$

其中 $I_{EQ} = I_{CQ}/\alpha$ 为三极管的发射极直流偏置电流。发射极的交流信号电流为

$$i_e = \frac{g_m}{\alpha} v_{be} \tag{3-6-15}$$

因此，从发射极看进去的发射极与基极之间的交流电阻用 r_e 表示为

$$r_e = \frac{v_{be}}{i_e} = \frac{\alpha}{g_m} = \frac{\alpha}{I_{CQ}/V_T} = \frac{V_T}{I_{CQ}/\alpha} = \frac{V_T}{I_{EQ}} \tag{3-6-16}$$

由于 $v_{be} = i_b r_{be} = i_e r_e = (1+\beta) i_b r_e$，因此 r_{be} 与 r_e 的关系有

$$r_{be} = (1+\beta) r_e \tag{3-6-17}$$

式(3-6-17) 同样反映基极电阻与发射极电阻之间的折算关系。

3.6.5 电压放大倍数

电压放大倍数也称为电压增益，它定义为输出交流电压与输入交流电压的比值。在图 3-6-1 所示的电路中，集电极的总瞬时电压为

$$\begin{aligned} v_C &= V_{CC} - i_C R_C \\ &= V_{CC} - (I_{CQ} + i_c) R_C \\ &= (V_{CC} - I_{CQ} R_C) - i_c R_C \\ &= V_{CQ} - i_c R_C = V_{CQ} + v_c \end{aligned} \tag{3-6-18}$$

其中 $V_{CQ} = V_{CC} - I_{CQ} R_C$，为集电极的直流偏置电压，集电极输出的交流电压为

$$v_c = -i_c R_C = -(g_m v_{be}) R_C = -(g_m R_C) v_{be} \tag{3-6-19}$$

因此电压放大倍数为

$$A_V = \frac{v_c}{v_{be}} = -g_m R_C = -\frac{\alpha}{r_e} R_C = -\frac{\beta}{(1+\beta) r_e} R_C = -\beta \frac{R_C}{r_{be}} \tag{3-6-20}$$

可见放大倍数的大小与三极管的跨导 g_m 成正比关系。同时应注意，该式中负号表示了输出信号与输入信号为反相关系，即输出信号与输入信号的相位差为 180°。

3.7 三极管的交流小信号等效模型

在上一节的三极管放大器中，如图 3-6-1(a) 所示，电路中的每一个电流和电压都是由两个分量组成，即直流分量与交流分量。如 $v_{BE} = V_{BEQ} + v_{be}$，$i_C = I_{CQ} + i_c$，等等。该电路的直流分量是由图 3-6-1(b) 所示的直流通路以及三极管给出的关系式，由式(3-6-1 ～ 3-6-4) 确定。另一方面，将直流源去掉就可以得到三极管的交流通路，如图 3-7-1 所示。但要注意的是图 3-7-1 所示的电路不是一个实际电路，因为它没有给出直流电压的偏置电路。

在三极管放大器电路中，可以令三极管放大电路中的所有独立直流量部分为零即可得到三极管放大器的交流通路。具体的实现方法是：若电路中的直流量为电压源，则将其短路，如直流电压源 V_{CC}，可以用短路线代替电压源 V_{CC}；若直流量为电流源，则将其开路即可，如直流电流源 I_0，可以将其断开。

在图3-7-1中，为了求出该电路中的交流信号量，通常采用三极管的交流小信号等效模型来代替三极管。常用的三极管交流小信号等效模型有混合π型模型和T型模型等。

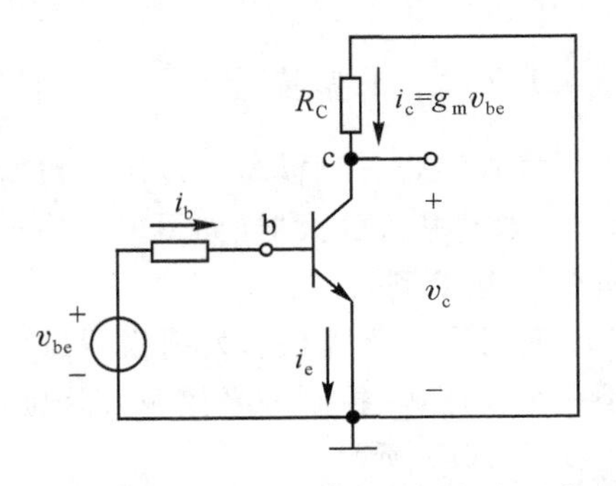

图3-7-1　三极管放大器的交流通路

3.7.1　混合π型模型

对于共发射极放大器，考虑到从三极管基极看进去的交流电阻为r_{be}，集电极的交流电流为$i_c=\beta i_b$，它是一个电流i_b控制的受控源(即电流控制电流源)，因此该三极管的交流小信号等效模型如图3-7-2(a)所示。

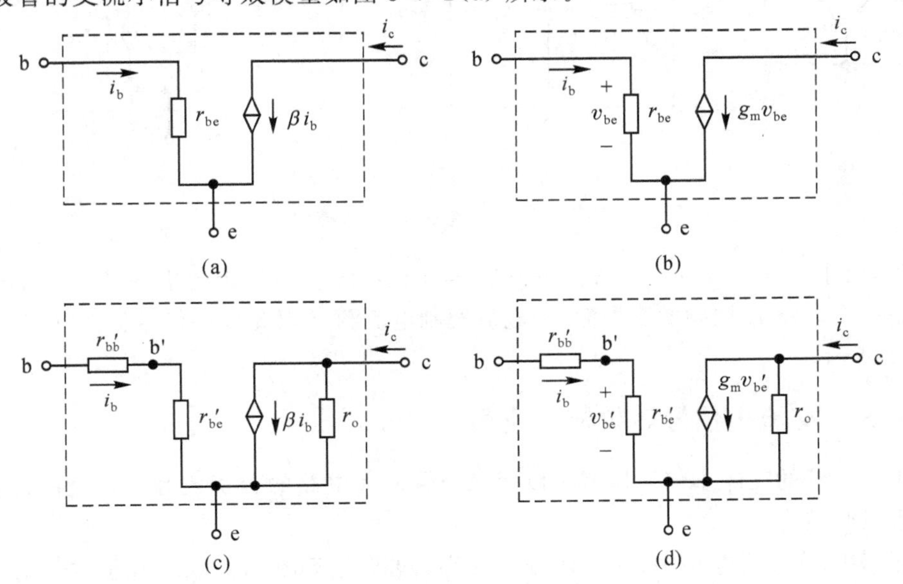

图3-7-2　三极管的混合π型模型

另外，由于$i_c=\beta i_b=g_m v_{be}$，因此集电极的交流电流也可以看成是一个电压v_{be}控制受控源(即电压控制电流源)，因此该小信号模型又可表示为图3-7-2(b)所示。

另外，由于三极管的基区很薄，其引线会引入接触电阻，记作$r_{bb'}$，其电阻值一般为100～300 Ω。为计算方便，通常情况下取$r_{bb'}=200\ \Omega$。此时式(3-6-17)可以修正为

$$r_{be}=r_{bb'}+(1+\beta)r_e \tag{3-7-1}$$

在简化计算时，基极的接触电阻$r_{bb'}$可忽略不计。

若考虑到三极管的基区宽度调制效应，即厄尔利电压的影响，三极管包含一个交流输出电阻r_o，以及基极电阻$r_{bb'}$，则上述模型可修正为如图3-7-2的(c)、(d)所示。

图3-7-2所示的模型即为三极管的混合π型模型，它是三极管最常用的模型。必须注意，上述的交流小信号模型是对三极管给定直流偏置后确定的，因为其中的有关模型参数g_m、r_{be}、r_o取决于三极管的直流偏置电流I_{CQ}。

然而，尽管该模型是在NPN型三极管的基础上推出的，但该模型也适合PNP型三极管，并且不必改变其电压的极性和电流的方向。

3.7.2 T型模型

尽管混合 π 型模型可以用来对所有的三极管电路进行交流小信号分析，但是在有些情况中，如共基极放大器（如图3-7-3(a)所示），利用图3-7-3(b)、(c)所示的模型会更方便，该模型称为T型模型。

若考虑到从三极管发射极看进去的交流电阻为 r_e，集电极的交流电流为 $i_c = g_m v_{be}$，它是一个电压 v_{be} 控制的受控源（即电压控制电流源），因此该三极管的交流小信号等效模型如图3-7-3(b)所示。

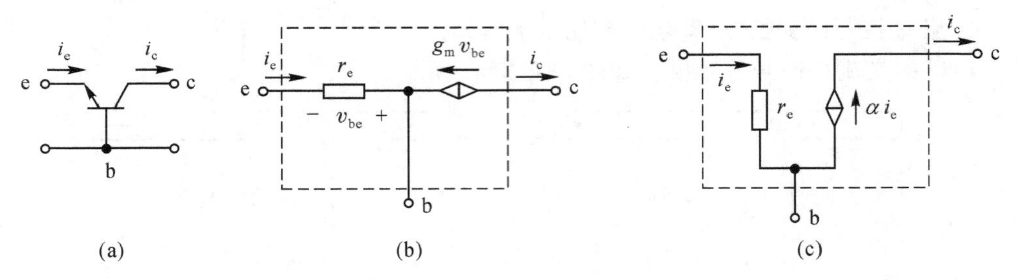

图3-7-3 三极管的T型模型

另外，由于 $i_c = -g_m v_{be} = -g_m(-r_e i_e) = (g_m r_e)i_e = \alpha i_e$，因此集电极的交流电流也可以看成是一个电流 i_e 控制的受控源（即电流控制电流源），因此该小信号模型又可表示为图3-7-3(c)所示。

3.7.3 交流小信号等效模型应用

利用三极管的交流小信号模型可以使三极管放大电路的分析成为规范化的过程，其分析步骤可以归纳为

① 在实际放大器电路中，令交流分量为零，即将交流电压源短路，交流电流源开路，得到三极管放大器的直流通路。在此基础上确定三极管的直流工作点 Q，特别是三极管集电极的直流电流 I_{CQ}。

② 由三极管的直流工作点状态确定三极管的交流小信号模型参数，如 $g_m = I_{CQ}/V_T$，$r_e = V_T/I_{EQ} = \alpha/g_m$，$r_{be} = r_{bb'} + (1+\beta)r_e$，$r_o = \dfrac{|V_A|}{I_{CQ}}$ 等。

③ 在实际放大器电路中，令直流分量为零，即将直流电压源短路，直流电流源开路，同时将隔直电容和旁路电容短路，得到三极管放大器的交流通路。

④ 选用一种尽可能简单的交流小信号模型代替交流通路中的三极管。

⑤ 分析得到的电路，确定所要求解的量（如电压增益、电流增益、输入阻抗、输出阻抗及各部分的交流量等）。

⑥ 如有必要求解总瞬时量，则只需将相应的直流量与相应的交流量进行线性叠加即可。

例3-7-1 试分析图3-7-4所示的三极管放大器电路的电压增益 $\dfrac{v_o}{v_i}$，假设 $\beta = 100$。若输入信号 $v_i = 10\sin\omega t$ (mV)，请写出集电极的输出电压 v_O 的表达式。

解　令图3-7-4电路中所有交流量为零，即将交流电压源 v_i 短路，得到直流通路，如图3-7-5(a)所示。

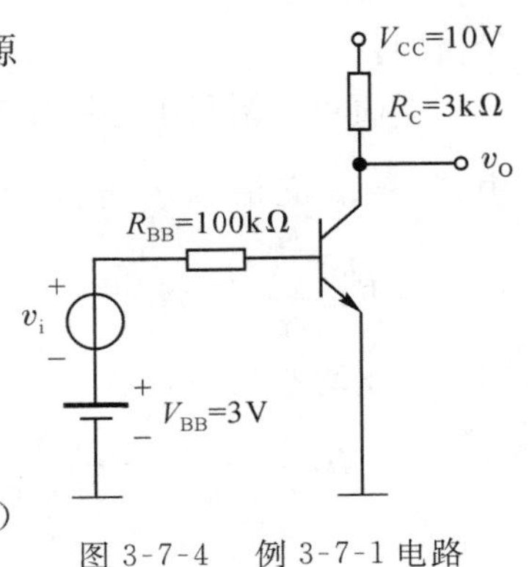

图3-7-4　例3-7-1电路

则基极的直流电流为

$$I_{BQ}=\frac{V_{BB}-V_{BE}}{R_{BB}}=\frac{3-0.7}{100}=23(\mu A)$$

集电极的直流电流为

$$I_{CQ}=\beta I_{BQ}=2.3\ mA$$

集电极的直流电压为

$$V_{CQ}=V_O=V_{CC}-I_{CQ}R_C=10-2.3\times 3=3.1(V)$$

因此三极管的交流小信号参数为

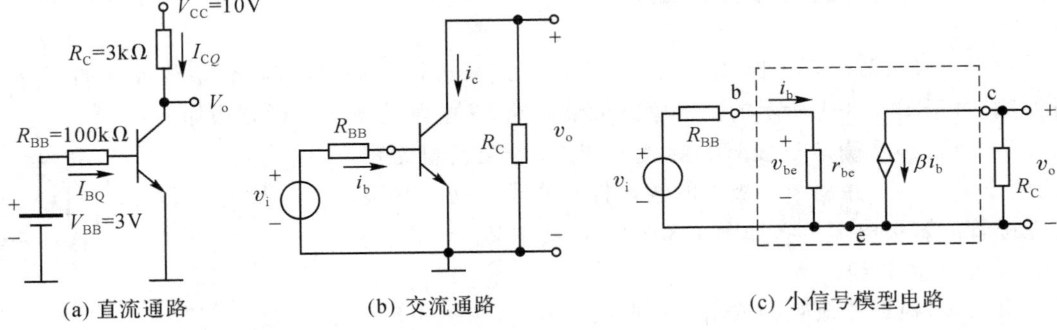

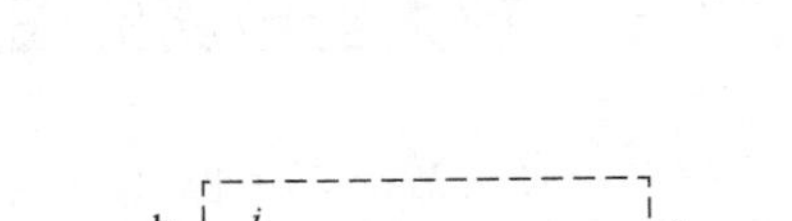

(a) 直流通路　(b) 交流通路　(c) 小信号模型电路

图3-7-5

$$r_e=\frac{V_T}{I_{EQ}}=\frac{V_T}{I_{CQ}/\alpha}=\frac{26\ mV}{2.3\ mA/0.99}=11.2\ \Omega$$

$$r_{be}=(1+\beta)r_e=(1+100)\times 11.2=1.13(k\Omega)$$

$$g_m=\frac{I_{CQ}}{V_T}=\frac{2.3\ mA}{26\ mV}=88.46\ mS$$

然后令图3-7-4电路中所有直流量为零，即将直流电压源 V_{CC}、V_{BB} 短路，得到交流通路，如图3-7-5(b)所示。接着选择混合π型模型代入图3-7-5(b)中得到小信号模型电路，如图3-7-5(c)所示。在图3-7-5(c)中有

$$v_{be}=\frac{r_{be}}{r_{be}+R_{BB}}v_i,\quad v_o=-(\beta i_b)R_C=-(g_m v_{be})R_C=-g_m R_C\cdot v_{be}$$

因此电压增益为

$$A_V=\frac{v_o}{v_i}=\frac{v_o}{v_{be}}\times\frac{v_{be}}{v_i}=-g_m R_C\frac{r_{be}}{r_{be}+R_{BB}}=-2.97(V/V)$$

式中的负号表示输出信号与输入信号之间反相。

当输入信号 $v_i=10\sin\omega t$ (mV)，则有 $v_o=A_V v_i=-29.7\sin\omega t$(mV)

因此集电极输出的电压 v_O 为

$$v_O=V_{CQ}+v_o=3.1(V)-29.7\sin\omega t(mV)$$

在大多数情况下，可以明确地用三极管的交流小信号模型来替代每个三极管并进行分析所得到的电路，对于初学者建议采用上述介绍的分析过程。但是，对于有经验的电路设计者则经常直接在交流通路上进行分析，他可以通过电路来理解信号的传输过程，这是非常有

价值的。

下面将介绍利用直接分析的方法对例 3-7-1 进行介绍。在图 3-7-5(b) 所示的交流通路中，基极的交流输入电阻为 r_{be}，则 $i_b=\dfrac{v_i}{R_{BB}+r_{be}}$，$i_c=\beta i_b=\beta\dfrac{v_i}{R_{BB}+r_{be}}$，$v_o=-i_cR_C=-\dfrac{\beta R_C}{R_{BB}+r_{be}}v_i$。

因此电压增益为

$$A_V=\frac{v_o}{v_i}=-\frac{\beta R_C}{R_{BB}+r_{be}}=-\frac{(g_m r_{be})R_C}{r_{be}+R_{BB}}=-2.97(\mathrm{V/V})$$

3.8 放大器电路的图解分析

对于三极管放大器电路还可以采用图形方式来进行求解，本节将介绍放大器的图解分析方法。对于图 3-8-1 所示的三极管放大器电路，该电路的图解分析方法如下：

第一步，必须确定三极管的静态工作点。令交流量为零（此处令 $v_i=0$），并利用三极管的输入特性曲线 i_b-v_{BE} 来确定三极管的基极电流 I_{BQ}，如图 3-8-2 所示，其中 $V_{BE}=V_{BB}-I_BR_B$ 为输入负载线。

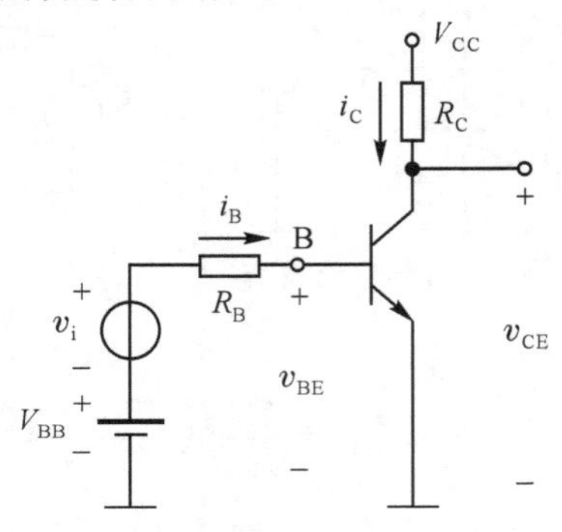

图 3-8-1 图解法分析电路

第二步，根据三极管的输出特性曲线 i_C-v_{CE}，如图 3-8-3 所示。由于工作点位于已经确定的基极电流对应的 i_C-v_{CE} 曲线上（即 $i_b=I_{BQ}$ 对应的曲线），工作点在曲线上的位置由集电极回路确定，即由三极管的外电路方程 $V_{CE}=V_{CC}-i_CR_C$（也称为输出负载线）与输出特性曲线 i_C-v_{CE} 在 $i_b=I_{BQ}$ 对应的曲线上的交点 Q，该点对应的电流为集电极的静态工作电流 I_{CQ}，对应的电压为集电极的静态电压 V_{CEQ}。可以看出，当三极管工作在放大模式时，该工作点 Q 应位于放大区内，并且它所处的位置应保证输入信号幅度有合适的动态范围。

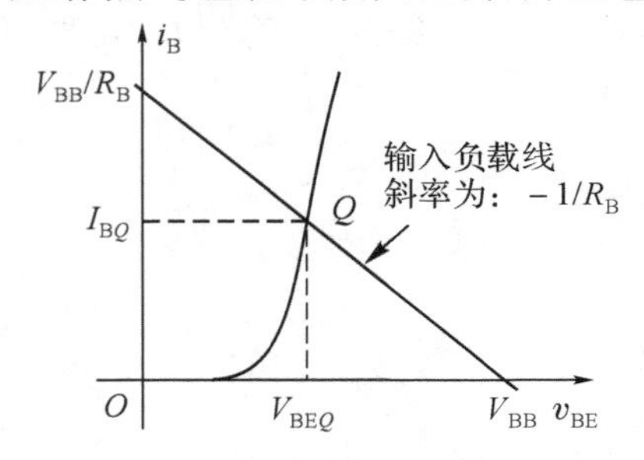

图 3-8-2 确定基极工作点的图形表示

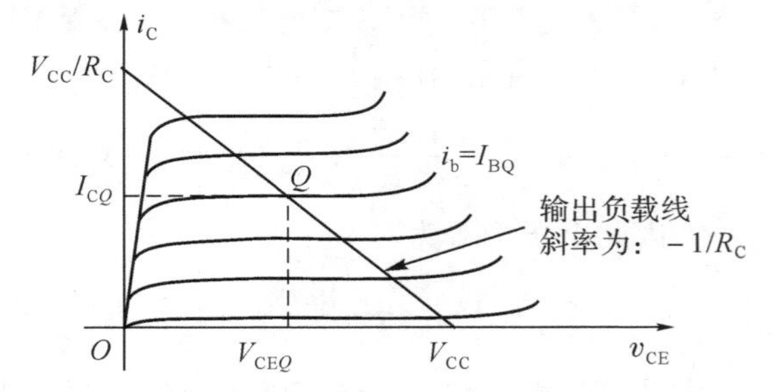

图 3-8-3 确定集电极工作点的图形表示

第三步，在基极加上交流信号 v_i 时，如图 3-8-4 所示，此时基极的总瞬时电压为 $v_{BE}=V_{BEQ}+v_i(t)$，对应于每个 v_{BE} 瞬时值，都可以画出对应的输入负载线，这些输入负载线与输入特性曲线 i_B-v_{BE} 相交，交点坐标给出了相应的 $i_B=I_{BQ}+i_b$。

第四步，在三极管的输出特性曲线 i_C-v_{CE} 中，如图 3-8-5 所示。当 i_b 如图 3-8-4 所示的瞬时变化时，工作点将沿着输出负载线移动，例如，当 v_i 处于峰顶时，即 $i_b=i_{B2}$，它与输出负载

线相交于 A 点，当 v_i 处于峰谷时，即 $i_b = i_{B1}$，它与输出负载线相交于 B 点。通过这种方式可以确定三极管的集电极电流 i_C 和电压 v_{CE} 的波形，并进一步确定输出交流信号分量 i_c 和 v_{ce}。

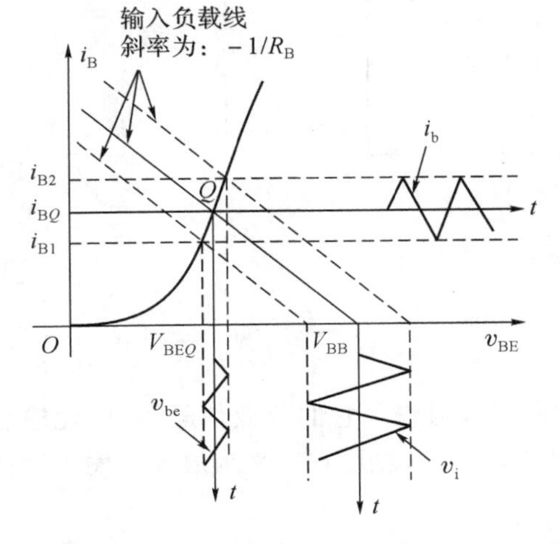

图 3-8-4　在交流信号 v_i 作用下的 v_{be} 和 i_b

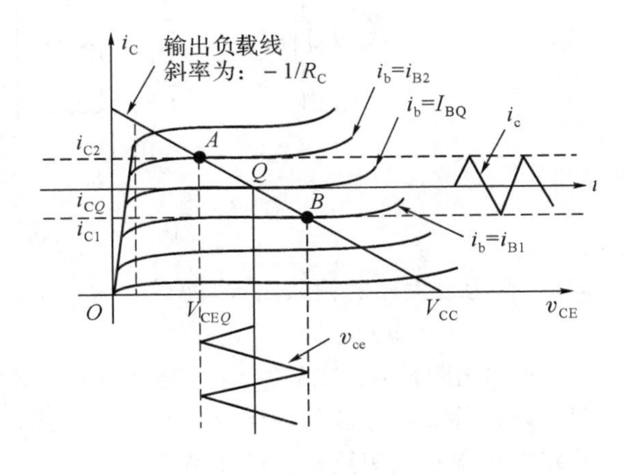

图 3-8-5　在交流信号 v_i 作用下的 v_{ce} 和 i_c

工作点Q的位置选择将影响信号的摆幅范围。在图3-8-5中可以看出，v_{ce} 的正峰值不能超过电源电压 V_{CC}，否则三极管将进入截止区。同样，v_{ce} 的负峰值不能低于饱和电压 $V_{CE(sat)}$，否则三极管将进入饱和区。因此工作点 Q 的位置应尽可能选择在正负方向上有大约相等的幅度。

另外，电阻 R_C 的大小也会影响输出信号的幅度范围，如图 3-8-6 所示。输出负载线 A 对应于较低的 R_C 值，其工作点 Q_A 对应的电压 V_{CEQA} 比较大，靠近了电源电压 V_{CC}，因此交流信号 v_{ce} 的正向幅度将会被严重限幅。另一方面，输出负载线B对应于较大的 R_C 值，其工作点 Q_B 对应的电压 V_{CEQB} 比较小，靠近了饱和电压 $V_{CE(sat)}$，因此交流信号 v_{ce} 的负向幅度将会被严重限幅。显然，对电阻 R_C 的取值应折中选择。

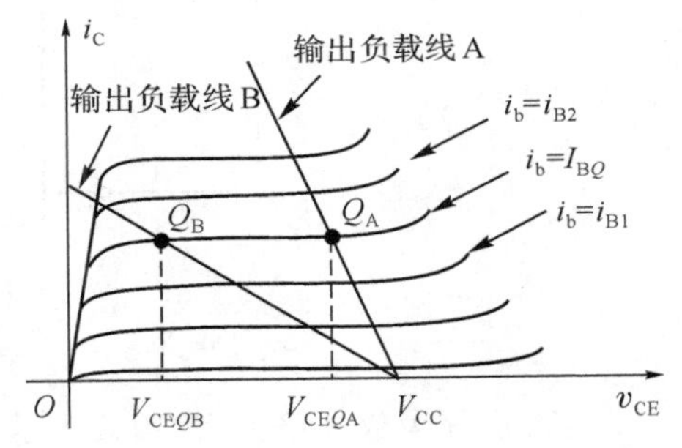

图 3-8-6　电阻 R_C 对输出幅度的影响

3.9　三极管放大器电路

3.9.1　放大器的性能指标

小信号放大器一般可以表示为图 3-9-1 所示的线性有源双端口网络。图中，输入信号源用 v_s 和 R_s 的电压源形式或者用 i_s 和 R_s 的电流源形式表示。实际上，根据戴维南定理或诺顿定理，两者可以互换，即 $v_s = i_s R_s$。R_L 为放大器的输出负载。v_i 和 i_i 为放大器的输入信号电压和电流，v_o 和 i_o 为放大器的输出信号电压和电流。

放大器的主要性能指标包括输入阻抗 R_i、输出阻抗 R_o 和增益。

- 输入阻抗：在图 3-9-1 中，对信号源而言，放大器可以看作是它的负载，用等效电阻 R_i

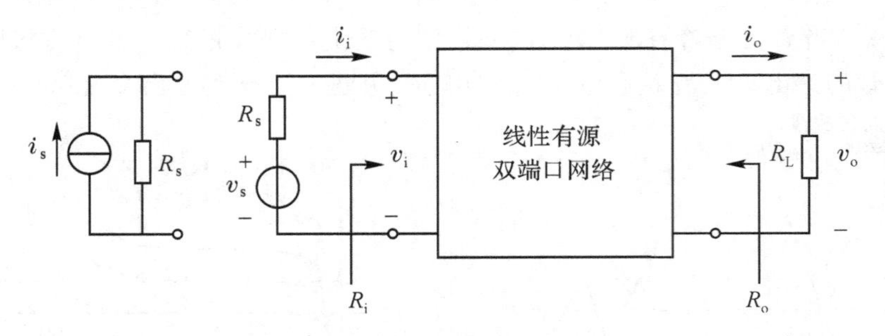

图 3-9-1 放大器的结构框图

表示，称为放大器的输入阻抗，即

$$R_i = v_i / i_i \tag{3-9-1}$$

• 输出阻抗：在图 3-9-1 中，对负载而言，放大器可以看作是它的等效信号源，因此输出阻抗是该等效信号源的内阻，称为放大器的输出阻抗，用 R_o 表示。它定义为放大器输出端的开路电压与负载短路电流的比值。

输出电阻也可以用外加的电压电流法求取，其方法是移去放大器电路中的独立源（独立电压源短路、独立电流源开路），并将负载用外加的电压 v 取代，求取电流 i，如图 3-9-2 所示，则输出阻抗定义为

$$R_o = v / i \tag{3-9-2}$$

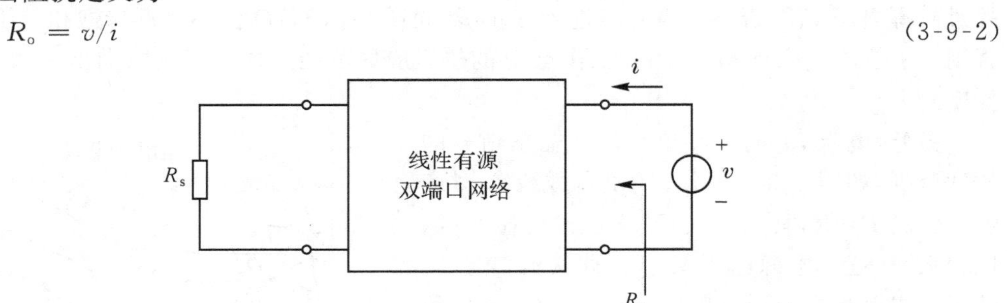

图 3-9-2 外加电压电流法求取输出阻抗

增益：也称为放大倍数，常用 A 表示。它定义为放大器的输出量与输入量的比值，用来衡量放大器放大电信号的能力。依据输出和输入的电量（电压或电流）不同，增益有四种不同的定义，分别为

$$\text{电压增益：} A_V = \frac{v_o}{v_i} \tag{3-9-3}$$

$$\text{电流增益：} A_I = \frac{i_o}{i_i} \tag{3-9-4}$$

$$\text{互阻增益：} A_R = \frac{v_o}{i_i} \tag{3-9-5}$$

$$\text{互导增益：} A_G = \frac{i_o}{v_i} \tag{3-9-6}$$

其中 A_V、A_I 为无量纲的数值，A_R 的单位为欧姆（Ω），A_G 的单位为西门子（S）。

四种增益之间还可以相互转换：

$$A_V = \frac{v_o}{v_i} = \frac{i_o R_L}{i_i R_i} = A_G R_L = A_I \frac{R_L}{R_i} = A_R \frac{1}{R_i} \tag{3-9-7}$$

3.9.2　三极管放大器的基本组态

三极管的基极和发射极可以作为放大器的输入端，集电极和发射极可作为放大器的输出端，因此它们可以组成三极管放大器的三种基本组态，即共发射极放大器（也称共发或共射）、共集电极放大器（也称共集）、共基极放大器（也称共基），如图 3-9-3 所示。各种实际的放大器电路都是在这三种组态电路的基础上演变而来的。因此掌握这三种组态放大器的性能特点是了解各种放大器性能的基础。

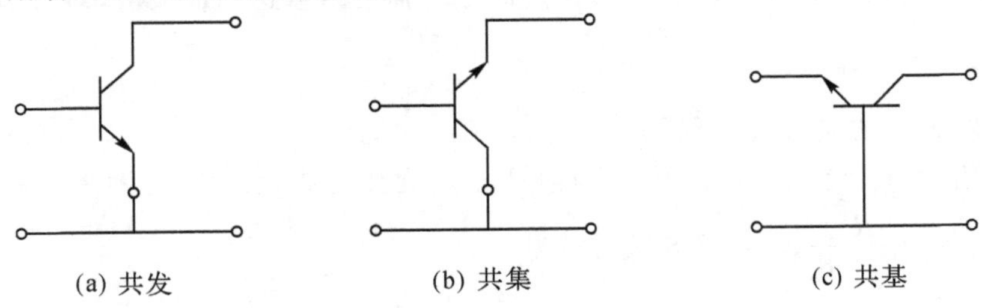

图 3-9-3　三极管放大器的基本组态

下面将在放大器直流分析的基础上进一步分析不同组态放大器的性能。

3.9.3　共发射极放大器

共发放大器的交流通路如图 3-9-4(a) 所示，将三极管用混合 π 模型代替得到的交流小信号电路如图 3-9-4(b) 所示。设放大器的输入端电压 v_i 为放大器的净输入信号。

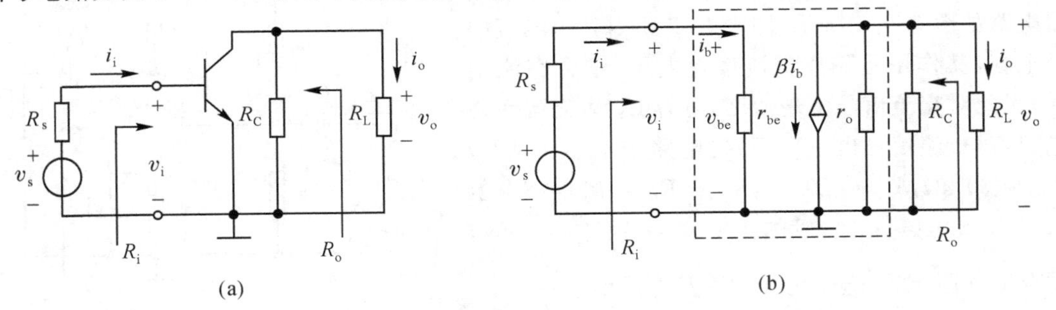

图 3-9-4　共发放大器的交流通路与小信号等效电路

由图可见，从输入信号源端看进去，放大器的输入阻抗为

$$R_i = r_{be} \tag{3-9-8}$$

因为 $r_{be} = (1+\beta)r_e = (1+\beta)\dfrac{V_T}{I_{CQ}/\alpha}$，因此降低集电极的静态工作电流 I_{CQ}，可以提高共发放大器的输入阻抗。

若令独立电压源 $v_s = 0$，相应的 $i_i = i_b = 0$，则 $\beta i_b = 0$，因此放大器的输出阻抗为

$$R_o = R_C \,//\, r_o \tag{3-9-9}$$

若 $r_o \gg R_C$，则 $R_o \approx R_C$。

因为 $v_o = -(\beta i_b)(r_o \,//\, R_C \,//\, R_L) = -\beta(R_o \,//\, R_L)i_b$，$v_i = v_{be}$，则放大器的电压增益为

$$A_V = \frac{v_o}{v_i} = \frac{-\beta i_b(R_o \,//\, R_L)}{i_b r_{be}} = \frac{-\beta(R_o \,//\, R_L)}{r_{be}} = -g_m(R_o \,//\, R_L) \tag{3-9-10}$$

式中的负号表示 v_o 与 v_i 反相，表明共发放大器是反相放大器。

另外，若三极管的 β 足够大，则有 $\alpha \approx 1$，此时 $g_m = \frac{\alpha}{r_e} \approx \frac{1}{r_e}$，此时放大器的增益可改写为

$$A_V = \frac{v_o}{v_i} = -g_m(R_o \,//\, R_L) \approx -\frac{(R_o \,//\, R_L)}{r_e} = -\frac{\text{集电极的等效电阻}}{\text{发射极电阻}} \tag{3-9-11}$$

当集电极开路时，即 R_C、$R_L \to \infty$ 时，此时放大器的增益达到最大值，即为

$$A_{V\max} = -g_m r_o = -\frac{I_{CQ}}{V_T} \times \frac{|V_A|}{I_{CQ}} = -\frac{|V_A|}{V_T} \tag{3-9-12}$$

放大器的最大增益与 I_{CQ} 无关。

源电压增益 A_{Vs} 是指输出信号 v_o 与信号源 v_s 之比的放大倍数。在图 3-9-4(b) 中有 $v_{be} = \frac{r_{be}}{R_s + r_{be}} v_s = \frac{R_i}{R_s + R_i} v_s$，则源电压增益为

$$A_{Vs} = \frac{v_o}{v_s} = \frac{v_o}{v_i} \times \frac{v_i}{v_s} = -g_m(R_o \,//\, R_C)\frac{R_i}{R_s + R_i} \tag{3-9-13}$$

放大器的电流增益为

$$A_I = \frac{i_o}{i_i} = \frac{v_o/R_L}{v_i/R_i} = \frac{v_o}{v_i} \times \frac{R_i}{R_L} = A_V\frac{R_i}{R_L} = -g_m(R_o \,//\, R_L)\frac{R_i}{R_L} = -\beta\frac{R_o}{R_o + R_L} \tag{3-9-14}$$

例 3-9-1 采用分压式偏置的共发射极放大器电路如图 3-9-5 所示。图中电容 C_B、C_C 为隔直耦合电容，其作用是隔离直流偏置电压，耦合交流信号，因此对交流信号呈现短路。电容 C_E 为交流旁路电容，对交流信号也呈现短路。电路中 $V_{CC} = 9$ V，$R_{B1} = 30$ kΩ，$R_{B2} = 20$ kΩ，$R_C = R_L = R_E = 2$ kΩ，$R_s = 10$ kΩ，假设三极管的 $\beta = 100$，$|V_A| = 100$ V，试求输入阻抗 R_i、输出阻抗 R_o 及电压增益 $\frac{v_o}{v_s}$。

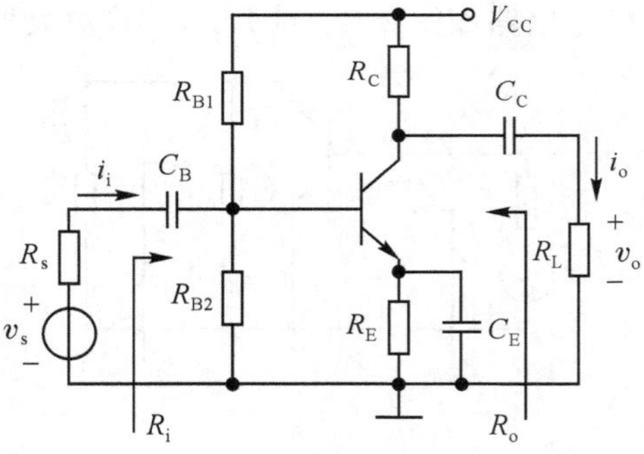

图 3-9-5 例 3-9-1 电路

解 图 3-9-5 电路的直流偏置电路(即直流通路)如图 3-9-6(a) 所示，其等效电路如图 3-9-6(b) 所示。则有

$$V_{BB} = \frac{R_{B2}}{R_{B1} + R_{B2}} V_{CC} = 3.6 \text{ V}, R_{BB} = R_{B1} \,//\, R_{B2} = 12 \text{ k}\Omega$$

$$I_{EQ} = \frac{V_{BB} - V_{BE}}{R_E + R_{BB}/(1+\beta)} = 1.37 \text{ mA}, I_{CQ} = \alpha I_{EQ} = 1.36 \text{ mA}$$

此时三极管的小信号参数为

$$r_e = \frac{V_T}{I_{EQ}} = 18.98\ \Omega,\quad r_{be} = (1+\beta) r_e = 1.92 \text{ k}\Omega,$$

$$g_m = \frac{I_{CQ}}{V_T} = 52.31 \text{ mS},\quad r_o = \frac{|V_A|}{I_{CQ}} = 73.53 \text{ k}\Omega$$

由图 3-9-5 可得到放大器的交流通路如图 3-9-7(a) 所示，代入三极管的混合 π 型模型的交流小信号电路如图 3-9-7(b) 所示。

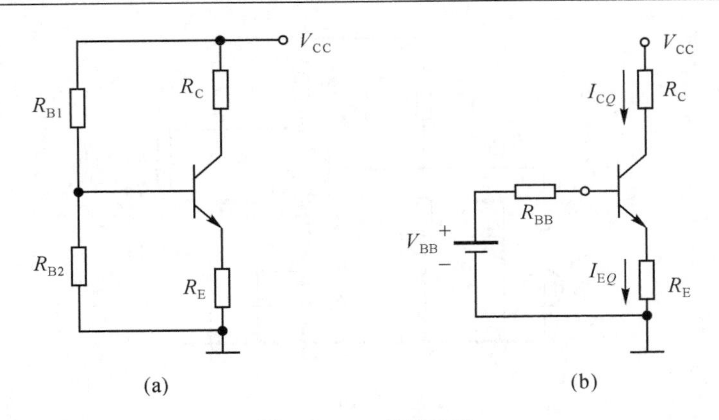

图 3-9-6　直流通路

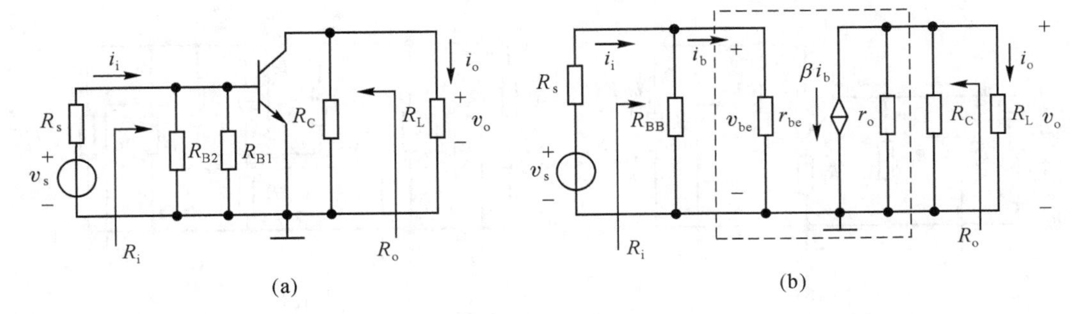

图 3-9-7　交流通路与交流小信号电路

可见，放大器的输入阻抗为

$$R_i = R_{BB} /\!/ r_{be} = 1.66\ \mathrm{k\Omega}$$

放大器的输出阻抗为

$$R_o = R_C /\!/ r_o \approx R_C = 2\ \mathrm{k\Omega}$$

由于输出电压 $v_o = -(\beta i_b)(r_o /\!/ R_C /\!/ R_L) = -\beta(R_o /\!/ R_L)i_b$，

又因为 $v_{be} = \dfrac{R_{BB} /\!/ r_{be}}{R_s + R_{BB} /\!/ r_{be}} v_s = \dfrac{R_i}{R_s + R_i} v_s$，

因而源电压增益为

$$A_{Vs} = \frac{v_o}{v_s} = \frac{v_o}{v_{be}} \times \frac{v_{be}}{v_s} = -\frac{\beta i_b}{i_b r_{be}}(R_o /\!/ R_L)\frac{R_i}{R_s + R_i} = -14.89(\mathrm{V/V})$$

3.9.4　发射极接有电阻的共发射极放大器

发射极接有电阻的共发射极放大器如图 3-9-8(a) 所示，该电路也称为改进型的共发放大器电路。该电路的交流通路如图 3-9-8(b) 所示，其中 $R_{BB} = R_{B1} /\!/ R_{B2}$。代入三极管的混合 π 型模型的交流小信号等效电路如图 3-9-8(c) 所示。

在一般工程估算的情况下忽略电阻 r_o，则有

$$\begin{aligned} v_i &= i_b r_{be} + (i_b + \beta i_b)R_E \\ &= i_b[r_{be} + (1+\beta)R_E] \end{aligned}$$

则

$$R_i' = \frac{v_i}{i_b} = r_{be} + (1+\beta)R_E$$

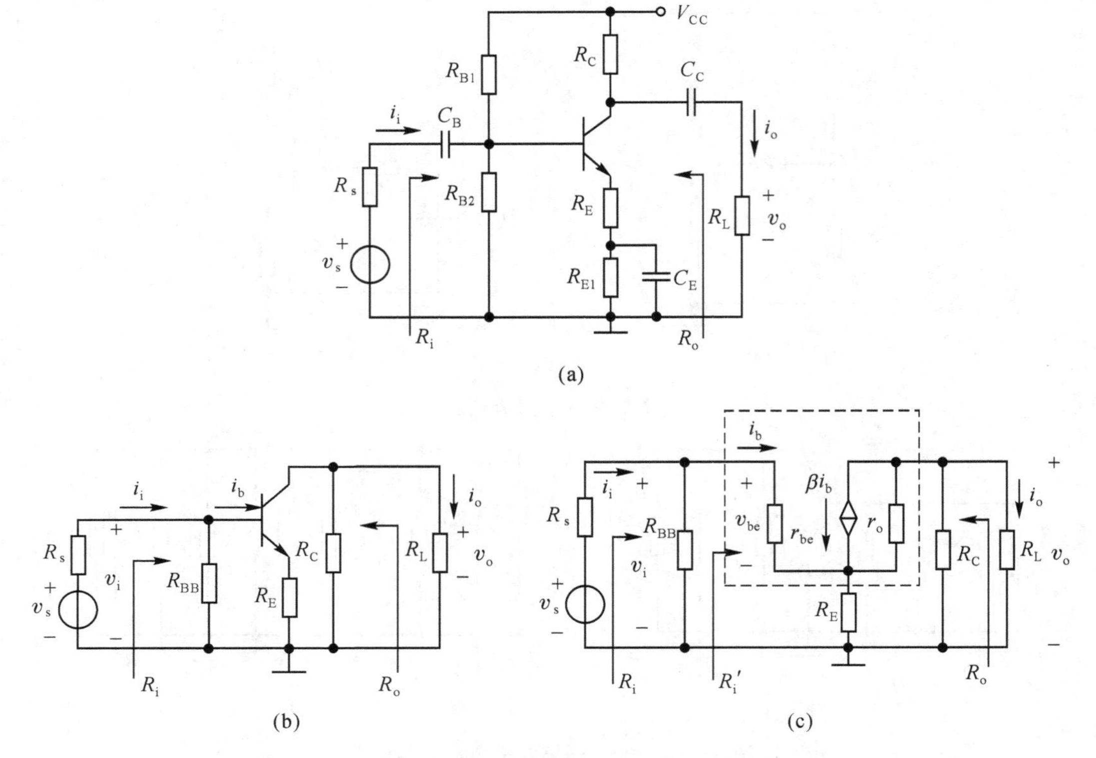

图 3-9-8　改进型共发放大器交流通路与小信号等效电路

因此放大器的输入阻抗为

$$R_i = R_{BB} \,/\!/\, R_i' = R_{BB} \,/\!/\, [r_{be} + (1+\beta)R_E] \tag{3-9-15}$$

该电阻也可以在交流通路中直接利用发射极电阻折算到基极(乘以$(1+\beta)$倍)的方法求得,此时发射极的电阻R_E折算到基极的等效电阻为$(1+\beta)R_E$,基极看进去的交流电阻为r_{be},两者为串联关系,因此可以得到式(3-9-15)所示的放大器的输入电阻。

放大器的输出电阻为

$$R_o = R_C \tag{3-9-16}$$

若计入电阻r_o,则经推导可以得到放大器的输入阻抗与输出阻抗分别为

$$R_i = R_{BB} \,/\!/\, \left[r_{be} + (1+\beta)R_E \frac{r_o}{r_o + R_C \,/\!/\, R_L}\right] \tag{3-9-17}$$

$$R_o \approx R_C \,/\!/\, r_o\left(1 + \frac{\beta R_E}{R_{E1} + r_\pi + R_s}\right) \tag{3-9-18}$$

若忽略电阻r_o,则有$v_o = -(\beta i_b)(R_o \,/\!/\, R_L) = -\beta(R_o \,/\!/\, R_L)i_b$,又因为$v_i = i_b r_{be} + (i_b + \beta i_b)R_E = i_b[r_{be} + (1+\beta)R_E]$,因而放大器的电压增益为

$$\begin{aligned} A_V = \frac{v_o}{v_i} &= -(R_C \,/\!/\, R_L) \times \frac{-\beta i_b}{[r_{be} + (1+\beta)R_E]i_b} \\ &= -(R_C \,/\!/\, R_L) \times \frac{\beta}{r_{be} + (1+\beta)R_E} \\ &= \frac{-\beta(R_C \,/\!/\, R_L)}{(1+\beta)r_e + (1+\beta)R_E} \end{aligned}$$

$$\approx -\frac{R_o /\!/ R_L}{r_e + R_E} \tag{3-9-19}$$

当 $R_E \gg r_e$ 时，则放大器的电压增益近似为

$$A_V \approx -\frac{R_C /\!/ R_L}{R_E} \tag{3-9-20}$$

该放大器的电压增益也可以看作是式(3-9-11)的延伸。

可见，对于发射极接电阻的共发放大器，从式(3-9-15)～(3-9-18)可以看出，其输入阻抗和输出阻抗(不计 R_C)均有明显提高，由式(3-9-20)可知，放大器的电压增益近似等于集电极的等效电阻($R_C /\!/ R_L$)与发射极的电阻 R_E 的比值，与三极管的参数 β 无关。这个特性可以克服温度的变化对三极管 β 的影响，提高了放大器电路的工作稳定性。

另外，从图 3-9-8(c)中可以得到 $v_i = \frac{R_i}{R_s + R_i} v_s$，则放大器的源电压增益为

$$A_{Vs} = \frac{v_o}{v_s} = \frac{v_o}{v_i} \times \frac{v_i}{v_s} = A_V \frac{v_i}{v_s} \approx -\frac{R_C /\!/ R_L}{R_E} \times \frac{R_i}{R_s + R_i} \tag{3-9-21}$$

3.9.5　共基极放大器

共基放大器的交流通路如图 3-9-9(a)所示，若 $R_C \ll r_o$，则 r_o 电阻可忽略不计，代入图 3-7-3(c)的三极管 T 模型得到交流小信号电路如图 3-9-9(b)所示。

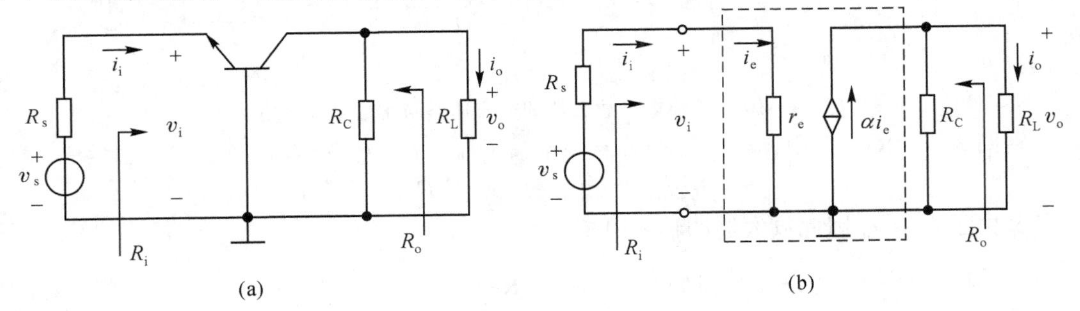

图 3-9-9　共基放大器的交流通路与小信号等效电路

在图 3-9-9(b)中，放大器的输入阻抗为

$$R_i = \frac{v_i}{i_i} = r_e = \frac{r_{be}}{1+\beta} \tag{3-9-22}$$

该电阻即为基极电阻 r_{be} 折算到发射极的电阻。

若令独立电压源 $v_s = 0$，则 $i_i = i_e = 0$，因此 $\alpha i_e = 0$，则有放大器的输出阻抗为

$$R_o = R_C \tag{3-9-23}$$

又因为 $v_o = (\alpha i_e)(R_C /\!/ R_L) = \alpha i_e (R_o /\!/ R_L)$，$i_i = i_e = \frac{v_i}{r_e}$，则放大器的电压增益为

$$A_V = \frac{v_o}{v_i} = \alpha (R_o /\!/ R_L)\frac{1}{r_e} = \frac{\beta}{r_{be}}(R_o /\!/ R_L) \tag{3-9-24}$$

其增益值为正值，说明共基放大器是同相放大器，其大小与共发射极放大器相同。

另外，$i_i = i_e$，$i_o = \frac{R_C}{R_C + R_L}(\alpha i_e)$，因此放大器的电流增益为

$$A_I = \frac{i_o}{i_i} = \alpha \frac{R_C}{R_C + R_L} \tag{3-9-25}$$

其电流增益为恒小于1，当 $R_C \gg R_L$，其电流增益为 $A_I \approx \alpha \approx 1$，即 $i_o \approx i_i$，此时该放大器也称为电流接续器。

又因为 $v_i = \dfrac{r_e}{R_s + r_e} v_s = \dfrac{R_i}{R_s + R_i} v_s$，因此放大器的源电压增益为

$$A_{Vs} = \frac{v_o}{v_s} = \frac{v_o}{v_i} \times \frac{v_i}{v_s} = \frac{\beta}{r_{be}} (R_o \mathbin{/\!/} R_L) \frac{R_i}{R_s + R_i} \tag{3-9-26}$$

3.9.6 共集电极放大器

共集电极放大器的交流通路如图3-9-10(a)所示，代入三极管的混合π型模型得到交流小信号等效电路如图3-9-10(b)所示。

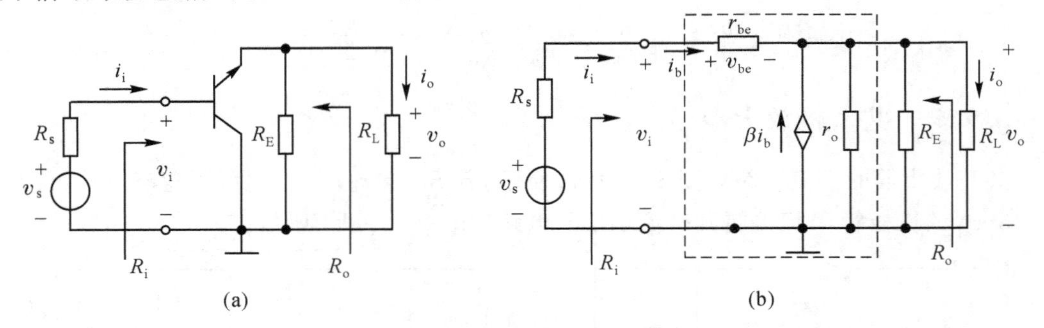

图 3-9-10 共集电极放大器的交流通路与小信号等效电路

在图3-9-10(b)图中，$v_i = v_{be} + v_o = i_b r_{be} + (\beta i_b + i_b)(r_o \mathbin{/\!/} R_E \mathbin{/\!/} R_L)$

$$= i_b[r_{be} + (1+\beta)(r_o \mathbin{/\!/} R_E \mathbin{/\!/} R_L)]$$

又由于 $i_i = i_b$ 因此放大器的输入阻抗为

$$R_i = \frac{v_i}{i_i} = r_{be} + (\beta + 1)(r_o \mathbin{/\!/} R_E \mathbin{/\!/} R_L) \tag{3-9-27}$$

若 $r_o \gg R_E \mathbin{/\!/} R_L$，则有

$$R_i = \frac{v_i}{i_i} = r_{be} + (1+\beta)(R_E \mathbin{/\!/} R_L) \tag{3-9-28}$$

实际上是发射极的电阻 $(R_E \mathbin{/\!/} R_L)$ 折算到基极上，再与基极电阻 r_{be} 串联的值。

输出电阻的求取。依据定义，推导输出电阻的等效电路如图3-9-11所示。

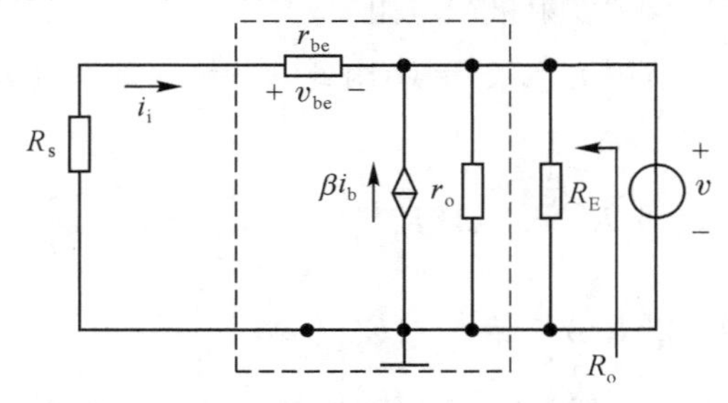

图 3-9-11 共集放大器的输出阻抗求取电路

由图可知

$$i=\frac{v}{R_E}+\frac{v}{r_o}-\beta i_b-i_b$$

其中 $i_b=-\dfrac{v}{r_{be}+R_s}$，$v_{be}=i_b r_{be}$，经整理后可得放大器的输出阻抗为

$$R_o=\frac{v}{i}=r_o /\!/ R_E /\!/ \frac{r_{be}+R_s}{1+\beta} \tag{3-9-29}$$

通常情况下 $r_o /\!/ R_E \gg \dfrac{r_{be}+R_s}{1+\beta}$，因此有

$$R_o \approx \frac{r_{be}+R_s}{1+\beta} \tag{3-9-30}$$

该式反映了将基极电阻 $(r_{be}+R_s)$ 折算到发射极的等效电阻，显然，其值远小于共发和共基放大器的输出阻抗。

由图 3-9-10(b) 可知，$v_o=(\beta i_b+i_b)(r_o /\!/ R_E /\!/ R_L)$，$v_i=v_{be}+v_o$，整理后可得到 $v_i=\left[1+\dfrac{r_{be}}{(1+\beta)(r_o /\!/ R_E /\!/ R_L)}\right]v_o$，因此放大器的电压增益为

$$A_V=\frac{v_o}{v_i}=\frac{1}{1+\dfrac{r_{be}}{(1+\beta)(r_o /\!/ R_E /\!/ R_L)}}=\frac{(1+\beta)(r_o /\!/ R_E /\!/ R_L)}{r_{be}+(1+\beta)(r_o /\!/ R_E /\!/ R_L)} \tag{3-9-31}$$

上式表明，A_V 为正值，因此共集放大器为同相放大器，并且其值小于1。一般情况下满足 $(1+\beta)(r_o /\!/ R_E /\!/ R_L) \gg r_{be}$，所以 A_V 接近于1，因此称为射极跟随器(或电压跟随器)。另外，在图 3-9-10(b) 中有

$$\begin{aligned} i_o &= (\beta i_b+i_b)\frac{r_o /\!/ R_E}{r_o /\!/ R_E+R_L} \\ &= (1+\beta)\frac{r_o /\!/ R_E}{r_o /\!/ R_E+R_L} i_b \end{aligned}$$

则放大器的电流增益为

$$A_I=\frac{i_o}{i_i}=\frac{i_o}{i_b}=(1+\beta)\frac{r_o /\!/ R_E}{r_o /\!/ R_E+R_L} \tag{3-9-32}$$

又因为 $v_i=\dfrac{R_i}{R_s+R_i}v_s$，因此放大器的源电压增益为

$$A_{Vs}=\frac{v_o}{v_s}=\frac{v_o}{v_i}\times\frac{v_i}{v_s}=\frac{1}{1+\dfrac{r_{be}}{(1+\beta)(r_o /\!/ R_E /\!/ R_L)}}\times\frac{R_i}{R_s+R_i} \tag{3-9-33}$$

综合上述三种组态放大器的分析，三种组态放大器的性能如表 3-9-1 所示，表中的输入输出阻抗中忽略电阻 r_o 影响。各种组态放大器的性能各有特点，其中，对于共基放大器，它的输入阻抗最小，输出阻抗最大(不计 R_C)，有电压增益，但没有电流增益；对于共集放大器，它的输入阻抗最大，输出阻抗最小，有电流增益，但没有电压增益；对于共发放大器，它的输入阻抗、输出阻抗介于上述两种组态之间，既有电压增益，也有电流增益。

另外，共发放大器是反相放大器，而共基放大器和共集放大器是同相放大器。

表 3-9-1　三种放大器组态的性能比较

组态＼性能	输入阻抗	输出阻抗	电压增益 v_o/v_i	电流增益 i_o/i_i
共发放大器	r_{be}	R_C	$-\dfrac{\beta}{r_{be}}(R_o /\!/ R_L)$	$-\beta\dfrac{R_o}{R_o+R_L}$
共基放大器	r_e	R_C	$\dfrac{\beta}{r_{be}}(R_o /\!/ R_L)$	$\alpha\dfrac{R_C}{R_C+R_L}$
共集放大器	$r_{be}+(1+\beta)(R_E /\!/ R_L)$	$\dfrac{r_{be}+R_s}{1+\beta}$	$\dfrac{(1+\beta)(r_o /\!/ R_E /\!/ R_L)}{r_{be}+(1+\beta)(r_o /\!/ R_E /\!/ R_L)}$	$(1+\beta)\dfrac{r_o /\!/ R_E}{r_o /\!/ R_E+R_L}$

例 3-9-2　在图 3-9-12 所示的电流源偏置的共基放大器中，已知电路中 $R_C = R_L = 2\text{k}\Omega, R_s = 100\Omega, I_o = 1\text{mA}$。假设三极管的 $\beta = 100$，试求输入阻抗 R_i、输出阻抗 R_o 及电压增益 $\dfrac{v_o}{v_s}$ 和电流增益 $\dfrac{i_o}{i_i}$。

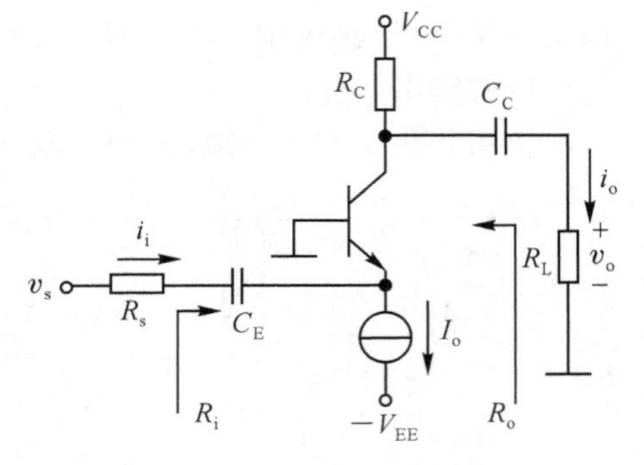

图 3-9-12　例 3-9-2 电路

解　由于采用电流源偏置方式，因此发射极的电流 $I_{EQ} = I_o = 1\text{mA}$，则可忽略其直流通路，此时三极管的交流参数为

$$r_e = \frac{V_T}{I_{EQ}} = 26\Omega, g_m = \frac{I_{CQ}}{V_T} \approx \frac{I_{EQ}}{V_T} = 38.1\text{mS}$$

其交流通路如图 3-9-13(a) 所示，代入三极管模型得到交流小信号等效电路如图 3-9-13(b) 所示。

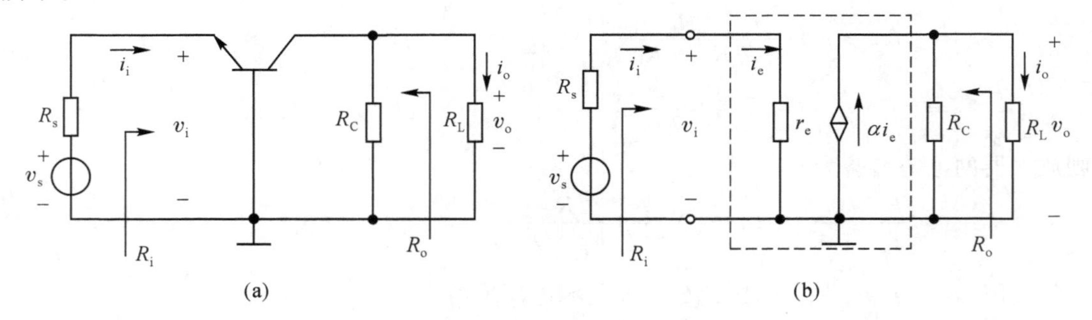

图 3-9-13　交流通路及其小信号等效电路

因此放大器的输入阻抗为

$$R_i = \frac{v_i}{i_i} = r_e = 26\Omega$$

放大器的输出阻抗为

$$R_o = R_C = 2\text{k}\Omega$$

放大器的电压增益为

$$A_V = \frac{v_o}{v_i} = \alpha(R_o /\!/ R_L)\frac{1}{r_e} = g_m(R_o /\!/ R_L) = 38.1 \times (2 /\!/ 2) = 38.1(\text{V/V})$$

则有

$$A_{Vs} = \frac{v_o}{v_s} = A_V\frac{R_i}{R_i+R_s} = 38.1 \times \frac{26}{26+100} = 7.86(\text{V/V})$$

放大器的电流增益为

$$A_I = \frac{i_o}{i_i} = \alpha \frac{R_C}{R_C + R_L} \approx \frac{2}{2+2} = 0.5(\text{A/A})$$

例 3-9-3　在图 3-9-14 所示的电流源偏置的共集放大器中，已知电路中 $R_L = 2\text{k}\Omega, R_s = 10\text{k}\Omega, I_o = 1\text{mA}$。假设三极管的 $\beta = 100$，$|V_A| = 100\text{V}$。试求输入阻抗 R_i、输出阻抗 R_o 及电压增益 $\frac{v_o}{v_s}$ 和电流增益 $\frac{i_o}{i_i}$。

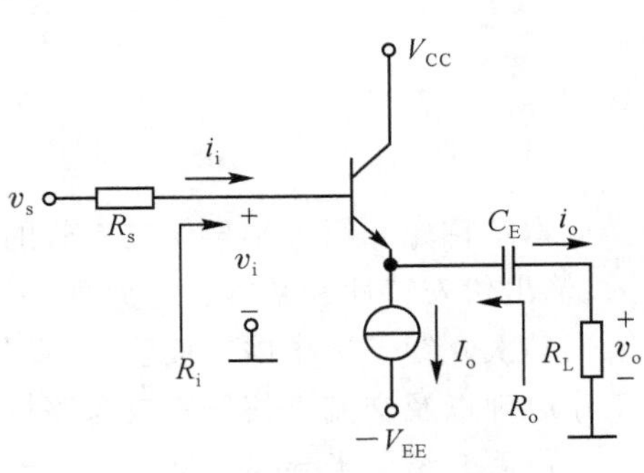

图 3-9-14　例 3-9-3 电路

解　由于采用电流源偏置方式，因此发射极的电流 $I_{EQ} = I_o = 1\text{mA}$，则可忽略其直流通路，此时三极管的交流参数为

$$r_e = \frac{V_T}{I_{EQ}} = 26\Omega,\quad r_{be} = (1+\beta)r_e = 2.63\text{k}\Omega,$$

$$g_m = \frac{I_{CQ}}{V_T} \approx 38.1\text{mS},\quad r_o = \frac{|V_A|}{I_{CQ}} \approx \frac{|V_A|}{I_{EQ}} = 100\text{k}\Omega$$

其交流通路如图 3-9-15(a) 所示，代入三极管模型得到交流小信号等效电路如图 3-9-15(b) 所示。

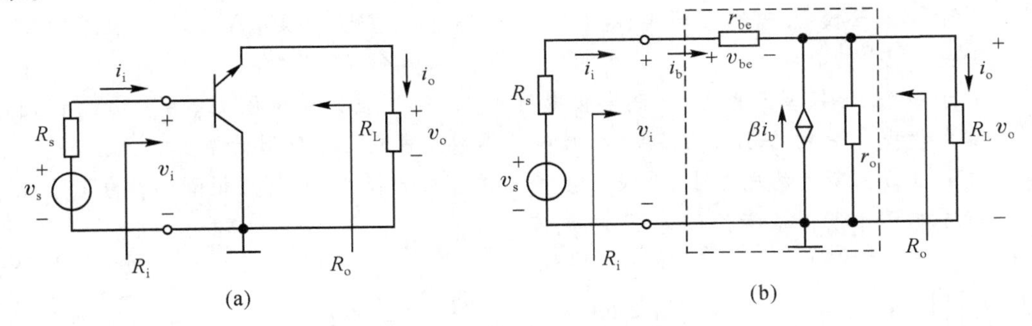

图 3-9-15　交流通路与小信号等效电路

因此放大器的输入阻抗为

$$R_i = r_{be} + (1+\beta)(R_L /\!/ r_o) \approx r_{be} + (1+\beta)R_L$$
$$= 2.53 + (1+100)\times 2 = 204.63(\text{k}\Omega)$$

输出阻抗为

$$R_o = r_o /\!/ \frac{r_{be} + R_s}{1+\beta} \approx \frac{r_{be} + R_s}{1+\beta} = \frac{2.63\text{k}\Omega + 10\text{k}\Omega}{1+100} = 125\Omega$$

放大器的源电压增益为

$$A_{Vs} = \frac{v_o}{v_s} = \frac{1}{1 + \frac{r_{be}}{(1+\beta)(R_L /\!/ r_o)}} \times \frac{R_i}{R_i + R_s}$$

$$\approx \frac{1}{1 + \frac{2.63}{(1+100)\times 2}} \times \frac{204.63}{204.63 + 10} \approx 0.94(\text{V/V})$$

则放大器的电流增益为

$$A_I = \frac{i_o}{i_i} = (1+\beta)\frac{r_o}{r_o + R_L} \approx 1+\beta = 101(\mathrm{A/A})$$

本章小结

本章首先介绍了半导体三极管的物理结构、工作模式以及工作原理，半导体三极管的输入、输出伏安特性和基本工作原理。

其次介绍了半导体三极管在不同偏置电压作用下的工作模式、半导体三极管放大器的工作原理以及交流小信号等效电路模型与应用。

最后介绍了半导体三极管放大电路的图解分析方法和半导体三极管的三种基本组态放大电路的工作原理和性能分析。

习 题

3-1 对于典型的三极管，其 β 值范围一般为 50 ～ 150，试求其对应的 α 值范围。

3-2 如果两个三极管的参数 α 分别为 0.99 和 0.98，则两个三极管的 β 分别为多少？若其集电极的电流为 10mA，则对应的基极电流分别为多少？

3-3 对于一个三极管，若其基极电流为 7.5μA，集电极电流为 940μA，试问三极管的 β 和 α 分别为多少？

3-4 对于一个 PNP 型三极管，当集电极电流为 1mA，其发射结电压 $v_{EB} = 0.8\mathrm{V}$。试问，当集电极电流分别为 10mA、5A 时，对应的发射结电压 v_{EB} 分别为多少？

3-5 在题 3-5 图所示的电路中，假设三极管工作在放大模式，并且三极管的 β 为无限大，试确定各图中所对应标注的电压、电流值。

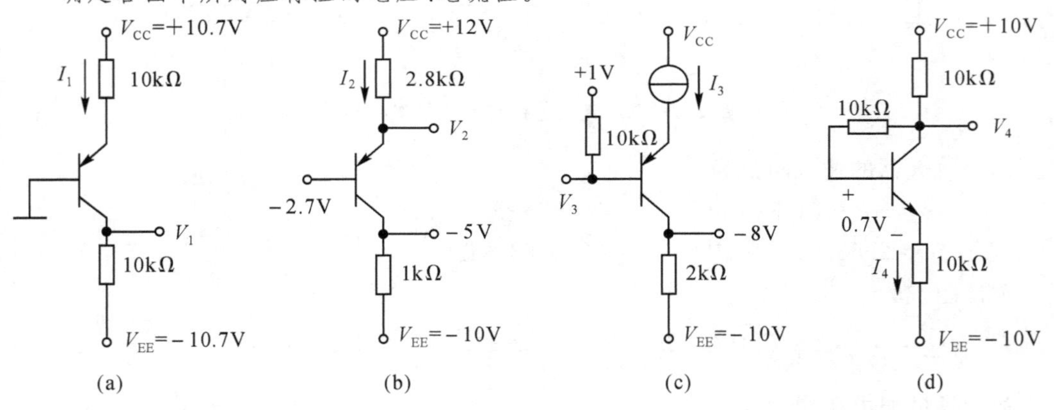

题 3-5 图

3-6 三极管电路如题 3-6 图所示，试确定各三极管的 β 值。

3-7 假设三极管的厄尔利电压为 $|V_A| = 200\mathrm{V}$。当三极管的集电极电流分别为 1mA、100μA 时，则三极管的输出电阻 r_o 分别为多少？

3-8 对于一个三极管，当集电极电流为 10μA 时，对应的输出电阻 r_o 为 10MΩ，则其厄尔利

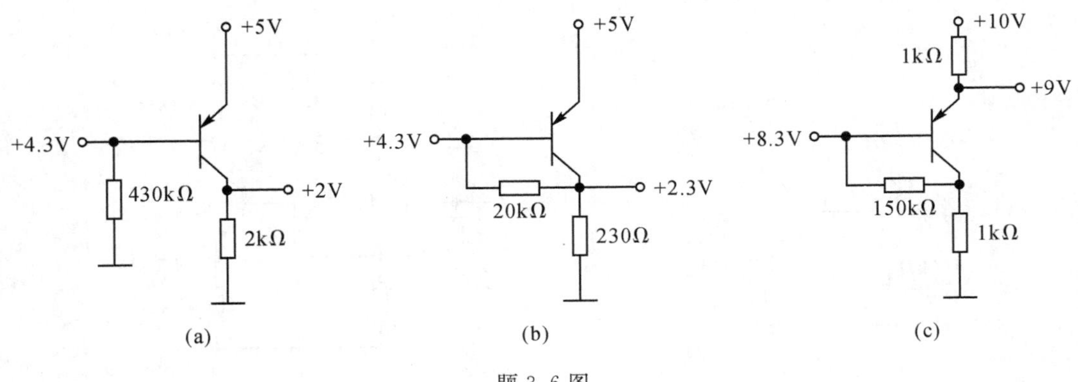

题 3-6 图

电压为多少？如果集电极电流变为10mA时，此时三极管的输出电阻为多少？

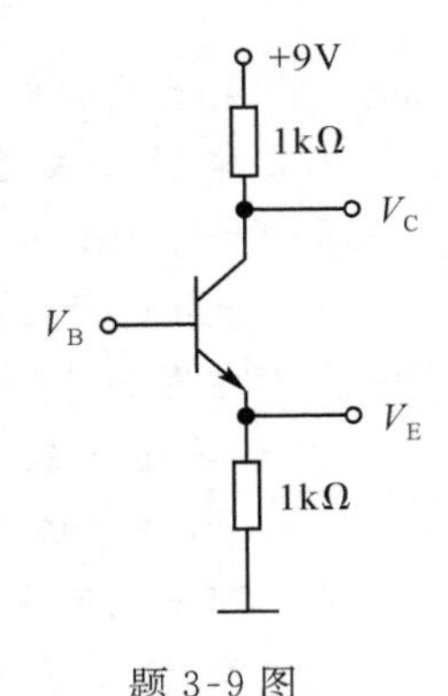

题 3-9 图

3-9　在题3-9图所示的电路中，假设三极管的β无限大，且$V_{BE}=0.7V$。当V_B分别等于3V、1V、0V时，试求对应的V_E和V_C电压。

3-10　在题3-9图所示的电路中，假设三极管的β无限大。试求三极管仍然工作在放大模式时的最大值V_B。

3-11　在题3-11图所示的电路中，假设三极管的β无限大，且$|V_{BE}|=0.7V$。试确定各图中标注的电压、电流值。

3-12　一个PNP型的三极管电路如题3-12图所示。三极管的$\beta=50$，$V_C=5V$，试确定电阻R_C的值。此时当三极管的β变化为$\beta=100$时，试问电路的工作情况发生了什么变化？

3-13　在题3-13图所示的电路中，当三极管的β为如下情况时，试确定$V_1\sim V_5$的电压值。(a)$\beta=\infty$，(b) $\beta=100$。

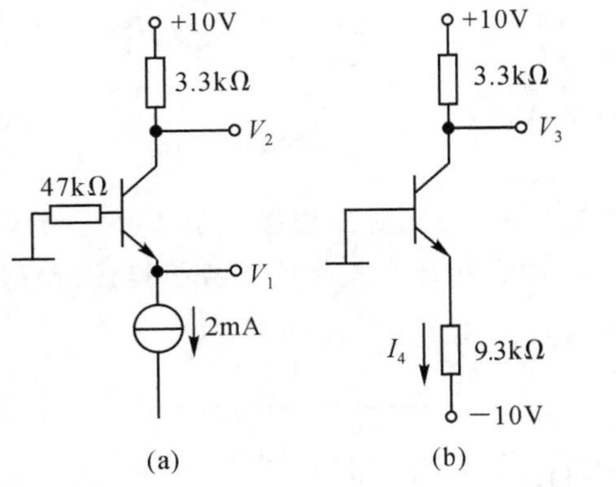

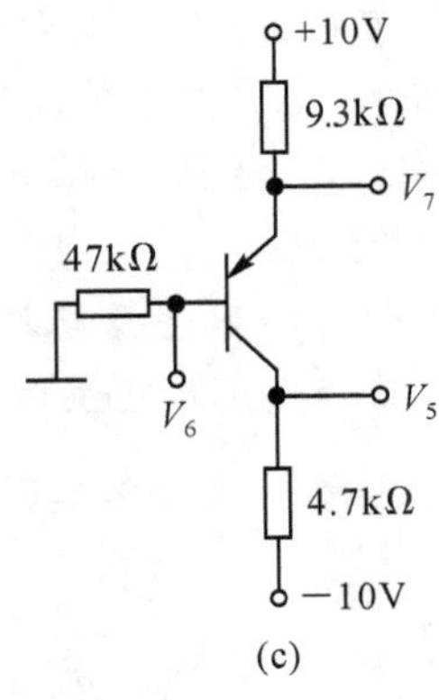

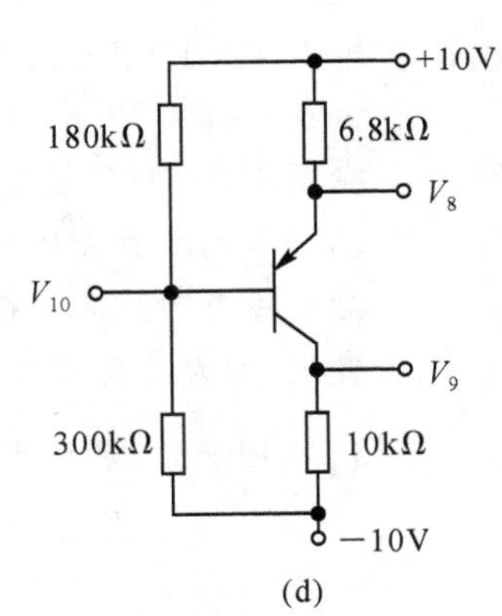

题 3-11 图

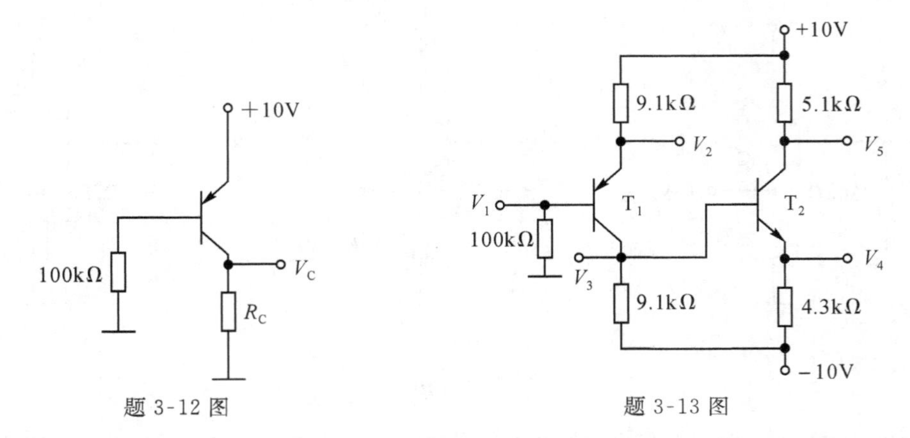

题 3-12 图　　　　题 3-13 图

3-14　某三极管的$\beta=120$，并且工作在放大模式，试求三极管的集电极电流分别为1.5mA和150μA时的三极管交流小信号模型参数g_m、r_{be}、r_e的值。

3-15　为了设计一个三极管放大器，要求三极管的跨导$g_m=100$mS，三极管的基极输入阻抗不小于1kΩ，则发射极的偏置电流应如何选择，三极管的最小β要求为多少？

3-16　在图3-6-1所示的电路中，$V_{CC}=10$V，$R_C=2$kΩ。若调节V_{BEQ}的电压，使得$V_{CEQ}=2$V。此时输入交流信号$v_{be}=0.004\sin\omega t$(V)时，请写出$i_C(t)$、$v_C(t)$、$i_B(t)$的总瞬时量，并求该放大器的电压增益为多少？假设三极管的$\beta=100$。

3-17　利用电流源偏置的三极管放大器电流如题3-17图所示，假设三极管的β为无限大，试求集电极的直流电压V_C和三极管的跨导g_m。代入三极管的混合π模型，确定放大器的电压增益v_c/v_i。

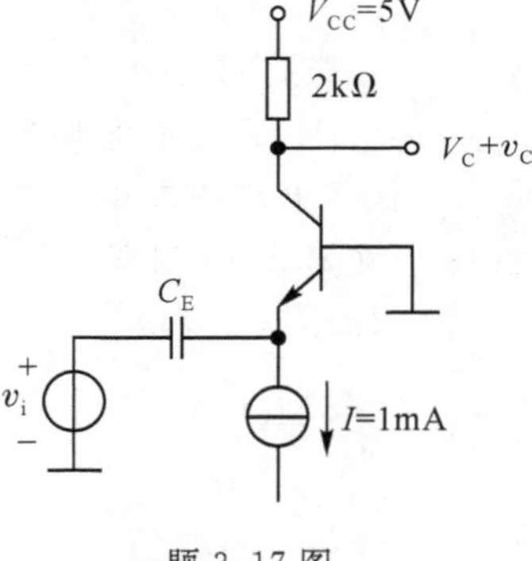

题 3-17 图

3-18　对于某个三极管，它的$\beta=104$。若基极电流为7.6μA，则对应的r_e、r_{be}、g_m分别为多少？

3-19　对于某个PNP型三极管，它的$\alpha=0.99$，当发射极电流为0.80mA时，则对应的r_e、r_{be}、g_m分别为多少？

3-20　在图3-7-4所示的电路中，三极管的$\beta=100$。当$V_{BB}=2$V时，试求放大器的电压增益。

3-21　对于一个实际的三极管，若将其集电极与基极直接短接，则三极管仍然工作在放大模式，因为三极管的集电结仍然工作在反偏状态，这就是三极管的二极管接法，如题3-21图所示。试利用混合π型模型求解其两端的交流电阻$r=\frac{v}{i}$。

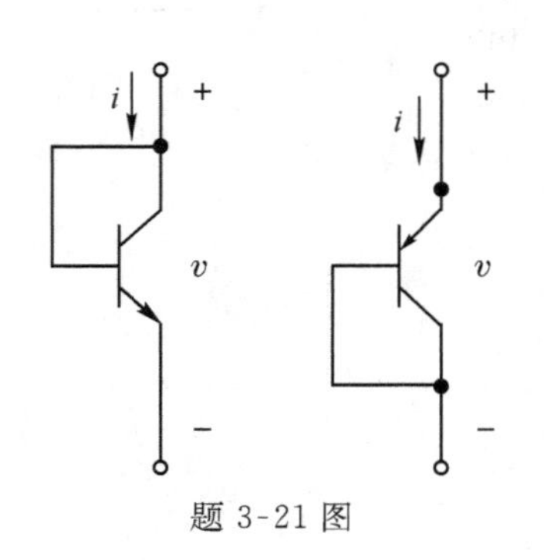

题 3-21 图

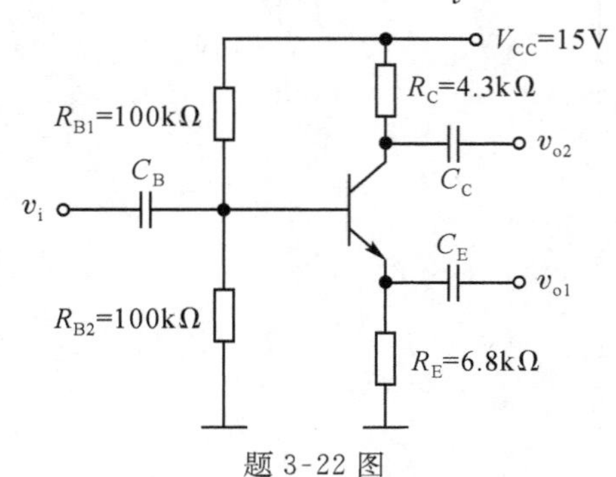

题 3-22 图

3-22　三极管放大器电路如题 3-22 图所示，假设三极管的 β 为无限大，试求三极管的集电极电流 I_{CQ}。利用三极管的小信号模型分析可得

$$\frac{v_{o1}}{v_i}=\frac{R_E}{R_E+r_e},\frac{v_{o2}}{v_i}=-\frac{\alpha R_C}{R_E+r_e}$$

试求出它们的增益，假设 $\alpha=1$。

3-23　设计单电源供电的一个分压式直流偏置电路，如图 3-10-1(a) 所示，假设三极管的 β 为无限大。电源电压 $V_{CC}=9V$，要求电阻 R_C、R_E 上的压降均为 $V_{CC}/3$，发射极的电流 $I_E=0.5mA$，通过分压电阻 R_{B1}、R_{B2} 上的电流为 $0.2I_E$。若实际三极管的 $\beta=100$，试求三极管发射极的实际电流 I_E 为多少？

3-24　共发放大器电路如题 3-24 图所示，三极管的 $\beta=100$，电流源 $I_o=0.1mA$。试求放大器的输入阻抗 R_i、输出阻抗 R_o 和电压增益 v_o/v_s。当放大器连接上负载 $R_L=10k\Omega$ 时（图中的虚线表示），此时放大器的电压增益为多少？

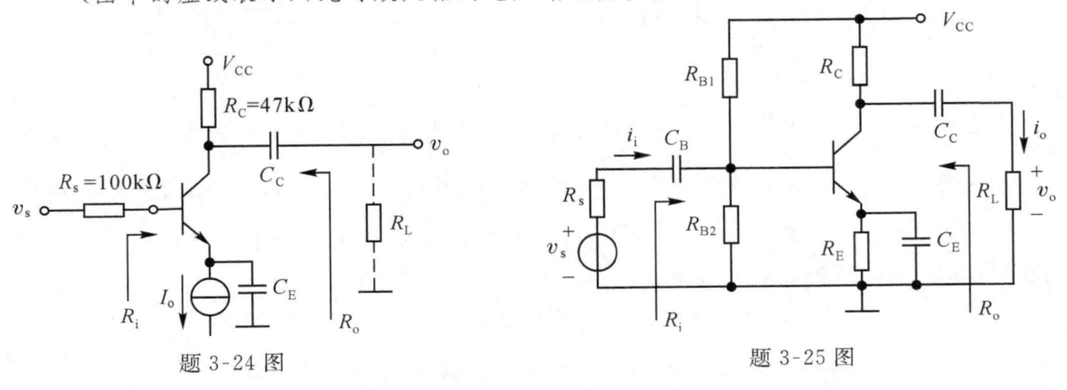

题 3-24 图　　　　题 3-25 图

3-25　在题 3-25 图所示的共发放大器电路中，$V_{CC}=9V$，$R_{B1}=27k\Omega$，$R_{B2}=15k\Omega$，$R_E=1.2k\Omega$，$R_C=2.2k\Omega$，$R_L=2k\Omega$，$R_s=10k\Omega$。假设三极管的 $\beta=100$，$|V_A|=100V$。要求：

(a) 画出三极管的直流通路，计算发射极的直流电流 I_E；

(b) 画出放大器的交流通路，计算输入阻抗 R_i、输出阻抗 R_o；

(c) 计算放大器的电压增益 $\frac{v_o}{v_s}$ 和电流增益 $\frac{i_o}{i_i}$。

3-26　在题 3-26 图所示的电路中，三极管的 $\beta=100$，v_s 为交流小信号。试问：

(a) 若要求发射极的直流电流为 1mA，则发射极中的电阻 R_E 为多少？

(b) 若要求集电极的直流电压为 5V，则集电极中的电阻 R_C 为多少？

(c) 若三极管的输出电阻 $r_o=100k\Omega$，负载电阻 $R_L=5k\Omega$，画出交流小信号等效电路，并求电压增益 $\frac{v_o}{v_s}$。

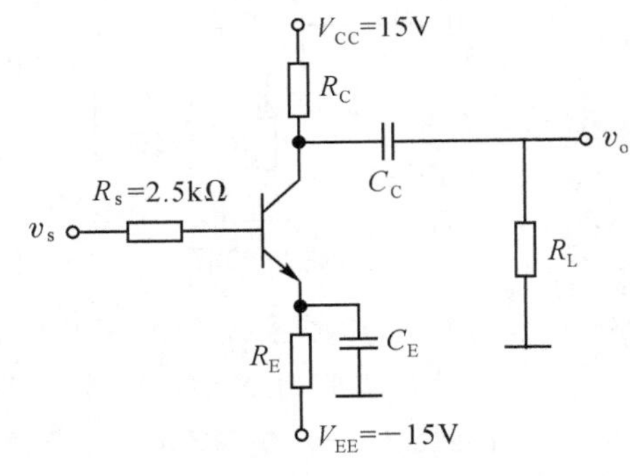

题 3-26 图

3-27　在题 3-27 图所示的改进型共发放大器电路中，$V_{CC}=9V$，$R_{B1}=30k\Omega$，$R_{B2}=20k\Omega$，$R_E=100\Omega$，$R_{E1}=1.1k\Omega$，$R_C=2k\Omega$，$R_L=2k\Omega$，$R_s=10k\Omega$。假设三极管的 $\beta=100$。要求：

(a) 画出三极管的直流通路，计算发射极的直流电流 I_E；

(b) 画出放大器的交流通路，计算输入阻抗 R_i、输出阻抗 R_o；

(c) 计算放大器的电压增益$\frac{v_o}{v_s}$和电流增益$\frac{i_o}{i_i}$。

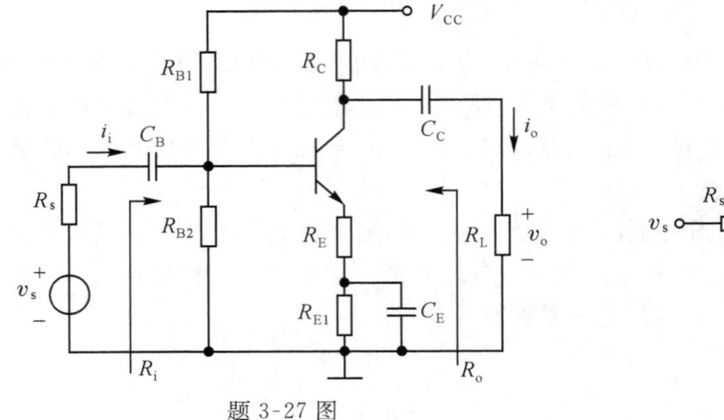

题 3-27 图

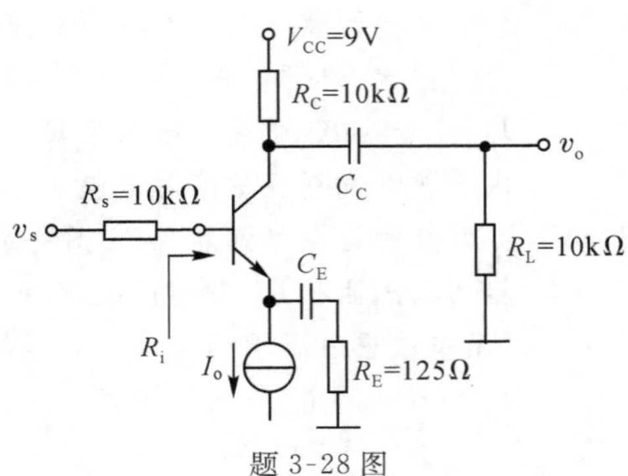

题 3-28 图

3-28 在题 3-28 图所示的电路中，三极管的 $\beta=50$，$I_o=0.2\text{mA}$，v_s 为交流小信号。试求放大器的输入阻抗 R_i 和电压增益$\frac{v_o}{v_s}$。如果三极管的输入交流电压 v_{be} 的最大值幅度为 5mV，则对应的最大输入 v_s 为多少，此时对应输出 v_o 的最大值为多少？

3-29 在题 3-29 图所示的电路中，三极管的 $\beta=100$。试求：

(a) 三极管集电极的直流电压和直流电流；

(b) 利用三极管的小信号模型求解该放大器的电压增益$\frac{v_o}{v_s}$。

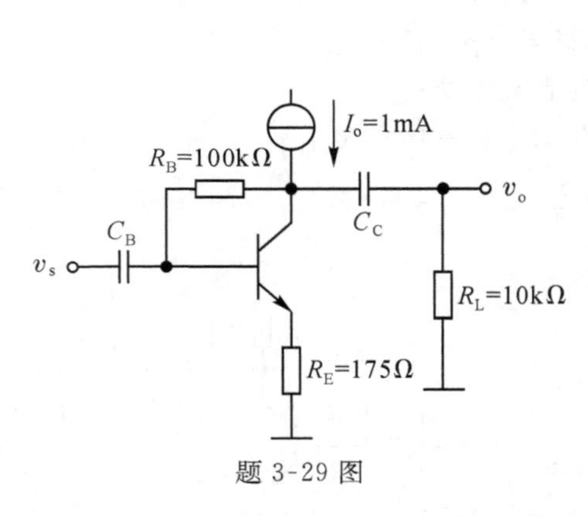

题 3-29 图

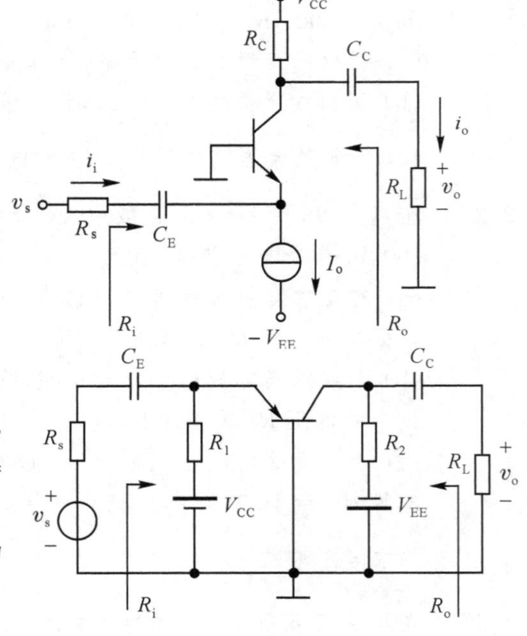

题 3-31 图

3-30 在题 3-30 图所示的共基放大器电路中，假设三极管的 β 无限大，电路 $R_C=R_L=10\text{k}\Omega$，$R_s=50\Omega$，$V_{CC}=10\text{V}$。试问：

(a) 当电流源 I_o 取何值时使得放大器的输入阻抗 $R_i=50\Omega$；

(b) 试求放大器的电压增益$\frac{v_o}{v_s}$。

3-31　在题 3-31 图所示的共基放大器电路中，假设三极管的 $\beta=100$。$R_2=R_L=4\text{k}\Omega$，$R_1=8.6\text{k}\Omega$，$R_s=52\Omega$，$V_{CC}=V_{EE}=5\text{V}$。试求放大器的输入阻抗 R_i，输出阻抗 R_o 和电压增益 $\frac{v_o}{v_s}$。

3-32　在题 3-32 图所示的共基放大器电路中，假设三极管的 β 无限大。试求放大器的输入阻抗和电压增益 $\frac{v_o}{v_s}$。

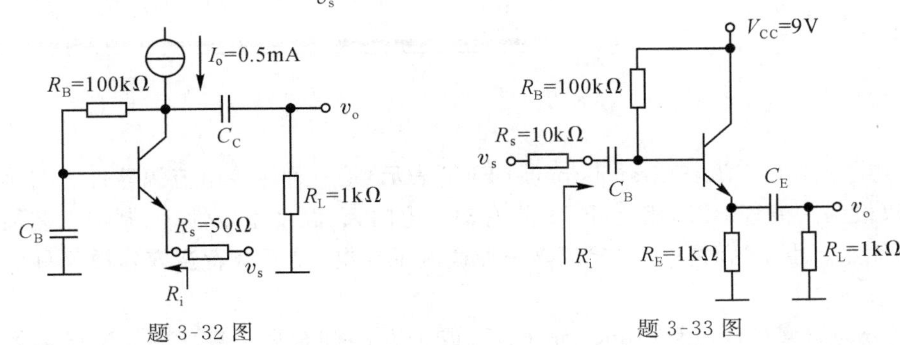

题 3-32 图　　　题 3-33 图

3-33　在题 3-33 图所示的共集放大器电路中，三极管的 β 值在 20～200 范围内变化。当 β 分别等于 20 和 200 时，试求：

(a) 基极直流电压 V_B，发射极的直流电压 V_E 和直流电流 I_E；

(b) 放大器的输入阻抗 R_i；

(c) 放大器的电压增益 $\frac{v_o}{v_s}$。

3-34　在题 3-34 图所示的射极跟随器电路中，假设三极管的 $\beta=120$，忽略三极管的输出电阻 r_o，其中 v_s 为交流小信号。试求：

(a) 发射极的直流电流 I_E；

(b) 射极跟随器的输入阻抗 R_i 和输出阻抗 R_o；

(c) 射极跟随器的电压增益 $\frac{v_o}{v_s}$ 和电流增益 $\frac{i_o}{i_i}$。

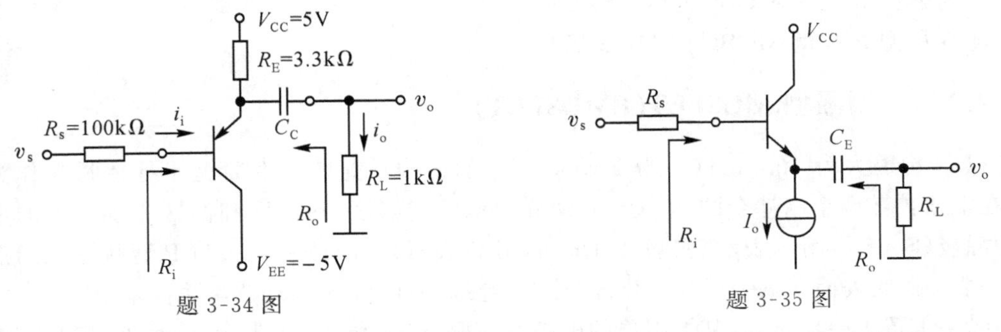

题 3-34 图　　　题 3-35 图

3-35　在题 3-35 图所示的射极跟随器电路中，当 $R_s=10\text{k}\Omega$ 时，输出开路时（即 $R_L=\infty$ 时）电压增益 $\frac{v_o}{v_s}$ 为 0.99，输出阻抗 R_o 为 200Ω。当 $R_s=20\text{k}\Omega$ 时，输出阻抗 R_o 为 300Ω。试问当 $R_s=30\text{k}\Omega$，并且负载电阻 $R_L=1\text{k}\Omega$ 时，射极跟随器的电压增益 $\frac{v_o}{v_s}$ 为多少？

第 4 章　场效应管及其放大电路

场效应管(Field Effect Transistor,用 FET 表示)是一种压控电流源器件。与半导体三极管(或双极型三极管 BJT)相比,FET 具有输入电阻大、温度稳定性好、制造工艺简单及集成度高等优点。由于这种器件主要依靠一种载流子导电(电子或者空穴),故又称为单极型三极管。

FET 分为结型场效应管(Junction FET,或 JFET)和金属—氧化物—半导体场效应管(Metal-Oxide-Semiconductor FET,或 MOSFET)两种类型。MOSFET 又有 N 沟道(NMOSFET)和 P 沟道(PMOSFET)两种,在集成电路中利用 NMOS 和 PMOS 电压极性的互补性,两种 MOS 管结合使用构成的电路,又称为 CMOS 电路。

4.1　MOS 场效应管及其特性

MOS 场效应管从沟道类型上看,有 N 沟道(Channel)和 P 沟道之分,从工作方式上又分为增强型(Enhancement MOS,或 EMOS)和耗尽型(Depletion MOS,或 DMOS)两类,于是就有了四种 MOSFET:

①增强型 N 沟道 MOS(E-NMOSFET);

②耗尽型 N 沟道 MOS(D-NMOSFET);

③增强型 P 沟道 MOS(E-PMOSFET);

④耗尽型 P 沟道 MOS(D-PMOSFET)。

4.1.1　增强型 MOSFET(EMOSFET)

以 N 沟道为例,图 4-1-1(a)为 EMOSFET 的结构示意图。用 P 型半导体材料作为衬底,在上面扩散两个高掺杂的 N^+ 区,分别称为源区和漏区,从源区和漏区分别引出的电极称为源极(Source,用 S 表示)和漏极(Drain,用 D 表示)。源区和漏区与 P 型衬底之间形成 P N^+ 结。衬底表面覆盖一层二氧化硅(SiO_2)绝缘层(0.02~0.1μm),并在两个 N^+ 区之间的绝缘层上覆盖一层金属,其上引出的电极称为栅极(Gate,用 G 表示)。另外,还将衬底通过 P^+ 引线区引出电极称为衬底极(Substrate,用 U 表示)或背栅极(Body,用 B 表示)。其中,金属栅极—SiO_2 绝缘层—P 型衬底构成类似的“平板电容器”。图 4-1-1(b)所示是 N-EMOSFET 的电路符号,图中衬底极的箭头方向是 PN 结加正偏时的正向电流方向,说明衬底相连的是 P 区,沟道是 N 型的;电路符号中漏极 D 到源极 S 之间用虚线,表示初始时没有导电沟道，属于增强型。图 4-1-1(c)是当衬底 U 与源极 S 相连时 N 沟道 EMOSFET 的简化电路符号，图中箭头方向为实际电流的方向。

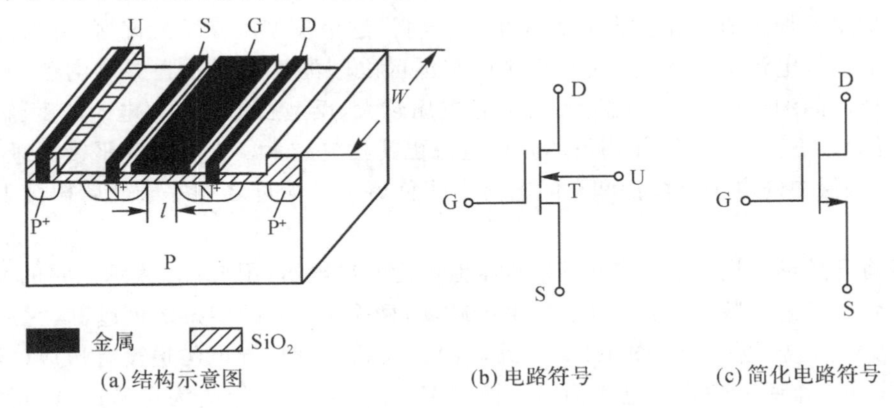

(a) 结构示意图　(b) 电路符号　(c) 简化电路符号

图 4-1-1　N-EMOSFET 的结构示意图和电路符号

1. 工作原理

在一般情况下，源极 S 与衬底 U 相连，即 $V_{US}=0$。在正常工作时，作为源区和漏区的两个 N^+ 区与衬底之间的 PN 结必须外加反偏电压，即漏极对源极的电压 V_{DS} 为正值。

(1)无栅压时

在无栅压的情况下，即 $V_{GS}=0$，且假设 $V_{DS}=0$，这时两个背靠背的 PN 结存在于漏极与源极之间。其中漏极区 N^+ 与 P 型衬底构成一个 PN 结，另一个由源极区 N^+ 与 P 型衬底组成。这两个背靠背的 PN 结将漏极与源极之间隔断，两个极之间的电阻值可达 10^{12} 数量级，如图 4-1-2(a)所示。

(2)导电沟道的形成

①当加上正的 V_{GS} 电压时，作为平板电容器，在 SiO_2 绝缘层中产生指向衬底的电场，这个电场将衬底中的少子电子吸引到衬底表面(靠近绝缘层的衬底表面)，并与衬底中的多子空穴相遇复合而消失，同时，这个电场又排斥衬底中的空穴。结果在衬底表面的薄层中留下了以负离子为主的空间电荷区，并与两个 PN 结的空间电荷区相通，如图 4-1-2(b)所示。根据电荷平衡原理，空间电荷区中的纯负电荷量等于金属栅极上的正电荷量，可见，当 V_{GS} 为零或较小的正值时，源区与漏区之间被空间电荷区隔断。

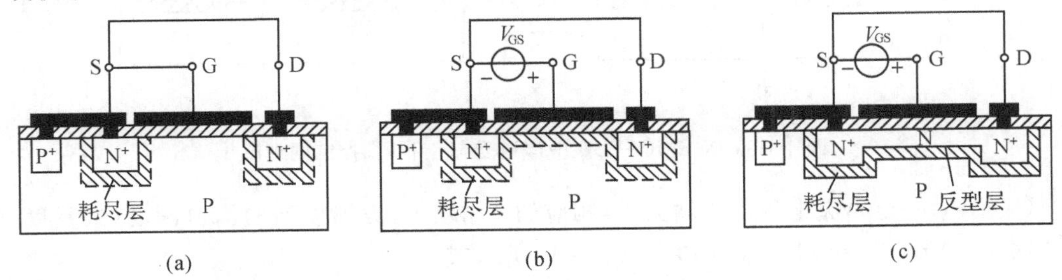

(a)　(b)　(c)

图 4-1-2　N-EMOSFET 中沟道受 V_{GS} 控制的情况

②当增大 V_{GS} 电压时，衬底中的电子进一步被吸引到衬底表面的薄层中，并进一步排斥该薄层中的空穴，直到该薄层中的自由电子浓度大于空穴浓度，薄层的导电类型由原来的 P

型转变为 N 型，且与两个 N^+ 区连通，如图 4-1-2(c)所示。由于它是由 P 型半导体转换而来的，故将它称为反型层(Inversion Layer)。

这时如果外加正值 V_{DS} 电压，源区中的多子将沿这个反型层漂移到漏区，并形成自漏极流向源极的漏极电流 I_D。因此，通常将源区与漏区之间的反型层称为导电沟道，并将这种自由电子形成的沟道称为 N 沟道。显然 V_{GS} 电压越大，反型层中的自由电子浓度就越大，沟道的导电能力就越强，在 V_{DS} 作用下的漏极电流也就相应越大。根据电荷平衡原理，形成反型层后，反型层中的电子电荷量和空间电荷中的负离子电荷量之和等于金属栅极上的正电荷量。

通常将开始形成反型层所需的 V_{GS} 电压值称为开启电压，用 $V_{GS(th)}$ 表示。它的大小取决于场效应管的工艺参数。通常，SiO_2 绝缘层越薄，两个 N^+ 区的掺杂浓度越高，衬底掺杂浓度越低，则 $V_{GS(th)}$ 就越小。由图 4-1-2 可见，当 $V_{GS}<V_{GS(th)}$ 时，导电沟道没有形成(或者说沟道被夹断)，V_{DS} 作用下的漏极电流为零。而当 $V_{GS}>V_{GS(th)}$ 时，导电沟道形成，V_{DS} 作用下的漏极电流随 V_{GS} 的增大而增大。

(3)V_{DS} 对沟道导电能力的控制

由前面分析可知，当形成导电沟道后，在正值 V_{DS} 电压作用下，源区的多子电子沿着沟道行进到漏区，形成漏极电流 I_D。

①由于 I_D 通过导电沟道时形成自漏极到源极方向的电位差，因此加在“平板电容器”上的电压将沿着沟道而变化。近源极端的电压最大，其值即为 V_{GS} 电压，相应的沟道最深(或最宽)；离开源极端，越向漏极端靠近，电压就越小，沟道也就越浅(或越窄)；直到漏极端，电压最小，其大小为

$$V_{GD}=V_{GS}-V_{DS} \tag{4-1-1}$$

相应的沟道最浅(或沟道最窄)。因此在 V_{DS} 作用下，导电沟道的深度(或宽度)是不均匀的，呈锥状结构变化，如图 4-1-3(a)所示。

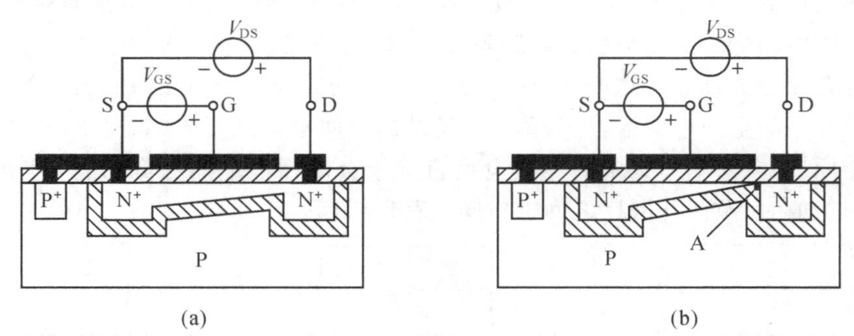

图 4-1-3 N-EMOSFET 中沟道受 V_{GS} 和 V_{DS} 控制的情况

②当 V_{GS} 一定，V_{DS} 电压由小增大时，相应的 V_{GD} 减小，近漏极端的沟道深度(或宽度)进一步减小，直到 $V_{GD}=V_{GS(th)}$，即 $V_{GS}-V_{DS}=V_{GS(th)}$，或

$$V_{DS}=V_{GS}-V_{GS(th)} \tag{4-1-2}$$

时，近漏极端的反型层消失，如图 4-1-3(b)所示(图中 A 点)。

根据以上分析，可以画出 V_{GS} 一定(大于 $V_{GS(th)}$)时，I_D 随 V_{DS} 变化的特性如图 4-1-4 所示。

①当 V_{DS} 很小时，V_{DS} 对沟道宽度（或深度）的影响可以忽略，沟道呈现的电阻值近似为与 V_{DS} 无关的恒定值，则 I_D 随 V_{DS} 的增大而线性增大。

②随着 V_{DS} 的增大，由图 4-1-3(a)可见，近漏极端的沟道宽度变窄，相应的沟道电阻值增大，因而 I_D 随 V_{DS} 增大而增大趋于缓慢。

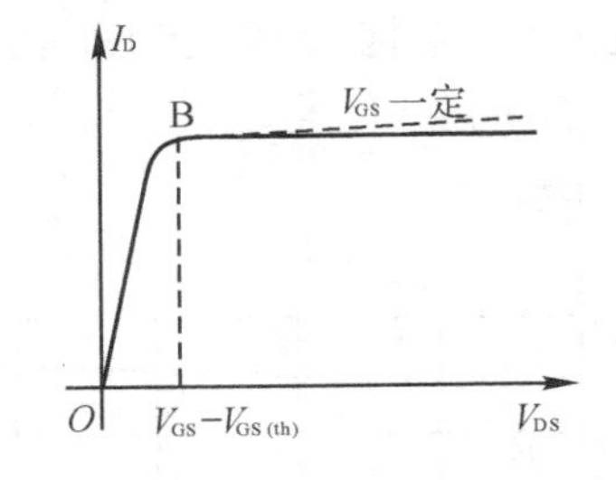

图 4-1-4　V_{GS}一定时 I_D 随 V_{DS} 变化的特性

③当 V_{DS} 增大到满足式(4-1-2)所示的数值时，由图 4-1-3(b)可见，近漏极端的沟道在 A 点被夹断(pinch off)。以后，当 V_{DS} 继续增大时，由于栅极对夹断点 A 的电压 V_{GA} 恒为 $V_{GS(th)}$，夹断点到源极点电压 V_{AS} 也就恒为($V_{GS}-V_{GS(th)}$)，因而，V_{DS} 的多余电压[$V_{DS}-(V_{GS}-V_{GS(th)})$]就全部加在漏极与夹断点之间的夹断区上，相应产生自漏极指向夹断点的电场。这个电场将自源区到达夹断点的电子拉向漏极，形成漏极电流 I_D。

既然夹断点到源极之间的电压 V_{AS} 为定值，夹断点到源极的沟道长度又近似不变，所以可认为 I_D 几乎是不随 V_{DS} 而变化的恒值。图 4-1-4 中，B 点即为由式(4-1-2)所确定的 V_{DS} 值。由图可见，这种沟道夹断与前述 $V_{GS}<V_{GS(th)}$ 时整个沟道夹断（反型层未形成）、$I_D=0$ 的情况是不一样的。为了区别这两种夹断，通常将由 V_{DS} 引起漏极端的夹断称为预夹断。

(4)沟道长度调制效应

实际上，沟道预夹断后，继续增大 V_{DS}，夹断点会略向源极方向移动，导致夹断点到源极之间的沟道长度略有减小，相应的沟道电阻也就略有减小，结果使 I_D 略有增大，如图 4-1-4 中虚线所示。通常将这种效应称为沟道长度调制效应（Channel-Length Modulation Effect），如图 4-1-5 所示，沟道长度 L 随着 V_{DS} 的增大而略有减小。

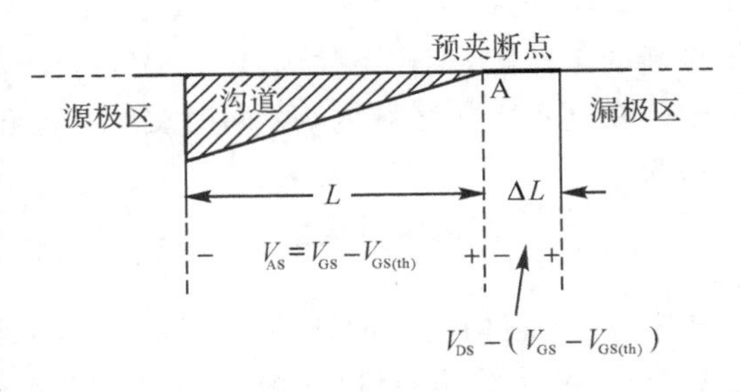

图 4-1-5　沟道长度调制效应

显然，沟道长度调制效应与晶体三极管中的基区宽度调制效应类似。一般情况下 V_{DS} 引起 I_D 的增大是很小的，与 V_{GS} 对 I_D 的控制相比，它毕竟是第二位的，只有在沟道很短的 MOS 器件中，这种效应才会显得比较严重。

从以上分析可知，增强型 MOSFET 的工作原理是这样的：在栅极电压作用下，漏区和源区之间形成导电沟道，这样在漏极电压作用下，源区电子沿导电沟道行进到漏区，产生自漏极流向源极的电流。改变栅极电压，控制导电沟道的导电能力，使漏极电流发生变化，可以看到，它是依靠多子电子一种载流子导电的，是单极型器件。

2. 伏安特性

在 MOSFET 中，输入栅极电流是平板电容器的漏电流，其值近似为零。因此，在共源极连接时，MOSFET 的伏安特性只需由下式所示的输出特性曲线族表示：

$$I_D=f(V_{DS})\big|_{V_{GS}=\text{常数}} \tag{4-1-3}$$

图 4-1-6 所示是 N 沟道增强型 MOSFET 的输出特性曲线族。由图可见，它与 NPN 型半导体三极管共发射极输出特性曲线族相似，可同样划分为四个工作区，分别称为非饱和区

（或变阻区）、饱和区、截止区和击穿区。图中虚线是根据式(4-1-2)画出的，它是非饱和区和饱和区的分界线。

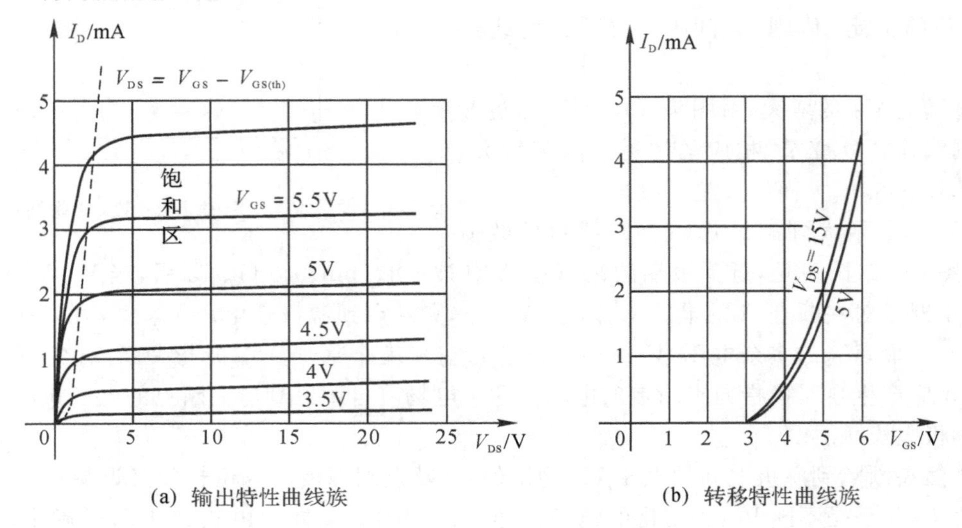

(a) 输出特性曲线族　　(b) 转移特性曲线族

图 4-1-6　N 沟道增强型 MOSFET 的伏安特性

(1)非饱和区（或变阻区）

非饱和区(Non Saturation Region)又称变阻区(Ohmic Region)，它是导电沟道未被预夹断的工作区，工作条件为：$V_{GS}>V_{GS(th)}$，$V_{DS}<V_{GS}-V_{GS(th)}$，如图 4-1-6(a)中虚线的左面部分。在这个工作区域内，I_D 同时受到 V_{GS} 和 V_{DS} 的控制。理论和实践证明，它们之间的关系为

$$I_D=\frac{\mu_n C_{OX}W}{2L}[2(V_{GS}-V_{GS(th)})V_{DS}-V_{DS}^2] \tag{4-1-4}$$

式中：μ_n 为自由电子的迁移率；C_{OX} 为单位面积的栅极电容量；L 为沟道长度（一般在 1 ～ 10μm）；W 为沟道宽度（一般为 2 ～ 500μm）。

当 V_{DS} 很小，其二次方项可忽略时，上式可简化为

$$I_D\approx\frac{\mu_n C_{OX}W}{L}(V_{GS}-V_{GS(th)})V_{DS} \tag{4-1-5}$$

式(4-1-5)表明 I_D 与 V_{DS} 之间呈线性关系，输出特性曲线近似为一组直线，图 4-1-7 所示为将它们放大后的直线族。考虑到 MOSFET 的漏极和源极在结构上对称、可以互换使用的特点，还将图中的一组直线延伸到第三象限内。

由图 4-1-7 可见，V_{DS} 很小时，MOSFET 可看成为阻值受 V_{GS} 控制的线性电阻器。根据式(4-1-5)，其电阻值（用 R_{on} 表示）为

$$R_{on}=\frac{L}{\mu_n C_{OX}W}\left(\frac{1}{V_{GS}-V_{GS(th)}}\right) \tag{4-1-6}$$

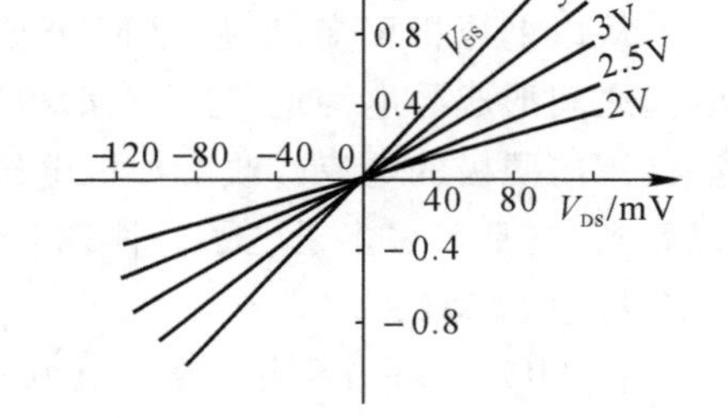

图 4-1-7　原点附近的输出特性曲线族

可见$(V_{GS}-V_{GS(th)})$越小，R_{on} 就越大。显然，这个工作区相当于半导体三极管的饱和区。

(2) 饱和区

饱和区(Saturation Region)又称放大区(Active Region),它是导电沟道预夹断后所对应的工作区,工作条件为 $V_{GS}>V_{GS(th)}$,$V_{DS}>V_{GS}-V_{GS(th)}$,如图 4-1-6(a) 中虚线的右面部分。如果忽略沟道长度调制效应,则当 $V_{DS}>V_{GS}-V_{GS(th)}$ 时,I_D 将不变,则可令 $V_{DS}=V_{GS}-V_{GS(th)}$,代入式(4-1-4) 中,得到饱和区(或放大区) 的漏极电流表达式为

$$I_D=\frac{\mu_n C_{OX} W}{2L}(V_{GS}-V_{GS(th)})^2 \tag{4-1-7}$$

式(4-1-7) 表明,在这个工作区内,I_D 受 V_{GS} 控制,而与 V_{DS} 无关(当忽略沟道长度调制效应时),起到类似半导体三极管的正向受控作用,构成受 V_{GS} 控制的压控电流源,如图4-1-8 所示。

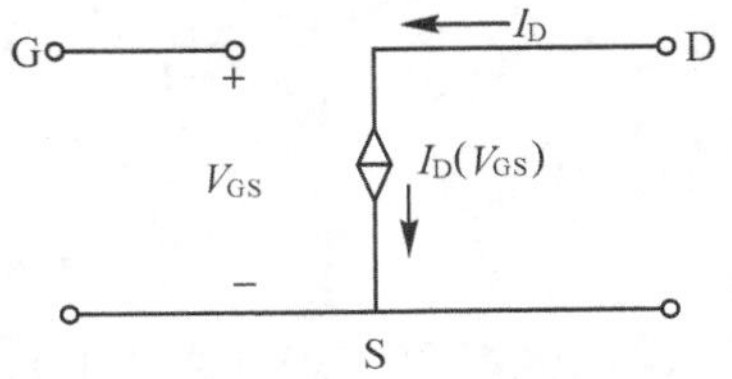

图 4-1-8　MOSFET 的正向受控作用

这种正向受控作用类似于半导体三极管的放大区(但要注意,不要将 MOSFET 的饱和区与半导体三极管的饱和区混淆,它是与半导体三极管的放大区相对应的)。当然,它们的控制特性不同,MOSFET 中 I_D 与 V_{GS} 之间的关系是平方律的,而在半导体三极管中,I_E 与 V_{BE} 之间的关系是指数律的。

如果考虑 MOSFET 中的沟道长度调制效应(曲线略向上翘),则可参照半导体三极管中的做法,引入厄尔利(Early) 电压 V_A(取正值),将(4-1-7) 式修正为

$$\begin{aligned}I_D&=\frac{\mu_n C_{OX} W}{2L}(V_{GS}-V_{GS(th)})^2\left(1+\frac{V_{DS}}{|V_A|}\right)\\&=\frac{\mu_n C_{OX} W}{2L}(V_{GS}-V_{GS(th)})^2(1+\lambda V_{DS})\end{aligned} \tag{4-1-8}$$

式中:$\lambda=\frac{1}{|V_A|}$,称为沟道长度调制系数,其值与沟道长度 L 有关。L 越小,相应的 λ 就越大,通常 $\lambda=0.005\sim0.03\ \mathrm{V}^{-1}$。

根据式(4-1-8) 可画出 V_{DS} 一定时 I_D 随 V_{GS} 变化的曲线,如图 4-1-6(b) 所示。该曲线称为 MOSFET 的转移特性曲线。显然它是服从平方律关系的。

当考虑 MOSFET 的沟道长度调制效应后,其输出特性曲线族如图 4-1-9 所示,图中 V_A 一般为 30 ~ 200V。

由以上分析可知,MOSFET 不论是工作在非饱和区还是饱和区,当 V_{GS} 和 V_{DS} 一定时,I_D 均与沟道的宽长比(W/L) 成正比。在集成电路中,集成工艺一旦确定后,与工艺有关的参数 μ_n,C_{OX},$V_{GS(th)}$ 等均为定值。因此,除 V_{GS} 和 V_{DS} 外,电路设计者可通过改变宽长比(W/L) 这个尺寸参数来控制 I_D。

当温度升高时,半导体中电子迁移率 μ_n 减小,而引起 I_D 下降。同时衬底中的少子自由电子浓度增大而引起 $V_{GS(th)}$ 减少,从而使 I_D 增大。当 I_D 不是太小时,前者的影响一般大于后者,结果使 MOSFET 中的 I_D 具有随温度升高而下降的负温度特性,这种特性刚好与半导体三极管相反;以后将会看到,它有利于提高 MOSFET 的热稳定性。

(3) 截止区

当 MOSFET 工作在截止区时,即 $V_{GS}<V_{GS(th)}$ 时,导电沟道未形成,因而 $I_D=0$。

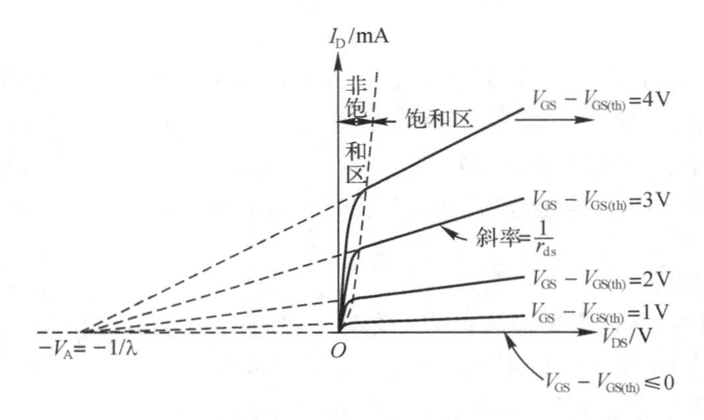

图 4-1-9 考虑沟道调制效应的 N-EMOSFET 输出特性曲线

(4) 击穿区(未表示在图上)

MOSFET 的击穿有以下几种:

① 当 V_{DS} 增大到足以使漏区与衬底间的 PN 结引发雪崩击穿时,I_D 迅速增大,MOSFET 进入击穿区。

② 在沟道长度较短的 MOSFET 中,还会产生类似于半导体三极管中的穿通击穿。随着 V_{DS} 增大,沟道夹断点向源区方向移动,直到夹断点移到源区时,夹断点电场就直接将源区中的电子拉到漏区,使 I_D 迅速增大。

③ 在 MOSFET 中,除上述由于 V_{DS} 过大造成击穿外,还会产生栅源电压 V_{GS} 过大,造成 SiO_2 绝缘层的击穿,这种击穿将造成 MOSFET 的永久性损坏。事实上,MOSFET 栅极平板电容器的电容量很小,当带电物体或人靠近金属栅极时,其间产生的少量电荷就会产生大到足以击穿绝缘层的 $V_{GS}(=Q/C)$ 电压。为了防止这种破坏性击穿,MOS 集成电路的输入级器件常在其栅极与源极间接入两只背靠背的稳压二极管,如图 4-1-10 所示。利用稳压管的击穿(稳压)特性,限制由感应电荷产生的 V_{GS} 电压。在分立的 MOSFET 中,在平时保存时应将各极引线短接,焊接时应采用外壳接地的电烙铁,以防止感应电荷损坏 MOSFET。

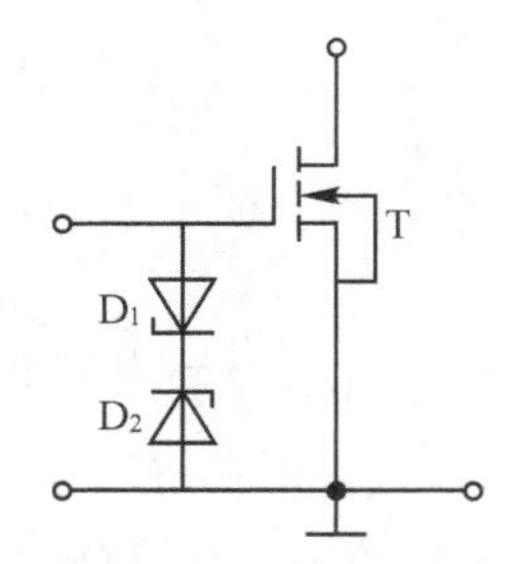

图 4-1-10 栅源间接入保护稳压管

3. 衬底效应

上面讨论了衬底极与源极相连时的伏安特性曲线。在集成电路中,许多 MOSFET 都制作在同一衬底上,为了保证衬底与源区、漏区之间的 PN 结反偏,衬底必须接在电路的最低电位上。如果某些 MOSFET 的源极不能处于电路的最低电位上,则其源极与衬底极就不能相连,它们之间就会作用着负值的电压 V_{US}。

在负值衬底电压 V_{US} 作用下,P 型硅衬底中的空间电荷区将向衬底底部扩展,空间电荷区中的负离子数增多,但由于 V_{GS} 电压不变,即栅极上的正电荷量不变,因而反型层中的自由电子数就必然减少,从而引起导电沟道电阻增大,I_D 减小。图 4-1-11 所示就是在不同 V_{US} 时输出特性曲线和转移特性曲线的变化情况。由图可见,V_{US} 与 V_{GS} 一样,也具有对 I_D 的控制作用,故又将衬底电极称为背栅极。不过,V_{US} 的控制作用远比 V_{GS} 小。

事实上，V_{US} 对 I_D 的影响集中反映在对 $V_{GS(th)}$ 的影响上。V_{US} 向负值方向增大，$V_{GS(th)}$ 也就相应增大；因此，在 V_{GS} 一定时，I_D 就相应减小。

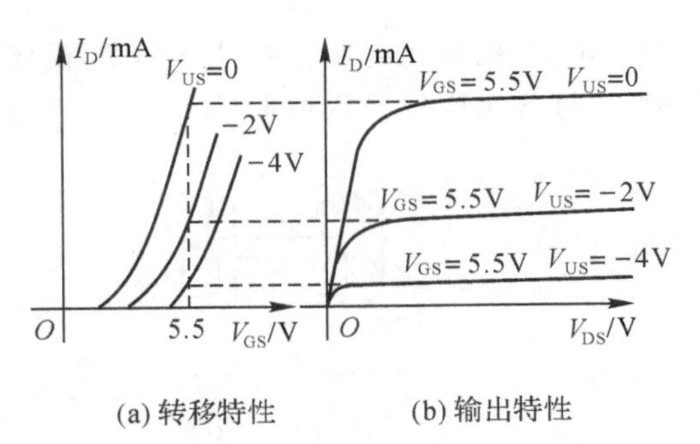

图 4-1-11　不同 V_{US} 对伏安特性曲线的影响

4. P 沟道增强型 MOSFET(P-EMOSFET)

在 N 型衬底中，扩散两个 P^+ 区，分别作为漏区和源区，并在两个 P^+ 区之间的 SiO_2 绝缘层上覆盖金属层作为栅极，就构成了 P 沟道 EMOSFET，如图 4-1-12(a) 所示。为了保证 PN 结反偏，且在绝缘层下形成反型层，衬底必须接在电路的最高电位上，且 V_{GS} 和 V_{DS} 必须为负值($V_{GS}<0$，$V_{DS}<0$)。在 V_{DS} 作用下，形成自源区流向漏区的空穴电流 I_D。相应的电路符号如图 4-1-12(b) 所示，图中衬底箭头方向表示 PN 结正偏时的正向电流方向。图 4-1-12(c) 所示是当衬底 U 与源极 S 相连时的 P 沟道 EMOSFET 的简化电路符号，图中箭头方向为实际电流的方向。

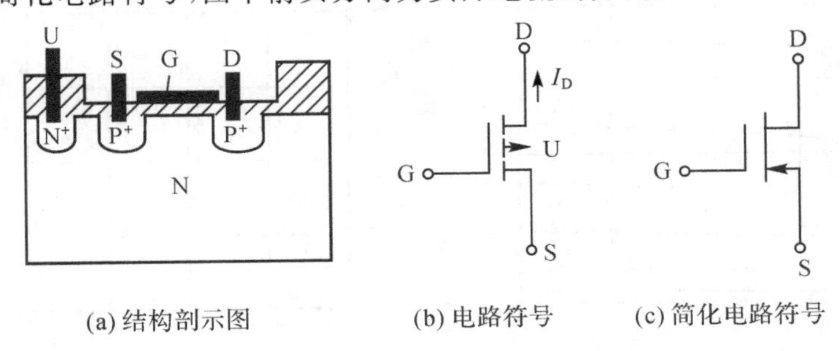

图 4-1-12　P 沟道 EMOSFET

4.1.2　耗尽型 MOSFET(DMOSFET)

1. DMOSFET 的结构

耗尽型 MOSFET 在结构上与增强型类似，差别仅在于衬底表面扩散一薄层与衬底导电类型相反的掺杂区，作为漏区与源区之间的导电沟道，如图 4-1-13 和图 4-1-14 所示。图 4-1-13(a) 所示为 N 沟道 DMOSFET 的结构示意图，它在 P 型衬底表面扩散一薄层 N 型导电沟道；图 4-1-14(a) 所示为 P 沟道 DMOSFET 的结构示意图，它在 N 型衬底表面扩散一薄层 P 型导电沟道。它们的电路符号与 EMOSFET 的不同在于其中的虚线用实线取代，表示在 $V_{GS}=0$ 时导电沟道已经存在。图 4-1-13(c) 所示是当衬底 U 与源极 S 相连时 N 沟道耗尽型

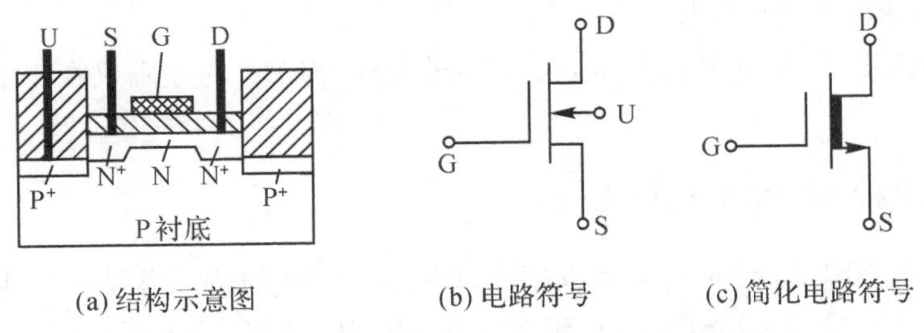

图 4-1-13　N 沟道 DMOSFET 的结构和电路符号

MOSFET 的简化电路符号，图中中间粗线就表示 $V_{GS}=0$ 时有沟道存在。图 4-1-14(c) 所示是 U 与 S 相连时 P 沟道 DMOSFET 的简化电路符号。

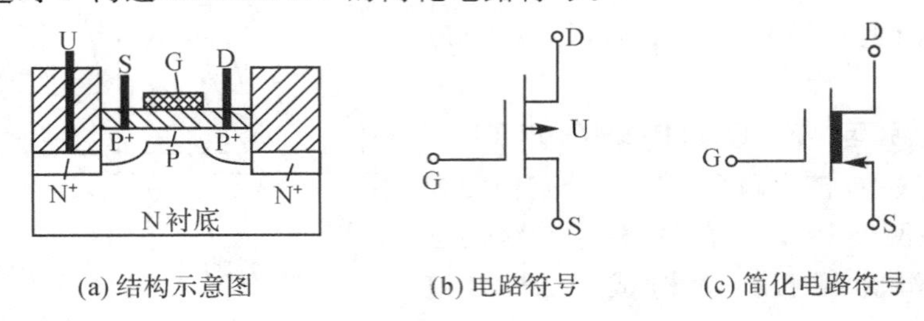

(a) 结构示意图　(b) 电路符号　(c) 简化电路符号

图 4-1-14　P 沟道 DMOSFET 的结构和电路符号

2. 伏安特性

以 N 沟道 DMOSFET 为例，它的输出特性曲线族和相应的转移特性曲线如图 4-1-15 所示。

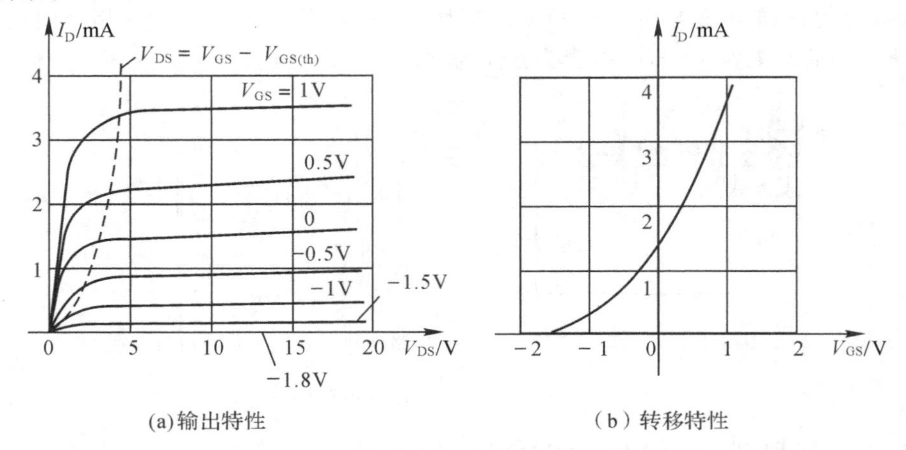

(a) 输出特性　(b) 转移特性

图 4-1-15　N 沟道 DMOSFET 的伏安特性曲线

由图可见，当 V_{DS} 一定，V_{GS} 由零增大时，作用在衬底上的电场增强，更多的电子从衬底吸引到导电沟道，使导电沟道加深(变宽)，导电能力增强，相应的 I_D 增大。反之，当 V_{GS} 由零向负值方向增大时，沟道中的电子被排斥，沟道变窄，沟道的导电能力减弱，相应的 I_D 便减小，直到沟道消失，$I_D=0$，MOSFET 截止；相应的 V_{GS} 电压称为夹断电压。事实上，夹断电压也可理解为沟道开始形成时的开启电压。本书中采用后一种名称，用 $V_{GS(th)}$ 表示(或者用 $V_{GS(off)}$ 表示)。

DMOSFET 在非饱和区和饱和区的漏极电流 I_D 的表达式与 EMOSFET 相同，分别由式(4-1-4)，(4-1-7) 和(4-1-8) 表示。

P 沟道 DMOSFET 的特性也类似，与 N 沟道 DMOSFET 的差别仅在于电压极性和电流方向相反。

4.1.3　四种 MOSFET 的比较

现将四种 MOSFET(衬底极与源极相连，即 $V_{US}=0$) 的特性总结在表 4-1-1 中。由表可见，无论增强型或耗尽型 MOSFET，对于 N 沟道 MOSFET，I_D 为电子电流，V_{DS} 必须为正值；为了保证 PN 结反偏，衬底必须接在电路中的最低电位上。对于 P 沟道 MOSFET，I_D 为空穴电流，V_{DS} 必须为负值；为了保证 PN 结反偏，衬底必须接在电路的最高电位上。

表 4-1-1　四种 MOSFET 特性的比较($V_{US}=0$)

名称		N 沟道		P 沟道	
		EMOS	DMOS	EMOS	DMOS
电路符号		G D S	G D S	G D S	G D S
非饱和区	条件	$V_{GS}>V_{GS(th)}$ $V_{DS}<V_{GS}-V_{GS(th)}$		$V_{GS}<V_{GS(th)}$ $V_{DS}>V_{GS}-V_{GS(th)}$	
	特性	$I_D=\frac{\mu C_{OX}W}{2L}[2(V_{GS}-V_{GS(th)})V_{DS}-V_{DS}^2]$			
饱和区	条件	$V_{GS}>V_{GS(th)}$ $V_{DS}\geqslant V_{GS}-V_{GS(th)}$		$V_{GS}<V_{GS(th)}$ $V_{DS}\leqslant V_{GS}-V_{GS(th)}$	
	特性	$I_D=\frac{\mu C_{OX}W}{2L}[V_{GS}-V_{GS(th)}]^2(1+\lambda V_{DS})$			
转移特性		I_D　O　$V_{GS(th)}$　V_{GS}	I_D　$V_{GS(th)}$　O　V_{GS}	I_D　$V_{GS(th)}$　O　V_{GS}	I_D　O　$V_{GS(th)}$　V_{GS}

对于 V_{GS} 电压，增强型 MOSFET 的 V_{GS} 是单极性的，其中 N 沟道为正电压，P 沟道为负电压，而耗尽型 MOSFET 的 V_{GS} 电压可正可负。不过，不论增强型或耗尽型，它们的共同特点是：

N 沟道 MOSFET，V_{GS} 越向正值方向增大，I_D 越大；

P 沟道 MOSFET，V_{GS} 越向负值方向增大，I_D 越大。

如果把四种 MOSFET 的转移特性画出一张图上进行比较，则如图 4-1-16 所示(工作在饱和区时)。

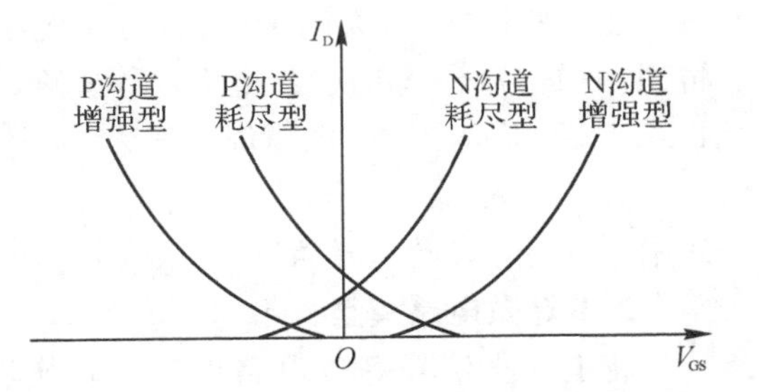

图 4-1-16　四种 MOSFET 的转移特性
(工作在饱和区)

4.1.4　小信号等效电路模型

1. 小信号电路模型

在 MOSFET(增强型或耗尽型)的衬底极与源极相连，且工作在饱和区的工作条件下，假设在直流量上叠加交流量，即

$$v_{GS}=V_{GSQ}+v_{gs},\qquad v_{DS}=V_{DSQ}+v_{ds},\quad i_D=I_{DQ}+i_d$$

且交流量足够小，则仿照半导体三极管的推导方法，求得

$$i_G=0$$

$$i_D = f(v_{GS}, v_{DS}) \approx I_{DQ} + \frac{\partial i_D}{\partial v_{GS}}\bigg|_Q v_{gs} + \frac{\partial i_D}{\partial v_{DS}}\bigg|_Q v_{ds} \tag{4-1-9}$$

或

$$i_d = i_D - I_{DQ} \approx g_m v_{gs} + g_{ds} v_{ds} \tag{4-1-10}$$

相应画出的小信号等效电路模型(相当于半导体三极管的混合 π 模型,且 $r_{\Pi} = \infty$) 如图 4-1-17(a) 所示。其中,g_m 称为跨导,表示正向受控作用(v_{gs} 对 i_D 的控制);$r_{ds} = \left(\frac{1}{g_{ds}}\right)$ 称为输出电阻。经分析可求得

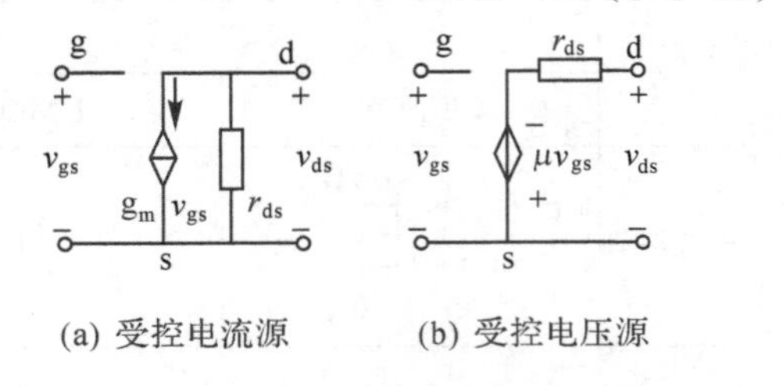

(a) 受控电流源　　(b) 受控电压源

图 4-1-17　MOSFET 的小信号等效电路模型

$$g_m \approx \frac{\mu C_{OX} W}{L}(V_{GSQ} - V_{GS(th)})$$

$$\approx 2\sqrt{\frac{\mu C_{OX} W}{2L} I_{DQ}} \tag{4-1-11}$$

$$g_{ds} \approx \lambda I_{DQ} = \frac{I_{DQ}}{|V_A|}$$

或

$$r_{ds} = \frac{1}{g_{ds}} \approx \frac{|V_A|}{I_{DQ}} \tag{4-1-12}$$

当忽略 MOSFET 的沟道长度调制效应时,即 $\lambda = 0$ 或 $|V_A| = \infty$,则输出电阻 $r_{ds} = \infty$,等效电路模型可进一步简化。

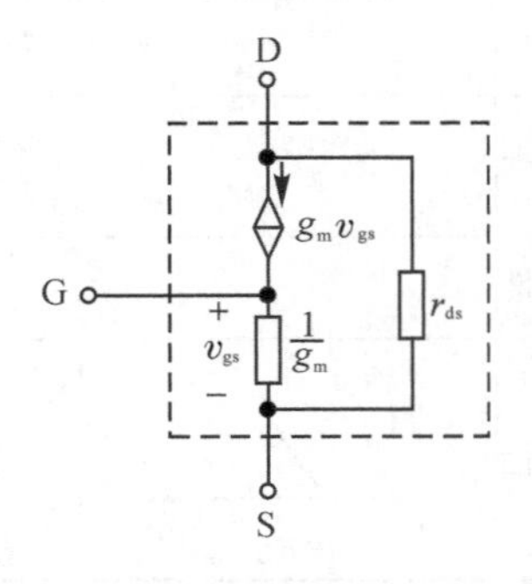

图 4-1-18　MOSFET 的 T 等效电路模型

在某些情况下,为便于分析,可用戴维南定理将图 4-1-17(a) 转换为电压源电路,如图 4-1-17(b) 所示。其中,电压源电压为

$$g_m v_{gs} r_{ds} = \mu v_{gs}$$

式中:$\mu = g_m r_{ds}$ 称为放大因子。

2. T 等效电路模型

将上述小信号等效电路模型经转换后可得 T 等效电路模型,如图 4-1-18 所示(转换过程省略)。

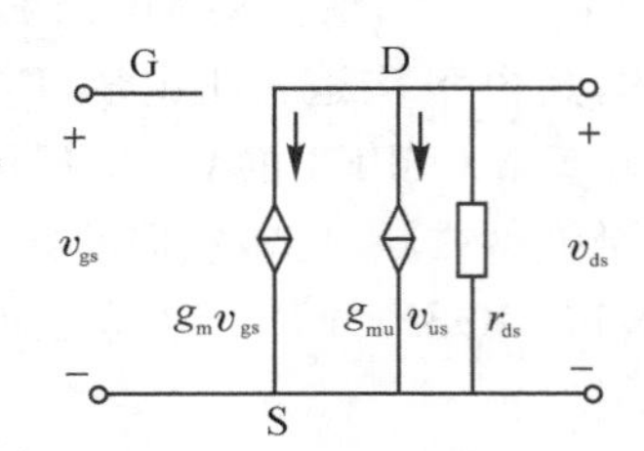

图 4-1-19　考虑衬底效应的小信号电路模型

3. 考虑衬底效应的模型

若衬底极与源极不相连,且其间存在交流量,即 $v_{US} = V_{USQ} + v_{us}$,则在图 4-1-17(a) 所示的小信号等效电路模型中,必须增加一个压控电流源 $g_{mu} v_{us}$,如图 4-1-19 所示。其中 g_{mu} 称为衬底(或背栅) 跨导(Body Transconductance),表示 v_{us} 对漏极电流 i_d 的控制能力,其值可近似表示为

$$g_{mu} = \frac{\partial i_D}{\partial v_{us}}\bigg|_Q = \eta g_m$$

式中:η 为常数(有时也称为放大因子),一般为 0.1 ～ 0.2。

4. 高频小信号电路模型

MOSFET 在高频应用时,还必须考虑极间电容的影响,如图 4-1-20(a) 所示。

图中,C_{gs} 和 C_{gd} 分别为栅源极间和栅漏极间电容,它们主要由 MOS 平板电容组成,在工

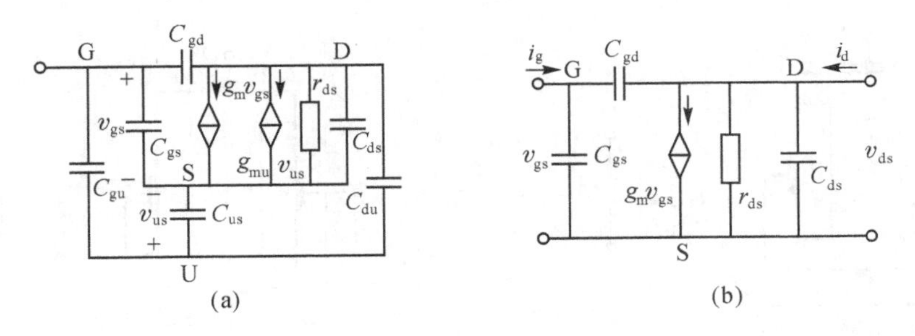

图 4-1-20　高频小信号电路模型

程估算时可近似认为

$$C_{gs} \approx \frac{2}{3}C_{OX}WL, C_{gd} \approx \frac{1}{3}C_{OX}WL \tag{4-1-13}$$

式中：C_{du} 和 C_{us} 分别为漏区与衬底和源区与衬底之间 PN 结的势垒电容，C_{gu} 为栅极与衬底之间的电容。C_{ds} 为漏源极间电容，它主要是由漏区与衬底和源区与衬底之间 PN 结的势垒电容组成。当衬底与源极相连时，等效电路可简化为如图 4-1-20(b) 所示。图中 C_{gu} 已包含在 C_{gs} 中，C_{du} 一般很小，在工程计算时可忽略。

例 4-1-1　一 N 沟道 MOSFET，已知 $\mu = 500\text{cm}^2/(\text{V}\cdot\text{s})$，$C_{OX} = 3.1\times10^{-8}\text{F/cm}^2$，$W = 100\mu\text{m}$，$L = 10\mu\text{m}$，$I_{DQ} = 1\text{mA}$，$\lambda = 0.01\text{V}^{-1}$，$\eta = 0.1$，试求小信号电路模型中的各参数值。

解　(1) 求 g_m

$$g_m \approx 2\sqrt{\frac{\mu C_{OX}W}{2L}I_{DQ}} \approx 0.557(\text{mA/V})$$

(2) 求 r_{ds}

$$r_{ds} \approx \frac{1}{\lambda I_{DQ}} = 10^5\Omega = 100(\text{k}\Omega)$$

(3) 求 g_{mu}

$$g_{mu} = \eta g_m = 55.7(\mu\text{A/V})$$

由以上例子可见，MOSFET 的 g_m 远比半导体三极管小(一个数量级以上)，而且由于 MOSFET 的 g_m 与 $\sqrt{I_{DQ}}$ 成正比，而半导体三极管的 g_m 与 I_{CQ} 成正比，因此，增大工作点电流，MOSFET 的 g_m 增大也远比半导体三极管小。

4.2　结型场效应管及其特性

结型场效应管(JFET) 有两种导电类型，分别为 N 沟道和 P 沟道。图 4-2-1(a) 所示为 N 沟道 JFET 的结构示意图。在一块 N 型半导体硅片两侧，扩散出两个高掺杂的 P^+ 区，形成两个 P^+N 结，将其中两个 P^+ 区连接在一起作为栅极。N 型硅片两端各自引出电极，分别为源极和漏极。电路符号图中箭头方向表示 PN 结加正偏时栅极电流的实际流动方向。

类似地，将图 4-2-1 中的 N 型换成 P 型半导体硅片，两侧的 P^+ 区换成 N^+ 区，便构成了 P 沟道 JFET。图 4-2-2 所示为 P 沟道 JFET 的结构示意图和它的电路符号。

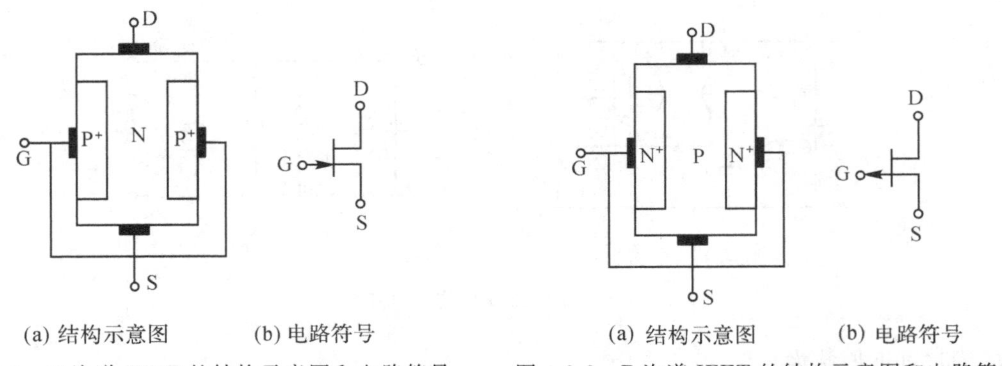

(a) 结构示意图　(b) 电路符号

图 4-2-1　N 沟道 JFET 的结构示意图和电路符号

(a) 结构示意图　(b) 电路符号

图 4-2-2　P 沟道 JFET 的结构示意图和电路符号

4.2.1　工作原理

在正常工作时，JFET 中的 PN 结必须外加反偏电压。对于 N 沟道 JFET 来说，必须要求栅极对源极的电压 V_{GS} 为负值（$V_{GS} \leqslant 0$，严格地说，应小于 PN 结的导通电压 0.5V），漏极对源极的电压 V_{DS} 为正值（$V_{DS} > 0$），这样才能保证 PN 结在 N 型硅片中的任何位置上均为反偏状态。

1. 当 V_{DS} 很小，$|V_{GS}|$ 由小变大时

此时 PN 结处于反偏状态，耗尽区宽度增大，且主要向低掺杂的 N 型区扩展。在小的 V_{DS} 电压作用下，N 区中多子电子沿着两边耗尽层之间的狭长路径自源极漂移到漏极，形成自漏极流向源极的漏极电流 I_D，因此这段由 N 型半导体硅构成的狭长路径就是漏、源极间的导电沟道，如图 4-2-3(a) 所示。

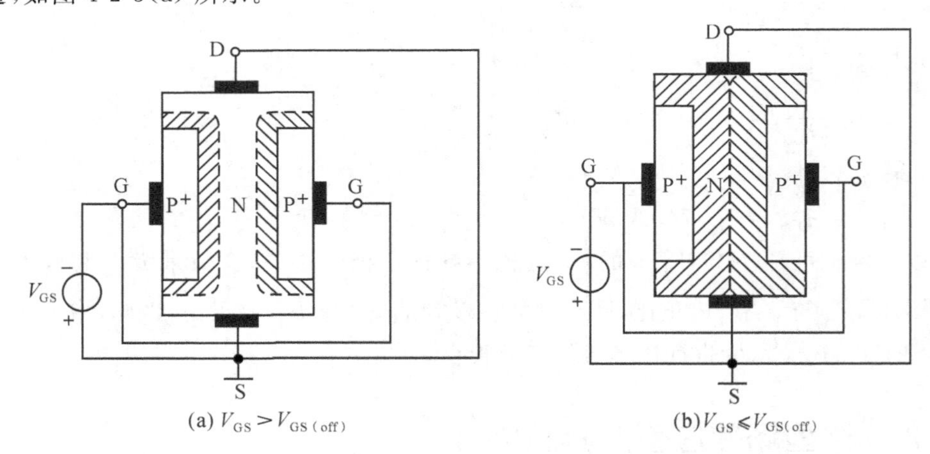

(a) $V_{GS} > V_{GS(off)}$　(b) $V_{GS} \leqslant V_{GS(off)}$

图 4-2-3　N 沟道 JFET 中当 $V_{DS}=0$ 时 V_{GS} 对沟道宽度的影响

由图可见，V_{GS} 越负，相应的耗尽层越宽，沟道就越窄，沟道的导电能力也就越差，因而在相同 V_{DS} 作用下产生的电流 I_D 也就越小。直到 $V_{GS}=V_{GS(off)}$，两侧耗尽层相遇，沟道消失，如图 4-2-3(b) 所示，I_D 减小到零。通常将 $V_{GS(off)}$ 称为夹断电压（Pinch-off Voltage），与 MOSFET 中的 $V_{GS(th)}$ 类似，是 JFET 的一个重要参数。显然，N 型硅片的掺杂浓度越小，夹在两个 P^+ 区之间的 N 沟道越窄，$|V_{GS(off)}|$ 就越小。

2. 当 V_{GS} 不变，V_{DS} 由小变大时

加上 V_{DS} 电压后，由于 I_D 通过长条型导电沟道产生自漏极到源极方向的电压降，因此在沟道的不同位置上，加在 PN 结上的反偏电压就不同。在源极端，PN 结上的反偏电压最小，为栅源电压 V_{GS}，因而相应的耗尽层最窄，沟道就最宽。在漏极端，PN 结上的反偏电压最大，其值为栅漏电压 $V_{GD}=V_{GS}-V_{DS}$，相应的耗尽层最宽，沟道也就最窄。因此，在 V_{GS} 和 V_{DS} 的共同作用下，JFET 的导电沟道宽度是不均匀的，近源极端最宽，近漏极端最窄，如图 4-2-4(a) 所示。

由图可见，若维持 V_{GS} 不变，V_{DS} 由小增大，则近漏极端的沟道宽度减小，I_D 的增大相应趋缓，直到 $V_{GD}=V_{GS(off)}$，即 $V_{DS}=V_{GS}-V_{GS(off)}$ 时，近漏极端的沟道被预夹断，如图 4-2-4(b) 所示。JFET 进入饱和区，以后随着 V_{DS} 的继续增大，由于沟道长度调制效应，I_D 将略有增大。

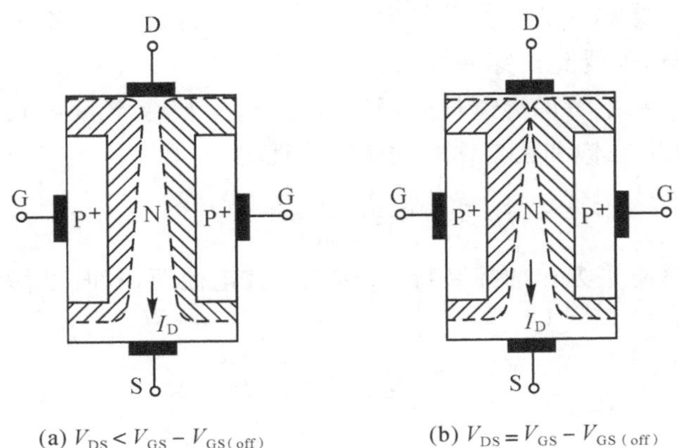

图 4-2-4　N 沟道 JFET 中 V_{GS} 一定时 V_{DS} 对沟道宽度的影响

通过上述分析可见，在 JFET 中，沟道的导电能力受 V_{GS} 和 V_{DS} 的控制与 MOSFET 类似，不同的是 JFET 是通过改变 PN 结耗尽层的宽度来实现的，所以将这种器件称为结型场效应管。

4.2.2　伏安特性

图 4-2-5 所示是根据上述分析画出的 N 沟道 JFET 的输出特性曲线族。图中虚线为非饱和区与饱和区的分界线。

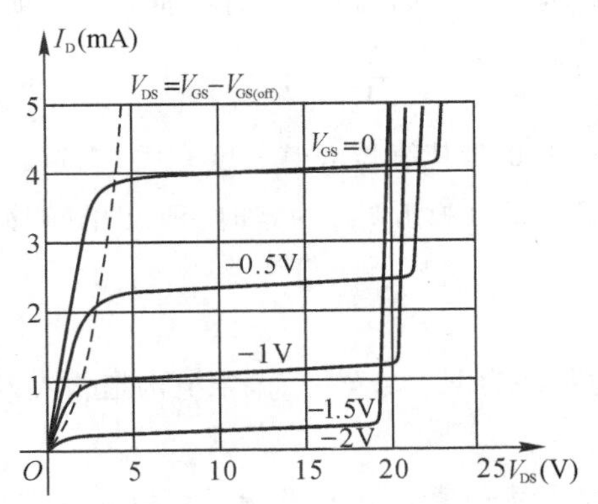

图 4-2-5　N 沟道 JFET 共源极的输出特性曲线族

1. 非饱和区

非饱和区的工作条件为 $0\geqslant V_{GS}>V_{GS(off)}$，$V_{DS}\leqslant V_{GS}-V_{GS(off)}$，如图 4-2-5 中虚线的左面部分。在这个区域内，I_D 受到 V_{GS} 和 V_{DS} 的控制，即

$$I_D=I_{DSS}\left[2\left(1-\frac{V_{GS}}{V_{GS(off)}}\right)\left(\frac{V_{DS}}{-V_{GS(off)}}\right)-\left(\frac{V_{DS}}{V_{GS(off)}}\right)^2\right]\tag{4-2-1}$$

式中：I_{DSS} 是 $V_{GS}=0$，$V_{GD}=V_{GS(off)}$，即 $V_{DS}=-V_{GS(off)}$ 时的漏极电流。

当 V_{DS} 很小，V_{DS} 的二次方项可忽略时，JFET 可看成是阻值受 V_{GS} 控制的线性电阻器，根据式(4-2-1)，其阻值为

$$R_{on}=\frac{V_{GS(off)}^2}{2I_{DSS}}\cdot\frac{1}{V_{GS}-V_{GS(off)}} \tag{4-2-2}$$

式(4-2-2)表明，V_{GS} 越负(但要求 $V_{GS}>V_{GS(off)}$，沟道没有夹断)，R_{on} 就越大。

2. 饱和区

饱和区的工作条件为 $0\geqslant V_{GS}>V_{GS(off)}$，$V_{DS}\geqslant V_{GS}-V_{GS(off)}$，如图 4-2-5 中虚线的右面部分，但受到击穿区的限制。

在不考虑沟道长度调制效应时，只要令 $V_{DS}=V_{GS}-V_{GS(off)}$ 代入式(4-2-1)，便可得到 JFET 在饱和区工作时的伏安特性为

$$I_D=I_{DSS}\left(1-\frac{V_{GS}}{V_{GS(off)}}\right)^2 \tag{4-2-3}$$

它具有平方律的控制特性，构成压控电流源(有时也称为大信号模型)，如图 4-2-6(a) 所示。

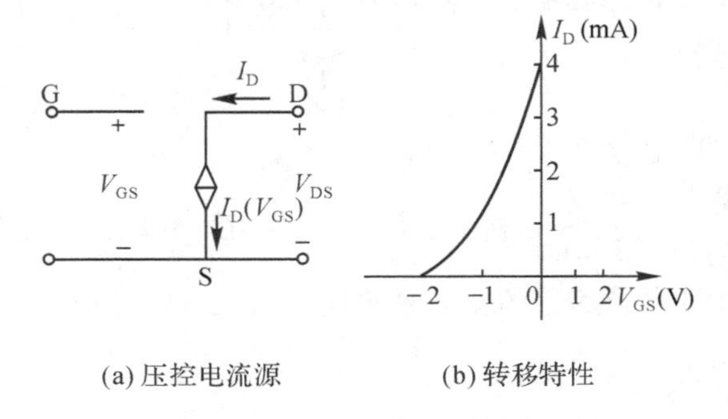

(a) 压控电流源　　(b) 转移特性

图 4-2-6　N 沟道 JFET 看作压控电流源(大信号模型)

若进一步考虑 JFET 的沟道长度调制效应，则应加上修正项后为

$$I_D=I_{DSS}\left(1-\frac{V_{GS}}{V_{GS(off)}}\right)^2\left(1+\frac{V_{DS}}{|V_A|}\right) \tag{4-2-4}$$

$|V_A|$ 的典型值为 50～100V，其值与沟道长度有关；沟道越短，沟道长度调制效应就越明显，$|V_A|$ 也就越小。根据上式可画出 V_{DS} 一定时 JFET 的转移特性曲线，如图 4-2-6(b) 所示。

3. 截止区

JFET 工作于截止区的条件为 $V_{GS}\leqslant V_{GS(off)}$，导电沟道被夹断。在这个工作区内 $I_D=0$。

4. 击穿区

击穿区是 V_{DS} 电压增大到某一值时近漏极端 PN 结发生雪崩击穿而使 I_D 剧增的工作区，相应的 V_{DS} 称为漏极击穿电压，用 $V_{(BR)DS}$ 表示。V_{GS} 越负，V_{GD} 相应越负，V_{DS} 就会在较小值时引发雪崩击穿，因此 $V_{(BR)DS}$ 就越小。

上述讨论了 N 沟道 JFET 的工作原理和相应的伏安特性。它们同样适用于 P 沟道 JFET，所不同的是：由于栅极区是 N^+ 型半导体，为保证 PN 结反偏，V_{GS} 必须为正值($V_{GS}\geqslant 0$)，V_{DS} 必须为负值($V_{DS}<0$)，I_D 为多子空穴电流，自源极流向漏极。

4.2.3 JFET 的小信号模型

结型场效应管(JFET) 的小信号电路模型与 MOSFET 的相同,如图 4-2-7 所示。图中跨导 g_m 为

$$g_m = \frac{2I_{DSS}}{|V_{GS(off)}|} \cdot \left(1 - \frac{V_{GSQ}}{V_{GS(off)}}\right) \tag{4-2-5}$$

或

$$g_m = \frac{2I_{DSS}}{|V_{GS(off)}|} \cdot \sqrt{\frac{I_{DQ}}{I_{DSS}}} \tag{4-2-6}$$

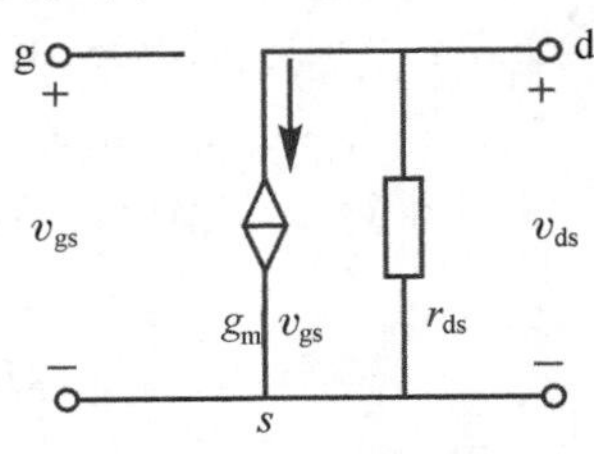

图 4-2-7　JFET 的小信号电路模型

这里 V_{GSQ} 和 I_{DQ} 是 JFET 的直流偏置值。式(4-2-5) 表示由 V_{GSQ} 可求出跨导 g_m,式(4-2-6) 表示根据 I_{DQ} 可得到跨导 g_m。

$$r_{ds} = \frac{1}{g_{ds}} \approx \frac{|V_A|}{I_{DQ}} \tag{4-2-7}$$

在高频时,JFET 的小信号等效电路与 MOSFET 的简化等效电路(衬底与源极相连时)相同,如图 4-1-20(b) 所示。图中 C_{gs} 和 C_{gd} 均为耗尽层电容,其中 $C_{gs} = 1 \sim 3\text{pF}$,$C_{gd} = 0.1 \sim 0.5\text{pF}$,$C_{ds}$ 一般可忽略。

4.3 场效应管放大电路中的偏置

场效应管与半导体三极管一样,可以采用伏安特性曲线上作负载线的图解分析法或利用电路模型进行解析求解。由于场效应管伏安特性中的平方律特性,在实际应用中,一般大都采用数学表达式直接进行解析求解。

4.3.1 直流状态下的场效应管电路

场效应管直流电路分析见下述两个例子。

例 4-3-1　分析图 4-3-1 所示电路,求每个端点的电压和各支路电流。已知 $R_{G1} = R_{G2} = 10\text{M}\Omega$,$R_D = 6\text{k}\Omega$,$R_S = 6\text{k}\Omega$,$V_{DD} = 10\text{V}$,N-EMOSFET 的管子参数为 $\mu_n C_{OX}\left(\frac{W}{L}\right) = 1\text{mA/V}^2$,$V_{GS(th)} = 1\text{V}$,忽略沟道长度调制效应(即假定 $\lambda = 0$)。

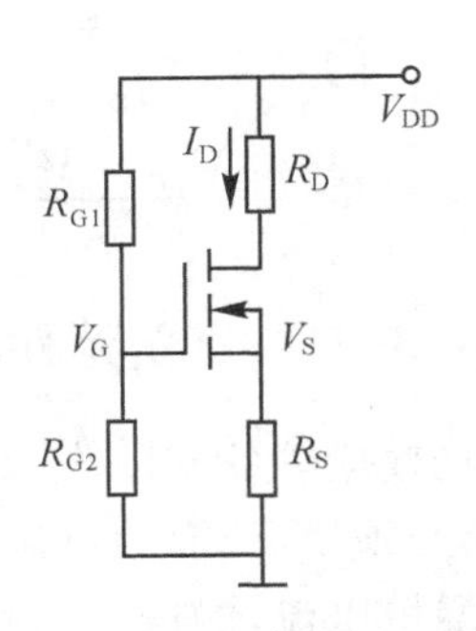

图 4-3-1　例 4-3-1 的电路

解　由于栅极电流 $I_G = 0$,则栅极电压为

$$V_G = V_{DD} \cdot \frac{R_{G2}}{R_{G1} + R_{G2}} = 5(\text{V}) > V_{GS(th)}$$

说明 MOSFET 已经导通。假设 MOSFET 工作在饱和状态(如果假设不成立,则一定工作在非饱和区),则

$$V_{GS} = V_G - V_S = 5 - 6I_D \qquad (I_D \text{ 以 mA 为单位})$$

$$I_D = \frac{\mu_n C_{OX} W}{2L}(V_{GS} - V_{GS(th)})^2 = \frac{1}{2}(4 - 6I_D)^2$$

将上式展开，并经整理后得

$$18I_D^2 - 25I_D + 8 = 0$$

求解二次方程得两个解：$I_{D1} = 0.89\text{mA}$，$I_{D2} = 0.5\text{mA}$。其中当 $I_{D1} = 0.89\text{mA}$ 时，$V_S = I_{D1}R_S = 5.34\text{V} > V_G$，MOSFET 截止，不符合题意，故舍去。所以

$$I_D = 0.5\ \text{mA}$$

$$V_S = I_D R_S = 3(\text{V})$$

$$V_{GS} = V_G - V_S = 2\text{V} > V_{GS(th)}$$

$$V_D = V_{DD} - I_D R_D = 7(\text{V})$$

由于 $V_{DS} = V_D - V_S = 4(\text{V}) > V_{GS} - V_{GS(th)}$，说明 MOSFET 确实工作在饱和状态，假设成立。

例 4-3-2　请设计图 4-3-2 所示电路。N-EMOSFET 工作在 $I_D = 0.4\text{mA}$，$V_D = 1\text{V}$，$V_{DD} = 5\text{V}$，$V_{SS} = -5\text{V}$。管子参数为 $V_{GS(th)} = 2\text{V}$，$\mu_n C_{OX} = 20\mu\text{A/V}^2$，$L = 10\mu\text{m}$，$W = 400\mu\text{m}$，忽略沟道长度调制效应(即假定 $\lambda = 0$)。

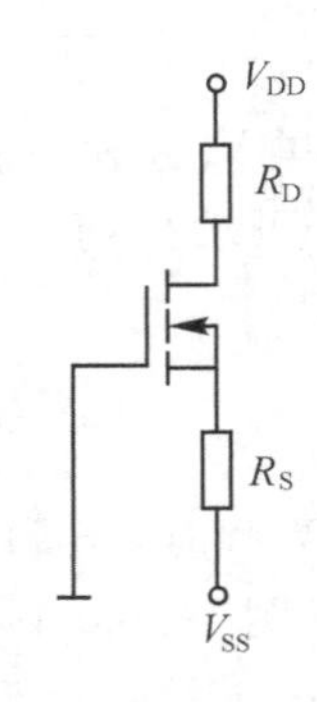

图 4-3-2　例 4-3-2 的电路

解　由于 $V_G = 0$，已知 $V_D = 1\text{V}$，则 $V_{DS} > V_{GS} - V_{GS(th)}$，即 N-EMOSFET 工作在饱和区，应用饱和时的伏安特性得

$$I_D = \frac{\mu_n C_{OX} W}{2L}(V_{GS} - V_{GS(th)})^2$$

代入数据后得

$$(V_{GS} - 2)^2 = 1$$

求解二次方程得两个解：$V_{GS1} = 1\text{V}$，$V_{GS2} = 3\text{V}$。其中 $V_{GS1} = 1\text{V} < V_{GS(th)}$，MOSFET 将截止，不符合题意(题目已知 $I_D = 0.4\text{mA}$)，故舍去。所以

$$V_{GS} = 3\ \text{V}$$

则 $V_S = -3\text{V}$，已知 $V_D = 1\text{V}$，因此

$$R_S = \frac{V_S - V_{SS}}{I_D} = 5(\text{k}\Omega)$$

$$R_D = \frac{V_{DD} - V_D}{I_D} = 10(\text{k}\Omega)$$

4.3.2　分立元件场效应管放大器的偏置

场效应管(FET)与半导体三极管相似，也是一种非线性器件。若要使 FET 具有放大功能，则必须使 FET 的直流工作点设置在饱和区(也称为放大区)，这时，输入端电压 v_{GS} 才能控制漏极电流，漏极(或源极)才是一个压控电流源，从而实现输入信号对输出端的控制，也即实现放大作用。

FET 放大器的偏置也就是设置 FET 直流工作点的电路。常用的直流偏置电路如图 4-3-3 所示。

图 4-3-3(a) 所示为分压式偏置电路，由 R_{G1} 与 R_{G2} 分压设置栅极直流电位为

$$V_G = \frac{R_{G2}}{R_{G1} + R_{G2}} V_{DD}$$

由 I_D 在 R_S 上的直流压降确定源极电位 $V_S = I_D R_S$，则栅源电压为

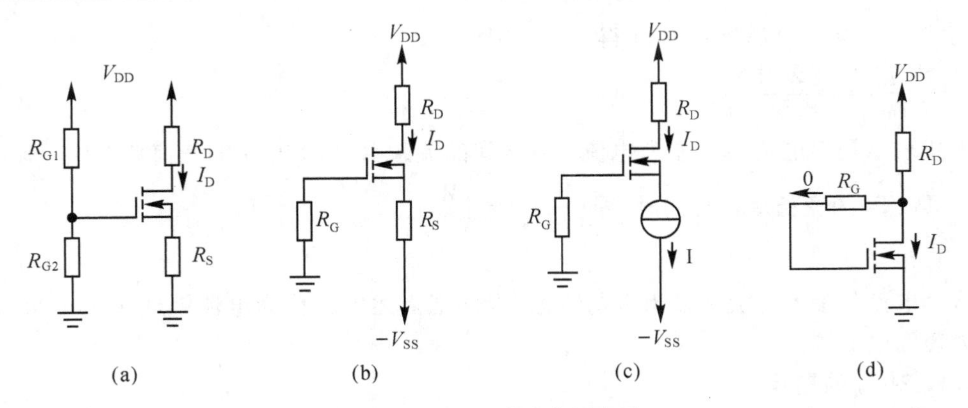

图 4-3-3　FET 直流偏置电路

$$V_{GS}=V_G-V_S=\frac{R_{G2}}{R_{G1}+R_{G2}}V_{DD}-I_DR_S$$

当电路具有双电源供电时，图(a) 的偏置电路可以简化为图(b)，由于栅极电流 $I_G=0$，则 $V_G=0$，$V_S=I_DR_S-V_{SS}$，栅源电压为

$$V_{GS}=V_G-V_S=V_{SS}-I_DR_S$$

图(c) 偏置电路更简单，用一个恒流源 I 给源极提供偏置电流，使 $I_D=I$，$V_G=0$。

图(d) 中用一个阻值较大的反馈电阻 R_G 给栅极提供直流电压，由于 $I_G=0$，则 $V_G=V_D$。

4.3.3　集成电路中场效应管放大器的偏置

1. 基本 MOSFET 电流源

基本 MOSFET 电流源电路如图 4-3-4 所示。由于 T_1 的漏极与栅极短接，即 $V_D=V_G$，$V_S=0$，且图中 EMOSFET 的 $V_{GS(th)}>0$，则显然有 $V_{DS}>V_{GS}-V_{GS(th)}$，所以能保证图中 N-EMOSFET 工作在饱和区。

若图中两个 EMOSFET T_1，T_2 的性能匹配(μ_nC_{OX}，$V_{GS(th)}$ 相同)，宽长比分别为 $\left(\frac{W}{L}\right)_1$ 和 $\left(\frac{W}{L}\right)_2$，工作在饱和区，则在忽略沟道长度调制效应的情况下

$$I_{D1}=\frac{\mu_nC_{OX}}{2}\left(\frac{W}{L}\right)_1(V_{GS}-V_{GS(th)})^2 \qquad (4\text{-}3\text{-}1)$$

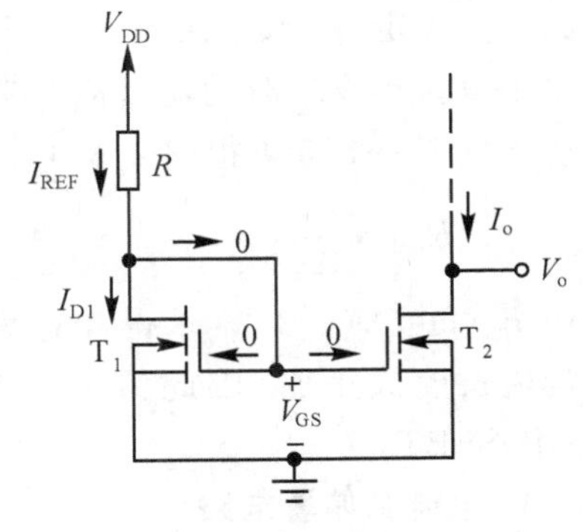

图 4-3-4　基本 MOSFET 恒流源电路

由于流向 T_1，T_2 的栅极电流为零，$I_{G1}=I_{G2}=0$，则

$$I_{REF}=I_{D1}=\frac{V_{DD}-V_{GS}}{R} \qquad (4\text{-}3\text{-}2)$$

为基准电流或参考电流。根据公式(4-3-1)、(4-3-2) 及 T_1 的参数值和 I_{REF} 的需要值可求出 R 的电阻值。由于 T_1，T_2 具有相同的 V_{GS} 且性能匹配(μ_nC_{OX}，$V_{GS(th)}$ 相同)，则

$$I_o=I_{D2}=\frac{\mu_nC_{OX}}{2}\cdot\left(\frac{W}{L}\right)_2(V_{GS}-V_{GS(th)})^2 \qquad (4\text{-}3\text{-}3)$$

用式(4-3-3)除以式(4-3-1)得

$$\frac{I_o}{I_{REF}}=\frac{(W/L)_2}{(W/L)_1} \tag{4-3-4}$$

上式表示输出电流 I_o 与参考电流 I_{REF} 之间的关系由MOSFET的几何特性惟一地决定。当两管 T_1、T_2 的宽长比也相同时，即 $\left(\frac{W}{L}\right)_2=\left(\frac{W}{L}\right)_1$

$$I_o=I_{REF} \tag{4-3-5}$$

这个电流是参考电流在输出端的镜像，因此把上述电路称为电流镜(Current Mirror)，或称为镜像电流源。

2. V_o 对 I_o 的影响

前面在分析电流源电流关系时，已经假定了MOSFET工作在饱和区，这对于需要输出恒定电流 I_o 来说是必不可少的条件。要保证 T_2 工作在饱和区，则要求

$$V_o \geqslant V_{GS}-V_{GS(th)} \tag{4-3-6}$$

在实际电路中，由于沟道长度调制效应的存在，当 T_2 工作在饱和区时，输出电流 I_o 也会随着输出端电压 V_o 的变化而略有变化。主要原因就是因为电流源的输出电阻 $R_o=r_{ds2}$ 不是无穷大引起的，如图4-3-5所示。

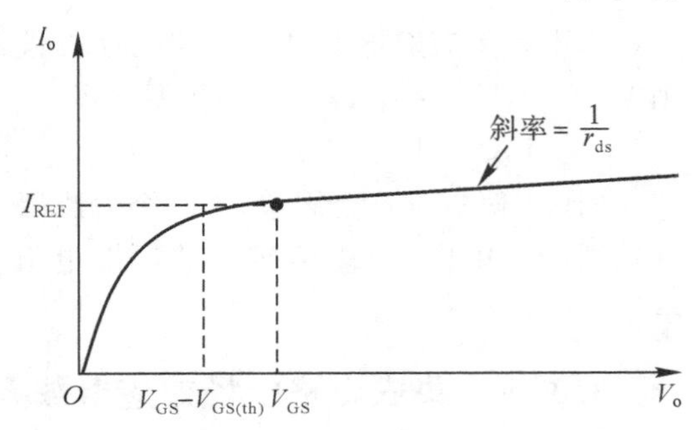

图4-3-5　图4-3-4电流源的输出特性

简单考虑一下 T_1，T_2 参数都相同时，由图可见，只有当 $V_o=V_{GS}$(因为 $V_{GS1}=V_{GS2}$)时，输出电流 I_o 刚好等于参考电流 I_{REF}；当 V_o 大于这个值时，I_o 会随着 V_o 的增大而略有增大。由于电路 V_{GS} 恒定(由 I_{REF} 决定)，所以在图中也只画出了 $v_{GS2}=V_{GS}$ 时的输出特性曲线。

根据图4-3-5可得图4-3-4电流源的输出电阻 R_o 为

$$R_o=\frac{\Delta V_o}{\Delta I_o}=r_{ds2}=\frac{V_{A2}}{I_o} \tag{4-3-7}$$

式中 I_o 可由式(4-3-3)求得，V_{A2} 为 T_2 的厄尔利(Early)电压。由于 V_A 的大小与MOSFET的沟道长度成正比，因此为了获得大的输出电阻，在设计电流源时一般使用较长沟道的MOSFET。

3. 电流源偏置电路

在MOS集成电路中，一旦一个恒定电流源产生，就可以复制和提供直流偏置电流给各级放大器。图4-3-6所示为一个简单的电流源偏置电路。

由图可见，T_1 和电阻 R 决定了参考电流 I_{REF}。根据电流源特性，由于 T_1，T_2，T_3 的 V_{GS} 相同，且均为N-EMOSFET，则

$$I_2=I_{REF}\cdot\frac{(W/L)_2}{(W/L)_1}$$

$$I_3=I_{REF}\cdot\frac{(W/L)_3}{(W/L)_1}$$

T_2，T_3 的漏极电压要求满足如下关系：

$$V_{D2}（或 V_{D3}）>-V_{SS}+V_{GS1}-V_{GS(th)},$$

才能保证 T_2，T_3 工作在饱和区。

对于 T_4，T_5，由于 V_{GS} 电压相同，且均为 P 沟道 EMOSFET，则

$$I_5 = I_4 \cdot \frac{(W/L)_5}{(W/L)_4}$$

其中 $I_4 = I_3$。为了保证 T_5 工作于饱和区，要求 T_5 的漏极电压满足

$$V_{D5} < V_{DD} - V_{SG5} + | V_{SG(th)} |$$

其中 $V_{SG(th)}$ 为 P 沟道 EMOSFET 的开启电压（或阈值电压）。

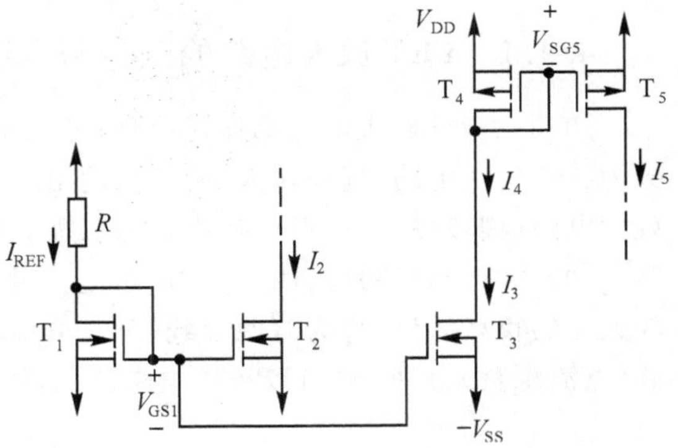

图 4-3-6　电流源偏置电路

4. 单管恒流源电路

利用 FET 可以实现具有恒流源功能的电路，如图 4-3-7 所示（图中采用的是 N 沟道 JFET）。它具有自动稳流功能，当漏极电流 I_D 变化时，如 I_D 增大，源极电位 V_S 升高，栅源电压 V_{GS} 下降（负值增大），使漏极电流 I_D 减小，即

$$I_D\uparrow \rightarrow V_S(=I_DR_S)\uparrow \rightarrow V_{GS}\downarrow \rightarrow I_D\downarrow$$

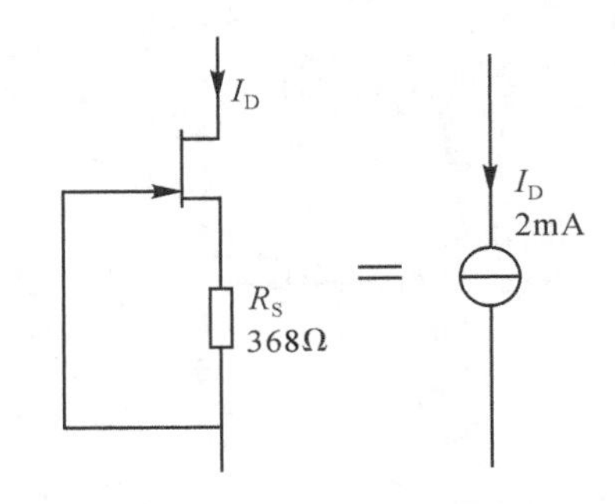

图 4-3-7　JFET 单管恒流源电路

例 4-3-3　已知 JFET 的 $I_{DSS}=5\text{mA}$，$V_{GS(off)}=-2\text{V}$，忽略沟道长度调制效应，设计一个电流为 $I_D=2\text{mA}$ 的电流源（如图 4-3-7 所示）。

解　根据已知条件，由 JFET 的伏安特性（式 4-2-3）可知

$$I_D = I_{DSS}\left(1-\frac{V_{GS}}{V_{GS(off)}}\right)^2 = 2(\text{mA})$$

求得

$$V_{GS} = \left(1-\sqrt{\frac{I_D}{I_{DSS}}}\right)\cdot V_{GS(off)}$$

$$= \left(1-\sqrt{\frac{2}{5}}\right)\times(-2) \approx -0.735(\text{V})$$

根据源极电压可知 $V_{GS}=V_G-V_S=-I_DR_S$，所以

$$R_S = -\frac{V_{GS}}{I_D} = \frac{0.735\text{V}}{2\text{mA}} \approx 368(\Omega)$$

如果将上述电路做成一个器件，就成为恒流二极管。电源电压在几伏到十几伏之间变化时，电流基本保持不变。

4.4　场效应管放大电路分析

如何对给定的 FET 放大电路进行分析？基本思路与分析三极管放大电路时一样，即直流分量与交流分量分开处理，先进行直流分析，求出静态工作点，再进行交流分析，计算 FET 放大电路的交流性能指标。这种将放大电路分为直流通路（偏置电路）和交流通路（增量通路）的方法是分析小信号 FET 放大电路的基本方法。

4.4.1　FET 放大电路的三种基本组态

如同三极管放大电路那样，按照信号电压的输入方式和输出方式，可将 FET 放大电路分为共源放大电路(栅极输入 — 漏极输出)、共栅放大电路(源极输入 — 漏极输出)和共漏放大电路(栅极输入 — 源极输出)，与三极管的共射放大电路、共基放大电路及共集放大电路三种放大组态相对应。图 4-4-1 所示是三种基本 FET 放大器的示意图，其中的电流源作为放大器的负载元件，称为有源负载(Active Loaded)。在实际的 FET 放大器中，除采用有源负载(电流源负载)外，也可以采用电阻负载，如图 4-4-2 所示。

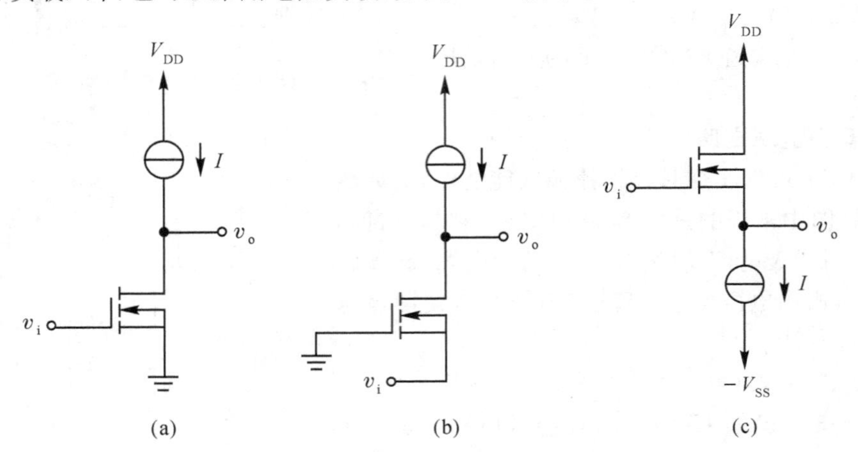

图 4-4-1　三种基本组态 FET 放大器的示意图

要注意的是，FET 的漏极 D 不能作为信号输入端，与三极管的集电极 C 不能输入信号一样；栅极 G 不能作为信号输出端，这与三极管的基极 B 不能输出信号一样。

4.4.2　共源放大电路

图 4-4-2(a) 所示的共源放大电路的交流通路(中频段，短路 C_1，C_2，C_S 和 V_{DD})和交流小信号等效电路如图 4-4-3 所示(忽略 r_{ds} 的影响)。

1. 电压放大倍数 A_V

在放大电路的中频段，电压放大倍数是一个含正、负号的代数量，输入信号电压 v_i(有效值为 V_i)和输出信号电压 v_o(有效值为 V_o)也为代数量，故中频段电压放大倍数为

$$A_V = \frac{V_o}{V_i} = \frac{v_o}{v_i} = \frac{-g_m v_{gs}(R_D /\!/ R_L)}{v_{gs}} = -g_m(R_D /\!/ R_L) \tag{4-4-1}$$

式中：负号表示共源放大电路的输出信号 v_o 与输入信号 v_i 反相。

放大电路的源电压放大倍数为：

$$A_{vs} = \frac{V_o}{V_s} = \frac{v_o}{v_s} = \frac{v_i}{v_s} \cdot \frac{v_o}{v_i} = \frac{R_i}{R_s + R_i} \cdot [-g_m(R_D /\!/ R_L)]$$

2. 输入电阻 R_i

在放大电路的中频段，输入电阻为

$$R_i = \frac{V_i}{I_i} = \frac{v_i}{i_i} = R_{G1} /\!/ R_{G2} = R_G$$

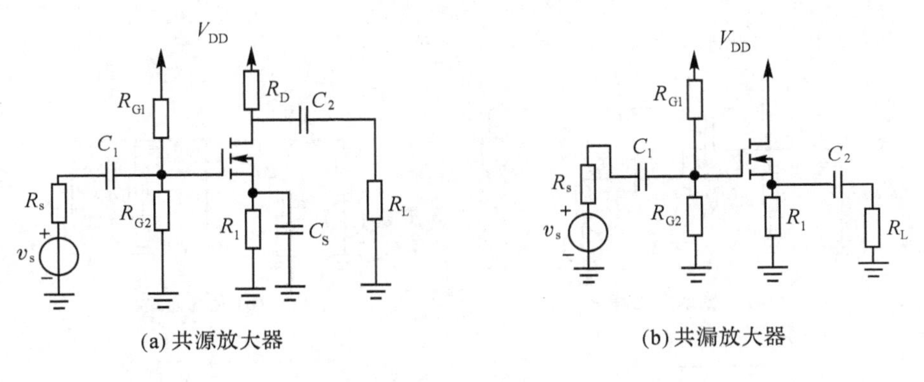

(a) 共源放大器　　(b) 共漏放大器

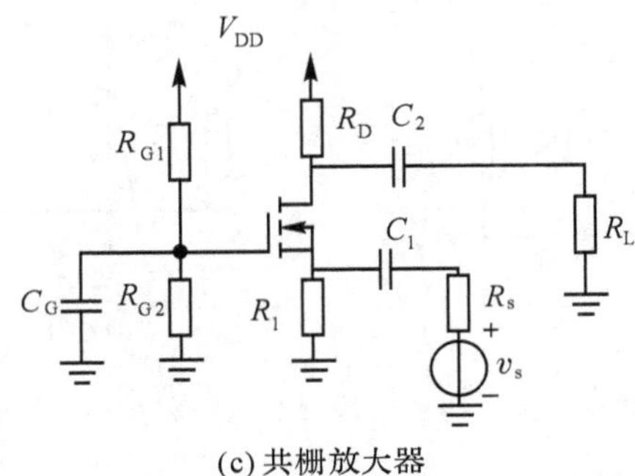

(c) 共栅放大器

图 4-4-2　三种基本组态 FET 放大电路

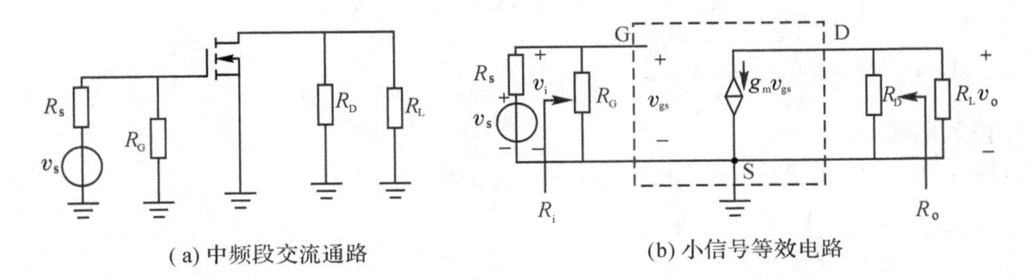

(a) 中频段交流通路　　(b) 小信号等效电路

图 4-4-3　共源放大电路的中频段交流通路和小信号等效电路

其中 $R_G = R_{G1} \,/\!/\, R_{G2}$。偏置电阻 R_{G1}，R_{G2} 一般选几百千欧以上，以减小偏置电阻对放大电路输入电阻的影响。

3. 输出电阻 R_o

由图 4-4-3(b) 可见，输出电阻 $R_o \approx R_D$。

4.4.3　共栅放大电路

共栅放大电路如图 4-4-4(a) 所示，信号从源极输入、漏极输出，其中频段交流通路和小信号等效电路如图 4-4-4(b)，(d) 所示。

1. 电压放大倍数 A_V

由于 $v_o = -g_m v_{gs}(R_D \,/\!/\, R_L)$，$v_i = -v_{gs}$，则

$$A_V = \frac{V_o}{V_i} = \frac{v_o}{v_i} = g_m(R_D \,/\!/\, R_L)$$

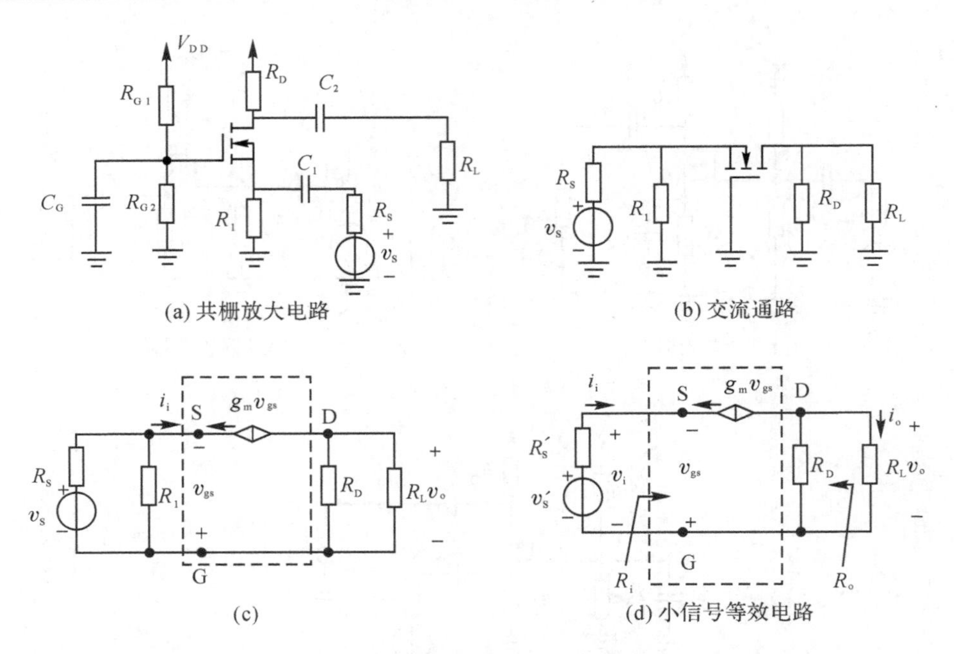

图 4-4-4　共栅放大电路中频段交流通路和小信号等效电路

2. 电流放大倍数 A_I

由于 $i_o = -g_m v_{gs} \dfrac{R_D}{R_D + R_L}$，$i_i = -g_m v_{gs}$，则

$$A_I = \frac{I_o}{I_i} = \frac{i_o}{i_i} = \frac{R_D}{R_D + R_L}$$

3. 输入电阻 R_i

由图 4-4-4(d) 可见，$i_i = -g_m v_{gs}$，$v_i = -v_{gs}$，则

$$R_i = \frac{v_i}{i_i} = \frac{1}{g_m}$$

4. 输出电阻 R_o

$$R_o = R_D$$

4.4.4　共漏放大电路

共漏放大电路又称为源极跟随器，如图 4-4-5(a) 所示，其中频段交流通路和交流小信号等效电路如图 4-4-5(b)，(d) 所示。

1. 电压放大倍数 A_V

由图 4-4-5(d) 可见，$i_i = 0$，$v_{gs} = v_i - v_o$，$v_o = g_m v_{gs}(r_{ds} /\!/ R_1 /\!/ R_L) = g_m v_{gs} R'_L$

$$A_V = \frac{V_o}{V_i} = \frac{v_o}{v_i} = \frac{v_o}{v_{gs} + v_o} = \frac{g_m v_{gs} R'_L}{v_{gs} + g_m v_{gs} R'_L} = \frac{g_m R'_L}{1 + g_m R'_L}$$

式中：$R'_L = r_{ds} /\!/ R_1 /\!/ R_L$。

2. 输入电阻 R_i

$$R_i = \frac{v_i}{i_i} \to \infty$$

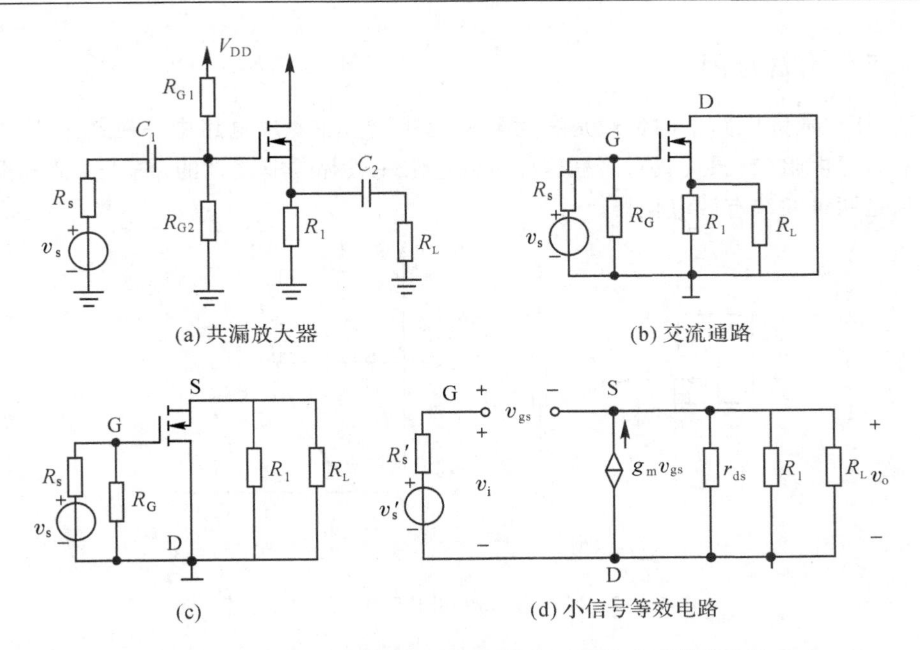

图 4-4-5　共漏放大电路中频段交流通路和小信号等效电路

3. 输出电阻 R_o

采用"加压求流"法求输出电阻 R_o：

(1) 去除信号源 v_s'，保留内阻 R_s'；

(2) 移去外接负载 R_L，接上信号电压源 v，求出由 v 产生的电流 i，如图 4-4-6 所示，则输出电阻可由 $R_o = \dfrac{v}{i}$ 求得。

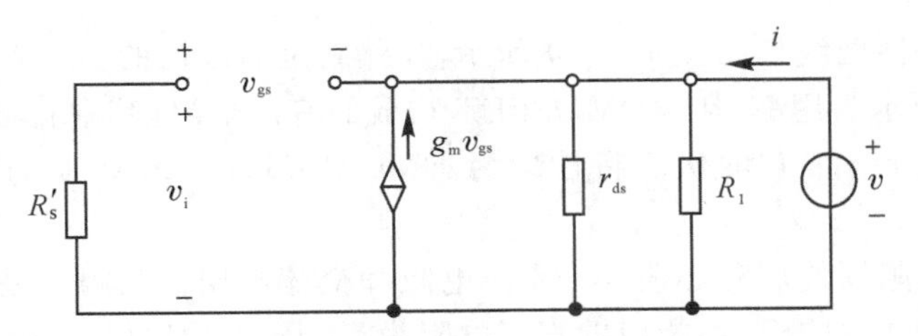

图 4-4-6　求共漏放大电路的输出电阻 R_o

由图 4-4-6 可见：

$$v_i = 0,\ v_{gs} = -v$$

$$i = \frac{v}{R_1} + \frac{v}{r_{ds}} - g_m v_{gs} = \frac{v}{r_{ds}} + \frac{v}{R_1} + g_m v = v\left(\frac{1}{r_{ds}} + \frac{1}{R_1} + \frac{1}{1/g_m}\right)$$

则

$$R_o = \frac{v}{i} = \frac{1}{\dfrac{1}{r_{ds}} + \dfrac{1}{R_1} + \dfrac{1}{1/g_m}} = r_{ds} \mathbin{/\!/} R_1 \mathbin{/\!/} \frac{1}{g_m} \approx \frac{1}{g_m}$$

可见，共漏放大电路的输出电阻比较小。例如，设 $g_m = 0.567\text{mA/V}$，$R_1 = 10\text{k}\Omega$，$r_{ds} = 100\text{k}\Omega$，则 $R_o = 100\text{k}\Omega \mathbin{/\!/} 10\text{k}\Omega \mathbin{/\!/} 1.76\text{k}\Omega \approx 1.76\text{k}\Omega$。

4.4.5 有源电阻

上述 FET 放大电路中的负载是线性电阻。实际上，在集成电路中一般都采用由三端器件构成的有源电阻(有源负载)，而且这些有源电阻一般都是非线性的。图 4-4-7 和图 4-4-8 所示分别是两种两端有源电阻器。

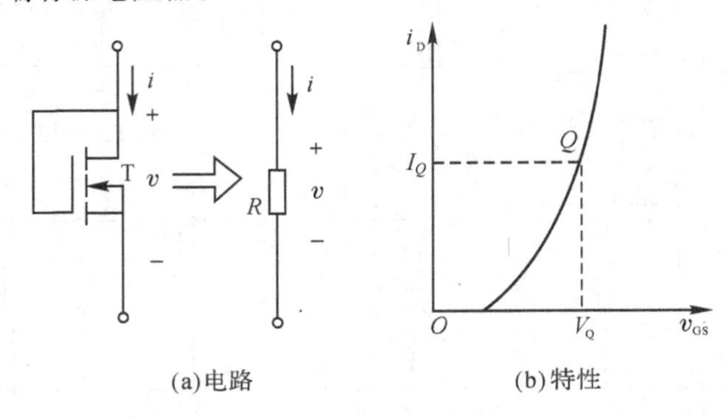

(a)电路 (b)特性

图 4-4-7 N 沟道 EMOSFET 接成的有源电阻

图 4-4-7(a) 所示为用 N 沟道 EMOSFET 接成的有源电阻，其中将 MOSFET 的栅极与漏极相连。由图可见，电阻器两端电压 v 和电流 i 分别为

$$v = v_{DS} = v_{GS}, \ i = i_D$$

由于满足 $v_{DS} > v_{GS} - v_{GS(th)}$ 的条件，因而当 $v_{GS} > v_{GS(th)}$ 时，MOSFET 工作在饱和区。根据 MOSFET 工作于饱和区时的伏安特性，并忽略沟道长度调制效应，求得有源电阻器的伏安特性为

$$i = \frac{\mu_n C_{OX} W}{2L}(v - V_{GS(th)})^2 \tag{4-4-1}$$

画出的伏安特性曲线如图 4-4-7(b) 所示，显然它是非线性的。

图 4-4-8(a) 所示为用 N 沟道 DMOSFET 构成的有源电阻，其中将栅极与源极相连。由图可见，$v = v_{DS}$，$i = i_D$，它的伏安特性即为 DMOSFET 在 $v_{GS} = 0$ 时的输出特性，如图 4-4-8(b) 所示。

一个非线性电阻器使用时必须区分直流电阻和交流电阻。直流电阻是按直流量定义的电阻，如图 4-4-7(b) 中的 Q 点，相应的直流电阻为 V_Q 与 I_Q 的比值。交流电阻是按直流量上叠加的交流量(或增量) 来定义的，当这个交流量足够小时，交流电阻近似等于 Q 点上曲线斜率的倒数。显然，直流电阻值不等于交流电阻值，且它们的大小均随 Q 点的变化而变化。

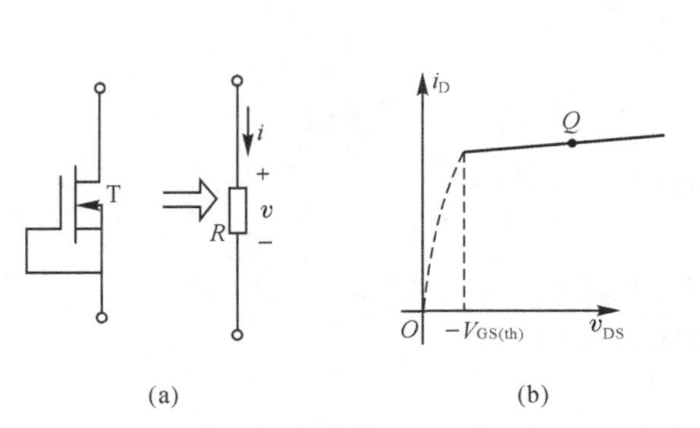

(a) (b)

图 4-4-8 N 沟道 DMOSFET 接成的有源电阻

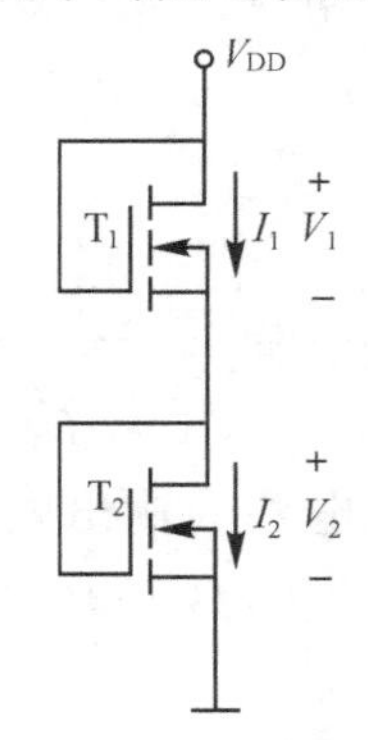

图 4-4-9 用有源电阻接成的分压器

图 4-4-9 所示是用上述有源电阻构成的分压器。由图可见，两个 EMOSFET 串联，它们的电流相等，即 $I_1 = I_2$，且 $V_1 + V_2 = V_{DD}$，若两管有相同的工艺参数（μ_n，C_{OX}，$V_{GS(th)}$），则有

$$\frac{\mu_n C_{OX}}{2}\left(\frac{W}{L}\right)_1 (V_1 - V_{GS(th)})^2 = \frac{\mu_n C_{OX}}{2}\left(\frac{W}{L}\right)_2 (V_2 - V_{GS(th)})^2$$

$$V_1 + V_2 = V_{DD}$$

联立求解上述方程组得

$$V_2 = \frac{V_{DD} + \left(\sqrt{\frac{(W/L)_2}{(W/L)_1}} - 1\right) V_{GS(th)}}{\sqrt{\frac{(W/L)_2}{(W/L)_1}} + 1} \tag{4-4-2}$$

上式表明，调节两个 MOSFET 的宽长比，可以得到所需的分压值。例如，已知 $V_{DD} = 10\text{V}$，$V_{GS(th)} = 1\text{V}$，$(W/L)_2 = 4(W/L)_1$，则可求得分压值 $V_2 \approx 3.67\text{V}$。

此外，当 FET 工作在非饱和区，且限制 V_{DS} 为较小值时，如前分析可知，FET 可看作阻值受 V_{GS} 控制的线性电阻。

本章小结

(1) 上一章讨论的半导体三极管(BJT) 是电流控制型器件，有两种载流子参与导电，属于双极型器件；而本章讨论的 FET 是电压控制型器件，只依靠一种载流子导电，因而属于单极型器件。虽然这两种器件的控制原理有所不同，但通过类比可发现，组成电路的形式极为相似，分析的方法仍然是直流分析法(可用公式计算或图解法) 和小信号模型分析法。

(2) 在 FET 放大电路中，V_{DS} 的极性决定于沟道性质，N(沟道) 为正，P(沟道) 为负；为了建立合适的导电沟道，不同类型的 FET 对偏置电压 V_{GS} 的极性有不同要求：JFET 的 V_{GS} 与 V_{DS} 极性相反，增强型 MOSFET 的 V_{GS} 与 V_{DS} 同极性，耗尽型 MOSFET 的 V_{GS} 可正、可负或为零。

(3) 在 FET 的输出特性中，有饱和区、可变电阻区(非饱和区)、截止区和击穿区。饱和区又称放大区，可用于放大和模拟控制，其特点是 I_D 受 V_{GS} 控制。可变电阻区(非饱和区) 类似于 BJT 的饱和区，V_{DS} 较小时，FET 的 I_D 与 V_{DS} 近似成线性关系，D，S 之间呈现为受 V_{GS} 控制的线性电阻。在截止区 $I_D = 0$。总之，FET 具有放大作用、开关作用和可控电阻功能等。FET 的功能与工作区域有关。

(4)FET 的转移特性曲线反映了 V_{GS} 对 I_D 的控制作用。MOSFET 的转移特性公式为 $I_D = \frac{\mu C_{OX} W}{2L} \cdot (V_{GS} - V_{GS(th)})^2$，沟道宽长比 (W/L) 和开启电压 $V_{GS(th)}$ 为主要参数。JFET 的转移特性公式为 $I_D = I_{DSS}\left(1 - \frac{V_{GS}}{V_{GS(off)}}\right)^2$。漏极饱和电流 I_{DSS} 和夹断电压 $V_{GS(off)}$ 是其主要参数。由此可导出反映控制能力的参数 —— 低频跨导

$$g_m = \frac{2I_{DSS}}{|V_{GS(off)}|}\sqrt{\frac{I_{DQ}}{I_{DSS}}}$$

(5)FET 放大电路的三种组态与 BJT 放大电路有对应关系，即共源对应共射、共漏对应共集、共栅对应共基。分析小信号 FET 放大电路的基本思路与分析 BJT 放大电路相同，即直流与交流分开处理，先分析直流偏置电路，后分析交流等效电路。应注意 FET 的直流偏置电

路的特点，常用自给偏压式（耗尽型）和分压式（适用于所有 FET）偏置电路。还应注意 FET 的交流电路模型与 BJT 的比较。FET 除了基本放大功能外，还可以用于电流源、有源负载和模拟开关等应用场合。

习 题

4-1 如题 4-1 图所示 MOSFET 转移特性曲线，说明各属于何种沟道？若是增强型，开启电压等于多少？若是耗尽型，夹断电压等于多少？

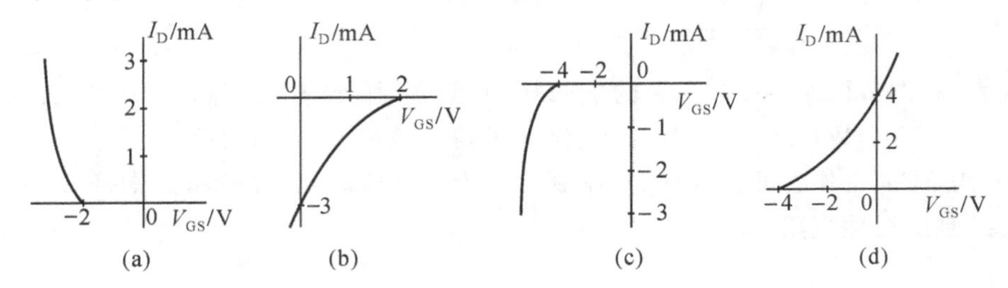

题 4-1 图

4-2 4 个 FET 的转移特性分别如题 4-2 图(a)，(b)，(c)，(d) 所示。设漏极电流 i_D 的实际方向为正，试问它们各属于哪些类型的 FET？分别指出 i_D 的实际方向是流进还是流出？

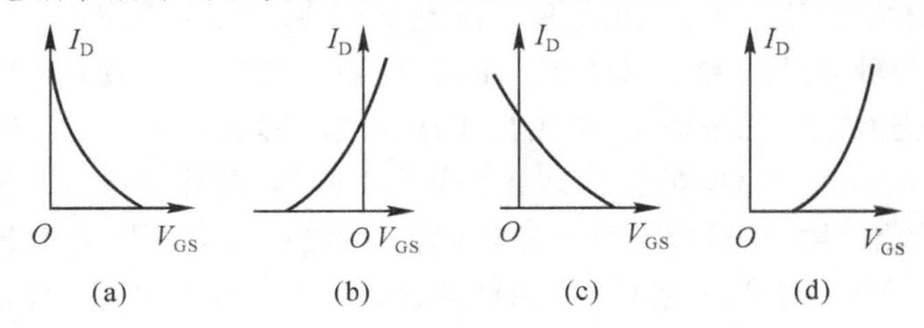

题 4-2 图

4-3 已知 N 沟道 EMOSFET 的 $\mu_n C_{OX} = 100\mu A/V^2$，$V_{GS(th)} = 0.8V$，$W/L = 10$，求下列情况下的漏极电流：

(a) $V_{GS} = 5V$，$V_{DS} = 1V$；　(b) $V_{GS} = 2V$，$V_{DS} = 1.2V$；

(c) $V_{GS} = 5V$，$V_{DS} = 0.2V$；　(d) $V_{GS} = V_{DS} = 5V$。

4-4 N 沟道 EMOSFET 的 $V_{GS(th)} = 1V$，$\mu_n C_{OX}(W/L) = 0.05mA/V^2$，$V_{GS} = 3V$。求 V_{DS} 分别为 1V 和 4V 时的 I_D。

4-5 EMOSFET 的 $V_A = 50V$，求 EMOSFET 工作在 1mA 和 10mA 时的输出电阻为多少？每种情况下，当 V_{DS} 变化 10%（即 $\Delta V_{DS}/V_{DS} = 10\%$）时，漏极电流变化（$\Delta I_D/I_D$）为多少？

4-6 一个增强型 PMOSFET 的 $\mu_p C_{OX}(W/L) = 80\mu A/V^2$，$V_{GS(th)} = -1.5V$，$\lambda = -0.02V^{-1}$，栅极接地，源极接 +5V，求下列情况下的漏极电流。

(a) $V_D = +4V$；(b) $V_D = +1.5V$；(c) $V_D = 0V$；(d) $V_D = -5V$

4-7 已知耗尽型 NMOSFET 的 $\mu_n C_{OX}(W/L) = 2mA/V^2$，$V_{GS(th)} = -3V$，其栅极和源极接地，求它的工作区域和漏极电流（忽略沟道长度调制效应）。

(a) $V_D = 0.1V$；(b) $V_D = 1V$；(c) $V_D = 3V$；(d) $V_D = 5V$

4-8 设计题4-8图所示电路，使漏极电流 $I_D = 1\text{mA}$，$V_D = 0\text{V}$，MOSFET 的 $V_{GS(th)} = 2\text{V}$，$\mu_n C_{OX} = 20\mu\text{A/V}^2$，$W/L = 40$。

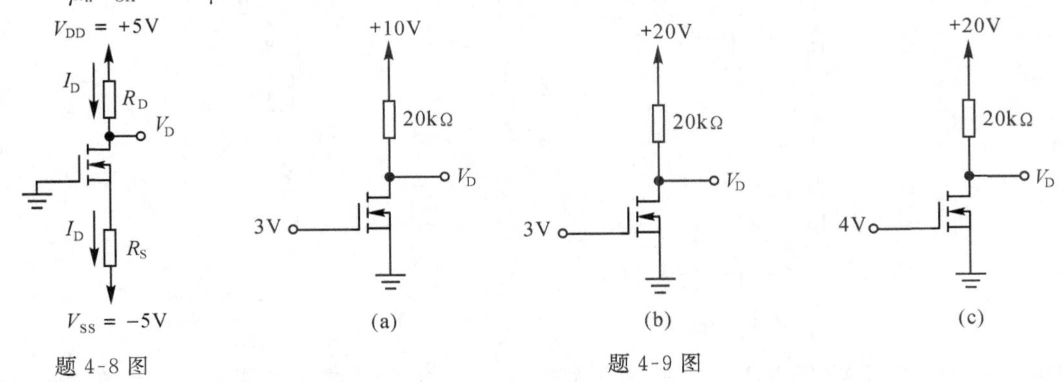

题4-8图　　　　题4-9图

4-9 题4-9图所示电路，已知 $\mu_n C_{OX}(W/L) = 200\mu\text{A/V}^2$，$V_{GS(th)} = 2\text{V}$，$V_A = 20\text{V}$。求漏极电压。

4-10 在题4-10图所示电路中，假设两管 μ_n，C_{OX} 相同，$V_{GS(th)} = 0.75\text{V}$，$I_{D2} = 1\text{mA}$，若忽略沟道长度调制效应，并设 T_1 管的沟道宽长比(W/L)是 T_2 管的5倍。试问流过电阻 R 的电流 I_R 值。

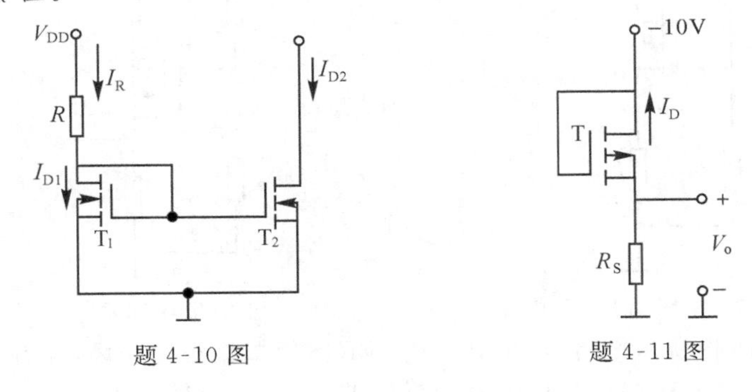

题4-10图　　　　题4-11图

4-11 在题4-11图所示电路中，已知P沟道增强型MOSFET的 $\mu_p C_{OX} \dfrac{W}{2L} = 40\mu\text{A/V}^2$，$V_{GS(th)} = -1\text{V}$，并忽略沟道长度调制效应。

(1) 试证：对于任意 R_S 值，场效应管都工作在饱和区。

(2) 当 R_S 为12.5kΩ时，试求电压 V_o 值。

4-12 已知N沟道增强型MOSFET的 $\mu_n = 1000\text{cm}^2/\text{V}\cdot\text{s}$，$C_{OX} = 3\times10^{-8}\text{F/cm}^2$，$W/L = 1/1.47$，$|V_A| = 200\text{V}$，$V_{DS} = 10\text{V}$，工作在饱和区，试求：

(1) 漏极电流 I_{DQ} 分别为1mA、10mA时相应的跨导 g_m，输出电阻 r_{ds}。

(2) 当 V_{DS} 增加10%时，I_{DQ} 相应为何值。

(3) 画出小信号电路模型。

4-13 在题4-13图所示电路中，已知增强型MOSFET的 $\mu_p C_{OX} W/(2L) = 80\mu\text{A/V}^2$，$V_{GS(th)} = -1.5\text{V}$，沟道长度调制效应忽略不计，试求 I_{DQ}，V_{GSQ}，V_{DSQ}，g_m，r_{ds} 值。

4-14 双电源供电的N沟道增强型MOSFET电路如题4-14图所示，已知 $V_{GS(th)} = 2\text{V}$，$\mu_n C_{OX} = 200\mu\text{A/V}^2$，$W = 40\mu\text{m}$，$L = 10\mu\text{m}$。设 $\lambda = 0$，要求 $I_D = 0.4\text{mA}$，$V_D = 1\text{V}$，

试确定 R_D,R_S 的值。

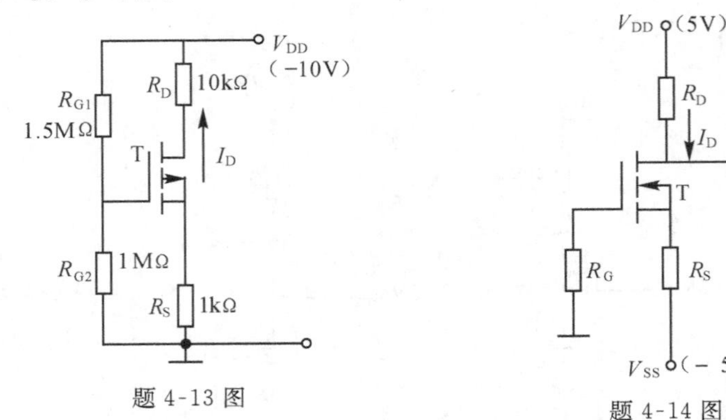

题 4-13 图　　　　题 4-14 图

4-15　一 N 沟道 EMOSFET 组成的电路如题 4-15 图所示，要求场效应管工作于饱和区，$I_D = 1\text{mA}$，$V_{DSQ} = 6\text{V}$，已知管子参数为 $\mu_n C_{OX} W/(2L) = 0.25\text{mA/V}^2$，$V_{GS(th)} = 2\text{V}$，设 $\lambda = 0$，试设计该电路。

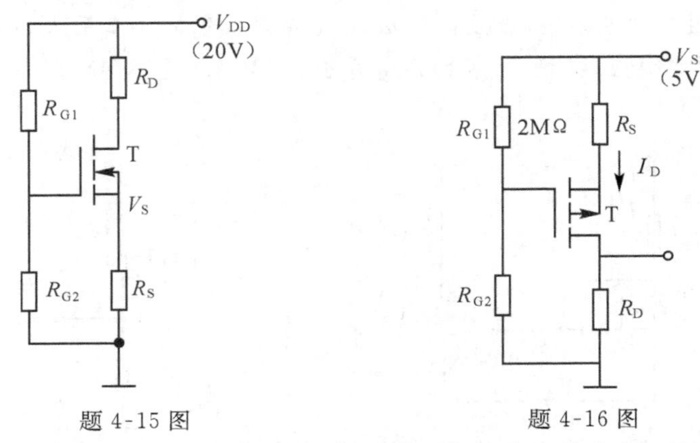

题 4-15 图　　　　题 4-16 图

4-16　设计题 4-16 图所示电路，要求 P 沟道 EMOS 管工作在饱和区，且 $I_D = 0.5\text{mA}$，$V_D = 3\text{V}$，已知 $\mu_p C_{ox} W/(2L) = 0.5\text{mA/V}^2$，$V_{GS(th)} = -1\text{V}$，$\lambda = 0$。

4-17　基本镜像电流源电路如题 3-17 图所示，对于以下情况，求出电流比 I_o/I_{REF}：

(a) $L_1 = L_2$, $W_2 = 3W_1$；　　(b) $L_1 = L_2$, $W_2 = 10W_1$；

(c) $L_1 = L_2$, $W_2 = W_1/2$；　　(d) $W_1 = W_2$, $L_1 = 2L_2$；

(e) $W_1 = W_2$, $L_1 = 10L_2$；　　(f) $W_1 = W_2$, $L_1 = L_2/2$；

(g) $W_2 = 3W_1$, $L_1 = 3L_2$。

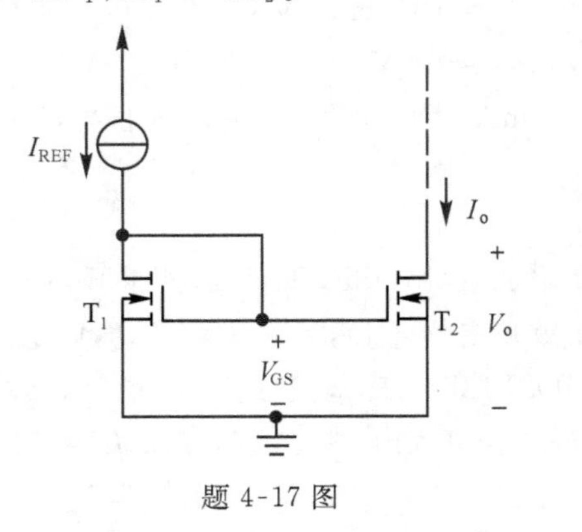

题 4-17 图

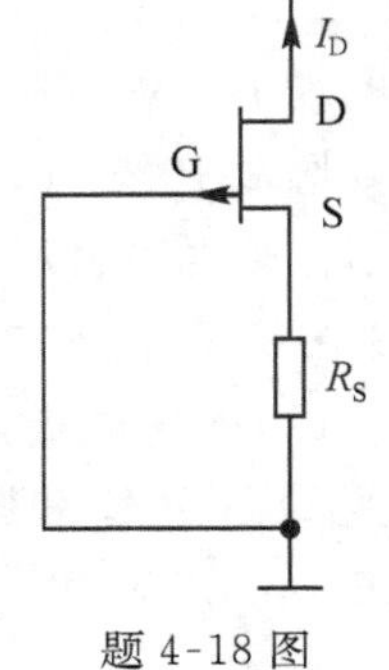

题 4-18 图

4-18　题 4-18 图所示为 P 沟道 JFET 构成的电流源电路，设 $I_{DSS}=4\text{mA}, V_{GS(off)}=3\text{V}$，要求 $I_D=2\text{mA}$，试确定 R_S 的值。

4-19　一个 N 沟道 EMOSFET 的 $\mu_n C_{OX}=20\mu\text{A/V}^2, V_{GS(th)}=1\text{V}, L=10\mu\text{m}$，在 $I_D=0.5\text{mA}$ 时的 $g_m=1\text{mA/V}$，求这时的 W 值和 V_{GS} 值。

4-20　题 4-20 图所示共源放大电路中，已知 N-DMOSFET 的 $\mu_n C_{ox} W/(2L)=0.25\text{mA/V}^2, V_{GS(th)}=-4\text{V}, \lambda=0$，各电容对信号可视作短路。试求：

(1) 静态电流 I_{DQ}、V_{GSQ} 和 V_{DSQ}。

(2) 电压增益 A_v、输入电阻 R_i 和输出电阻 R_o。

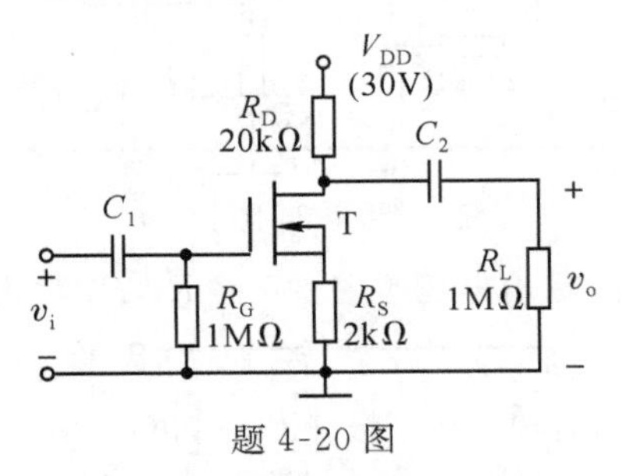

题 4-20 图

4-21　题 4-21 图所示共源放大电路，$R_{G1}=300\text{k}\Omega, R_{G2}=100\text{k}\Omega, R_{G3}=1\text{M}\Omega, R_D=2\text{k}\Omega, R_{S1}=1\text{k}\Omega, R_{S2}=1\text{k}\Omega, I_{DSS}=5\text{mA}, V_{GS(off)}=-4\text{V}, V_{DD}=12\text{V}$。求直流工作点 V_{GSQ}，V_{DSQ} 和 I_{DQ}，中频段电压放大倍数 A_V，输入电阻 R_i 和输出电阻 R_o。

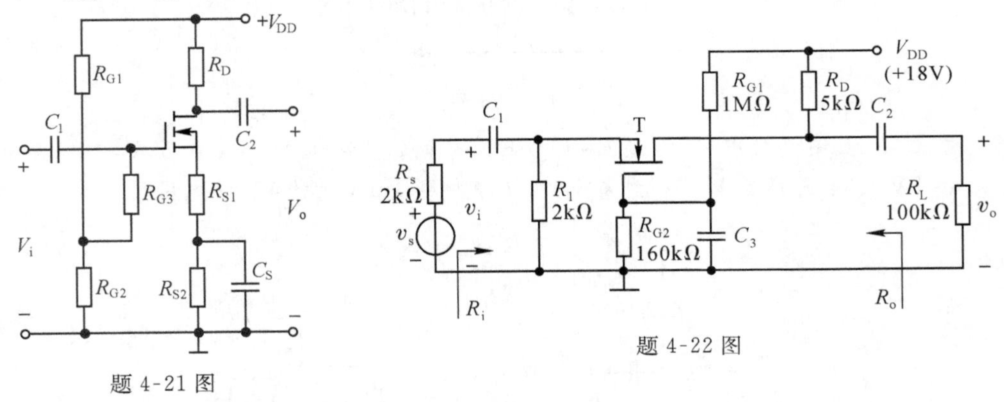

题 4-21 图　　题 4-22 图

4-22　画出题 4-22 图所示电路的直流通路和交流通路。

4-23　题 4-23 图所示放大电路中，N-DMOSFET 的 $g_m=2\text{mS}, r_{ds}=\infty$。

(1) 画出其微变等效电路。

(2) 计算其输入电阻 R_i、输出电阻 R_o 和电压增益 $A_v=v_o/v_i$。

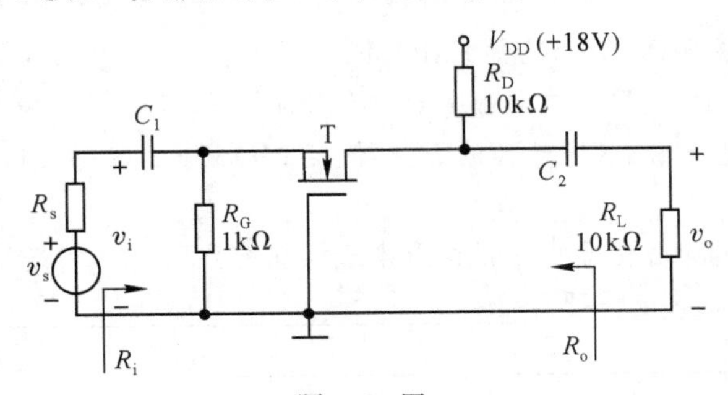

题 4-23 图

4-24 题 4-24 图所示为 MOS 管源极输出器电路。已知 FET 的 $g_m = 1\text{mS}, r_{ds} = \infty$。

(1) 画出该电路的小信号等效电路。

(2) 计算输入电阻 R_i 和输出电阻 R_o。

(3) 计算电压增益 $A_v = v_o / v_i$。

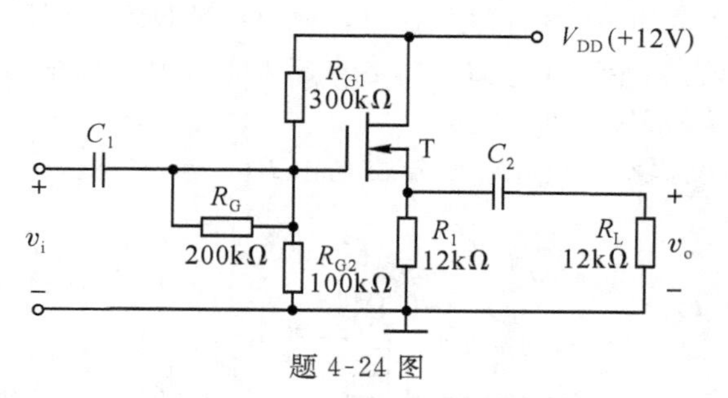

题 4-24 图

4-25 如题 4-25 图所示电路，写出电压增益 A_V 和 R_i，R_o 的表达式。

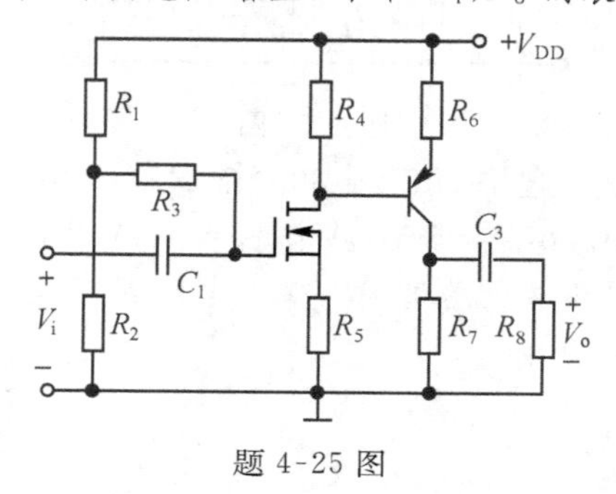

题 4-25 图

4-26 在题 4-26 图电路中，N 沟道 EMOSFET 的 $V_{GS(th)} = 0.9\text{V}, V_A = 50\text{V}$，工作点为 $V_D = 2\text{V}$，求电压增益 V_o/V_i 为多少？当 I 增加到 1mA 时的 V_D 和电压增益为多少？

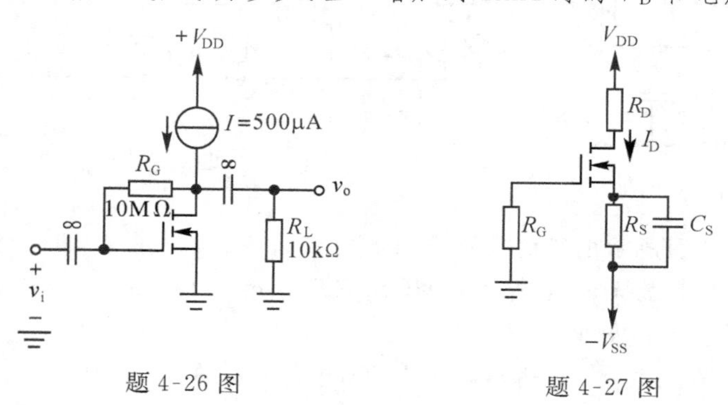

题 4-26 图 题 4-27 图

4-27 设计题 4-27 图所示电路。已知 EMOSFET 的 $V_{GS(th)} = 2\text{V}, \mu_n C_{OX}(W/L) = 2\text{mA/V}^2$，$V_{DD} = V_{SS} = 10\text{V}$。要求在漏极得到 $2V_{P\text{-}P}$ 的电压，设计直流偏置电流为 1mA 时电路达到最大的电压增益(即最大的 R_D)。假定 MOSFET 的源极信号电压为零。

4-28 填空题

试从下述几方面比较场效应管和晶体三极管的异同。

(1)场效应管的导电机理为________________________，而晶体三极管为________________________。比较两者受温度的影响

__________优于__________。

(2)场效应管属于__________式器件，其G、S间的阻抗要__________晶体三极管B、E间的阻抗，后者属于__________式器件。

(3)晶体三极管3种工作区为__________、__________、__________，与此不同，场效应管常把工作区分为__________、__________、__________3种。

(4)场效应管3个电极G、D、S类同于晶体三极管的______、______、______电极，而N沟道、P沟道场效应管则分别类同于__________、__________两种类型的晶体三极管。

第 5 章　多级放大器与差分放大器

在第 1 章我们已经学习了集成运算放大电路的外部特性及其应用，本章将通过分析集成运算放大电路的内部组成及各模块电路的作用，了解多级放大电路的特点及分析方法，着重介绍广泛应用于集成电路设计的镜像电流源电路和差分放大电路的组成、原理及分析方法。最后对实用运算放大电路进行了读图分析。

5.1　集成运算放大电路的内部组成

集成运算放大电路是一种高电压放大倍数、高输入电阻和低输出电阻的放大电路，内部电路通常由输入级、中间级、输出级和偏置电路组成，如图 5-1-1 所示。图中输入级一般是由 BJT、MOSFET 或 JFET 构成的双端输入差分放大电路，利用它来提高集成运放的共模抑制比等性能。中间级的主要作用是提高集成运放的放大能力，通常由一级或多级共射（共源）放大电路组成，多采用复合管作放大管。输出级一般由电压跟随器或互补对称放大电路组成，具有输出电阻小、带负载能力强等特点。偏置电路为各级放大电路提供直流工作点，主要由电流源组成，辅助电路主要完成电平移动、过载保护以及频率补偿等功能。

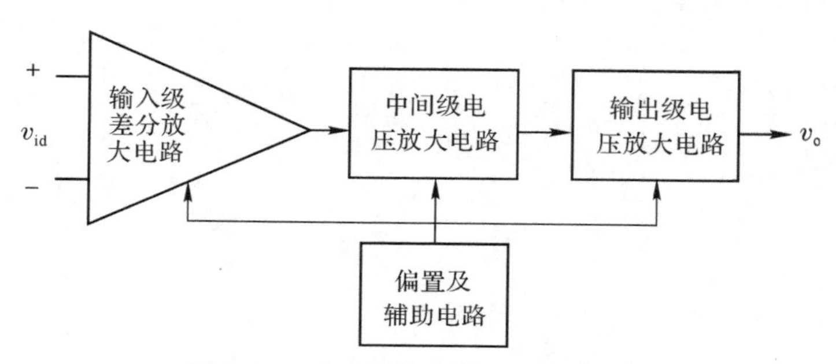

图 5-1-1　集成运放电路内部结构框图

5.2　多级放大电路

从上述集成运放的内部构成可知，集成运放是由多个基本放大电路级连而成，实际应用中，放大电路多为多级放大电路。

5.2.1　多级放大电路的一般结构

多级放大电路的一般结构如图 5-2-1 所示，由单级放大电路组成。假定各级放大电路的电压放大倍数分别为 A_{V1}、A_{V2}、$\cdots A_{Vn}$，输入电阻为 R_{i1}、R_{i2}、$\cdots R_{in}$，输出电阻为 R_{o1}、R_{o2}、$\cdots R_{on}$，开路输出电压为 v_{oo1}、v_{oo2}、$\cdots v_{oon}$。由图可知，多级放大电路中前级的输出开路电压是下一级的信号源电压，前级的输出电阻是后级的信号源内阻，下一级放大电路的输入电阻作为前级放大电路的负载，即 $v_{o1}=v_{i2}$、$v_{o2}=v_{i3}$、$\cdots$、$v_{o(n-1)}=v_{in}$。

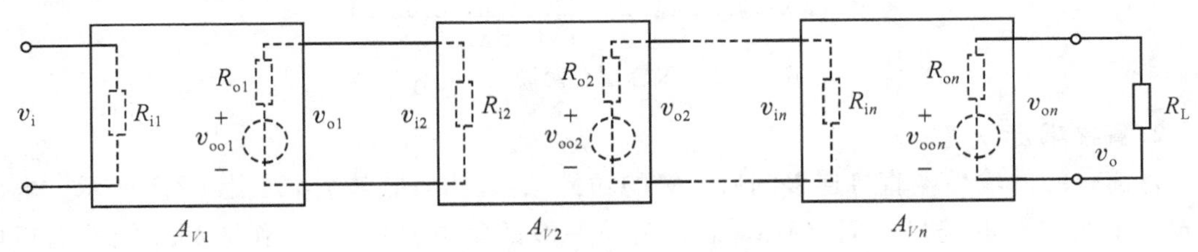

图 5-2-1　多级放大电路框图

多级放大电路的电压放大倍数：

$$A_V=\frac{v_{o1}}{v_i}\cdot\frac{v_{o2}}{v_{i2}}\cdots\frac{v_o}{v_{in}}=A_{V1}\cdot A_{V2}\cdots A_{Vn} \tag{5-2-1}$$

多级放大电路的电压放大倍数等于各级放大电路电压放大倍数之积。各单级放大电路在接入负载(后级放大电路)之后实际电压放大倍数小于输出端开路时的开路电压放大倍数。

多级放大电路的输入电阻：多级放大电路的输入电阻等于第一级放大电路的输入电阻，即

$$R_i=R_{i1} \tag{5-2-2}$$

多级放大电路的输出电阻：多级放大电路的输出电阻等于最后一级放大电路的输出电阻，即

$$R_o=R_{on} \tag{5-2-3}$$

5.2.2　多级放大电路的耦合方式

多级放大电路级与级之间的连接称为级间耦合，多级放大电路有四种常见的耦合方式：直接耦合、阻容耦合、变压器耦合和光电耦合。

1. 阻容耦合

级与级之间通过电容连接的耦合方式称为阻容耦合。如图 5-2-2 所示为两级阻容耦合放大电路，第一级放大电路和第二级放大电路通过 C_2 相连，由于电容对直流的电抗为无穷大，因此，阻容耦合放大电路各级之间的直流通路各不相通，各级的静态工作点相互独立，互不影响，电路设计调试简单，适用于分立元件放大电路。只要将电容选得足够大，就能将前一级的输出信号在一定频率范围内几乎无衰减地传送到下一级。

阻容耦合方式也存在不足之处，多级阻容耦合放大电路的耦合电容不能传送直流信号，对缓慢变化的信号也呈现较大的阻抗，因此不能放大直流信号和缓慢变化的信号。而且，由于大电容在集成电路中很难实现，因此集成运放中不采用阻容耦合方式。

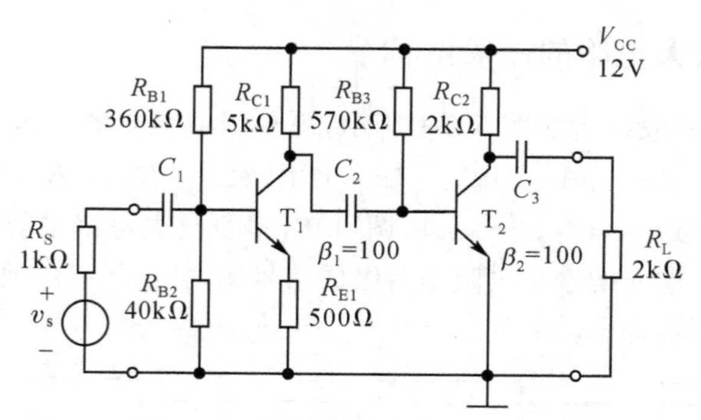

图 5-2-2　阻容耦合两级放大电路

2. 直接耦合

将前一级的输出端直接连接到后一级的输入端，称为直接耦合，如图 5-2-3 所示。电路中省去了第二级的基极电阻，使 R_{C1} 既作为第一级的集电极电阻，又作为第二级的基极电阻，三极管 T_1 的集电极与三极管 T_2 的基极之间直接耦合。

由于放大电路中没有电抗元件，频率响应好，电路不仅能对交流信号进行放大，而且对直流或缓慢变化的信号也具有放大作用；电路结构简单，便于集成。在集成电路中，多级放大电路之间多采用直接耦合方式，但存在级间静态工作点相互牵制，且由于电平漂移使放大电路零点产生漂移，导致调整比较麻烦等缺点。

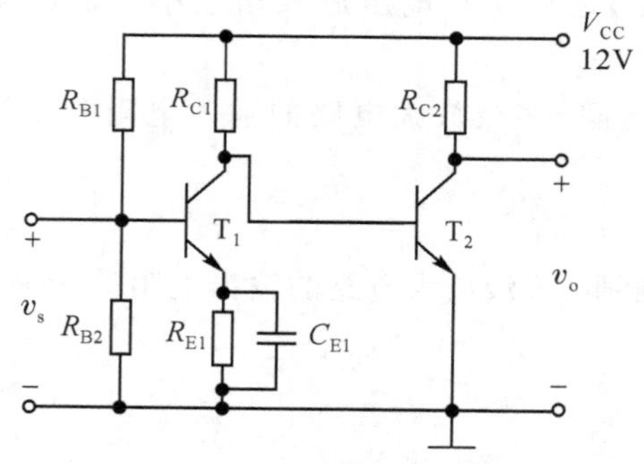

图 5-2-3　直接耦合放大电路

3. 变压器耦合

通过变压器磁路耦合将前级放大电路的输出信号传输到后级放大电路的输入端或负载上，称为变压器耦合，如图 5-2-4 所示。

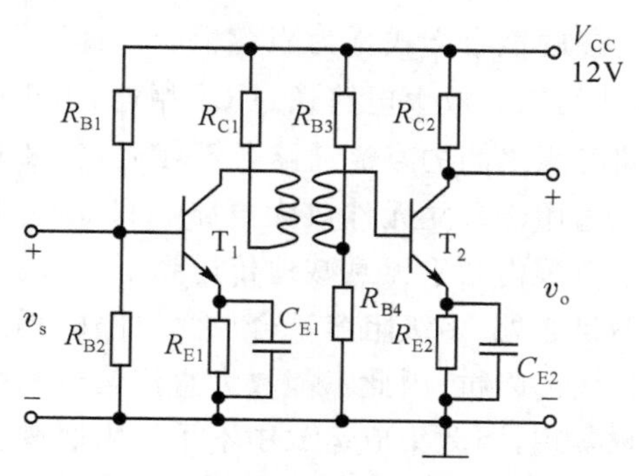

图 5-2-4　变压器耦合放大电路

由于变压器耦合电路的前后级靠磁路耦合，因此与阻容耦合电路一样，各级静态工作点相互独立、互不影响，电路设计调整简单，适合在分立元件放大电路中采用。变压器还可以起到阻抗变换的作用，使前后级之间阻抗匹配，实现最佳功率传输。但由于变压器存在激磁电感和漏磁电感，频带宽度比较窄，而且，它的频率特性差，不能放大缓慢变化的信号，另外体积较大，比较笨重，适合在分立器件构成的放大电路中应用。

4. 光电耦合

以光信号为媒介实现放大电路前后级之间电信号的传递，称为光电耦合。由于光电耦合隔离度很高，抗干扰能力强，已得到了越来越广泛的应用。

5.2.3　多级放大电路的分析

1. 静态分析

由于阻容耦合和变压器耦合的各级直流通路之间没有联系，所以分析多级放大电路的静态工作点只要分别分析各单级放大电路的静态工作点。直接耦合放大电路各级的直流通路是连通的，每一级的直流工作点不是独立的，求解时需要考虑它们之间的关系。

例 5-2-1　直接耦合两级放大电路如图 5-2-5 所示，试估算放大电路的静态工作点（Q 点）。

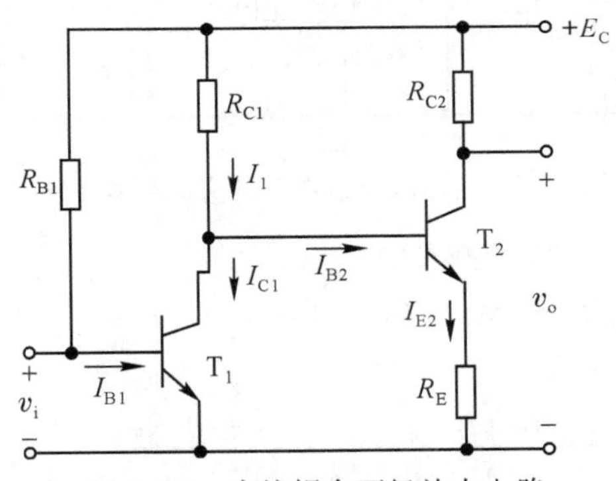

图 5-2-5　直接耦合两级放大电路

解　第一级放大电路 Q 点分析估算：

$$I_{B1Q} = \frac{V_{CC} - V_{BE1}}{R_{B1}} \tag{5-2-4}$$

$$I_{C1Q} = \beta I_{B1Q} \tag{5-2-5}$$

$$V_{CEQ} = V_{CC} - I_1 R_{C1} \tag{5-2-6}$$

$$I_1 = I_{C1Q} + I_{B2Q} \tag{5-2-7}$$

第二级放大电路 Q 点分析计算：

$$I_1 R_{C1} + V_{BE2} + I_{E2Q} R_E = V_{CC} \tag{5-2-8}$$

由式(5-2-4)～(5-2-8)可解得：

$$I_{E2Q} = \frac{V_{CC} - V_{BE2} - I_{C1Q} R_{C1}}{R_E + \dfrac{R_{C1}}{1+\beta}} \tag{5-2-9}$$

当 $(1+\beta)R_E \gg R_{C1}$ 时，可忽略 I_{B2Q} 对 I_{C1Q} 的影响，即忽略 T_2 对 T_1 影响，分别求出每级的工作点。

$$V_{C1Q} = V_{CC} - I_{C1Q}R_{C1} \tag{5-2-10}$$

$$I_{E2Q} = \frac{V_{C1Q} - V_{BE2}}{R_E} \tag{5-2-11}$$

由上述估算可知在直接耦合电路中：$V_{C2} = V_{B2} + V_{CB2} = V_{C1} + V_{CB2} > V_{C1}$，集电极电位会随着放大级数的增加而逐级提高，从而使静态工作点的设置难度增加。

2. 动态分析

我们可以根据图 5-2-1 描述的多级放大电路的交流等效电路框图以及 A_V、R_i 和 R_o 的定义来对多级放大电路进行动态分析。

例 5-2-2 直接耦合两级放大电路如图 5-2-5 所示，试估算电路的 A_V、R_i 和 R_o。

解 图 5-2-5 的交流等效电路如图 5-2-6 所示，虚线的左侧为第一级放大电路的交流等效电路，虚线的右侧为第二级放大电路的交流等效电路，第二级放大电路的输入电阻 R_{i2} 作为第一级放大电路的负载。

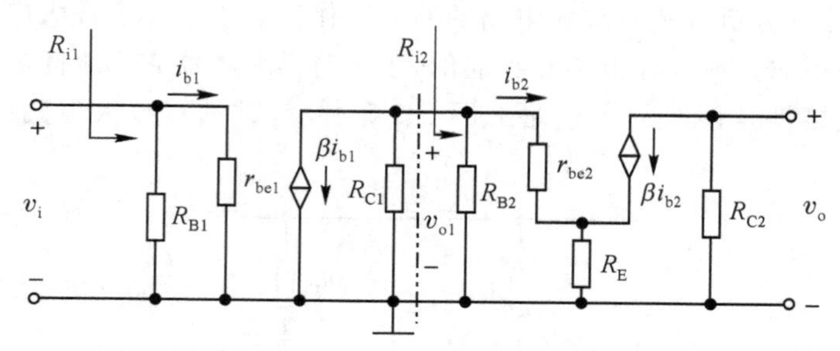

图 5-2-6 两级放大电路的交流等效电路

第一级放大电路的电压放大倍数计算：

$$v_{o1} = -\beta i_{b1}[R_{C1} \| R_{B2} \| (r_{be2} + (1+\beta)R_E)] \tag{5-2-12}$$

$$v_i = i_{b1} \cdot r_{be1} \tag{5-2-13}$$

$$A_{V1} = \frac{v_{o1}}{v_i} = -\frac{\beta i_{b1}[R_{C1} \| R_{B2} \| (r_{be2} + (1+\beta)R_E]}{i_{b1} \cdot r_{be1}}$$

$$= -\frac{\beta[R_{C1} \| R_{B2} \| (r_{be2} + (1+\beta)R_E]}{r_{be1}} \tag{5-2-14}$$

第二级放大电路的电压放大倍数计算：

$$v_{o2} = -\beta i_{b2}R_{C2} \tag{5-2-15}$$

$$v_{i2} = v_{o1} = i_{b2}[r_{be2} + (1+\beta)R_E] \tag{5-2-16}$$

$$A_{v2} = \frac{v_{o2}}{v_{i2}} = -\frac{\beta i_{b2}R_{C2}}{i_{b2}[r_{be2} + (1+\beta)R_E]}$$

$$= -\frac{\beta R_{C2}}{r_{be2} + (1+\beta)R_E} \tag{5-2-17}$$

整个电路的电压放大倍数为：$A_V = A_{V1}A_{V2}$

放大电路的输入电阻和输出电阻分别为：

$$R_i = R_{B1} // r_{be1} \tag{5-2-18}$$

$$R_o = R_{C2} \tag{5-2-19}$$

如考虑信号源内阻，则放大电路的源电压放大倍数为：

$$A_{vs}=\frac{v_o}{v_S}=\left(\frac{v_o}{v_{i2}}\right)\left(\frac{v_{o1}}{v_i}\right)\left(\frac{v_i}{v_s}\right)$$
$$=A_{V1}A_{V2}\left(\frac{v_i}{v_s}\right)=A_V\left(\frac{R_{i1}}{R_s+R_{i1}}\right)\qquad(5\text{-}2\text{-}20)$$

5.3　差分放大电路

我们前面讲到，在集成运算放大电路和直接耦合的多级放大电路中，都会产生零点漂移现象，即当放大电路的输入短路时，输出端还有缓慢变化的电压产生，主要由半导体器件的温度稳定性差引起的，因此也称为温度漂移或温漂。

在实际电路应用中通常采用差分放大电路作为整个放大电路的输入级来抑制零点漂移，也是集成运放的主要组成单元。

5.3.1　差分放大电路模型

差分放大电路就其功能来说，是放大两个输入信号之差。如图 5-3-1 所示为一线性差分放大电路，有两个输入端和一个输出端，分别接入输入信号 v_{i1} 和 v_{i2}，输出信号为 v_o。若差分放大电路的两个输入端输入的信号数值相同、极性相同，则称为共模信号。若输入的信号数值相同、极性相反，则称为差模信号。

定义差模输入信号为两个输入信号之差，即 $v_{id}=v_{i1}-v_{i2}$，共模输入信号为两个输入信号的算术平均值，即 $v_{ic}=(v_{i1}+v_{i2})/2$，则两个任意输入信号 v_{i1} 和 v_{i2} 可以用差模信号和共模信号表示：

$$v_{i1}=v_{ic}+\frac{v_{id}}{2},v_{i2}=v_{ic}-\frac{v_{id}}{2}$$

根据电压放大倍数的定义，差模电压放大倍数 $A_{vd}=\dfrac{v_{od}}{v_{id}}$，共模电压放大倍数 $A_{vc}=\dfrac{v_{oc}}{v_{ic}}$。当输入端同时存在差模信号和共模信号时，对于线性放大电路，可利用叠加原理得到差分放大电路总的电压输出 $v_o=v_{od}+v_{oc}=A_{vd}v_{id}+A_{vc}v_{ic}$。理想的差分放大电路对差模信号放大能力很强，对共模信号的放大倍数为 0，所以理想差分放大电路的输出 $v_o=v_{od}=A_{vd}v_{id}$。

例 5-3-1　如图 5-3-1 所示，已知 $A_{vd}=100,A_{vc}=0.1$，试计算（1）$v_{i1}=5\text{mV},v_{i2}=-5\text{mV}$；（2）$v_{i1}=1005\text{mV},v_{i2}=995\text{mV}$ 两种情况下的输出电压 v_o。

v_{i1}　v_{i2}　线性差分放大电路　v_o

图 5-3-1　差分放大电路模型框图

解　(1)差模输入信号：$v_{id}=v_{i1}-v_{i2}=5\text{mV}-(-5\text{mV})=10\text{mV}$

共模输入信号：$v_{ic}=(v_{i1}+v_{i2})/2=5\text{mV}+(-5\text{mV})=0\text{mV}$

所以输出信号：$v_o=v_{od}+v_{oc}=A_{vd}v_{id}+A_{vc}v_{ic}=100\times10\text{mV}+0.1\times0=1000\text{mV}$

(2)差模输入信号：$v_{id}=v_{i1}-v_{i2}=1005\text{mV}-995\text{mV}=10\text{mV}$

共模输入信号：$v_{ic}=(v_{i1}+v_{i2})/2=(1005\text{mV}+995\text{mV})/2=1000\text{mV}$

所以输出信号：

$v_o=v_{od}+v_{oc}=A_{vd}v_{id}+A_{vc}v_{ic}=100\times10\text{mV}+0.1\times1000\text{mV}=1100\text{mV}$

5.3.2 差分放大电路的结构和原理

1. 差分放大电路的结构

差分放大电路的基本结构如图 5-3-2 所示，包含两个匹配的三极管 T_1 和 T_2，组成对称电路，电路参数也对称，$R_{C1}=R_{C2}$，$R_{B1}=R_{B2}$，两管的发射极连接在一起由恒流源 I_o 提供直流偏置，直流偏置通常由三极管电路实现。有些差分放大电路的 T_1、T_2 发射极通过电阻接负电源 V_{EE}，这种结构的差分放大电路称为长尾式差分放大电路，如图 5-3-3 所示。若 v_{i1}、v_{i2} 分别经 T_1、T_2 的基极输入，则称为双端输入，若 T_1、T_2 的基极其中有一个接地，另一个作为信号输入端，则称为单端输入；若输出信号从 T_1、T_2 的集电极间输出，则称为双端输出，若输出 信号从 T_1 或 T_2 的集电极输出，则称为单端输出，因此差分放大电路共有 4 种输入/输出的组合应用方式：双端输入/双端输出、双端输入/单端输出、单端输入/双端输出以及单端输入/单端输出。

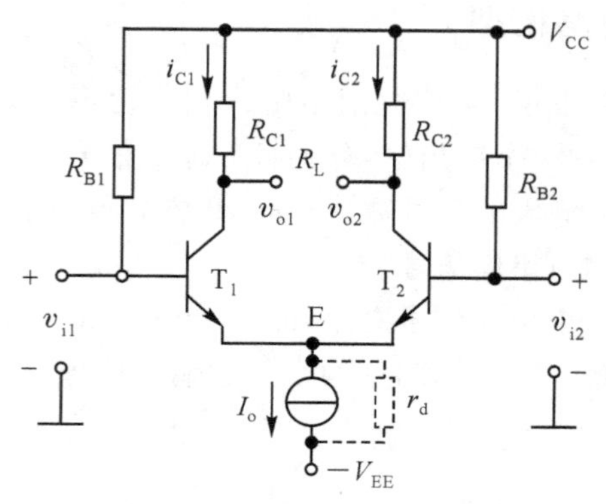

图 5-3-2 差分放大电路

2. 差分放大电路工作原理

下面我们将以图 5-3-3 所示的长尾式差分放大电路为例，分析差分放大电路的工作原理、特性以及其抑制零点漂移的作用。图中，T_1 与 T_2 性能完全相同，$R_{C1}=R_{C2}=R_C$。

(1)静态分析

当输入信号 $v_{i1}=v_{i2}=0$ 时，T_1、T_2 的基极静态电位 $V_{BQ1}=V_{BQ2}=0$，发射极静态电位 $V_{EQ1}=V_{EQ2}=V_{EQ}=-0.7\text{V}$，通过 R_E 的电流 $I_{EQ}=\dfrac{V_{EQ}-(-V_{EE})}{R_E}$，由于电路完全对称，因此通过两管的发射极电流 $I_{EQ1}=I_{EQ2}=I_{EQ}/2$，又由于 T_1、T_2 特性完全相同，所以可求得两管集电极的静态电流

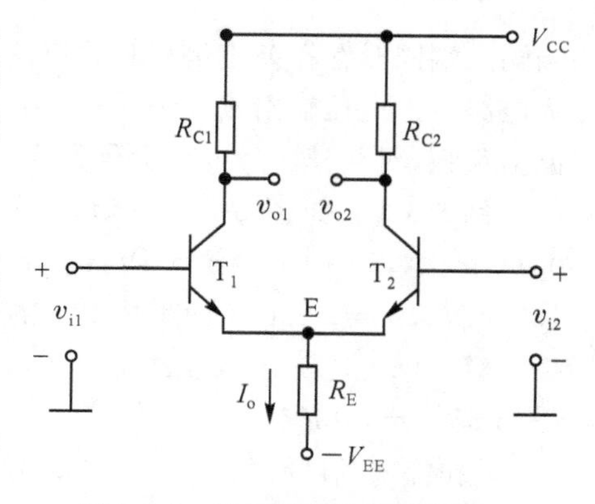

图 5-3-3 长尾式差分放大电路

$$I_{CQ1}=I_{CQ2}=\alpha I_{EQ}/2\approx I_{EQ}/2 \tag{5-3-1}$$

基极静态电流

$$I_{BQ1}=I_{BQ2}=\frac{I_{EQ}}{2(1+\beta)} \tag{5-3-2}$$

$$V_{CEQ1} = V_{CEQ2} = V_{CEQ} = V_{CC} - I_{CQ1}R_C + V_{BEQ} \tag{5-3-3}$$

因此 $V_{C1} = V_{C2}$，当输入电压 $v_{i1} = v_{i2} = 0$ 时，输出电压 $v_o = V_{C1} - V_{C2} = 0$ 。

(2)动态分析

当输入信号 v_{i1}、v_{i2} 均不为 0 时，如前所述两个任意输入信号可以用差模信号和共模信号表示，下面我们将分析差分放大电路的动态性能。

(a)差分放大电路的差模输入

当在电路的两个输入端输入差模信号 $v_{i1} = -v_{i2} = v_{id}/2$ 时，由于电路两边对称，在 T_1、T_2 的集电极产生等值反相的增量电流，$i_{C1} = I_{CQ} + i_c$，$i_{C2} = I_{CQ} - i_c$，即 T_1 集电极电位升高而 T_2 集电极电位等量下降；同理，在发射极也产生等值反相的增量电流 i_e，当它们流过 R_E 时，静态电流相加，而增量电流相互抵消，因此，对于差模信号，R_E 可视为短路，交流等效电路如图 5-3-4 所示，由图可知，差模交流等效电路由两个相同的共射放大电路组成，只要求出一个共射放大电路的性能，就能得到差分放大电路的差模性能。

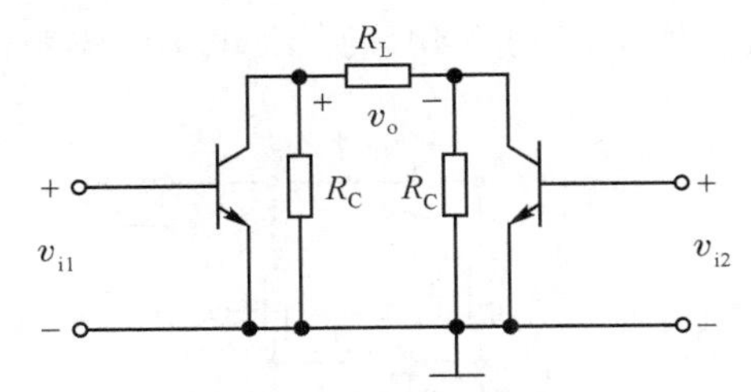

图 5-3-4　差模交流等效电路

差模差分放大电路的小信号等效电路图如图 5-3-5 所示，根据输入电阻的定义，差分电路的差模输入阻抗为

$$R_{id} = 2r_{be} \tag{5-3-4}$$

是单管共射放大电路的两倍。

电路的差模输出电阻为

$$R_{od} = 2R_C \tag{5-3-5}$$

也是单管共射放大电路的两倍。

差模电压放大倍数

$$A_{vd} = \frac{v_{od}}{v_{id}} = \frac{v_{o1} - v_{o2}}{v_{i1} - v_{i2}}$$

$$= -\frac{2\beta i_b(R_{C1} // \frac{R_L}{2})}{2i_b r_{be}} = -\frac{\beta(R_{C1} // \frac{R_L}{2})}{r_{be}} \tag{5-3-6}$$

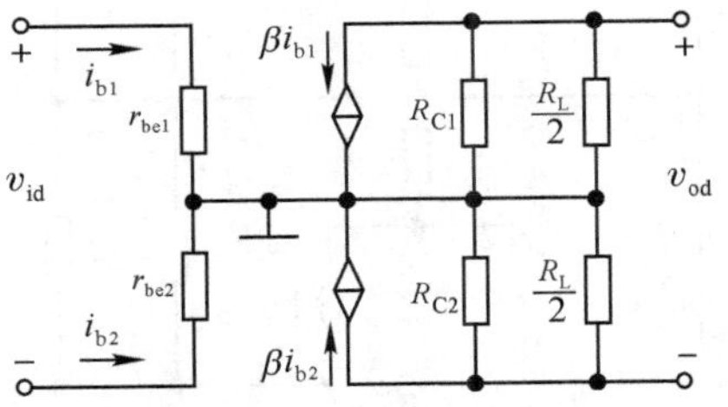

图 5-3-5　差模小信号等效电路

差模电压放大倍数与单管共射放大电路一样，因此差分放大电路是以两倍的器件为代价来换取抑制零漂的效果。

(b)差分放大电路的共模输入

当在电路的两个输入端输入共模信号 $v_{i1}=v_{i2}=v_{ic}$ 时，由于电路两边对称，在 T_1、T_2 的集电极产生等值的增量电流，$i_{C1}=I_{CQ}+i_c$，$i_{C2}=I_{CQ}+i_c$，集电极电位的变化也相等，从而使得输出电压 $v_{oc}=v_{oc1}-v_{oc2}=0$，所以电路的共模电压放大倍数为

$$A_{vc}=\frac{v_{oc}}{v_{ic}}=\frac{v_{oc1}-v_{oc2}}{v_{ic}}=0 \tag{5-3-7}$$

差分放大电路对共模信号没有放大作用，即对共模信号的抑制能力无穷大。实际上，电路很难完全对称，即便这样差分放大器对共模信号的抑制能力也还是很强的。

从图 5-3-6 可以看出，在发射极也产生等值的增量电流 i_e，当它们流过 R_E 时，R_E 上电流的变化量为 2 倍的 i_e，因此，对于每边三极管而言，发射极等效电阻为 $2R_E$，差分放大电路的共模小信号等效电路如图 5-3-7 所示。由于 R_E 对共模信号具有负反馈作用，通常称为共模反馈电阻。而且 R_E 阻值越大，反馈作用越强，集电极电流变化越小，集电极电压变化也越小。

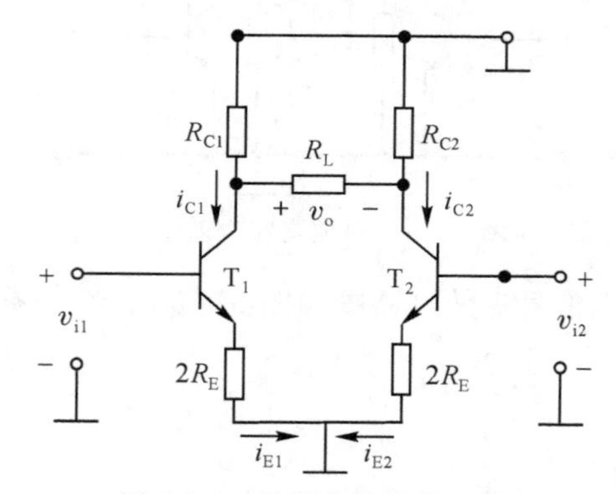

图 5-3-6　共模交流等效电路

在共模输入情况下，v_{i1}、v_{i2} 相当于并联，因此共模输入电阻为

$$\begin{aligned}R_{ic}&=\frac{v_{ic}}{2i_b}=\frac{i_b[r_{be}+2(1+\beta)R_E]}{2i_b}\\&=\frac{1}{2}[r_{be}+2(1+\beta)R_E]\end{aligned} \tag{5-3-8}$$

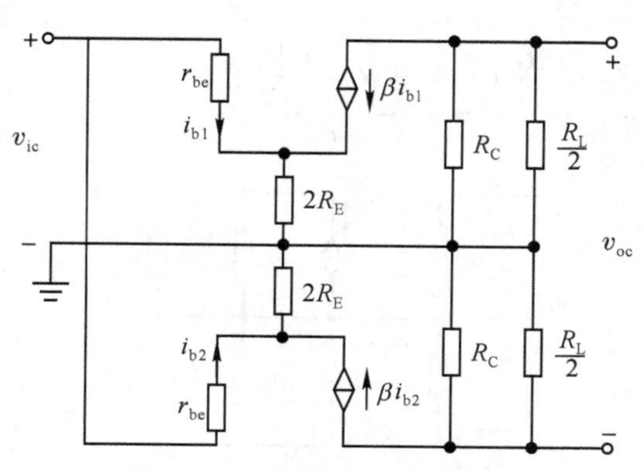

图 5-3-7　共模小信号等效电路

电路的共模输出阻抗为

$$R_{oc} = 2R_C \tag{5-3-9}$$

可见图 5-3-3 所示的双端输入双端输出的差分放大电路，对共模信号不具有放大作用。由于干扰信号以及零点漂移等都属于共模信号，因此，可以利用上述电路来抑制零点漂移以及共模干扰。

(c)共模抑制比

通常用共模抑制比来衡量差分放大电路对共模信号的抑制能力，用 K_{CMR} 表示，定义为：差分放大电路的差模电压放大倍数与共模电压放大倍数的比值的绝对值称为共模抑制比，即 $K_{CMR} = \left|\dfrac{A_{vd}}{A_{vc}}\right|$ 。差模电压放大倍数 A_{vd} 越大，共模电压放大倍数 A_{vc} 越小，其值越大，共模抑制能力越强，差分放大电路的性能越好。

如图 5-3-3 差分放大电路，在电路完全对称的理想情况下，共模电压放大倍数 $A_{vc} = 0$ ，则共模抑制比 $K_{CMR} = 0$ 。

(d)电压传输特性

差分放大电路的差模输出电压随差模输入电压变化的关系曲线称为电压传输特性，即 $v_{od} = f(v_{id})$。将差模电压按图 5-3-3 接到输入端，当输入信号 v_{id} 从零逐渐增大时，可以得到差分放大电路中输出信号 v_{od} 将随 v_{id} 变化的关系曲线，如图 5-3-8 中曲线①所示。由图可知，只有曲线的中间部分，二者呈线性关系，其斜率即为差模电压放大倍数。若输入电压幅值太大，则会导致输出电压失真，且输出值逐渐趋于不变，其数值取决于电源电压 V_{CC} 。若改变 v_{id} 的极性，则可以得到另一条对称的曲线，如图 5-3-8 中曲线②所示。

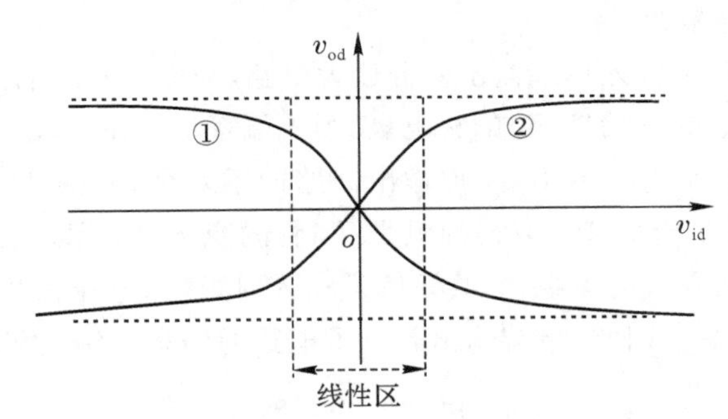

图 5-3-8　差分放大电路的电压传输特性

5.3.3　差分放大电路的四种接法

上述差分放大电路的分析是针对图 5-3-3 所示的双端输入/双端输出的长尾式差分放大电路进行的，在实际应用中，为了防止干扰和满足负载的需要，除了采用双端输入/双端输出的接法外，还采用双端输入/单端输出、单端输入/双端输出和单端输入/单端输出三种接法，下面将分别介绍这三种电路的特点。

(1)单端输入/双端输出

图 5-3-9 所示为单端输入/双端输出的差分放大电路，图中两个输入端一端接信号，另一端接地，即 $v_{i1} = v_i$，$v_{i2} = 0$。为了便于分析，我们可以把单端输入视为两个输入端接入了两个不同的输入信号，由图 5-3-1 可知，两个任意的输入信号可以用差模输入信号和共模输

入信号的线性叠加表示，$v_{i1}=v_{ic}+v_{id}/2$，$v_{i2}=v_{ic}-v_{id}/2$，其中，$v_{id}=v_{i1}-v_{i2}=v_{i1}$，$v_{ic}=\frac{v_{i1}+v_{i2}}{2}=\frac{v_{i1}}{2}$。因此，我们可以把单端输入等效为同时输入差模信号和共模信号的双端输入，所以，分析方法与图 5-3-3 所示双端输入/双端输出差分放大电路一样，分别对差模信号输入和共模信号输入两种情况进行分析，与之不同的是，如果共模放大倍数 A_{vc} 不为零，则输出端不但有差模信号作用得到的差模输出电压，还有共模信号作用而得到的共模输出电压，输出总电压为：

$$v_o=A_{vd}\cdot v_{id}+A_{vc}\cdot v_{ic} \tag{5-3-10}$$

如果电路参数理想对称，则 $A_{vc}=0$，式中第二项为 0，K_{CMR} 将为无穷大。

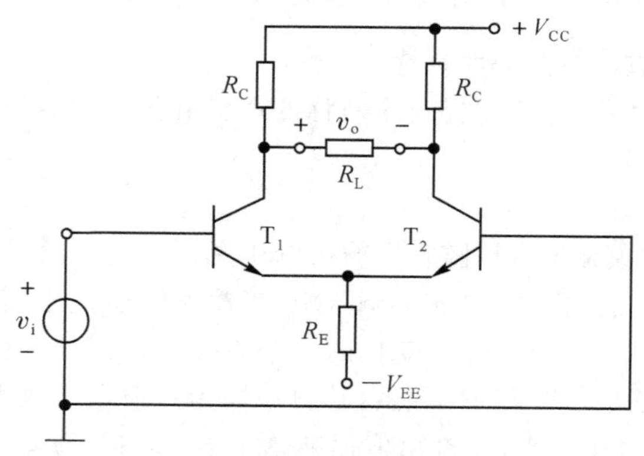

图 5-3-9　单端输入/双端输出差分放大电路

(2)双端输入/单端输出

图 5-3-10 所示为双端输入单端输出差分放大电路，与图 5-3-3 所示电路相比，只是输出方式不同，负载电阻 R_L 的一端接 T_1 的集电极，另一端接地。由于输入回路对称，两管仍可获得相同的基极静态电流 $I_{BQ1}=I_{BQ2}$，但输出回路的不对称，使得 T_1，T_2 的集电极电位不相等，$V_{CQ1}\neq V_{CQ2}$。又由于负载上取得的只是 T_1 管的变化量，所以，在差模信号输入时，输出电压信号为双端输出方式的一半；而共模信号输入时，输出电压信号为 T_1 集电极对地的共模输出电压，不再为零。因此，单端输出影响了电路的静态工作点和动态参数。

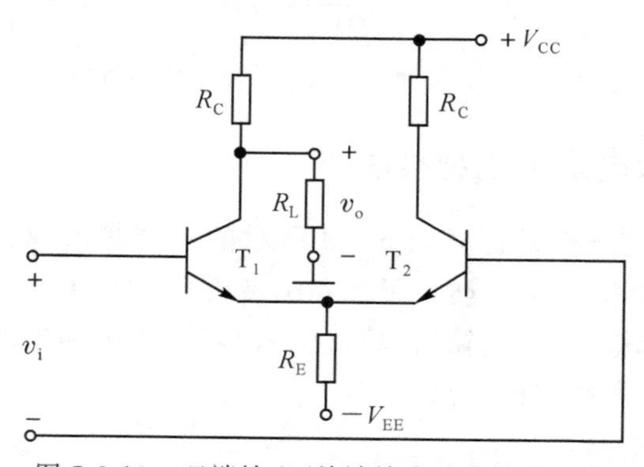

图 5-3-10　双端输入/单端输出差分放大电路

双端输入/单端输出差分放大电路对差模小信号和共模小信号的等效电路如图 5-3-11 所示。由图可知，当电路输入差模信号时，如图 5-3-11(a)所示，电路的输入回路与图 5-3-5

相同，所以电路的输入电阻 R_{id} 仍为 $2r_{be}$，而电路的输出电阻 R_{od} 为 R_C，是双端输出的一半。由于输出电压为双端输出的一半，故差模电压放大倍数减小为：

$$A_{vd}=\frac{v_{od}}{v_{id}}=-\frac{\beta i_{b1}(R_C//R_L)}{2i_{b1}r_{be}}=-\frac{\beta(R_C//R_L)}{2r_{be}} \tag{5-3-11}$$

若差模输入信号不变，而输出信号取自 T2 管的集电极，则输出与输入同相，差模电压放大倍数为：

$$A_{vd}=\frac{v_{od}}{v_{id}}=\frac{\beta(R_C//R_L)}{2r_{be}} \tag{5-3-12}$$

当输入共模信号时，电路的输入回路与图 5-3-7 相同，所以电路的输入电阻仍为：

$$R_{ic}=\frac{v_{ic}}{2i_b}=\frac{i_b[r_{be}+2(1+\beta)R_E]}{2i_b}=\frac{1}{2}[r_{be}+2(1+\beta)R_E] \tag{5-3-13}$$

而电路的输出电阻 R_{oc} 为 R_C，也为双端输出的一半。由于 T_1 和 T_2 集电极电位的变化量等量且同相，所以无论输出电压取自哪一管，共模电压放大倍数均为：

$$A_{vc}=\frac{v_{oc}}{v_{ic}}=-\frac{\beta i_{b1}(R_C//R_L)}{i_{b1}[r_{be}+2(1+\beta)R_E]}=-\frac{\beta(R_C//R_L)}{r_{be}+2(1+\beta)R_E} \tag{5-3-14}$$

共模抑制比

$$K_{CMR}=\left|\frac{A_{vd}}{A_{vc}}\right|=\frac{r_{be}+2(1+\beta)R_E}{2r_{be}} \tag{5-3-15}$$

由式(5-3-14)可以看出，R_E 越大，则 A_{vc} 越小，共模抑制比越大，电路的性能越好。

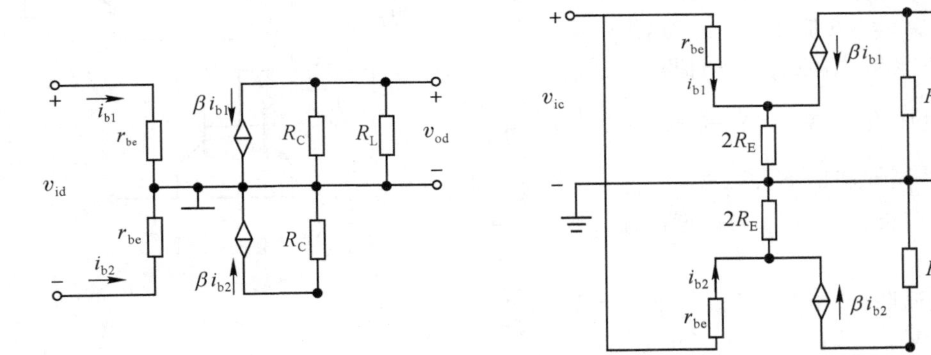

(a) 差模等效电路图　　(b) 共模等效电路图

图 5-3-11　双端输入/单端输出差分放大电路

(3)单端输入/单端输出

图 5-3-12 所示为单端输入/单端输出的差分放大电路，如前所述，单端输入可以等效为同时输入差模信号和共模信号的双端输入，因此电路的分析方法与图 5-3-10 所示的双端输入/单端输出差分放大电路相同。

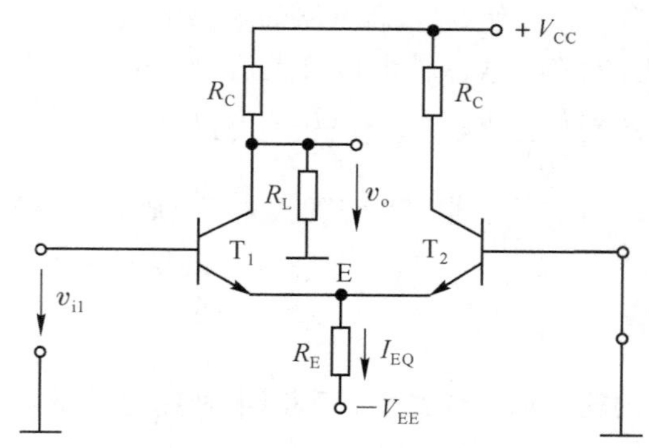

图 5-3-12 单端输入/单端输出差分放大电路

综上分析可知，差分放大电路对差模信号具有放大作用，对共模信号具有抑制作用，发射极电阻 R_E 越大，共模抑制比越大，电路性能越好，尤其是对于单端输出电路，这一点尤为重要。但实际上，R_E 的增大是有限的，当电源电压选定后，R_E 增大会导致三极管的 V_{CEQ} 下降，动态范围减小，影响放大倍数，而且，在集成电路中，大电阻的实现很难，因此，在实际电路中，通常采用交流电阻很大，而直流压降较小的电流源电路来取代 R_E，如图 5-3-14 所示的电路。（电流源电路的分析详见 5.4 节）

例 5-3-2 差分放大电路如图 5-3-13 所示，$R_C=2\text{k}\Omega$，$R_{REF}=8.6\text{k}\Omega$，$V_{CC}=5\text{V}$，$V_{EE}=-5\text{V}$。假设晶体管的 $\beta=100$，电流源交流阻抗无穷大，试回答下列问题：

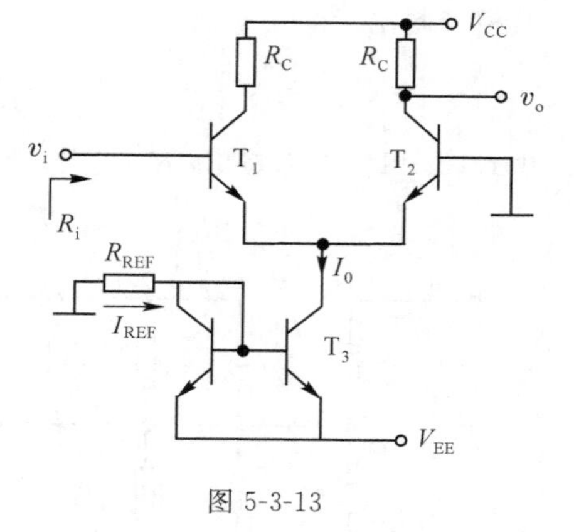

图 5-3-13

a）试求电流 I_0 的值。

b）试求差模输入阻抗 R_{id} 的值。

c）试求电压增益 $A_{vd}=\dfrac{v_{od}}{v_{id}}$，$A_{vc}=\dfrac{v_{oc}}{v_{ic}}$。

d）试求共模抑制比 K_{CMR}。

解 a）由图可知 T_3，T_4 为镜像电流源，$I_{REF}=I_0$。

根据电流通路，$0-R_{REF}I_{REF}-V_{BE}=V_{EE}$，可得

$$I_0=\frac{0-V_{BE}-V_{EE}}{R_{REF}}=\frac{-0.7-(-5)}{8.6}=0.5(\text{mA})$$

b）$I_{E1}=I_{E2}=I_E=\dfrac{1}{2}I_0=0.25(\text{mA})$

$$r_{be1}=r_{be2}=200+(1+\beta)\frac{V_T}{I_E}=10.3(\text{k}\Omega)$$

因为电路可等效为双端输入，所以差模输入阻抗为：

$$R_{id}=2r_{be}=20.6\text{k}\Omega$$

c）因为图中电路输出电压取自 T_2 管，所以输出信号和输入信号同相，差模电压放大倍数为 $A_{vd}=\dfrac{v_{od}}{v_{id}}=\dfrac{\beta(R_C//R_L)}{2r_{be}}$，又因为输出开路，负载 R_L 无穷大，所以

$$A_{vd}=\frac{\beta R_C}{2r_{be}}=\frac{1}{2}\times\frac{100\times 2\text{k}\Omega}{10.3\text{k}\Omega}=9.7$$

由于电流源交流阻抗无穷大，因此共模电压放大倍数为零，即 $A_{vc}=0$。

d) 共模抑制比 $K_{CMR}=\infty$。

例 5-3-3　图 5-3-14 所示的是以恒流源作为发射极电阻的差分放大电路，图中恒流源符号取代了具体的电路，$R_C=5\text{k}\Omega$，$\beta=100$，$I_0=2\text{mA}$，$V_{CC}=12\text{V}$，$V_{EE}=-12\text{V}$，$r_o=1\text{M}\Omega$。

试求：(1)静态工作点(Q 点)；

(2) A_{vd}、A_{vd1}、A_{vd2}，差模输入电阻 R_{id} 以及在双端输出工作方式下的差模输出电阻 R_{od}；

(3)单端输出工作方式下的共模增益 A_{vc}，输入电阻 R_{ic} 以及输出电阻 R_{oc}；

(4)单端输出工作方式下的共模抑制比 K_{CMR}。

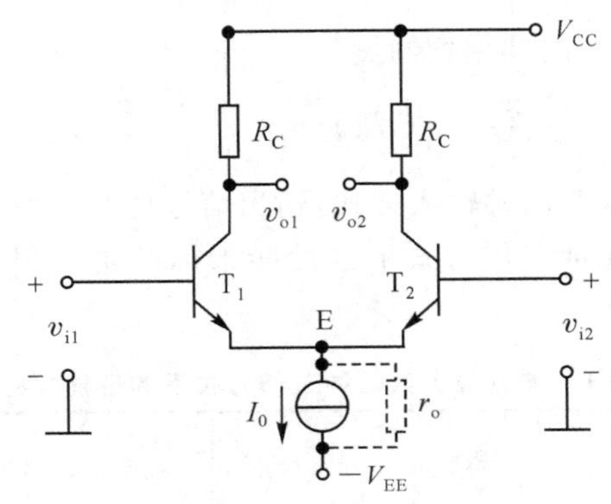

图 5-3-14　例 5-3-3 电路图

解　(1)当 $v_{i1}=v_{i2}=0$ 时，电路工作于 Q 点

$V_{BE1}=V_{BE2}=0.7\text{V}$，所以 $V_E=-0.7\text{V}$

$$I_{C1}=I_{C2}=I_C\approx I_{E1}=I_{E2}=I_E=\frac{I_0}{2}=1\text{mA}$$

$$V_{CE1}=V_{CE2}=V_{CC}-I_CR_C+0.7\text{V}=12\text{V}-1\text{mA}\times5\text{k}\Omega+0.7\text{V}=7.7\text{V}$$

$$v_o=V_{C1}-V_{C2}=0\text{V}$$

$$r_{be1}=r_{be2}=r_{be}=200\Omega+(1+\beta)\frac{V_T}{I_E}=200+(1+100)\frac{26\text{mV}}{1\text{mA}}\approx2.8\text{k}\Omega$$

(2) 双端输出时

差模电压放大倍数为

$$A_{vd}=\frac{v_{od}}{v_{id}}=-\frac{2\beta i_{b1}R_C}{2i_{b1}r_{be}}=-\frac{\beta R_C}{r_{be}}$$

$$=-\frac{100\times5\text{k}\Omega}{2.8\text{k}\Omega}=-178.6$$

单端输出时的差模电压放大倍数为

$$A_{vd1}=\frac{v_{o1}}{v_{id}}=-\frac{\beta i_{b1}R_C}{2i_{b1}r_{be}}=-\frac{\beta R_C}{2r_{be}}=-\frac{100\times5\text{k}\Omega}{2\times2.8\text{k}\Omega}=-89.3$$

$$A_{vd2}=\frac{v_{o2}}{v_{id}}=\frac{\beta i_{b1}R_C}{2i_{b1}r_{be}}=\frac{\beta R_C}{2r_{be}}=\frac{100\times5\text{k}\Omega}{2\times2.8\text{k}\Omega}=89.3$$

差模输入电阻：$R_{id}=2r_{be}=5.6\text{k}\Omega$

差模输出电阻：$R_{od}=2R_C=10\text{k}\Omega$

(3)单端输出时

共模电压放大倍数为

$$A_{vc}=\frac{v_{oc}}{v_{ic}}=-\frac{\beta R_C}{r_{be}+2(1+\beta)r_o}\approx-\frac{R_C}{2r_o}=-\frac{5\text{k}\Omega}{2\times1\times10^3\text{k}\Omega}=-0.0025$$

共模输入电阻为

$$R_{ic}=\frac{1}{2}[r_{be}+(1+\beta)2r_o]=\frac{1}{2}[2.8\text{k}\Omega+(1+100)2\times10^3\text{k}\Omega]\approx101\text{M}\Omega$$

共模输出电阻为

$$R_{oc}=R_C=5\text{k}\Omega$$

(4)单端输出工作方式下的共模抑制比为

$$K_{CMR}=\left|\frac{A_{vd}}{A_{vc}}\right|=\frac{89.3}{0.0025}=35720$$

差分放大电路输入信号有两种输入方式,输出信号也有两种方式,各表现为不同的性能特点。现将差分放大电路几种工作方式下的性能指标和主要用途归纳为表 5-3-1 所示,以便于比较和应用。

表 5-3-1 差分放大器几种工作方式下的性能指标比较

指标 \ 工作方式	双端输入 / 双端输出	双端输入 / 单端输出	单端输入 / 双端输出	单端输入 / 单端输出
差模电压增益	$A_{vd}=\frac{v_{od}}{v_{id}}=-\frac{\beta(R_C//\frac{R_L}{2})}{r_{be}}$	$A_{vd1}=\frac{v_{od1}}{v_{id}}=-\frac{\beta(R_C//R_L)}{2r_{be}}$ $A_{vd2}=\frac{v_{od2}}{v_{id}}=\frac{\beta(R_C//R_L)}{2r_{be}}$	$A_{vd}=\frac{v_{od}}{v_{id}}=-\frac{\beta(R_C//\frac{R_L}{2})}{r_{be}}$	$A_{vd1}=\frac{v_{od1}}{v_{id}}=-\frac{\beta(R_C//R_L)}{2r_{be}}$ $A_{vd2}=\frac{v_{od2}}{v_{id}}=\frac{\beta(R_C//R_L)}{2r_{be}}$
共模电压增益	$A_{vc}\to0$	$A_{vc}=\frac{v_{oc}}{v_{ic}}$ $=-\frac{\beta(R_C//R_L)}{r_{be}+2(1+\beta)R_E}$	$A_{vc}\to0$	$A_{vc}=\frac{v_{oc}}{v_{ic}}$ $=-\frac{\beta(R_C//R_L)}{r_{be}+2(1+\beta)R_E}$
共模抑制比	$K_{CMR}\to\infty$	$K_{CMR}=\left\|\frac{A_{vd}}{A_{vc}}\right\|$ $=\frac{r_{be}+2(1+\beta)R_E}{2r_{be}}$	$K_{CMR}\to\infty$	$K_{CMR}=\left\|\frac{A_{vd}}{A_{vc}}\right\|$ $=\frac{r_{be}+2(1+\beta)R_E}{2r_{be}}$
差模输入电阻	$R_{id}=2r_{be}$			
差模输出电阻	$R_{od}=2R_C$	$R_{od}=R_C$	$R_{od}=2R_C$	$R_{od}=R_C$
共模输入电阻	$R_{ic}=\frac{1}{2}[r_{be}+(1+\beta)2R_E]$			
共模输出电阻	$R_{od}=2R_C$	$R_{od}=R_C$	$R_{od}=2R_C$	$R_{od}=R_C$
主要用途	1. 输入、输出信号不需要一端接地 2. 常用于多级直接耦合放大器的输入级、中间级	1. 将双端输入转换为单端输出 2. 常用于多级直接耦合放大器的输入级、中间级	1. 将单端输入转换为双端输出 2. 常用于多级直接耦合放大器的输入级、中间级	输入、输出信号需要一端接地

5.3.4　FET差分放大电路

由表5-3-1可知，由三极管组成的四种接法差分放大电路对共模信号均有较强的抑制能力，但输入电阻却都很小。而在模拟集成电路中，常采用输入电阻高、偏置电流小的FET差分放大电路，即在前面所讲的差分放大电路中，用场效应管取代三极管，如图5-3-15所示，这种电路适合应用于直接耦合多级放大电路的输入级。与三极管差分放大电路相同，场效应管差分放大电路也有四种接法，可以用前面所述的方法对四种接法进行分析，只需要将电路中三极管的小信号模型换成FET的小信号模型即可，这里不再重复叙述。

例5-3-4　电路如图5-3-15所示，JFET的 $g_m = 2\text{mS}, r_{ds} = \infty$，试求

(1) $A_{vd} = (v_{o1} - v_{o2})/v_{id}$

(2) A_{vd1}、A_{vc1}、K_{CMR} 的值。

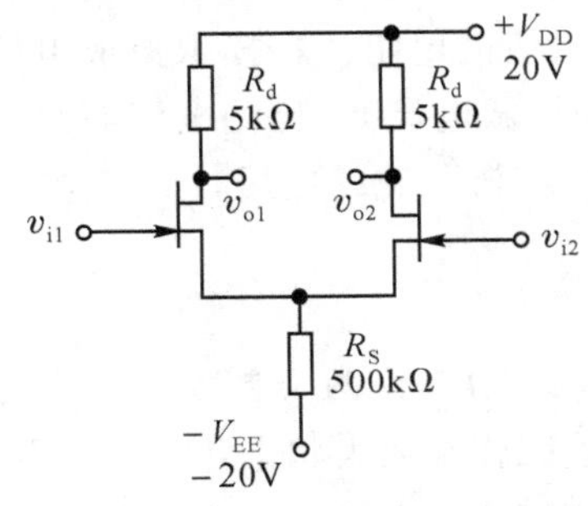

图5-3-15　FET差分放大电路

解　差模输入和共模输入的小信号等效电路如图5-3-16所示。

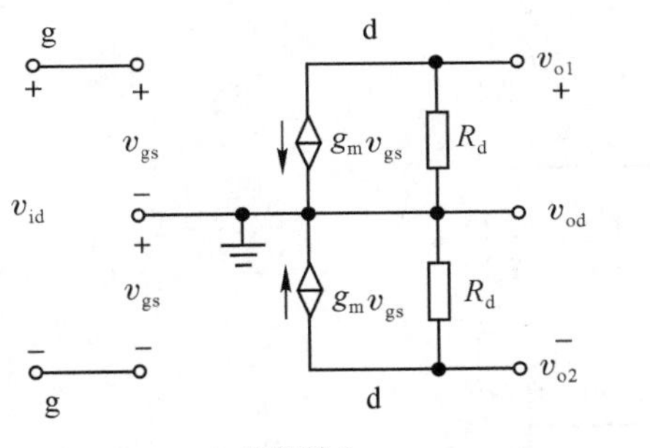

(a) 差模输入

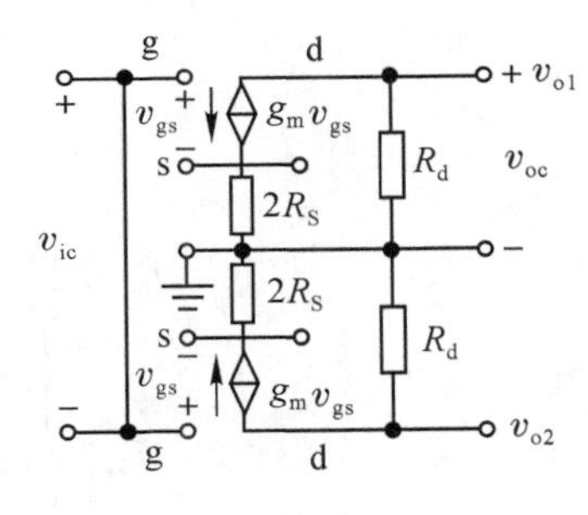

(b) 共模输入

图5-3-16　小信号等效电路图

(1)差模电压放大倍数为

$$A_{vd} = (v_{o1} - v_{o2})/v_{id} = -\frac{g_m v_{gs} \cdot R_d}{v_{gs}}$$

$$= -g_m R_d = -2\text{mS} \times 5\text{k}\Omega = -10$$

(2)单端输出时

差模电压放大倍数 $A_{vd1} = A_{vd}/2 = -5$

共模电压放大倍数

$$A_{vc1} = \frac{v_{o1}}{v_{ic}} = -\frac{g_m v_{gs} R_d}{v_{gs} + 2g_m v_{gs} R_s} = -\frac{g_m R_d}{1 + 2g_m R_s}$$

$$=-\frac{2\text{mS}\times 5\text{k}\Omega}{1+2\text{mS}\times 2\times 50\text{k}\Omega}\approx -0.05$$

共模抑制比 $K_{\text{CMR}}=\left|\frac{A_{\text{vd1}}}{A_{\text{vc1}}}\right|=100$

5.4　电流源电路

电流源是一种可以输出恒定电流的电路，通常具有很高的输出电阻，等效符号如图 5-4-1 所示，图中 I_0 为电流源的输出静态电流，r_o 为电流源的交流等效电阻。利用三极管 BJT(或场效应管 FET)及辅助元器件可以构成电流源电路，在电子电路中尤其是在集成电路中，常用来为放大电路提供稳定的直流偏置，或作为放大电路的有源负载来取代高阻值的电阻。在模拟集成电路中，常用的电流源电路有镜象电流源、微电流源、比例电流源等，本节将介绍几种常用的电流源电路和有源负载的应用。

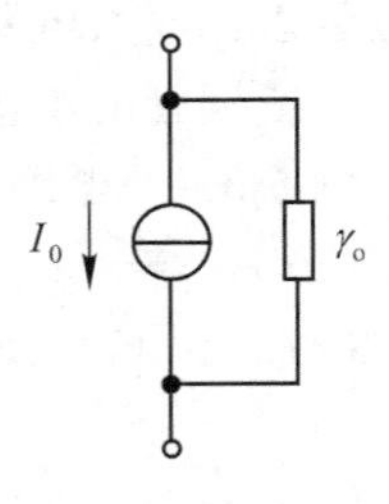

图 5-4-1　电流源等效符号

5.4.1　镜像电流源

如图 5-4-2 所示为镜像电流源电路，由两个参数完全相同的三极管 T_1、T_2 构成，由图可知，$V_{\text{CE1}}=V_{\text{BE1}}$，所以 T_1 管始终工作在放大状态，$I_{\text{C1}}=\beta_1 I_{\text{B1}}$。由于两管具有相同的发射结电压，即 $V_{\text{BE1}}=V_{\text{BE2}}=V_{\text{BE}}$，所以两管的基极电流 $I_{\text{B1}}=I_{\text{B2}}=I_{\text{B}}$，又由于两管放大系数 $\beta_1=\beta_2=\beta$，故集电极电流 $I_{\text{C1}}=I_{\text{C2}}=I_{\text{C}}=\beta I_{\text{B}}$。$R_{\text{REF}}$ 为参考电阻，流过参考电阻的电流为

$$I_{\text{REF}}=I_{\text{C1}}+2I_{\text{B}}=I_{\text{C1}}+2\frac{I_{\text{C1}}}{\beta}=I_{\text{C1}}\left(1+\frac{2}{\beta}\right)\tag{5-4-1}$$

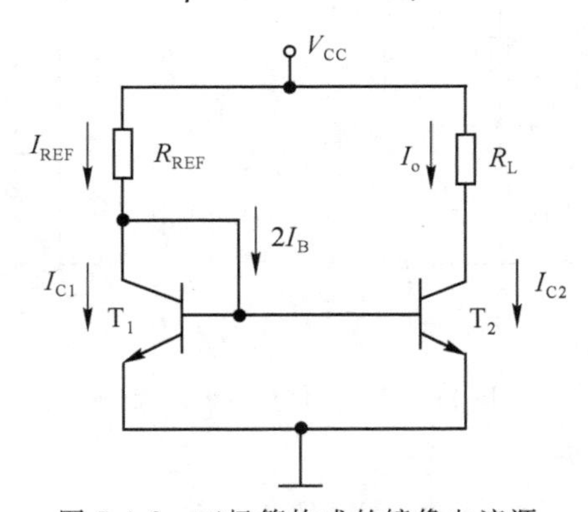

图 5-4-2　三极管构成的镜像电流源

当三极管的 $\beta\gg 2$ 时，基极电流 I_{B} 可以忽略，由于两管 T_1、T_2 的对称性，所以 T_2 的集电极电流近似等于参考电阻上的电流

$$I_o=I_{\text{C2}}=I_{\text{C1}}\approx I_{\text{REF}}=(V_{\text{CC}}-V_{\text{BE1}})/R_{\text{REF}}\tag{5-4-2}$$

当外接负载电阻 R_{L} 时，有恒定的电流流过，输出电流 $I_o=I_{\text{C2}}$ 不随 R_{L} 变化而变化，当 R_{REF} 确定后，I_{REF} 就确定了，随之 I_{C2} 确定，I_{C2} 就像 I_{REF} 的镜像，所以把此电路称为镜像电流源。

例 5-4-1　如图 5-4-2 所示的电路中，$\beta=100$，管子完全对称，$V_{CC}=5V$，如要求 $I_o=1mA$，(1) 试比较参考电流 I_{REF} 与输出电流 I_o；(2) 确定电阻 R_{REF} 的大小。

解　(1)

$$I_{REF}=I_{C1}+2I_B=I_{C1}+2\frac{I_{C1}}{\beta}=I_{C1}\left(1+\frac{2}{\beta}\right)=I_o\left(1+\frac{2}{\beta}\right)$$

$$=1mA\times\left(1+\frac{2}{100}\right)=1.02(mA)$$

I_{REF} 与 I_o 仅差 0.02mA，近似相等。

(2) 由 $I_{REF}=(V_{CC}-V_{BE1})/R_{REF}$ 得

$$R_{REF}=\frac{V_{CC}-V_{BE1}}{I_{REF}}=\frac{5V-0.7V}{1.02mA}\approx 4216(\Omega)$$

图 5-4-2 电路中三极管 β 值足够大，$I_C\gg I_B$，输出电流 I_o 近似等于参考电阻的电流 I_{REF}。如果晶体管 β 值不够大，我们必须考虑两个管子基极电流 $2I_B$ 对参考电流 I_{REF} 的分流作用，为减小分流的影响，可以对镜像电流源电路加以改进，改进电路如图 5-4-3 所示，由图可知，在镜像电流源 T_1 管的集电极与基极之间增加了一个从射极输出的晶体管 T_3，利用 T_3 管的电流放大作用，减小了基极电流 I_{B1} 和 I_{B2} 对基准电流的分流，该管又称为扩流管，流过 T_3 管的基极电流为

$$I_{B3}=\frac{2I_B}{1+\beta}\tag{5-4-3}$$

流过参考电阻的电流为

$$I_{REF}=I_{C1}+I_{B3}=I_{C1}+\frac{2I_B}{1+\beta}\tag{5-4-4}$$

此时输出电流为

$$I_o=I_{C2}=I_{C1}=I_{REF}-I_{B3}=I_{REF}-\frac{2I_B}{1+\beta}=I_{REF}-\frac{2I_{C2}}{(1+\beta)\beta}\tag{5-4-5}$$

整理后可得

$$I_o=I_{C2}=\frac{I_{REF}}{1+\dfrac{2}{(1+\beta)\beta}}\approx I_{REF}\tag{5-4-6}$$

与图 5-4-2 所示的镜像电流源相比对称精度大大提高。在实际应用中，为了避免 T_3 管的工作电流太小，引起其 β 的减小，使 I_{B3} 增大，一般会在 T_3 的发射极上接一个电阻 R_E，为 T_3 提供泄放电流 I_{E3}，以提高 T_3 管实际的放大倍数。

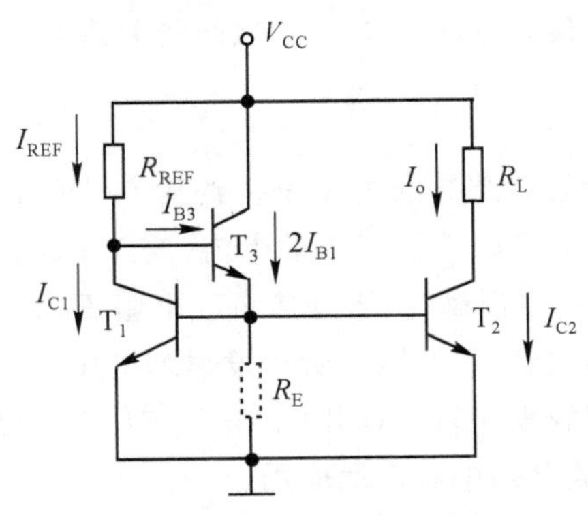

图 5-4-3　改进型镜像电流源

5.4.2 微电流源

在集成电路中电阻不能做得太大，大电阻精度很难控制，但有些场合需要小电流作为直流偏置，因此需要微电流源的场合很多。与镜像电流源相比，微电流源在 T_2 管的发射极串接一个电阻 R_E，微电流源电路如图 5-4-4 所示。

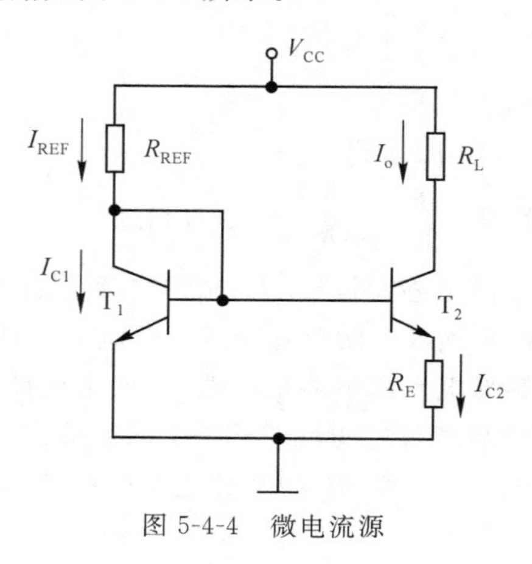

图 5-4-4 微电流源

根据三极管发射结与发射极电流的近似关系 $I_E \approx I_S e^{\frac{V_{BE}}{V_T}}$，当 $\beta \gg 2$ 时，$I_{C1} \approx I_{E1} \approx I_{REF}$，$I_{C2} = I_o \approx I_{E2}$，可得

$$V_{BE1} \approx V_T \ln(\frac{I_{REF}}{I_S}) \tag{5-4-7}$$

$$V_{BE2} \approx V_T \ln(\frac{I_o}{I_S}) \tag{5-4-8}$$

由式(5-4-7)和(5-4-8)求得

$$V_{BE1} - V_{BE2} \approx V_T \ln(\frac{I_{REF}}{I_o}) \tag{5-4-9}$$

又由图 5-4-4 可知

$$V_{BE1} - V_{BE2} = I_{E2} R_E \approx I_o R_E \tag{5-4-10}$$

由式(5-4-9)和(5-4-10)可得

$$I_o R_E \approx V_T \ln(\frac{I_{REF}}{I_o}) \tag{5-4-11}$$

式(5-4-11)表明了基准电流 I_{REF} 与输出电流 I_o 之间的关系。式中基准电流为

$$I_{REF} = \frac{V_{CC} - V_{BE1}}{R_{REF}} \tag{5-4-12}$$

由于一般硅材料三极管发射结导通电压 V_{BE} 约为 0.7V 左右，两个管子发射结电压之差 ΔV_{BE} 很小，用不大的 R_E 就可以获得很小的电流。当 V_{CC}、R_{REF} 选定时，电流 I_{REF} 随之确定，V_{BE1}、V_{BE2} 为一定值时，I_{C2} 可以确定。当外接负载电阻 R_L 时，就会有微小的输出电流 I_o 通过，该电流不随负载 R_L 而改变，仅与两个管子发射结电压之差 ΔV_{BE} 和电阻 R_E 有关。另外电源电压的波动对该微电流源影响较小，同时由于 T_1 对 T_2 的温度补偿作用，温度稳定性也比较好，因此微电流源在集成电路中有广泛应用。

5.4.3　比例电流源

在实际应用中经常需要输出电流 I_o 与参考电流 I_{REF} 成一定比例的比例电流源，可以通过在两个三极管的发射极串接不同阻值的电阻得到，如图5-4-5所示。

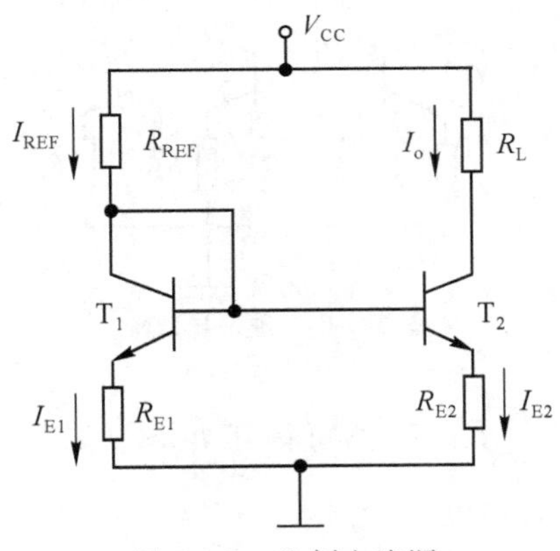

图5-4-5　比例电流源

由图5-4-5中所示电路可知

$$V_{BE1}+I_{E1}R_{E1}=V_{BE2}+I_{E2}R_{E2} \tag{5-4-13}$$

由三极管伏安特性公式　$I_E=I_S e^{\frac{V_{BE}}{V_T}}$ 可得

$$V_{BE1}-V_{BE2}=V_T\ln\frac{I_{E1}}{I_S}-V_T\ln\frac{I_{E2}}{I_S}=V_T\ln\frac{I_{E1}}{I_{E2}}$$

将上式代入式(5-4-13)，整理可得

$$I_{E2}\approx I_{E1}\frac{R_{E1}}{R_{E2}}+\frac{V_T}{R_{E2}}\ln\frac{I_{E1}}{I_{E2}} \tag{5-4-14}$$

当 $\beta \gg 2$ 时，$I_{C1}\approx I_{E1}\approx I_{REF}$，$I_{C2}=I_o\approx I_{E2}$，可得

$$I_o\approx I_{REF}\frac{R_{E1}}{R_{E2}}+\frac{V_T}{R_{E2}}\ln\frac{I_{REF}}{I_o} \tag{5-4-15}$$

在一定取值范围内，若 $I_{REF}R_{E1}\gg V_T\ln\frac{I_{REF}}{I_0}$，式(5-4-15)中的对数项可忽略，则

$$I_o\approx I_{REF}\frac{R_{E1}}{R_{E2}}\qquad 或\qquad I_{REF}R_{E1}\approx I_oR_{E2} \tag{5-4-16}$$

可见只要改变 R_{E1} 和 R_{E2} 的阻值，就可以改变 I_o 和 I_{REF} 的比例关系。式中基准电流

$$I_{REF}\approx\frac{V_{CC}-V_{BE1}}{R_{E1}+R_{REF}} \tag{5-4-17}$$

电路中 R_{E1} 和 R_{E2} 为电流负反馈电阻，可以稳定静态工作点，因此，与镜像电流源相比，比例电流源的输出电流具有更高的温度稳定性。

在集成运放电路中，通常需要多路电流源 分别提供给各级放大电路作为静态偏置电流。在实际电路中，常利用比例电流源来得到多路输出电流。

例5-4-2　如图5-4-6所示，已知电路中各三极管 β、V_{BE} 相同，求电流源输出 I_{C1} 和 I_{C2} 与基准电流之间的关系式。

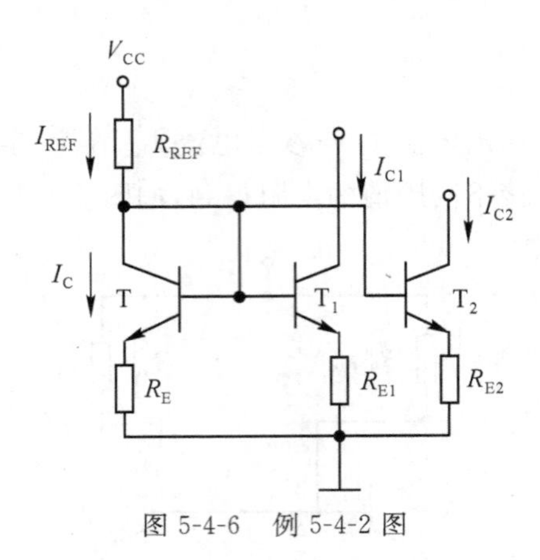

图 5-4-6 例 5-4-2 图

解 $I_C = I_{REF} - \dfrac{\sum I_B}{\beta}$，当 $\beta \gg 2$ 时，可得到 $I_C \approx I_{REF}$。

由于各三极管 β、V_{BE} 相同，所以

$$I_E R_E \approx I_{E1} R_{E1} \approx I_{E2} R_{E2} \approx I_{REF} R_E$$

由上式可得

$$I_{C1} \approx I_{E1} \approx \frac{R_E}{R_{E1}} I_{REF}, I_{C2} \approx I_{E2} \approx \frac{R_E}{R_{E2}} I_{REF}$$

当 I_{REF} 确定后，只要选择合适的电阻，就可以得到所需要的电流。

上述电流源电路均由三极管构成，由场效应管同样可以组成镜像电流源、比例电流源等电路。由 FET 组成的镜像电流源如图 5-4-7 所示，T_1、T_2 为完全对称的 N 沟道增强型 MOS 管，两管的 $V_{GS(th)}$ 等参数完全相同，由图可知，当 $V_{GS1} = V_{GS2}$ 时，由于 $V_{D1} = V_{G1}$，$V_{S1} = 0$，且 $V_{GS(th)} > 0$，所以 $V_{DS1} > V_{GS1} - V_{GS(th)}$，$T_1$ 工作在饱和区，在忽略沟道长度调制效应的情况下有

$$I_{D1} = \frac{\mu_n C_{OX}}{2}\left(\frac{W}{L}\right)(V_{GS1} - V_{GS(th)})^2 \tag{5-4-17}$$

如果 T_2 同样工作在饱和区，则可得 $I_{D1} = I_{D2}$，又由于 T_1、T_2 的栅极电流近似为零，即 $I_{G1} = I_{G2} \approx 0$，则

$$I_{REF} \approx I_{D1} = I_{D2} = \frac{V_{DD} - V_{GS1}}{R_{REF}} \tag{5-4-18}$$

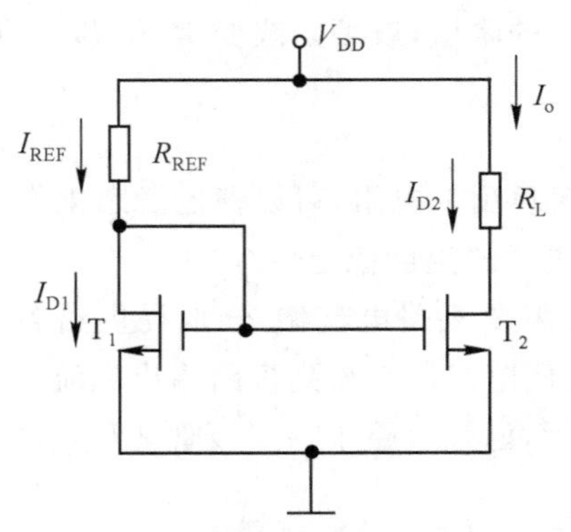

图 5-4-7 FET 构成的镜像电流源

调整 R_{REF} 的大小，可以改变输出电流的大小。输出电流的大小与负载电阻无关，改变负载电阻的大小，输出电流保持恒定，$I_o = I_{REF}$。

5.4.4　电流源用作有源负载

由于电流源具有直流电阻小而交流电阻很大的特点，在模拟集成电路中广泛用作负载使用，称为有源负载，如图 5-4-8 所示，T_3 为放大管，R_{b3} 为 T_3 提供基极直流偏置，T_1、T_2 组成镜像电流源，作为 T_3 放大器的有源负载，T_3 管的集电极电流 $I_{C3} = I_{C2} = I_{REF}$ 电流。T_3 及外围电路一起组成共发射极放大器，由于电流源的交流电阻很高，在共射放大电路中，可大大提高电路的电压增益。

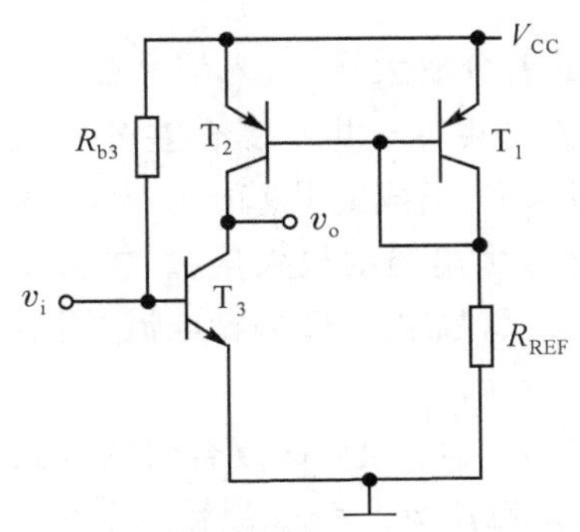

图 5-4-8　电流源用作有源负载

5.5　集成运放电路简介

从本质看，集成运放是一种高性能的直接耦合放大电路，它的类型很多，内部电路也各不相同，但它们的结构具有共同之处，都包含了我们前几节讲过的基本电路，比如单级放大电路、差分放大电路、电流源等。

从 5.1 节我们可知，集成运放有四个组成部分，因此，在分析集成运放电路时，我们首先要了解它各组成部分的结构和功能，然后再对它进行分析。下面我们将以 LM741 运算放大电路为例来分析集成运放电路。

考虑到集成电路制造的工艺简单、质量的可靠性等因素，LM741 电路采用了大量的三极管以及相对较少的电阻和一个电容。作为最通用的集成运算放大电路，LM741 电路采用了双电源供电，通常 $V_{CC} = 15\text{V}$，$-V_{EE} = -15\text{V}$。为降低功耗以限制温度升高，各级放大器的静态电流应较小，故电路采用了微电流源电路作为直流偏置。LM741 集成运放内部电路如图 5-5-1 所示，电路包括四个部分：偏置电路、输入级、中间级和输出级，级与级之间为直接耦合，零输入时输出应为零。

1. 偏置电路

由 $+V_{CC} \rightarrow T_{12} \rightarrow R_5 \rightarrow T_{11} \rightarrow -V_{EE}$ 构成主偏置电路，决定偏置电路的基准电流 I_{REF}。主偏置电路 T_{10}、T_{11} 和 R_4 组成微电流源，其中 $I_{REF} \approx I_{C11}$，I_{C10} 提供给输入级中 T_3、T_4 的偏置电流，且 $I_{C10} \ll I_{REF}$。T_8 和 T_9 为一对横向 PNP 三极管，组成镜像电流源，$I_{E8} \approx I_{E9}$，为输入级的 T_1、T_2 提供静态电流 $I_{E8} \approx I_{C10}$，I_{E9} 为 I_{E8} 的基准电流，所以 $I_{C1} \approx I_{C2} \approx$

$\left(1+\frac{2}{\beta}\right)\frac{I_{C8}}{2}$，$I_{C1} \approx I_{C3} \approx I_{C4} \approx I_{C5} \approx I_{C6}$。输入级的偏置电路自身构成反馈环，可减少零点漂移。假如由于温度上升使 I_{C3}、I_{C4} 增加，由于 $I_{C9}+I_{B3}+I_{B4}=I_{C10} \approx$ 常数，可引起下列过程：

$$(I_{C3}+I_{C4})\uparrow \rightarrow I_{E8}\uparrow \rightarrow I_{E9}\uparrow \rightarrow I_{C9}\uparrow \rightarrow I_{B3/4}\downarrow \rightarrow (I_{B3}+I_{B4})\downarrow$$

上述过程保证了 I_{C3}、I_{C4} 的恒定，从而使输入级工作点十分稳定，提高整个电路的共模抑制比。

T_{12}、T_{13}构成了双输出镜像电流源，T_{13}为双集电极 PNP 型三极管，可看作两个三极管的集电极相连，一路输出为 T_{13B}的集电极电流，作为中间放大级的有源负载，另一路输出为 T_{13A}的集电极电流，为输出级提供偏置电流，使 T_{14}、T_{20}工作在甲乙类工作状态。

2. 输入级电路

输入级是由 $T_1 \sim T_6$ 组成的差分放大器，输入信号在 T_1、T_2 的基极，输出信号在 T_6 集电极，T_1 和 T_3、T_2 和 T_4 分别组成共集一共基复合差分放大电路，T_1、T_2 组成的共集电极放大电路可以提高输入阻抗，T_3、T_4 组成的共基极放大电路以及 T_5、T_6、T_7 构成的差分电路有源负载，有利于提高输入级放大电路的放大倍数、扩大输入信号的动态范围、改善频率响应、提高共模抑制比，T_7 为 T_5、T_6 提供基极偏置电流，因 I_{B7} 很小，所以 $I_{C3}=I_{C5}$，无论有无输入差模信号总有 $I_{C3}=I_{C5}=I_{C6}$。

当输入信号 $v_i=0$ 时，由于 T_{16}、T_{17}组成的复合管的放大倍数很大，I_{B16} 可忽略不计，此时有 $I_{C3}=I_{C5}=I_{C4}=I_{C6}$，输出电压 $v_{o1}=0$。当输入信号 $v_i \neq 0$ 时，一个输入端电压增加而另一个减小时，可得

$$i_{C6}=i_{C5}=i_{C3}=I_{C3}+i_{c3}=I_{C3}+i_c \tag{5-5-1}$$

$$i_{C4}=I_{C4}-i_{c4}=I_{C4}-i_c \tag{5-5-2}$$

所以有输出电流

$$i_{o1}=i_{C4}-i_{C6}=(I_{C4}-i_{c4})-(I_{C6}+i_{c6})=-2i_c \tag{5-5-3}$$

因此输入级的输出电流等于两边电流变化量之和，使单端输出的电压增益提高到近似双端输出的情况。当输入为共模信号时 $i_{C4}=i_{C3}$，$i_{o1}=0$，对共模信号的抑制很大。

3. 中间级电路

T_{16}、T_{17}组成复合管的放大电路，为共射极放大器，T_{13B}为集电极有源负载，交流电阻很大，因此中间级有很高的电压增益，同时也有很高的输入电阻。

4. 输出级电路

T_{14}、T_{20}组成互补对称电路，T_{18}管的集射电压 V_{CE18} 并接于 T_{14}、T_{20}两管基极之间，为 T_{14}、T_{20}提供起始偏压，使其工作在甲乙类工作状态，同时利用 T_{19}的 V_{BE19} 连接于 T_{18}基极和集电极之间，形成负反馈偏置电路，从而使 T_{18}管的集射电压 V_{CE18} 恒定。偏置电流由 T_{13A} 组成的电流源提供。

集成电路还设置了过载保护电路，当输出正向电流过大，流过 T_{14}和 R_6 电流增加，使 R_6 两端电压加大，将使 T_{15}管由截止状态进入导通状态，V_{CE15} 下降，I_{B14} 电流下降，从而减小 R_6 上的电流。当输出负向电流过大，流过 T_{20}和 R_7 电流增加，使 R_7 两端电压加大，将使 T_{21} 管由截止状态进入导通状态，T_{22}和 T_{24}导通，降低了 T_{16}、T_{17}基极电压，使 T_{17}的 V_{C17} 和 T_{23} 的 V_{E23} 上升，T_{20}趋向于截止，从而限制了 T_{20}的电流，达到保护的目的。

为保证整个电路在输入信号为零时，输出信号也为零，在集成电路的 1、5 脚之间可接电

位器进行调零，注意电位器中间端子接 $-V_{EE}$ 。

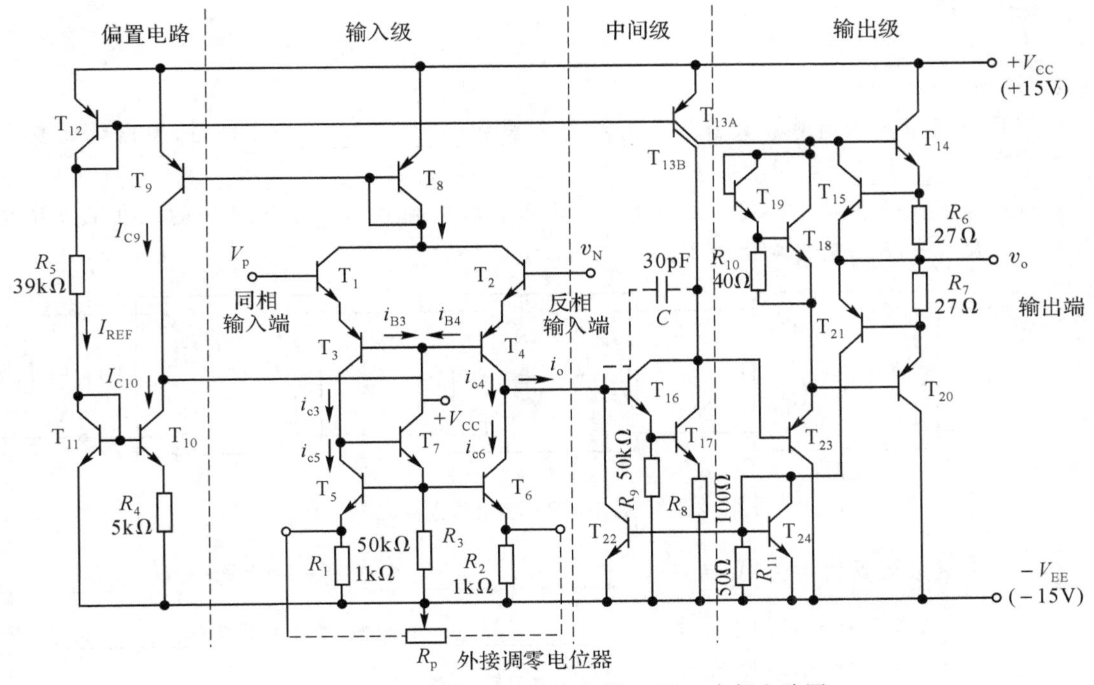

图 5-5-1　通用型集成运算放大器 LM741 内部电路图

本章小结

一、集成运放是一种高性能的直接耦合放大电路，通常由输入级、中间级、输出级和偏置电路四部分组成。为了抑制温漂和提高共模抑制比，常采用差分放大电路作为输入级；中间级为增益级，采用共射放大电路；输出级常采用互补对称电压跟随电路；偏置电路则采用多路电流源。

二、阐述了多级放大电路的四种常见的耦合方式：直接耦合、阻容耦合、变压器耦合和光电耦合的特点及分析方法。直接耦合放大电路存在温漂问题，但因其低频特性好能放大变化缓慢的信号，便于集成，得到了广泛的应用。

三、差分放大电路是集成运放的重要组成单元，它对差模信号具有很强的放大作用，而对共模信号却具有很强的抑制能力，并用共模抑制比 K_{CMR} 来考察上述能力。由于输入、输出方式的不同，差分放大电路共有四种接法。差分放大电路适合用于直接耦合多级放大电路的输入级。

四、电流源电路是模拟集成电路的基本单元电路，特点是直流电阻小，交流电阻大，并具有温度补偿作用。常用于为各级放大电路提供合适的静态电流和作为有源负载，大大提高了运放的增益。

五、集成运放是模拟集成电路的典型器件，以 LM741 集成运放为例对运放的内部电路的工作原理作了定性的分析。而它的分类、主要技术指标以及器件的选择和应用则详见第一章。

习 题

5-1 填空题

(1)通用型集成运算放大器的输入级大多采用__________电路，输出级大多采用________电路。

(2)多级放大器框图如题 5-1 图所示。设各级的增益 $A_{v1},A_{v2},\cdots,A_{vn}$；输入电阻为 R_{i1}，$R_{i2},\cdots,R_{in}$；输出电阻为 $R_{o1},R_{o2},\cdots,R_{on}$。

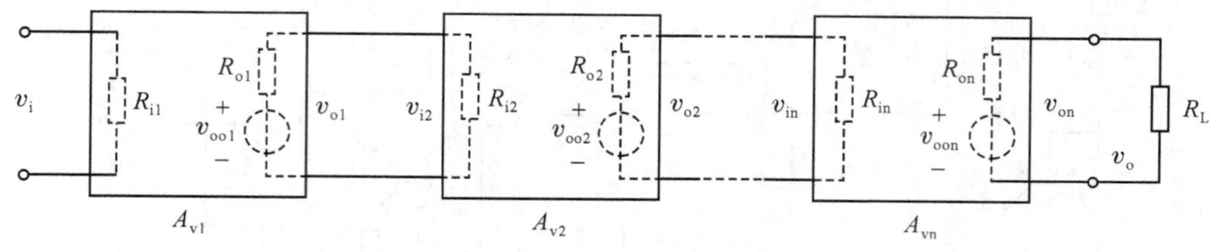

题 5-1 图 多级放大器框图

多级放大器的增益 $A_v=\frac{v_o}{v_i}=$__________；多级放大器的输入电阻为________；多级放大器的输出电阻为________；多级放大器的带宽________其中的各单级放大器的带宽。

(3)在多级放大电路中，后级的输入电阻是前级的________，而前级的输出电阻则可视为后级的________；前级对后级而言又是________。

(4)放大电路产生零点漂移的主要原因是__________。

(5)在相同的条件下，阻容耦合放大电路的零点漂移比直接耦合放大电路________。这是由于__________。

(6)抑制零漂的主要措施有______种，它们是______________。

(7)差模放大倍数 A_{vd} 是________之比；共模放大倍数 A_{vc} 是________之比。

(8)共模抑制比 K_{CMR} 是________之比，K_{CMR} 越大，表明电路__________。

(9)在长尾式差动电路中，R_e 的主要作用是__________。

(10)利用电流源电路输出电流稳定的特性，在模拟集成电路中常用来为放大电路提供稳定的________；由于电流源具有直流电阻______而交流电阻很______的特点，在模拟集成电路中广泛用作______使用。

5-2 题 5-2 图中的 T_1、T_2 均为硅管，$V_{BE}=0.7V$，两管间为直接耦合方式，已知 $\beta_1=\beta_2=50$，$r_{bb'1}=r_{bb'2}=300\Omega$，电容器 C_1、C_2、C_3、C_4 的容量足够大，$V_{CC}=10V$。

(1)估算静态工作点 I_{CQ2}，U_{CEQ2}（I_{BQ2} 的影响忽略不计）；

(2)求中频电压放大倍数 A_v；

(3)求输入电阻 R_i 和输出电阻 R_o。

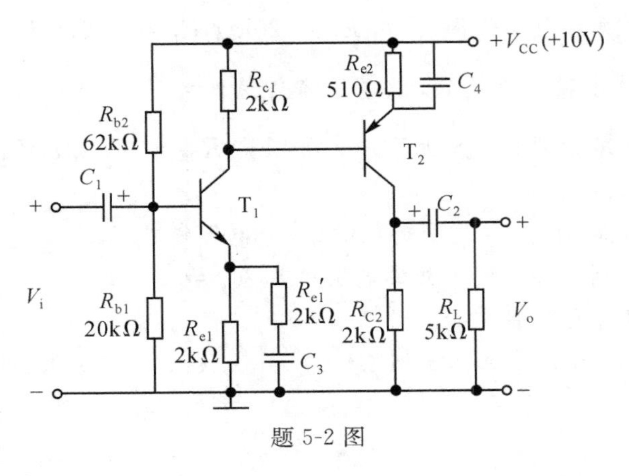

题 5-2 图

5-3　电路如题 5-3 图所示。

(1)试写出 $A_v = \dfrac{V_o}{V_i}$ 及 R_i、R_o 的表达式(设 β_1、β_2、r_{be1}、r_{be2} 及电路中各电阻均为已知量)；

(2)设输入一正弦信号时，输出电压波形出现了顶部失真。若原因是第一级的 Q 点不合适，问第一级产生了什么失真？如何消除？若原因是第二级 Q 点不合适，问第二级产生了什么失真？又如何消除？

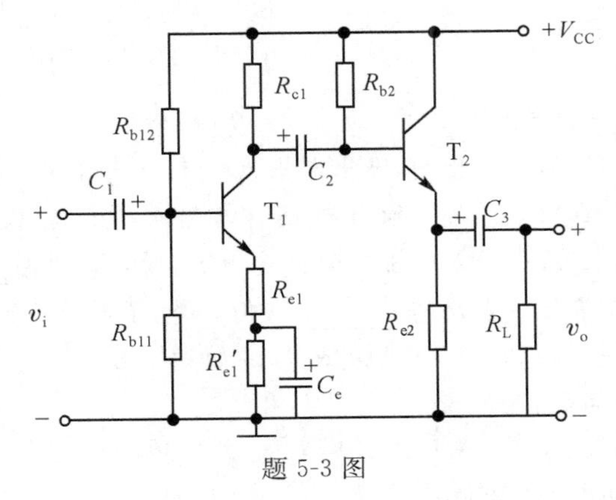

题 5-3 图

5-4　差分对电路如题 5-4 图所示，电流源 $I_{EE} = 200\mu A$，晶体管的 $\beta = 200$。试求每个三极管的 r_{be} 及差分输入阻抗 R_{id}。

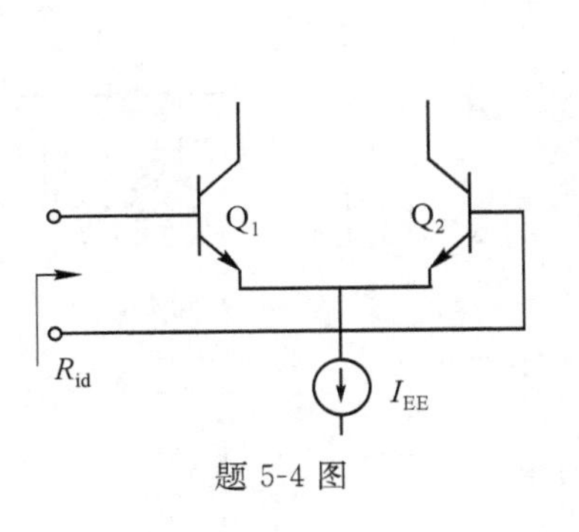

题 5-4 图

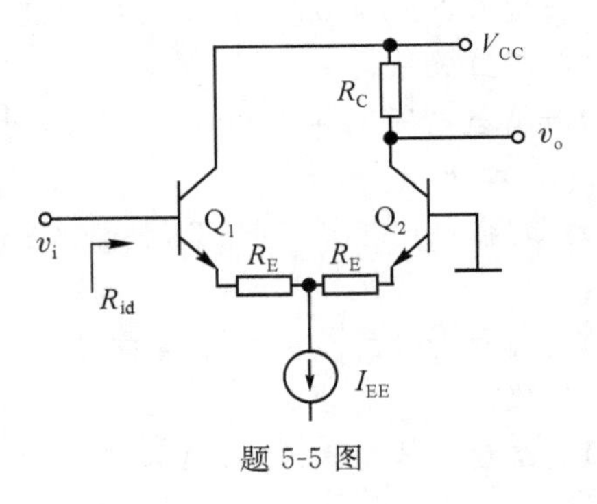

题 5-5 图

5-5 某差分放大器电路如题 5-5 图所示，$R_C = 20\text{k}\Omega$，$R_E = 150\Omega$，$I_{EE} = 0.5\text{mA}$，假设晶体管的 $\beta = 100$。试求输入阻抗 R_{id} 及电压增益 $A_{vd} = \dfrac{v_{od}}{v_{id}}$。

5-6 某差分放大器电路如题 5-6 图所示，$R_C = 2\text{k}\Omega$，$R_{EE} = 4.3\text{k}\Omega$，$V_{CC} = 5\text{V}$，$V_{EE} = -5\text{V}$。试回答下列问题：

(1) 当 $v_{B1} = v_{id}/2$，$v_{B2} = -v_{id}/2$ 时，试求差分电压增益 $A_{vd} = v_{od}/v_{id}$。

(2) 当 $v_{B1} = v_{B2} = v_{ic}$ 时，试求共模电压增益 $A_{vc} = v_{oc}/v_{ic}$。

(3) 计算共模抑制比 K_{CMR}。

(4) 当 $v_{B1} = 0.1\sin\omega t + 0.005\sin\Omega t$，$v_{B2} = 0.1\sin\omega t - 0.005\sin\Omega t$ 时，求输出电压 v_o。

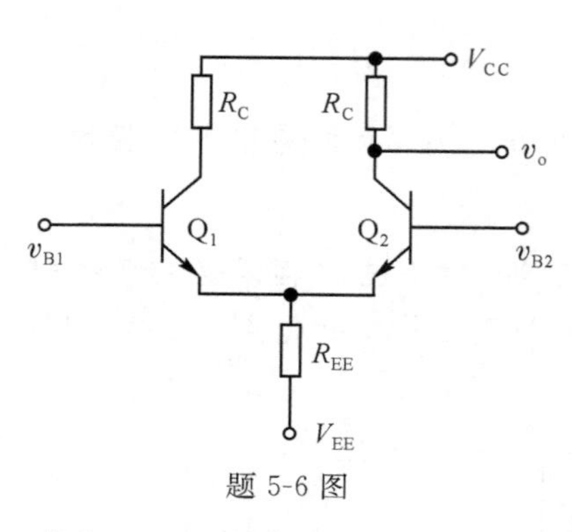

题 5-6 图

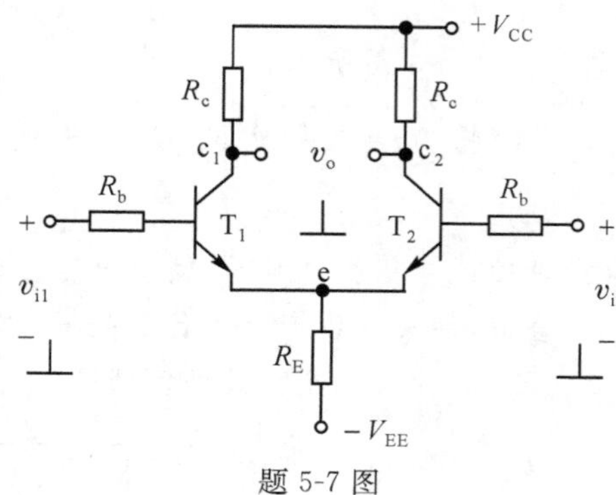

题 5-7 图

5-7 在题 5-7 图所示的差分放大电路中，设 $v_{i2} = 0$（接地）。

如果希望负载电阻 R_L 的一端接地，输出电压 v_o 与输入电压 v_{i1} 极性相同，则 R_L 的另一端应接在________(c_1、c_2)；如果希望输出电压 v_o 与输入电压 v_{i1} 极性相反，则 R_L 的另一端应接在________(c_1、c_2)；当输入电压的变化量为 v_{i1} 时，R_E 两端________(存在，不存在)变化电压 v_e；对差模信号而言，e 点________(仍然是，不再是)交流接地点。

5-8 双端输人、双端输出理想的差分式放大电路如题 5-8 图所示。求解下列问题：

(1) 若 $v_{i1} = 1500\mu\text{V}$，$v_{i2} = 500\mu\text{V}$，求差模输人电压 V_{id}，共模输入电压 V_{ic} 的值；

(2) 若 $A_{vd} = 100$，求差模输出电压 v_{od}；

(3) 当输入电压为 v_{id} 时，若从 C_2 点输出，求 v_{c2} 与 v_{id} 的相位关系；

(4) 若输出电压 $v_o = 1000v_{i1} - 999v_{i2}$ 时，求电路的 A_{vd}、A_{vc} 和 K_{CMR} 的值。

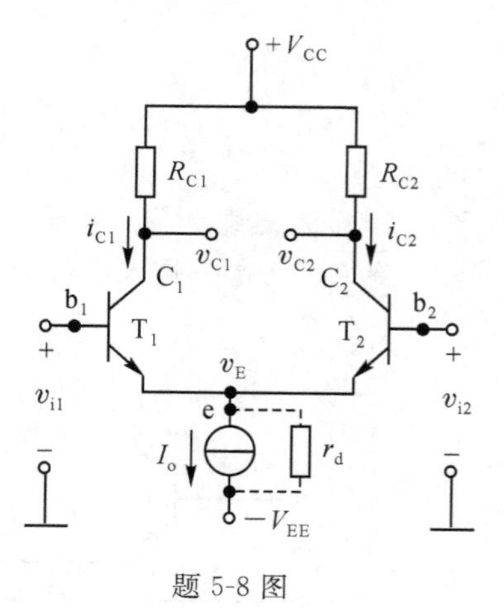

题 5-8 图

5-9 电路如题 5-9 图所示，JFET 的 $g_m = 2\text{mS}$，$r_{ds} = 20\ \text{k}\Omega$，求：

(1) 双端输出时的差模电压增益 $A_{vd} = (v_{o1} - v_{o2})/v_{id}$ 的值；

(2) 电路改为单端输出时，A_{vd1}、A_{vc1} 和 K_{CMR} 的值。

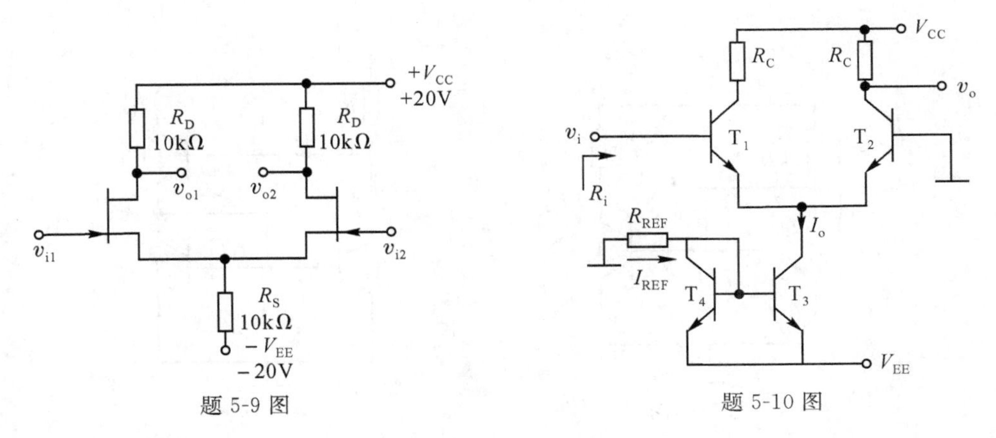

题 5-9 图　　　　题 5-10 图

5-10　某差分放大器电路如题 5-10 图所示，$R_C=2\text{k}\Omega$，$R_{REF}=8.6\text{k}\Omega$，$V_{CC}=5\text{V}$，$V_{EE}=-5\text{V}$。假设晶体管的 $\beta=100$，电流源交流阻抗为无穷大，试回答下列问题：

(1)试求电流 I_o 的值；

(2)试求输入阻抗 R_i 的值；

(3)试求电压增益 $A_v=\dfrac{v_o}{v_i}$。

5-11　电路如题 5-11 图所示，已知 BJT 的 $\beta_1=\beta_2=\beta_3=50$，$r_{ce}=200\text{k}\Omega$，$V_{BE}=0.7\text{V}$，试求单端输出时的差模电压增益 A_{VD2}、共模抑制比 K_{CMR}、差模输入电阻 R_{id} 和输出电阻 R_o。

提示：AB 两端的交流电阻 $r_{AB}=r_0=r_{ce3}\left[1+\dfrac{\beta_3 R_{E3}}{r_{be3}+(R_1\,||\,R_2)+R_{E3}}\right]$

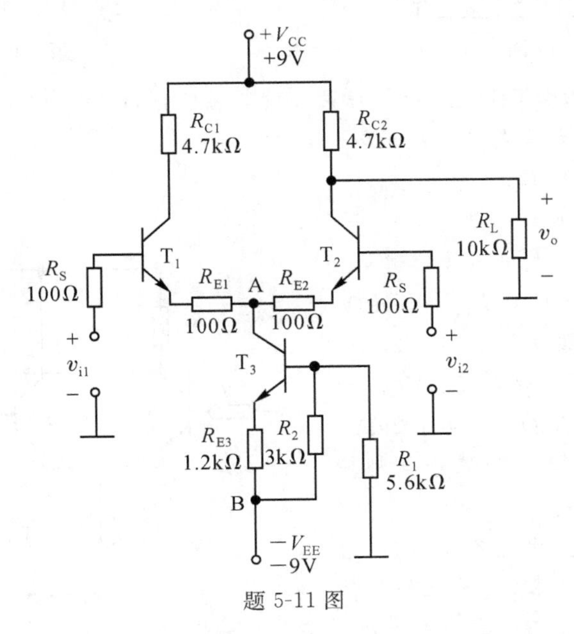

题 5-11 图

5-12　在题 5-12 图的电路中，T_1、T_2 的特性相同，且 β 很大，求 I_{C2} 和 I_{E2} 的值，设 $V_{BE}=0.6\text{V}$。

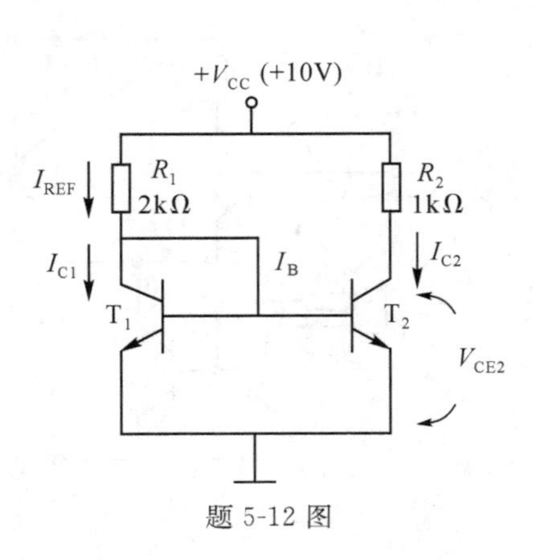

题 5-12 图

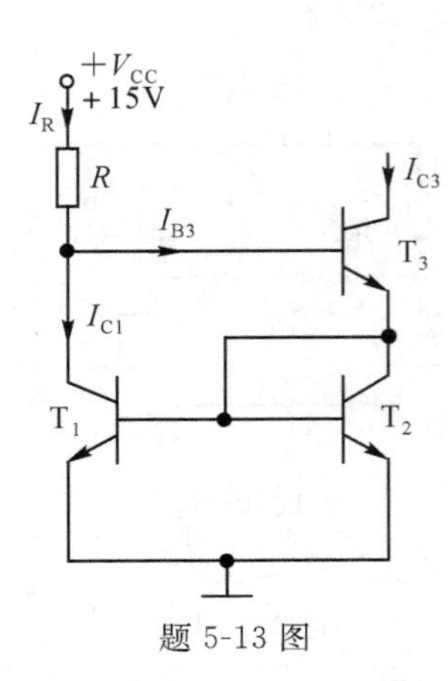

题 5-13 图

5-13　电路如题 5-13 图所示，已知 $\beta_1=\beta_2=\beta_3=100$。各管的 $V_{BE}=0.7V$，$R=136k\Omega$，试求 I_{C3} 的值。

5-14　在题 5-14 图所示电路中，已知所有三极管特性均相同，V_{BE} 均为 0.7V，求 R_{e2} 和 R_{e3} 的阻值。

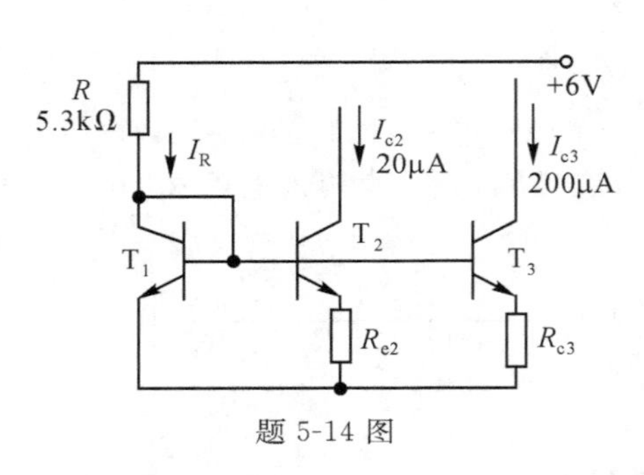

题 5-14 图

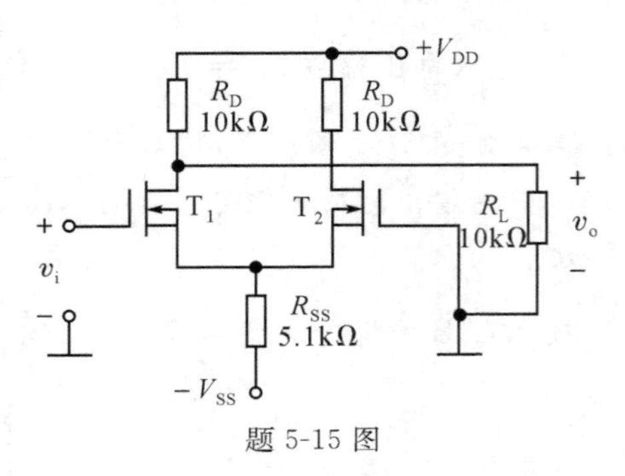

题 5-15 图

5-15　差分放大电路如题 5-15 图所示，设两管的特性相同，$g_m=2mS$。求：

(1) 差模电压放大倍数 $A_{vd}=v_o/v_i$。

(2) 差模输出电阻 R_{od}。

(3) 共模抑制比 K_{CMR}。

5-16　如题 5-16 图所示的放大电路中，已知 $V_{CC}=V_{EE}=15V$，$R_{C1}=10k\Omega$，$R=1k\Omega$，恒流源电流 $I=0.2mA$，假设各三极管的 $\beta=50$，$V_{BEQ}=0.7V$，$r_{be1}=13.5k\Omega$，$r_{be2}=1.2k\Omega$。

(1) 试分析差分输入级属于何种输入、输出接法。

(2) 若要求当输入电压等于零时，输出电压也等于零，则第二级的集电极负载电阻 R_{C3} 应为多大？

(3) 分别估算第一级和第二级的电

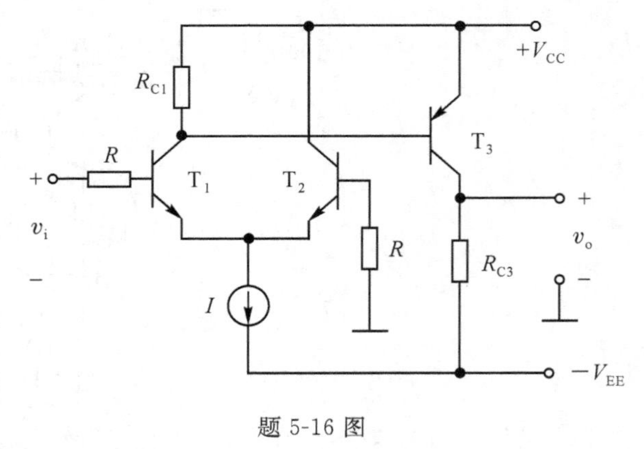

题 5-16 图

压放大倍数 A_{v1} 和 A_{v2}，以及总的电压放大倍数 A_v。

5-17　某差分放大电路如题 5-17 图所示，设对管的 $\beta=50$，$r_{bb'}=300\Omega$，$V_{BE}=0.7V$，R_W 的影响可以忽略不计，试估算：

(1) T_1，T_2 的静态工作点；

(2) 差模电压放大倍数 $A_{vd}=\dfrac{v_o}{v_{i1}-v_{i2}}$。

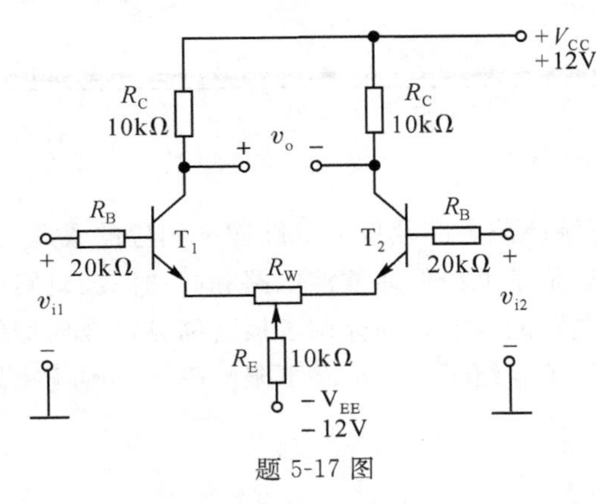

题 5-17 图

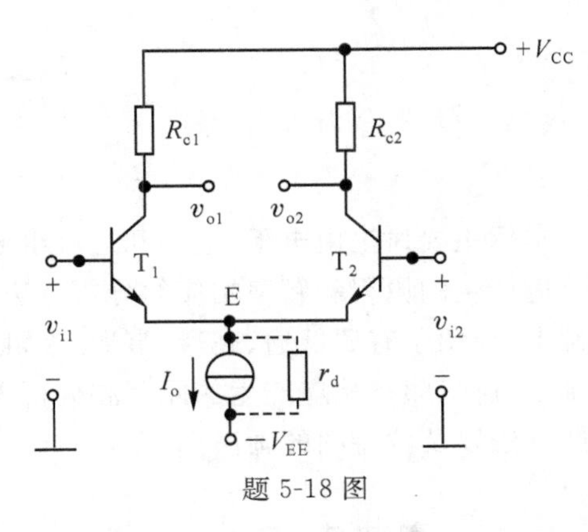

题 5-18 图

5-18　如题 5-18 图所示，$R_{C1}=R_{C2}=5k\Omega$，$\beta=100$，$I_o=2mA$，$V_{CC}=12V$，$V_{EE}=-12V$，$r_d=1M\Omega$。试求：

(1) 静态工作点（Q 点）；

(2) 差模电压增益 A_{vd}、差模输入电阻 R_{id} 以及在双端输出工作方式下的输出电阻 R_o；

(3) 单端输出工作方式下的共模增益 A_{vc}；

(4) 单端输出工作方式下的共模抑制比 K_{CMR}。

5-19　差分放大电路如题 5-19 图所示，已知两管的 $\beta=100$，$V_{BE}=0.7V$。

(1) 计算静态工作点。

(2) 求差模电压放大倍数 $A_{vd}=\dfrac{v_{od}}{v_{id}}$ 及差模输入电阻 R_{id}。

(3) 求单端输出时的共模电压放大倍数 $A_{vc}=\dfrac{v_{oc}}{v_{ic}}$。

(4) 求单端输出情况下的共模抑制比 K_{CMR}。

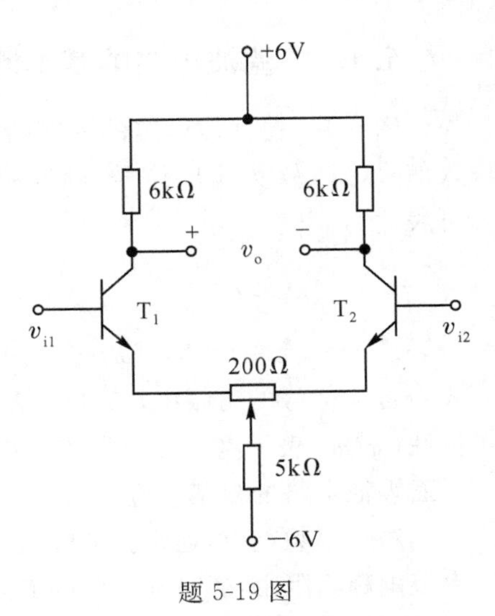

题 5-19 图

第 6 章　滤波电路及放大电路的频率响应

本章主要讨论由电阻、电容和运放组成的有源滤波电路及放大电路频率响应的概念、频率响应产生的原因和频率响应的分析方法。在讨论了无源低通滤波电路和高通滤波电路的基础上，介绍了有源低通、高通、带通、带阻滤波电路的组成。在介绍三极管高频等效模型的基础上，讨论频率响应产生的原因和分析方法，详细介绍了放大电路下限频率和上限频率的求解方法以及波特图的画法。

6.1　滤波电路

对于信号频率具有选择性的电路称为滤波电路，简称滤波器。其主要功能是传送输入信号中的有用频率成分，衰减或抑制无用的频率成分。滤波器可以只用一些无源元件（电阻、电容、电感）组成，称为无源滤波器；也可以用无源元件与有源元件（三极管、场效应管、集成运放）组成，称为有源滤波器。本节主要讨论由电阻、电容和运放组成的有源滤波电路。

6.1.1　滤波电路的基本概念与分类

图 6-1-1 是滤波电路的一般结构。图中 $v_i(t)$ 表示输入信号，$v_o(t)$ 为输出信号，则滤波电路的电压传递函数可表达为

$v_i(t)$　滤波电路　$v_o(t)$

图 6-1-1　滤波电路的一般结构图

$$A_V(j\omega)=\frac{v_o(j\omega)}{v_i(j\omega)}$$

或　$$A_V=A_V(\omega)\angle\varphi(\omega) \tag{6-1-1}$$

式中 ω 为信号的角频率，$A_V(\omega)$ 表示电压传递函数的幅值与角频率之间的关系，称为幅频特性；$\varphi(\omega)$ 表示电压传递函数的相角与角频率的关系，称为相频特性。将两者综合起来可全面表征电路的频率响应。

对于幅频响应，通常把能够通过的信号频率范围定义为通带，而把受阻或衰减的信号频率范围称为阻带，通带和阻带的界限频率称为截止频率。按照通带和阻带的相互位置不同，滤波器通常可分为以下 4 种基本类型：低通滤波器、高通滤波器、带通滤波器和带阻滤波器。图 6-1-2 所示为 4 种滤波器的理想幅频特性，每个特性曲线均分为通带和阻带两部分。通带传递函数的幅值为 A_0，可以看出：低通滤波器仅允许截止频率 f_H 以下的低频信号通过；高通滤波器仅允许截止频率 f_L 以上的高频信号通过；带通滤波器允许中心频率 f_0 左右一

定频率范围内的信号通过；带阻滤波器则阻止中心频率 f_0 左右一定频率范围内的信号通过。特别地，若滤波器的通带是从零到无穷大，则称为全通滤波器。

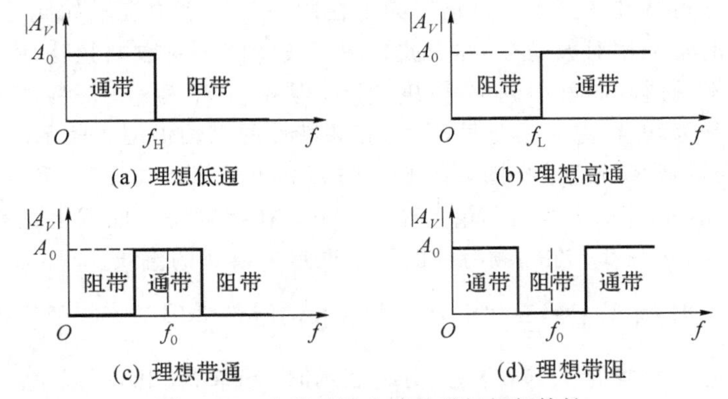

图 6-1-2　各种滤波电路的理想幅频特性

图 6-1-2 中的理想特性在实际中是无法实现的，实际滤波器幅频特性中突然变化的频率将被缓变的频率段代替，这个频率段称为过渡带，过渡带越窄，过渡带中电压放大倍数的下降速率越大，滤波特性越好。通常用高阶函数去逼近理想特性。一般来说，滤波器的阶次越高，其幅频特性的边界越陡直，也就越接近理想特性。

6.1.2　无源滤波器

下面分别介绍最简单的无源滤波电路：RC 低通电路和 RC 高通电路及其频率响应。

1. *RC* 低通电路

RC 低通电路如图 6-1-3 所示。由图示电路可求得电压传递函数为

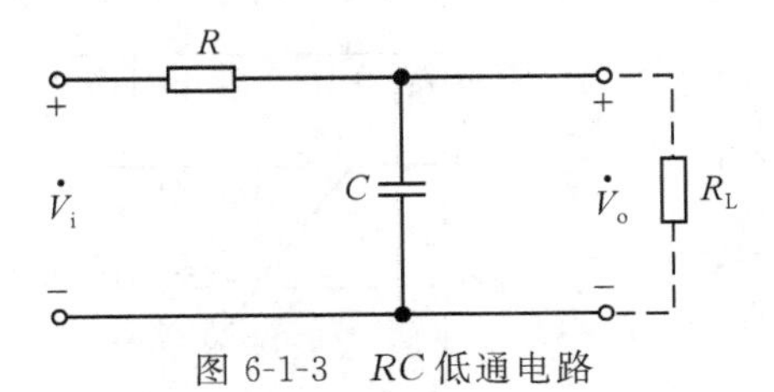

图 6-1-3　RC 低通电路

$$\dot{A}_V=\frac{\dot{V}_o}{\dot{V}_i}=\frac{\frac{1}{j\omega C}}{R+\frac{1}{j\omega C}}=\frac{1}{1+j\omega RC} \tag{6-1-2}$$

令
$$f_H=\frac{1}{2\pi RC}=\frac{1}{2\pi\tau} \tag{6-1-3}$$

$\tau=RC$，是图 6-1-3 电路的时间常数，则式(6-1-2)可写为

$$\dot{A}_V=\frac{1}{1+j\frac{f}{f_H}} \tag{6-1-4}$$

幅频特性和相频特性分别为

$$|\dot{A}_V|=\frac{1}{\sqrt{1+(f/f_H)^2}} \tag{6-1-5a}$$

$$\varphi = -\arctan(f/f_H) \tag{6-1-5b}$$

式(6-1-5a)和式(6-1-5b)中，由于频率可以从几赫兹到上百兆赫兹，甚至更宽，而有的放大电路的放大倍数可从几倍到上百万倍。为了在同一坐标系中表示如此宽的变化范围，在画频率特性曲线时常采用对数坐标，称为波特图。波特图由对数幅频特性和对数相频特性两部分组成，它们的横轴采用对数刻度 $\lg f$，但常标注为 f；幅频特性的纵轴采用 $20\lg|\dot{A}_V|$ 表示，称为增益，单位是分贝(dB)；相频特性的纵轴仍用 φ 表示。

RC 低通电路的频率响应波特图如图 6-1-4 所示，可根据式(6-1-5a)和式(6-1-5b)画出。

(1)当 $f \ll f_H$ 时，$|\dot{A}_V| \approx 1$，$20\lg|\dot{A}_V| \approx 0\text{dB}$，在幅频特性曲线上这是一条与横坐标平行的零分贝直线。$\varphi \approx 0°$，在相频特性曲线上这是一条 0°的直线。

(2)当 $f = f_H$ 时，$|\dot{A}_V| = \dfrac{1}{\sqrt{2}} = 0.707$，$20\lg|\dot{A}_V| = -3\text{dB}$。$\varphi \approx -45°$。即在 f_H 处，电压增益下降为中频电压增益的 0.707 倍，用分贝表示时，下降了 3dB，所以 f_H 又称为上限截止频率，简称为上限频率。

(3)当 $f \gg f_H$ 时，$|\dot{A}_V| \approx f_H/f$，则 $20\lg|\dot{A}_V| \approx 20\lg(f_H/f)$，即 f 每增大 10 倍，增益下降 20dB，这是一条斜率为-20dB/十倍频程的直线。$\varphi \to -90°$，在相频特性曲线上得到一条$-90°$的直线。

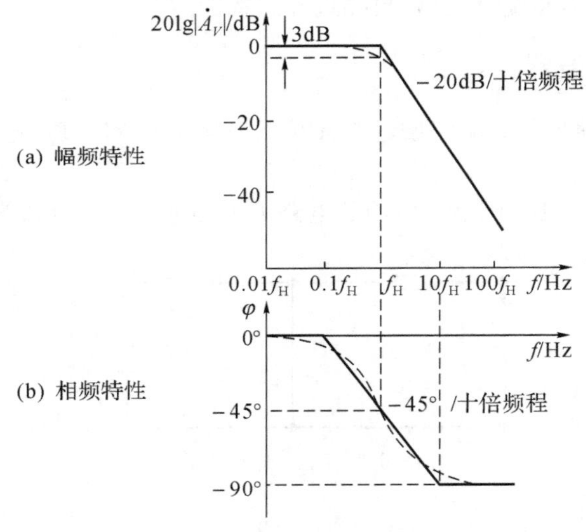

图 6-1-4 RC 低通电路的波特图

由以上两条直线构成的折线就是近似的幅频响应。如图 6-1-4(a)所示为画出的近似的幅频响应，因为 f_H 对应于两条直线的交点，也称为转折频率。

相频特性曲线为图 6-1-4(b)所示，在 $f \ll f_H$(或 $f < 0.1f_H$)时，φ 是一条 0°的直线，在 $f \gg f_H$(或 $f > 10f_H$)时，φ 是一条$-90°$的直线，在 $0.1f_H$ 和 $10f_H$ 之间，可用一条斜率为$-45°$/十倍频程的直线来表示。由三条直线构成的折线就是它的相频特性曲线。

图中用虚线画出了实际的幅频特性和相频特性，实际应用中用折线近似就可以了。从图 6-1-4(a)中可以看到，频率大于 f_H 的信号衰减了，所以它具有"低通"特性。

2. *RC* 高通电路

RC 高通电路如图 6-1-5 所示。$\dot{V}_o$ 和 $\dot{V}_i$ 分别是输出电压和输入电压，则它们之比为

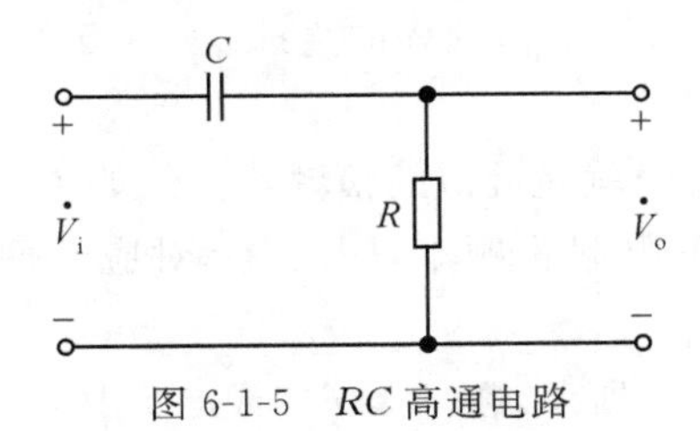

图 6-1-5　RC 高通电路

$$\dot{A}_V=\frac{\dot{V}_o}{\dot{V}_i}=\frac{R}{R+\frac{1}{j\omega C}}=\frac{1}{1+\frac{1}{j\omega RC}}=\frac{1}{1-j\frac{1}{\omega RC}} \tag{6-1-6}$$

令

$$f_L=\frac{1}{2\pi RC}=\frac{1}{2\pi\tau} \tag{6-1-7}$$

则

$$\dot{A}_V=\frac{1}{1-j\frac{f_L}{f}} \tag{6-1-8}$$

幅频特性和相频特性分别为

$$|\dot{A}_V|=\frac{1}{\sqrt{1+(f_L/f)^2}} \tag{6-1-9a}$$

$$\varphi=\arctan(f_L/f) \tag{6-1-9b}$$

式中 f_L 是高通电路的下限截止频率(简称下限频率),频率响应波特图可根据式(6-1-9a)和式(6-1-9b)画出。

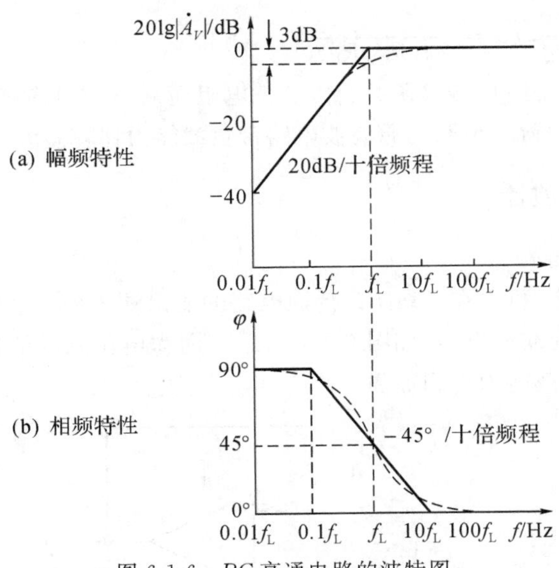

图 6-1-6　RC 高通电路的波特图

(1)当 $f\gg f_L$ 时,$|\dot{A}_V|\approx 1$,$20\lg|\dot{A}_V|\approx 0\text{dB}$,在幅频特性曲线上这是一条与横坐标平行的零分贝直线。$\varphi\approx 0°$,在相频特性曲线上这是一条 0°的直线。

(2)当 $f=f_L$ 时,$|\dot{A}_V|=\frac{1}{\sqrt{2}}$,$20\lg|\dot{A}_V|=-3\text{dB}$。$\varphi\approx 45°$。

(3)当 $f\ll f_L$ 时,$|\dot{A}_V|\approx f/f_L$,则 $20\lg|\dot{A}_V|\approx 20\lg(f/f_L)$,即 f 每增大 10 倍,增益

增大 20dB，这是一条斜率为 20dB/十倍频程的直线。$\varphi \to 90°$，在相频特性曲线上得到一条 90°的直线。

由以上两条直线构成的折线就是近似的幅频响应。如图 6-1-6(a)所示为画出的近似的幅频响应，这里 f_L 就是它的下限截止频率，因为 f_L 对应于两条直线的交点，也称为转折频率。

相频特性曲线为图 6-1-6(b)所示，在 $f \gg f_L$（或 $f > 10f_L$）时，φ 是一条 0°的直线，在 $f \ll f_L$（或 $f < 0.1f_L$）时，φ 是一条 90°的直线，在 $0.1\ f_L$ 和 $10\ f_L$ 之间，可用一条斜率为－45°/十倍频程的直线来表示。由三条直线构成的折线就是它的相频特性曲线。

图中用虚线画出了实际的幅频特性和相频特性，实际应用中用折线近似就可以了。从图 6-1-6(a)中可以看到，频率小于 f_L 的信号被衰减了，所以它具有“高通”特性。

通过对 RC 低通和高通电路频率响应的分析，可以得出以下具有普遍意义的结论：

(1)电路的截止频率决定于相关电容所在回路的时间常数 $\tau = RC$，见式(6-1-3)和式(6-1-7)。

(2)当输入信号的频率等于上限频率 f_H 或下限频率 f_L 时，放大电路的增益比通带增益下降 3dB，或下降为通带增益的 0.707 倍，且在通带相移的基础上产生－45°或＋45°的相移。

若图 6-1-3 所示电路输出端接负载电阻 R_L，如图中虚线所示，电路的电压传递函数

$$\dot{A}_V = \frac{\dot{V}_o}{\dot{V}_i} = \frac{\frac{1}{j\omega C}//R_L}{R + \frac{1}{j\omega C}//R_L} = \frac{\frac{R_L}{R + R_L}}{1 + j\omega(R//R_L)C} = \frac{\dot{A}_0}{1 + j\frac{f}{f_H}}$$

$$\dot{A}_0 = \frac{R_L}{R + R_L}, f_H = \frac{1}{2\pi(R//R_L)C} \tag{6-1-10}$$

可以看出，不但通带电压传递函数会因负载电阻而减小，而且通带截止频率也因负载电阻而增大，改变了滤波特性，说明无源滤波电路带负载能力比较差。

6.1.3 有源滤波器

1. 有源低通滤波器

为了减小负载效应，可以在一级 RC 低通电路的输出端串接一个电压跟随器，就构成一个简单的一阶有源低通滤波电路，如图 6-1-7 所示。因为电压跟随器的输入阻抗很高、输出阻抗很低，因此其带负载能力得到加强。

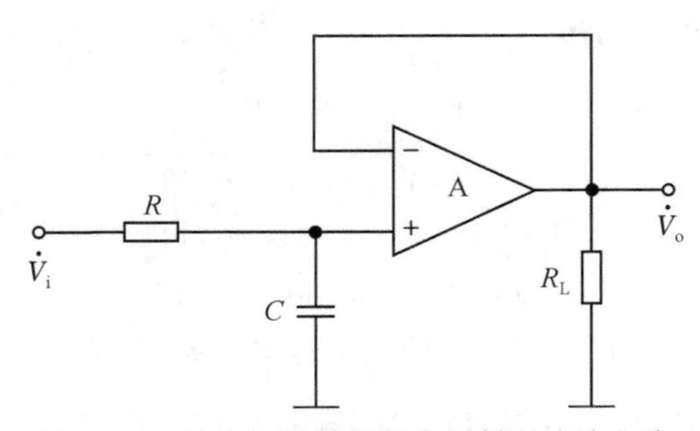

图 6-1-7 接电压跟随器的有源低通滤波电路

若使用比例运算电路代替电压跟随器，则既可以起放大作用，又可以降低负载效应。图

6-1-8 所示电路为用同相比例运算电路代替图 6-1-7 中的电压跟随器构成的有源一阶低通滤波器。低通滤波电路的通带电压增益 A_0 是 $\omega=0$ 时 $\dot{V}_o$ 与 $\dot{V}_i$ 之比，对于图 6-1-8 所示电路来说，电路的通带电压增益等于同相比例放大电路的电压增益，即

$$A_0 = 1 + \frac{R_f}{R_1} \tag{6-1-11}$$

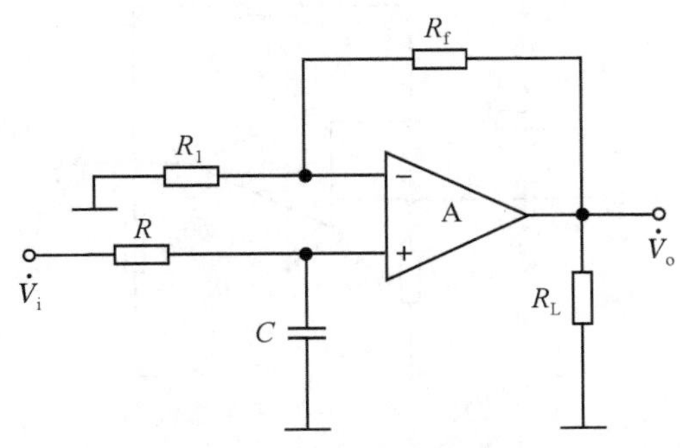

图 6-1-8　一阶有源低通滤波器

电路的电压增益

$$\dot{A}_V = \frac{\dot{V}_o}{\dot{V}_i} = \left(1 + \frac{R_f}{R_1}\right) \cdot \frac{1}{1 + j\omega RC} = \frac{A_0}{1 + j\dfrac{f}{f_H}} \tag{6-1-12}$$

其中

$$f_H = \frac{1}{2\pi RC} = \frac{1}{2\pi\tau} \tag{6-1-13}$$

当 $f = f_H$ 时，$|\dot{A}_V| = \dfrac{A_0}{\sqrt{2}} \approx 0.707A_0$，$f_H$ 为通带截止频率。当 $f \gg f_H$ 时，$20\lg|\dot{A}_V|$ 按 -20dB/十倍频程下降。类似无源低通滤波器，可画出其幅频特性如图 6-1-9 所示。

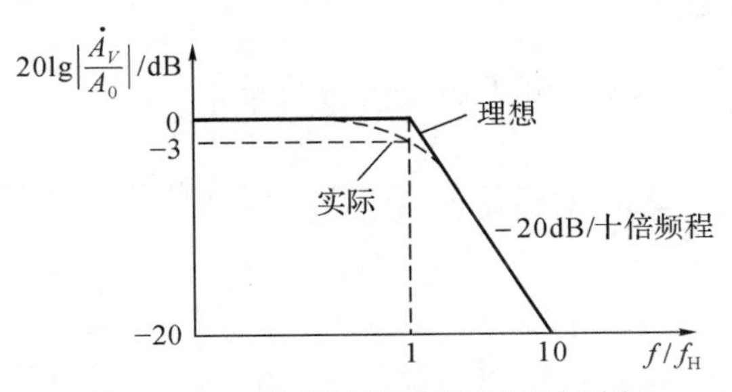

图 6-1-9　一阶有源低通滤波器幅频特性

例 6-1-1　设计一个一阶低通滤波器。电路如图 6-1-8 所示，要求上转折频率 $f_H = 1$kHz，通带电压增益为 4。

解　选取电容 $C = 0.01\mu$F，由 $f_H = \dfrac{1}{2\pi RC}$ 可得

$$R = \frac{1}{2\pi f_H C} = \frac{1}{2\pi \times 10^3 \times 0.01 \times 10^{-6}} = 15.9(\text{k}\Omega)$$

因为 $A_0 = 4$，所以

$$\frac{R_f}{R_1} = 4 - 1 = 3$$

选取 $R_1 = 10\text{k}\Omega$，则 $R_f = 30\text{k}\Omega$。

2. 有源高通滤波器

高通滤波器和低通滤波器具有对偶关系，将图 6-1-8 所示电路中的 R、C 元件位置对调，就构成一阶高通滤波器。电路如图 6-1-10 所示。

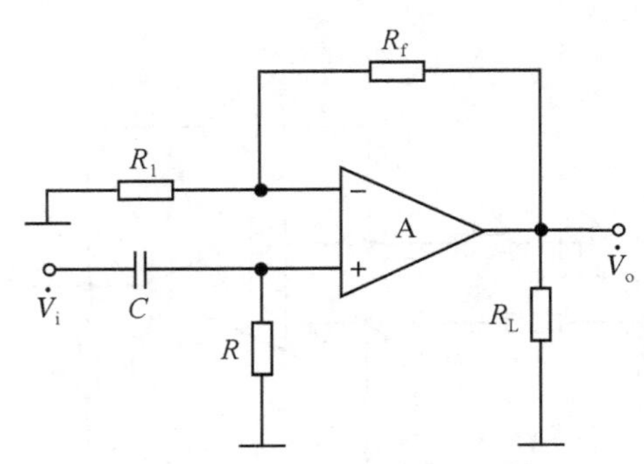

图 6-1-10 有源一阶高通滤波器

类似于有源低通滤波器的分析方法，由图 6-1-10 所示电路可得：

$$A_0 = 1 + \frac{R_f}{R_1} \tag{6-1-14}$$

$$f_L = \frac{1}{2\pi RC} \tag{6-1-15}$$

$$\dot{A}_V = \frac{A_0}{1 - \text{j}\,\dfrac{f_L}{f}} \tag{6-1-16}$$

其幅频响应波特图类似于图 6-1-6 所示，只是其通带增益不为 0dB。而是等于 $20\lg A_0$。

例 6-1-2 设计一个一阶高通滤波器。电路如图 6-1-10 所示，要求下转折频率 $f_L = 1\text{kHz}$，通带电压放大增益为 4。

解 选取电容 $C = 0.01\mu\text{F}$，由 $f_L = \dfrac{1}{2\pi RC}$ 可得

$$R = \frac{1}{2\pi f_L C} = \frac{1}{2\pi \times 10^3 \times 0.01 \times 10^{-6}} = 15.9(\text{k}\Omega)$$

因为 $A_0 = 4$，所以

$$\frac{R_f}{R_1} = 4 - 1 = 3$$

选取 $R_1 = 10\text{k}\Omega$，则 $R_f = 30\text{k}\Omega$。

为了使上述滤波器的过渡带变窄，使其更接近理想幅频特性，可利用多个 RC 环节和运放构成高阶有源滤波器。限于篇幅，在此不再赘述。另外受集成运放所限，有源滤波电路的工作频率目前难于做得很高，且不适于驱动高电压大电流负载。

3. 有源带通滤波器

由图 6-1-11(b)所示带通滤波器的幅频响应与高通、低通滤波器的幅频响应进行比较，可以看出，若将低通滤波器和高通滤波器串联，就可以构成一个带通滤波器，如图 6-1-11(a)所示。由图 6-1-11(b)可以看出，要求低通滤波器的上转折频率 f_H 必须大于高通滤波器的下转折频率 f_L。该带通滤波器的带宽(又称为通频带 BW)为：

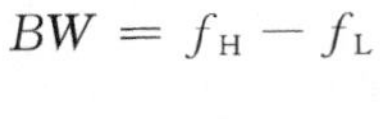

$$BW = f_H - f_L$$

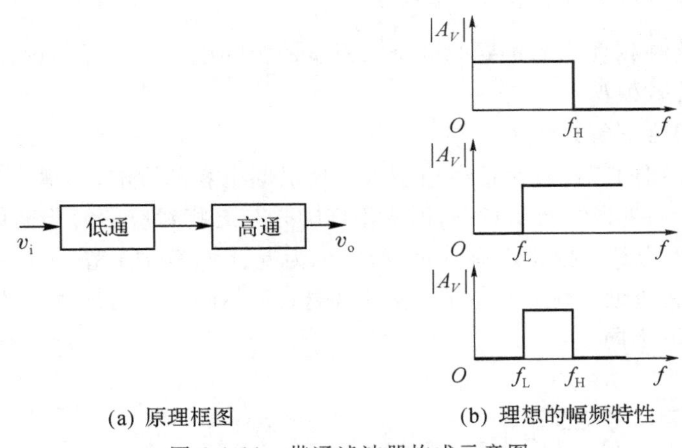

(a) 原理框图　(b) 理想的幅频特性

图 6-1-11　带通滤波器构成示意图

4. 带阻滤波器

由图 6-1-12(b)所示带阻滤波器的幅频响应与高通、低通滤波器的幅频响应进行比较，可以看出，若将低通滤波器和高通滤波器的输出电压经求和电路后输出，则构成带阻滤波器，如图 6-1-12(a)所示。由图 6-1-12(b)可以看出，要求低通滤波器的上转折频率 f_H 必须小于高通滤波器的下转折频率 f_L。该电路可阻止 $f_H < f < f_L$ 范围内的信号通过，而其余频率信号均能通过。带阻滤波器也称陷波器，经常用于电子系统抗干扰。

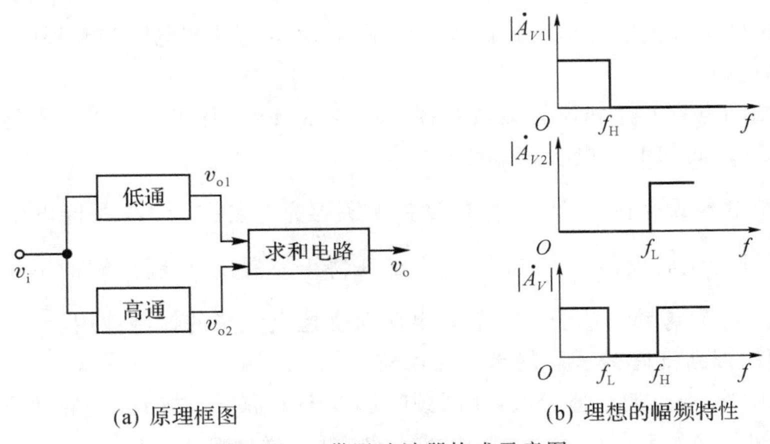

(a) 原理框图　(b) 理想的幅频特性

图 6-1-12　带阻滤波器构成示意图

6.2　放大电路的频率响应

由于放大电路中存在电抗性元件(如耦合电容、旁路电容等)及放大器件的极间电容，当输入不同频率的正弦波信号时，放大电路的增益是信号频率的函数，即放大电路对不同频率的信号具有不同的放大能力。本节将分析放大电路的频率响应，确定电路的带宽以及影响带宽的因素。

6.2.1 三极管的高频等效模型

影响放大电路高频性能的主要原因是三极管的极间电容。下面讨论计及极间电容影响的三极管的高频等效模型。

1. 三极管的混合 π 等效模型

在 3.7 节中介绍的三极管小信号模型未考虑极间电容的影响，不适合于高频性能分析。图 6-2-1(a)所示为三极管结构示意图，图 6-2-1(b)是与之相对应的简化高频等效电路，因其电路形状似 π，又因为其参数量纲有多个，所以称为混合 π 等效模型。图中 b′为基区内的等效基极，是为了分析方便而虚拟的，与基极引出端 b 是不同的。与低频时的微变(小信号)等效电路相比，有如下不同：

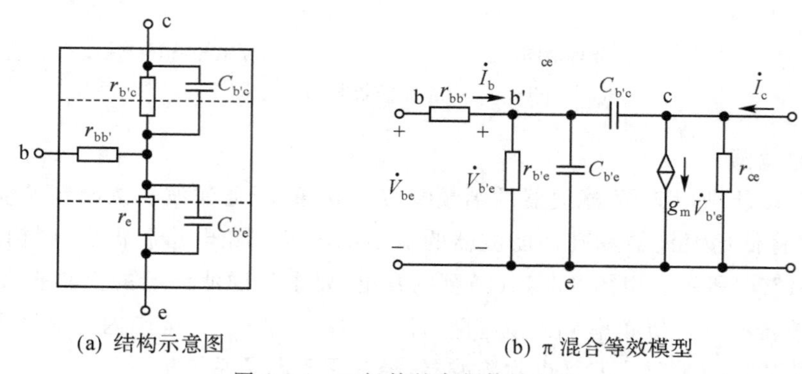

(a) 结构示意图　　(b) π 混合等效模型

图 6-2-1　三极管的高频等效电路

(1)将结电阻 r_{be} 分为了 $r_{bb'}$ 和 $r_{b'e}$ 两部分，$r_{bb'}$ 表示基区体电阻和基极引线电阻，$r_{b'e}$ 表示发射结的结电阻。

(2)集电结结电容 $C_{b'c}$ 和发射结结电容 $C_{b'e}$ 虽然很小，但在高频时是不能忽略的，故在 b′－c 和 b′－e 之间加上了电容 $C_{b'c}$ 和 $C_{b'e}$。

(3)由于结电容的存在，三极管中的受控源不再完全受控于 $\dot{I}_b$，不能再用 $\beta_0\dot{I}_b$ 表示(β_0 为三极管的低频电流放大系数)，电阻 $r_{b'e}$ 上的压降 $\dot{V}_{b'e}$ 是对 $\dot{I}_c$ 起控制的电压，受控电流源改为 $g_m\dot{V}_{b'e}$，g_m 称为跨导。它表明发射结电压对受控电流源的控制作用。

2. 三极管的混合 π 等效模型的单向化简化

图 6-2-1(b)中，$r_{b'c}$ 的数值很大，在高频时远大于 $1/\omega C_{b'c}$，故 $r_{b'c}$ 可视为开路。而 r_{ce} 通常远大于 c-e 间所接的负载电阻，因此 r_{ce} 也可忽略，这样便可得到图 6-2-2(a)所示电路。图中的 $C_{b'c}$ 跨接在输入与输出之间，不易分析。为了分析计算简单起见，将 $C_{b'c}$ 分别等效折算到输入回路和输出回路，称为单向化。单向化处理应依据等效的原则进行。设 $C_{b'c}$ 折合到 b′-e 间的电容为 C_{M1}，折合到 c-e 间的电容为 C_{M2}，则单向化后的电路如图 6-2-2(b)所示。

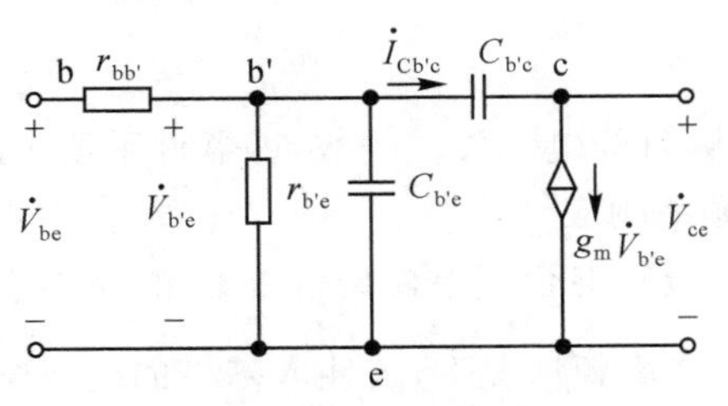

(a) 晶体管混合 π 模型

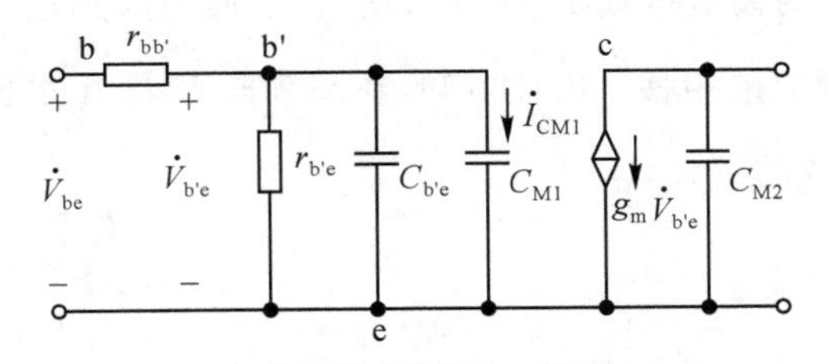

(b) 单向化后的混合 π 模型

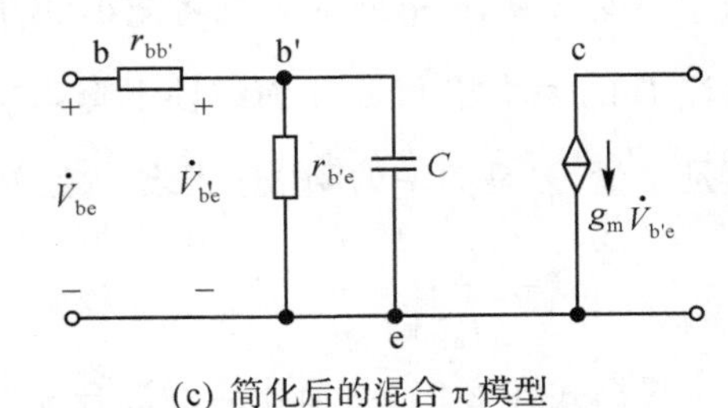

(c) 简化后的混合 π 模型

图 6-2-2　三极管混合 π 模型的单向化

图 6-2-2(a)所示电路与图 6-2-2(b)所示电路是等效的，则流过 $C_{b'c}$ 的电流和流过 C_{M1} 的电流应该相等，它们分别为

$$\dot{I}_{C_{b'c}} = \frac{\dot{V}_{b'c}}{X_{C_{b'c}}} = \frac{\dot{V}_{b'e} - \dot{V}_{ce}}{X_{C_{b'c}}} = \frac{(1-\dot{K})\dot{V}_{b'e}}{X_{C_{b'c}}} \tag{6-2-1}$$

及

$$\dot{I}_{C_{M1}} = \frac{\dot{V}_{b'e}}{X_{C_{M1}}} \tag{6-2-2}$$

式中 $X_{C_{b'c}} = \frac{1}{\mathrm{j}\omega C_{b'c}}$ 为 $C_{b'c}$ 的容抗，$\dot{K} = \frac{\dot{V}_{ce}}{\dot{V}_{b'e}} = \frac{\dot{V}_O}{\dot{V}_{b'e}} \approx -g_m R'_L$，$X_{C_{M1}} = \frac{1}{\mathrm{j}\omega C_{M1}}$ 为 C_{M1} 的容抗。由此可知

$$C_{M1} = (1-\dot{K})C_{b'c} \tag{6-2-3}$$

b′-e 间的总电容为

$$C = C_{b'e} + (1-\dot{K})C_{b'c} \tag{6-2-4}$$

用同样的方法，可以得出

$$C_{M2} = \frac{(\dot{K}-1)C_{b'c}}{\dot{K}} \tag{6-2-5}$$

由于 $C \gg C_{M2}$，而且 C_{M2} 的数值一般很小，它的容抗远大于集电极总的负载电阻，其上的电流可以忽略不计，这样，可得简化后的混合 π 模型如图 6-2-2(c)所示。通过将简化的混合 π 模型与微变等效模型相比，可得混合 π 等效模型的参数

$$r_{b'e} = (1+\beta_0)\frac{V_T}{I_{EQ}} = \beta_0 \frac{V_T}{I_{CQ}} \tag{6-2-6}$$

$$r_{bb'} = r_{be} - r_{b'e} \tag{6-2-7}$$

另外还有

$$\beta_0 \dot{I}_b = \dot{I}_c = g_m \dot{V}_{b'e} = g_m \dot{I}_b r_{b'e}$$

故　　$g_m = \frac{\beta_0}{r_{b'e}} = \frac{I_{CQ}}{V_T}$　　(6-2-8)

注意公式中的 β_0 是低频时的电流放大倍数，即器件手册中的 β 。

3. 电流放大倍数 β 的频率响应

由图 6-2-2(a)所示的三极管混合等效模型可以看出，电容 $C_{b'c}$ 和 $C_{b'e}$ 会对三极管的电流放大系数 $\dot{\beta}$ 产生频率响应。在高频情况下，若注入基极的交流电流 $\dot{I}_b$ 的幅值不变，则随着信号频率的升高，b′-e 间的阻抗将减小，电压 $\dot{V}_{b'e}$ 的幅值将减小，相移将增大，从而引起集电极电流 $\dot{I}_c$ 的大小随 $|\dot{V}_{b'e}|$ 而线性下降，并产生相应的相移。由此可知，在高频段 $\dot{I}_c$ 与 $\dot{I}_b$ 之比不是常量，$\dot{\beta}$ 是频率的函数。根据电流放大倍数的定义

$$\dot{\beta} = \left.\frac{\dot{I}_c}{\dot{I}_b}\right|_{\dot{V}_{ce}=0} \tag{6-2-9}$$

根据式(6-2-9)，将简化后的混合 π 等效模型中 c、e 输出端短路，得图 6-2-3 所示。由于 $\dot{K} = 0$ ，则根据式(6-2-4)

$$C = C_{b'e} + (1 - \dot{K})C_{b'c} = C_{b'e} + C_{b'c}$$

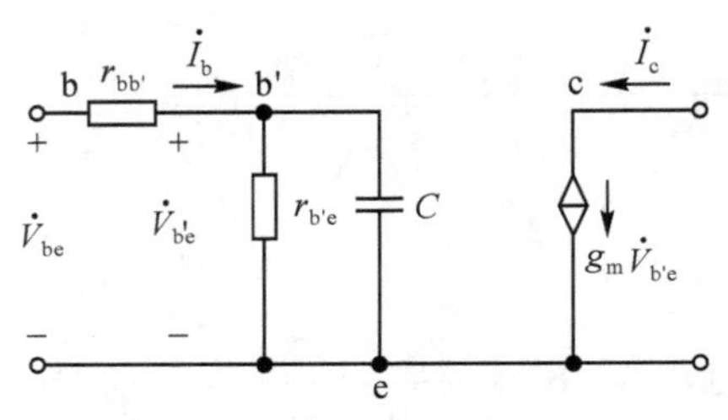

图 6-2-3　$\dot{\beta}$ 的频率响应分析

由图 6-2-3 可见，$\dot{I}_c = g_m\dot{V}_{b'e}$ ，$g_m = \beta_0/r_{b'e}$ ，$\dot{I}_b = \dot{V}_{b'e}(\frac{1}{r_{b'e}} + j\omega C)$，所以

$$\dot{\beta} = \frac{\dot{I}_c}{\dot{I}_b} = \frac{g_m\dot{V}_{b'e}}{\dot{V}_{b'e}(\frac{1}{r_{b'e}} + j\omega C)} = \frac{\beta_0}{1 + j\omega r_{b'e}C} \tag{6-2-10}$$

令

$$f_\beta = \frac{1}{2\pi\tau} = \frac{1}{2\pi r_{b'e}C} \qquad (C = C_{b'e} + C_{b'c}) \tag{6-2-11}$$

将其代入式(6-2-10)，得到

$$\dot{\beta} = \frac{\beta_0}{1 + j\frac{f}{f_\beta}} \tag{6-2-12}$$

其幅频特性和相频特性分别为

$$|\dot{\beta}| = \frac{\beta_0}{\sqrt{1 + (f/f_\beta)^2}} \tag{6-2-13a}$$

$$\varphi = -\arctan(f/f_\beta) \tag{6-2-13b}$$

式中 f_β 称为三极管的共射极截止频率，是使 $|\dot{\beta}|$ 下降为 $0.707\beta_0$ 时的信号频率，其值主要

决定于管子的结构。

图 6-2-4 是 $\dot{\beta}$ 的波特图。图中 f_T 是使 $|\dot{\beta}|$ 下降到 1(即 0dB)时的频率，称为三极管的特征频率。

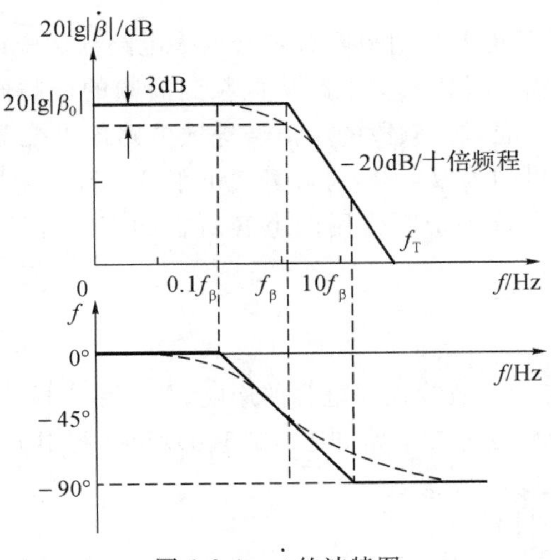

图 6-2-4　$\dot{\beta}$ 的波特图

令式(6-2-13a)等于 1，则 $f = f_T$，由此可求得 f_T。

$$\sqrt{1 + (f_T/f_\beta)^2} = \beta_0$$

因为 $f_T \gg f_\beta$，所以

$$f_T \approx \beta_0 f_\beta \tag{6-2-14}$$

式(6-2-14)表明，一个三极管的特征频率 f_T 与其共射极截止频率 f_β 是相关的，而且 f_T 比 f_β 高很多，大约是 f_β 的 β_0 倍。

将 $g_m = \beta_0 / r_{b'e}$ 及式(6-2-11)代入(6-2-14)，则

$$f_T \approx \frac{g_m}{2\pi(C_{b'e} + C_{b'c})} \tag{6-2-15}$$

一般有 $C_{b'e} \gg C_{b'c}$，所以有

$$f_T \approx \frac{g_m}{2\pi C_{b'e}} \tag{6-2-16}$$

利用式(6-2-12)及 $\dot{\alpha}$ 与 $\dot{\beta}$ 的关系，可以求出三极管的共基极截止频率 f_α。

$$\dot{\alpha} = \frac{\dot{\beta}}{1 + \dot{\beta}} = \frac{\dfrac{\beta_0}{1 + \beta_0}}{1 + \mathrm{j}\dfrac{f}{(1 + \beta_0) f_\beta}} = \frac{\alpha_0}{1 + \mathrm{j}\dfrac{f}{f_\alpha}} \tag{6-2-17}$$

式中 f_α 是 $\dot{\alpha}$ 下降为 0.707 α_0 时的频率，即三极管的共基极截止频率。

由式(6-2-14)和(6-2-17)可得

$$f_\alpha = (1 + \beta_0) f_\beta \approx f_\beta + f_T \tag{6-2-18}$$

式(6-2-18)说明，三极管的共基极截止频率 f_α 远大于共射极截止频率 f_β，且比特征频率 f_T 还高，三极管的三个频率参数的数量关系为 $f_\beta \ll f_T < f_\alpha$。由此可以理解，与共射极放大电路相比，共基极放大电路的频率响应比较好。

在了解了频率响应的分析方法及三极管的小信号模型之后，下面来分析放大电路的频率响应。

6.2.2 单管共射极放大电路的频率特性分析

本节以图 6-2-5(a)所示的共发射极阻容耦合放大电路为例来讲述频率响应的一般分析方法。分析频率特性时，需要画出放大电路从低频到高频的全频段小信号模型，然后分高、中、低频段分别加以研究。通过中频段的小信号等效电路即微变等效电路可计算中频电压增益，通过低频段和高频段的等效电路，可计算出下限频率和上限频率。一般采用时间常数法求解截止频率，即计算出每一个起作用的电容所在的 RC 回路的时间常数 τ，则截止频率为

$$f = \frac{1}{2\pi\tau}$$

当同时考虑耦合电容和三极管极间电容的影响，并引用三极管混合 π 简化模型时，图 6-2-5(a)所示电路的全频段微变等效电路如图 6-2-5(b)所示，图中 $R_b = R_{b1} // R_{b2}$。

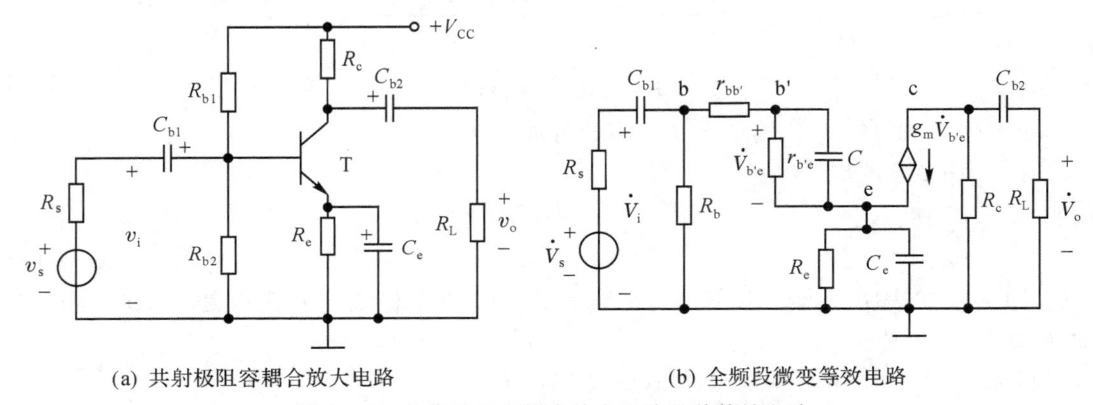

(a) 共射极阻容耦合放大电路　　(b) 全频段微变等效电路

图 6-2-5　共射极阻容耦合放大电路及其等效电路

1. 中频段频率响应分析

在中频段，由于耦合电容容抗很小，因而可以将 C_{b1}，C_{b2} 和 C_e 视为交流短路；而极间电容容抗很大，$\frac{1}{\omega C} \gg r_{b'e}$，因而可以将 C 视为交流开路。由此得到中频范围的简化等效电路如图 6-2-6 所示。

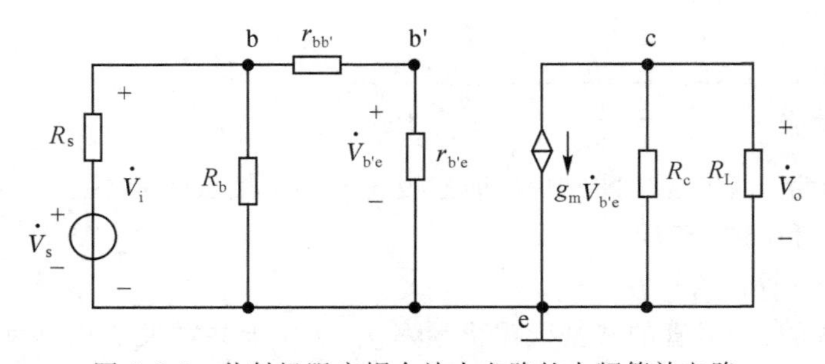

图 6-2-6　共射极阻容耦合放大电路的中频等效电路

中频电压放大倍数

$$\dot{A}_{vm}=\frac{\dot{V}_o}{\dot{V}_i}=\frac{\dot{V}_{b'e}}{\dot{V}_i}\cdot\frac{\dot{V}_o}{\dot{V}_{b'e}}=\frac{r_{b'e}}{r_{bb'}+r_{b'e}}(-g_m R'_L)=\frac{r_{b'e}}{r_{be}}(-g_m R'_L) \tag{6-2-19}$$

$$\dot{A}_{vsm}=\frac{\dot{V}_o}{\dot{V}_s}=\frac{\dot{V}_i}{\dot{V}_s}\cdot\frac{\dot{V}_o}{\dot{V}_i}=\frac{R_i}{R_s+R_i}\cdot\dot{A}_{vm}=\frac{R_i}{R_s+R_i}\cdot\frac{r_{b'e}}{r_{be}}(-g_m R'_L) \tag{6-2-20}$$

式中 $R_i=R_b//(r_{bb'}+r_{b'e})=R_b//r_{be}$，$R'_L=R_c//R_L$，由于 $g_m=\frac{\beta_0}{r_{b'e}}$，代入式(6-2-20)后得到

$$\dot{A}_{vsm}=-\frac{R_i}{R_s+R_i}\cdot\frac{\beta_0 R'_L}{r_{be}} \tag{6-2-21}$$

可见以上中频电压放大倍数的表达式与前面用微变等效电路求得的结果是一致的。

2. 低频段频率响应分析

在低频段，耦合电容的容抗增大以至于不能忽略，而极间电容可看作开路，由此得到的低频等效电路如图 6-2-7 所示。当信号频率提高时，耦合电容的作用将有利于提高放大倍数，也就是相当于 RC 高通电路，有下限截止频率。由此等效电路直接求低频区的电压增益表达式比较麻烦，因此采用短路时间常数法求下限截止频率。

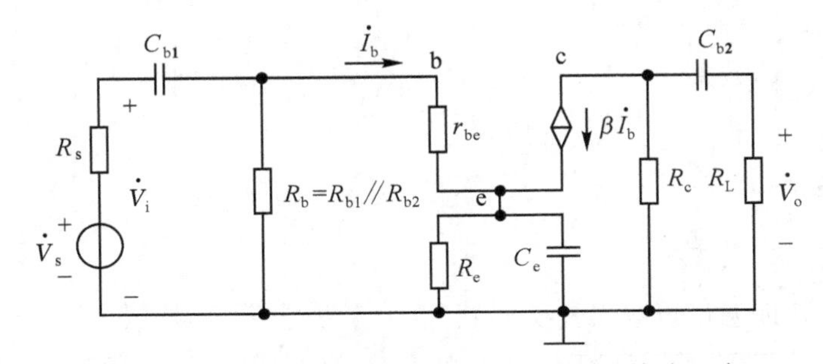

图 6-2-7　共射极阻容耦合放大电路的低频等效电路

(1)首先求由耦合电容 C_{b1} 决定的短路时间常数 $\tau_{C_{b1}}$。C_{b1} 单独作用时，其他电容(C_{b2}，C_e)短路，电压源 $\dot{V}_s$ 也短路，从电容 C_{b1} 端口视入的等效电路如图 6-2-8(a)所示。

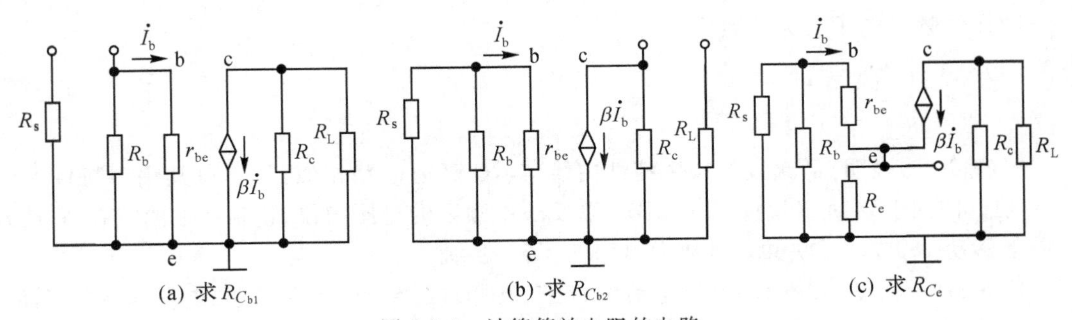

图 6-2-8　计算等效电阻的电路

其等效电阻为

$$R_{C_{b1}}=R_s+R_b//r_{be} \tag{6-2-22}$$

其短路时间常数为

$$\tau_{C_{b1}}=R_{C_{b1}}C_{b1} \tag{6-2-23}$$

对应的转折频率

$$\omega_{C_{b1}} = \frac{1}{\tau_{C_{b1}}} = \frac{1}{R_{C_{b1}} C_{b1}}$$

(2)其次求耦合电容 C_{b2} 决定的短路时间常数 $\tau_{C_{b2}}$。C_{b2} 单独作用时，其他电容（C_{b1}，C_e）短路，电压源 $\dot{V}_s$ 也短路，从电容 C_{b2} 端口视入的等效电路如图 6-2-8(b)所示。

其等效电阻为

$$R_{C_{b2}} = R_c + R_L \tag{6-2-24}$$

其短路时间常数为

$$\tau_{C_{b2}} = R_{C_{b2}} C_{b2} \tag{6-2-25}$$

对应的转折频率

$$\omega_{C_{b2}} = \frac{1}{\tau_{C_{b2}}} = \frac{1}{R_{C_{b2}} C_{b2}}$$

(3)最后求旁路电容 C_e 决定的短路时间常数 τ_{C_e}。C_e 单独作用时，其他电容（C_{b1}，C_{b2}）短路，电压源 $\dot{V}_s$ 也短路，从电容 C_e 端口视入的等效电路如图 6-2-8(c)所示。

其等效电阻为

$$R_{C_e} = R_e // \frac{R_s // R_b + r_{be}}{1 + \beta_o} \tag{6-2-26}$$

其短路时间常数为

$$\tau_{C_e} = R_{C_e} C_e \tag{6-2-27}$$

对应的转折频率

$$\omega_{C_e} = \frac{1}{\tau_{C_e}} = \frac{1}{R_{C_e} C_e}$$

则可以证明(其证明可以参考有关资料)

$$\omega_L \approx \sqrt{\omega_{C_{b1}}^2 + \omega_{C_{b2}}^2 + \omega_{C_e}^2} \tag{6-2-28}$$

下限截止频率

$$f_L = \frac{\omega_L}{2\pi}$$

则在低频段电压放大倍数为

$$\dot{A}_{vsL} = \dot{A}_{vsm} \cdot \frac{1}{1 + \frac{f_L}{jf}} \tag{6-2-29}$$

式(6-2-29)表明，低频段的频率特性曲线与 RC 高通电路相似，只不过其幅频特性曲线在 Y 轴方向向上移动 $20\lg|A_{vsm}|$(dB)，以反映中频区的电压增益；相频特性曲线在 Y 轴方向向下移动 180°，以反映共射极放大电路的反相关系。

例 6-2-1 在图 6-2-5 (a)所示电路中，设三极管的 $\beta_0 = 80$，$r_{be} \approx 1.5\text{k}\Omega$，$V_{CC} = 15\text{V}$，$R_{b1} = 110\text{k}\Omega$，$R_{b2} = 33\text{k}\Omega$，$R_C = 4\text{k}\Omega$，$R_L = 2.7\text{k}\Omega$，$R_e = 1.8\text{k}\Omega$，$R_s = 50\Omega$，$C_{b1} = 30\mu\text{F}$，$C_{b2} = 1\mu\text{F}$，$C_e = 50\mu\text{F}$，试估算该电路下限频率。

解 由式(6-2-22)可得

$$R_{C_{b1}} = R_s + R_{b1} // R_{b2} // r_{be} \approx r_{be} = 1.5\text{k}\Omega$$

所以 $\tau_{C_{b1}} = R_{C_{b1}} C_{b1} = 1.5 \times 30 = 45(\text{ms})$。

由式 6-2-24)可得

$$R_{C_{b2}} = R_c + R_L = 4 + 2.7 = 6.7(\text{k}\Omega)$$

所以 $\tau_{C_{b2}} = R_{C_{b2}} C_{b2} = 6.7 \times 1 = 6.7\text{ms}$ 。

由式(6-2-26)可得

$$R_{C_e} = R_e // \frac{R_s // R_{b1} // R_{b2} + r_{be}}{1 + \beta_0} \approx \frac{R_s + r_{be}}{1 + \beta_0} = \frac{0.05 + 1.5}{1 + 80} = 0.019(\text{k}\Omega)$$

所以 $\tau_{C_e} = R_{C_e} C_e = 0.019 \times 50 = 0.95(\text{ms})$。

由式(6-2-28)可得

$$\omega_L \approx \sqrt{\omega_{C_{b1}}^2 + \omega_{C_{b2}}^2 + \omega_{C_e}^2} = \sqrt{\left(\frac{1}{45}\right)^2 + \left(\frac{1}{6.7}\right)^2 + \left(\frac{1}{0.95}\right)^2} = 1063(\text{rad/s})$$

下限截止频率

$$f_L = \frac{\omega_L}{2\pi} = \frac{1063}{2 \times 3.14} \approx 169(\text{Hz})$$

由以上计算可知，三个时间常数中对 f_L 贡献最大的是发射极旁路电容 C_e，即旁路电容的引入减小了通频带。

3. 高频段频率响应分析

在高频段，耦合电容的容抗很小视为交流短路，而极间电容的容抗减小不容忽略。由此得到的高频等效电路如图 6-2-9(a)所示。当信号频率减小时，C 的作用将有利于提高放大倍数，也就是相当于 RC 低通电路，有上限截止频率。

利用戴维南定理可将图 6-2-9(a)的输入回路简化，电路可等效成图 6-2-9(b)。

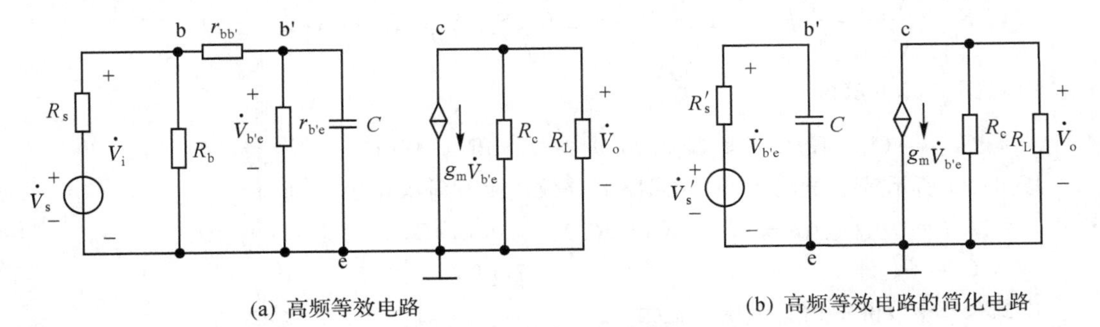

(a) 高频等效电路　　(b) 高频等效电路的简化电路

图 6-2-9　共射极阻容耦合放大电路高频等效电路

图中
$$\dot{V}'_s = \frac{r_{b'e}}{r_{be}} \times \dot{V}_i = \frac{R_i}{R_i + R_s} \times \frac{r_{b'e}}{r_{be}} \times \dot{V}_s$$

$$R'_s = r_{b'e} // [r_{bb'} + (R_s // R_b)]$$

$$\frac{\dot{V}_{b'e}}{\dot{V}'_s} = \frac{\frac{1}{j\omega C}}{R'_s + \frac{1}{j\omega C}} = \frac{1}{1 + j\omega R'_s C} \tag{6-2-30}$$

$$\dot{V}_o = -g_m \dot{V}_{b'e} R'_L$$

则高频电压放大倍数为

$$\dot{A}_{vsH} = \frac{\dot{V}_o}{\dot{V}_s} = \frac{\dot{V}'_s}{\dot{V}_s} \cdot \frac{\dot{V}_{b'e}}{\dot{V}'_s} \cdot \frac{\dot{V}_o}{\dot{V}_{b'e}} = \frac{R_i}{R_i + R_s} \cdot \frac{r_{b'e}}{r_{be}} \cdot \frac{1}{1 + j\omega R'_s C}(-g_m R'_L)$$

$$= \dot{A}_{vsm} \cdot \frac{1}{1 + j\omega R'_s C} = \dot{A}_{vsm} \cdot \frac{1}{1 + j\dfrac{f}{f_H}} \tag{6-2-31}$$

式中 $f_H = \dfrac{1}{2\pi R'_s C}$，即为放大电路的上限截止频率，$R'_s C$ 为 C 所在回路的时间常数。

式(6-2-31)表明，高频段的频率特性曲线与 RC 低通电路相似，只不过其幅频特性曲线在 Y 轴方向向上移动 $20\lg|A_{vsm}|$(dB)，相频特性曲线在 Y 轴方向向下移动 180°。

例 6-2-2 设图 6-2-5 (a)所示电路在室温(300K)下运行，且三极管的 $V_{BEQ} = 0.65\text{V}$，$r_{bb'} = 100\Omega$，$\beta_0 = 100$，$C_{b'c} = 0.5\text{pF}$，$f_T = 400\text{MHz}$，$V_{CC} = 12\text{V}$，$R_{b1} = 100\text{k}\Omega$，$R_{b2} = 16\text{k}\Omega$，$R_c = R_L = 5.1\text{k}\Omega$，$R_e = R_s = 1\text{k}\Omega$，试计算该电路的中频源电压增益及上限频率。

解 先求静态电流

$$I_{CQ} \approx I_{EQ} = \frac{V_{BQ} - V_{BEQ}}{R_e} = \frac{\dfrac{R_{b2}}{R_{b1} + R_{b2}} V_{CC} - V_{BEQ}}{R_e} \approx 1\text{mA}$$

由式(6-2-8)求得 $g_m = \dfrac{I_{CQ}}{V_T} = \dfrac{1\text{mA}}{26\text{mV}} \approx 0.038\text{S}$，$r_{b'e} = \dfrac{\beta_0}{g_m} = \dfrac{100}{0.038\text{S}} \approx 2.63\text{k}\Omega$

$$R_b = R_{b1} \parallel R_{b2} = 100\text{k} \parallel 16\text{k} = 13.8\text{k}\Omega$$

$$R_i = R_b \parallel (r_{bb'} + r_{b'e}) = 13.8\text{k} \parallel 2.73\text{k} = 2.28\text{k}\Omega$$

由式(6-2-16)求得 $C_{b'e} \approx \dfrac{g_m}{2\pi f_T} = \dfrac{0.038\text{S}}{2 \times 3.14 \times 400 \times 10^6\,\text{Hz}} \approx 15.1\text{pF}$

$$\dot{K} = \frac{\dot{V}_{ce}}{\dot{V}_{b'e}} = \frac{\dot{V}_O}{\dot{V}_{b'e}} \approx -g_m R'_L = -0.038\text{S} \times 5.1\text{k}\Omega // 5.1\text{k}\Omega = -96.9$$

由式(6-2-3)可求得

$$C_{M1} = (1 - \dot{K}) C_{b'c} \approx (1 + 96.9) \times 0.5\text{pF} \approx 49\text{pF}$$

图 6-2-9 所示等效电路中，输入回路的等效电阻和等效电容分别为

$$R'_s = r_{b'e} // [r_{bb'} + (R_s // R_{b1} // R_{b2})] \approx 0.74\text{k}\Omega$$

$$C = C_{b'e} + C_{M1} = (15.1 + 49) = 64.1(\text{pF})$$

由式(6-2-21)得中频源电压增益为

$$\dot{A}_{vsm} = -\frac{R_i}{R_s + R_i} \cdot \frac{\beta_0 R'_L}{r_{be}} \approx -65$$

上限频率

$$f_H = \frac{1}{2\pi R'_s C} \approx 3.36\text{MHz}$$

4. 全频段频率响应

将低频特性表达式和高频特性表达式综合起来，即为放大电路全频段的频率特性表达式

$$\dot{A}_{vs} = \dot{A}_{vsm} \cdot \frac{1}{(1 + j\dfrac{f}{f_H})(1 + \dfrac{f_L}{jf})} \tag{6-2-32}$$

当 $f_L << f << f_H$ 时，式(6-2-32)近似为 $\dot{A}_{vs} \approx \dot{A}_{vsm}$，中频段对数幅频特性和相频特

性分别为

$$20\lg|\dot{A}_{vs}| = 20\lg|\dot{A}_{vsm}| \tag{6-2-33a}$$

$$\varphi = -180° \tag{6-2-33b}$$

当 f 接近 f_L 时，有 $f/f_H \approx 0$，式(6-2-32)近似为 $\dot{A}_{vs} \approx \dot{A}_{vsL}$，即低频电压放大倍数。低频段对数幅频特性和相频特性分别为

$$20\lg|\dot{A}_{vs}| = 20\lg|\dot{A}_{vsm}| - 20\lg\sqrt{1+(\frac{f_L}{f})^2} \tag{6-2-34a}$$

$$\varphi = -180° + \arctan(\frac{f_L}{f}) \tag{6-2-34b}$$

当 f 接近 f_H 时，有 $f_L/f \approx 0$，式(6-2-32)近似为 $\dot{A}_{vs} \approx \dot{A}_{vsH}$，即高频电压放大倍数。高频段对数幅频特性和相频特性分别为

$$20\lg|\dot{A}_{vs}| = 20\lg|\dot{A}_{vsm}| - 20\lg\sqrt{1+(\frac{f}{f_H})^2} \tag{6-2-35a}$$

$$\varphi = -180° - \arctan(\frac{f}{f_H}) \tag{6-2-35b}$$

根据式(6-2-32)画出的共射极阻容耦合放大电路的波特图如图 6-2-10 所示。

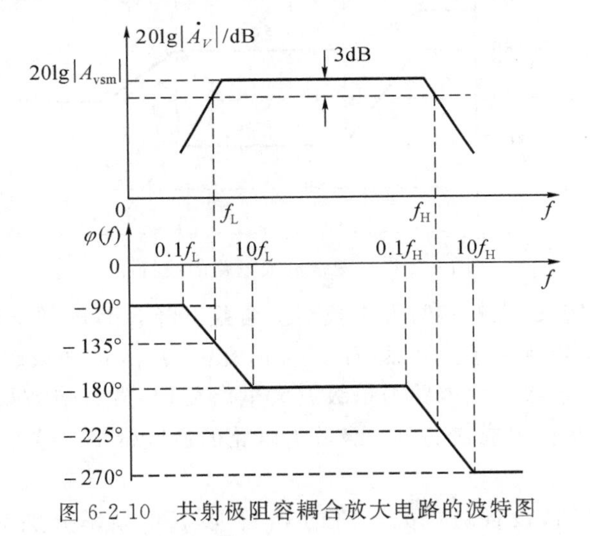

图 6-2-10　共射极阻容耦合放大电路的波特图

6.2.3　多级放大电路的频率特性

设一个 n 级放大电路各级的电压放大倍数分别为 $\dot{A}_{V1}, \dot{A}_{V2}, \cdots, \dot{A}_{Vn}$，则该电路的电压增益为

$$\dot{A}_V = \dot{A}_{V1} \cdot \dot{A}_{V2} \cdot \cdots \cdot \dot{A}_{Vn} = \prod_{k=1}^{n} \dot{A}_{Vk} \tag{6-2-36}$$

对数幅频特性和相频特性表达式为

$$20\lg|\dot{A}_V| = 20\lg|\dot{A}_{V1}| + 20\lg|\dot{A}_{V2}| + \cdots + 20\lg|\dot{A}_{Vn}| = \sum_{k=1}^{n} 20\lg|\dot{A}_{Vk}| \tag{6-2-37a}$$

$$\varphi = \varphi_1 + \varphi_2 + \cdots + \varphi_n = \sum_{k=1}^{n} \varphi_k \tag{6-2-37b}$$

从上两式可见，多级放大电路的对数幅频特性等于各级对数幅频特性的代数和，多级放大电路的相频特性也是各级相频特性的代数和。

设组成两级放大电路的两个单管放大电路具有相同的频率特性，则其中频电压增益 $20\lg|\dot{A}_V| = 40\lg|\dot{A}_{vm1}|$ 。当 $f = f_{L1} = f_{L2}$ 时，两级电路的电压增益各下降 3dB，因而总增益下降 6dB；并且由于每一级产生 +45° 的附加相移，故总的产生 +90° 附件相移。同样的道理，当 $f = f_{H1} = f_{H2}$ 时，总增益下降 6dB，并产生 −90° 附加相移，如图 6-2-11 所示。

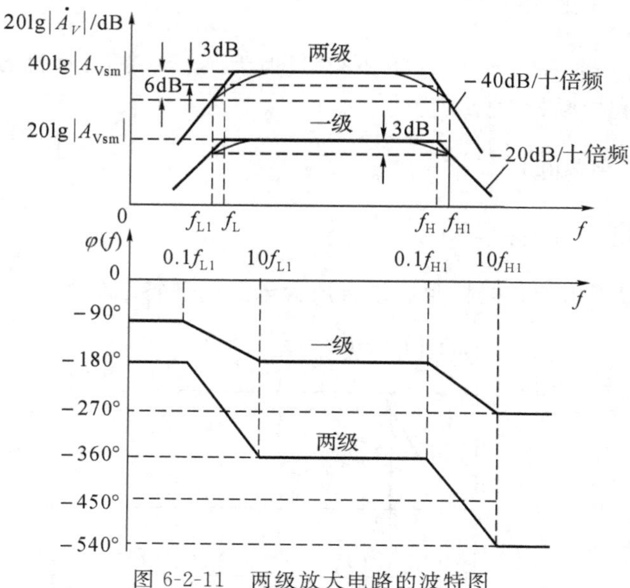

图 6-2-11 两级放大电路的波特图

根据截止频率的定义，在幅频特性中找到使增益下降 3dB 的频率就是两级放大电路的下限频率 f_L 和上限截止频率 f_H，显然，$f_L > f_{L1}$，$f_H < f_{H1}$，即两级放大电路的通频带变窄了。依此推广到多级：多级放大电路与单级放大电路相比，放大倍数虽然提高了，但是多级放大电路的通频带总是比组成它的每一级放大电路的通频带窄。这是多级放大电路频率响应的一个重要结论。

对于 n 级放大电路，设各级放大电路的上、下限截止频率分别为 $f_{H1}, f_{H2}, \cdots, f_{Hn}$ 和 $f_{L1}, f_{L2}, \cdots, f_{Ln}$，在低频段，如果某一级的 f_{Lk} 比其他各级大很多(如 4 倍以上)，则可认为多级放大电路的 $f_L \approx f_{Lk}$；类似的，如果某一级的 f_{Hk} 比其他各级小很多(如是其他的 1/4 以下)，则可认为多级放大电路的 $f_H \approx f_{Hk}$；若各级的上、下限截止频率相差不大，则可用下式估算

下限频率

$$f_L \approx \sqrt{f_{L1}^2 + f_{L2}^2 + \cdots + f_{Ln}^2}$$

上限频率

$$\frac{1}{f_H} \approx \sqrt{\frac{1}{f_{H1}^2} + \frac{1}{f_{H2}^2} + \cdots + \frac{1}{f_{Hn}^2}}$$

则多级放大电路的通频带为：

$$BW = f_H - f_L$$

本章小结

本章主要介绍了滤波电路和有关频率特性的基本概念，介绍了三极管的高频等效模型，阐明了放大电路频率特性的分析方法，重点对单管共射放大电路的频率特性进行了分析，讨论了多级放大电路的频率特性。其要点为：

(1)介绍了滤波电路的基本概念与分类，常用有源滤波电路：低通滤波器、高通滤波器、带通滤波器和带阻滤波器的性能和频率响应。

(2)对于阻容耦合单管共射放大电路，在中频段所有电容影响均可忽略，因而放大倍数与频率无关；在低频段由于存在耦合电容和旁路电容，将导致放大电路的放大倍数下降，附加相移为正，可用含电容的低频等效电路分析放大电路的低频响应；在高频段由于受三极管极间电容和分布电容的影响，放大电路的放大倍数也要下降，附加相移为负，可用混合Π型等效电路分析放大电路的高频响应。

(3)多级放大电路的电压放大倍数等于组成它的各级放大电路电压放大倍数的乘积。多级放大器的上限频率低于各级放大器的上限频率，而下限频率高于各级放大器的下限频率，因而放大器的级数越多，总的通频带就越小于每个单级放大器的通频带。

习　题

6-1　设运放为理想器件。在下列几种情况下，他们分别属于哪种类型的滤波电路(低通、高通、带通、带阻)？并定性画出其幅频特性。

(1)理想情况下，当 $f=0$ 和 $f\to\infty$ 时的电压增益相等，且不为零；

(2)直流电压增益就是它的通带电压增益；

(3)理想情况下，当 $f\to\infty$ 时的电压增益就是它的通带电压增益；

(4)在 $f=0$ 和 $f\to\infty$ 时，电压增益都等于零。

6-2　在下列各种情况下，应分别采用哪种类型(低通、高通、带通、带阻)的滤波电路。

(1)希望抑制 50Hz 交流电源的干扰；

(2)希望抑制 500Hz 以下的信号；

(3)有用信号频率低于 500Hz；

(4)有用信号频率为 500Hz。

6-3　设 A 为理想运放，试推导出题 6-3 图所示电路的电压放大倍数，并说明这是一种什么类型的滤波电路。

6-4　设 A 为理想运放，试推导出题 6-4 图所示电路的电压放大倍数，并说明这是一种什么类型的滤波电路。

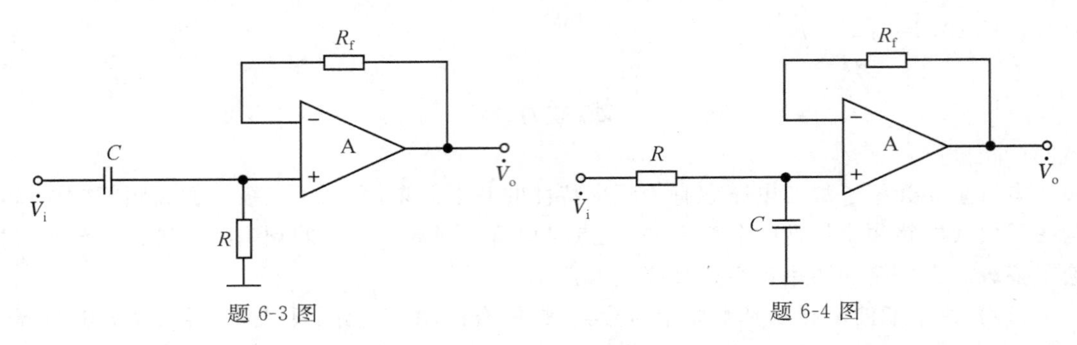

题 6-3 图　　　　题 6-4 图

6-5　能否利用低通滤波器、高通滤波器来构成带通滤波器？组成的条件是什么？能否利用带通滤波器组成带阻滤波器？

6-6　已知题 6-3 图和题 6-4 图所示电路的通带截止频率分别为 100Hz 和 100kHz。试用它们构成一个带通滤波器。并画出幅频特性。

6-7　在低频段的小信号等效电路中，要考虑哪些电容，不需要考虑哪些电容？在高频段呢？

6-8　什么是三极管的共射极截止频率？什么是三极管的共基极截止频率？什么是三极管的特征频率？三者之间的关系是什么样的？

6-9　放大电路频率响应的分析为什么可以分频段来进行？

6-10　已知某放大电路的电压放大倍数为 $\dot{A}_V=\dfrac{2\mathrm{j}f}{(1+\mathrm{j}\dfrac{f}{50})(1+\mathrm{j}\dfrac{f}{10^6})}$。

(1)求解 $\dot{A}_{vm}$，f_L，f_H；

(2)画出波特图。

6-11　已知某放大电路的波特图如题 6-11 图所示，试写出电压放大倍数 $\dot{A}_V$ 的表达式。

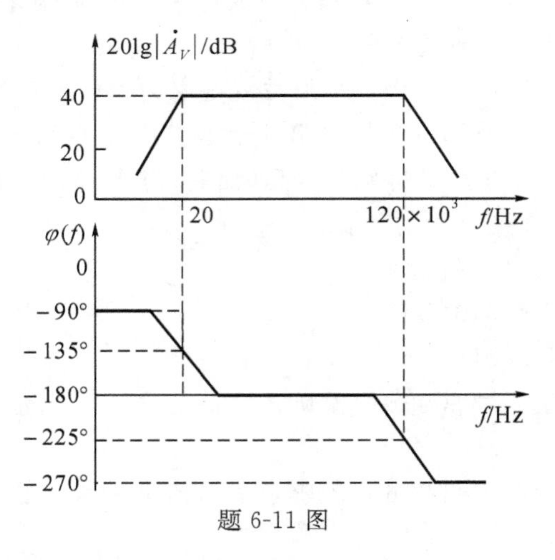

题 6-11 图

6-12　阻容耦合放大器幅频特性如题 6-12 图，问：

(1)给放大器输入 $V_i=5\mathrm{mV}$，$f=5\mathrm{kHz}$ 的正弦信号时，输出电压 V_o 为多少？

(2)给放大器输入 $V_i=3\mathrm{mV}$，$f=30\mathrm{kHz}$ 的正弦信号时，输出电压 V_o 为多少？

(3)求该放大器的通频带 BW。

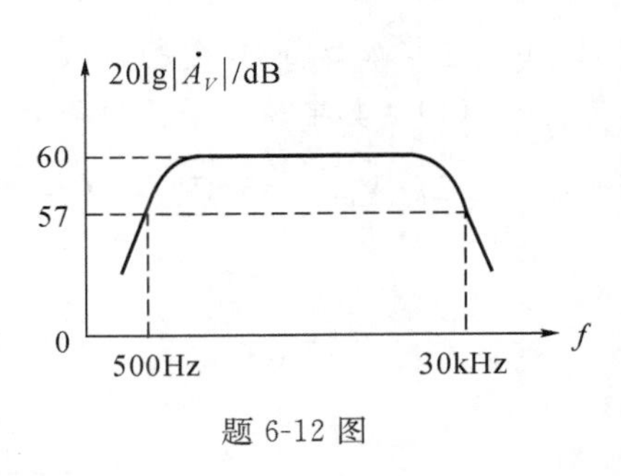

题 6-12 图

(4) 放大器输入信号 $v_i = 3\sin 2\pi \times 2 \times 10^4 t$(mV) 时，是否会产生频率失真？请说明原因。

(5) 放大器输入信号 $v_i = 3\sin 2\pi \times 10^4 t + 3\sin 2\pi \times 4 \times 10^4 t$(mV) 时，是否会产生频率失真？请说明原因。

6-13　在手册上查得某三极管在 $I_{CQ} = 4\text{mA}, V_{CEQ} = 6\text{V}$ 时的参数为 $\beta = 150, r_{be} = 1\text{k}\Omega, f_T = 350\text{MHz}, C_{b'c} = 4\text{pF}$，试求混合 π 型等效电路中的 g_m、$r_{bb'}$、$r_{b'e}$、$C_{b'e}$、及 f_β、f_α。

6-14　在题 6-14 图所示电路中，已知 $V_{CC} = 12\text{V}, R_s = 1\text{k}\Omega, R_b = 910\text{k}\Omega, R_C = 5\text{k}\Omega, C_b = 5\mu\text{F}$，三极管的 $\beta = 100, r_{bb'} = 100\Omega, V_{BEQ} = 0.7\text{V}, f_\beta = 0.5\text{MHz}, C_{b'c} = 5\text{pF}$，试估算该电路下限截止频率 f_L 和上限截止频率 f_H，并写出 $\dot{A}_{vs}$ 的表达式。要求画出波特图。

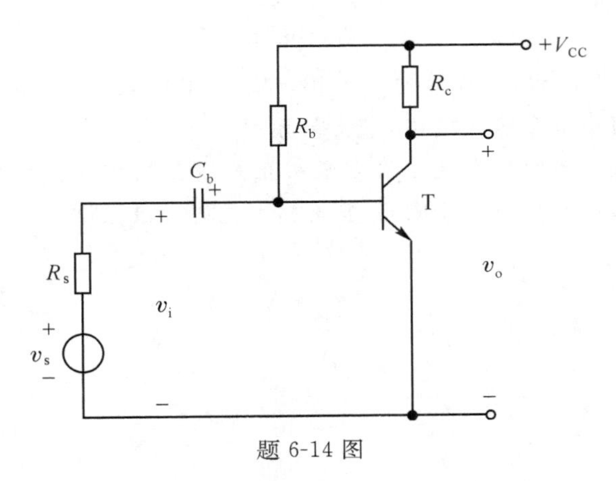

题 6-14 图

6-15　已知电路如题 6-15 图所示。已知 $R_s = 50\Omega, R_{b1}//R_{b2} = 10\text{k}\Omega, R_C = 2\text{k}\Omega, R_e = R_L = 1\text{k}\Omega, C_{b1} = 5\mu\text{F}, C_{b2} = 10\mu\text{F}, C_e = 100\mu\text{F}$，三极管的 $g_m = 80\text{mA/V}, r_{bb'} = 200\Omega, r_{b'e} = 0.8\text{k}\Omega, C_{b'e} = 100\text{pF}, C_{b'c} = 1\text{pF}$，试估算该放大电路的通频带。

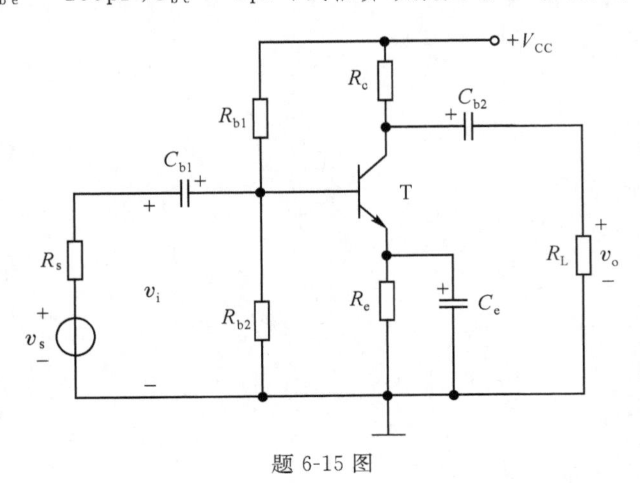

题 6-15 图

6-16 电路如题 6-16 图所示，已知三极管的 $\beta = 50$，$r_{be} = 0.72\text{k}\Omega$。

(1)估算电路的下限频率；

(2)$|\dot{V}_{im}| = 5\text{mV}$，且 $f = f_L$，则 $|\dot{V}_{om}| = ?$

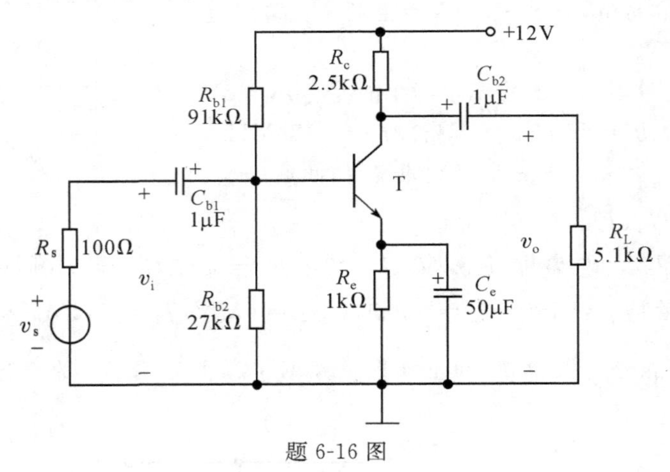

题 6-16 图

6-17 电路如题 6-16 图所示，三极管的 $\beta = 40$，$r_{bb'} = 100\Omega$，$C_{b'e} = 100\text{pF}$，$C_{b'c} = 3\text{pF}$，$r_{b'e} = 1\text{k}\Omega$，画出高频小信号等效电路，求上限频率 f_H。

6-18 设某三级放大器，各级放大电路的上限截止频率分别为 $f_{H1} = 6\text{kHz}$，$f_{H2} = 25\text{kHz}$，$f_{H3} = 50\text{kHz}$，中频增益为 100，试求该放大器的上限频率。

第 7 章　反馈放大电路

在实用放大电路中，总要引入这样或那样的反馈。反馈有正负之分，在放大电路的设计中，主要引入负反馈以改善放大电路的性能，而在某些振荡电路中，常引入正反馈以构成自激振荡的条件。本章将从反馈的基本概念及分类入手，着重讨论负反馈对放大电路性能的影响以及负反馈放大电路的分析方法和稳定性问题。

7.1　反馈的基本概念与判断方法

7.1.1　反馈的基本概念

在电子电路中，将输出量(输出电压或输出电流)的一部分或全部，以一定的方式馈送到输入回路，与原输入量(放大电路的输入电压或输入电流)相加或相减后再作用到放大电路的输入端，这种电压或电流的回送称为反馈。引入反馈的放大电路称为反馈放大电路。按照反馈放大电路各部分的功能可将其分为基本放大电路和反馈网络两部分，如图 7-1-1 所示。

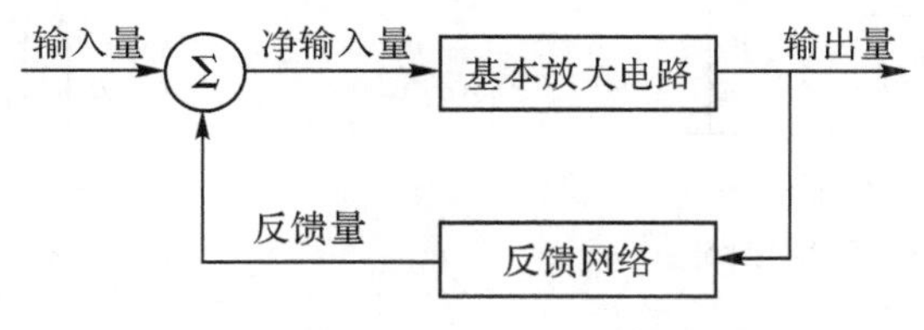

图 7-1-1　反馈放大电路的组成

其中基本放大电路主要用于放大信号，反馈网络用于传递反馈信号。基本放大电路的输入信号称为净输入量，净输入量的大小由输入信号(输入量)和反馈信号(反馈量)共同决定。

根据反馈的效果可以区分反馈的极性，若反馈的结果使输出量的变化(或净输入量)减小，则称之为负反馈；反之，则称为正反馈。在第三章讨论的分压式偏置的共发射极放大电路中，已经利用了反馈的概念，例如，在射极电路里串入一电阻 R_E(图 3-5-8)，当温度变化时，引起集电极电流 I_C(输出量)的变化，这种变化在射极电阻 R_E 上产生变化的电压并影响放大管 b-e 间的电压(输入量)，导致基极电流 I_B 向相反方向变化，从而使 I_C 向相反方向变化。反馈的结果使 $|\Delta I_C|$ 减小，说明电路中引入的是负反馈。

如果 R_E 两端并联有大容量电容 C_E，则 R_E 两端的压降只是反映集电极电流直流分量 I_C 的变化，即反馈只存在于直流通路，称为直流反馈；反之，若反馈只存在于交流通路，称为交流反馈。在很多放大电路中，常常是交、直流反馈兼而有之。如果 R_E 两端不并联 C_E，那么，R_E 上的压降同时也反映了集电极电流交流分量，电路中既引入了直流反馈又引入了交流反馈。本章的讨论主要针对交流负反馈。

7.1.2　负反馈放大电路的四种基本组态

通常，引入交流负反馈的放大电路称为负反馈放大电路。根据反馈量的输出取样和输入比较方式的不同，负反馈放大电路可构成四种反馈组态：电压串联负反馈、电流串联负反馈、电压并联负反馈和电流并联负反馈。若反馈量取自输出电压，则称为电压反馈；若反馈量取自输出电流，则称为电流反馈；若反馈量与输入量以电压方式叠加，则称为串联反馈；若反馈量与输入量以电流方式叠加，则称为并联反馈。

1. 电压串联负反馈

如图 7-1-2 所示，基本放大电路为一集成运放，用 A 表示；反馈网络是由电阻 R_1 和 R_f 组成的分压器，用 F 表示。电路采用电阻分压的方式将输出电压的一部分作为反馈电压。

由图可知，反馈量

$$v_f = \frac{R_1}{R_1 + R_f} \cdot v_o \tag{7-1-1}$$

反馈量取自于输出电压 v_o，且正比于 v_o，输入量、反馈量和净输入量以电压形式叠加，即 $v_{id} = v_i - v_f$，故图 7-1-2 的电路引入了电压串联负反馈。

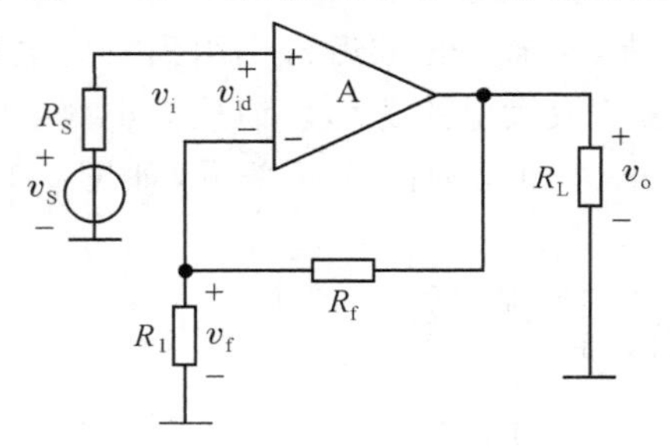

图 7-1-2　电压串联负反馈电路

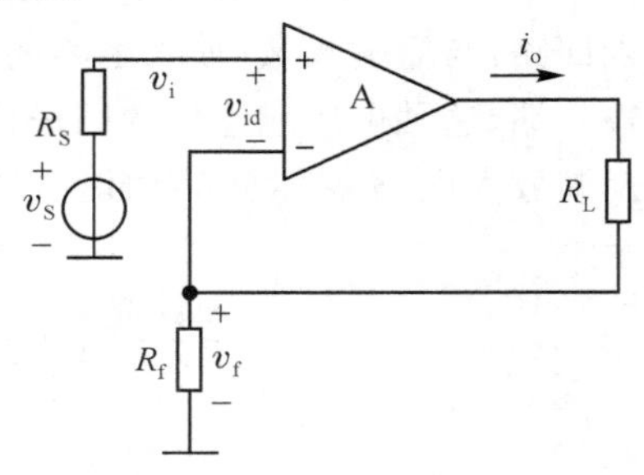

图 7-1-3　电流串联负反馈电路

2. 电流串联负反馈

如图 7-1-3 所示，以集成运放作为基本放大电路，当 i_o 流过 R_L 和 R_f 时在 R_f 两端产生反馈电压 v_f。由图可知，反馈量

$$v_f = i_o \cdot R_f \tag{7-1-2}$$

反馈量取自于输出电流 i_o，输入量、反馈量和净输入量以电压形式叠加，故图 7-1-3 的电路引入了电流串联负反馈。

3. 电压并联负反馈

在图 7-1-4 所示电路中，R_f 是跨接在输出和输入端之间的反馈电阻。由图可知，反馈量

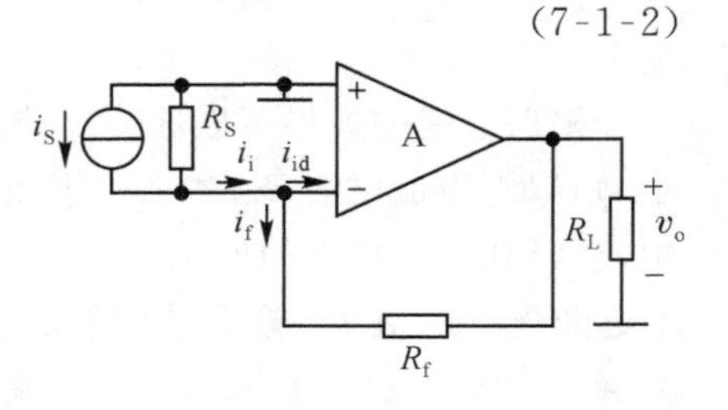

图 7-1-4　电压并联负反馈电路

$$i_f = -\frac{v_o}{R_f} \tag{7-1-3}$$

反馈量取自输出电压 v_o，且转换成反馈电流 i_f，输入量、反馈量和净输入量以电流形式叠加，因此电路引入了电压并联负反馈。

4. 电流并联负反馈

在图 7-1-5 所示电路中，各电流的瞬时极性如图所标注。由图可知，反馈量

$$i_f = -\frac{R_1}{R_f + R_1} \cdot i_o \tag{7-1-4}$$

反馈信号取自输出电流 i_o，且转换成反馈电流 i_f，输入量、反馈量和净输入量以电流形式叠加，因此电路引入了电流并联负反馈。

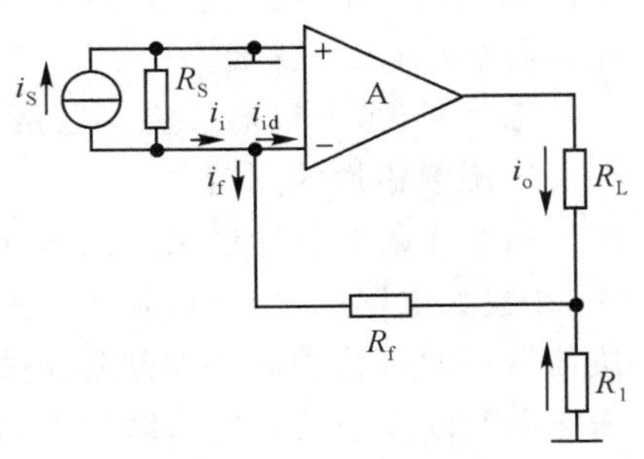

图 7-1-5　电流并联负反馈电路

在实际的电路设计中，选择何种反馈形式，需根据具体设计要求而定。如果设计的电路需要恒定的电压信号输出，就选择电压负反馈；若需要恒定的电流信号输出，则选择电流负反馈；若输入信号是恒压性质的信号，就选择串联负反馈；若输入信号是恒流性质的信号，则选择电流负反馈。

7.1.3　反馈的判断方法

1. 有无反馈的判断

观察放大电路输入回路和输出回路之间是否存在相连通路，且该通路影响放大电路的净输入量，即是否存在反馈通路，有反馈通路的说明引入了反馈，否则没有引入反馈。

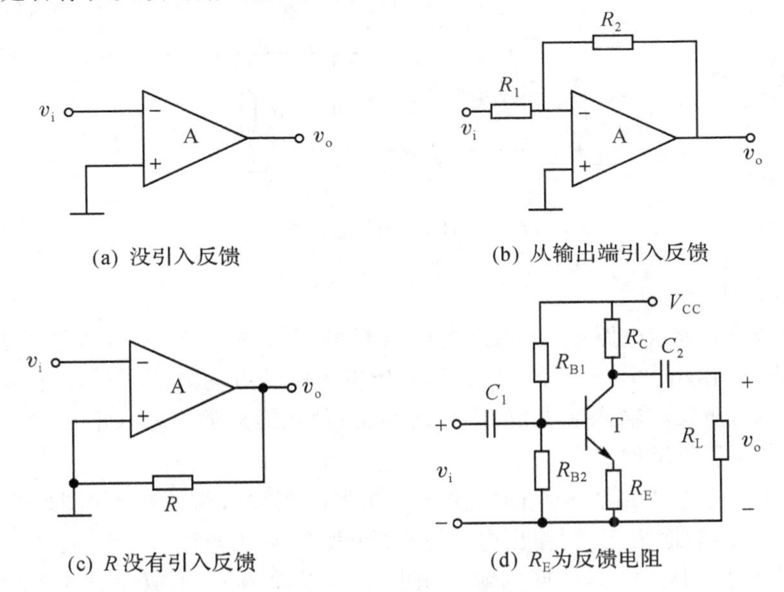

图 7-1-6　有无反馈的判断

在图 7-1-6(a) 所示电路中，集成运放的输出端与同相输入端、反相输入端均无连接通路，因此电路中没有引入反馈。在图(b) 电路中，可以看到，电阻 R_2 将输出端与集成运放的

反相输入端连接起来，集成运放的净输入量与输出信号相关，因此电路中引入了反馈。在图(c) 电路中，虽然电阻 R 将输出端与集成运放的同相输入端连接起来，但由于同相输入端接地，不影响集成运放的净输入量，因此 R 没有引入反馈。在图(d) 电路中虽然输出端与输入回路无直接联系，但发射极电阻 R_E 将晶体管输出回路的电流转换成电压来影响 b-e 间的电压，因此也引入了反馈。

综上所说，可以通过观察电路中有无反馈通路，判断是否在电路中引入了反馈。

2. 反馈极性的判断

通常用瞬时极性法来判断电路中引入的是正反馈还是负反馈(即反馈极性)。具体方法为：在放大电路的输入端，假设一个输入信号在某一时刻对地的极性，可用“+”、“−”表示。按信号正向传输方向依次判断相关点的瞬时极性，直到反馈信号取出点。再按反馈信号的传输方向判断反馈信号的瞬时极性，直至反馈信号和输入信号的相加点。如果反馈信号的瞬时极性使净输入量减小，则为负反馈；反之为正反馈。

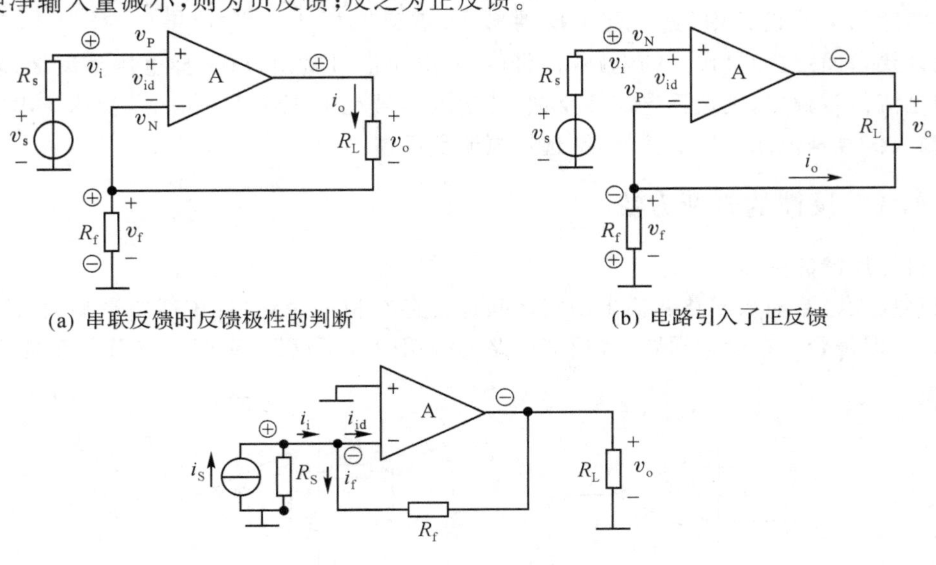

(a) 串联反馈时反馈极性的判断
(b) 电路引入了正反馈
(c) 并联反馈时反馈极性的判断

图 7-1-7　反馈极性的判断

在图 7-1-7(a) 所示电路中，设输入电压 v_i 的瞬时极性对地为正，即集成运放同相输入端 v_P 对地为正，故输出电压 v_o 对地也为正；输出电流 i_o 的方向如图所示，i_o 在反馈电阻 R_f 上产生反馈电压 v_f，使反相输入端电位 v_N 对地为正；集成运放的净输入电压 $v_{id}=v_P-v_N$ 减小，因此电路引入了负反馈。

如果将图(a) 电路中集成运放的同相输入端和反相输入端互换，如图(b) 所示，设输入电压 v_i 的瞬时极性对地为正，则输出电压 v_o 对地为负；输出电流 i_o 的方向如图所示，i_o 在反馈电阻 R_f 上产生反馈电压 v_f，使同相输入端电位 v_P 对地为负；集成运放的净输入电压 $v_{id}=v_N-v_P$ 增大，因此电路引入了正反馈。

在图 7-1-7(c) 所示电路中，设输入电流 i_i 的瞬时方向如图所示。集成运放反相输入端的电流 i_{id} 流入集成运放，反相输入端的电位对地为正，因而输出电压 v_o 对地为负，作用在反馈电阻 R_f 上产生反馈电流 i_f(方向如图所示)，使得集成运放的净输入电流 $i_{id}=i_i-i_f$ 减小，说明电路引入了负反馈。

以上分析说明，在集成运放组成的反馈放大电路中，反馈信号与输入信号相加或相减，对净输入的影响，可通过如下方法判断：反馈信号和输入信号加于输入回路一点时，即运放的同相输入端，或反相输入端，输入信号和反馈信号的瞬时极性相同的为正反馈，瞬时极性相反的是负反馈；反馈信号和输入信号加于放大电路输入回路两点时，瞬时极性相同的为负反馈，瞬时极性相反的是正反馈。

对于由三极管（或场效应管）组成的放大电路，反馈信号和输入信号的相加点是输入级放大管的基极和发射极（栅极和源极），可以通过判断输入级放大管的净输入电压或净输入电流因反馈的引入被增大还是被减小，来判断反馈极性，判断方法同上。如图 7-1-8 所示的三极管放大电路中，设输入电流 i_i 的方向如图所示，流入 T_1 管的基极，三极管 T_1 的基极电位对地为正；共射放大电路输出电压与输入电压相位相反，因此 T_1 管的集电极电位对地为负，而 T_2 管的基极与 T_1 管的集电极相连接，故 T_2 管的基极电位对地为负；当 NPN 管工作在正常放大状态时，发射极正偏，发射极电位低于基极电位，因此 T_2 管的发射极电位对地为负，作用在反馈电阻 R_f 上产生反馈电流 i_f（方向如图所示），使得 T_1 管基极的净输入电流 $i_{id} = i_i - i_f$ 减小，电路引入了负反馈。

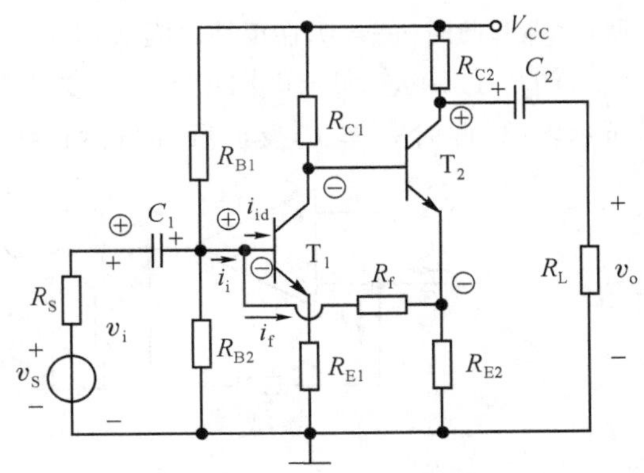

图 7-1-8　三极管放大电路的反馈极性判断

3. 直流反馈与交流反馈的判断

根据直流反馈和交流反馈的定义：如果反馈信号仅有直流成分，则为直流反馈，如果反馈信号仅有交流成分，则为交流反馈。我们可以通过下述方法判断：观察反馈通路是存在于直流通路还是交流通路，若在直流通路中存在反馈通路，则说明引入了直流反馈；若在交流通路中存在反馈通路，则说明引入了交流反馈。

图 7-1-9(a) 所示放大电路的直流通路和交流通路如图 7-1-9(b) 和图 7-1-9(c)，由于电容 C_E 对交流信号可视为短路，因此图 7-1-9(a) 所示电路只引入了直流反馈，而没有引入交流反馈。

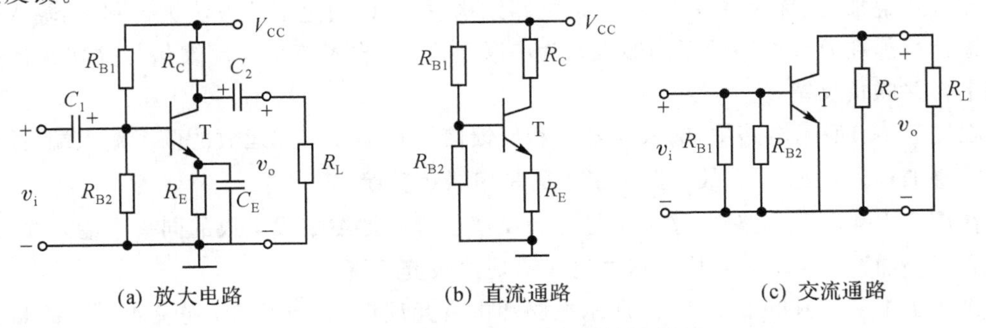

(a) 放大电路　　(b) 直流通路　　(c) 交流通路

图 7-1-9　直流反馈与交流反馈的判断

4. 反馈组态的判断

(1) 电压负反馈和电流负反馈的判断

如前所述,若反馈信号是取自输出电压信号,则称为电压反馈;若反馈信号是取自输出电流信号,则称为电流反馈。判断方法可采用负载 R_L 短路法,即当 $R_L=0$ 时,输出电压必为零,若此时反馈信号也等于零,则为电压反馈;若反馈信号不等于零,则为电流反馈。

图 7-1-10(a) 所示电路中引入了交流负反馈,反馈电流如图所示,令 $R_L=0$,得到图(b)所示电路,此时 $v_o=0$,在反馈电阻 R_f 上产生反馈电流 $i_f=0$,因此电路中引入的是电压负反馈。

图 7-1-10(c) 所示电路中引入了交流负反馈,反馈电流如图所示,令 $R_L=0$,得到图(d)所示电路,此时 $i_o\neq 0$,反馈量 i_f 依然存在,因此电路中引入的是电流负反馈。

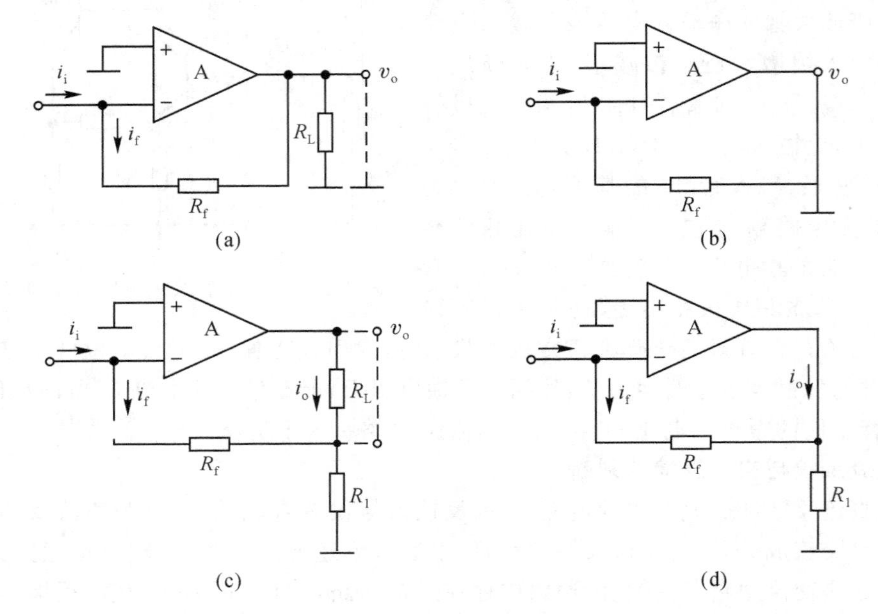

图 7-1-10 电压反馈与电流反馈的判断

(2) 串联负反馈和并联负反馈的判断

如前所述,若反馈量与输入量以电压方式叠加,则称为串联负反馈;若反馈量与输入量以电流方式叠加,则称为并联负反馈。从电路结构看,可以通过下述方法进行判断:输入信号与反馈信号加在放大电路的不同输入端为串联负反馈;输入信号与反馈信号并接在同一输入端上为并联负反馈。

在图 7-1-2 所示电路中,输入信号 v_i 和反馈信号 v_f 加在集成运放的两个输入端,并以电压方式叠加,$v_{id}=v_i-v_f$,故电路中引入的是串联负反馈。

在图 7-1-4 所示电路中,输入信号 i_i 和反馈信号 i_f 加在集成运放的同一个输入端,并以电流方式叠加,$i_{id}=i_i-i_f$,故电路中引入的是并联负反馈。

例 7-1-1 试判断图 7-1-11 所示电路图中有无反馈,若有反馈,则说明引入的是直流反馈还是交流反馈,是正反馈还是负反馈;如果是交流负反馈,则说明其反馈组态。

解 (1) 有无反馈的判断

观察电路,R_5 连接了输入回路和输出回路,故电路中引入了反馈。

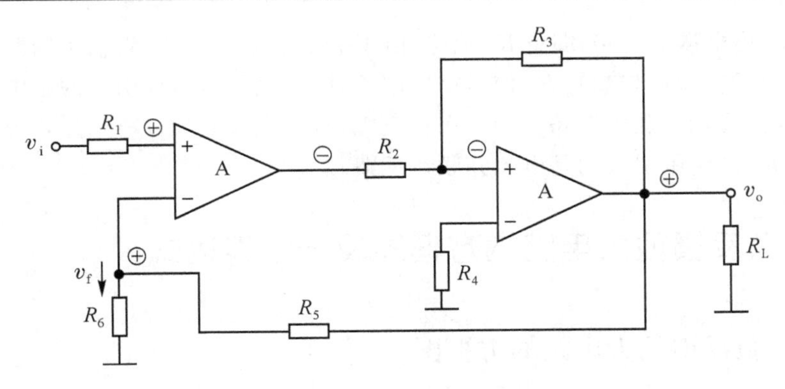

图 7-1-11　例 7-1-1 电路图

(2) 交、直流反馈判断

电路采用直接耦合方式，且反馈电路中无电容，R_5 形成的反馈通路在直流通路和交流通路中都存在，因此，电路中既引入了直流反馈，又引入了交流反馈。

(3) 反馈极性判断

用瞬时极性法进行反馈极性的判断，设输入电压 v_i 对地的瞬时极性为"+"，即集成运放 A_1 反相输入端的瞬时对地电位为"+"，则 A_1 的输出端电位为"−"；集成运放 A_2 的反相输入端通过 R_2 与 A_1 的输出端相连，故 A_2 的反相输入端电位也为"−"，则 A_2 的输出端电位为"+"，由于 $v_f = \dfrac{R_6}{R_5 + R_6} \cdot v_o$，故反馈电压 v_f 对地瞬时极性也为"+"。反馈信号和输入信号加于输入回路两点，且瞬时极性相同，因此引入的是负反馈。

(4) 反馈组态判断

如图所示，输入信号与反馈信号加在放大电路的不同输入端，且为电压叠加，$v_{id} = v_i - v_f$，故引入的是串联负反馈；令输出电压 $v_o = 0$，即将 R_L 短路，$v_f = \dfrac{R_6}{R_5 + R_6} \cdot v_o = 0$，故电路中引入的是电压负反馈。因此，电路中引入了电压串联负反馈。

例 7-1-2　试分析图 7-1-12 所示电路中引入了哪种组态的交流负反馈。

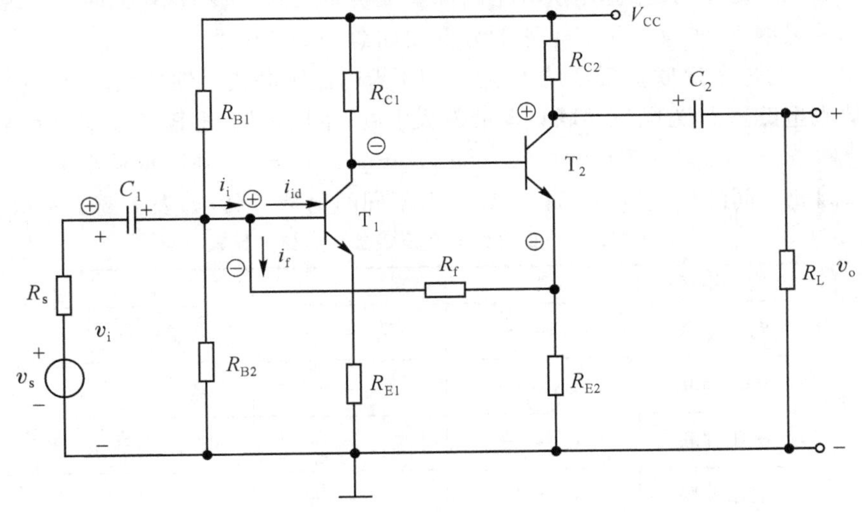

图 7-1-12　例 7-1-2 电路图

解 令输出电压 $v_o = 0$，即将 R_L 短路，由于输出电流 i_o 为 T_2 管输出回路的电流，仅受其基极电流的控制，因而依然存在，使得反馈电流 i_f 也依然存在，故引入的是电流负反馈；输入信号和反馈信号加在放大电路的同一个输入端，且为电流叠加，$i_{id} = i_i - i_f$，故引入的是电流负反馈，因此，电路中引入的是电流并联负反馈。

7.2 负反馈放大电路的方框图及一般表达式

7.2.1 负反馈放大电路的方框图

上节所讨论的负反馈放大电路可以用图 7-2-1 所示的一般方框图表示。图中，A 表示基本放大电路，它是在断开反馈且考虑了反馈网络的负载效应的情况下得到的，F 表示反馈网络，反馈网络一般由线性元件组成；x_i 为输入信号，x_f 为反馈信号，x_{id} 为净输入信号，x_o 为输出信号。图中连线的箭头表示信号的传输方向，符号⊕表示输入信号 x_i 和反馈信号 x_f 在此叠加，"+"号和"−"号表明 x_i、x_f 和 x_{id} 之间的关系为 $x_{id} = x_i - x_f$。

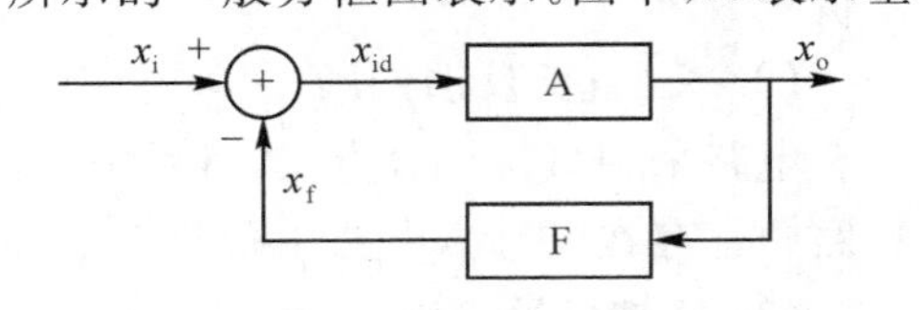

图 7-2-1 负反馈放大电路的一般方框图

根据方框图定义，基本放大电路的放大倍数(又称开环增益)为

$$A = \frac{x_o}{x_{id}} \tag{7-2-1}$$

反馈网络的反馈系数为

$$F = \frac{x_f}{x_o} \tag{7-2-2}$$

负反馈放大电路的放大倍数(又称闭环增益)为

$$A_f = \frac{x_o}{x_i} \tag{7-2-3}$$

以上定义的基本关系中，没有具体规定各信号量(x_i，x_f，x_o)表示的是电压量或电流量。在实际反馈放大电路中，根据基本放大电路和反馈网络之间连接的不同(即反馈组态不同)，将采用不同的量纲。四种反馈组态电路的方框图如图 7-2-2 所示。

其中图(a)为电压串联负反馈放大电路，(b)为电流串联负反馈放大电路，(c)为电压并联负反馈放大电路，(d)为电流并联负反馈放大电路。由图可知，电压负反馈电路中 $x_o = v_o$，电流负反馈中 $x_o = i_o$，串联负反馈中 $x_i = v_i$，$x_{id} = v_{id}$，$x_f = v_f$，并联负反馈中 $x_i = i_i$，$x_{id} = i_{id}$，$x_f = i_f$，因此不同的反馈组态，A，F，A_f 具有不同的物理意义，如表 7-2-1 所示。

表 7-2-1 四种组态负反馈放大电路的比较

反馈组态	A	F	A_f
电压串联	$A_{vv} = \frac{v_o}{v_{id}}$	$F_{vv} = \frac{v_f}{v_o}$	$A_{vvf} = \frac{v_o}{v_i}$
电流串联	$A_{iv} = \frac{i_o}{v_{id}}$	$F_{vi} = \frac{v_f}{i_o}$	$A_{ivf} = \frac{i_o}{v_i}$
电压并联	$A_{vi} = \frac{v_o}{i_{id}}$	$F_{iv} = \frac{i_f}{v_o}$	$A_{vif} = \frac{v_o}{i_i}$
电流并联	$A_{ii} = \frac{i_o}{i_{id}}$	$F_{ii} = \frac{i_f}{i_o}$	$A_{iif} = \frac{i_o}{i_i}$

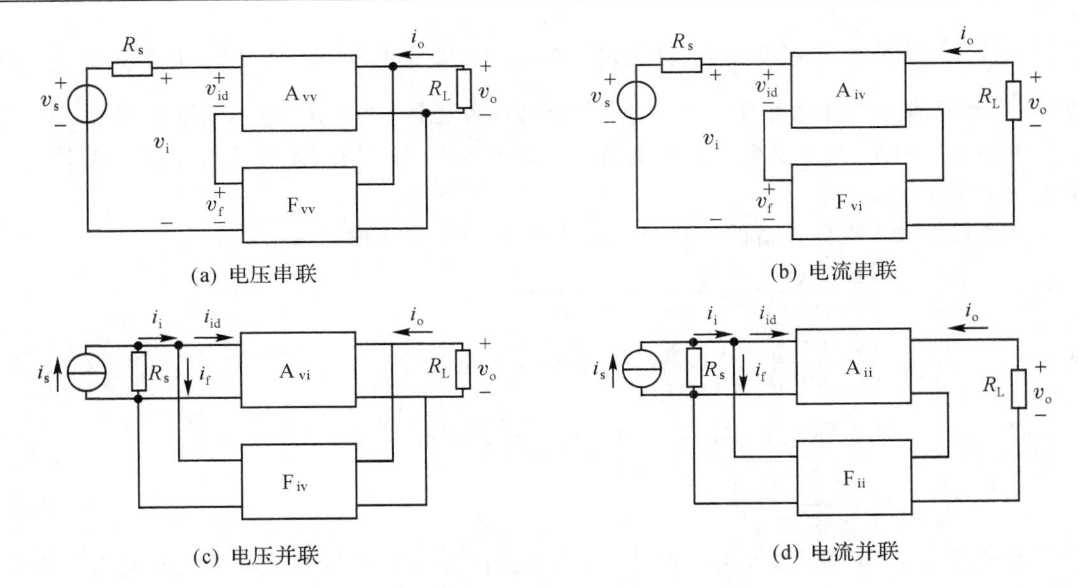

图 7-2-2　四种反馈组态的方框图

7.2.2　负反馈放大电路的一般表达式

根据式(7-2-1)、(7-2-2)、(7-2-3) 可得负反馈放大电路的放大倍数(闭环增益) 的一般表达式为

$$A_f = \frac{x_o}{x_i} = \frac{x_o}{x_{id} + x_f} = \frac{Ax_{id}}{x_{id} + AFx_{id}} = \frac{A}{1 + AF} \tag{7-2-4}$$

式中 $AF = \frac{x_o}{x_{id}} \cdot \frac{x_f}{x_o} = \frac{x_f}{x_{id}}$,称为环路增益,而 $1 + AF = \frac{A}{A_f}$ 称为反馈深度,它反映了反馈对放大电路影响的程度。

如果 $|1 + AF| > 1$,则 $|A_f| < |A|$,引入反馈后,增益下降,说明电路引入了负反馈;若 $|1 + AF| < 1$,则 $|A_f| > |A|$,有反馈时,放大电路的放大倍数增大,说明电路引入了正 反馈;当 $|1 + AF| = 0$ 时,$|A_f| \to \infty$,说明放大电路在输入为零时仍有输出,电路产生自激振荡。

若 $|1 + AF| \gg 1$,则称为深度负反馈,深度反馈时 $|A_f| \approx \frac{1}{F}$,放大倍数仅仅决定于反馈网络,几乎与基本放大电路无关。

7.3　负反馈对放大电路性能的影响

在放大电路中引入负反馈,虽然会导致闭环增益的下降,但能使放大电路的许多性能得到改善。例如,可以提高增益的稳定性,扩展通频带,减小非线性失真,改变输入电阻和输出电阻等。

7.3.1　提高增益的稳定性

放大电路的增益可能由于元器件参数的变化、环境温度的变化、电源电压的变化、负载大小的变化等因素的影响而不稳定,引入适当的负反馈后,可提高闭环增益的稳定性。

当放大电路中引入深度交流负反馈时，$A_f \approx \dfrac{1}{F}$，即放大电路的增益 A_f 几乎只决定于反馈网络，而反馈网络通常由性能比较稳定的无源线性元件（如 R、C 等）组成，因此引入负反馈后增益比较稳定。为了从数量上说明增益的稳定程度，常用有、无反馈时增益的相对变化量的大小来衡量。

在负反馈放大电路增益的一般表达式(7-2-4)中，对 A 取导数得

$$\frac{dA_f}{dA} = \frac{(1+AF)-AF}{(1+AF)^2} = \frac{1}{(1+AF)^2}$$

或

$$dA_f = \frac{dA}{(1+AF)^2} \tag{7-3-1}$$

将(7-3-1)等式两边分别除以 $A_f = \dfrac{A}{1+AF}$，则得相对变化量形式，即

$$\frac{dA_f}{A_f} = \frac{1}{1+AF} \cdot \frac{dA}{A} \tag{7-3-2}$$

由式(7-3-2)可见，加入负反馈后，闭环增益的相对变化量为开环增益相对变化量的 $\dfrac{1}{1+AF}$，即闭环增益的相对稳定度提高了，$|1+AF|$ 愈大，即反馈越深，$\dfrac{dA_f}{A_f}$ 越小，闭环增益的稳定性越好。

7.3.2 改变输入电阻和输出电阻

1. 对输入电阻的影响

负反馈对输入电阻的影响取决于反馈网络与基本放大电路在输入回路的连接方式，而与输出回路中反馈的取样方式无直接关系，即决定于引入的是串联反馈还是并联反馈。

(1) 串联负反馈使输入电阻增大

与开环时相比，在串联负反馈放大电路中，由于反馈信号 v_f 与输入信号 v_i 在输入回路中进行串联比较，结果使基本放大电路的净输入信号 v_{id} 下降，输入电流 i_i 减小，故闭环输入电阻 $R_{if} = \dfrac{v_i}{i_i}$ 比开环输入电阻 R_i 高。反馈越深，R_{if} 增加得越多。

$$R_{if} = (1+AF)R_i$$

(2) 并联负反馈使输入电阻减小

在并联负反馈放大电路中，由于输入电流 $i_i(=i_{id}+i_f)$ 的增大，即反馈网络与基本放大电路的输入电阻并联，因此闭环输入电阻 R_{if} 小于开环输入电阻 R_i。反馈越深，R_{if} 减少得越多。

$$R_{if} = \frac{R_i}{1+AF}$$

2. 对输出电阻的影响

负反馈对输出电阻的影响取决于反馈网络在放大电路输出回路的取样方式，与反馈网络在输入回路的连接方式无直接关系，即取决于引入的是电压反馈还是电流反馈。

(1) 电压负反馈使输出电阻减小

电压负反馈取样于输出电压，又能维持输出电压稳定，即当输入电压 v_i 或输入电流 i_i 一定时，电压负反馈放大电路的输出趋于一恒压源（可用改变负载电阻 R_L 来测试），其输出电阻很小。这时输出电阻 R_{of} 比无反馈时的开环输出电阻 R_o 小。反馈愈深，输出电阻 R_{of} 愈小。

$$R_{of}=\frac{R_o}{1+AF}$$

(2) 电流负反馈使输出电阻增加

电流负反馈取样于输出电流,能维持输出电流稳定,换句话说,当输入电压 v_i 或输入电流 i_i 一定时,电流负反馈放大电路的输出趋于一恒流源,其输出电阻很大。有电流负反馈时的闭环输出电阻比无反馈时开环输出电阻大。反馈愈深,R_{of} 愈大。

$$R_{of}=(1+AF)R_o$$

7.3.3 减小非线性失真和扩展频带

1. 减小非线性失真

三极管、场效应管等有源器件具有非线性的特性,因而由它们组成的基本放大电路的电压传输特性也是非线性的,如图 7-3-1 中的曲线 1 所示。当输入正弦信号的幅度较大时,输出波形就会产生非线性失真。

引入负反馈后,将使放大电路的闭环电压传输特性曲线变平缓,线性范围明显展宽。在深度负反馈条件下,$A_f\approx\frac{1}{F}$。若反馈网络由纯电阻构成,则闭环电压传输特性曲线在很宽的范围内接近于直线,如图 7-3-1 中的曲线 2 所示,与曲线 1 相比,在同样输出电压幅度下,斜率(即增益)虽然降低,但增益因输入信号的大小而改变的程度却大为减小,即非线性失真明显减小。

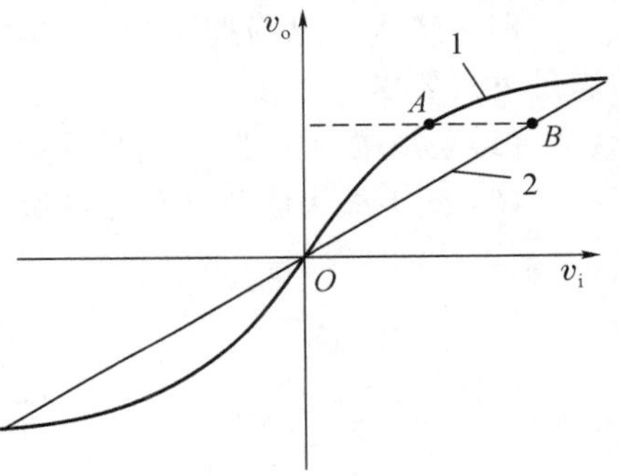

图 7-3-1 放大电路的传输曲线

另外,负反馈只能减小反馈环内产生的非线性失真,如果输入信号本身就存在失真,负反馈则无能为力。

2. 扩展通频带 BW

负反馈具有稳定闭环增益的作用,即引入负反馈后,由各种原因,包括信号频率的变化引起的增益的变化都将减小。

为使分析简单,设反馈网络由纯电阻构成,而且基本放大电路在高频段和低频段各仅有一个拐点,其高频增益的表达式为

$$A_H(j\omega)=\frac{A_M}{1+\frac{j\omega}{\omega_H}}$$

式中:A_M 为开环中频增益,ω_H 为开环上限角频率。引入负反馈后,高频段闭环增益的表达式为

$$A_{Hf}(j\omega)=\frac{A_H(j\omega)}{1+FA_H(j\omega)}=\frac{\frac{A_M}{1+j(\omega/\omega_H)}}{1+\frac{A_MF}{1+j(\omega/\omega_H)}}=\frac{A_M}{1+A_MF+j(\omega/\omega_H)}$$

分子、分母同除以 $1+A_MF$ 得

$$A_{Hf}=\frac{A_M/(1+A_MF)}{1+j[\omega/\omega_H(1+A_MF)]}=\frac{A_{Mf}}{1+j\omega/\omega_{Hf}}$$

式中 $A_{Mf}=A_M/(1+A_MF)$ 为中频区闭环增益，$\omega_{Hf}=\omega_H(1+A_MF)$ 为闭环上限角频率。引入负反馈后，中频闭环增益下降为 $A_{Mf}=A_M/(1+A_MF)$，上限角频率扩展为 $\omega_{Hf}=\omega_H(1+A_MF)$，即通频带扩展到无反馈时的 $1+A_MF$ 倍。

同理，可求出闭环下限角频率为

$$\omega_{Lf}=\frac{\omega_L}{1+A_MF}$$

如果基本放大电路有多个拐点，且反馈网络又不是纯电阻网络时，问题就比较复杂了，但是通频带展宽的趋势不变。

由以上分析可知，负反馈可提高增益的恒定性、减小非线性失真、扩展通频带以及改变输入电阻和输出电阻等。在工程中往往要求根据实际需要在放大电路中引入适当的负反馈，以提高电路或电子系统的性能。

例 7-3-1 电路如图 7-3-2 所示，试合理接入反馈电阻 R_f，引入合适的反馈组态，分别满足下列要求。

(1) 减小放大电路从信号源吸取的电流，并增强带负载的能力；

(2) 减小放大电路从信号源吸取的电流，稳定输出电流。

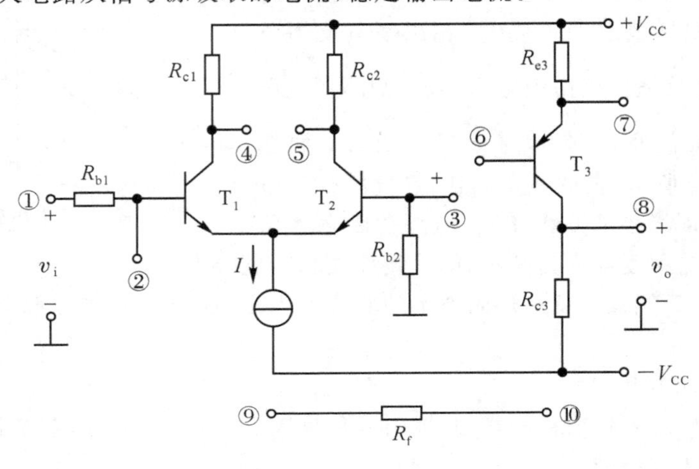

图 7-3-2 例 7-3-1 电路

解 图 7-3-2 所示的电路第一级为差分放大电路，设输入电压 v_i 对地的瞬时极性为“+”，则差分管 T_1 的集电极(④)的瞬时极性为“−”，T_2 集电极(⑤)的瞬时极性为“+”。第二级为共射放大电路，若 T_3 管基极(⑥)的瞬时极性为“+”，则其集电极(⑧)瞬时极性为“−”，发射极(⑦)瞬时极性为“+”；若反之，则集电极(⑧)瞬时极性为“+”，发射极(⑦)瞬时极性为“−”。

(1) 减小放大电路从信号源吸取的电流，即增大输入电阻；增强带负载的能力，即减小输出电阻；因此电路应引入电压串联负反馈。

要引入电压负反馈，反馈信号需取自输出电压信号，故反馈应从 ⑧ 引出；要引入串联负反馈，减小差分管的净输入电压，故应将反馈引回到 ③，而且引回到 ③ 的反馈电压瞬时极性也应为“+”，即 ⑧ 的瞬时极性为“+”，因此，反馈电阻 R_f 应接在 ③ 和 ⑧ 之间，即 ③ 接 ⑨，⑩ 接 ⑧，且 ④ 接 ⑥。

(2) 减小放大电路从信号源吸取的电流，即增大输入电阻；稳定输出电流，即增大输出电阻，因此电路应引入电流串联负反馈。

要引入电流负反馈，反馈应从 ⑦ 引出；要引入串联负反馈，减小差分管的净输入电压，故应将反馈引回到 ③，而且引回到 ③ 的反馈电压瞬时极性也应为“+”，由上述分析可推导出 ⑥ 的瞬时极性应为“+”，因此，反馈电阻 R_f 应接在 ③ 和 ⑦ 之间，即 ③ 接 ⑨，⑩ 接 ⑦，且 ⑤ 接 ⑥。

7.4　深度负反馈放大电路的分析

7.4.1　深度负反馈条件下增益的近似计算

在实用放大电路中大多引入的是深度负反馈，前面我们已经讨论，在深度负反馈条件下，放大电路的增益为

$$A_f = \frac{A}{1+AF} \approx \frac{1}{F} \ (|1+AF| \gg 1) \tag{7-4-1}$$

表明负反馈放大电路的增益近似等于反馈系数的倒数，因此，只要求出 F，就可以获得 A_f 的近似值。

例 7-4-1　图 7-4-1 所示为 BJT T_1 和 T_2 组成的两级直接耦合放大电路。

(1) 试判断电路中引入了哪种交流负反馈；

(2) 求出在深度反馈条件下的闭环增益 A_f 和电压增益 A_{vf}。

解　(1) 图 7-4-1 所示电路为两级共射放大电路，v_o 与 v_i 同相；反馈信号与输出电压 v_o 成比例关系，因而是电压负反馈；反馈电压 v_f 经 R_f 加在发射极 E_1 上与输入电压 v_i 成串联关系，故为串联负反馈。因此电路中引入了电压串联负反馈。

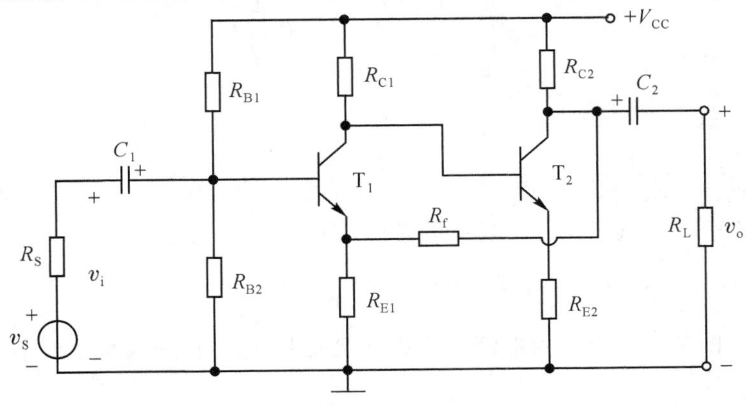

图 7-4-1　例 7-4-1 电路

(2) 由表 7-2-1 可知，电压串联负反馈的反馈系数为

$$F_{vv} = \frac{v_f}{v_o} = \frac{\frac{R_{E1}}{R_f + R_{E1}} \cdot v_o}{v_o} = \frac{R_{E1}}{R_f + R_{E1}}$$

在深度反馈条件下：

$$A_f = A_{vf} = \frac{v_o}{v_i} \approx \frac{1}{F_{vv}} = 1 + \frac{R_f}{R_{E1}}$$

例 7-4-2 利用运算放大电路构成的反馈放大电路如图 7-4-2 所示，假设运放是理想的，其中 $R_1 = 50\text{k}\Omega, R_2 = 10\text{k}\Omega, R_3 = 100\text{k}\Omega$。试回答下列问题。

(1) 请说明该反馈类型与反馈性质；

(2) 试求出反馈系数 F；

(3) 假设 $AF \gg 1$，试求反馈放大电路的增益 $A_f = \dfrac{v_o}{v_i}$ 的值。

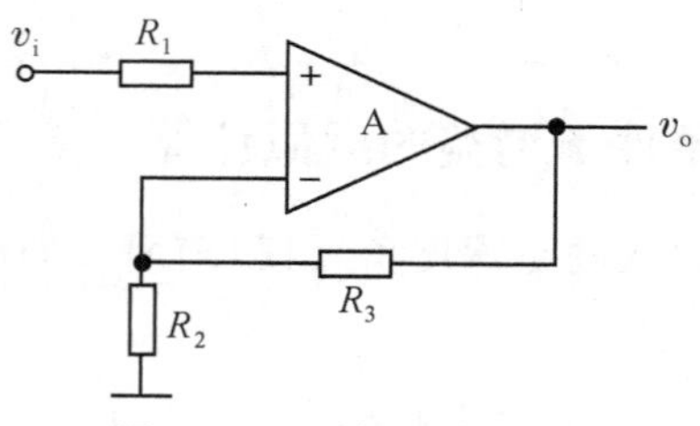

图 7-4-2 例 7-2-4 电路

解 (1) 由于 V_i 从集成运放的同相输入端输入，所以 V_o 与 V_i 同相，而且反馈信号与输出电压 V_o 成比例关系，因而是电压负反馈；反馈电压 V_f 经 R_3 加在反相输入端与 V_i 成串联关系，因此，该放大器电路是电压串联负反馈。

(2) 该反馈放大电路的开环放大电路如图 7-4-3 所示。

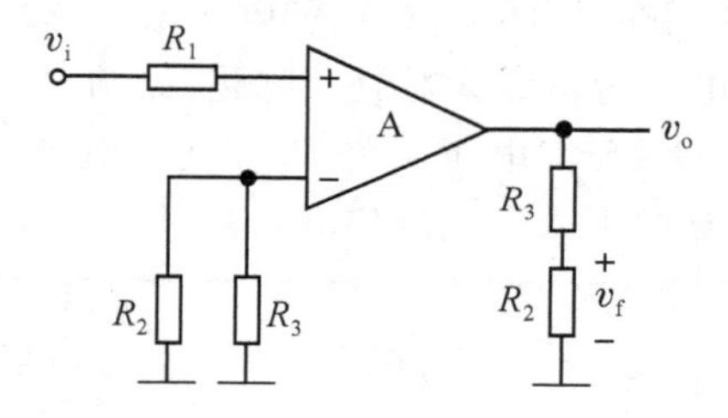

因此反馈系数为

$$F = \frac{V_f}{V_o} = \frac{R_2}{R_2 + R_3} = \frac{1}{11}$$

(3) 因为 $AF \gg 1$，满足深度负反馈的条件，则有

$$A_f = \frac{A}{1 + AF} \approx \frac{A}{AF} \approx \frac{1}{F} = 11$$

例 7-4-3 图 7-4-4 所示为电流并联负反馈放大电路，在深度负反馈条件下，试求出它的源电压增益 A_{vsf}。

解 i_o 分流在 R_f 中的反馈电流

$$i_f = -i_o \cdot \frac{R_{E2}}{R_f + R_{E2}}$$

相应的电流反馈系数

$$F_{ii} = \frac{i_f}{i_o} = -\frac{R_{E2}}{R_f + R_{E2}}$$

电流并联负反馈放大电路的闭环增益

$$A_{iif} = \frac{i_o}{i_i} \approx \frac{1}{F_{ii}} = -\frac{R_f + R_{E2}}{R_{E2}}$$

在深度负反馈条件下，并联负反馈使得放大电路的输入电阻 R_{if} 趋于零，故源电压增益

$$A_{vsf} = \frac{v_o}{v_s} = \frac{-i_o \cdot (R_{C2} \,/\!/\, R_L)}{i_s \cdot R_S} \approx -\frac{1}{F_{ii}} \cdot \frac{R_L{}'}{R_S} = \frac{R_L{}'(R_f + R_{E2})}{R_S R_{E2}}$$

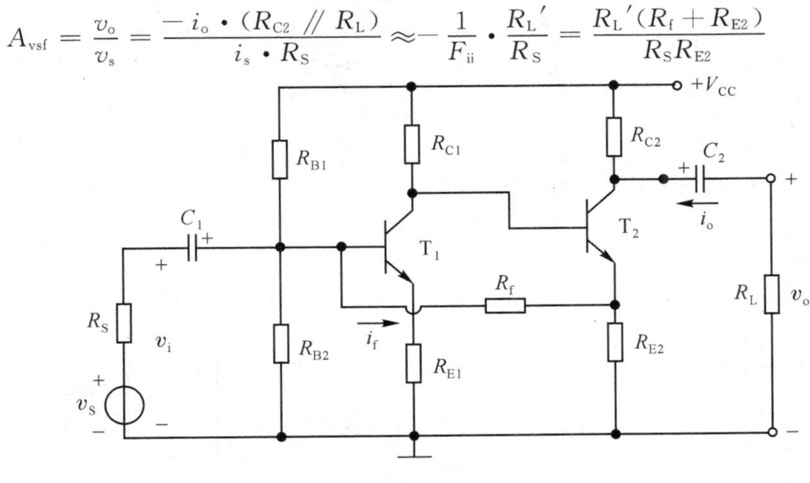

图 7-4-4　例 7-4-3 电路图

7.4.2　虚短路和虚断路

由于在深度反馈条件下，放大电路的增益 $A_f = \frac{x_o}{x_i} \approx \frac{1}{F}$，所以，深度负反馈放大电路中有 $x_f \approx x_i$，表明：在深度负反馈放大电路中，闭环放大倍数由反馈网络决定；反馈信号 x_f 近似等于输入信号 x_i，净输入信号 x_{id} 近似为零，即 $x_{id} = x_i - x_f \approx 0$，这是深度负反馈放大电路的重要特点。

工程估算时，常把深度负反馈放大电路的输入电阻和输出电阻理想化，认为：深度串联负反馈的输入电阻 $R_{if} \to \infty$；深度并联负反馈的 $R_{if} \to 0$；深度电压负反馈的输出电阻 $R_{of} \to 0$；深度电流负反馈的 $R_{of} \to \infty$。

根据深度负反馈的上述特点，可分析得到：

(1) 对深度串联负反馈有：净输入信号 v_{id} 近似为零，即基本放大电路两输入端 P、N 电位近似相等，两输入端间似乎短路但并没有真的短路，称为“虚短”；闭环输入电阻 $R_{if} \to \infty$，即闭环放大电路的输入电流近似为零，也即流过基本放大电路两输入端 P、N 的电流 $i_P \approx i_N \approx 0$，输入两端似乎断路但并没有真的断路，称为“虚断”。

(2) 对深度并联负反馈有：净输入信号 i_{id} 近似为零，即基本放大电路两输入端“虚断”；闭环输入电阻 $R_{if} \to 0$，即放大电路两输入端也即基本放大电路两输入端“虚短”。

因此，对深度负反馈放大电路可得出两个重要结论：基本放大电路的两输入端满足“虚短”和“虚断”。

例 7-4-4　由理想集成运放组成的四种组态负反馈放大电路如图 7-4-5 所示，它们的瞬时极性及反馈量均分别标注于图中。利用虚短和虚断的概念，分析放大电路引入深度负反馈后的性能。

解　(1) 在图(a) 所示电压串联负反馈放大电路中，根据虚短 $v_{id} \approx 0$，所以 $v_i \approx v_f$

$$v_f = \frac{R_1}{R_1 + R_f} v_o$$

所以电压增益

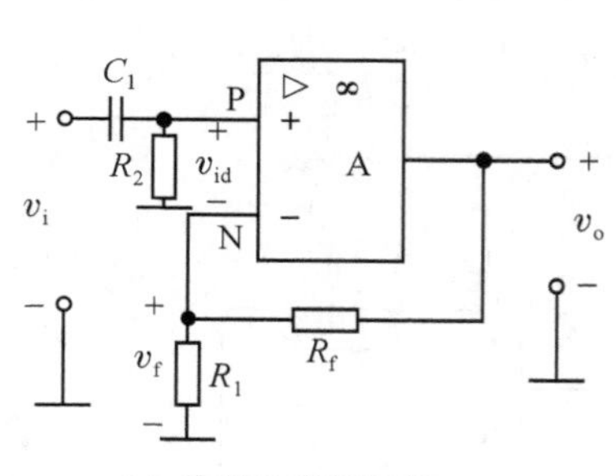

(a) 电压串联负反馈

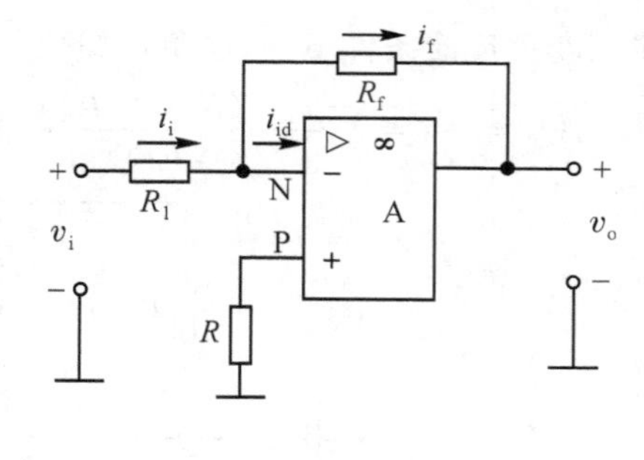

(b) 电压并联负反馈

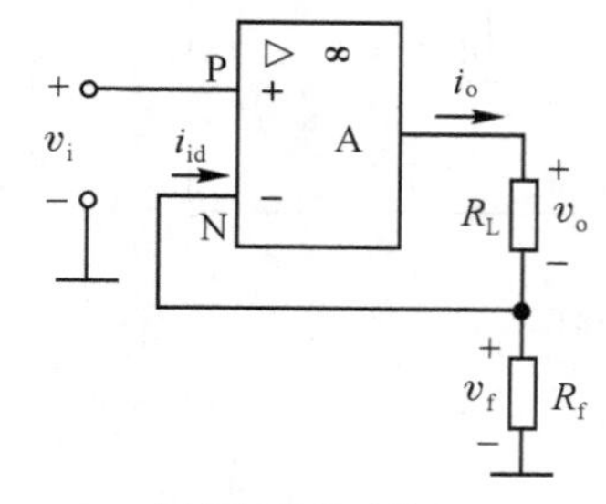

(c) 电流串联负反馈

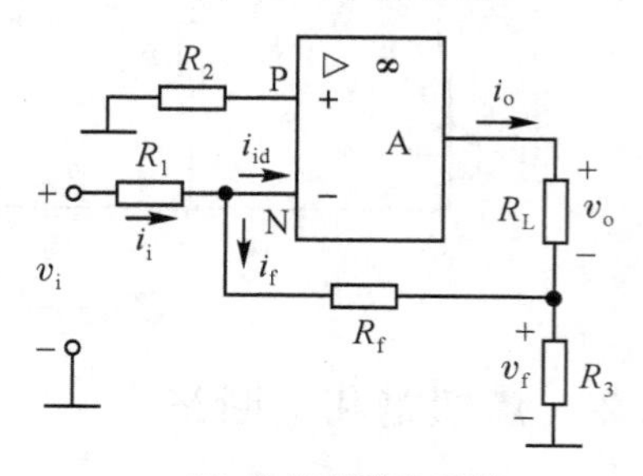

(d) 电流并联负反馈

图 7-4-5 例 7-4-4 电路

$$A_{vf}=\frac{v_o}{v_i}\approx\frac{v_o}{v_f}=1+\frac{R_f}{R_1}$$

输入电阻和输出电阻的定性分析：深度负反馈时，串联负反馈的输入电阻 $R_{if}\rightarrow\infty$，电压负反馈的输出电阻 $R_{of}\rightarrow 0$。

(2) 在图(b) 所示电压并联负反馈放大电路中，由于运算放大器在线性应用时同时存在虚短和虚断，因此根据虚断 $i_{id}=i_P\approx i_N\approx 0$，可得 $i_i\approx i_f$；根据虚短 $v_{id}\approx 0$，可得 $v_P\approx v_N\approx 0$，即集成运放的两个输入端电位均为零，称为“虚地”。

电压增益

$$A_{vf}=\frac{v_o}{v_i}=\frac{-i_fR_f}{i_iR_1}\approx-\frac{R_f}{R_1}$$

输入电阻和输出电阻的定性分析：深度负反馈时，并联负反馈的输入电阻 $R_{if}\rightarrow 0$，电压负反馈的输出电阻 $R_{of}\rightarrow 0$。

(3) 在图(c) 所示电流串联负反馈放大电路中，根据虚短 $v_{id}\approx 0$，可得 $v_i\approx v_f$；根据虚断，可得 $i_{id}\approx 0$，因此

$$v_i\approx v_f\approx i_oR_f=\frac{v_o}{R_L}R_f$$

电压增益

$$A_{vf}=\frac{v_o}{v_i}=\frac{R_L}{R_f}$$

输入电阻和输出电阻的定性分析：深度负反馈时，串联负反馈的输入电阻 $R_{if}\rightarrow\infty$，电流负反馈的输出电阻 $R_{of}\rightarrow\infty$。

(4) 在图(d) 所示电流并联负反馈放大电路中，根据虚地，可得 $v_N\approx v_P=0$；根据虚断，

可得 $i_i \approx i_f = \dfrac{v_i}{R_1}$，即 $v_i \approx i_f R_1$。

$$v_o = i_o R_L = (-i_f + \frac{v_f}{R_3})R_L = (-i_f + \frac{-i_f R_f}{R_3})R_L$$

因此电压增益

$$A_{vf} = \frac{v_o}{v_i} = -\frac{(R_3 + R_f)R_L}{R_1 R_3}$$

7.5　负反馈放大电路的稳定性问题

7.5.1　负反馈放大电路自激振荡及稳定工作的条件

从 7.3 节的分析可知，交流负反馈可以改善放大电路多方面的性能，而且反馈越深，性能改善得越好。但如果电路的组成不合理，反馈过深，会出现即使不加任何输入信号，放大电路也会产生一定频率的信号输出，这种现象称为放大电路的自激振荡。

1. 自激振荡的原因

7.2.2 节已讨论了中频段时负反馈放大电路的一般表达式，如果考虑低频段由耦合电容和旁路电容所引起的超前相移以及高频段由半导体极间电容引起的滞后相移（这种超前或滞后的相移称为附加相移），则负反馈放大电路的一般表达式中各参数均应表示成向量，一般表达式为

$$\dot{A}_f = \frac{\dot{A}}{1 + \dot{A}\dot{F}}$$

若 $\dot{A}$ 和 $\dot{F}$ 的相角分别为 φ_a 和 φ_f，在中频段，$\varphi_a + \varphi_f = 2n\pi$（$n$ 为整数），因此，$\dot{X}_i$ 与 $\dot{X}_f$ 同相，$|\dot{X}_{id}| = |\dot{X}_i| - |\dot{X}_f|$，反馈的结果使放大倍数减小，为负反馈。

然而在高频和低频情况下，$\dot{A}\dot{F}$ 将产生附加相移，使 $\dot{X}_i$ 和 $\dot{X}_f$ 间出现相位差，若在某些频率上，$\dot{A}\dot{F}$ 的附加相移达到 180° 时，即 $\varphi_a + \varphi_f = (2n+1)\pi$（$n$ 为整数），$\dot{X}_i$ 与 $\dot{X}_f$ 由中频时的同相变为反相，使净输入量 $|\dot{X}_{id}| = |\dot{X}_i| + |\dot{X}_f|$ 增大，输出随之增大，反馈的结果使放大倍数增大变成了正反馈，当正反馈量足够大时就可能产生自激振荡，如图 7-5-1 所示。当输入量 $\dot{X}_i = 0$ 时，$\dot{X}_o$ 经过反馈网络和比较电路后，得到 $\dot{X}_{id} = 0 - \dot{X}_f = -\dot{F}\dot{X}_o$，再经放大电路放大后，得到放大后的信号 $-\dot{A}\dot{F}\dot{X}_o$，如果输出量 $\dot{X}_o = -\dot{A}\dot{F}\dot{X}_o$（即 $-\dot{A}\dot{F} = 1$），则称负反馈放大电路产生自激振荡。

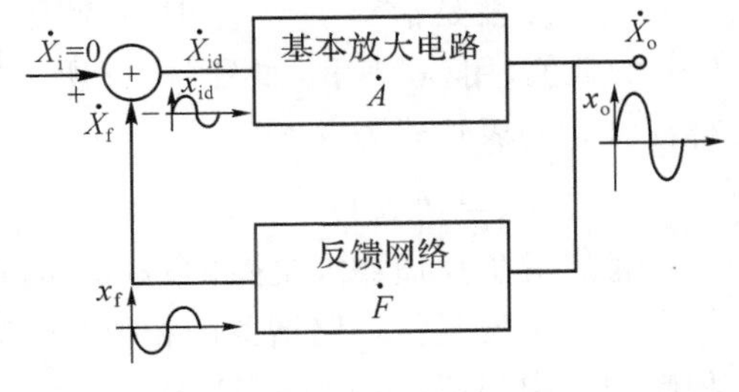

图 7-5-1　负反馈放大电路的自激振荡现象

由上述分析可知，负反馈放大电路产生自激的根本原因之一是 $\dot{A}\dot{F}$ 的附加相移。

另外，电路中的分布参数也会形成正反馈而自激。由于深度负反馈放大电路开环增益很大，因此在高频段很容易因附加相移变成正反馈而产生高频自激。

2. 稳定工作的条件

由上述分析可知，负反馈放大电路产生自激振荡时，$-\dot{A}\dot{F} = 1$ 或 $\dot{A}\dot{F} = -1$，改写成模

和相角的形式可表示为

$$|\dot{A}\dot{F}| = 1 \tag{7-5-1}$$

和

$$\varphi_a + \varphi_f = (2n+1)\pi \tag{7-5-2}$$

式(7-5-1)和(7-5-2)分别称为自激振荡的幅值条件和相位条件。只有同时满足上述两个条件,电路才会产生自激振荡,而在 $\varphi_a + \varphi_f = (2n+1)\pi$ 及 $|\dot{A}\dot{F}| > 1$ 时,更加容易产生自激振荡。因此,要使负反馈放大电路稳定工作,必须设法破坏上述两个条件,要求在 $\varphi_a + \varphi_f = (2n+1)\pi$ 时,必须满足 $|\dot{A}\dot{F}| < 1$,即负反馈放大电路稳定工作的条件。

7.5.2 负反馈放大电路稳定性的分析

在工程上,通常采用环路增益的频率响应来分析负反馈放大电路能否稳定工作,环路增益 $\dot{A}\dot{F}$ 的幅频响应和相频响应如图 7-5-2 所示。在图中可看出,当 $f = f_0$,即 $\varphi_a + \varphi_f = -180°$ 时,有 $20\lg|\dot{A}\dot{F}| < 0\text{dB}$,即 $|\dot{A}\dot{F}| < 1$;而当 $f = f_c$,$20\lg|\dot{A}\dot{F}| = 0\text{dB}$,即 $|\dot{A}\dot{F}| = 1$ 时,有 $|\varphi_a + \varphi_f| < 180°$。说明相位条件和幅值条件不会同时满足,具有如图所示环路增益频率响应的负反馈放大电路是稳定的,不会产生自激振荡。

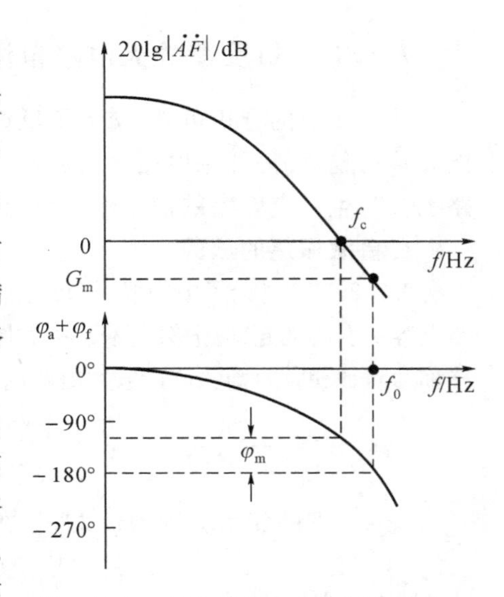

图 7-5-2 负反馈放大电路环路增益的频率响应

在实际应用中,要保证负反馈放大电路稳定工作,仅仅满足上述不自激的条件是不够的,必须使它远离自激振荡状态,而远离自激状态的程度可以用稳定裕度来表示,稳定裕度包括增益裕度 G_m 和相位裕度 φ_m。

增益裕度是指当 $f = f_0$ 时,环路增益的幅值偏离 0dB 的数值,用 G_m 表示,如图 7-5-2 所示幅频响应中的标注。G_m 的表达式为

$$G_m = 20\lg|\dot{A}\dot{F}|_{f=f_0}$$

稳定的负反馈放大电路的 $G_m < 0$,且要求 $G_m < -10\text{dB}$,保证电路有足够的增益裕度。

相位裕度是指环路增益的相位 $|\varphi_a + \varphi_f|$ 偏离 180° 的数值,用 φ_m 表示,如图 7-5-2 所示相频响应中的标注。φ_m 的表达式为

$$\varphi_m = 180° - |\varphi_a + \varphi_f|_{f=f_c}$$

稳定的负反馈放大电路的 $\varphi_m > 0$,若要保证电路有足够的相位裕度,通常要求 $\varphi_m > 45°$。总之,只有当 $G_m < -10\text{dB}$ 或 $\varphi_m > 45°$ 时,负反馈放大电路才能可靠稳定。

7.5.3 负反馈放大电路自激振荡的消除方法

发生在放大电路中的自激振荡会导致放大电路无法正常稳定工作,必须设法消除。最简单的方法是减小反馈深度,如减小反馈系数 $\dot{F}$,但不利于改善放大电路的其他性能。为了解决这个矛盾,常采用频率补偿的办法(或称相位补偿法),为此构成的电路称为补偿网络。

补偿的指导思想是:在反馈环路内增加一些含电抗元件的电路,从而改变 $\dot{A}\dot{F}$ 的频率响

应，破坏自激振荡的条件，使其不能振荡。为了消除电路在高频段所产生的自激振荡，通常采用电容滞后补偿、RC 滞后补偿和超前补偿等方法；为了消除电路在低频段所产生的自激振荡，通常采用改变耦合电容和旁路电容容量的方法。

改变负反馈放大电路在环路增益为 0dB 点的相位，若补偿后使相位滞后的称为滞后补偿，使相位超前的称为超前补偿。图 7-5-3 所示为常用的几种高频补偿网络的接法。图(a) 所示电路中在级间接入电容 C，称电容滞后补偿；图(b) 所示电路中在级间接入 R 和 C，称为 RC 滞后补偿；图(c) 所示电路中接入较小的电容 C(或 RC 串联网络)，利用密勒效应可以达到增大电容(或增大 RC) 的作用，获得与图(a)、(b) 电路相同的补偿效果，称为密勒效应补偿；图(d) 所示电路中在反馈回路接入超前补偿电容 C，为超前补偿。

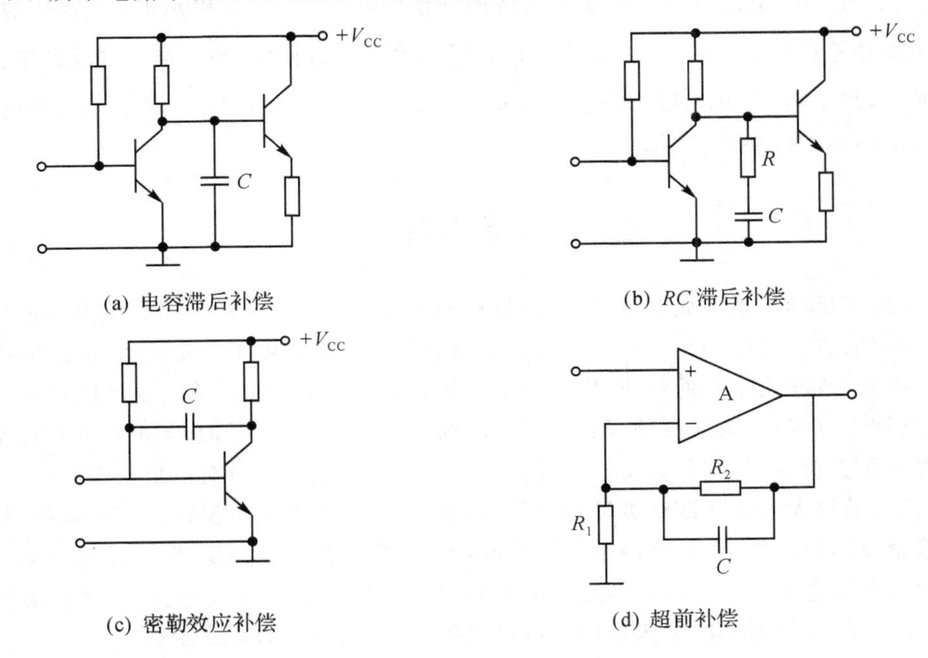

图 7-5-3　高频补偿网络

从图 7-5-3 可以看出，无论是滞后补偿还是超前补偿，都可以用很简单的电路来实现，但不同的补偿电路却具有各自不同的特点，在实际应用中，需要根据具体的情况，确定相应的补偿电路。

例 7-5-1　已知某放大电路环路增益的幅频特性如图 7-5-4 虚线所示。

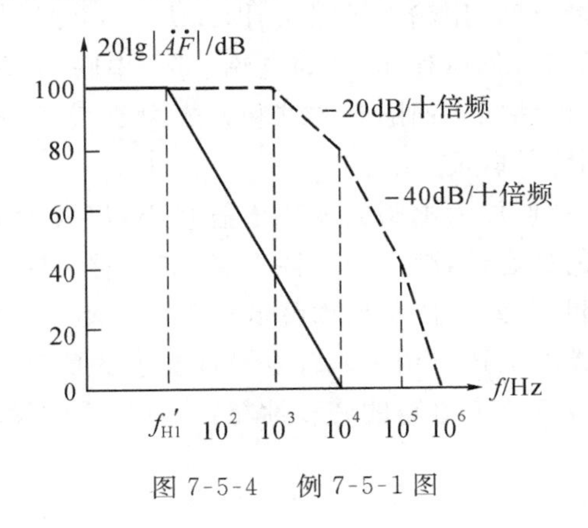

图 7-5-4　例 7-5-1 图

(1) 判断该电路是否会产生自激振荡?

(2) 如电路产生了自激振荡,则应采取什么措施消振?

解 (1) 电路一定会产生自激振荡。

由图可知,$f_{H1}=10^3\,Hz$,$f_{H2}=10^4\,Hz$,$f_{H3}=10^5\,Hz$;即$f_{H2}=10f_{H1}$,$f_{H3}=10f_{H2}$。根据频率响应的基本知识,在高频段,若$f\geqslant 10f_H$,则附加相移约为$-90°$。在该电路中,当$f=10^4\,Hz$时,由f_{H1}和f_{H2}所产生的总附加相移约为$-135°$;当$f=10^5\,Hz$时,由f_{H1},f_{H2}和f_{H3}所产生的总附加相移约为$-225°$。因此,产生$-180°$附加相移的频率在$10^4\sim10^5\,Hz$之间,而此时,$|\dot{A}\dot{F}|>1$,故电路一定会产生自激振荡。

(2) 在产生第一个极点频率的那级电路加补偿电路,拉开各个极点的间距,补偿后,使电路总附加相移达到$-180°$时,$|\dot{A}\dot{F}|<1$。若采用电容滞后补偿,则补偿后的环路增益如图中实线所示,当$f=f_c$,即$|\dot{A}\dot{F}|=1$时,总附加相移约为$-135°$,具有$45°$的相位裕度,电路消除了自激振荡,并能稳定工作。

本章小结

一、阐述了反馈的基本概念。反馈是指把输出电压或输出电流的一部分或全部通过反馈网络,用一定的方式送回到放大电路的输入回路,以影响输入电量的过程。若反馈的结果使输出量的变化(或净入量)减小,则称之为负反馈;反之,则称为正反馈。若反馈只存在于直流通路,则称为直流反馈;若反馈只存在于交流通路,则称为交流反馈;若反馈既存在于直流通路又存在于交流通路,则称为交、直流反馈。本章的讨论主要针对交流负反馈。

二、负反馈放大电路有四种类型:电压串联负反馈、电压并联负反馈、电流串联负反馈及电流并联负反馈放大电路。若反馈量与输出电压成正比则称为电压反馈;若反馈量与输出电流成正比则称为电流反馈。若输入量、反馈量和净输入量以电压形式相叠加,则称之为串联反馈;若输入量、反馈量和净输入量以电流形式相叠加,则称之为并联反馈。

三、讨论了反馈的判断方法。有无反馈的判断方法:看放大电路的输出回路与输入回路之间是否存在反馈网络(或反馈通路),若有则存在反馈;否则就不存在反馈。交、直流反馈的判断方法:存在于放大电路交流通路中的反馈为交流反馈,存在于直流通路中的反馈为直流反馈。反馈极性的判断方法:用瞬时极性法,若是削弱了净输入信号,则为负反馈;反之则为正反馈。实际放大电路中主要引入负反馈。

电压、电流反馈的判断方法:用输出短路法,即设$R_L=0$或$v_o=0$,若反馈信号不存在了,则是电压反馈;若反馈信号仍然存在,则为电流反馈。串联、并联反馈的判断方法:根据反馈信号与输入信号在放大电路输入回路中的求和方式判断。若以电压形式求和,则为串联反馈;若以电流形式求和,则为并联反馈。

四、引入负反馈后,虽然使放大电路的闭环增益减小,但放大电路的许多性能指标得到了改善,可提高电路增益的稳定性,减小非线性失真,扩展通频带,串联负反馈使输入电阻提高,并联负反馈使输入电阻下降,电压负反馈降低了输出电阻,电流负反馈使输出电阻增加。实际应用中,可依据负反馈的上述作用引入符合设计要求的负反馈。

五、引入负反馈可以改善放大电路的许多性能,而且反馈越深,性能改善越显著。但由于

电路中有电容等电抗性元件存在，它们的阻抗随信号频率而变化，因而使 $\dot{A}\dot{F}$ 的大小和相位都随频率而变化，当幅值条件 $|\dot{A}\dot{F}|=1$ 及相位条件 $\varphi_a+\varphi_f=180°$ 同时满足时，电路就会从原来的负反馈变成正反馈而产生自激振荡。通常用频率补偿法来消除自激振荡。

习　题

7-1　填空题

(1) 将________信号的一部分或全部通过某种电路________端的过程称为反馈。

(2) 反馈放大电路由____________电路和____________网络组成。

(3) 与未加反馈时相比，如反馈的结果使净输入信号变小，则为________，如反馈的结果使净输入信号变大，则为__________。

(4) 负反馈放大电路中，若反馈信号取样于输出电压，则引入的是________反馈，若反馈信号取样于输出电流，则引入的是________反馈；若反馈信号与输入信号以电压方式进行比较，则引入的是__________反馈，若反馈信号与输入信号以电流方式进行比较，则引入的是__________反馈。

(5) 对于放大电路，若无反馈网络，称为________放大电路；若存在反馈网络，则称为________放大电路。

7-2　判断题 7-2 图所示各电路中是否引入了反馈，若引入了反馈，则判断是正反馈还是负反馈，是直流反馈还是交流反馈(设各电路中，电容对交流信号均视为短路)。

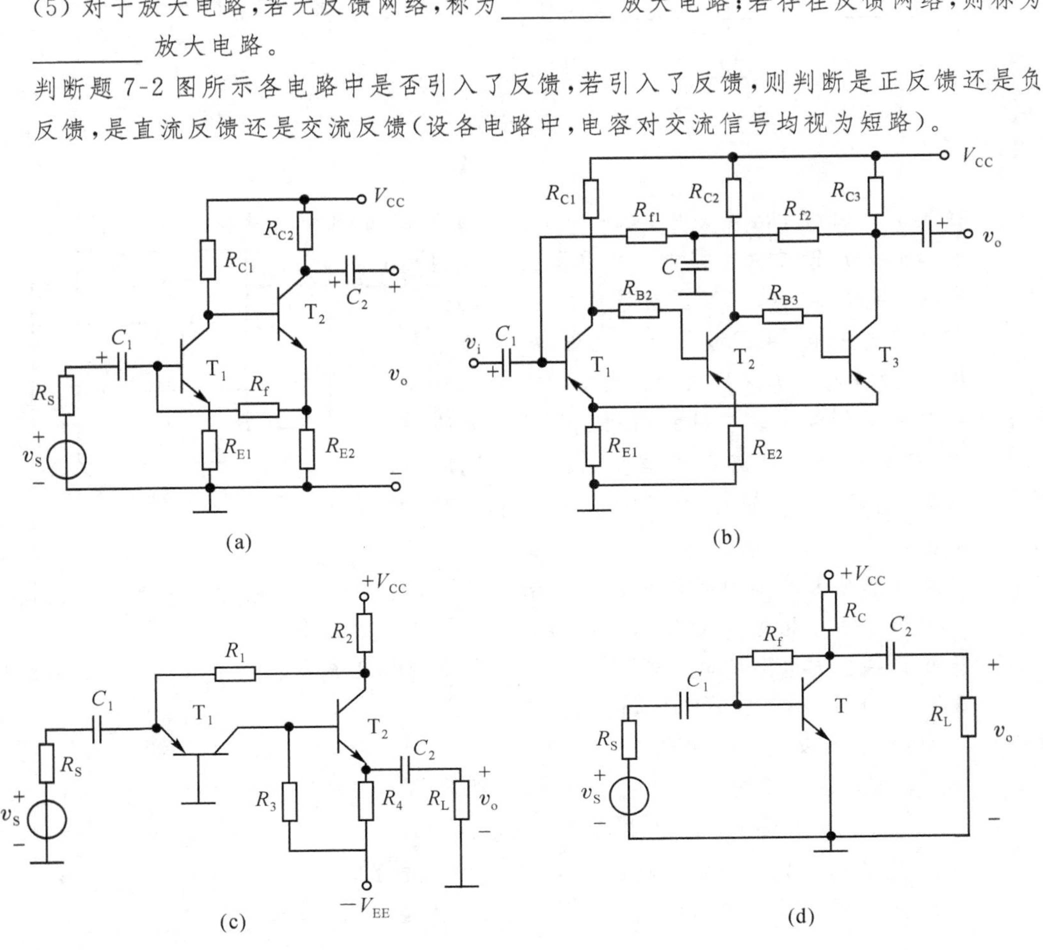

题 7-2 图

7-3 在题 7-2 图所示各电路中，若引入了交流负反馈，试判断是哪种组态的反馈。

7-4 判断题 7-4 图所示各电路中是否引入了反馈；若引入了反馈，则判断是正反馈还是负反馈，是直流反馈还是交流反馈（设各电路中，电容对交流信号均视为短路）。

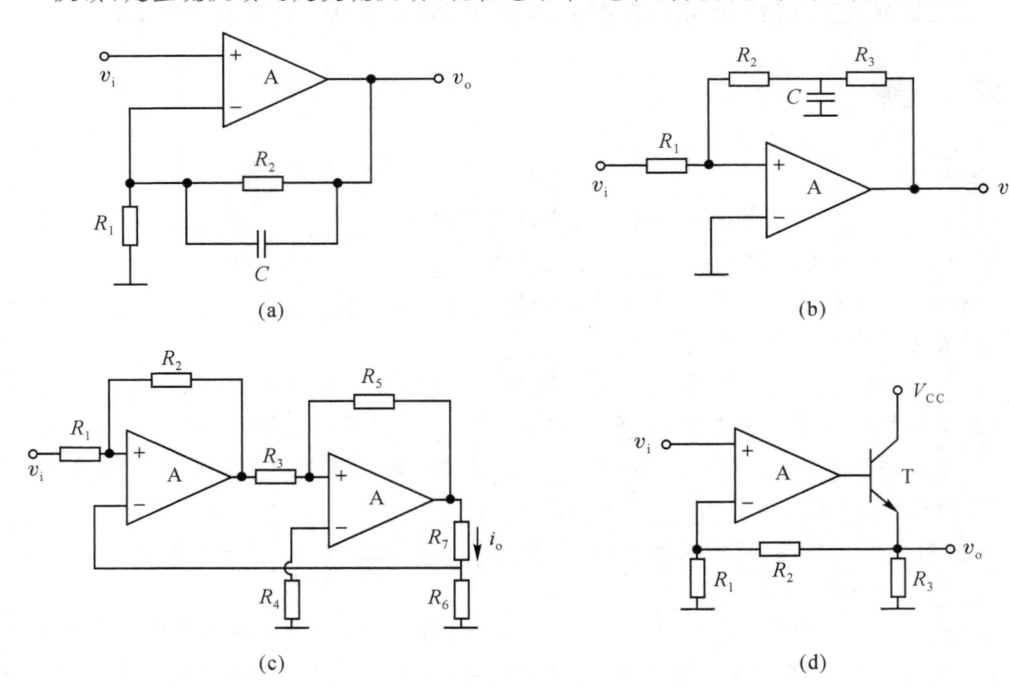

题 7-4 图

7-5 在题 7-4 图所示各电路中，若引入了交流负反馈，试判断是哪种组态的反馈。

7-6 已知某一反馈放大电路的方框图如题 7-6 图所示，图中 $A_V = 2000$，反馈系数 $F_v = 0.495$。若输出电压 $v_o = 2\text{V}$，求输入电压 v_i，反馈电压 v_f 和净输入电压 v_{id} 的值。

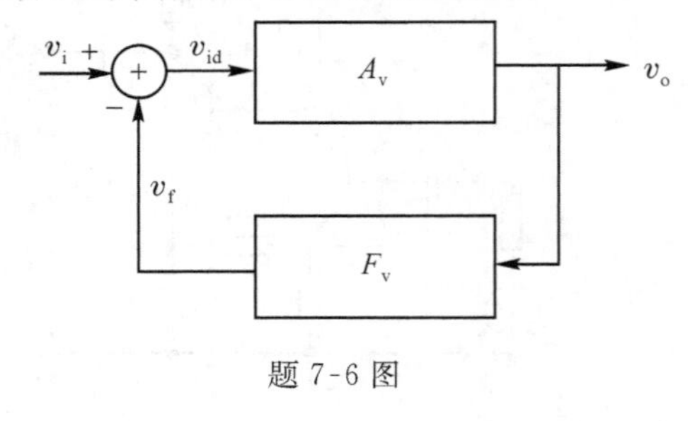

题 7-6 图

7-7 一集成运算放大器组成的同相比例放大电路中，已知运放的开环电压增益 $A_{Vo} = 10^6$，$R_f = 47\text{k}\Omega$，$R_1 = 5.1\text{k}\Omega$，求反馈系数 F_V 和闭环电压增益 A_{Vf}。

7-8 某负反馈放大电路的闭环增益为 40dB，当基本放大器的增益变化 10% 时，反馈放大器的闭环增益相应变化 1%，问电路原来的开环增益为多少？

7-9 已知某一放大电路的电压增益 $A_{Vo} = 10^4$，当它接成负反馈放大电路时，其闭环增益 $A_{Vf} = 50$，若 A_{Vo} 变化 10%，问 A_{Vf} 变化多少？

7-10 已知交流负反馈有四种组态：

a. 电压串联负反馈；b. 电压并联负反馈；

c. 电流串联负反馈；d. 电流并联负反馈；

(1) 为了稳定放大电路的输出电压，增大输入电阻，应引入__________；

(2) 为了增大放大电路的输出电阻，减小输入电阻，应引入__________；

(3) 欲减小电路从信号源索取的电流，增大带负载能力，应引入________；

(4) 欲从信号源获得更大的电流，并稳定输出电流，应引入________。

7-11　电路如题 7-11 图所示，(1) 试判断该放大电路引入了哪种反馈组态；(2) 现希望对电路的性能进行改善，提高该电路的输入电阻，降低输出电阻，电路连线应作何改进？(3) 比较改进前后闭环增益 A_{vf} 是否相同？

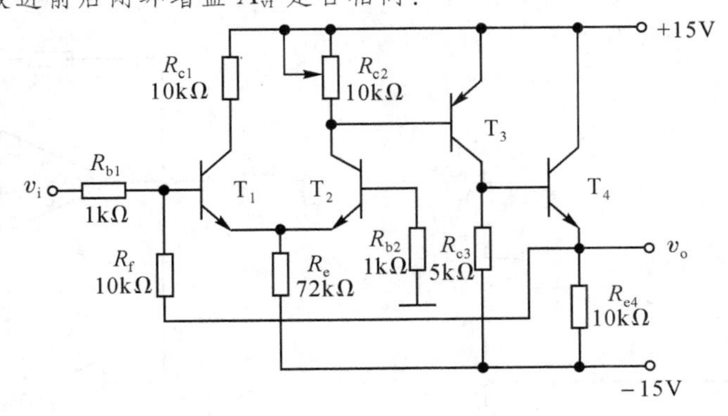

题 7-11 图

7-12　在题 7-12 图所示放大电路中，R_f 和 C_f 均为反馈元件。

(1) 为稳定输出电压 v_o，正确引入负反馈；

(2) 若使闭环电压增益 $A_{vf}=10$，确定 $R_f=$？

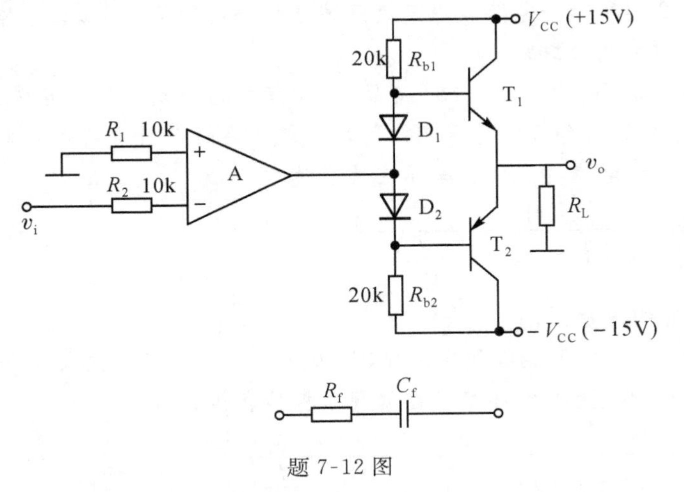

题 7-12 图

7-13　题 7-13 图所示电路中集成运放是理想的，其最大输出电压幅值为 ±14V。由图可知：电路引入了________(填入反馈组态) 交流负反馈，电路的输入电阻趋近于______，电压放大倍数 $A_{vf}=\frac{v_o}{v_i}=$______。设 $v_i=1V$，则 $v_o=$______V；若 R_1 开路，则 v_o 变为______V；若 R_1 短路，则 v_o 变为______V；若 R_2 开路，则 v_o 变为____V；若 R_2 短路，则 v_o 变为____V。

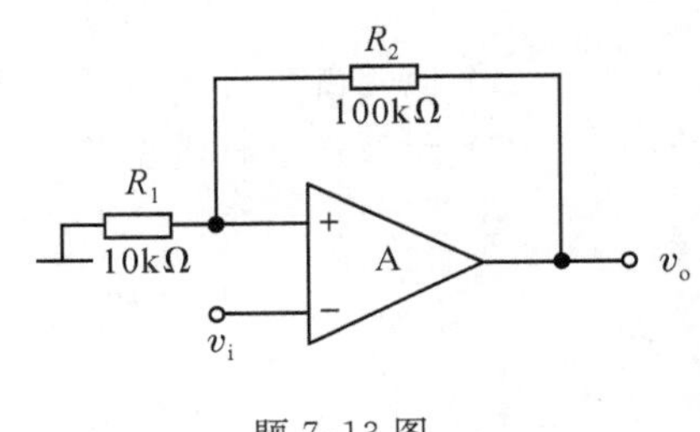

题 7-13 图

7-14 反馈放大电路如题 7-14 图所示。

(1) 哪些元件构成了反馈网络(交流反馈)?

(2) 判断电路中交流反馈的类型。

(3) 求反馈系数。

(4) 计算闭环电压放大倍数 A_{vf}。

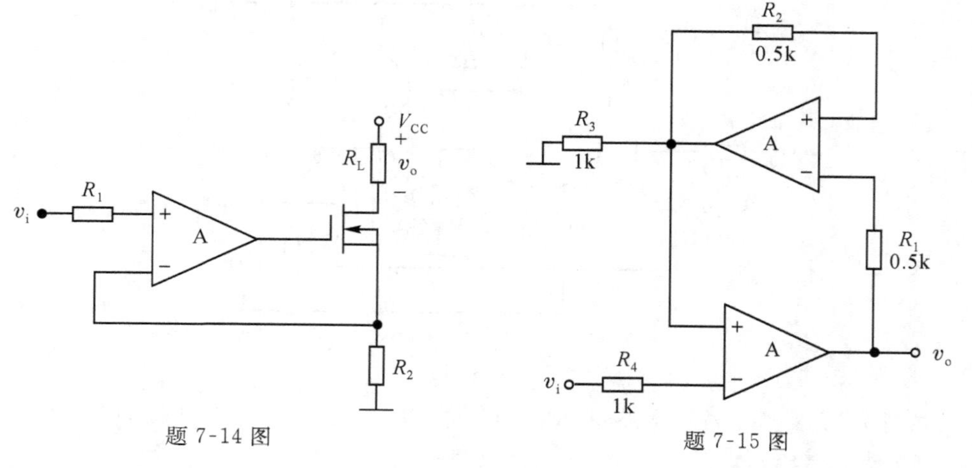

题 7-14 图　　　　题 7-15 图

7-15 判断题 7-15 图中的反馈类型和极性;若 $v_i = 1\text{V}$,求 $v_o = ?$假设集成运放是理想的。

7-16 试求题 7-2 图所示各电路在深度负反馈条件下的闭环增益。设电路中所有的电容对交流信号均可视为短路。

7-17 已知电路如题 7-4 图(a)和(d)所示,图中集成运放均为理想运放,在深度反馈条件下,试用虚短的概念近似计算它的闭环增益并定性分析它的输入电阻和输出电阻。

7-18 设某反馈放大电路的开环频率响应的表达式为

$$\dot{A}_v = \frac{10^4}{\left(1+\mathrm{j}\,\dfrac{f}{10^4}\right)\left(1+\mathrm{j}\,\dfrac{f}{10^5}\right)^2}$$

(1) 画出它的波特图;

(2) 为了使放大电路能够稳定工作(即不产生自激振荡),试求最大反馈系数的值。

7-19 已知一负反馈放大电路环路增益的频率特性表达式为

$$\dot{A}\dot{F} = \frac{10^5}{\left(1+\mathrm{j}\,\dfrac{f}{10^5}\right)\left(1+\mathrm{j}\,\dfrac{f}{10^6}\right)\left(1+\mathrm{j}\,\dfrac{f}{10^7}\right)}$$

(1) 试判断放大电路是否产生自激振荡,简述理由。

(2) 如果产生自激振荡,应采取什么措施消振?

第 8 章　功率放大电路

多级放大电路的中间级将电压信号放大以后，送到输出级，输出级通常为功率放大级。要利用放大后的信号去控制某种执行机构，比如使电动机转动，使收音机的扬声器发声或控制继电器动作等。为了控制这些负载，就要求放大电路输出较大的交流功率，也就是既有较大的电压输出，又有较大的电流输出。这种主要用于向负载提供一定的交流功率的电路称为功率放大电路，简称功放。本章讨论低频功率放大器的要求，单级小功率放大器的特点，乙类放大器特点和存在的问题，改进后的 OTL 和 OCL 电路，以及克服交越失真的方法和输出功率的计算。

8.1　概　述

功率放大器和前面讨论的电压放大器都是能量转换电路，但是，功率放大器和电压放大器各自所要完成的任务是不同的。前面学过的放大电路多用于多级放大电路的输入级或中间级，主要用于放大微弱的电压或电流信号，为后级放大电路提供一定幅度的电压或电流，因此称为电压或电流放大器。而功率放大器强调的是在其允许的失真限度内有尽可能大的输出功率和高的效率，并能安全可靠地工作。由于侧重的输出对象不同，因此功率放大电路具有不同于小信号放大电路的特点。

8.1.1　功率放大电路的主要特点

1. 功率放大电路的任务和特点

基于输出较大功率的基本任务，对功率放大电路的讨论主要针对以下几个方面：

(1) 大信号工作状态

为输出足够大的功率，功率放大电路的输出电压、电流幅度都比较大，因此，功率放大管的动态工作范围很大，功放管中的电压、电流信号都是大信号状态，一般以不超过晶体管的极限参数为限度。

(2) 非线性失真问题

由于功放管的非线性，功率放大电路又工作在大信号工作状态，必然导致工作过程中会产生较大的非线性失真。输出功率越大，电压和电流的幅度就越大，信号的非线性失真就越严重。因而如何减小非线性失真是功率放大电路的一个重要问题。

(3) 提高功率放大电路的效率、降低功放管的管耗

从能量转换的观点来看，功率放大电路提供给负载的交流功率是在输入交流信号的控

制下将直流电源提供的能量转换成交流能量而来的。任何电路都只能将直流电能的一部分转换成交流能量输出，其余的部分主要是以热量的形式损耗在电路内部的功放管和电阻上，其中主要是功放管的损耗。对于同样功率的直流电能，转换成的交流输出能量越多，功率放大电路的效率就越高。因为功率大，所以效率的问题就变得十分重要，否则，不仅会带来能源的浪费，还会引起功放管的发热，甚至损毁。

比如一个输出功率为10W的功率放大电路，其效率为40%，则要求直流电源有25W的功率容量，这意味着其中的15W将以热量的形式损耗在功放管上，使功放管的温度升高，甚至损坏。如果换一个效率为70%的功率放大电路，同样输出10W的交流功率，则仅需要14.3W的直流电源即可，功放管的管耗仅有4.3W。所以效率提高，可以降低对直流电源和功放管功率容量的要求，降低成本和体积，减少耗电。而且发热减少了，也有利于提高电路的热稳定性。

2. 功率放大电路的分析方法

由于功率放大电路输入端信号为大信号，所以对电路分析常采用图解法，而用于分析小信号放大器的微变等效电路法已不再适用。

3. 主要技术指标

(1) 输出功率 P_o 和最大不失真输出功率 P_{om}

功率放大器应给出足够大的输出功率 P_o 以推动负载工作。输出电压有效值与输出电流有效值的乘积定义为输出功率 P_o。当输入信号为正弦波时，有

$$P_o = V_o I_o = \frac{V_{om}}{\sqrt{2}}\frac{I_{om}}{\sqrt{2}} = \frac{1}{2}V_{om}I_{om} \tag{8-1-1}$$

其中 V_{om} 和 I_{om} 分别为输出电压和电流的峰值。

最大不失真输出功率指在正弦输入信号时，功率放大电路在满足输出电压、电流波形基本不失真的情况下，放大电路最大输出电压 V_{omax} 和最大输出电流 I_{omax} 有效值的乘积，记为 P_{om}，即

$$P_{om} = \frac{V_{omax}}{\sqrt{2}}\frac{I_{omax}}{\sqrt{2}} = \frac{1}{2}V_{omax}I_{omax} \tag{8-1-2}$$

(2) 效率 η

在功率放大电路中，其他元器件的发热损耗较小，所以认为直流电源提供的功率将转换成输出功率、功放管损耗两部分。放大电路的效率定义为放大电路输出给负载的交流功率 P_o 与直流电源提供的功率 P_{dc} 之比，即

$$\eta = \frac{P_o}{P_{dc}} \times 100\% \tag{8-1-3}$$

功率放大器要求高效率地工作，一方面是为了提高输出功率，另一方面是为了降低管耗。直流电源供给的功率除了一部分变成有用的信号功率以外，剩余部分变成晶体管的管耗。管耗过大将使功率管发热损坏。所以，对于功率放大器，提高效率也是一个重要问题。

(3) 管耗 P_T

损耗在功率放大管上的功率叫做功放管的损耗，简称管耗，用 P_T 表示。

4. 功率管的保护和散热问题

在功率放大电路中，有相当大的功率消耗在管子的集电结上，使结温和管壳温度升高，为了充分利用允许的管耗而使管子输出足够大的功率，放大器的散热就成了一个重要的问题。

此外，在功率放大电路中，为了输出较大的信号功率，管子承受的电压要高，通过的电流

要大，功率管损坏的可能性也就比较大，所以功率管的损坏与保护问题也就不容忽视。

8.1.2　功率放大电路的工作状态与效率的关系

提高效率对于功率放大电路来说非常重要，那么，怎样才能最大限度地提高效率呢？由以上的分析我们可知，三极管的静态电流造成了电路静态时的管耗，是影响电路转换效率的主要因素。根据三极管静态工作点的位置不同，放大电路可分为甲类、乙类、甲乙类和丙类工作状态，它们的主要特点和用途如表 8-1-1 所示。由表可知，管子的导通时间越短，管子的功耗越小，效率越高。在相同激励信号作用下，丙类功放集电极电流的流通时间最短，一个周期平均功耗最低，而甲类功放的功耗最高。分析表明，相同输入信号下如果维持输出功率不变，4 类功放的效率满足：$\eta_{甲} < \eta_{甲乙} < \eta_{乙} < \eta_{丙}$。理想情况下，甲类功放的最高效率为 50%，乙类和甲乙类功放的最高效率为 78.5%，丙类功放的最高效率可达 85% ~ 90%。但丙类功放要求特殊形式的负载，不适用于低频。低频功率放大器只使用前 3 种工作状态。从表中我们可看出，随着静态工作点的下移，集电极电流波形产生了较严重的截止失真，这样的输出波形显然是不允许的。但通过采取适当的电路结构，可以使这两类电路既保持管耗小的优点，又不至于产生较大的失真，这样就解决了提高效率和减小非线性失真的矛盾。

表 8-1-1

类别	工作点位置	电流波形	特点和用途
甲类	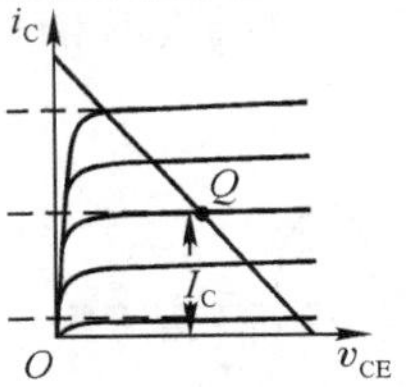 i_C, Q, I_C, O, v_{CE}	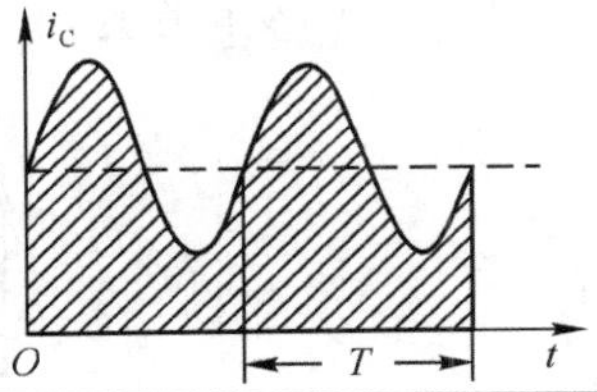 i_C, O, T, t	管子导通角 $\theta = 2\pi$，静态电流大于 0，管耗大，效率低．用于小信号放大和驱动级
乙类	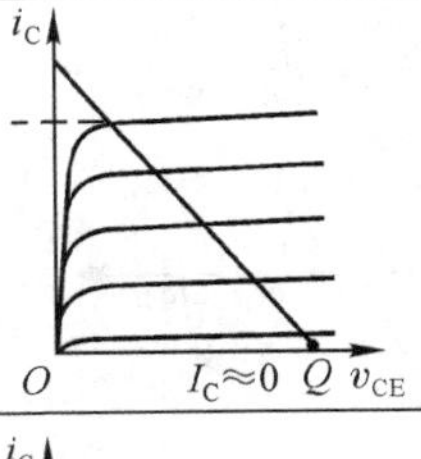 i_C, O, $I_C \approx 0$ Q v_{CE}	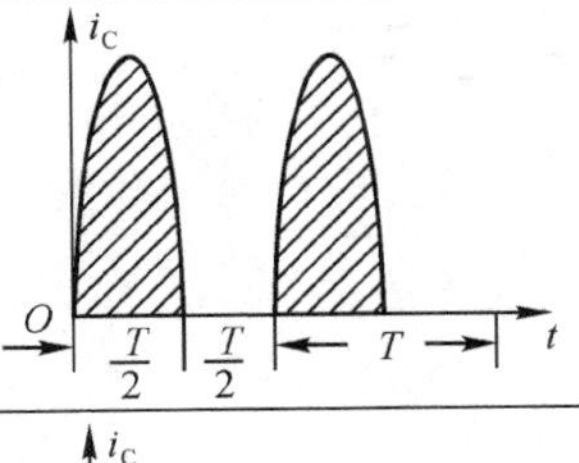 i_C, O, $\frac{T}{2}$, $\frac{T}{2}$, T, t	管子导通角 $\theta = \pi$，静态电流等于 0，效率高。用于功率放大电路
甲乙类	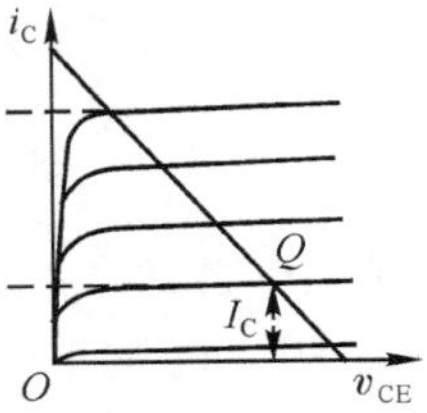 i_C, Q, I_C, O, v_{CE}	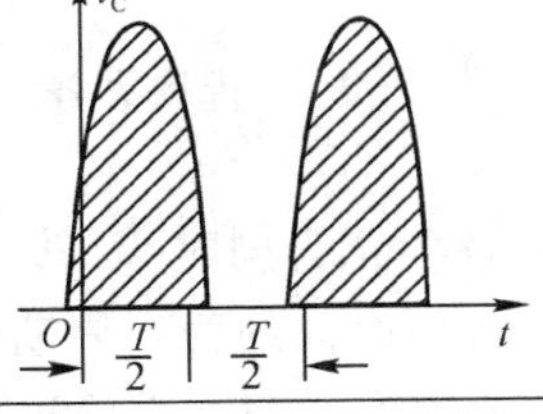 i_C, O, $\frac{T}{2}$, $\frac{T}{2}$, t	管子导通角 $\pi < \theta < 2\pi$，静态电流很小，可提高效率、减小非线性失真。用于功率放大电路
丙类	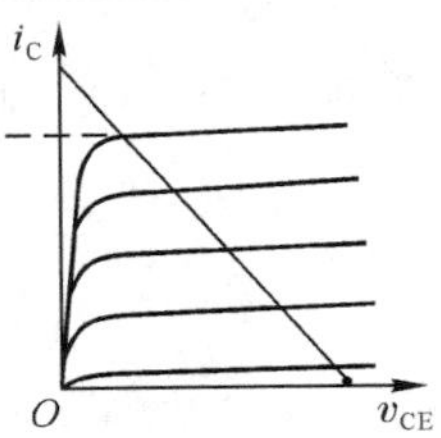 i_C, O, v_{CE}	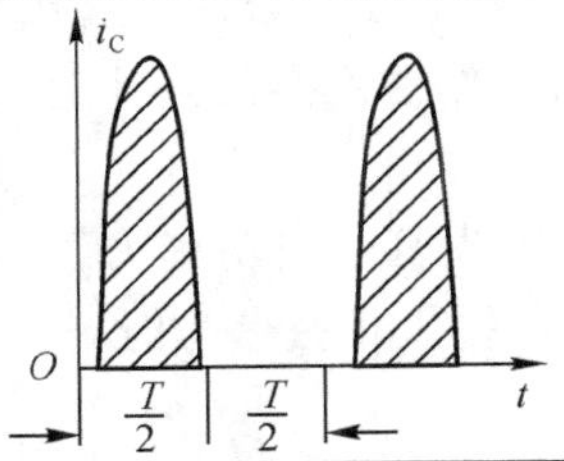 i_C, O, $\frac{T}{2}$, $\frac{T}{2}$, t	管子导通角 $\theta < \pi$，静态电流等于 0，效率比乙类更高，用于带选频网络的高频大功率输出级和某些振荡电路

8.2 互补对称功率放大电路

工作在乙类的放大电路。虽然管耗小，有利于提高效率，但存在着严重的失真，使得输入信号的半个波形被削掉了。如果用两个管子，使之都工作在乙类放大状态，但一个在正半周工作，而另一个在负半周工作，同时使这两个输出波形都能加到负载上，从而在负载上得到一个完整的波形，这样就能解决效率与失真的矛盾。

8.2.1 双电源互补对称电路(OCL 电路)

采用正、负两个直流电源供电，且电路互补对称，且这两个直流电源大小相同，极性相反。

1. 电路组成

如图 8-2-1(a) 所示，T_1 和 T_2 分别为 NPN 和 PNP 型管，两个管的基极和发射极连接在一起，信号从基极输入，从射极输出，R_L 为负载。当 v_i 为正半周时，T_1 导通，T_2 截止；v_i 为负半周时，T_1 截止，T_2 导通，对于负载来说，在整个周期都有电流通过，如图 8-2-1(b) 所示。该电路实现了静态时管子不取电流，而有信号时，T_1，T_2 轮流导通，组成推挽式电路。因两个管子在性能结构上互补，所以该电路又称为互补对称电路。在理想情况下，由于正负电源和电路结构完全对称，所以静态时输出端的电压为零，不必采用耦合电容来隔直，因此这个电路还称为 OCL(Output Capacitor Less，无输出电容) 电路。由于输出端没有耦合电容，OCL 电路具有较好的频率特性。

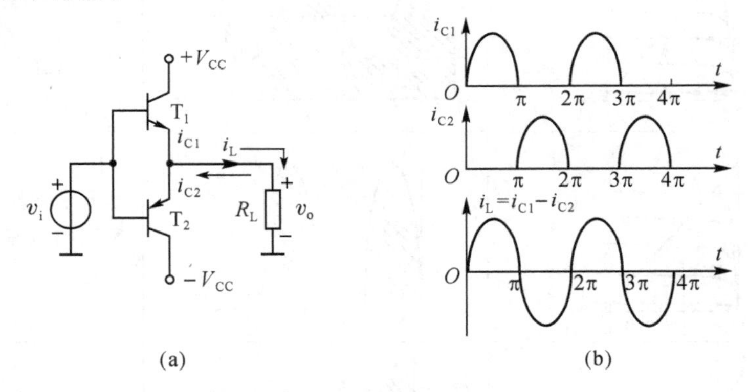

图 8-2-1 推挽功率放大器原理

2. 分析计算

图 8-2-2 表示推挽电路在 v_i 为正半周时 T_1 的工作情况。图中，假定只要 $v_{BE}>0$，T_1 管就开始导电，则在一周期内 T_1 导电时间约为半周期。图 8-2-1(a) 中，T_2 的工作情况和 T_1 相似，只是在信号的负半周导电。从而在负载两端输出形成一个完整的波形。

根据以上分析，不难求出工作在乙类的互补对称电路的输出功率、管耗、直流电源供给的功率和效率。

(1) 输出功率 P_o 和最大不失真输出功率 P_{om}

设输出电压幅度为 V_{om}，当输入正弦信号时，有

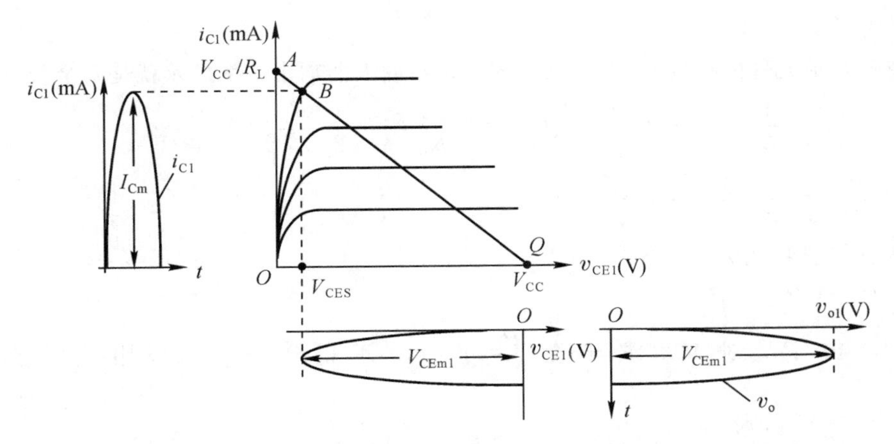

图 8-2-2　乙类双电源互补对称功率放大电路图解分析(正半周)

$$P_o = V_o I_o = \frac{V_{om}}{\sqrt{2}}\frac{I_{om}}{\sqrt{2}} = \frac{V_{om}}{\sqrt{2}}\frac{V_{om}}{\sqrt{2}R_L} = \frac{1}{2}\frac{V_{om}^2}{R_L} \tag{8-2-1}$$

由于本电路是由射极输出器组成,在放大区内,$v_o \approx v_i$,因此只要输入信号幅度足够大、使管子导通至 B 点时,忽略功放管的饱和压降,则输出电压幅度近似为电源电压。此时获得了最大输出电压幅度 $V_{omax} \approx V_{imax} = V_{CEmax} \approx V_{CC}$,最大输出电流幅度 $I_{omax} = I_{Cmax1} \approx V_{CC}/R_L$。所以,最大输出功率为

$$P_{om} = \frac{1}{2}\frac{V_{omax}^2}{R_L} \approx \frac{1}{2}\frac{V_{CC}^2}{R_L} \tag{8-2-2}$$

(2) 直流电源提供的功率 P_{dc}

由于 $+V_{CC}$ 和 $-V_{CC}$ 每个电源只有半周期供电,因此在一周期内的平均电流为

$$I_{C1} = I_{C2} = \frac{1}{2\pi}\int_0^{\pi} I_{Cm}\sin\omega t\,d(\omega t) = \frac{I_{Cm}}{\pi} \tag{8-2-3}$$

两个电源提供的总功率为

$$P_{dc} = 2I_{C1}V_{CC} = 2\frac{I_{Cm}}{\pi}V_{CC} = \frac{2V_{CC}V_{om}}{\pi R_L} \tag{8-2-4}$$

可见,电源提供的功率随输出信号的增大而增大,这和甲类功放相比有本质的区别。当获得最大不失真输出时,电源提供的最大功率 P_{dcM} 为

$$P_{dcM} = \frac{2V_{CC}^2}{\pi R_L} \tag{8-2-5}$$

(3) 效率 η

根据式(8-2-1)和式(8-2-4)可得一般情况下的效率为

$$\eta = \frac{P_o}{P_{dc}} = \frac{\pi}{4}\frac{V_{om}}{V_{CC}} \tag{8-2-6}$$

当获得最大不失真输出幅度时,$V_{om} = V_{omax} \approx V_{CC}$,则可得到乙类双电源互补对称功率放大电路的最大效率为

$$\eta_m = \frac{P_{om}}{P_{dc}} \times 100\% = \frac{\pi}{4} \times 100\% \approx 78.5\%$$

(4) 管耗 P_T

在忽略其他元件的损耗时,电源供给的功率与放大器输出功率之差就是两个管子的管耗。

$$P_{T1,2} = \frac{1}{2}(P_{dc} - P_o) = \frac{1}{2}\left(\frac{2}{\pi} \times \frac{V_{om}V_{CC}}{R_L} - \frac{1}{2}\frac{V_{om}^2}{R_L}\right)$$

$$= \frac{1}{R_L}\left(\frac{V_{om}V_{CC}}{\pi} - \frac{V_{om}^2}{4}\right) \tag{8-2-7}$$

故两管的总管耗为

$$P_T = P_{T1} + P_{T2}$$

把 P_{T1} 或 P_{T2} 对 V_{om} 求导数 $\frac{dP_{T1}}{dV_{om}} = 0$,可得到 P_{T1} 为极限值时的 V_{om} 为 $V_{om}\Big|_{P_{T1max}} = \frac{2}{\pi}V_{CC}$,则

$$P_{T1,2m} = \frac{1}{R_L}\left[\frac{\frac{2V_{CC}}{\pi} \times V_{CC}}{\pi} - \frac{\left(\frac{2V_{CC}}{\pi}\right)^2}{4}\right] = \frac{1}{R_L} \times \frac{V_{CC}^2}{\pi^2} \tag{8-2-8}$$

因为 $P_{om} = \frac{1}{2}\frac{V_{CC}^2}{R_L}$,最大管耗可表示为

$$P_{T1,2max} = \frac{2}{\pi^2}P_{om} \approx 0.2P_{om} \tag{8-2-9}$$

当最大管耗发生时,输出功率为

$$P_o = \frac{1}{2}\frac{\left(\frac{2}{\pi}V_{CC}\right)^2}{R_L} = \frac{2}{\pi^2}\frac{V_{CC}^2}{R_L} \approx 0.4P_{om} \tag{8-2-10}$$

3. 功率管 BJT 的选择

由以上分析可知,若想得到最大输出功率,BJT 的参数必须满足下列条件:

(1) 每只功率三极管的最大允许管耗 P_{CM} 必须大于 $0.2P_{om}$。如要求输出最大功率为 10W,则应选择两只最大集电极功耗 $P_{CM} \geqslant 2W$ 的三极管即可,当然还可以适当考虑余量。

(2) 当 T_2 导通时,T_1 截止,所以当 T_2 饱和时,V_{CE1} 得到最大值 $2V_{CC}$,因此,应选用耐压 $|V_{(BR)CEO}| > 2V_{CC}$ 的管子。

(3) 所选管子的 I_{CM} 应大于电路中可能出现的最大集电极电流 V_{CC}/R_L。

例 8-2-1 功放电路如图 8-2-1(a) 所示,设 $V_{CC} = 16V$,$R_L = 8\Omega$,晶体管极限参数为 $I_{CM} = 3A$、$|V_{(BR)CEO}| = 40V$,$P_{CM} = 5W$,试求:(1) 理想功率 P_{om} 值,并检验所给的管子是否安全?(2) 放大器在 $\eta_C = 0.6$ 时的输出功率 P_o 值。

解 (1) $i_{Cmax} = \frac{V_{CC}}{R_L} = \frac{16}{8} = 2(A)(< I_{CM} = 3A)$

$V_{CEmax} = 2V_{CC} = 32V(BV_{CEO} = 40V)$

$P_{om} = \frac{V_{CC}^2}{2R_L} = \frac{16^2}{2 \times 8} = 16(W)$

$P_{Cmax1} = 0.2P_{om} = 0.2 \times 16 = 3.2(W)(P_{CM} = 5W)$

说明功效管工作在安全范围内。

(2) 由式(8-2-6) 可求得 $\eta_C = 0.6$ 时的输出电压 V_{om} 为

$$V_{om} = \frac{4V_{CC}\eta_C}{\pi} = 4 \times 16 \times \frac{0.6}{3.14} = 12.2(\text{V})$$

$$P_o = \frac{V_{om}^2}{2R_L} = \frac{12.2^2}{2 \times 8} = 9.3(\text{W})$$

8.2.2　单电源互补对称功率放大器(OTL)

图 8-2-1 所示互补对称功率放大器中需要正、负两个电源。但在实际电路中，如在收音机、扩音机电路中，为了简化，常采用单电源供电。为此，可采用图 8-2-3 所示单电源供电的互补对称功率放大器。

图 8-2-3 电路中，管子工作于乙类状态。静态时因电路对称，两管发射极 E 点电位为电源电压的一半 $V_{CC}/2$，负载中没有电流。

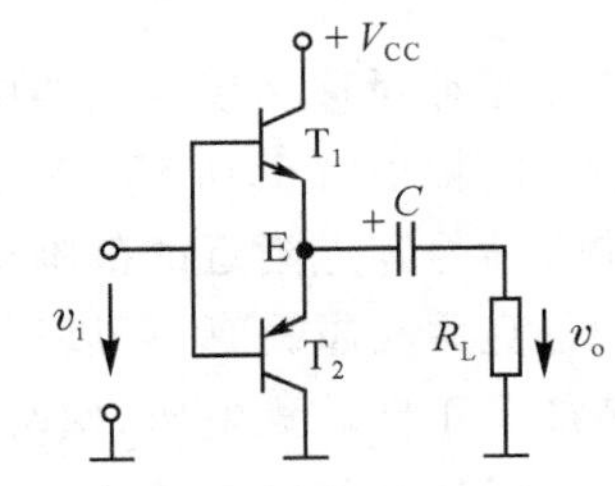

图 8-2-3　单电源互补对称功率放大器

动态时，在输入信号正半周，T_1 导通，T_2 截止，T_1 以射极输出的方式向负载 R_L 提供电流 $i_o = i_{C1}$，使负载 R_L 上得到正半周输出电压，同时对电容 C 充电。在输入信号负半周，T_1 截止，T_2 导通，电容 C 通过 T_2、R_L 放电，T_2 也以射极输出的方式向 R_L 提供电流 $i_o = i_{C2}$，在负载 R_L 上得到负半周输出电压。电容器 C 在这时起到负电源的作用。为了使输出波形对称，即 i_{C1} 与 i_{C2} 大小相等，必须保持 C 上电压恒为 $V_{CC}/2$ 不变，也就是 C 在放电过程中其端电压不能下降过多，因此，C 的容量必须足够大。

由上述分析可知，单电源互补对称电路的工作原理与正、负双电源互补对称电路的工作原理相似，不同之处只是输出电压幅度由 V_{CC} 降为 $V_{CC}/2$，因而前面(8-2-1) 至(8-2-4) 各式中，只要将 V_{CC} 改为 $V_{CC}/2$，就可用于单电源互补对称功率放大器。

具体公式对比如表 8-2-1 所示。

表 8-2-1

	OCL(无输出电容) 电路(双电源供电)	OTL(无输出变压器) 电路
输出功率	$P_o = \frac{V_{om}^2}{2R_L}(0 \leqslant V_{om} \leqslant V_{CC})$	$P_o = \frac{V_{om}^2}{2R_L}\left(0 \leqslant V_{om} \leqslant \frac{V_{CC}}{2}\right)$
最大输出功率	$P_{omax} = \frac{V_{CC}^2}{2R_L}$	$P_{omax} = \frac{V_{CC}^2}{8R_L}$
电源供给的功率	$P_{dc} = 2\frac{V_{CC}V_{om}}{\pi R_L}$	$P_{dc} = \frac{V_{CC}V_{om}}{\pi R_L}$
电源供给的最大功率	$P_{dcM} = 2\frac{V_{CC}^2}{\pi R_L}$	$P_{dcM} = \frac{V_{CC}^2}{2\pi R_L}$
效率	$\eta = \frac{\pi}{4}\frac{V_{om}}{V_{CC}}$	$\eta = \frac{\pi}{2}\frac{V_{om}}{V_{CC}}$
最大效率	$\eta_{max} = \frac{\pi}{4}$	$\eta_{max} = \frac{\pi}{4}$

续表

	OCL(无输出电容)电路(双电源供电)	OTL(无输出变压器)电路
管耗	$P_{T1}=P_{T2}=\frac{1}{2}\left[\frac{2}{\pi}\frac{V_{CC}V_{om}}{R_L}-\frac{V_{om}^2}{2R_L}\right]$	$P_{T1}=P_{T2}=\frac{1}{2}\left[\frac{1}{\pi}\frac{V_{CC}V_{om}}{R_L}-\frac{V_{om}^2}{2R_L}\right]$
最大管耗	$P_{CM}>P_{T1max}=0.2P_{omax}$	$P_{CM}>P_{T1max}=0.2P_{omax}$
三极管的反向电压	$V_{(BR)CEO}>2V_{CC}$	$V_{(BR)CEO}>V_{CC}$
三极管的最大电流	$I_{CM}>\frac{V_{CC}}{R_L}$	$I_{CM}>\frac{V_{CC}}{2R_L}$

8.2.3 甲乙类互补对称功率放大器

乙类互补对称功率放大器中，由于功率三极管存在死区电压(硅管约为0.5V)，只有当输入信号的幅值大于0.5V(对于T_2应小于-0.5V)以后，三极管才逐渐导通。因此输出波形在输入信号零点附近的范围出现交越失真，如图8-2-4所示。

为了克服交越失真，可以利用PN结压降、电阻压降或其他元器件压降给两个三极管的发射结加上正向偏置电压，使两个三极管在没有信号输入时处于微导通的状态。由于此时电路的静态工作点已经上移进入了放大区(为了降低损耗，一般将静态工作点设置在刚刚进入放大区的位置)，因此功率放大电路的工作状态由乙类变成了甲乙类。

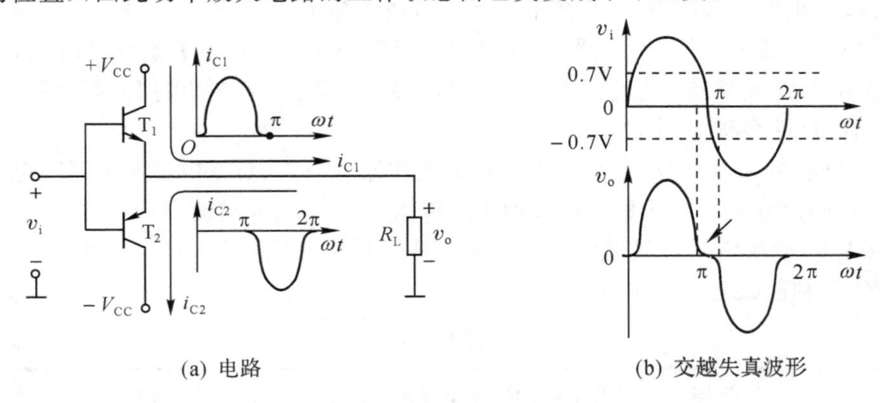

(a) 电路　(b) 交越失真波形

图 8-2-4　乙类双电源互补对称功率放大电路的交越失真

图8-2-5为常见的几种甲乙类互补对称功率放大器。(a)图为OCL电路，(b)图为OTL电路。在(a)、(b)两图中，T_3为推动级，T_3的集电极电路中接有两个二极管D_1和D_2，利用T_3集电极电流在D_1、D_2的正向压降给两个功放管T_1、T_2提供基极偏置，从而克服交越失真。

静态时，因T_1、T_2两管电路对称，两管电流相等，负载上无静态电流，输出电压$V_o=0$。当有交流信号输入时，D_1和D_2的交流电阻很小，可视为短路，从而保证了T_1和T_2两管基极输入信号幅度基本相等。由于二极管正向压降具有负温度系数，因而这种偏置电路具有温度稳定作用，可以自动稳定输出级功放管的静态电流。

图8-2-5(c)是另一种常见的为互补对称功率放大器设置静态工作点的电路，称为“V_{BE}扩大电路”。由图可知，当$I_{B4}\ll I_{R1}=I_{R2}$时，有$V_{R2}=I_{R2}R_2=I_{R1}R_2=\frac{V_{BE4}}{R_1}R_2$

所以，两功放管基极之间电压为

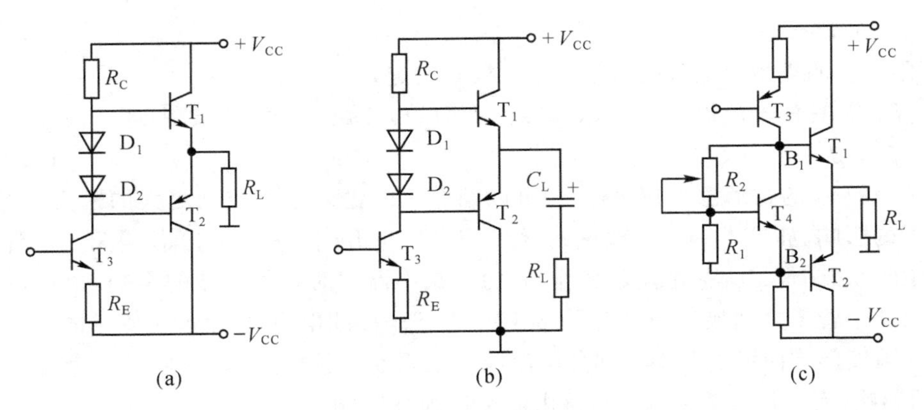

图 8-2-5　甲乙类互补对称功率放大器

$$V_{B1B2}=V_{R1}+V_{R2}=V_{BE4}+\frac{V_{BE4}}{R_1}R_2=V_{BE4}(1+\frac{R_2}{R_1})$$

可见，调节电阻 R_2 就可调节两功放管基极间电压，从而方便地调节两功放管的静态电流。同样，由于 V_{BE4} 的负温度系数，也使电路具有稳定静态电流的作用。

由于甲乙类功率放大器的静态电流一般很小，与乙类工作状态很接近，因而甲乙类互补对称功率放大器的最大输出功率、效率以及管耗等的估算均可按乙类功放电路的有关公式进行计算。

8.2.4　采用复合管的互补对称式放大电路

如果功率放大电路输出端的负载电流比较大，则要求提供给功率三极管基极的推动电流也比较大，为此，可以考虑在输出级采用复合管。复合管可由两个或两个以上的三极管组合而成。它们可以由相同类型的三极管组成，也可以由不同类型的三极管组成。其组合形式有四种：NPN 管与 NPN 管组合、PNP 管与 PNP 管组合、NPN 管与 PNP 管组合、PNP 管与 NPN 管组合，如图 8-2-6 所示。

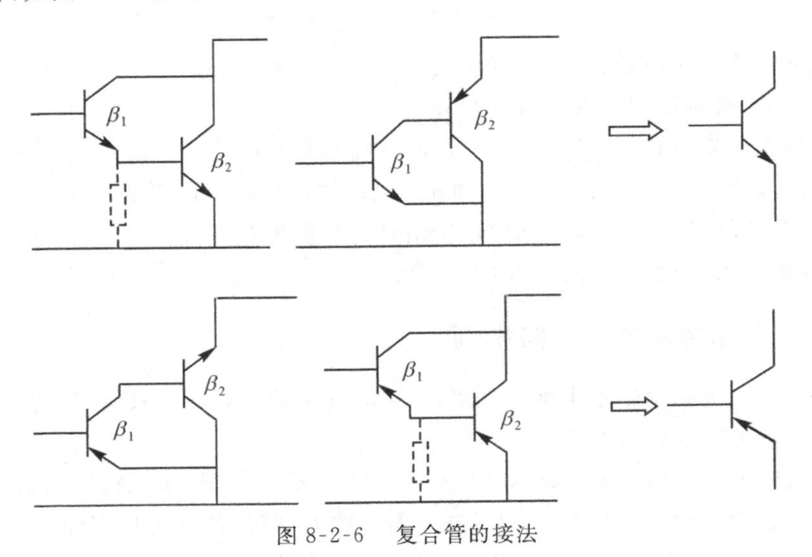

图 8-2-6　复合管的接法

复合管的特点是：

① 复合管的类型及电极均由第一个三极管决定；

② 复合管总的电流放大倍数等于二个三极管电流放大倍数的乘积，即

$$\beta \approx \beta_1 \cdot \beta_2 \tag{8-2-11}$$

式(8-2-11)的物理意义在于：人们可以用更小的输入电流控制更大的输出电流。但是由于温度的影响，如 $T\uparrow \rightarrow I_{B1}\uparrow \rightarrow I_{C1}\uparrow \rightarrow I_{B2}\uparrow \rightarrow I_{C2}\uparrow \rightarrow V_{CE2}\downarrow$，使得第二个管子很容易进入饱和状态，最终失去电流放大作用。为了减小温度对管子工作的影响，通常在第一个管子和第二个管子之间接入一个电阻，见图 8-2-6 中虚线电阻，使第一个管子的集电极电流 I_{C1} 中，受温度影响而增加的那一部分电流经该电阻泄放掉，从而减小对第二个管子基极电流 I_{B2} 的影响，实现正常放大。因此，该电阻又称为“泄放电阻”。

由于复合管成倍地提高了等效的电流放大倍数 β，大幅度地降低了复合管的基极电流 I_{B1}，使得放大电路的电流放大、驱动能力、阻抗匹配等效果更好。

图 8-2-7(a) 为一个由复合管组成的 OCL 甲乙类互补对称放大电路，其中 NPN 三极管 T_1 和 T_3 组成 NPN 型复合管，PNP 型三极管 T_2 和 T_4 组成 PNP 型复合管，二者实现互补。

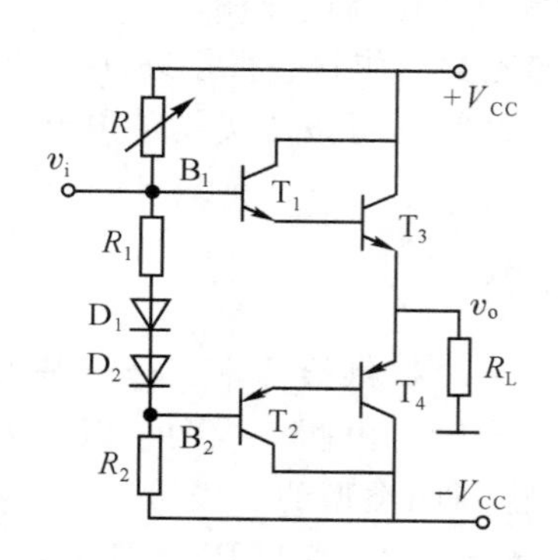

(a) 由复合管组成的互补对称电路

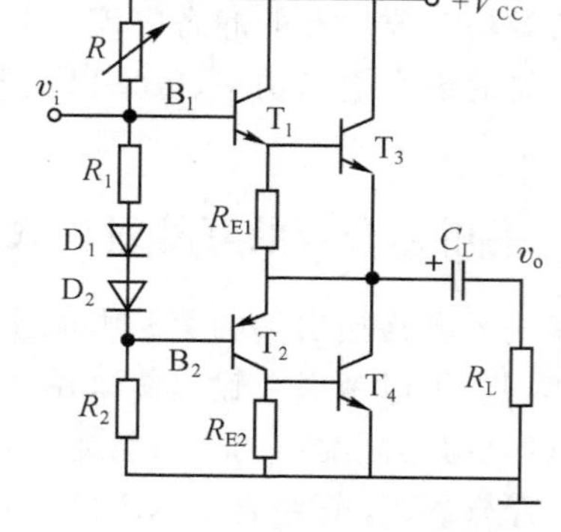

(b) 由复合管组成的准互补对称电路

图 8-2-7 由复合管组成的互补对称电路

这种互补对称放大电路存在一个缺点：大功率三极管 T3 是 NPN 型，而 T_4 是 PNP 型，它们的类型不同，很难做到二者的特性互补对称。

为了克服这个缺点，可使 T_3 和 T_4 采用同一类型甚至同一型号的三极管，例如二者均为 NPN 型，而 T_2 则用另一类型的三极管，如 PNP 型，如图 8-2-7(b) 所示。此时 T_2 与 T_4 组成的复合管为 PNP 型，可与 T_1、T_3 组成的 NPN 型复合管实现互补。这种电路称为准互补对称电路。图中接入电阻 R_{E1} 和 R_{E2} 是为了调整功率管 T_3 和 T_4 的静态工作点。

8.2.5 实际功率放大电路举例

图 8-2-8 所示为一个甲乙类准互补对称 OCL 功率放大电路，由输入级、前置级、准互补对称输出级和其他辅助电路构成。

T_1、T_2 组成单入单出的差动输入级，从 T_1 的基极输入信号，集电极取出信号，送至前置级 T_3 的基极。前置级由 PNP 管 T_3 构成共发射极放大电路，负责为功率输出级提供激励信号。二极管 D_1、D_2 和电阻 R_7、热敏电阻 R_{15} 为输出功率管提供偏置，使输出管处于甲乙类工

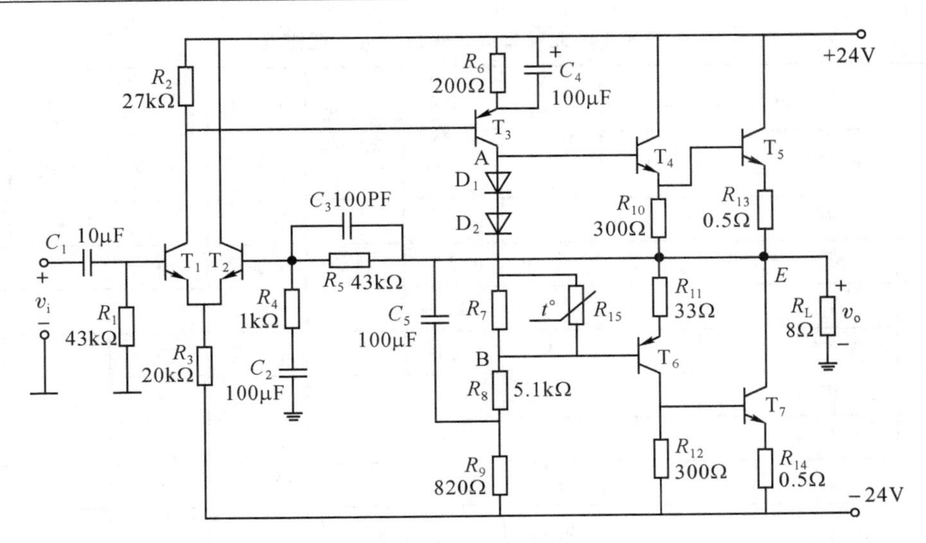

图 8-2-8　甲乙类准互补对称 OCL 电路

作状态。R_{15} 选择具有负温度系数的热敏电阻，二极管 D_1、D_2 的正向导通压降也具有负温度系数。所以，当温度升高导致功率管的静态工作点上移、集电极电流增大时，V_{AB} 下降，功率管的发射结电压下降，抑制了集电极电流的增加，从而起到稳定输出级静态工作点的作用。

本电路的输出级由 T_4、T_5 两个同型管复合成 NPN 型输出管，T_6、T_7 两个异型管复合成 PNP 管，组成准互补对称功率电路。

8.3　集成功率放大器

8.3.1　集成功率放大器概述

集成功率放大电路大多工作在音频范围，除具有可靠性高、使用方便、性能好、重量轻、造价低等集成电路的一般特点外，还具有功耗小、非线性失真小和温度稳定性好等优点，并且集成功率放大器内部的各种过流、过压、过热保护齐全，其中很多新型功率放大器具有通用模块化的特点，被称之为“傻瓜”型的集成功放，使用更加方便安全。集成功率放大器是模拟集成电路的一个重要组成部分，广泛应用于各种电子电气设备中。

从电路结构来看，集成功放是由集成运放发展而来的，和集成运算放大器相似，包括前置级、驱动级和功率输出级，以及偏置电路、稳压、过流过压保护等附属电路。除此以外，基于功率放大器输出功率大的特点，在内部电路的设计上还要满足一些特殊的要求。集成功率放大器品种繁多，输出功率从几十毫瓦至几百瓦的都有，有些集成功放既可以双电源供电，又可以单电源供电，还可以接成 BTL 电路的形式。从用途上分，有通用型和专用型功放；从输出功率上分，有小功率功放和大功率功放等。

8.3.2　集成功放应用简介

1. 几种集成音频功率放大器

现将几种通用型集成音频功率放大器的一般情况列在表 8-1 中，供大家参考。

表 8-1　几种集成音频功率放大器概况

型号	输出功率(典型值)			电源电压	总谐波失真(THD)	输入端噪声	单通道/双通道	应用		
	8Ω	4Ω	2Ω					便携	家用	汽车
LM380	2.5W			18V	0.2%		单通道		•	
LM383		5.5W	8.6W	14.4V	0.2%	2μV	单通道	•		•
LM384	5.5W			22V	0.25%		单通道		•	
LM386	0.33W			6V	0.2%		单通道	•	•	
LM388	2.2W			12V	0.1%		单通道	•		
LM389	0.33W			6V	0.2%		单通道	•		
LM390		1W		6V	0.2%		单通道	•		
LM391	10 ～ 100W			60 ～ 100V	0.01%	3μV	单通道		•	
LM1877	3W			20V	0.05%	2.5μV	双通道	•	•	•
LM2877	4.5W			20V	0.07%	2.7μV	双通道	•	•	•

集成功率放大器与一般集成运算放大器的主要区别在于，对前者要求输出更大的功率。为了达到这个要求，集成功放的输出级常常采用复合管组成。另外，通常要求更高的直流电源电压。对于输出功率比较高的集成功放，有时要求其外壳装散热片。由于集成工艺的限制，集成功放中的某些元件要求外接，例如 OTL 电路中的大电容等。有时为了使用方便而有意识地留出若干引线端，允许用户外接元件以灵活地调节某些技术指标，例如，外接不同阻值的电阻以获得不同的电压放大倍数等。

2. LM386

LM386 电路简单、通用型强，是目前应用较广的一种小功率集成功放。它具有电源电压范围宽(4 ～ 16V)、功耗低(常温下为 660mW)、频带宽(300kHz) 等优点，输出功率可达 0.3 ～ 0.7W，最大可达 2W。另外，电路的外接元件少，不必外加散热片，使用方便。

现将集成音频功率放大器 LM386 的主要技术指标列于表 8-2 中。

表 8-2　LM386 主要技术指标

参　数	测试条件	最小	典型	最大	单位
工作电源电压(V^+)					
LM386N－1，－3，LM386M－1		4		12	V
LM386N－4		5		18	V
静态电流(I_Q)	$V^+ = 6V, U_1 = 0$		4	8	mA
输出功率(P_0)					
LM386N－1，LM386M－1	$V^+ = 6V, R_L = 8\Omega$, THD = 10%	250	325		mW
LM386N－3	$V^+ = 9V, R_L = 8\Omega$, THD = 10%	500	700		mW

续表

参　数	测试条件	最小	典型	最大	单位
LM386N－4	$V^+=16V, R_L=32\Omega$, THD = 10%	700	1000		mW
电压增益(A_u)	$V^+=6V, f=1kHz$ 引脚 1、8 间接 10μF 电容		26 46		dB dB
带宽(BW)	$V^+=6V$,引脚 1 和 8 开路		300		kHz
总谐波失真(THD)	$V^+=6V, R_L=8\Omega, P_O=125mW$ $f=1kHz$,引脚 1 和 8 开路		0.2		%
电源抑制比(PSRR)	$V^+=6V, f=1kHz, C_B=10\mu F$ 引脚 1 和 8 开路,指输出端		50		dB
输入电阻(r_1)			50		kΩ
输入偏置电流(I_{IB})	$V^+=6V$,引脚 2 和 3 开路		250		nA

LM386 有 8 个引脚,如图 8-3-1(a) 所示。其中引脚 2 和 3 分别为反相输入端和同相输入端,5 为输出端。6 为直流电源端,4 为接地端。引脚 7 与地之间应接一个旁路电容 C_B。引脚 1 和 8 为增益控制端。如果 1、8 两端开路,功率放大电路的电压增益约为 20 倍(即 26dB)。如果 1、8 两端之间仅接一个大电容,则相当于交流短路,此时电压增益约为 200 倍(即 46dB)。而在 1、8 两端之间接入不同阻值的电阻,即可得到 20 ～ 200 倍之间的电压增益,但接入电阻时

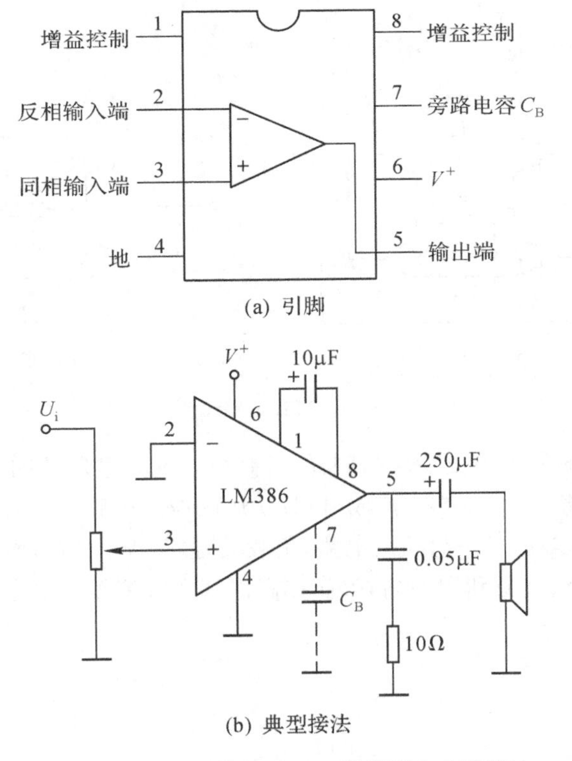

图 8-3-1　集成功放 LM386 的引脚和典型接法

必须与一个大电容串联，即1、8两端之间接入的元件不能改变放大电路的直流通路。

LM386的典型接法如图8-3-1(b)所示。交流输入信号加在LM386的同相输入端，而反相输入端接地。输出端通过一个250μF的大电容接到8Ω的负载电阻(扬声器)，此时LM386组成OTL准互补对称电路。引脚6接直流电源V^+，4接地。引脚7通过一个旁路电容C_B接地。1、8两端之间接入一个1μF的电容，不接电阻，此时电压增益达到最大，约为200倍。由于扬声器为感性负载，使电路容易产生自激振荡或出现过压，损坏LM386中的功率三极管，故在电路的输出端接入10Ω电阻与0.05μF电容的串联回路进行补偿，使负载接近于纯电阻。

3. BTL功率放大器

在集成功放的基础上，近年来又发展起一种BTL功率放大器(又称桥接推挽式放大器)。其主要特点是，在同样的电源电压和负载电阻条件下，它可得到比OCL或OTL大几倍的输出功率，其工作原理如图8-3-2(a)所示。图(a)中，四个功放管$T_1 \sim T_4$组成桥式电路。静态时，电桥平衡，负载R_L中无直流电流。动态时，桥臂对管轮流导通。如v_i正半周，上正下负，则T_1、T_4导通，T_2、T_3截止，流过负载R_L的电流如图中实线所示；在v_i负半周，上负下正，则T_1、T_4截止，T_2、T_3导通，负载R_L中电流如图中虚线所示。忽略管子饱和压降，则两个半周合成，在负载上可得到振幅为V_{CC}的输出信号电压。此外，由上述分析可以看出，与OCL电路相比(图8-3-2(b)所示)，在相同电源电压下，BTL电路中流过负载R_L的电流加大了一倍，据此可分析出它的最大输出功率为

$$P_{om} = \left(\frac{V_{CC}}{\sqrt{2}}\right)\frac{\left(\frac{V_{CC}}{\sqrt{2}}\right)}{R_L} = \frac{V_{CC}^2}{2R_L}$$

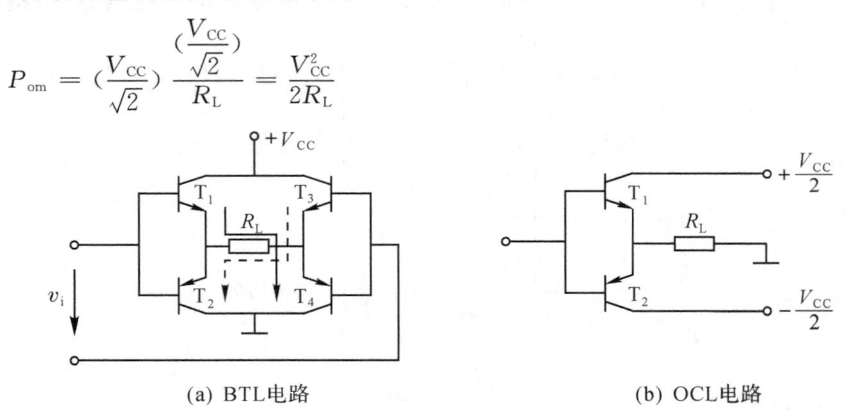

(a) BTL电路　　(b) OCL电路

图8-3-2　BTL电路工作原理

可见，BTL电路的最大输出功率是同样电源电压OCL电路的四倍。

图8-3-3所示为将两片LM386接成BTL功放的应用电路，R_P为调节对称的平衡电阻。

尽管BTL电路中多用了一组功放电路，负载又是“悬浮”状态，增加了调试的难度，但由于它性能优良、失真小、电源利用率高，因而在高保真音响等领域中应用较广。

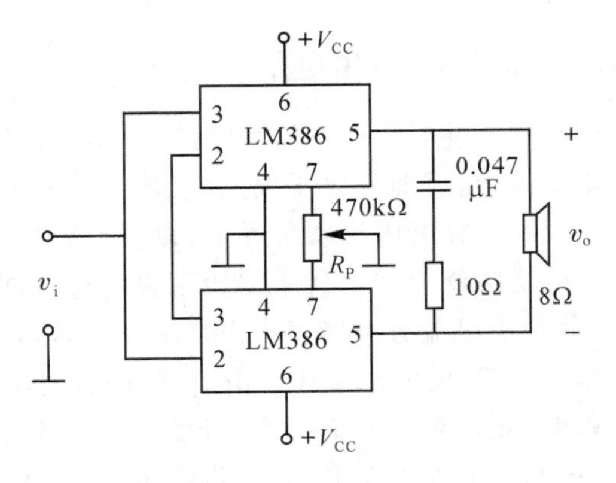

图 8-3-3　LM386 组成的 BTL 电路

8.4　功率放大器实际应用电路

8.4.1　OCL 功率放大器实际应用电路

图 8-4-1 所示为一准互补功率放大电路，它是高保真功率放大器的典型电路。电路由前置放大级、中间放大级和输出级组成。T_1、T_2、T_3 构成恒流源式差动放大器，为前置放大级，除了对输入信号进行放大外，还有温度补偿和抑制零漂的作用。T_4、T_5 构成中间放大级，其中 T_4 为共射电路，T_5 是恒流源，作为 T_4 的负载，使 T_4 的输出幅度得以提升。T_7 到 T_{10} 为准互补 OCL 电路作为输出级。R_{E7} ～ R_{E10} 可使电路稳定。T_6 及 R_{E4}、R_{E5} 构成“V_{BE} 扩大电路”，调节 R_{E4} 可改变加在 T_7、T_8 基极间的电压，以消除交越失真。R_f、C_1 和 R_{B2} 构成电压串联负反馈，以提高电路稳定性并改善性能。

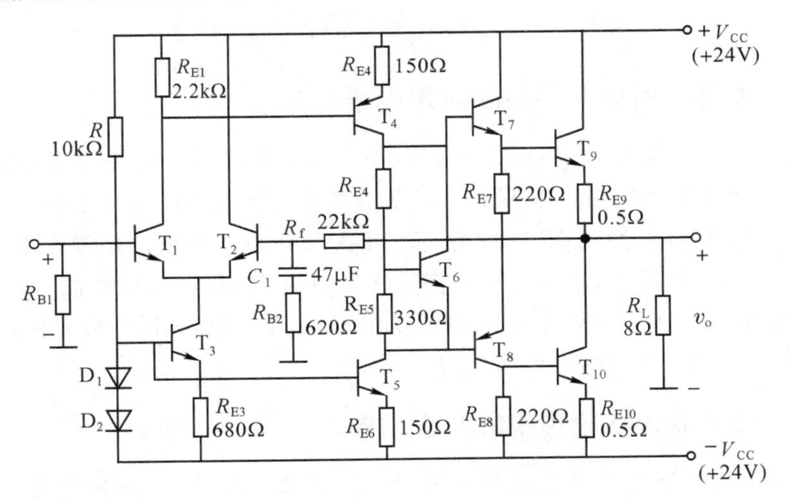

图 8-4-1　OCL 功率放大器实际应用电路

8.4.2 OTL 功率放大器实际应用电路

图 8-4-2 所示是一个 OTL 互补对称功率放大电路，用作电视机伴音功率放大器。电路中 T_1 是基本的工作点稳定电路，构成前置电压放大级。输入信号被放大后，经 C_3 耦合至由 T_2 构成的推动级。R_{14} 的作用是形成电压串联负反馈，以便改善放大性能。C_2（以及 C_4、C_7）为相位补偿元件，用以防止高频自激。T_3 与 T_4 构成互补功率输出级，将信号经 C_6 耦合到负载 R_L 上。为防止开机时功放管中电流有可能过大而烧坏功放管，在它们的发射极电路中设置了 R_{11}、R_{12} 两个限流电阻。T_3、T_4 的静态工作点由 T_2 的静态电流及电阻 R_6、R_7、R_8、R_9 决定。其中 R_8 是热敏电阻，其阻值随温度升高而减小，可稳定功放管的静态电流。电阻 R_{10} 连在 T_2 的基极与电容 C_6 的正极之间，构成直流负反馈，以稳定 C_6 正极的电位（为 $V_{CC}/2$）。

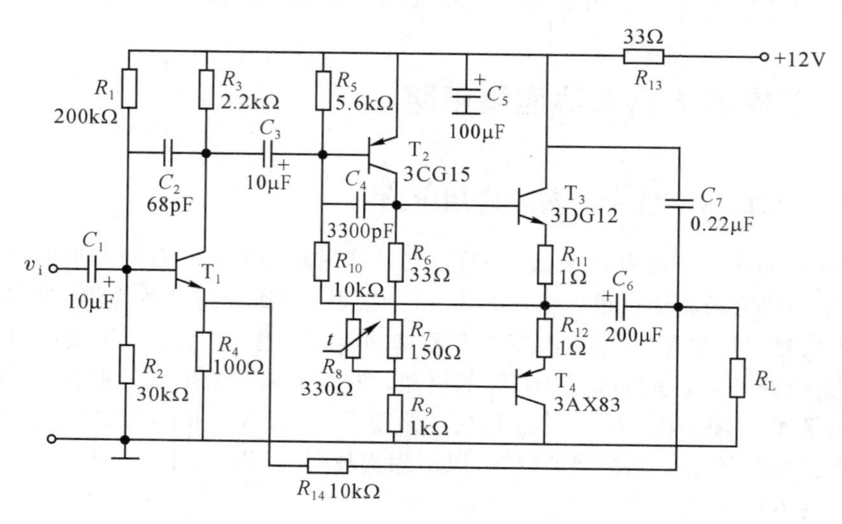

图 8-4-2 OTL 功率放大器实际应用电路

8.4.3 集成功率放大器实际应用电路

袖珍式放音机、收音机、便携式收录机等，为了实现整机小型化，需要低电压音频功率放大电路。荷兰菲利浦公司生产的 TDA7050T 集成功率放大电路外形尺寸小，外接元件少，可用来组装薄型机。其接线图如图 8-4-3 所示。TDA7050T 的外形为 8 脚扁平塑料封装。图 8-4-3(a) 为立体声工作状态，外接元件只有两只 47μF 电解电容，电压增益为 26dB，当 $V_{CC}=3V$，$R_L=32\Omega$ 时，$P_{om}=36mW$。图 8-4-3(b) 为 BTL 工作状态，无需外接元件，当 $V_{CC}=3V$，$R_L=32\Omega$ 时，$P_{om}=140mW$，电压增益为 32dB。

8.4.4 功率放大器应用中的几个问题

为了保护功放电路尤其是功放管的安全，在实际应用时，要充分注意以下几方面的问题。

1. 功放管散热问题

如前所述，功率放大器的工作电压、电流都很大。在给负载输出功率的同时，功放管也要消耗一部分功率，使管子本身发热升温。当管子温度升高到一定程度（锗管一般为 75 ～

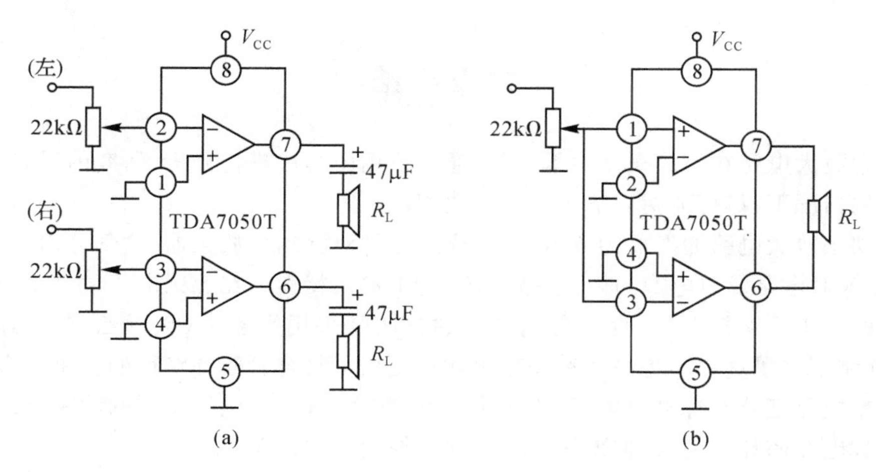

图 8-4-3　TDA7050T 的外接线图

90℃，硅管为 150℃）后，就会损坏晶体结构。为此，应采取功放管散热措施。通常是给功放管加装由铜、铝等导热性能良好的金属材料制成的散热片（板）。加装了散热片的功放管可充分发挥管子的潜力，增加输出功率而不损坏管子。

2. 防止功放管的二次击穿

图 8-4-4 给出了晶体管的击穿特性曲线。其中(a) 图的 AB 段称为第一次击穿，BC 段称为第二次击穿。第一次击穿是由于 v_{CE} 过大引起的雪崩击穿，是可逆的，当外加电压减小或消失后管子可恢复原状。若在一次击穿后，I_C 继续增大，管子将进入二次击穿。二次击穿是由于管子内部结构缺陷（如发射结表面不平整、半导体材料电阻率不均匀等）和制造工艺不良等原因引起的，为不可逆击穿，时间过长（如一秒钟）将使管子毁坏。进入二次击穿的点随基极电流 I_B 的不同而变，把进入二次击穿的点连起来就成为图(b) 所示的二次击穿临界曲线。为此，必须把晶体管的工作状态控制在二次击穿临界曲线之内。

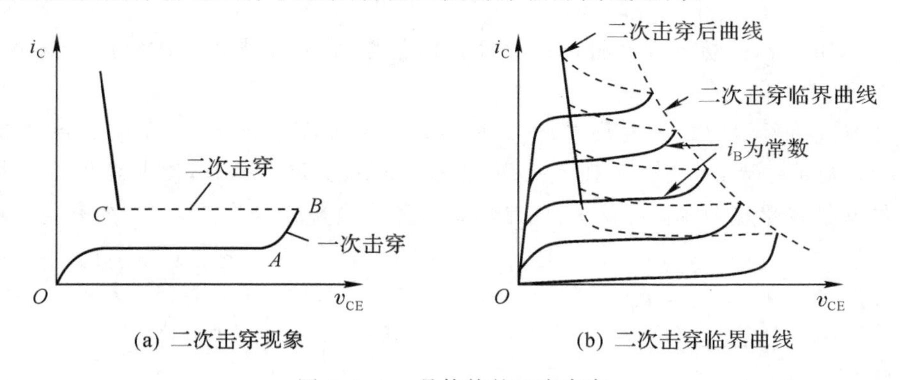

图 8-4-4　晶体管的二次击穿

防止晶体管二次击穿的措施主要有：使用功率容量大的晶体管，改善管子散热的情况，以确保其工作在安全区之内；使用时应避免电源剧烈波动、输入信号突然大幅度增加、负载开路或短路等，以免出现过压过流；在负载两端并联二极管（或二极管和电容），以防止负载的感性引起功放管过压或过流，在功放管的 C、E 端并联稳压管以吸收瞬时过电压等。

本章小结

1. 功率放大电路在大信号条件下工作，通常采用图解法进行分析。研究的重点是如何在允许失真的情况下，尽可能提高输出功率和效率。

2. 以功率放大电路的发展为依据，重点介绍互补对称功率放大器，这部分内容又分为乙类双电源 OCL 电路及单电源 OTL 电路，由于 BJT 输入特性存在死区电压，工作在乙类的互补对称电路将出现交越失真，克服交越失真的方法是采用甲乙类（接近乙类）互补对称电路，同时介绍了为了进一步提高效率和输出功率提出了复合管互补对称的功率放大器。

3. 在单电源互补对称电路中，计算输出功率、效率、管耗和电源供给的功率，可借用双电源互补对称电路的计算公式，但要用 $V_{CC}/2$ 代替原公式中的 V_{CC}。

4. 介绍了常用的集成功率放大器及其应用电路。

习　题

8-1　题 8-1 图是几种功率放大电路中的三极管集电极电流波形，判断各属于甲类、乙类、甲乙类中的哪类功率放大电路？哪一类放大电路的效率最高？为什么？

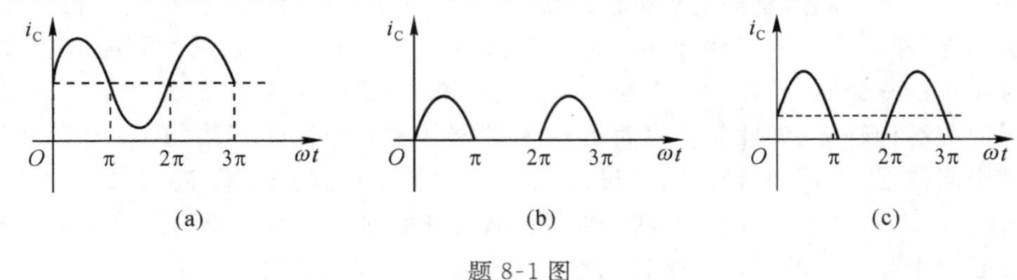

题 8-1 图

8-2　对于采用甲乙类功率放大输出级的收音机电路，有人说将音量调得越小越省电，这句话对吗？为什么？

8-3　在题 8-3 图所示的放大电路中，设三极管的 $\beta=80$，$V_{BE}=0.7V$，$V_{CE(sat)}=0.3V$，电容 C 的容量足够大，对交流可视为短路。当输入正弦交流信号时，使电路最大不失真输出时的基极偏置电阻 R_B 是多少？此时的最大不失真输出功率是多少？效率是多少？

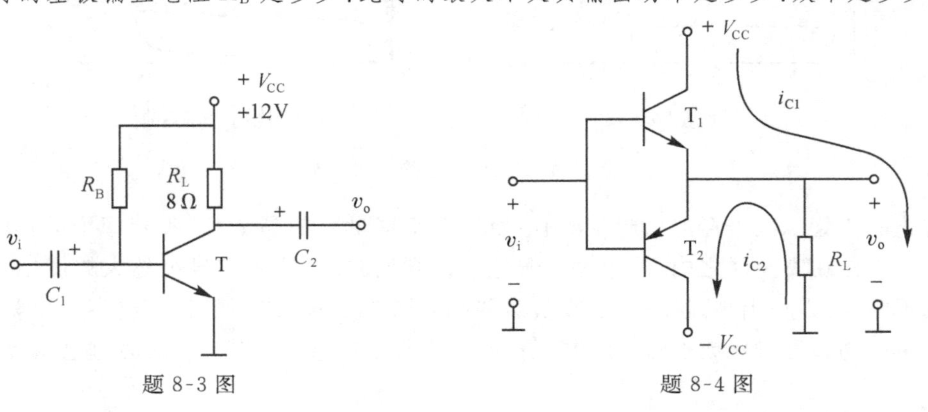

题 8-3 图　　题 8-4 图

8-4　题 8-4 图所示的乙类双电源互补对称功率放大电路中，已知 $V_{CC}=20V$，$R_L=8\Omega$，v_i 为正弦输入信号，三极管的饱和压降可忽略。试计算：

1）负载上得到的最大不失真输出功率和此时每个功率管上的功率损耗；

2）每个功率管的最大功率损耗是多少；

3）当功率管的饱和压降为 1V 时，重新计算上述指标。

8-5　题 8-4 图所示的乙类 OCL 电路中，已知 $V_{CC}=20V$，$R_L=16\Omega$，三极管的饱和压降可忽略，若输入电压信号 $v_i=10\sin\omega t$ V，求电路的输出功率、每个功率管的管耗、电源电压提供的功率和电路的效率。

8-6　若题 8-4 图所示的乙类 OCL 电路中的 $R_L=8\Omega$，输入为正弦信号，三极管的饱和压降可忽略，试计算：

(1) 要求最大不失真输出功率为 9 W 时的正、负电源电压 V_{CC} 的最小值；

(2) 输出最大功率 9W 时电源电压提供的功率和每个管子的功率损耗；

(3) 输出最大功率时的输入电压峰值。

8-7　乙类和甲乙类功率放大电路功率管的选择原则是什么？题 8-7 图所示的甲乙类功率放大电路中，电源电压为 20V，$R_L=16\Omega$，试计算电路的最大输出功率并选择功率管的极限参数值。

8-8　OTL 电路如题 8-8 图所示，电源电压为 16V，功率管的饱和压降可忽略，$R_L=8\Omega$，试计算电路的最大不失真输出功率；若要求最大不失真输出功率为 9W，则电源电压 V_{CC} 至少为多少伏？

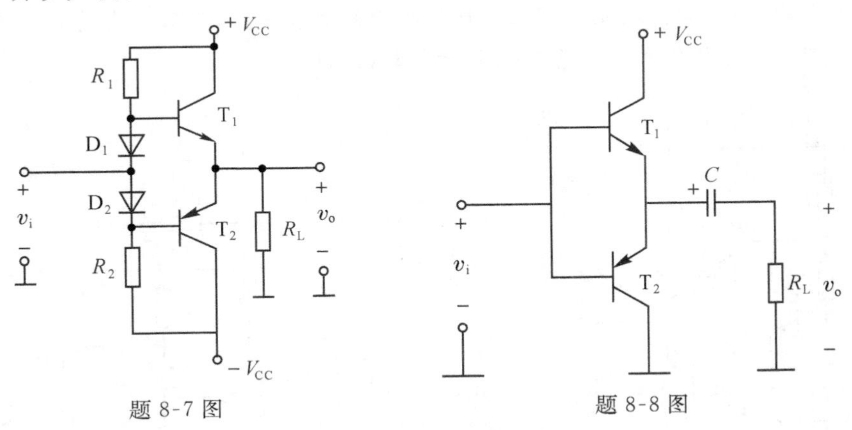

题 8-7 图　　题 8-8 图

8-9　题 8-9 图所示的 OTL 电路中，输入电压为正弦波，$V_{CC}=16V$，$R_L=8\Omega$，试回答以下问题：

(1)E 点的静态电位应是多少？通过调整哪个电阻可以满足这一要求？

(2) 若输出电压波形出现交越失真，应调整哪个电阻？如何调整？

(3) 若图中 D_1、D_2、R_2 中的任意元件开路，将会产生什么后果？

(4) 忽略三极管的管压降，当输入 $u_i=5\sin\omega t$ V 时，电路的输出功率和效率是多少？

8-10　题 8-10 图所示为集成功率放大器 LM386 的输出级，E 点电位为 $V_{CC}/2$，T_2、T_4 的饱和压降约为 0.3V。

(1)T_2、T_3 和 T_4 构成什么电路形式？

(2) 求该电路的最大不失真输出功率。

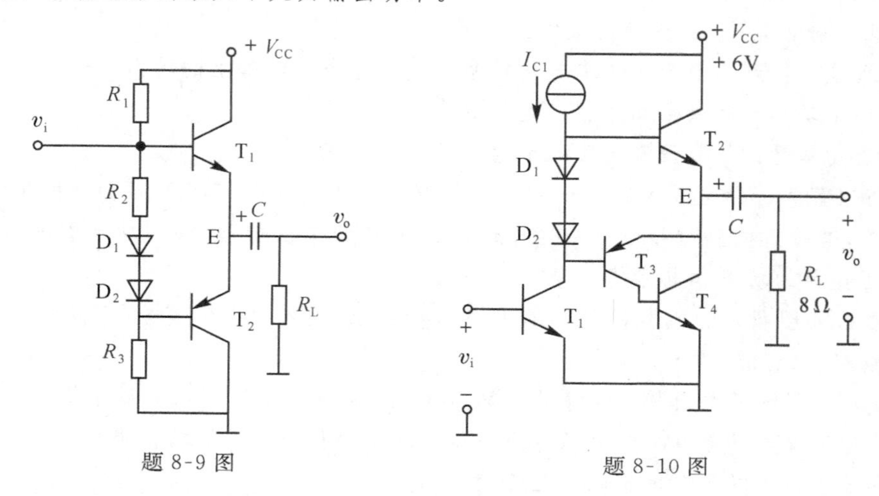

题 8-9 图　　　　题 8-10 图

8-11　OCL 电路如题 8-11 图所示，试回答下列问题：

(1) 为组成准互补对称输出级，判断 T_1、T_2、T_3 和 T_4 中哪个是 NPN 管，哪个是 PNP 管，在图中标出三极管发射极的箭头方向；

(2) T_5 和 R_2、R_3 的作用是什么？

8-12　题 8-11 图所示的电路中，$V_{CC}=24V$，$R_L=16\Omega$，试计算：

(1) 负载上的最大不失真输出功率；

(2) 当输入 $v_i=12\sin\omega t$ V 时，忽略三极管的饱和压降，计算输出功率和效率；

(3) 若三极管的饱和压降为 2V，重新计算(1)、(2)。

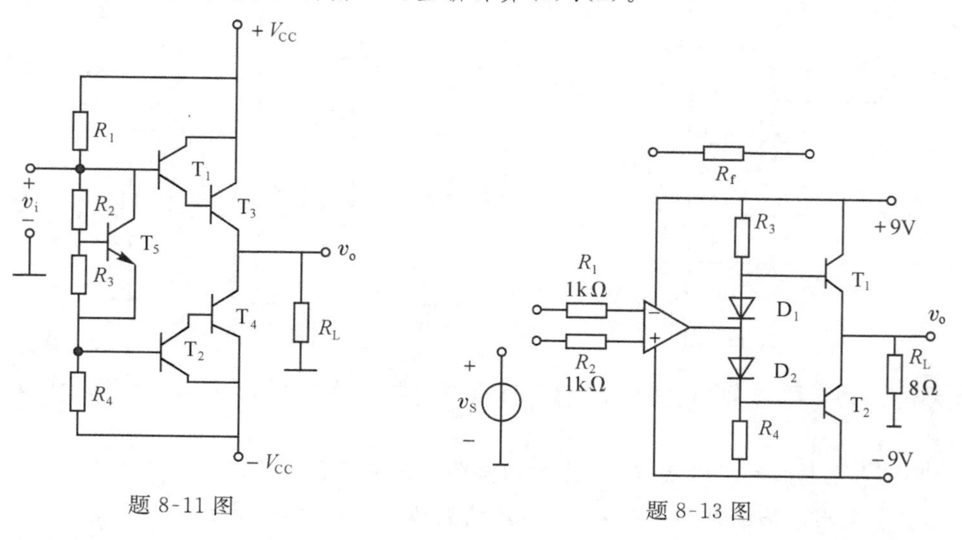

题 8-11 图　　　　题 8-13 图

8-13　根据题 8-13 图，回答问题：

(1) 为实现互补推挽功率放大，T_1、T_2 应分别是什么类型的晶体管(NPN，PNP)？在图中画出三极管发射极的箭头方向。

(2) 若运算放大器的输出电压幅度足够大，是否有可能在输出端得到 8W 的交流输出功率？设 T_1、T_2 的饱和管压降 $V_{CE(sat)}=1V$。

(3) 为了提高输入电阻，降低输出电阻且稳定电压放大倍数，电路应如何通过 R_f 引入反馈？在图中画出连接方式。

(4) 若 $R_f = 10\text{k}\Omega$，则电路的闭环电压放大倍数是多少？

8-14　单电源供电的音频功率放大电路如题 8-14 图所示，试回答下列问题：

(1) 图中电路是什么形式的功率放大电路？

(2) $T_1 \sim T_6$ 组成什么电路结构？

(3) D_1、D_2 和 D_3 的作用是什么？

(4) $T_7 \sim T_{11}$ 构成什么电路形式？

(5) C_1、C_2 的作用是什么？

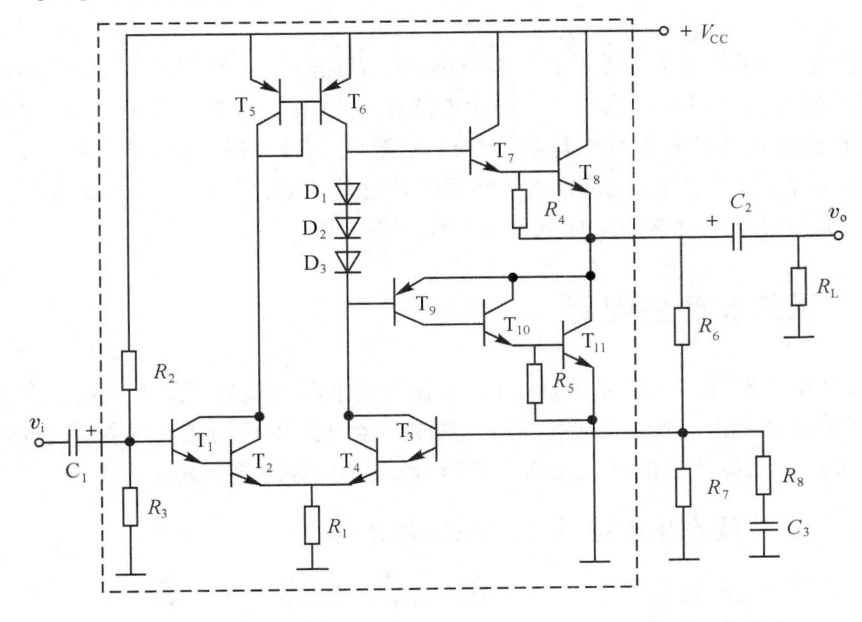

题 8-14 图

第 9 章　信号产生电路

在模拟电子电路中，常常需要各种波形的信号，如正弦波、矩形波、三角波和锯齿波等，作为测试信号和控制信号。正弦波信号产生电路是一种基本的模拟电子电路，在测量、自动控制、通讯和热处理等各种领域中都离不开正弦波产生电路。同样，非正弦波（如矩形波、三角波和锯齿波等）信号发生器在测量、数字系统及自动控制系统的应用也日益广泛。本章主要讲述这两类信号产生电路的组成原则及工作原理。

9.1　正弦波产生电路

正弦波产生电路能产生正弦波输出，它是在放大电路的基础上加上正反馈而形成的，它是各类波形发生器和信号源的核心电路。正弦波产生电路也称为正弦波振荡电路或正弦波振荡器。本节就正弦波产生电路的振荡条件、种类及工作原理进行阐述。

9.1.1　正弦波产生电路的工作原理和条件

由负反馈放大电路这一章可知，当增益的幅度大于或等于 1 且相移为 $\pm 180°$，负反馈放大器将不稳定，即负反馈变成了正反馈且放大器的输出将开始振荡。正弦波产生电路正是利用这种振荡来产生指定频率、固定振幅的周期性振荡波形，所以正弦波产生电路，即是一个没有输入信号，而带有选频网络的正反馈放大电路。

正弦波振荡电路的基本结构是引入正反馈的反馈网络和放大电路，图 9-1-1(a) 表示接成正反馈时，放大电路在输入信号为零时的方框图，改画一下，便得图 9-1-1(b)。

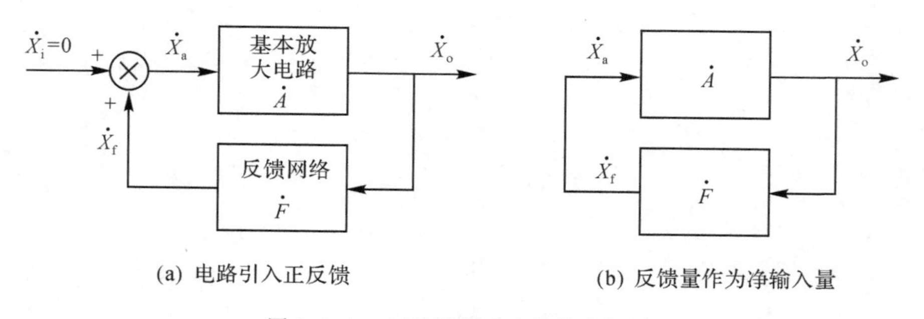

(a) 电路引入正反馈　　(b) 反馈量作为净输入量

图 9-1-1　正弦波振荡电路的方框图

这样，由于输入信号 $\dot{X}_i = 0$，反馈量等于净输入量，即 $\dot{X}_a = \dot{X}_i + \dot{X}_f = \dot{X}_f$，于是

$$\frac{\dot{X}_f}{\dot{X}_a} = \frac{\dot{X}_o}{\dot{X}_a} \cdot \frac{\dot{X}_f}{\dot{X}_o} = 1$$

或
$$\dot{A}\dot{F} = 1 \tag{9-1-1}$$

上式为正弦波振荡电路产生持续振荡的条件。

若设 $\dot{A} = A\angle\varphi_a$，$\dot{F} = F\angle\varphi_f$，则可得

$$\dot{A}\dot{F} = AF\angle(\varphi_a + \varphi_f) = 1$$

即

$$|\dot{A}\dot{F}| = AF = 1 \tag{9-1-2}$$

和
$$\varphi_a + \varphi_f = 2n\pi \quad (n\text{ 为整数}) \tag{9-1-3}$$

式(9-1-2)称为振幅平衡条件，而式(9-1-3)称为相位平衡条件。值得注意的是，式(9-1-1)与负反馈放大电路产生自激振荡的条件 $\dot{A}\dot{F} = -1$ 相比，它们之间相差一个负号。其原因是二者引入的反馈极性不同，反馈信号送到比较环节输入端的 +、- 符号不同，所以环路增益各异，从而导致相位条件不一致。

另一方面，式(9-1-2)所表示的振幅平衡条件是对正弦波已经产生且电路已进入稳态而言的。欲使振荡电路能自行建立振荡，就必须满足

$$|\dot{A}\dot{F}| > 1 \tag{9-1-4}$$

上式又称为起振条件。

起振过程是这样的：由于电扰动(如合闸通电)，电路产生一个幅值很小的输出量，它含有丰富的频率，利用选频网络使电路只对频率为 f_0 的正弦波产生正反馈过程，输出信号越来越大，电路开始振荡。当输出信号增大到一定程度时，放大电路中的晶体管就会进入饱和区和截止区，输出波形就会失真，这是应当避免的现象，所以振荡电路应具有一定的稳幅环节，以达到 $|\dot{A}\dot{F}| = 1$，使输出幅度稳定，输出波形不失真，电路进入稳定平衡状态。

因此，在设置振荡电路时，必须要考虑以下两个问题：

(1) 电路只对某一预定的频率振荡，电路只在这一频率下满足相位平衡条件，也就是说电路只对这一频率构成正反馈作用。为此，在电路的反馈环路中，应包含一个选频网络，它可以设置在基本放大电路中，也可以设置在反馈网络中，它可以用 R、C 元件组成，也可以用 L、C 元件组成。用 R、C 元件组成选频网络构成的振荡电路，称为 RC 振荡电路，一般用来产生 1Hz ~ 1MHz 范围内的低频信号，用 L、C 元件组成选频网络构成的振荡电路，称为 LC 振荡电路，一般用来产生 1MHz 以上的高频信号。而石英晶体正弦波振荡电路也可等效为 LC 正弦波振荡电路，具有振荡频率非常稳定的特点。

(2) 振荡是电路自行产生的，因此振荡过程包含了起振和稳幅两个环节。起振过程中必须使得 $|\dot{A}\dot{F}| > 1$；稳幅，即是待振荡电路起振后，使电路进入稳幅振荡状态，此时应使 $|\dot{A}\dot{F}| = 1$，以满足振幅平衡条件。

综上所述，判断正弦波振荡产生的方法和步骤如下：

1) 观察电路是否包含了放大电路、选频网络、正反馈网络和稳幅环节4个组成部分。

2) 判断放大电路能否正常工作，即是否有合适的静态工作点，且动态信号能否输入、输出和放大。

3) 利用瞬时极性法判断电路是否满足正弦波振荡的相位条件。若 $\dot{V}_f$ 与 $\dot{V}_i$ 极性相同，则说明满足相位条件，电路有可能产生正弦波振荡。

4) 判断电路是否满足正弦波振荡的幅值条件，即判断 $|\dot{A}\dot{F}|$ 是否大于 1。只有在电路满足相位条件的情况下，判断是否满足幅值条件才有意义。

9.1.2　*RC* 正弦波振荡电路

常见的 RC 正弦波振荡电路是 RC 串并联式正弦波振荡电路，又称为文氏桥正弦波振荡电路。下面就来讨论其电路组成、工作原理和振荡频率。

1. *RC* 串并联选频网络

RC 串并联网络如图 9-1-2(a) 所示，在正弦波振荡电路中它既是选频网络，又是正反馈网络。通常，取 $R_1 = R_2 = R, C_1 = C_2 = C$。

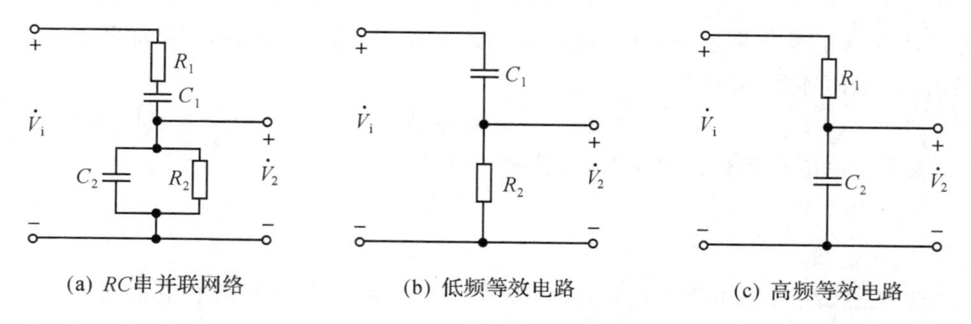

图 9-1-2　RC 串并联网络及其高低频等效电路

当信号频率足够低时，$\frac{1}{\omega C} \gg R$，其近似的低频等效电路如图 9-1-2 (b) 所示。它是一个超前网络，输出电压相位超前输入电压。

当信号频率足够高时，$\frac{1}{\omega C} \ll R$，可得到近似的高频等效电路如图 9-1-2 (c) 所示。它是一个滞后网络，输出电压相位落后输入电压。

由此可以推断，当信号频率由低到高变化时，必然存在一个频率 f_0，其相位关系既不是超前也不是落后的，输出电压与输入电压同相。这就是 RC 串并联网络的选频特性。

下面根据电路求出它的频率特性和 f_0。

$$\dot{F} = \frac{\dot{V}_2}{\dot{V}_i} = \frac{R \mathbin{/\!/} \frac{1}{\mathrm{j}\omega C}}{R + \frac{1}{\mathrm{j}\omega C} + R \mathbin{/\!/} \frac{1}{\mathrm{j}\omega C}}$$

整理后得

$$\dot{F} = \frac{1}{3 + \mathrm{j}\left(\omega RC - \frac{1}{\omega RC}\right)}$$

令 $\omega_0 = \frac{1}{RC}$，则

$$f_0 = \frac{1}{2\pi RC}$$

代入上式就可以得到

$$\dot{F} = \frac{1}{3 + \mathrm{j}\left(\frac{f}{f_0} - \frac{f_0}{f}\right)} \tag{9-1-5}$$

式(9-1-5)所代表的幅频特性为

$$|\dot{F}| = \frac{1}{\sqrt{3^2 + \left(\frac{f}{f_0} - \frac{f_0}{f}\right)^2}} \tag{9-1-6}$$

相频特性为

$$\varphi_F = -\arctan\frac{\left(\frac{f}{f_0} - \frac{f_0}{f}\right)}{3} \tag{9-1-7}$$

根据式(9-1-6)和式(9-1-7)画出 RC 串并联网络的频率特性如图 9-1-3 所示。可见，当 $\omega = \omega_0 = \frac{1}{RC}$ 或 $f = f_0 = \frac{1}{2\pi RC}$ 时，频率特性 $\dot{F}$ 的幅值最大，且等于 1/3，也就是 $|\dot{V}_2| = \frac{1}{3}|\dot{V}_i|$，而相移 $\varphi_F = 0$，说明输出电压和输入电压同相位。

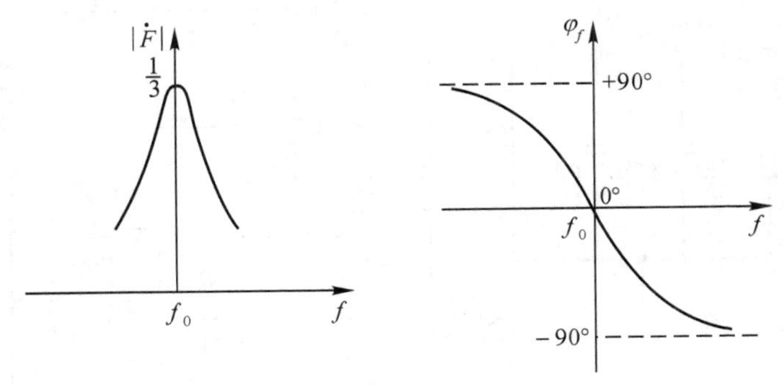

图 9-1-3　RC 串并联网络的频率特性

2. *RC* 串并联网络正弦波振荡电路

图 9-1-4 所示是一个 RC 串并联网络正弦波振荡电路。

基本放大电路部分是一个同相比例运算电路，RC 串并联网络作为反馈网络，在 $f = f_0$ 时，电路满足自激振荡的相位条件。因为 $f = f_0$ 时，$\dot{F} = \frac{1}{3}$，为满足起振的幅值条件 $|\dot{A}\dot{F}| > 1$，基本放大电路部分的电压放大倍数 $\dot{A}$ 应大于 3。

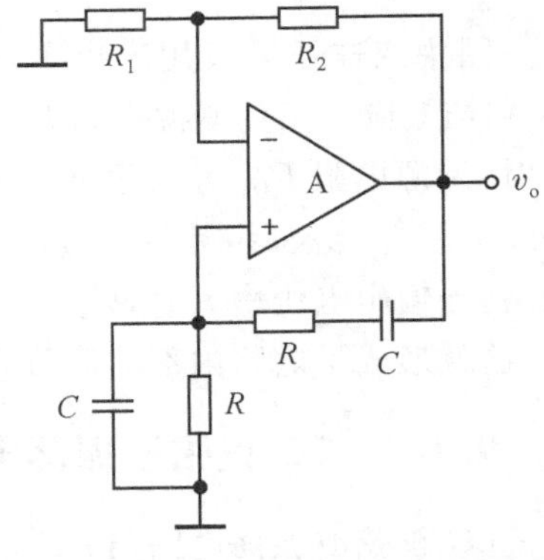

图 9-1-4　RC 串并联网络正弦波振荡电路

$$\dot{A} = 1 + \frac{R_2}{R_1} > 3$$

$$R_2 > 2R_1 \tag{9-1-8}$$

R_2 的取值应大于 $2R_1$。应当指出，为了进一步改善输出电压幅度的稳定问题，在实际应用中一般还须在电路中加上稳幅措施。通常利用二极管和稳压管的非线性特性、场效应管的可变电阻特性以及热敏电阻等元件的非线性特性，来自动地稳定振荡器输出的幅度。

当选用热敏电阻时，有两种措施。一种是选择负温度系数的热敏电阻作为反馈电阻 R_2，当 v_o 的幅值增加，使 R_2 的功耗增大时，它的温度上升，则 R_2 阻值下降，使放大倍数下降，输出电压 v_o 也随之下降。如果参数选择合适，可使输出电压的幅值基本稳定，且波形失真较小。另一种是选用正温度系数的热敏电阻 R_1，也可实现稳幅，其工作原理读者可自行分析。

如图 9-1-5 所示电路，是一级音频信号(20Hz ～ 20kHz) 产生电路的实例。

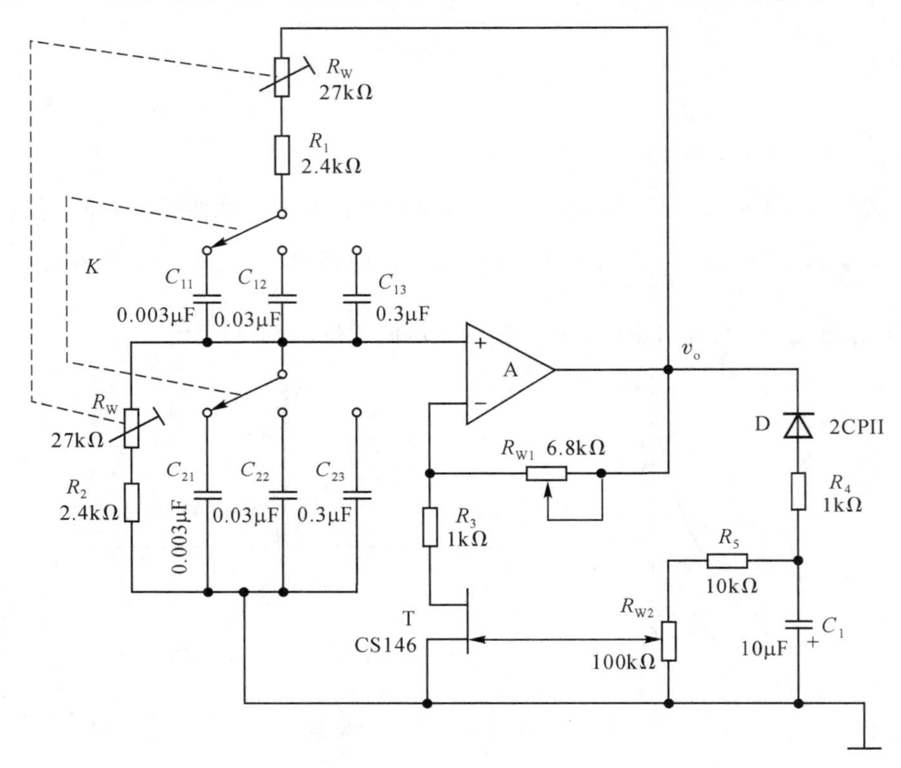

图 9-1-5　JFET 稳幅音频信号产生电路

图中双连开关 K 用于频率分档粗调，同轴电位器 R_w 用于频率细调。负反馈网络由 R_{W1}、R_3 和场效应管 T 的漏源电阻 R_{DS} 组成，仍是一分压电路。由于场效应管在其漏源电压 V_{DS} 较小时，漏源电阻 R_{DS} 可以通过栅源电压 V_{GS} 来调整。正常工作时，输出电压经二极管 D 整流，并经 R_4、C_3 滤波后，其直流负压通过 R_5、R_{w2} 为场效应管 T 提供栅极电压，以维持电路稳幅振荡。当输出电压增大时，V_{GS} 负压增大，R_{DS} 随之加大，使得负反馈增强，输出电压因之而减小。这就形成了电路内部的调节，从而达到自动稳幅的目的。

9.1.3　*LC* 正弦波振荡电路

LC 正弦波振荡电路与 *RC* 正弦波振荡电路产生正弦波振荡的原理基本相同，只是选频网络采用 *LC* 并联电路，主要用来产生高频正弦信号，频率在 1MHz 以上。

1. LC 并联谐振回路

在选频放大电路中经常用到的谐振回路是如图 9-1-6 所示的 LC 并联谐振回路。

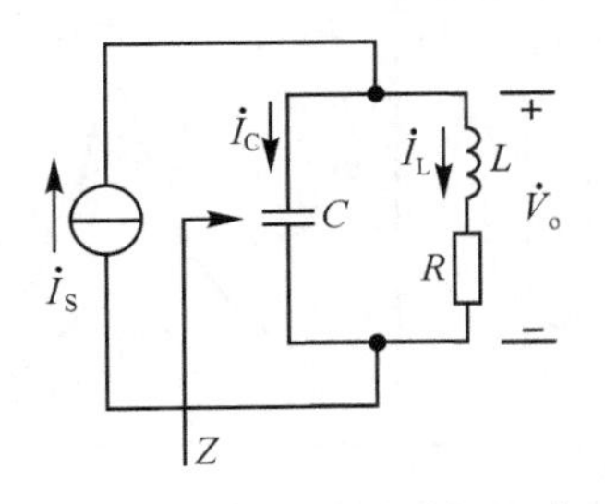

图 9-1-6　LC 并联谐振回路

图中 R 表示回路的等效损耗电阻，回路的阻抗为

$$Z=\frac{\frac{1}{j\omega C}(R+j\omega L)}{\frac{1}{j\omega C}+R+j\omega L} \tag{9-1-9}$$

当 $R\ll\omega L$ 时，有

$$Z\approx\frac{\frac{1}{j\omega C}\cdot j\omega L}{R+j(\omega L-\frac{1}{\omega C})}=\frac{\frac{L}{C}}{R+j(\omega L-\frac{1}{\omega C})} \tag{9-1-10}$$

由上式可知，当 $\omega L-1/\omega C=0$ 时，LC 并联回路处于谐振状态，谐振时回路阻抗最大，$Z=Z_{max}=L/RC$，谐振时电路是纯阻性的。谐振频率为

$$f_0=\frac{1}{2\pi\sqrt{LC}} \tag{9-1-11}$$

从式(9-1-10) 可以得到 LC 并联回路阻抗的另一种表达形式

$$Z=\frac{\frac{L}{RC}}{1+j\frac{\omega_0 L}{R}(\frac{\omega}{\omega_0}-\frac{\omega_0}{\omega})}=\frac{Z_0}{1+jQ(\frac{f}{f_0}-\frac{f_0}{f})} \tag{9-1-12}$$

其中，$Q=\frac{\omega_0 L}{R}=\frac{1}{\omega_0 CR}=\frac{1}{R}\sqrt{\frac{L}{C}}$，称为回路品质因数，是用来评价回路损耗大小的指标，一般 Q 值在几十到几百范围内。

由式(9-1-12) 可得

$$|Z|=\frac{Z_0}{\sqrt{1+Q^2(\frac{f}{f_0}-\frac{f_0}{f})^2}} \tag{9-1-13}$$

$$\varphi_Z=-\arctan\left[Q\left(\frac{f}{f_0}-\frac{f_0}{f}\right)\right] \tag{9-1-14}$$

根据(9-1-13) 和(9-1-14) 可画出如图 9-1-7 所示的 LC 并联回路阻抗 Z 的频率特性。从图中可以看出：

(1) 在谐振频率 $f=f_0$ 处，LC 并联回路阻抗 Z 最大，且相移为 0，呈纯阻性；

(2) 回路失谐时，当 $f>f_0$，回路呈现容性失谐，当 $f<f_0$ 时，回路呈现感性失谐；

(3) Q 值愈大，谐振时阻抗 Z 愈大，Z 的幅频特性曲线愈尖锐；在 $f=f_0$ 附近，相频特性变化快，曲线陡，选频特性好。

2. 变压器反馈式振荡电路

图 9-1-8 所示是一个变压器反馈式振荡电路。图中并联回路 L_1C 作为晶体管的集电极负载，是振荡电路的选频网络。从变压器的次级绕组 N_2 引入反馈电压至放大器的输入端。电路的静态工作点由分压式基极偏置电路确定。

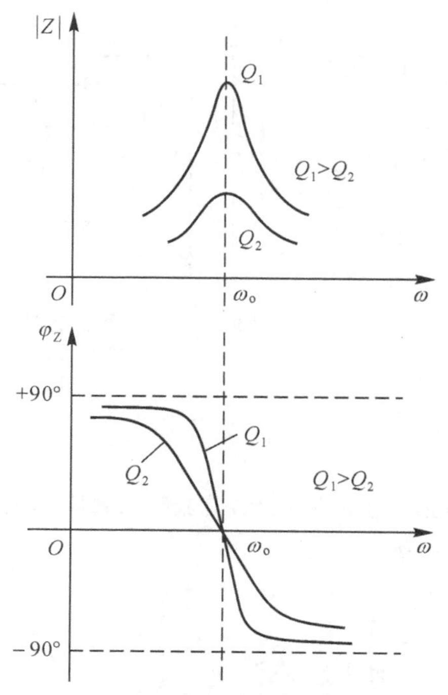

图 9-1-7　LC 并联回路阻抗 Z 的频率特性

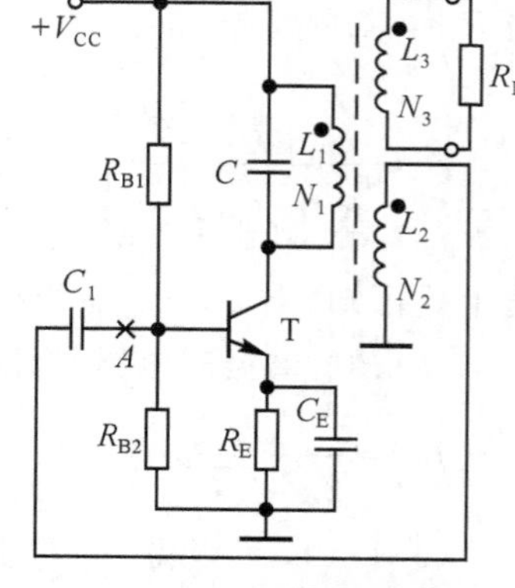

图 9-1-8　变压器反馈式振荡电路

采用瞬时极性法判断电路是否满足相位平衡条件，具体做法是：断开 A 点，在断开处给放大电路加频率为 f_0 且对“地”为正的信号，因而晶体管基极动态电位对“地”为正，由于放大电路为共射接法，故集电极动态电位对“地”为负，L_1C 并联回路两端的信号为上正下负，在线圈 L_2 上感应的信号也上正下负，即反馈电压对“地”为正，与输入电压假设极性相同，满足正弦波振荡的相位条件。

一般情况下，只要合理选择变压器原、副边线圈的匝数比以及其他电路参数，电路很容易满足幅值条件。

变压器反馈式振荡电路的振荡频率为

$$f_0 \approx \frac{1}{2\pi\sqrt{L_1C}} \tag{9-1-15}$$

可以证明，振荡电路的起振条件为

$$\beta > \frac{RCr_{be}}{M} \tag{9-1-16}$$

式中，β 和 r_{be} 分别是晶体管的电流放大系数和输入电阻；M 为 N_1 与 N_2 两绕组之间的互感；R 为次级绕组的参数折合到初级绕组后的等效电阻。

变压器反馈式振荡电路结构简单，易于产生振荡，应用范围广泛。但是由于输出电压与反馈电压靠磁路耦合，因而耦合不紧密，损耗较大，振荡频率的稳定性不高。

3. 电感三点式振荡电路

图 9-1-9 所示是电感三点式振荡电路，它的特点是把谐振回路的电感分成 L_1 和 L_2 两个部分，利用 L_2 上的电压作为反馈信号，而不再用变压器。放大电路为共射极接法。由于电感线圈的 1、2、3 端分别与晶体管的 3 个电极相连，故称为电感三点式振荡电路。

为使本电路起振，既要满足相位条件，又要满足幅值条件。对于幅值条件，当 LC 并联谐振网络产生谐振时，呈纯阻性，并且电阻值很大。因此，基本放大电路的放大倍数很大，只要适当选取 L_2/L_1 的比值，就可实现起振。当加大 L_2（或减小 L_1）时，有利于起振。对于相位条件，设 A 点断开，并加入一频率与谐振网络谐振频率相同的信号，若某时刻基极对"地"的极性为"+"，则集电极对"地"的极性为"−"。在并联回路 1，3 两端的信号，1 端对"地"的极性为"−"，3 端对"地"的极性为"+"，该信号反馈到基极构成正反馈，电路满足振荡的相位条件。

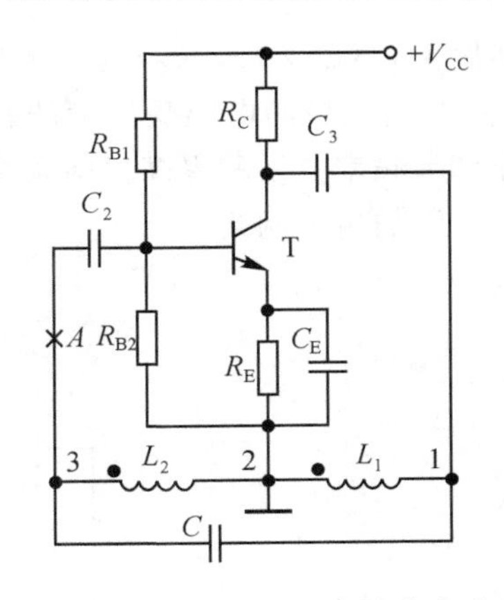

图 9-1-9　电感三点式振荡电路

考虑 L_1、L_2 间的互感 M，电路的振荡频率可近似表示为

$$f_0 \approx \frac{1}{2\pi\sqrt{(L_1 + L_2 + 2M)C}} \tag{9-1-17}$$

这种振荡电路的工作频率范围可从数百千赫至数十兆赫。

电感三点式振荡电路的缺点是，反馈电压取自 L_2 上，L_2 对高次谐波（相对于 f_0 而言）阻抗较大，因此输出波形中含有高次谐波，波形较差。

4. 电容三点式振荡电路

为了获得较好的输出电压波形，若将电感三点式振荡电路中的电容换成电感，电感换成电容，就可得到电容三点式振荡电路，如图 9-1-10 所示。图中由晶体管和 C_1、C_2、L 组成选频放大电路。由 R_{B1}、R_{B2} 和 R_E 提供偏置电压，使放大器处于正常的放大状态。由于两个电容的三个端分别接晶体管的三个极，故也称之为电容三点式电路。

利用瞬时极性法分析该电路振荡的相位条件。若将 A 点断开，在放大电路的输入端加频率为 f_0 的信号，若某一时刻基极对"地"的极性为"+"，则集电极对"地"为"−"，即 1 端对"地"的极性为"−"，3 端对"地"的极性为"+"，与基极假设的信号极性相同，故电路满足正弦波振荡的相位条件。只要电路参数选择得当，电路就可满足幅值条件，从而产生正弦波振荡。

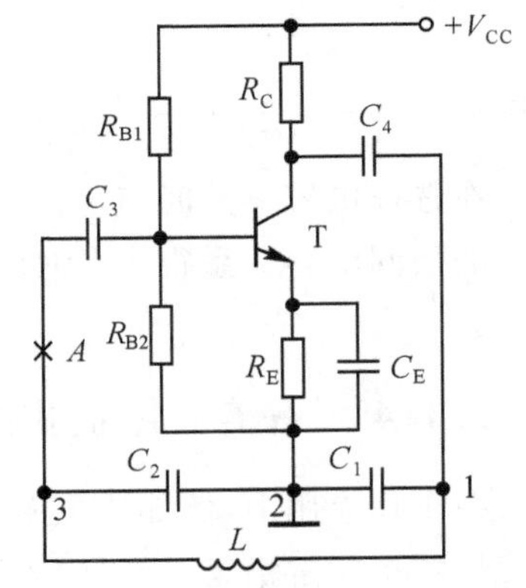

图 9-1-10　电容三点式振荡电路

电路的振荡频率为

$$f_0 \approx \frac{1}{2\pi\sqrt{LC}} \tag{9-1-18}$$

其中

$$C = \frac{C_1 C_2}{C_1 + C_2} \tag{9-1-19}$$

该电路的特点是，由于反馈电压是从电容（C_2）两端取出，对高次谐波阻抗小，因而可将高次谐波滤除，所以输出波形好。电容 C_1，C_2 的容量可以选得较小，因此振荡频率较高，可达 100MHz 以上，但是该电路的频率调节不方便。

若要提高电容三点式振荡电路的振荡频率，势必要减小 C_1，C_2 的电容量和 L 的电感量。

实际上，当 C_1 和 C_2 减小到一定程度时，晶体管的极间电容和电路中的杂散电容将纳入 C_1 和 C_2 中，由于极间电容受温度的影响，杂散电容又难于确定，因而影响了振荡频率。为了使电路调节频率方便和提高振荡频率的稳定性，可将图 9-1-10 中的选频网络换成如图 9-1-11 中所示的选频网络。

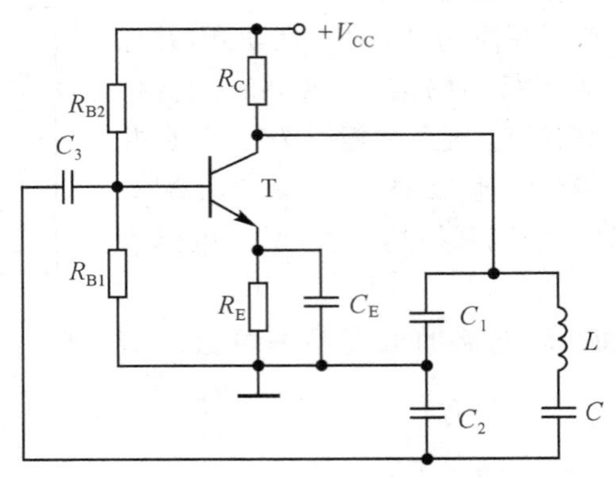

图 9-1-11 电容三点式振荡电路的改进

电路的谐振频率为

$$f_0 \approx \frac{1}{2\pi\sqrt{LC'}} \tag{9-1-20}$$

其中

$$\frac{1}{C'} = \frac{1}{C} + \frac{1}{C_1} + \frac{1}{C_2} \tag{9-1-21}$$

在选取电容参数时，若选 $C_1 \gg C, C_2 \gg C$，则振荡频率 f_0 主要由 LC 决定，与 C_1，C_2 和管子的极间电容关系很小，因此振荡频率的稳定度较高，而且调节 C 就可以方便地调节振荡频率。

9.1.4 石英晶体正弦波振荡电路

在实际应用中，例如通讯系统中的射频振荡电路、数字系统的时钟产生电路等，往往要求信号频率非常稳定，所以引入频率稳定度这一指标。频率稳定度是用频率的相对变化量来表征的，即 $\Delta f/f_0$，其中，f_0 为振荡频率，Δf 为频率偏差。

普通 LC 振荡电路的 Q 值只能达数百，在要求高频率稳定度的场合，往往采用石英晶体振荡电路，其频率稳定度可达 $10^{-9} \sim 10^{-11}$。石英晶体振荡电路就是用石英晶体作选频网络的正弦波振荡电路。

1. 石英晶体的特点

石英晶体是一种各向异性的结晶体，其化学成分是二氧化硅(SiO_2)。从一块晶体上按一定的方位角切下的薄片称为晶片，在晶片两个对应表面上涂敷银层，装上一对金属板并连上引出线，然后封装在金属壳内，就构成石英晶体产品，如图 9-1-12。

石英晶片之所以能做振荡电路是基于它的压电效应。从物理学中知道，若在晶片的两个极板间加一电场，会使晶体产生机械变形；反之，若在极板间施加机械力，又会在相应的方向上产生电场，这种现象称为压电效应。如在极板间所加的是交变电压，就会产生机械变形振动，同时机械变形振动又会产生交变电场。一般情况下，无论是机械振动的振幅，还是交变电场的振幅都非常小，其振动频率则是很稳定的。但是，当外加交变电压的频率与晶片的固有频率相等时，振幅骤然增大，产生共振，称之为压电振荡。这一特定的频率就是石英晶体的固有频率，也称谐振频率。因此石英晶体又称为石英晶体谐振器。

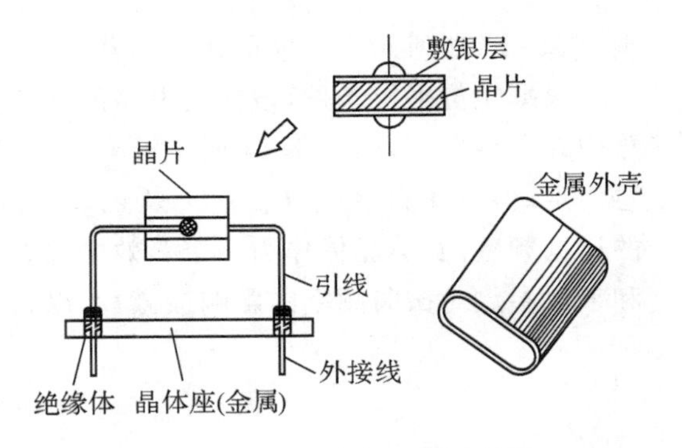

图 9-1-12　石英晶体的一种结构

石英晶体的等效电路、符号和频率响应特性如图 9-1-13 所示。图 9-1-13(b) 是石英晶体的等效电路，C_0 为切片与金属板构成的静电电容，与晶片的几何尺寸和电极面积有关。L 和 C 分别模拟晶体的质量(代表惯性) 和弹性，而晶片振动时，因摩擦而造成的损耗则用电阻 R 来等效。石英晶体的质量和弹性的比值(L/C) 很高，因而它的品质因素 Q 高达 $10^4 \sim 5\times10^5$。例如一个 4MHz 的石英晶体的典型参数为：$L=100\text{mH}$，$C=0.015\text{pF}$，$C_0=5\text{pF}$，$R=100\Omega$，$Q=25\ 000$。

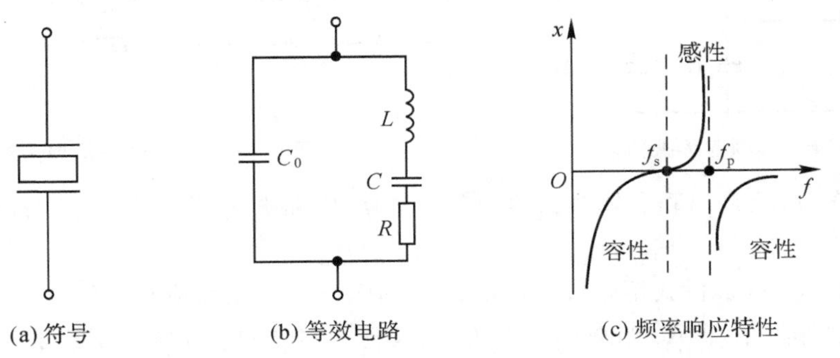

图 9-1-13　石英晶体的等效电路、符号和频率响应特性

由等效电路可知，石英晶体有两个谐振频率。

(1) 当 R，L，C 支路发生串联谐振时，其串联谐振频率为

$$f_s=\frac{1}{2\pi\sqrt{LC}} \tag{9-1-22}$$

谐振频率下整个网络的电抗等于 R 并联 C_0 的容抗，由于 C_0 很小，它的容抗比 R 大得多，因此，串联谐振的等效阻抗近似为 R，呈纯阻性且阻值很小。

(2) 当频率高于 f_s 时，R，L，C 支路呈感性，当与 C_0 产生并联谐振时，其谐振频率为

$$f_p\approx\frac{1}{2\pi\sqrt{L\dfrac{CC_0}{C+C_0}}}=\frac{1}{2\pi\sqrt{LC}}\sqrt{1+\frac{C}{C_0}}=f_s\sqrt{1+\frac{C}{C_0}} \tag{9-1-23}$$

由于 $C\ll C_0$，因此 f_s 与 f_p 很接近。如图 9-1-13(c) 所示为其频率响应，由图可见，当 $f_s<f<f_p$ 时，石英晶体呈电感性，其余频率下呈电容性。

2. 石英晶体振荡电路

石英晶体振荡电路的形式是多种多样的，但其基本电路只有两类，即并联晶体振荡器和串联晶体振荡器，前者石英晶体是以并联谐振的形式出现，而后者则是以串联谐振的形式出

现。图 9-1-14 所示为并联晶体振荡器。

根据相位平衡条件，该振荡电路的振荡频率必须在石英晶体的 f_s 与 f_p 之间，晶体在电路中起电感作用。图 9-1-14 属于电容三点式电路，振荡频率由 C_1，C_2，C_s 及石英晶体等效电感决定。但应注意，由于 $C_1 \gg C_s$ 及 $C_2 \gg C_s$，所以电路的振荡频率主要取决于石英晶体与 C_s 的谐振频率。石英晶体作为一个等效电感 L_{eq} 很大，而 C_s 很小，使得等效 Q 值极高，其他元件和杂散参数对振荡频率的影响极微，所以频率稳定度很高。

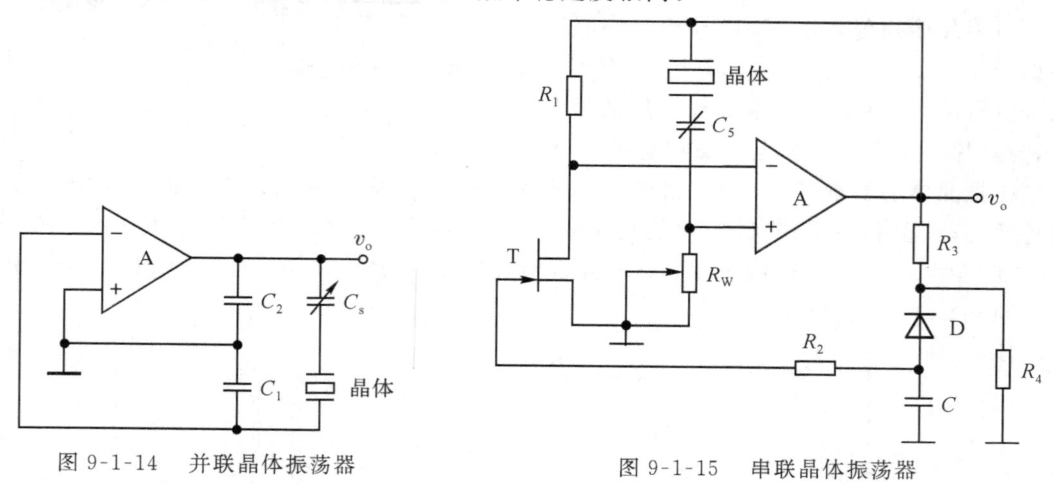

图 9-1-14 并联晶体振荡器

图 9-1-15 串联晶体振荡器

图 9-1-15 所示是串联晶体振荡器的典型电路。电路振荡频率 $f_0 = f_s$，石英晶体呈现纯阻性，且最小。

这一电路属于 RC 桥式正弦波振荡电路。图中电阻 R_1、场效应管 T 的漏源电阻 R_{DS}、石英晶体（纯阻性）和电位器 R_w 组成四臂电桥，二极管 D、电阻 R_2 及电容 C 组成稳幅电路。振荡频率由石英晶体与 C_s 的谐振频率决定。

9.2 非正弦波产生电路

在实用电路中除了常见的正弦波外，还有方波、三角波和锯齿波等。本节主要讲述电路中常见的方波、三角波和锯齿波三种非正弦波波形产生电路的组成、工作原理和波形分析等。

9.2.1 方波产生电路

方波产生电路是其他非正弦波发生电路的基础。当方波电压加在积分运算电路的输入端时，就获得三角波输出电压；而如果改变积分电路正向积分和反向积分的时间常数，使某一方向的积分常数趋于零，就能够获得锯齿波输出电压。

方波产生电路是一种能够直接产生方波或矩形波的非正弦信号发生电路。由于方波和矩形波包含极丰富的谐波，因此，这种电路又称为多谐振荡电路。基本电路组成如图 9-2-1 所示。它的构成以迟滞比较器为基础，增加 R_3 和 C 相串联环节，作为具有延迟作用的反馈网络。

图中迟滞比较器的输出电压 $v_0 = \pm V_Z$，阈值电压

$$\pm V_{th} = \pm \frac{R_1}{R_1 + R_2} \cdot V_Z \tag{9-2-1}$$

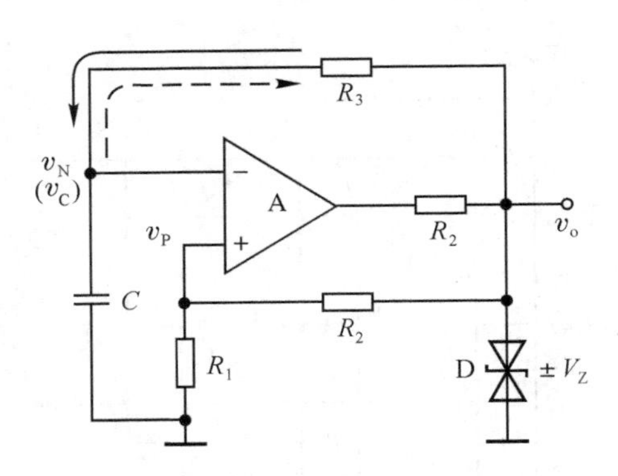

图 9-2-1　方波产生电路

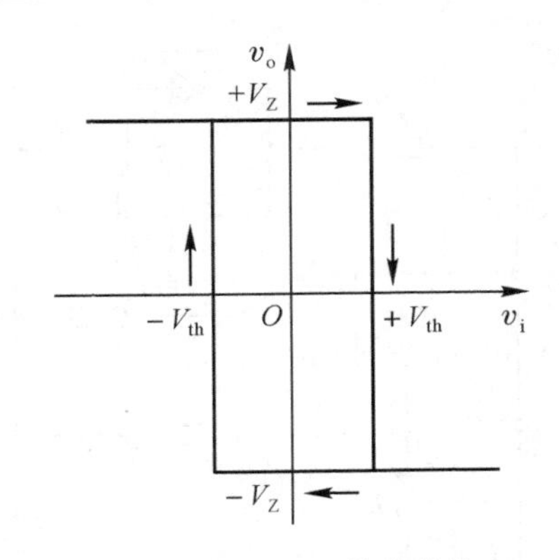

图 9-2-2　电压传输特性

其电压传输特性如图 9-2-2 所示。

设某一时刻输出电压 $v_o = +V_Z$，则同相输入端电位 $v_P = +V_{th}$。v_o 通过 R_3 对电容 C 正向充电，如图中实线箭头所示。反向输入端电位 v_N 随时间 t 增长而逐渐升高，一旦 $v_N = +V_{th}$，再稍增大，v_o 就从 $+V_Z$ 跃变为 $-V_Z$，与此同时 v_P 从 $+V_{th}$ 跃变为 $-V_{th}$。随后，v_o 又通过 R_3 对电容 C 反向充电，或者说放电，如图中虚线箭头所示。反向输入端电位 v_N 随时间 t 增长而逐渐降低，一旦 $v_N = -V_{th}$，再稍减小，v_o 就从 $-V_Z$ 跃变为 $+V_Z$，与此同时 v_P 从 $-V_{th}$ 跃变为 $+V_{th}$，电容又开始正向充电。如此循环不已，形成一系列的方波输出。电容上电压 v_C（即集成运放反相输入端电位 v_N）和电路输出电压 v_o 波形如图 9-2-3 所示。

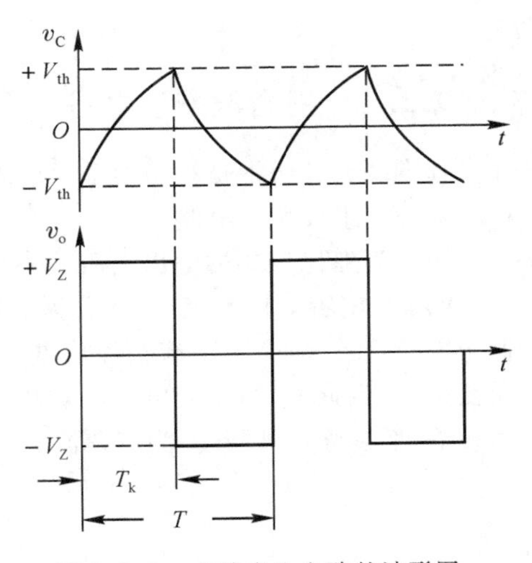

图 9-2-3　方波发生电路的波形图

由图 9-2-3 的波形可知，在二分之一周期内，电容 C 上的电压 v_C 变化规律是 R_3 和 C 的充放电规律。根据三要素公式，电容上电压的变化规律为 $v_C(t) = v_C(\infty) + [v_C(0^+) - v_C(\infty)]e^{-\frac{t}{\tau}}$，电容充电的起始值为 $-V_{th}$，终了值为 $+V_{th}$，时间 t 趋于无穷时，v_C 趋于 $+V_Z$，则

$$+V_{th} = V_Z + (-V_{th} - V_Z)e^{-\frac{T/2}{R_3C}} \tag{9-2-2}$$

将式(9-2-1)代入上式，由此可求得方波的振荡周期和频率

$$T = 2R_3C\ln\left(1 + \frac{2R_1}{R_2}\right) \tag{9-2-3}$$

$$f = 1/T = \frac{1}{2R_3C\ln(1 + 2R_1/R_2)} \tag{9-2-4}$$

通常将矩形波中高电平的持续时间和振荡周期的比称为占空比。对称方波的占空比为 50%。如需改变输出电压的占空比，只要使电容正向和反向充电的时间常数不同即可。利用二极管的单向导电性可以引导电流流经不同的通路，占空比可调的方波发生电路如图 9-2-4(a) 所示，电容上电压和输出电压波形如图(b) 所示。

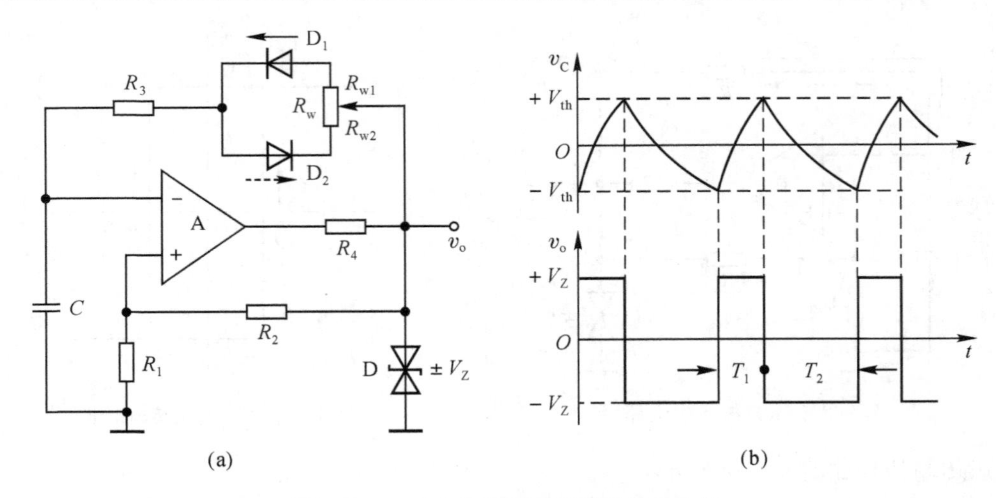

图 9-2-4 占空比可调的矩形波发生电路

9.2.2 三角波产生电路

如图 9-2-5 所示是利用两个运放组成的三角波发生器。集成运放 A_1 组成同相输入迟滞比较器，A_2 组成积分电路。

图中迟滞比较器的输出电压 $v_{o1}=\pm V_Z$，它的输入电压是积分电路的输出电压 v_o。当 $v_{o1}=+V_Z$ 时，电容 C 恒流充电，积分器的输出线性下降，A_1 的同相端电位 v_P 也随之下降。当 v_P 低于零时，$v_{o1}=-V_Z$，电容恒流放电，积分器的输出线性上升，于是 v_P 又随之上升。如此周而复始，产生振荡。由于充电时间常数和放电时间常数相同，积分器输出电压上升和下降时间相等，所以输出波形 v_o 为三角波。

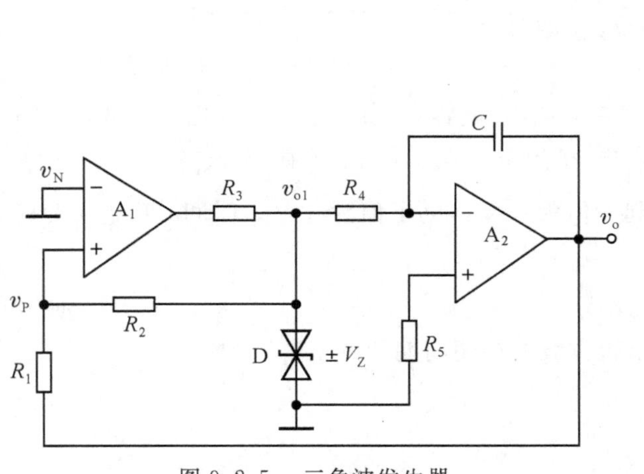

图 9-2-5 三角波发生器

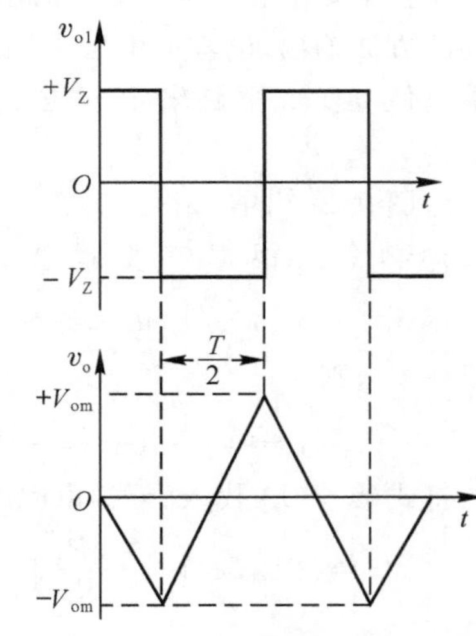

图 9-2-6 三角波发生器波形图

根据上述过程，画出 v_{o1} 和 v_o 的波形，如图 9-2-6 所示，v_o 是三角波，v_{o1} 是方波。

集成运放 A_1 同相输入端的电位为

$$v_P=\frac{R_2}{R_1+R_2}v_o+\frac{R_1}{R_1+R_2}v_{o1}$$

当 $v_P=v_N=0$ 时，对应的 v_o 值为输出三角波的幅值 V_{om}，即

$$v_o = V_{om} = -\frac{R_1}{R_2}v_{o1} = \pm\frac{R_1}{R_2}V_Z \tag{9-2-5}$$

由 A_2 的积分电路可求出振荡周期，其输出电压 v_o 从 $-V_{om}$ 上升到 $+V_{om}$ 所需时间为 $T/2$，所以

$$\frac{1}{R_4C}\int_0^{\frac{T}{2}} V_Z \mathrm{d}t = 2V_{om}$$

$$\frac{V_Z}{R_4C}\cdot\frac{T}{2} = 2V_{om}$$

由此可得三角波的振荡周期为

$$T = \frac{4R_4C}{V_Z}V_{om} = \frac{4R_1R_4C}{R_2} \tag{9-2-6}$$

振荡频率为

$$f = \frac{R_2}{4R_1R_4C} \tag{9-2-7}$$

输出电压幅度与 R_1，R_2 及稳压管有关，频率与 R_1，R_2，R_4 及 C 有关。调整时，一般情况是先调整 R_1，R_2，使输出电压达到规定幅值，然后再调整 R_4 和 C，使振荡频率满足要求。

9.2.3　锯齿波产生电路

如果图 9-2-5 所示积分电路正向积分的时间常数远大于反向积分的时间常数，或者反向积分的时间常数远大于正向积分的时间常数，那么输出电压 v_o 上升和下降的斜率相差很多，就可以得到锯齿波。利用二极管的单向导电性使积分电路两个方向的积分通路不同，就可构成锯齿波产生电路，如图 9-2-7(a) 所示。v_{o1} 和 v_o 的波形如图(b) 所示。

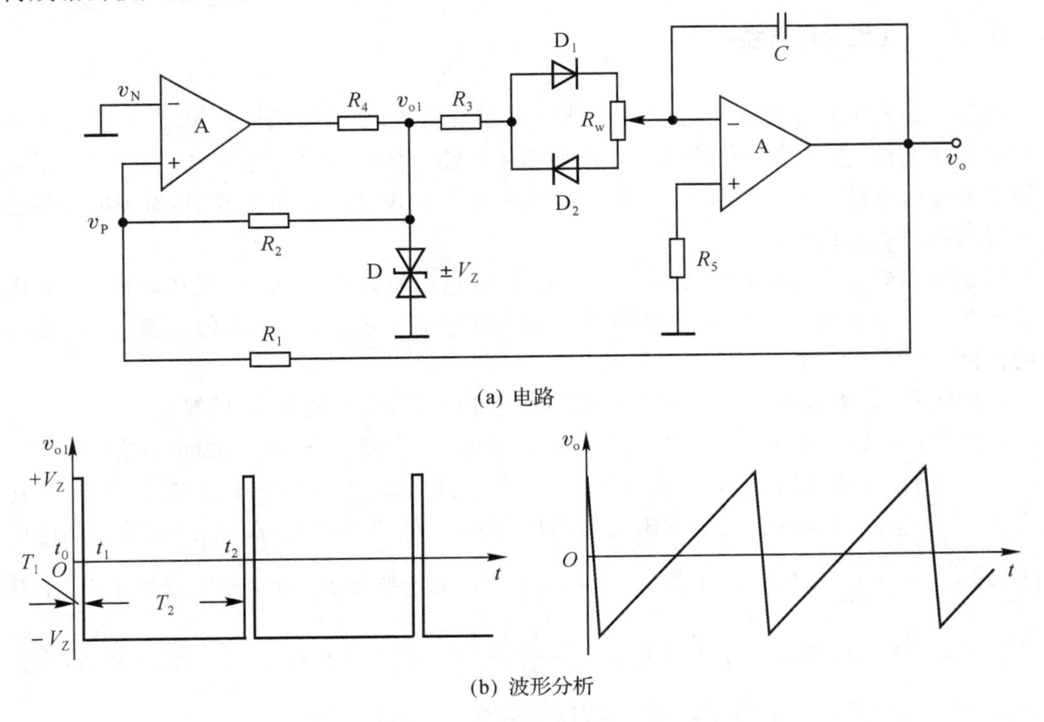

图 9-2-7　锯齿波产生电路及其波形

锯齿波的幅度和振荡周期的计算与三角波相似。设二极管导通时的等效电阻可忽略不计，电位器的滑动端移到最上端。

$$v_P = \frac{R_2}{R_1+R_2}v_o + \frac{R_1}{R_1+R_2}v_{o1}$$

当 $v_P = v_N = 0$ 时，对应的 v_o 值为

$$v_o = V_{om} = -\frac{R_1}{R_2}v_{o1} = \pm\frac{R_1}{R_2}V_Z \tag{9-2-8}$$

振荡周期为 $T = T_1 + T_2$。其中 T_1 为电容充电时间，也就是 v_o 的下降时间；T_2 为电容放电时间，也就是 v_o 的上升时间。

$$\frac{1}{R_3C}\int_0^{T_1} V_Z\mathrm{d}t = 2V_{om} = 2\frac{R_1}{R_2}V_Z$$

得

$$T_1 = 2\cdot\frac{R_1}{R_2}\cdot R_3C \tag{9-2-9}$$

$$\frac{1}{(R_3+R_W)C}\int_0^{T_2} V_Z\mathrm{d}t = 2V_{om} = 2\frac{R_1}{R_2}V_Z$$

得

$$T_2 = 2\cdot\frac{R_1}{R_2}\cdot(R_3+R_W)C \tag{9-2-10}$$

所以振荡周期

$$T = \frac{2R_1(2R_3+R_W)C}{R_2} \tag{9-2-11}$$

调整 R_1 和 R_2 的阻值可以改变锯齿波的幅值；调整 R_1，R_2 和 R_W 的阻值以及 C 的容量，可以改变振荡周期；调整电位器滑动端的位置，可以改变锯齿波上升和下降的斜率。

9.3 压控振荡器

如果振荡器的输出频率可以用一个外加电压来控制，则可构成压控振荡器，它的振荡波形可以是正弦波、方波或三角波等。压控振荡器的输出信号频率与输入电压成正比，是电压一频率变换电路的一种。压控振荡器应用十分广泛，在现今的锁相技术中，压控振荡器已成为不可或缺的关键部件。

压控振荡器的工作原理如图 9-3-1(a)所示，它包括积分电路 A_1、迟滞比较器 A_2 和模拟开关 S 等。途中开关 S 仅是示意图，实际上是一个模拟开关，开关位置的转换受 A_2 输出电压的控制。

当比较器 A_2 输出电压 $v_o = -V_Z$ 时，开关 S 接通 $-V$，使积分器 A_1 的输入电压为 $-V$；反之，当比较器 A_2 输出电压 $v_o = +V_Z$ 时，开关 S 接通 $+V$，使积分器 A_1 的输入电压为 $+V$。

假定开始时，比较器 A_2 输出电压 $v_o = +V_Z$。此时积分器 A_1 的输入电压为 $+V$，它经过 R 向 C 充电，积分器 A_1 输出电压 v_{o1} 线性下降，当 v_{o1} 下降到使 A_2 的同相输入端电位等于零，即 $v_{o1} = \frac{-V_zR_1}{R_2}$ 时，v_o 跳变到 $-V_Z$。此时开关 S 换接到 $-V$，v_{o1} 又线性上升，上升到使 A_2 的同相输入端电位等于零，即 $v_{o1} = \frac{+V_zR_1}{R_2}$ 时，v_o 又跳变到 $+V_Z$。周而复始，产生振荡。v_{o1} 输出三角波，v_o 输出方波，它们的波形如图 9-3-1(b)所示。

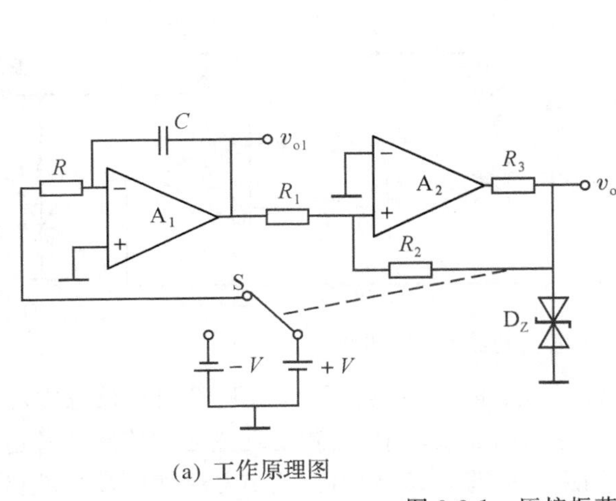

(a) 工作原理图

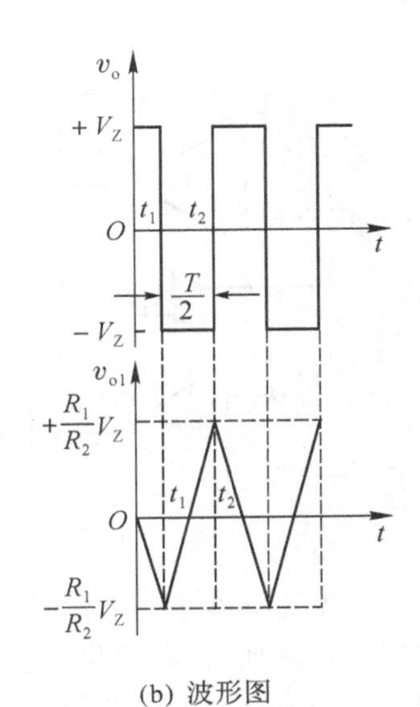

(b) 波形图

图 9-3-1 压控振荡器

对于积分器 A_1，它的输出电压 v_{o1} 和输入电压 v_{I1} 之间的关系为

$$v_{o1} = -\frac{1}{RC}\int v_{I1}\,dt \tag{9-3-1}$$

在 $t_1 \leqslant t \leqslant t_2$ 期间 v_{I1} 的电压为 $-V$，由积分器的积分关系可得

$$\Delta v_{o1} = \frac{V}{RC}\Delta t \tag{9-3-2}$$

当 $\Delta t = \frac{T}{2}$ 时，v_{o1} 从 $\frac{-V_Z R_1}{R_2}$ 线性地上升到 $\frac{+V_Z R_1}{R_2}$，即总的变化量为 $\frac{2V_Z R_1}{R_2}$，因此有

$$2V_Z\frac{R_1}{R_2} = \frac{TV}{2RC} \tag{9-3-3}$$

故振荡频率 f_0 为

$$f_0 = \frac{1}{T} = \frac{R_2 V}{4RCR_1 V_Z} \tag{9-3-4}$$

由式(9-3-4)可见，当 V 改变时，f_0 随 V 的改变而成正比地变化，但不影响三角波和方波的幅值。如果 V 为直流电压，则压控振荡器可制成频率调节十分方便的信号源；如果 V 为频率远小于 f_0 的正弦电压，则压控振荡器就成为调频振荡器，它能输出抗干扰能力很强的调频波；如果 V 为缓慢变化的锯齿波，那么 f_0 将按同样的规律变化，即可获得扫频波。

实现上述原理的一种方案如图 9-3-2 所示。图中 A_3、A_4 是两个互相串联的反相器，它们的输出电压大小相等、相位相反，即有 $v_{o4} = -v_{o3} = v_i$。图中 D_3、D_4 的状态受 A_2 输出的控制。设 D_3、D_4 的正向压降可忽略且 $v_i > 0$，则当 A_2 输出高电位时，其值大于 $\pm v_i$，D_3 截止，D_4 导通，积分器 A_1 对 $v_{o4}(v_i)$ 积分。反之，当 A_2 输出低电位时，其值小于 $\pm v_i$，则 D_3 导通，D_4 截止，积分器 A_1 对 $v_{o3}(-v_i)$ 积分。可见，此处的 D_3、D_4 起着图 9-3-1 中开关 S 的作用。

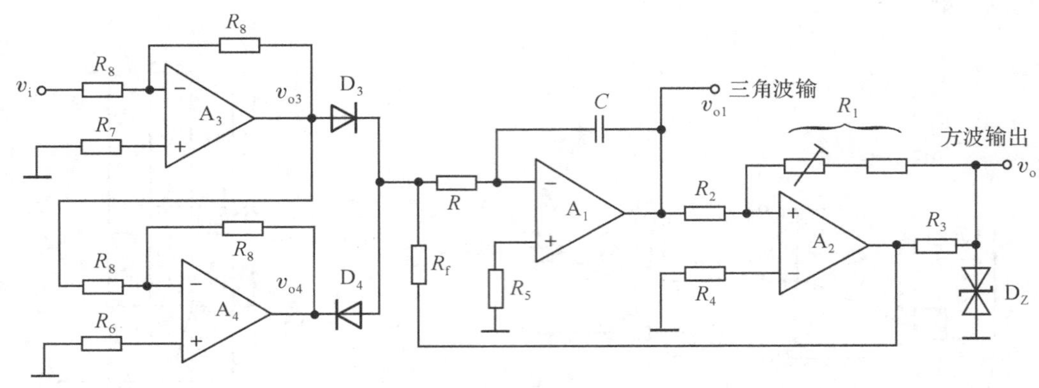

图 9-3-2 压控三角波方波振荡器

压控振荡器除了用于信号产生电路以外，在模数转换、调频、遥测遥控等设备中应用也非常广泛。例如，在数字化测量仪表和计算机测控系统中，被测物理量通过传感器及适当的调理电路变成合适的电信号，然后去控制压控振荡器，其输出方波信号频率的高低就代表被测物理量的大小，通过测量频率就可间接地测量被测物理量。

9.4 集成函数发生器简介

XR－2206是一种单片集成函数发生器，能产生高稳定度和高精度的正弦波、方波、三角波、锯齿波和矩形脉冲波，这些输出信号还可受外加电压控制，从而可实现振幅调制(AM)或频率调制(FM)，应用范围广，输出波形好。

XR－2206采用双列直插式塑封，其引脚排列如图9-4-1所示，引脚功能如表9-4-1所列。

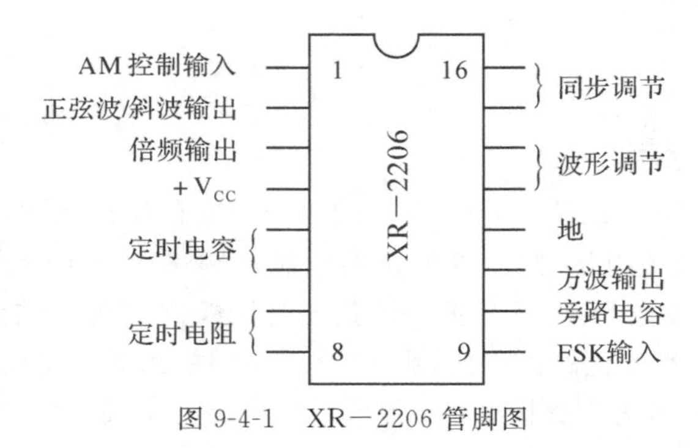

图 9-4-1 XR－2206管脚图

表 9-4-1

引脚	功能	引脚	功能
1	AM控制信号输入端	9	FSK(频移键控)控制信号输入端
2	正弦波或斜波信号输出端	10	去耦端
3	乘法器输出端	11	方波信号输出端
4	正电源端	12	接地端

续表

引脚	功能	引脚	功能
5	压控振荡器定时电容端	13	输出波形调整端
6	压控振荡器定时电容端	14	输出波形调整端
7	外接定时电阻端	15	波形对称调整端
8	外接定时电阻端	16	波形对称调整端

XR－2206 的典型电气参数如下：电源电压 V_{CC} 为 10～26V；最低振荡频率为 0.01Hz；最高振荡频率为 1MHz；正弦波失真度为 0.5%；输出阻抗为 600Ω；功耗为 750mW。

XR－2206 的内部功能方框图如图 9-4-2 所示。压控振荡器(VCO)产生一个与输入电流成比例的输出频率，其中输入电流通过定时端与接地端之间的电阻设定。XR－2206 内部 VCO 有 7 脚和 8 脚两独立的引脚，可分别与地端接两个独立的定时电阻 R_{t1} 和 R_{t2}。这两个定时电阻端的内部偏置在 3.125V，最大允许电流为 3mA。所以，R_{t1} 和 R_{t2} 的阻值均应在 1kΩ 以上。电流开关受 9 脚上电压的控制。如果 9 脚开路或者接到≥2V 的偏压上，则只有 7 脚上的定时电阻 R_{t1} 被激活。如果 9 脚的电平≤1V，则只有 8 脚上的定时电阻 R_{t2} 被激活。因此，输出频率可以被编程在两个频率 $f_1 = \frac{1}{R_{t1}C_t}$ 和 $f_2 = \frac{1}{R_{t2}C_t}$ 之间。

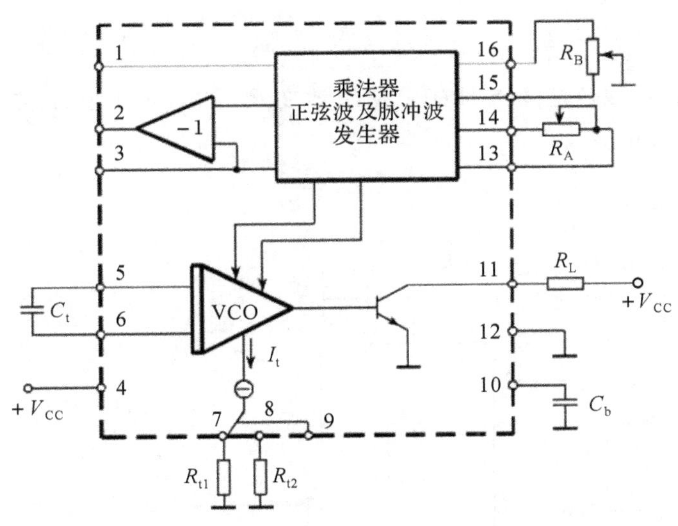

图 9-4-2　XR－2206 内部功能方框图

图 9-4-3 所示为 XR－2206 用于正弦波、三角波、方波的发生电路，其中开关 S_1 闭合时，2 号引脚输出为正弦波；S_1 断开时 2 号引脚输出为三角波。11 号引脚由于内部三极管集电极开路，故需外接电阻再接电源 $+V_{CC}$，这样 11 号引脚输出为方波。电路输出波形频率由 R(7 脚外接电阻 R_1、R_{P2} 之和)、C_1 决定，为

$$f_o = \frac{1}{RC_1}$$

定时电容 C_1 取值 1000pF～50μF，定时电阻 R 取值 1kΩ～2MΩ。频率调节范围为 0.01Hz～1MHz，失真度＜2.5%，输出振幅大小由 3 号引脚上电位器调节。

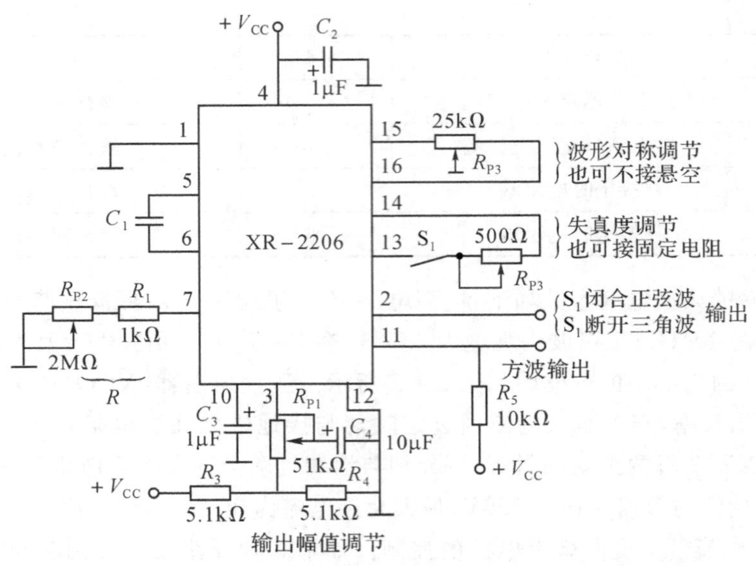

图 9-4-3 利用 XR－2206 产生正弦波、三角波、方波的电路

图 9-4-4 为利用 XR－2206 产生方波和锯齿波的电路，输出频率由 R_1、R_2 以及电容 C_1 确定，其振荡频率为：

$$f_o = \frac{2}{C_1} \times \frac{1}{R_1 + R_2}$$

电阻 R_1 和 R_2 的取值范围为 1kΩ～2MΩ，改变 R_1 和 R_2 的阻值，占空比 q 可从 1％调到 99％，其计算公式为：

$$q = \frac{R_1}{R_1 + R_2}$$

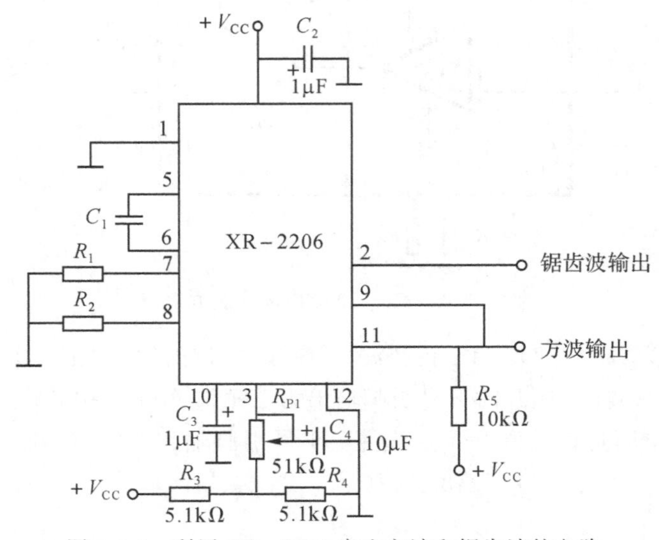

图 9-4-4 利用 XR－2206 产生方波和锯齿波的电路

综上所述，XR－2206 单片集成函数发生器外接少量 R、C 元件，就可以组成正弦波、方波、三角波、锯齿波和矩形波等多种输出波形的电路，输出稳定度高、失真度小、使用方便。

本章小结

信号产生电路就其波形来说，可分为正弦波产生电路（正弦波振荡电路）和非正弦波产生电路。正弦波产生电路不需要外加输入信号就能产生一定幅值和一定频率的正弦波信号，其分析方法与负反馈放大电路的稳定性分析有联系又有区别。非正弦波信号产生电路是通过反馈比较形成的，运算放大器处于非线性工作状态。

1. 正弦波产生电路。按结构来分，正弦波产生电路主要有RC型和LC型两大类，它们的基本组成包括：放大电路、选频网络、正反馈网络和稳幅环节四部分。正弦波振荡的幅值平衡条件为 $|\dot{A}\dot{F}|=1$，相位平衡条件为 $\phi_a+\phi_f=2n\pi$（n 为整数）。一般从相位和幅值平衡条件来计算振荡频率和放大电路所需的增益。而石英晶体振荡器是LC振荡电路的一种特殊形式，由于晶体的等效谐振回路的Q值很高，因而振荡频率有很高的稳定性。

2. 非正弦波产生电路。模拟电路中的非正弦波产生电路由迟滞比较器和RC延时电路组成，主要参数是振荡幅值和振荡频率。本章讨论了方波、三角波和锯齿波产生电路。锯齿波产生电路与三角波产生电路的差别是，前者积分电路的正向和反向放电时间常数不相等，而后者是一致的。

3. 压控振荡器是一种振荡频率受外加电压控制的振荡电路，即实现了电压－频率变换，可做成调频波振荡器、扫描振荡器等，广泛应用于测控系统中。

4. XR－2206是一种单片集成函数发生器，能产生高稳定度和高精度的正弦波、方波、三角波、锯齿波和矩形脉冲波，这些输出信号可受外加电压控制，从而可实现振幅调制（AM）或频率调制（FM）。

习　题

9-1　产生正弦波振荡的条件是什么？它与负反馈放大电路的自激振荡条件是否相同，为什么？

9-2　正弦波振荡电路由哪些部分组成？如果没有选频网络，输出信号将有什么特点？

9-3　电路如题9-3图所示，试用相位平衡条件判断哪些电路可能振荡，哪些不能，并简述理由。

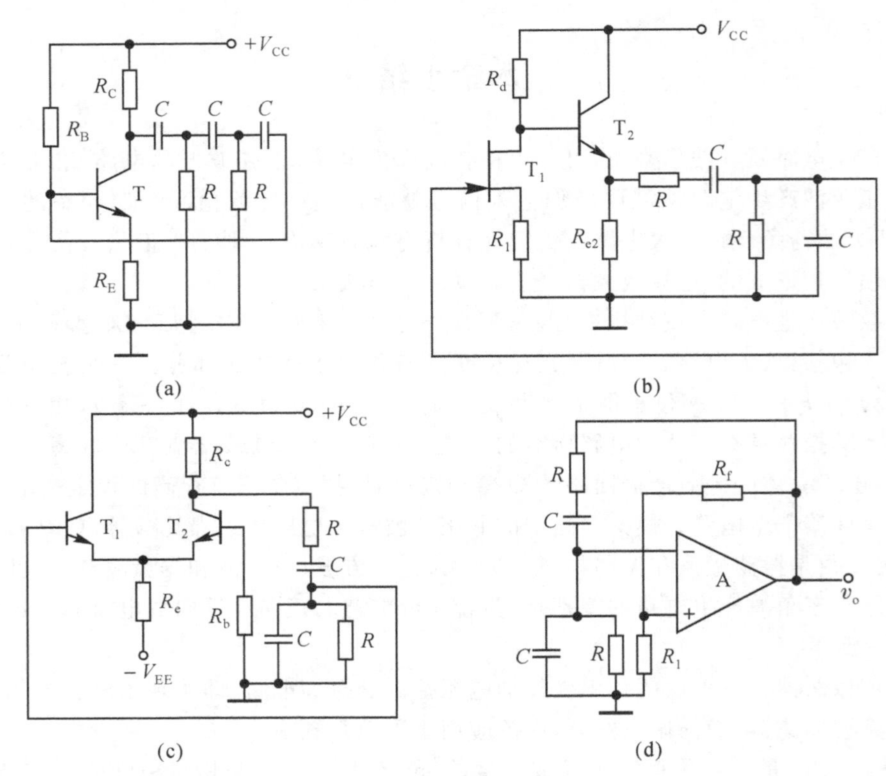

题 9-3 图

9-4 文氏电桥正弦波振荡电路如题 9-4 图所示，已知 $R=10\text{k}\Omega, R_1=10\text{k}\Omega, R_w=50\text{k}\Omega$，$C=0.01\mu\text{F}$，A 为集成运算放大器，性能理想。

(1) 标出运放 A 的输入端符号；

(2) 估算振荡频率 f_0；

(3) 分析半导体二极管 D_1、D_2 的作用。

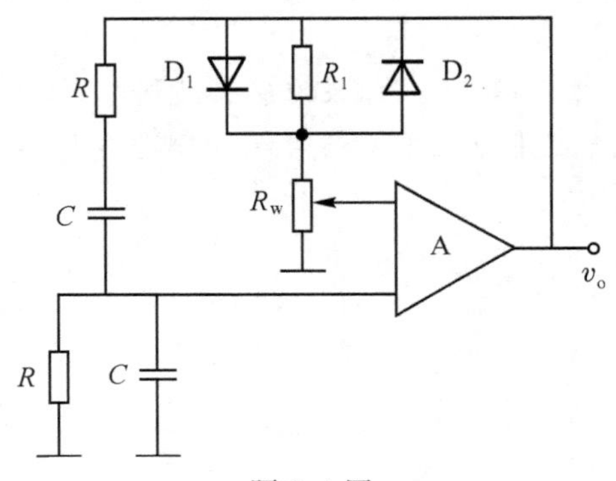

题 9-4 图

9-5 根据相位平衡条件，判断题 9-5 图中的各电路能否振荡，并简述理由，指出可能振荡的电路属于什么类型。

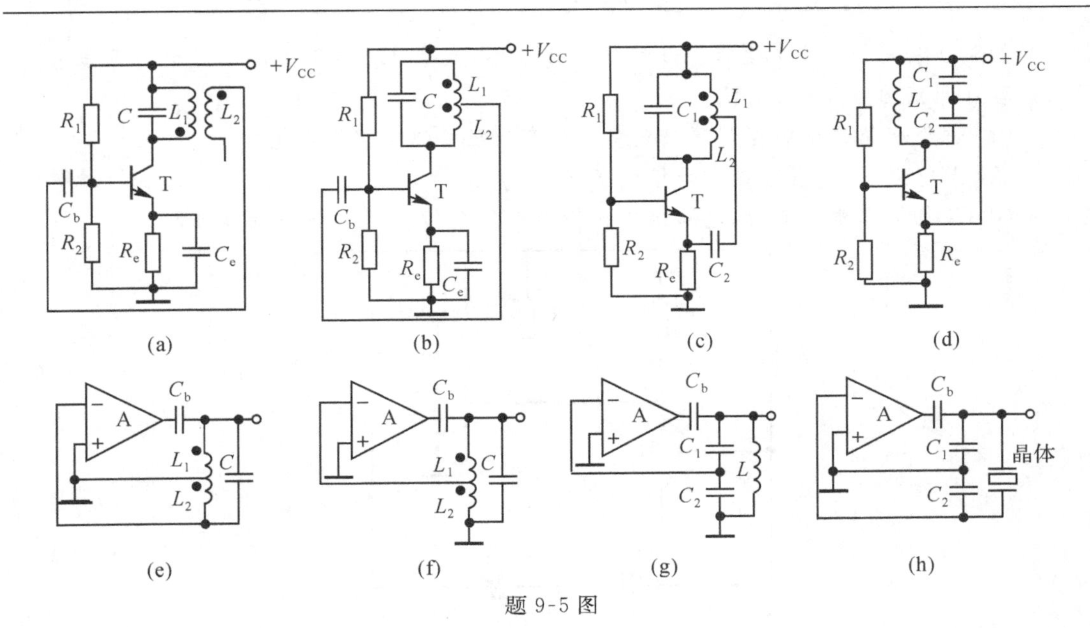

题 9-5 图

9-6　题 9-6 图所示电路为一晶体管收音机中的振荡电路，试分析：

(1) 它属于什么类型的振荡器；

(2) 说明电路中 3 个电容器(C_1,C_2,C_3)各起什么作用；

(3) 标出振荡线圈初级、次级的同名端；

(4) 若振荡频率值为 1257kHz，估算谐振回路电感 L 的值。

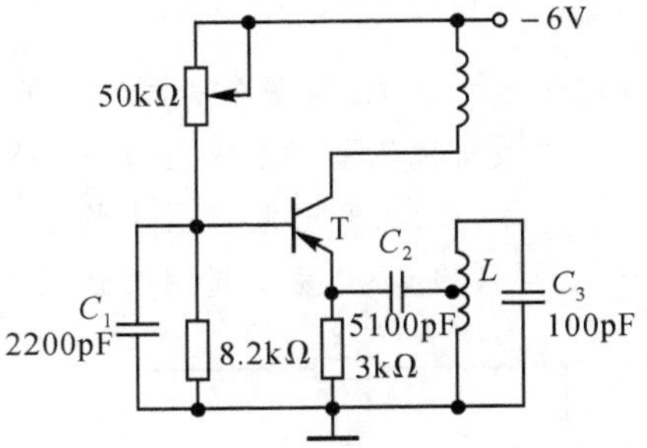

题 9-6 图

9-7　两种改进型电容三点式振荡电路如题 9-7 图(a)，(b)所示，试回答下列问题：

(1) 画出图(a)的交流通路，若 C_B 很大，$C_1 \gg C_3$，$C_2 \gg C_3$，求振荡频率的近似表达式；

(2) 画出图(b)的交流通路，若 C_B 很大，$C_1 \gg C_3$，$C_2 \gg C_3$，求振荡频率的近似表达式；

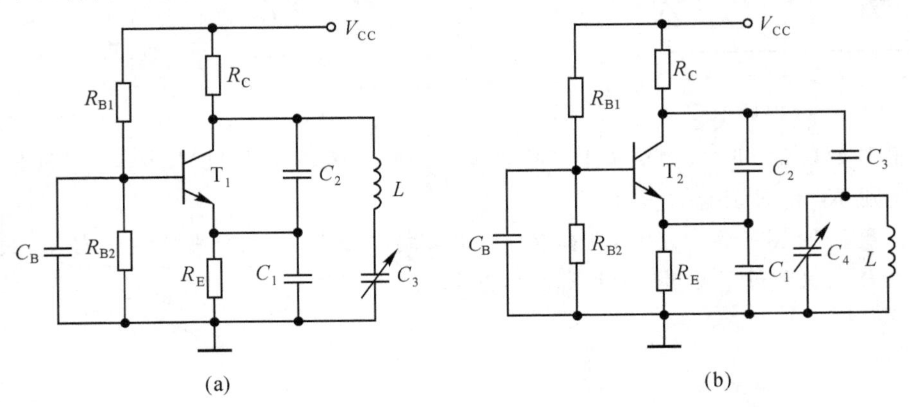

题 9-7 图

9-8　为什么石英晶体振荡器能获得稳定的振荡频率？

9-9　如题 9-9 图是一个石英晶体正弦波振荡电路，已知：$C_1 = 0.01\mu F$，C_2 为可调电容，电容可调范围为 $5 \sim 22pF$。

(1) 试用相位平衡条件判断该电路有无产生正弦波振荡的可能。

(2) 若能振荡，起振荡频率是接近 f_p 还是 f_s？

(3) C_2 的电容量改变时，电路的工作特性有什么影响？影响程度是否大？

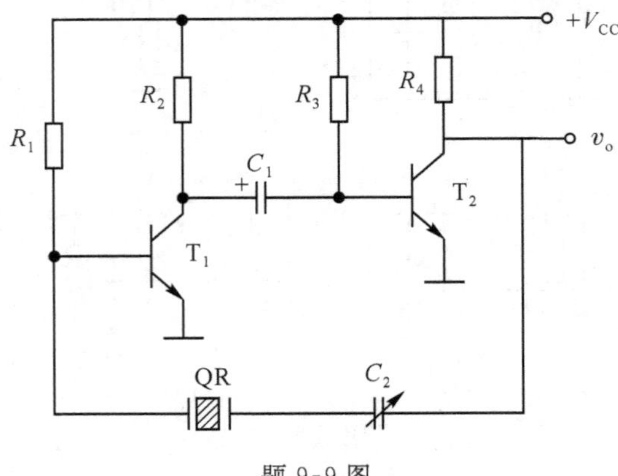

题 9-9 图

9-10　题 9-10 图所示为一方波发生器，$R_1 = R_2 = R = 100k\Omega$，$R_3 = 1k\Omega$，$C = 0.01\mu F$，双向稳压管的稳压值为 $\pm 6V$。

(1) 试画出电容器上的电压 v_C 和输出电压 v_o 的波形；

(2) 写出振荡周期表达式并计算其值。

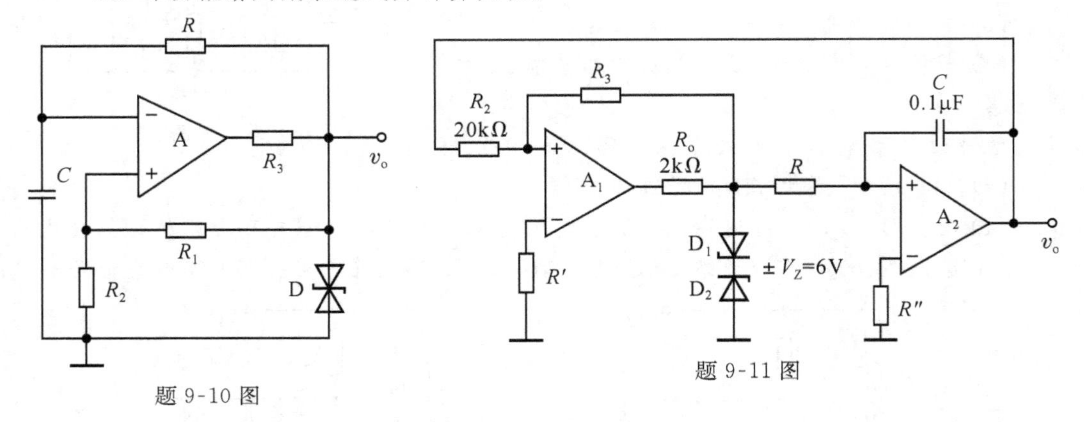

题 9-10 图　　题 9-11 图

9-11　电路如题 9-11 图，如要求电路输出的三角波的峰峰值为 16V，频率为 250Hz，试问：电阻 R_3 和 R 应选为多大？

9-12　在题 9-12 图所示电路中，已知 R_{w1} 的滑动端在最上端，试分别定性画出 R_{w2} 的滑动端在最上端和最下端时 v_{o1} 和 v_{o2} 的波形。

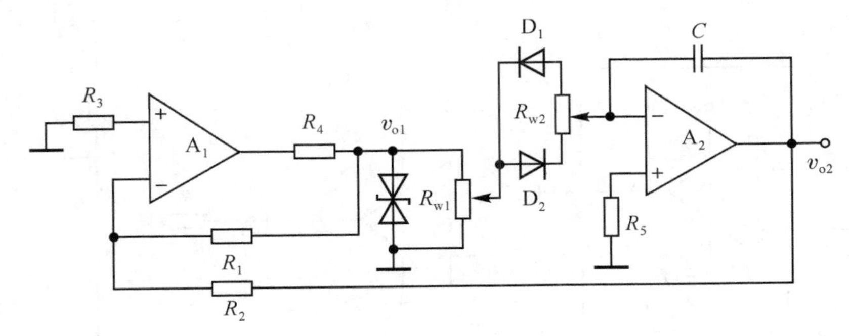

题 9-12 图

9-13　如题 9-13 图所示是一具有正交波形的两相方波和三角波产生电路，设运放是理想的。

(1) 试分析各运放在电路中的作用及其工作状态；

(2) 画出各运放的输出(v_{o1} ～ v_{o4}) 波形；

(3) 若运放的饱和输出电压为 ±10V，试问方波和三角波的幅值为多少？

(4) 推导电路的振荡频率表达式；

(5) 当开关 S 闭合通过 R_F 引入反馈时，这对电路有什么意义？

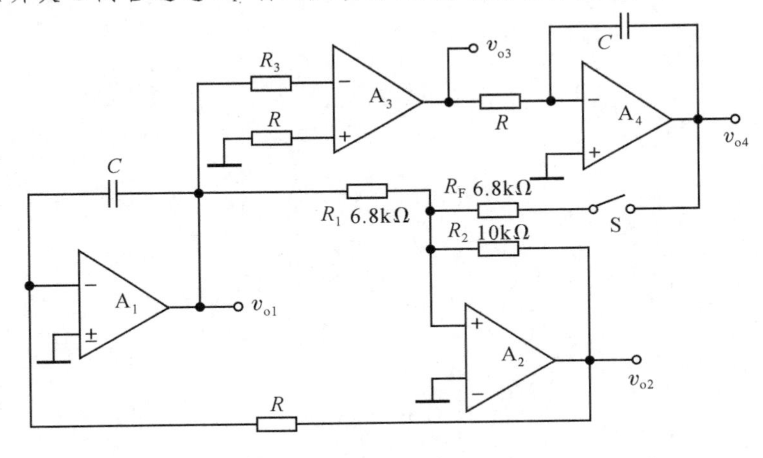

题 9-13 图

9-14　电路如题 9-14 图所示，A_1、A_2 为理想运放，二极管 D 也是理想器件，$R_B = 51\text{k}\Omega$，$R_C = 5.1\text{k}\Omega$，BJT 的 $\beta = 50$，$V_{CES} \approx 0$，$I_{CEO} \approx 0$，试求：

(1) 当 $v_i = 1\text{V}$ 时，$v_o = ?$

(2) 当 $v_i = 3\text{V}$ 时，$v_o = ?$

(3) 当 $v_i = 5\sin\omega t(\text{V})$ 时，试画出 v_i、v_{o2} 和 v_o 的波形。

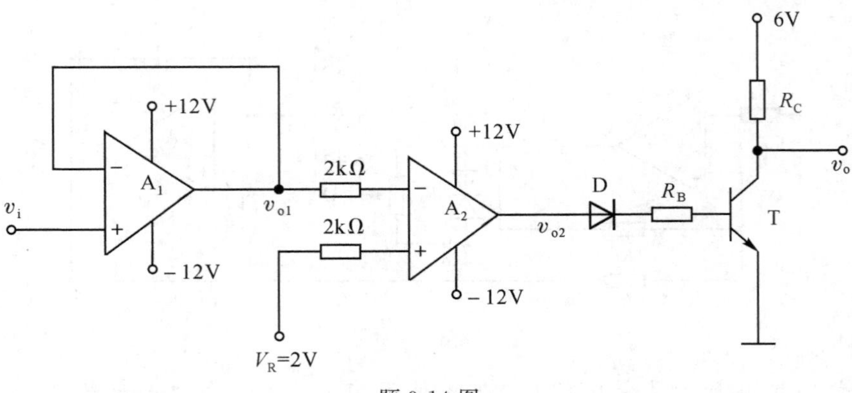

题 9-14 图

第10章　直流稳压电源

10.1　引　言

一般电子设备所需的直流稳压电源都由电网中的50Hz /220V交流电转化而来。图10-1-1所示为线性直流稳压电源的结构框图。可见50Hz/220V交流电经变压器变压后，经由二极管组成的整流电路整流成脉动的直流电，再经滤波网络平滑成有一定纹波的直流电压，对于性能要求不高的电子电路，滤波后的直流电压就可以应用了，但对于稳压性能要求较高的电子电路，滤波后要再加一级稳压环节，这样加到负载上的直流电压纹波就非常低了。

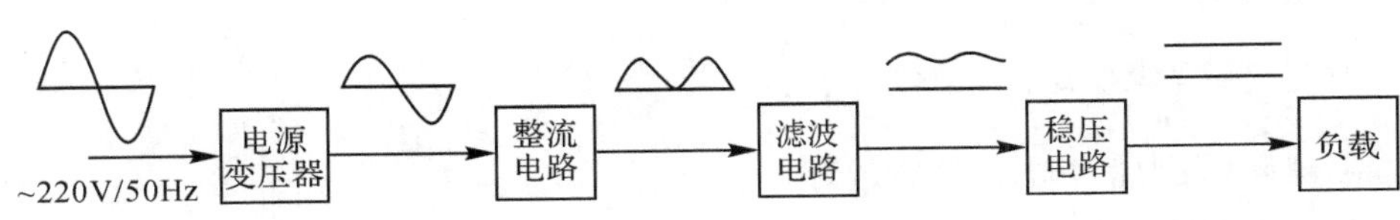

图10-1-1　直流稳压电源

通常看到的直流稳压电源主要由两个参数来描述，即稳压电源输出的功率和稳压值，用户可以根据需要来选择合适的稳压电源。

10.2　整流电路

作用是将交流电变换成单方向的直流电。

整流电路种类较多，按整流元件的类型，分二极管整流和可控硅整流；按交流电源的相数，分单相和多相整流；按流过负载的电流波形，分半波和全波整流；按输出电压相对于电源变压器次级电压的倍数，又分一倍压、二倍压及多倍压整流等。

10.2.1　单相半波整流电路

1. 工作原理

单相半波整流电路是一种最简单的整流电路，电路组成如图10-2-1所示。设二极管D为理想二极管，R_L为纯电阻负载。设$v_2=V_2\sin\omega t$ V，其中V_2为变压器副边电压有效值。在$0\sim\pi$时间内，即在v_2的正半周内，变压器副边电压是上端为正、下端为负，二极管D承受正向电压而导通，此时有电流流过负载，并且和二极管上电流相等，即 $i_o = i_D$。忽略二极管上压降，负载上输出电压 $v_o = v_2$，输出波形与 v_2 相同。在 $\pi \sim 2\pi$ 时间内，即在 v_2 负半周内，变压器次级绕组的上端为负，下端为正，二极管 D 承受反向电压，此时二极管截止，负载上无电流流过，输出电压 $v_o = 0$，此时 v_2 电压全部加在二极管 D 上。其电路波形如图 10-2-2 所示。

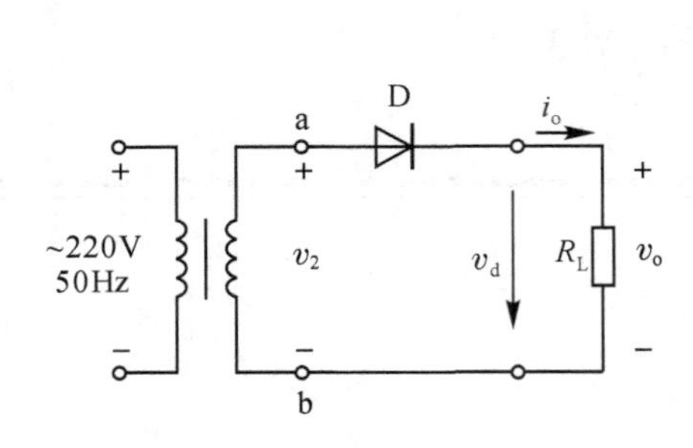

图 10-2-1 单相半波整流电路

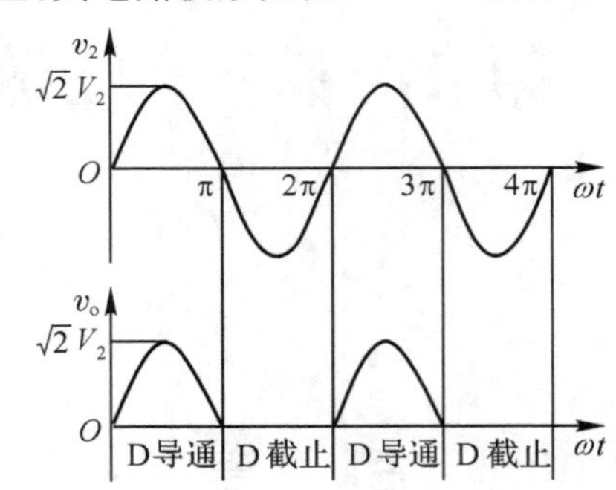

图 10-2-2 半波整流电路波形图

2. 主要参数

(1) 输出电压 v_o 平均值 $V_{o(AV)}$

将图 10-2-2 所示的输出电压 v_o 用傅里叶级数展开得

$$v_o = \sqrt{2}V_2\left(\frac{1}{\pi} + \frac{1}{2}\sin\omega t - \frac{2}{3\pi}\cos 2\omega t - \frac{2}{15\pi}\cos 4\omega t - \cdots\right) \tag{10-2-1}$$

其中的直流分量即为输出电压平均值 $V_{o(AV)}$，即

$$V_{o(AV)} = \frac{\sqrt{2}}{\pi}V_2 \approx 0.45V_2 \tag{10-2-2}$$

$V_{o(AV)}$ 越高，表明整流电路性能越好。

(2) 输出电流平均值 $I_{o(AV)}$

流经二极管的电流等于负载电流，其输出电流的平均值为

$$I_{o(AV)} = \frac{V_{o(AV)}}{R_L} \approx \frac{0.45V_2}{R_L} \tag{10-2-3}$$

(3) 二极管承受的最高反向峰值电压 V_{RM}

v_2 负半周时二极管截止，$v_D = v_2$，因此

$$V_{RM} = \sqrt{2}V_2 \tag{10-2-4}$$

(4) 输出电压脉动系数 S

由式(10-2-1)可见，除直流分量外，v_o 还有不同频率的谐波分量。如第二项为基波，第三项为二次谐波，它们反映了 v_o 的起伏或者说脉动程度。其中基波峰值与输出电压平均值之比定义为输出电压的脉动系数 S，则半波整流电路的脉动系数为

$$S = \frac{\sqrt{2}V_2/2}{\sqrt{2}V_2/\pi} \approx 1.57 \tag{10-2-5}$$

S 越小，表明输出电压的脉动越小，整流电路性能越好。

单相半波整流电路结构简单，只需一只整流二极管，但输出电压脉动大，平均值低。将其改进之后可得到单相全波整流电路。

10.2.2　单相全波整流电路

1. 单相全波整流电路的工作原理

单相半波整流电路有很明显的不足之处，针对这些不足，在实践中又产生了单相全波整流电路，如图 10-2-3 所示。

在 v_2 的正半周，二极管 D_1 导通而 D_2 截止，负载 R_L 上的电流是自上而下流过负载；而在 v_2 的负半周时，v_2 的实际极性是下正上负，二极管 D_2 导通而 D_1 截止，负载 R_L 上的电流仍是自上而下流过负载，负载上得到了与 v_2 正半周相同的电压，其电路工作波形如图 10-2-4 所示，从波形图上可以看出，单相全波整流比单相半波整流波形增加了 1 倍。

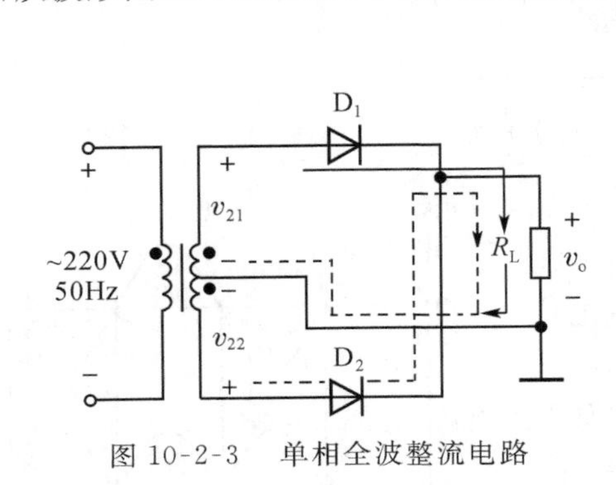

图 10-2-3　单相全波整流电路

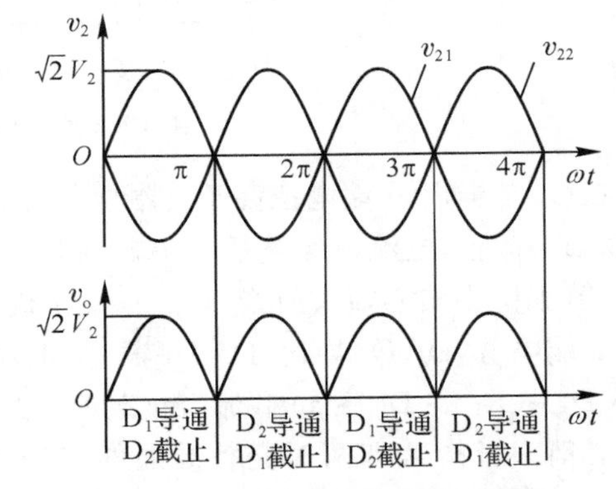

图 10-2-4　全波整流电路波形图

2. 单相全波整流电路的指标

（1）输出电压的平均值 $V_{o(AV)}$

将 v_o 用傅里叶级数展开得

$$v_o = \sqrt{2}V_2\left(\frac{2}{\pi} - \frac{4}{3\pi}\cos 2\omega t - \frac{4}{15\pi}\cos 4\omega t - \cdots\right) \tag{10-2-6}$$

故全波整流电路的输出电压平均值为

$$V_{o(AV)} = \frac{2\sqrt{2}}{\pi}V_2 \approx 0.9V_2 \tag{10-2-7}$$

（2）输出电流平均值 $I_{o(AV)}$

$$I_{o(AV)} = \frac{V_{o(AV)}}{R_L} \approx \frac{0.9V_2}{R_L} \tag{10-2-8}$$

（3）二极管承受的最大反向电压为

$$V_{RM} = 2\sqrt{2}V_2 \tag{10-2-9}$$

（4）输出电压脉动系数为 S

$$S = \frac{4\sqrt{2}V_2/(3\pi)}{2\sqrt{2}V_2/\pi} \approx 0.67 \tag{10-2-10}$$

该电路的特点：电路使用二极管数量少，但变压器副边绕组要有抽头，对变压器副边绕组的对称性要求较高。对二极管的反向电压要求较高。

10.2.3 单相桥式整流电路

单相桥式整流电路如图 10-2-5 所示。与单相全波整流电路相比，桥式整流电路的变压器次级无中心抽头，但二极管数目增加，由四个二极管 $D_1 \sim D_4$ 构成整流桥。设 $D_1 \sim D_4$ 均为理想二极管。

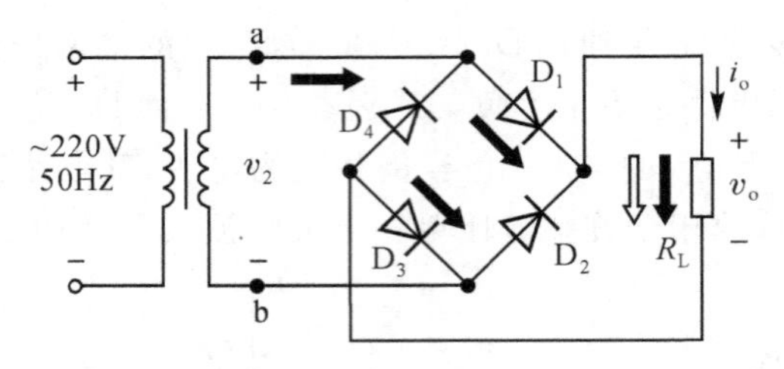

图 10-2-5 单相桥式整流电路

在 v_2 正半周，a 端电位高于 b 端电位，故 D_1、D_3 导通，D_2、D_4 截止，电流流经路径为 a 端 → D_1 → R_L → D_3 → b 端（如图中实心箭头所指）；在 v_2 负半周，b 端电位高于 a 端电位，D_2、D_4 导通，D_1、D_3 截止，电流路径为 b 端 → D_2 → R_L → D_4 → a 端（流经负载 R_L 时，方向如图中空心箭头所指），即两对交替导通的二极管引导正、负半周电流在整个周期内以同一方向流过负载，v_2 及 v_o 波形如图 10-2-6 所示。

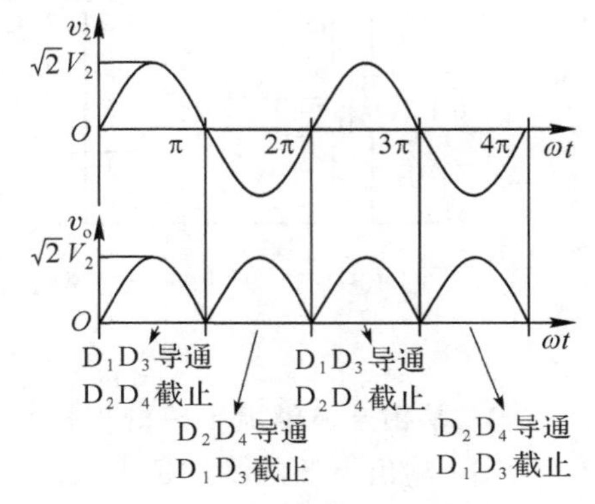

图 10-2-6 桥式整流电路波形图

桥式整流电路各参数计算如下：

（1）输出平均电压 $V_{o(AV)}$

由 v_o 波形可知，桥式整流是半波整流的 2 倍，即

$$V_{o(AV)} = 2\frac{\sqrt{2}}{\pi}V_2 \approx 0.9V_2 \tag{10-2-11}$$

（2）流过二极管的平均电流 $I_{D(AV)}$

由于 D_1、D_3 和 D_2、D_4 轮流导通，因此流过每个二极管的平均电流只有负载电流的一半，即

$$I_{D(AV)} = \frac{1}{2}I_{o(AV)} = \frac{1}{2}\frac{V_{o(AV)}}{R_L} \tag{10-2-12}$$

（3）二极管承受的最高反向峰值电压 V_{RM}

当 v_2 上正下负时，D_1、D_3 导通，D_2、D_4 截止，D_2、D_4 相当于并联后跨接在 v_2 上，因此反向最高峰值电压为

$$V_{RM} = \sqrt{2}V_2 \tag{10-2-13}$$

电路的特点：单相桥式整流电路只比全波整流电路多用了两个二极管，由于二极管的反向耐压值要求较低，电路的效率较高，所以应用较为广泛。

为方便对照，现将单相半波整流、全波整流和桥式整流的主要参数示于表 10-1-1。由表可知，桥式整流电路的性能最佳。目前市场上有不同性能指标的整流桥堆产品，实际使用时只需将电源变压器与整流桥堆相连即可，非常方便。

表 10-1-1　三种整流电路主要参数对比

电路	V_o	S	I_D	V_D
单相半波	$0.45V_2$	1.57	$\frac{0.45V_2}{R_L}$	$\sqrt{2}V_2$
单相全波	$0.9V_2$	0.67	$\frac{0.45V_2}{R_L}$	$2\sqrt{2}V_2$
桥式全波	$0.9V_2$	0.67	$\frac{0.45V_2}{R_L}$	$\sqrt{2}V_2$

10.3　滤波电路

经过整流后，输出电压在方向上没有变化，但输出电压波形仍然保持输入正弦波的半波波形。输出电压起伏较大，脉动频率为 100Hz。为了得到平滑的直流电压波形，必须采用滤波电路，以改善输出电压的脉动性。常用的滤波电路有电容滤波、电感滤波、LC 滤波和 π 型滤波等。

10.3.1　电容滤波电路

最简单的电容滤波是在负载 R_L 两端并联一只较大容量的电容器，如图 10-3-1(a) 所示。

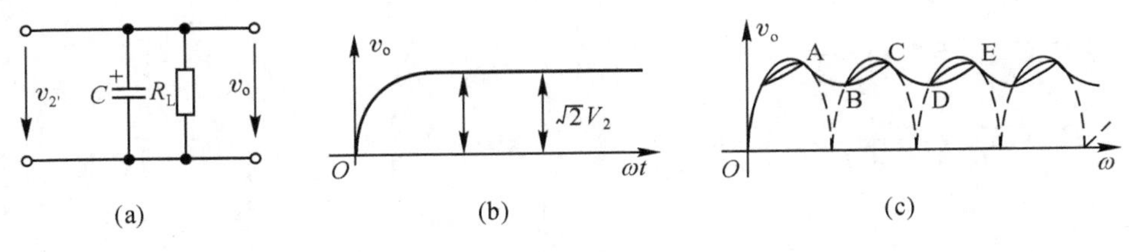

图 10-3-1　电容滤波电路

当负载开路($R_L=\infty$)时，设电容无能量储存，输出电压从 0 开始增大，电容器开始充电。一般充电速度很快，$v_o=v_C$ 可达到 v_2 的最大值。

$$v_o=v_C=\sqrt{2}V_2 \tag{10-3-1}$$

此后，由于 v_2 下降，二极管处于反向偏置而截止，电容无放电回路。所以 v_o 保持在$\sqrt{2}V_2$ 的数值上，其波形如图 10-3-1(b) 所示。当接入负载后，前半部分和负载开路时相同，当 v_2 从最大值下降时，电容通过负载 R_L 放电，放电的时间常数为

$$\tau=R_LC \tag{10-3-2}$$

在 R_L 较大时，τ 的值比充电时的时间常数大。v_o 按指数规律下降，如图 10-3-1(c) 所示的 AB 段。当 v_2 的值再增大后，电容再继续充电，同时也向负载提供电流。电容上的电压仍会很快地上升。

这样不断地进行，在负载上得到的直流电压波形要比无滤波电路时平滑的直流电。在实际应用中，为了保证输出电压的平滑，使脉动成分减小，电容器 C 的容量选择应满足：

$$R_LC\geqslant(3\sim5)\frac{T}{2}$$

其中 T 为交流电的周期。在单相桥式整流、电容滤波时的直流电压输出一般为

$$V_{o(AV)} \approx 1.2V_2 \tag{10-3-3}$$

电容滤波电路的特点是电路简单,可以减小输出电压的波动。缺点是启动时有冲击电流,负载电流不能过大(即 R_L 不能太小),否则会影响滤波效果。所以电容滤波适用于负载变动不大、电流较小的场合。另外,由于输出直流电压较高,整流二极管截止时间长,导通角小,故整流二极管冲击电流较大,所以在选择管子时要注意选整流电流 I_f 较大的二极管。

例 10-3-1 一单相桥式整流电容滤波电路的输出电压 $v_o = 30V$,负载电流为 250mA,试选择整流二极管的型号和滤波电容 C 的大小,并计算变压器次级的电流、电压值。

解 (1) 选择整流二极管

$$I_D = \frac{1}{2}I_L = \frac{1}{2} \times 250 = 125(mA)$$

二极管承受最大反向电压

$$V_{RM} = \sqrt{2}V_2$$

又 $$v_o = 1.2V_2$$

$$V_2 = \frac{v_o}{1.2} = \frac{30}{1.2} = 25(V)$$

$$V_{RM} = \sqrt{2}V_2 = \sqrt{2} \times 25 \approx 35(V)$$

查手册选 2CP21A,参数 $I_{FM} = 3000mA, V_{RM} = 50V$。

(2) 选滤波电容

根据 $$R_L C \geqslant (3 \sim 5)\frac{T}{2}$$

$$R_L = \frac{v_o}{i_o} = \frac{30}{250} = 0.12(k\Omega)$$

$$T = 0.02s$$

$$C = \frac{5T}{2R_L} = \frac{5 \times 0.02}{2 \times 120} = 0.000417(F) = 417(\mu F)$$

3) 求变压器次级电压和电流

变压器次级电流在充放电过程中已不是正弦电流,一般取 $I_2 = (1.1 \sim 3)I_L$,所以取

$$I_2 = 1.5I_L = 1.5 \times 250 = 375(mA)$$

10.3.2 电感滤波电路

利用电感的电抗性,同样可以达到滤波的目的。在整流电路和负载 R_L 之间,串联一个电感 L 就构成了一个简单的电感滤波电路,如图 10-3-2 所示。

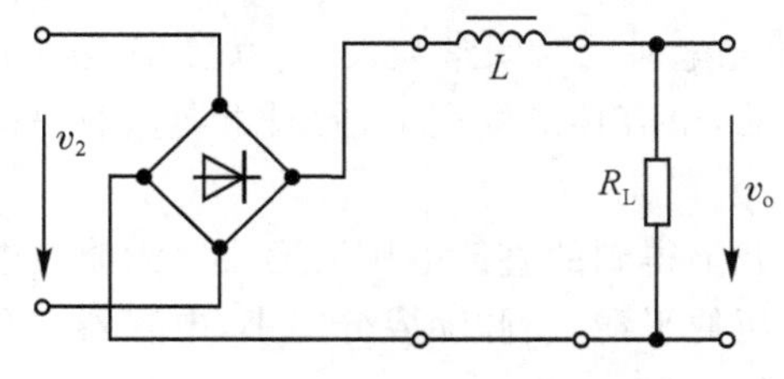

图 10-3-2 电感滤波电路

根据电感的特点，在整流后电压的变化引起负载的电流改变时，电感 L 上将感应出一个与整流输出电压变化相反的反电动势，两者的叠加使得负载上的电压比较平缓，输出电流基本保持不变。对抑制电流波动效果非常明显。

电感滤波电路中，R_L 愈小，则负载电流愈大，电感滤波效果越好。在电感滤波电路中，输出的直流电压一般为 $V_o = 0.9V_2$；二极管承受的反向峰值电压仍为$\sqrt{2}V_2$。

10.3.3　*LC* 滤波电路

采用单一的电容或电感滤波时，电路虽然简单，但滤波效果欠佳，大多数场合对滤波效果的要求都很高，即要求电压要稳定，电流也要稳定。为了达到这一目的，人们将前两种滤波电路结合起来，构成了一种新的滤波电路——*LC* 滤波电路。*LC* 滤波电路最简单的形式如图 10-3-3 所示。

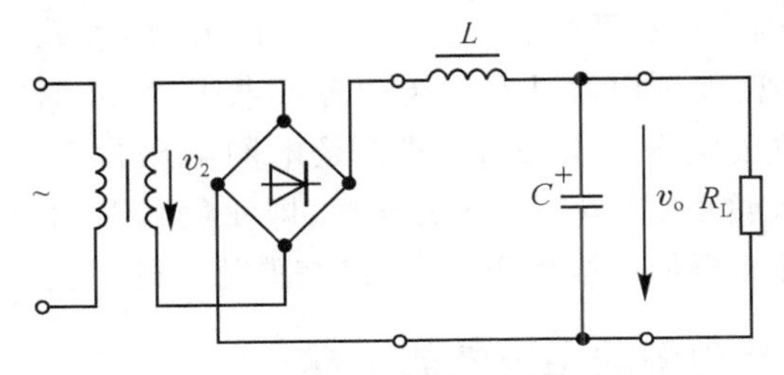

图 10-3-3　*LC* 滤波电路

与电容滤波电路比较，*LC* 滤波电路的优点是：外特性比较好，输出电压对负载影响小，电感元件限制了电流的脉动峰值，减小了对整流二极管的冲击。它主要适用于电流较大、要求电压脉动较小的场合。

LC 滤波电路的直流输出电压和电感滤波电路一样，为

$$V_o = 0.9V_2$$

10.3.4　Π 型滤波电路

1. *RC* Π 型滤波器

图 10-3-4 所示是 *RC* Π 型滤波器。图中 C_1 电容两端电压中的直流分量，有很小一部分降落在 R 上，其余部分加到了负载电阻 R_L 上；而电压中的交流脉动，大部分被滤波电容 C_2 衰减掉，只有很小的一部分加到负载电阻 R_L 上。此种电路的滤波效果虽好一些，但电阻上要消耗功率，所以只适用于负载电流较小的场合。

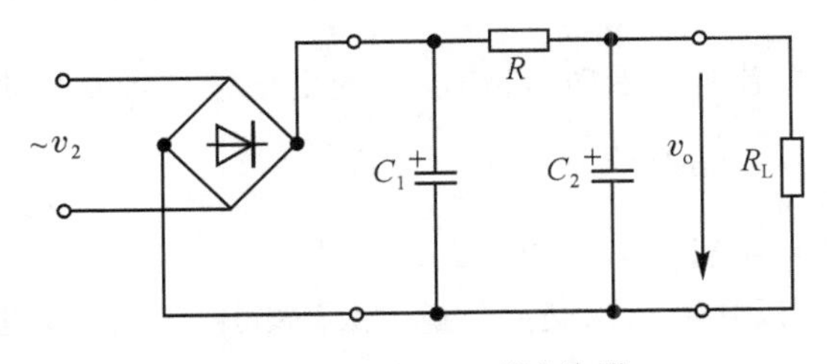

图 10-3-4　*RC* Π 型滤波器

2. LC Π 型滤波器

图 10-3-5 所示是 LC Π 型滤波器。可见只是将 RC Π 型滤波器中的 R 用电感 L 做了替换。由于电感具有阻交流通直流的作用，因此在增加了电感滤波的基础上，此种电路的滤波效果更好，而且 L 上无直流功率损耗，所以一般用在负载电流较大和电源频率较高的场合。缺点是电感的体积大，使电路笨重。

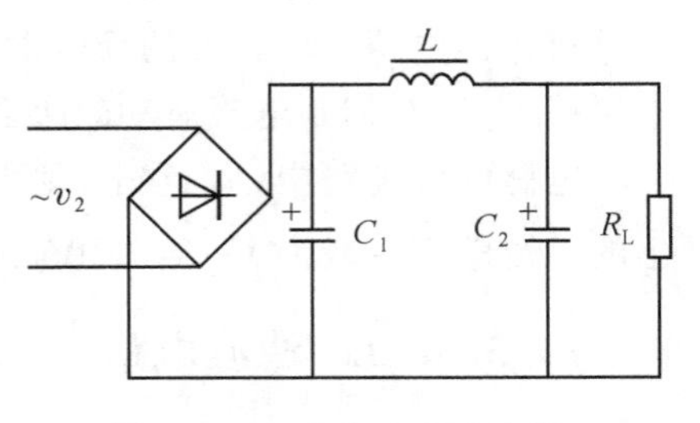

图 10-3-5 LC Π 型滤波器

10.4 线性稳压电路

经过整流、滤波后得到的直流输出电压往往会因受到各种影响而发生变化，造成这种直流输出电压不稳定的原因主要有两个：其一是当负载改变时，负载电流将随着改变，原因是整流变压器和整流二极管、滤波电容都有一定的等效电阻，因此当负载电流变化时，即使交流电网电压不变，直流输出电压也会改变。其二是电网电压常有变化，在正常情况下变化 $\pm 10\%$ 是正常的，也是允许的。当电网电压变化时，即使负载未变，直流输出电压也会改变。因此，在整流滤波电路后面再加一级稳压电路，以获得稳定的直流输出电压。

10.4.1 直流稳压电源的主要性能指标

由于直流稳压电路的输出电压 V_o 是随输入电压及整流滤波电路的输出电压、负载电流 I_o 和环境温度的变化而变化的。因此，可以用与上述因素有关的几个指标来衡量直流稳压电路的质量。

1. 电压调整率 S_V

当负载电流和环境温度不变，输入电网电压波动 $\pm 10\%$ 时，输出电压的相对变化量被称之为电压调整率，即

$$S_V = \left.\frac{\Delta V_o}{V_o}\right|_{\substack{\Delta V_I = 0 \\ \Delta T = 0}} \tag{10-4-1}$$

它反映了直流稳压电源克服电网电压波动影响的能力。

2. 输出电阻 r_o

$$r_o = \left.\frac{\Delta V_o}{\Delta I_o}\right|_{\substack{\Delta V_I = 0 \\ \Delta T = 0}} \quad (\Omega) \tag{10-4-2}$$

它反映了负载电流 I_o 变化对 V_o 的影响。

3. 温度系数 S_T

当输入电压和负载电流均不变时，输出电压的变化量与环境温度变化量之比，即

$$S_T = \left.\frac{\Delta V_o}{\Delta T}\right|_{\substack{\Delta V_I = 0 \\ \Delta I_O = 0}} \quad (\text{mV/℃}) \tag{10-4-3}$$

它反映了直流稳压电源克服温度影响的能力。

除上述指标外，还有反映输出端交流分量的纹波电压。它是指输出端叠加在直流电压上的交流基波分量的峰值。

10.4.2　串联型三极管稳压电路

1. 带有放大环节的串联型三极管稳压电路

图 10-4-1 所示为串联型三极管稳压电路，图中三极管 T 与负载 R_L 形成串联支路；在基极电路中，接有稳压二极管 D，与 R 组成串联稳压器。

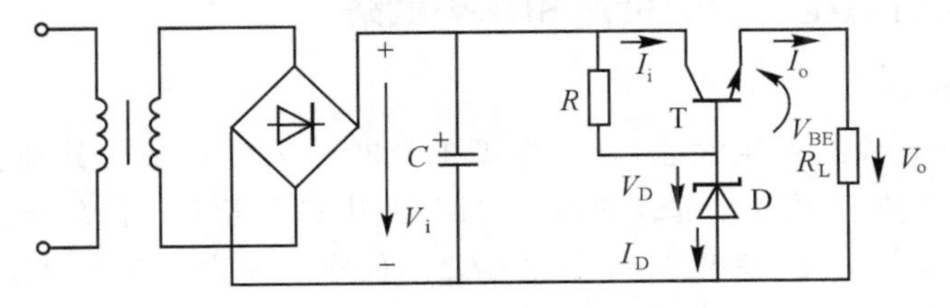

图 10-4-1　串联型稳压电路

该电路的稳压过程如下：

(1) 当负载不变，输入整流电压 V_i 增加时，输出电压 V_o 有增大的趋势，由于三极管 T 的基极电位被稳压管 D 固定，故 V_o 的增加将使 V 发射结上正向偏压降低，基极电流减小，从而使 T 的集射极间的电阻增大，V_{CE} 增加，于是抵消了 V_i 的增加，使 V_o 基本保持不变。上述稳压过程如下所示：

$$V_i\uparrow \rightarrow V_o\uparrow \rightarrow V_{BE}\downarrow \rightarrow I_B\downarrow \rightarrow I_C\downarrow \rightarrow V_{CE}\uparrow \rightarrow V_o\downarrow$$

(2) 当输入电压 V_i 不变，而负载电流变化时，其稳压过程如下：

$$I_o\uparrow \rightarrow V_o\uparrow \rightarrow V_{BE}\downarrow \rightarrow I_B\downarrow \rightarrow I_C\downarrow \rightarrow V_{CE}\uparrow \rightarrow V_o\downarrow$$

则输出电压 V_o 基本保持不变。

2. 带放大电路的串联型稳压电路

上述电路，虽然对输出电压有稳压作用，但此电路控制灵敏度不高，稳压性能不理想。如果在原电路中加一放大环节，如图 10-4-2 所示，可使输出电压更加稳定。

它是由 R_1、R_P 和 R_2 构成的采样环节，R_D 和稳压管 D_Z 构成的基准电压，三极管 T_2 和 R_4 构成的比较放大环节，以及三极管 T_1 构成的调整环节等四部分组成。因为三极管 T_1 与 R_L 串联，所以称之为串联型稳压电路。

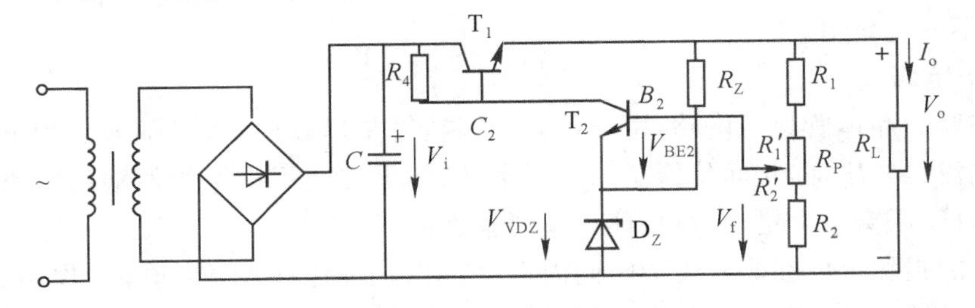

图 10-4-2　带放大电路的串联型稳压电路

当 V_i 或 I_o 的变化引起 V_o 变化时，采样环节把输出电压的一部分送到比较放大环节 T_2 的基极，与基准电压 V_{D_Z} 相比较，其差值信号经 T_2 放大后，控制调整管 T_1 的基极电位，从而调整 T_1 的管压降 V_{CE1}，补偿输出电压 V_o 的变化，使之保持稳定，其调整过程如下：

$V_i\uparrow$（或 $I_o\uparrow$）$\rightarrow V_o\uparrow\rightarrow V_f\uparrow\rightarrow V_{BE2}\uparrow\rightarrow V_{C2}\downarrow\rightarrow V_{BE1}\downarrow\rightarrow I_{B1}\downarrow\rightarrow I_{C1}\downarrow\rightarrow V_{CE1}\uparrow\rightarrow V_o\downarrow$

当输出电压下降时，调整过程与上述相反。调整过程中设输出电压的变化由 V_i 或 I_o 的变化引起。

10.4.3 提高稳压性能的措施和保护电路

1. 提高稳压性能

为了提高稳压电源的稳压性能，稳压电源的比较放大器可采用其他相应的电路，如图 10-4-3 所示电路，即具有恒流源负载的稳压电路。图中稳压管 D_{Z_1} 和 R_5 确定 T_3 管的静态工作点的偏置电路，因为 T_3 的基极与 R_4 的上端之间的电压稳定在 $V_{D_{Z1}}$ 上，加上 R_4 的负反馈作用，T_3 的集电极电流 I_{C3} 恒定不变，称为恒流源。

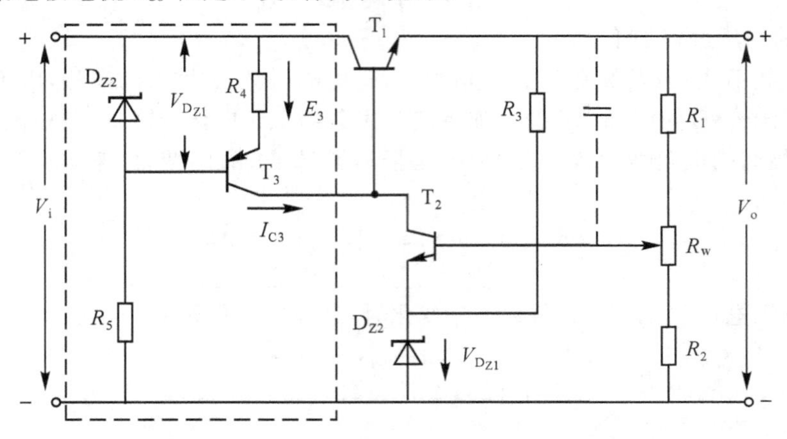

图 10-4-3 具有恒流源负载的稳压电路

另外，T_3 又是比较放大器 T_2 的负载，所以称恒流源负载。由于调整管 T_1 和比较放大管 T_2 都是 NPN 管，为了使恒流源电流方向与 T_2 的负载电流方向一致，所以 T_3 必须采用 PNP 管，因为恒流源具有很高的输出电阻，使得比较放大器具有很高的电压放大倍数，从而可以提高电源的稳压性能。其次，由于 I_{C3} 恒定不变，输入电压 V_i 的变化不能直接加到调整管基极，从而大大消弱了 V_i 的变化对输出的影响，有利于输出电压的稳定。其他稳定措施还有很多，这里就不一一介绍。

2. 保护电路

对于串联型晶体管稳压电路，由于负载和调整管是串联的，所以随着负载电流的增加，调整管的电流也要增加，从而使管子的功耗增加。如果在使用中不慎使输出短路，则不但电流会增加，且管压降也会增加，很可能引起调整管损坏。

调整管的损坏可以在非常短的时间内发生，用一般保险丝不能起保护作用。因此，通常用速度高的过载保护电路来代替保险丝。过载保护电路的形式很多，这里只举两个例子加以介绍。

图 10-4-4(a) 中晶体管 T_3 和电阻 R_5、R_6 组成过载保护电路。当稳压电路正常工作时，T_3 发射极电位比基极电位高，发射结受反向电压作用，使 T_3 处于截止状态，对稳压电路的工作无影响；当负载短路时，T_3 因发射极电位降低而饱和导通，相当于使 T_1 的基、射间被 T_3

短路，从而只有少量电流流过调整管，达到了保护调整管的目的，而且可以避免整流元件因过电流而损坏。

图 10-4-4(b) 是另一种过载保护电路，由晶体管 T_3、二极管 D 和电阻 R_S、R_m 所组成。在二极管 D 中流过电流，二极管 D 的正向电压 V_F 基本恒定。正常负载时，负载电流流过 R_m 产生的压降较小，T_3 的发射结处于反偏而截止，对稳压电路无影响；当 I_L 增大到某一值时，R_m 上的压降增大，T_3 发射结转变为正偏，T_3 导通，R_C 上的压降增大，V_{CE3} 减小，即调整管的基极电位降低，调整管的 V_{CE1} 增加，输出电压 V_o 下降，I_L 被限制。从图 10-4-4(b) 可以写出 T_3 导通时的发射结电压方程为

$$V_{BE3} = I_L R_m - V_F \qquad R_m = \frac{V_F + V_{BE3}}{I_L}$$

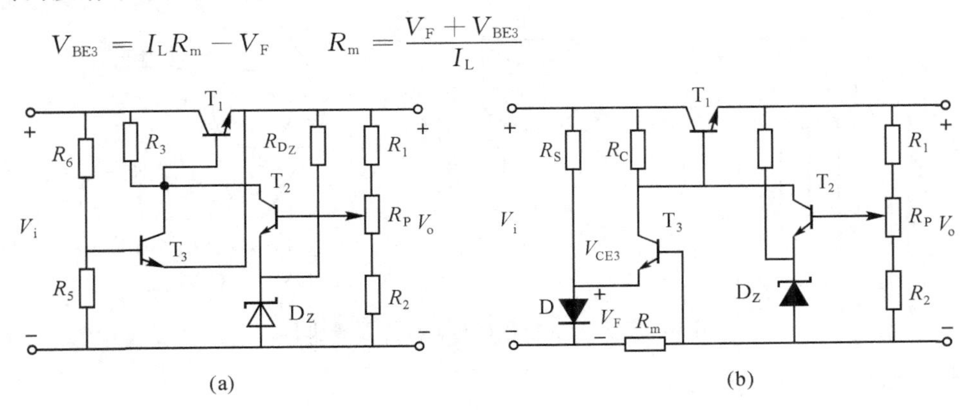

图 10-4-4　过载保护电路

10.4.4　三端集成稳压器

根据上述电路的稳压原理，开发出了功能更强、性能更优越、种类齐全的多端和三端集成稳压器，其中可分为正输出和负输出、通用型和低压差型等。下面主要介绍三端集成稳压器。

1. 三端固定输出线性集成稳压器

三端固定输出线性集成稳压器有 CW78××(正输出) 和 CW79××(负输出) 系列。其型号后两位 ×× 所标数字代表输出电压值，有 5、6、8、12、15、18、24 V。其中额定电流以 78(或 79) 后面的尾缀字母区分，其中 L 表示 0.1 A，M 表示 0.5 A，无尾缀字母表示 1.5 A 等。如 CW78M05 表示正输出、输出电压 5 V、输出电流 0.5 A。

2. 三端可调线性集成稳压器

三端可调线性集成稳压器除了具备三端固定集成稳压器的优点外，在性能方面也有进一步提高，特别是由于输出电压可调，应用更为灵活。目前，国产三端可调正输出集成稳压器系列有 CW117(军用)、CW217(工业用)、CW317(民用)；负输出集成稳压器系列有 CW137(军用)、CW237(工业用)、CW337(民用) 等。几种三端集成稳压器外形及管脚排列如图 10-4-5 所示。

3. 三端集成稳压器的应用

(1)CW78 ××、CW79 ×× 器件的应用

图 10-4-6 为 CW78 ××、CW79 ×× 器件的应用电路原理图，为保证稳压器正常工作，其

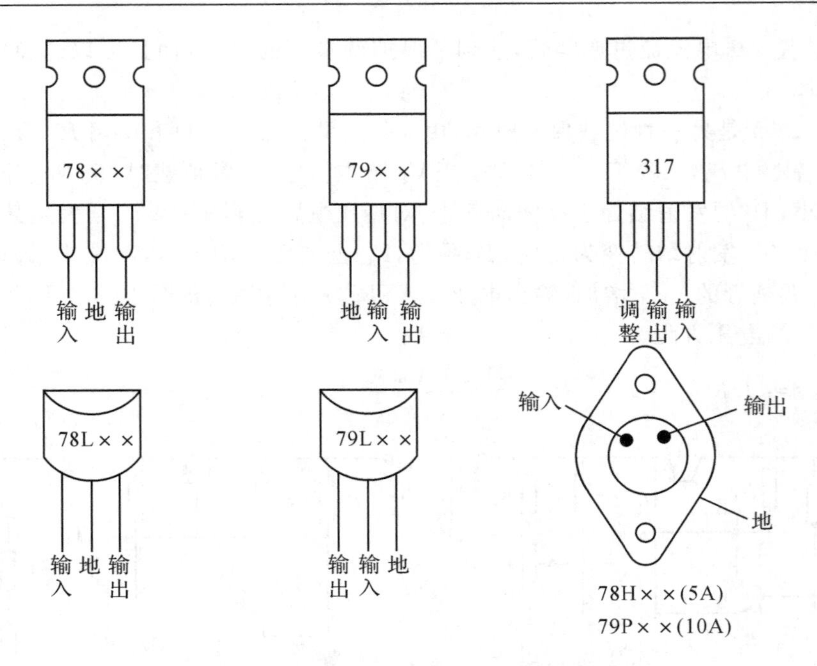

图 10-4-5 三端集成稳压器外形及管脚排列

最小输入、输出电压差应为 2 V。

图中电容 C_1 可以减小输入电压的纹波，也可以抵消输入线产生的电感效应，以防止自激振荡。输出端电容 C_2 用以改善负载的瞬态响应和消除电路的高频噪声。

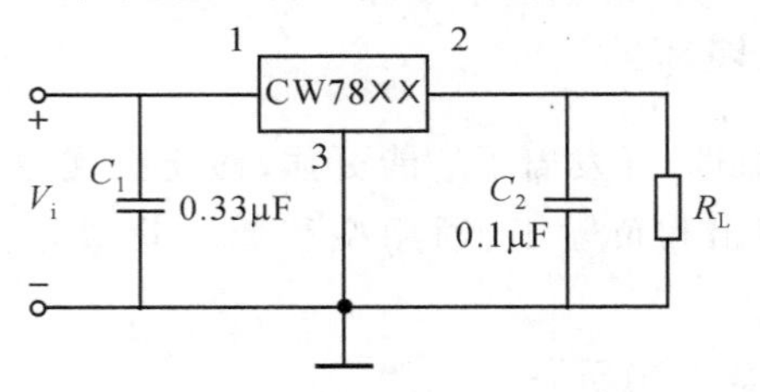

图 10-4-6 CW78××、CW79××器件的应用电路原理图

三端集成稳压器中的低压差器件，输入、输出之间的电压在 0.6 V 以下，有的在 0.4 V 以下也能正常工作，其静态工作电流也只有几毫安至几十毫安，因此效率很高。电路与图 10-4-6 所示相同。

(2) 三端可调输出集成稳压器的应用

如图 10-4-7 所示为输出可调的正电源，图中电容 C_1、C_3 的作用与前述电路中 C_1、C_2 的作用相同，电容 C_2 用于抑制调节电位器时产生的纹波干扰。二极管 D_1、D_2 为保护电路。D_1 用于防止输入短路时，C_3 通过稳压器的放电而损坏稳压器；D_2 用于防止输出短路时，C_2 通过调整端放电而损坏稳压器，在输出电压小于 7 V 时，也可不接。

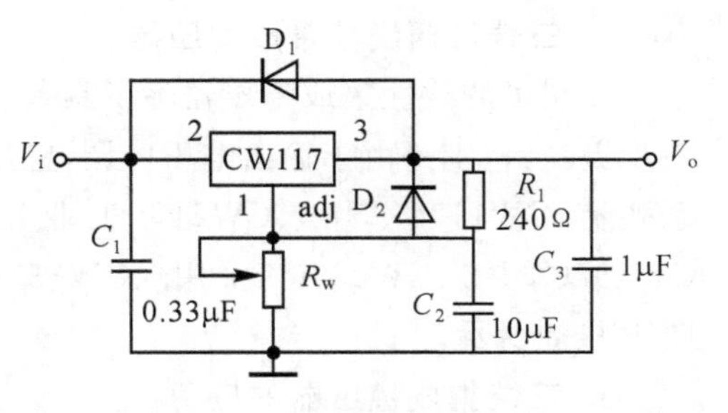

图 10-4-7 三端可调输出正电源

常温下输出端和调整端电压的典型值为 1.25 V，由图可知

$$V_o = 1.25 \times (1 + \frac{R_w}{R_1}) + I_{adj}R_p \approx 1.25 \times (1 + \frac{R_p}{R_1})$$

I_{adj} 为调整端的电流，因其值较小，计算时可忽略。

图 10-4-8 所示是以 CW317、CW337 为例的输出可调正负电源。其分析、计算方法和正电源相同。

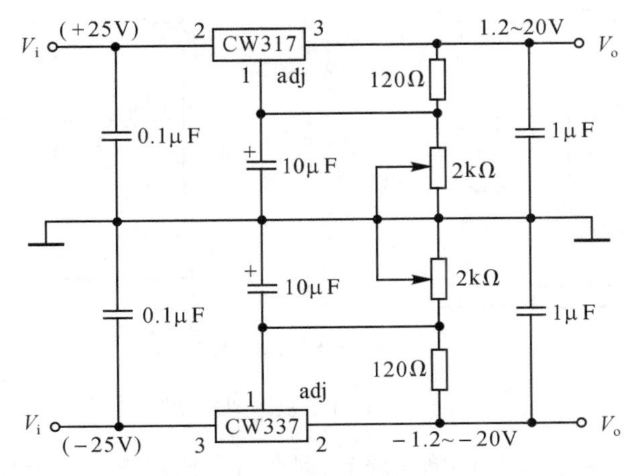

图 10-4-8　可调正负电源

10.5　开关式稳压电路

前面讨论过的线性稳压电源，其调整管在稳压过程中的电压和电流是连续的，由于其自耗过大，会使稳压电源的效率降低，也不利于电源的安全稳定工作。为了解决上述问题，设计出了开关型的稳压电源，并且得到了广泛的应用。

所有开关电源的调整管都工作在开关状态，此时如果调整管饱和，管压降小；调整管截至时，电流为零。可知调整管的功耗（$P_C = V_{CE}I_C$）很小，效率很高，一般可达 80% ～ 90%。

10.5.1　开关电源的控制方式

1. 脉冲宽度调制方式

脉冲宽度调制方式简称脉宽调制（Pules Width Modulation，缩写为 PWM）。其特点是固定开关频率，通过改变脉冲宽度来调节占空比。其缺点是受功率开关管最小导通时间的限制，对输出电压不能做宽范围有效调节。目前集成开关电源大多采用 PWM 方式。

2. 脉冲频率调制方式

脉冲频率调制方式简称脉频调制（Pules Frenqency Modulation，缩写为 PFM）。它是将脉冲宽度固定，通过改变开关频率来调节占空比的。PWM 方式和 PFM 方式的调制波形分别如图 10-5-1(a)、(b) 所示，t_p 表示脉冲宽度（即功率开关管的导通时间 T_{on}，T 代表周期）。从中很容易看出两者的区别。无论是改变 t_p 还是 T，最终调节的都是脉冲占空比（t_p/T），输出电压和占空比成正比。

3. 混合调制方式

混合调制方式是指脉冲宽度与开关频率均不固定，彼此都能改变的方式。它属于 PWM

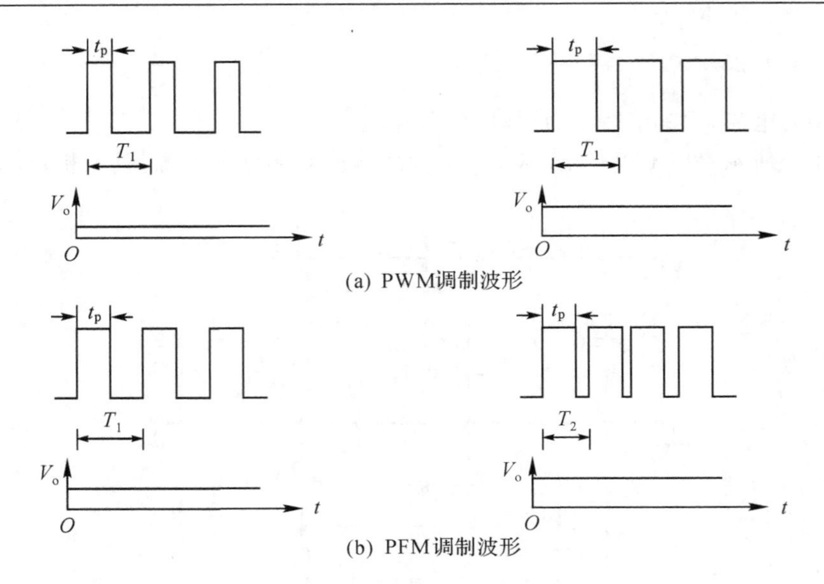

图 10-5-1　开关电源调制波形

和PFM混合方式。由于 t_p 和 T 均可单独调节，因此占空比调节范围最宽，适合制作供实验室使用的输出电压可宽范围调节的开关电源。

10.5.2　开关式稳压电路的工作原理及应用电路

1. 开关式稳压电路工作原理

开关式串联稳压电路就是把串联型稳压电路的调整管由线性工作状态改为开关工作状态，其工作原理可由图 10-5-2(a) 所示电路来说明。

图中 S 是一个周期性导通和截止的调整开关，则在输出端可得到一个矩形脉冲电压，如图 10-5-2(b) 所示。用开关稳压电路制作的电源称为开关稳压电源。调整开关以一定的频率导通和关断，则在负载上得到如图 10-5-2(b) 所示的脉冲电压，其输出电压平均值为

$$V_o = \frac{t_1}{T}V_i = qV_i \tag{10-5-1}$$

式中：T 为开关工作周期，t_1 为开关接通的持续时间，q 为开关工作的占空比。

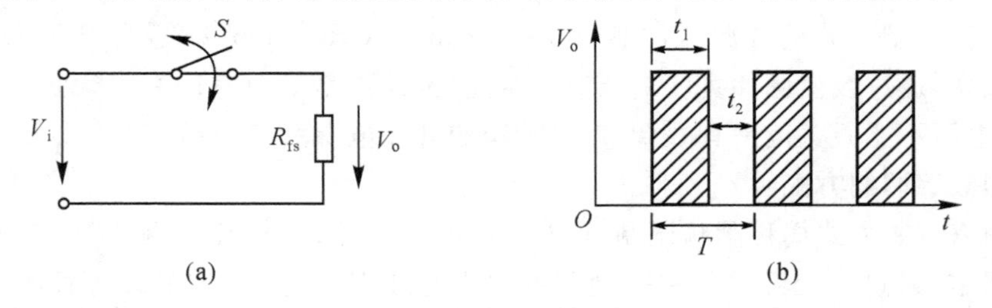

图 10-5-2　开关式稳压电路工作原理示意图

从式(10-5-1) 可知，要想改变输出电压，可利用改变脉冲的占空比来实现。具体实现有PWM和PFM两种方式。本节只介绍PWM型开关稳压电源。开关电路也是用电路本身形成的反馈回路来实现自动调节的。当输入电压 V_i 升高而引起输出电压升高时，我们可以将开

关接通时间减小，使输出电压恢复到额定值。反之，当输入电压 V_i 降低时，我们将开关接通的时间增加。调整开关通常采用三极管、可控硅和磁开关等。

2. 开关式稳压电路实例

脉宽调制型开关电源电路如图 10-5-3 所示。该电路也是用闭合的反馈环路来实现自动调节的。除了有检测比较放大部分外，还必须把差动放大器的输出电压量，转换成脉冲宽度的脉宽调节器和一个产生固定频率的振荡源，以作为时间振荡器装置。由于输入电源向负载提供能量不像串联线性稳压电源那样连续，而是断续的，为使负载能得到连续的能量供给，开关型稳压电源必须要有一套储能装置，在开关接通时能将能量储存起来，在开关断开时向负载释放能量。这需要用由电感 L、电容 C 组成的滤波器。二极管 D 用以使负载电流继续流通，所以称为续流二极管。

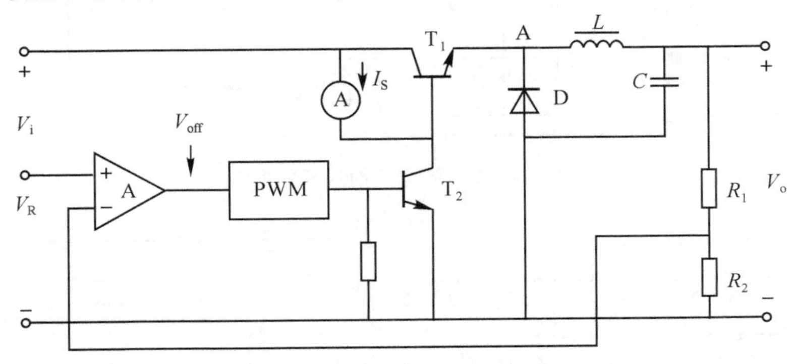

图 10-5-3　脉宽调制型开关电源

脉宽调制器产生一串矩形脉冲，当脉冲是低电平时，T_2 截止，则 T_1 基极得到全部的 I_S 值而饱和导通，这时续流二极管 D 因反偏而截止，使 A 点电压 V_A 达到输入电压 V_i 值，于是对电感 L 和电容 C 进行充电，同时给负载提供能量输出，电感 L 在 T_1 接通的时间 t_{on} 内储存能量，电感中的电流 i_L 在 t_{on} 时间内是线性增加的。当脉冲使 T_2 饱和导通时，开关管 T_1 截止，电感中流过电流通过二极管 D 续流，电感电压极性倒转；电感中储存的能量释放时，电感中电流 i_L 线性减小。适当选择 L 和 C 值，在 T_1 关断时间 t_{off} 内保证负载电流的连续性。

10.5.3　脉宽调制式开关电源的应用电路

1. 带高频输出变压器的开关电源

带高频输出变压器的开关电源的原理框图如图 10-5-4 所示。交流 220 V/50 Hz 输入电压经过整流滤波电路后变成直流电压，再由功率开关管 T(或 MOSFET) 斩波、高频变压器 B 变压，得到高频矩形波电压。

图 10-5-5 为单片开关电源典型应用电路。TOPSWitch 为 PWM 控制系统的集成芯片，为美国 PI 公司的产品，B 是高频变压器，D_{Z1} 和 D_1 保护 TOPSWitch 不被高频变压器产生的尖峰电压所击穿，D_2 和 C_{out}、D_3 和 C_f 起整流滤波作用。

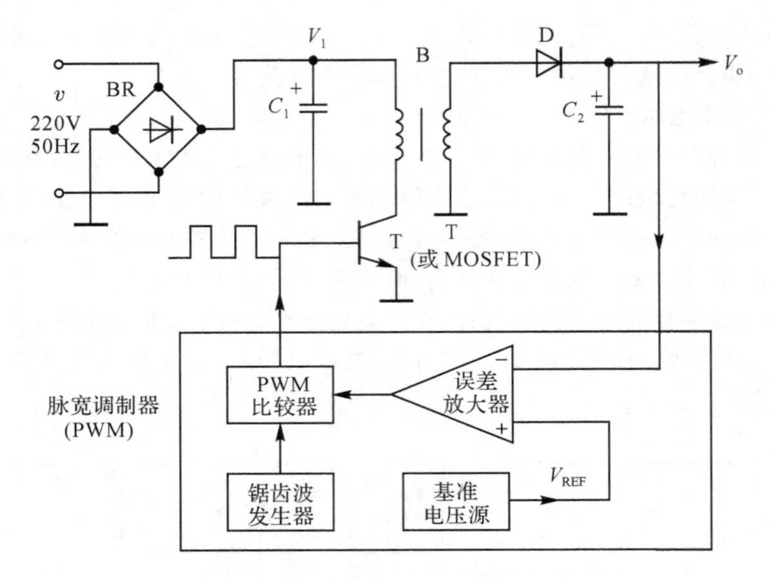

图 10-5-4 脉宽调制式开关电源

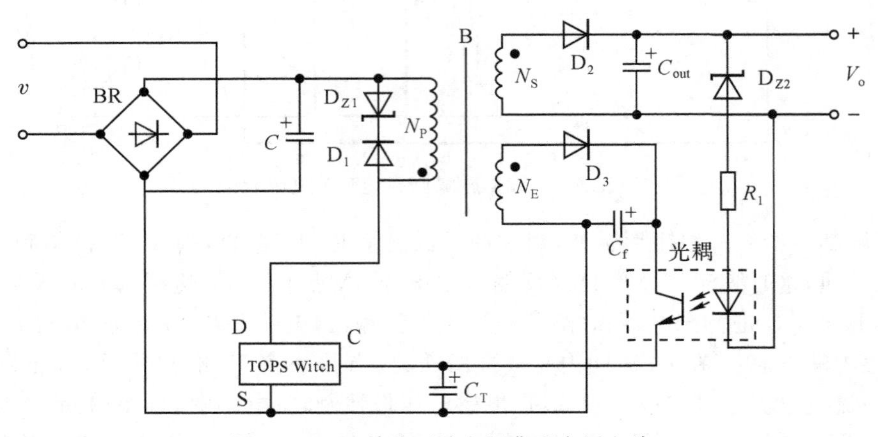

图 10-5-5 单片开关电源典型应用电路

2. 不带高频输出变压器的开关电源

不带高频输出变压器的开关电源原理图如图 10-5-6 所示。它由开关调整管 T、滤波器及续流二极管 D、控制电路三大部分组成。其中控制电路有专用的集成电路,其内部包含三角波(或锯齿波)发生器、基准电压源、误差放大器 A_1、电压比较器 A_2 等。虚线框内为专用的集成电路,有些专用的集成电路也把调整管置于其中。

这种开关稳压电源的基本工作原理是:控制电路使调整管 T 工作在开关状态,将整流滤波输出的电压转变成断续的矩形脉冲电压 V_E,再经 LC 滤波及二极管 D 续流变为直流电压输出。自动稳压是靠取样电压 V_F 经控制电路去改变调整管的开关时间实现的。

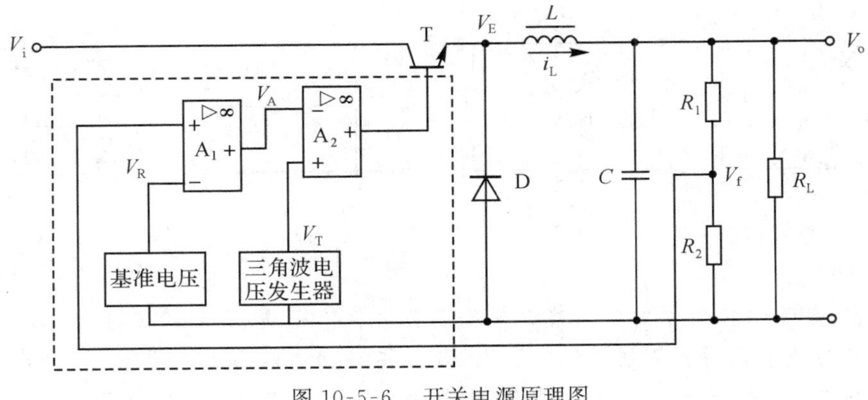

图 10-5-6　开关电源原理图

本章小结

本章介绍了直流稳压电源的组成，各部分电路的工作原理和各种不同类型电路的结构及工作特点、性能指标等。主要内容可归纳如下：

1. 直流稳压电源由整流电路、滤波电路和稳压电路组成。整流电路将交流电压变为脉动的直流电压，滤波电路可减小脉动使直流电压平滑，稳压电路的作用是在电网电压波动或负载电流变化时保持输出电压基本不变。

2. 整流电路有半波和全波两种，最常用的是单相桥式整流电路。分析整流电路时，应分别判断在变压器副边电压正、副半周两种情况下二极管的工作状态（导通或截止），从而得到负载两端电压、二极管端电压及其电流波形，并由此得到输出电压和电流的平均值，以及二极管的最大平均整流电流和所承受的最高反向电压。

3. 滤波电路通常有电容滤波、电感滤波和复式滤波，本章重点介绍电容滤波电路。在$R_L C=(3\sim5)T/2$时，滤波电路的输出电压约为$1.2V_2$，负载电流较大时，应采用电感滤波，对滤波效果要求较高时，应采用复式滤波。

4. 在串联型线性稳压电源中，调整管、基准电压电路、输出电压采样电路和比较放大电路是基本组成部分。电路引入深度电压负反馈，使输出电压稳定。基准电压的稳定性和反馈深度是影响输出电压稳定性的重要因素。

5. 开关型稳压电路中的调整管工作在开关状态，因而功耗小，电路效率高，但一般输出的纹波电压较大，适用于输出电压调节范围小、负载对输出纹波要求不高的场合。

习　题

10-1　在题 10-1 图所示电路中，已知输入电压 v_i 为正弦波，试分析哪些电路可以作为整流电路？哪些不能，为什么？应如何改正？

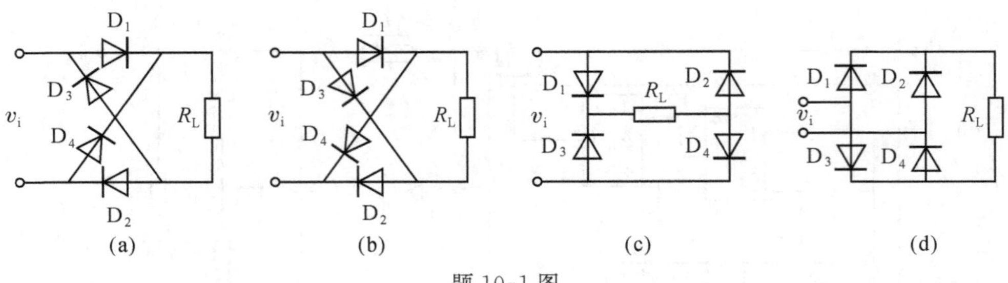

题 10-1 图

10-2 在如题 10-2 图所示的桥式整流电容滤波电路中，已知 $C = 1000\mu F$，$R_L = 40\Omega$。若用交流电压表测得变压器次级电压为 20V，再用直流电压表测得 R_L 两端电压为下列几种情况，试分析哪些是合理的？哪些表明出了故障？并说明原因。(1)$V_o = 9$ V；(2)$V_o = 18$ V；(3) $V_o = 28$ V；(4)$V_o = 24$ V。

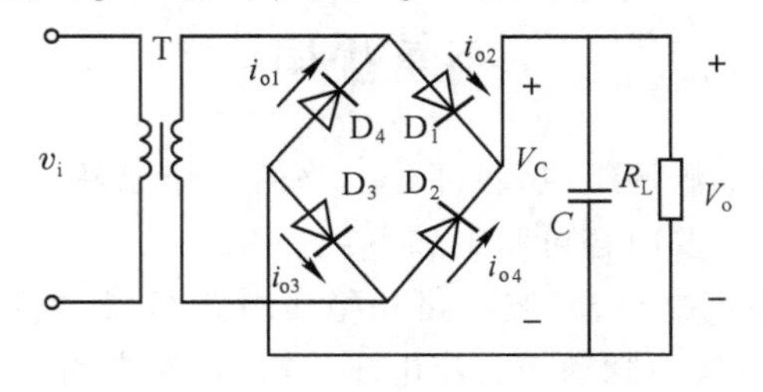

题 10-2 图

10-3 已知桥式整流电路负载 $R_L = 20\Omega$，需要直流电压 $V_o = 36$V。试求变压器次级电压、电流及流过整流二极管的平均电流。

10-4 在桥式整流电容滤波电路中，已知 $R_L = 120\Omega$，$V_o = 30$V，交流电源频率 $f = 50$ Hz。试选择整流二极管，并确定滤波电容的容量和耐压值。

10-5 如题 10-5 图所示，已知稳压管的稳定电压 $V_Z = 12$V，硅稳压管稳压电路输出电压为多少？R 值如果太大时能否稳压？R 值太小又如何？

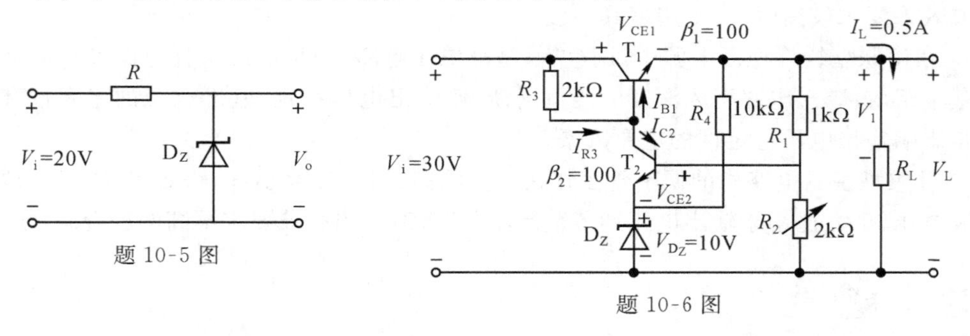

题 10-6 图

10-6 在题 10-6 图所示的串联型稳压电路中，已知稳压管 D_Z 的稳定电压 $V_Z = 3.3$V，输出电压的正常值为 $V_o = 12$V，如果 $R_1 = 1$kΩ，R_2 应调到多大值？如要求 V_o 能调节 ±10%，R_2 应为多大的电位器？

10-7 在题 10-6 图所示的串联型稳压电路中，已知取样电阻 $R_1 = 100\Omega$，$R_2 = 400\Omega$，基准电压 $V_Z = 6$V，求输出电压的调节范围。

10-8 在下面几种情况中，可选用什么型号的三端集成稳压器？

(1)$V_o = +12V$，R_L 最小值为 15Ω；

(2)$V_o = +6V$，最大负载电流 $I_{Lmax} = 300mA$；

(3)$V_o = -15V$，输出电流范围 I_o 为 10 ～ 80mA。

10-9　如题 10-9 图所示电路中，三极管起何种作用？

10-10　如题 10-10 图所示，三端集成稳压器静态电流为 $I_o = 6mA$，R_w 为电位器，为了得到 10V 的输出电压，试问：应将 R_w 调到多大？

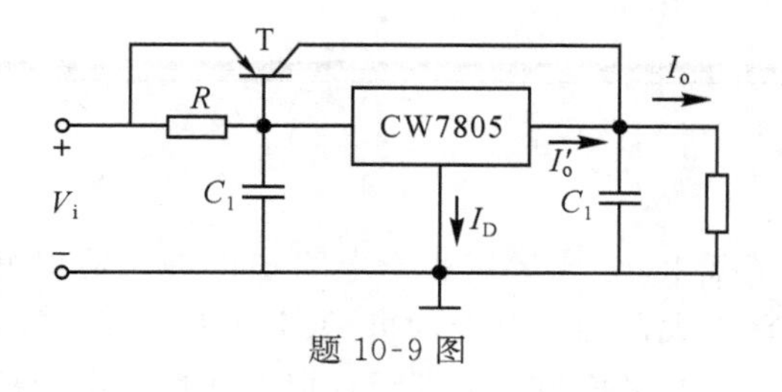

题 10-9 图

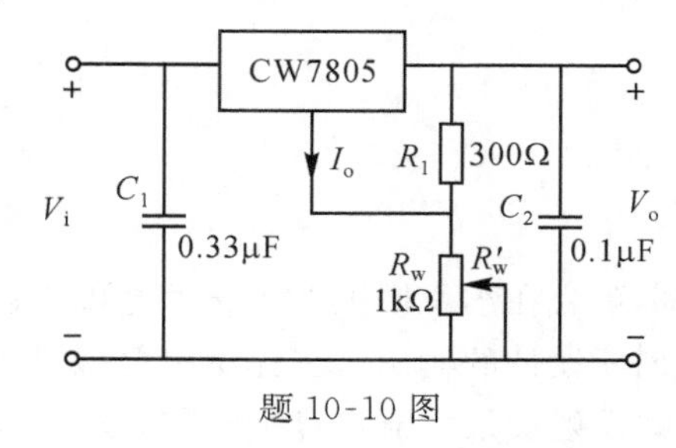

题 10-10 图

10-11　题 10-11 图是一种开关电源的基本原理图，试说明 L、C、D 的作用并画出图中 V_s、V_C、V_o 的波形。

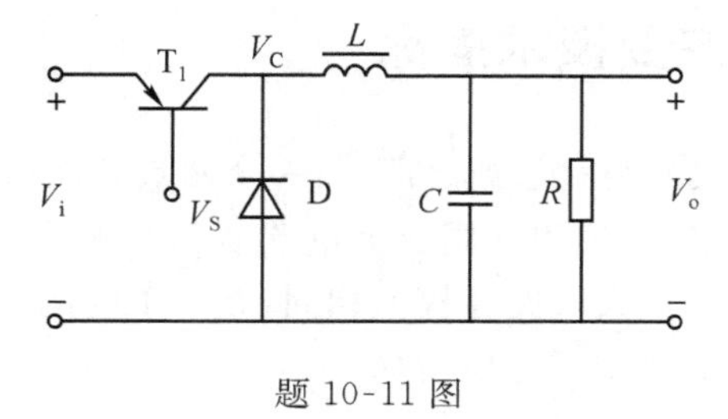

题 10-11 图

10-12　试求题 10-12 图的输出电压表达式。

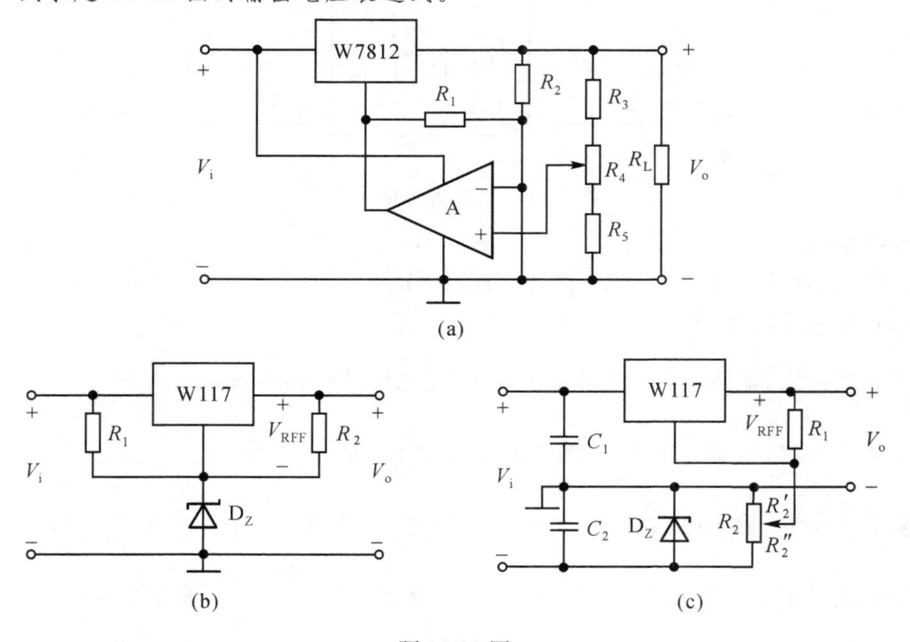

题 10-12 图

第 11 章　放大电路设计实例选编

本章为在学习模拟电子技术基础知识的基础上，综合运用所学电路知识进行模拟电子电路创新设计的实例。首先给出模拟集成运算放大器的主要技术指标、分类和使用常识，然后以共发射极放大器设计、音频功率放大器设计、心电信号放大器设计以及线性三端稳压电路设计为实例，并对设计要求、设计方案和设计过程进行了详细阐述。

11.1　放大电路主要技术指标

如图 11-1-1 所示为放大电路示意图。可看成一个两端口网络。不同放大电路在 $\dot{U}_s$ 和 R_L 相同的条件下，$\dot{I}_i$、$\dot{U}_o$、$\dot{I}_o$ 将不同，说明不同放大电路从信号源索取的电流不同，且对同样的信号的放大能力也不同；同一放大电路在幅值相同、频率不同的 $\dot{U}_s$ 作用下，$\dot{U}_o$ 将不同。为反映放大电路各方面的性能，引出如下主要指标：

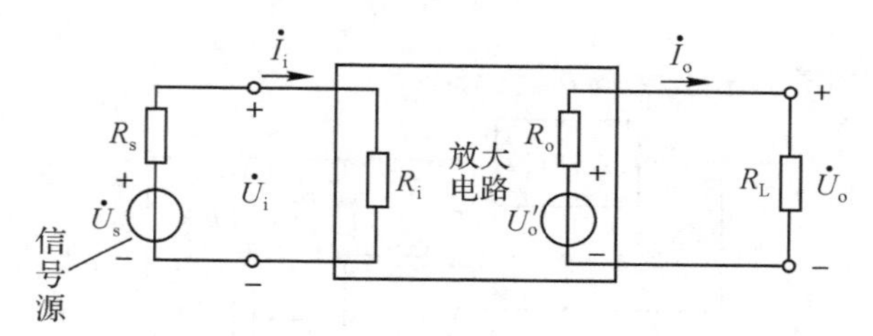

图 11-1-1　放大电路示意图

1. 放大倍数

放大倍数：直接衡量放大电路放大能力的指标。

对小功率放大电路只关心电压放大倍数。

电压放大倍数：输出电压 $\dot{U}_o$ 与输入电压 $\dot{U}_i$ 之比，即 $\dot{A}_u=\dfrac{\dot{U}_o}{\dot{U}_i}$。

电流放大倍数：输出电流 $\dot{I}_o$ 与输入电流 $\dot{I}_i$ 之比，即 $\dot{A}_i=\dfrac{\dot{I}_o}{\dot{I}_i}$。

互阻放大倍数：输出电压 $\dot{U}_o$ 与输入电流 $\dot{I}_i$ 之比，即 $\dot{A}_{ui}=\dfrac{\dot{U}_o}{\dot{I}_i}$，单位为电阻。

互导放大倍数：输出电流 $\dot{I}_o$ 与输入电压 $\dot{U}_i$ 之比，即 $\dot{A}_{iu}=\dfrac{\dot{I}_o}{\dot{U}_i}$，单位为电导。

当输入信号为缓慢变化量或直流变化量时，输入电压用 Δu_I 表示，输入电流用 Δi_I 表示，输出电压用 Δu_o 表示，输出电流用 Δi_o 表示。则 $A_u = \Delta u_o/\Delta u_I$，$A_i = \Delta i_o/\Delta i_I$，$A_{ui} = \Delta u_o/\Delta i_I$，$A_{iu} = \Delta i_o/\Delta u_I$。

2. 输入电阻

如图 11-1-2 所示，输入电阻是从放大电路输入端看进去的等效电阻，定义为输入电压有效值 U_i 和输入电流有效值 I_i 之比，即 $R_i = \dfrac{U_i}{I_i}$。

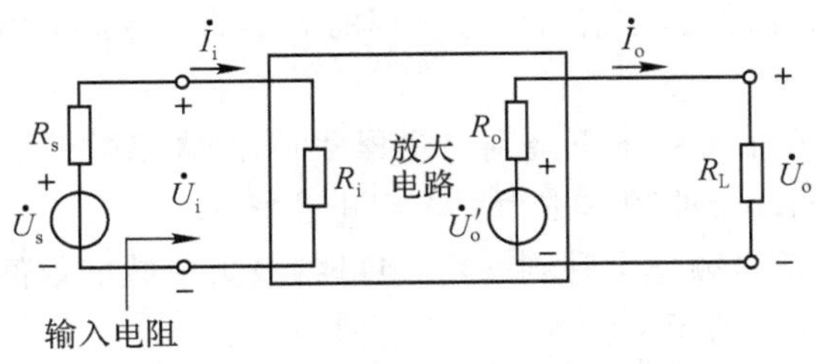

图 11-1-2　放大电路输入输出阻抗

R_i 越大，表明放大电路从信号源索取的电流越小，放大电路所得到的输入电压 U_i 越接近信号源电压 U_s。

3. 输出电阻

任何放大电路的输出都可以等效成一个有内阻的电压源，如图 11-1-2 所示。

输出电阻 R_o：从放大电路输出端看进去的等效内阻称为输出电阻 R_o。

U'_o 为空载时的输出电压有效值，U_o 为带负载后的输出电压有效值，因此

$$U_o = \frac{R_L}{R_o + R_L} \cdot U'_o$$

输出电阻为：

$$R_o = \left(\frac{U'_o}{U_o} - 1\right) R_L$$

R_o 愈小，负载电阻 R_L 变化时，U_o 的变化愈小，放大电路的带负载能力愈强。

当两个放大电路相互连接时，如图 11-1-3 所示。放大电路 Ⅱ 的输入电阻 R_{i2} 是放大电路 Ⅰ 的负载电阻，而放大电路 Ⅰ 可看成为放大电路 Ⅱ 的信号源，内阻就是放大电路 Ⅰ 的输出电阻 R_{o1}。因此，输入电阻和输出电阻均会直接或间接地影响放大电路的放大能力。

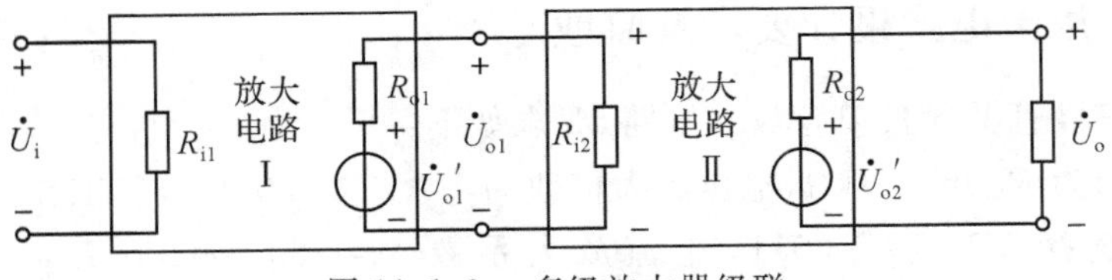

图 11-1-3　多级放大器级联

4. 通频带

通频带用于衡量放大电路对不同频率信号的放大能力。由于放大电路中电容、电感及半导体器件结电容等电抗元件的存在，在输入信号频率较低或较高时，放大倍数的数值会下降并产生相移。通常情况下，放大电路只适用于放大某一个特定频率范围内的信号。如图 11-1-4 所示为某放大电路的幅频特性曲线。

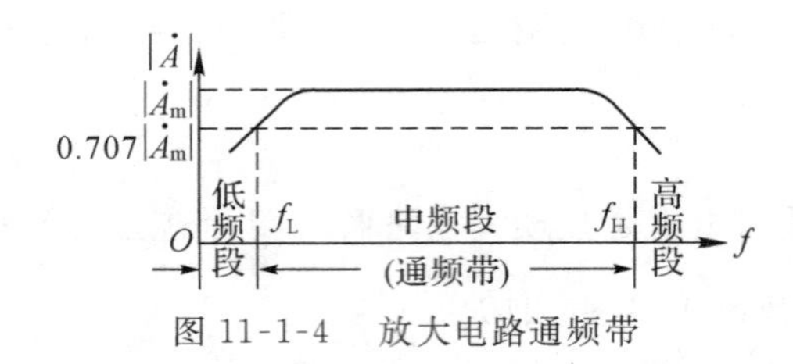

图 11-1-4 放大电路通频带

幅频特性曲线：放大倍数的数值与信号频率的关系曲线，称幅频特性曲线。$\dot{A}_{m}$ 为中频放大倍数。

下限截止频率 f_{L}：在信号频率下降到一定程度时，放大倍数的数值明显下降，使放大倍数的数值等于 0.707 倍 $|\dot{A}_{m}|$ 的频率称为下限截止频率 f_{L}。

上限截止频率 f_{H}：信号频率上升到一定程度时，放大倍数的数值也将下降，使放大倍数的数值等于 0.707 倍 $|\dot{A}_{m}|$ 的频率称为上限截止频率 f_{H}。

通频带 BW：f_{L} 与 f_{H} 之间形成的频带称中频段，或通频带 BW。

$$BW = f_{H} - f_{L}$$

通频带越宽，表明放大电路对不同频率信号的适应能力越强。

5. 最大不失真输出电压

最大不失真输出电压定义为当输入电压再增大就会使输出波形产生非线性失真时的输出电压。

6. 最大输出功率与效率

最大输出功率 P_{om}：在输出信号不失真的情况下，负载上能够获得的最大功率称为最大输出功率 P_{om}。此时，输出电压达到最大不失真电压。

效率 η：直流电源能量的利用率。P_{om} 为最大输出功率，P_{dc} 为电源消耗功率。

$$\eta = \frac{P_{om}}{P_{dc}}$$

η 越大，放大电路的效率越高，电源的利用率就越高。

11.2 三极管共射极单管放大电路设计

11.2.1 放大电路设计要求及原理

设计一个三极管共射极单管放大电路，要求如下：

1. 负载电阻为 $R_{L} = 2.4\text{k}\Omega$，电压放大倍数为 $|A_{u}| > 50$ 的静态工作点稳定的放大电路。三极管可选择 3DG6 或 9011，电流放大系数 $\beta = 60 \sim 150$，$I_{CM} \geqslant 100\text{mA}$，$P_{CM} \geqslant 450\text{mW}$。

2. 画出放大电路的原理图，测量出放大电路的各项指标。

11.2.2 原理图分析

1. 原理简述

图 11-2-1 所示为电阻分压式静态工作点稳定放大电路。它的偏置电路采用 R_{B1} 和 R_{B2}

组成的分压电路，并在发射极中接有电阻 R_E，以稳定放大器的静态工作点。当在放大器的输入端加入输入信号 v_i 后，在放大器的输出端便可得到一个与 v_i 相位相反、幅值被放大了的输出信号 v_0，从而实现了电压放大。

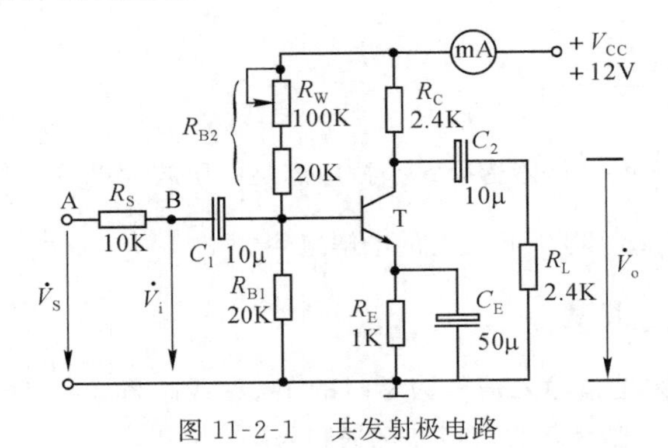

图 11-2-1　共发射极电路

2. 静态参数分析

在图 11-2-1 电路中，当流过偏置电阻 R_{B1} 和 R_{B2} 的电流远大于三极管 T 的基极电流 I_B 时(一般为 5 ～ 10 倍)，则它的静态工作点可用下式估算：

$$V_B \approx \frac{R_{B1}}{R_{B1}+R_{B2}}V_{CC}$$

$$I_E \approx \frac{V_B - V_{BE}}{R_E} = (1+\beta)I_B$$

$$V_{CE} = V_{CC} - I_C(R_C + R_E)$$

3. 动态参数分析

电压放大倍数

$$A_V = -\beta\frac{R_C // R_L}{r_{be}}$$

输入电阻

$$R_i = R_{B1} // R_{B2} // r_{be}$$

输出电阻

$$R_o \approx R_C$$

11.2.3　电路参数的设计

1. 电阻 R_E 的选择

根据电路得

$$R_E = \frac{V_B}{(1+\beta)I_B}$$

式中 β 的取值范围为 60 ～ 150 之间，V_B 选择 3.5V，I_B 可根据 β 和 I_{CM} 选择。

2. 电阻 R_{B1}，R_{B2} 的选择

流过 R_{B2} 的电流 I_{B2} 一般为(5 ～ 10)I_B，所以，R_{B1}，R_{B2} 可由下式确定

$$R_{B1} = \frac{V_B}{I_{B2} - I_B}$$

$$R_{B2} = \frac{V_{CC} - V_B}{I_{B2}}$$

3. 电阻 R_C 的选择

根据电路可得

$$R_C = \frac{V_{CC} - V_{CE}}{\beta I_B} - R_E$$

式中可取 $V_{CE} \approx \frac{1}{2}V_{CC}$，具体选择 R_C 时，应满足电压放大倍数 $|A_v|$ 的要求。此外，电容 C_1、C_2 和 C_e 可选择 $10\mu F$ 和 $50\mu F$ 左右的电解电容。

11.2.4 测量与调试

放大器的静态参数是指输入信号为零时的 I_B、I_C、V_{BE} 和 V_{CE}。动态参数为电压放大倍数、输入电阻、输出电阻、最大不失真电压和通频带等。

1. 静态工作点的测量

测量放大器的静态工作点，应在输入信号 $v_i = 0$ 的情况下进行，即将放大器输入端与地端短接，然后选用量程合适的直流毫安表和直流电压表，分别测量三极管的集电极电流 I_C 以及各电极对地的电位 V_B、V_C 和 V_E。一般实验中，为了避免断开集电极，所以采用测量电压 V_E 或 V_C，然后计算出 I_C 的方法，例如，只要测出 V_E，即可用

$I_C \approx I_E = \frac{V_E}{R_E}$ 算出 I_C（也可根据 $I_C = \frac{V_{CC} - V_C}{R_C}$，由 V_C 确定 I_C），

同时也能算出 $V_{BE} = V_B - V_E$，$V_{CE} = V_C - V_E$。

为了减小误差，提高测量精度，应选用内阻较高的直流电压表。

2. 静态工作点的调试

放大器静态工作点的调试是指对管子集电极电流 I_C（或 V_{CE}）的调整与测试。

静态工作点是否合适，对放大器的性能和输出波形都有很大影响。如工作点偏高，放大器在加入交流信号以后易产生饱和失真，此时 v_o 的负半周将被削底，如图 11-2-2(a) 所示；如工作点偏低则易产生截止失真，即 v_o 的正半周被缩顶（一般截止失真不如饱和失真明显），如图 11-2-2(b) 所示。这些情况都不符合不失真放大的要求。所以在选定工作点以后还必须进行动态调试，即在放大器的输入端加入一定的输入电压 v_i，检查输出电压 v_o 的大小和波形是否满足要求。如不满足，则应调节静态工作点的位置。

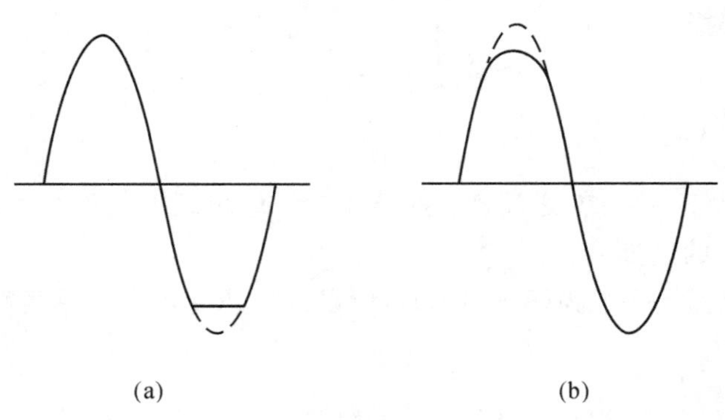

图 11-2-2 静态工作点对 v_o 波形失真的影响

改变电路参数 V_{CC}、R_C、R_B（R_{B1}、R_{B2}）都会引起静态工作点的变化，如图 11-2-3 所示。但通常多采用调节偏置电阻 R_{B2} 的方法来改变静态工作点，如减小 R_{B2}，则可使静态工作点提高等。

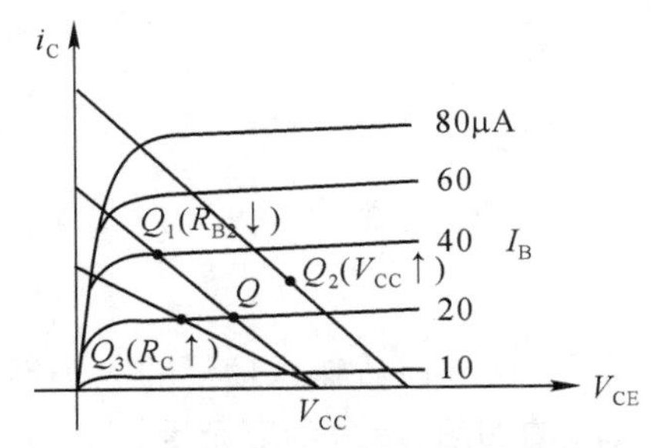

图 11-2-3　电路参数对静态工作点的影响

所谓的工作点"偏高"或"偏低"不是绝对的，应该是相对信号的幅度而言，如输入信号幅度很小，即使工作点较高或较低也不一定会出现失真。所以确切地说，产生波形失真是信号幅度与静态工作点设置配合不当所致。如需满足较大信号幅度的要求，静态工作点最好尽量靠近交流负载线的中点。

3. 电压放大倍数 A_V 的测量

调整放大器到合适的静态工作点，然后加入输入电压 v_i，在输出电压 v_o 不失真的情况下，用交流毫伏表测出 v_i 和 v_o 的有效值 V_i 和 V_o，则

$$A_V=\frac{V_o}{V_i}$$

4. 输入电阻 R_i 的测量

为了测量放大器的输入电阻，按图 11-2-4 电路在被测放大器的输入端与信号源之间串入一已知电阻 R，在放大器正常工作的情况下，用交流毫伏表测出 V_S 和 V_i 的有效值，则根据输入电阻的定义可得

$$R_i=\frac{V_i}{I_i}=\frac{V_i}{\frac{V_R}{R}}=\frac{V_i}{V_S-V_i}R$$

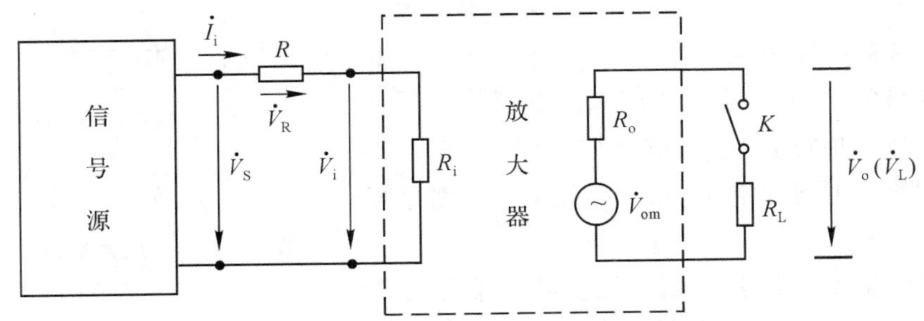

图 11-2-4　输入、输出电阻测量电路

测量时应注意下列几点：

① 由于电阻 R 两端没有电路公共接地点，所以测量 R 两端电压 V_R 时必须分别测出 V_S 和 V_i，然后按 $V_R=V_S-V_i$ 求出 V_R 值。

② 电阻 R 的值不宜取得过大或过小，以免产生较大的测量误差，通常取 R 与 R_i 为同一

数量级为好，本实验可取 $R = 1 \sim 2\text{k}\Omega$。

5. 输出电阻 R_o 的测量

按图 11-2-4 所示电路，在放大器正常工作条件下，测出输出端不接负载 R_L 的输出电压 V_{om} 和接入负载后的输出电压 V_L，根据

$$V_L = \frac{R_L}{R_o + R_L} V_{om}$$

即可求出

$$R_o = \left(\frac{V_{om}}{V_L} - 1\right) R_L$$

在测试中应注意，必须保持 R_L 接入前后输入信号的大小不变。

6. 最大不失真输出电压 V_{OPP} 的测量(最大动态范围)

如上所述，为了得到最大动态范围，应将静态工作点调在交流负载线的中点。为此在放大器正常工作情况下，逐步增大输入信号的幅度，并同时调节 R_W(改变静态工作点)，用示波器观察 v_o，当输出波形同时出现削底和缩顶现象如图 11-2-5 时，说明静态工作点已调在交流负载线的中点。然后反复调整输入信号，使波形输出幅度最大，且无明显失真时，用交流毫伏表测出 V_o(有效值)，则动态范围等于 $2\sqrt{2}V_o$。或用示波器直接读出 V_{OPP} 来。

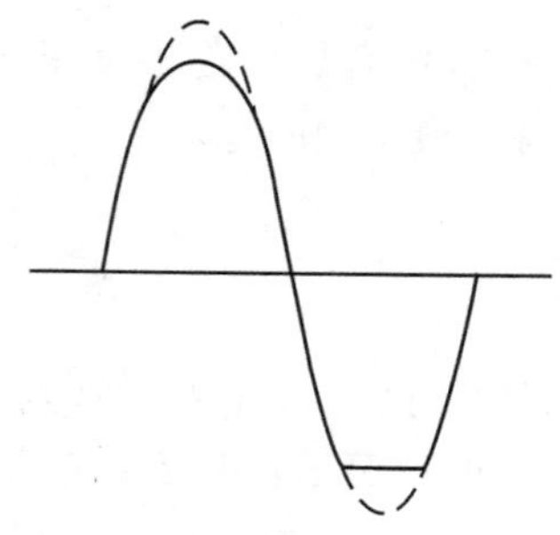

图 11-2-5　静态工作点正常，输入信号太大引起的失真

7. 放大器幅频特性的测量

放大器的幅频特性是指放大器的电压放大倍数 A_v 与输入信号频率 f 之间的关系曲线。单管阻容耦合放大电路的幅频特性曲线如图 11-2-6 所示，A_{vm} 为中频电压放大倍数，通常规定电压放大倍数随频率变化下降到中频放大倍数的 $1/\sqrt{2}$ 倍，即 $0.707A_{vm}$ 所对应的频率分别称为下限频率 f_L 和上限频率 f_H，则通频带 $BW = f_H - f_L$

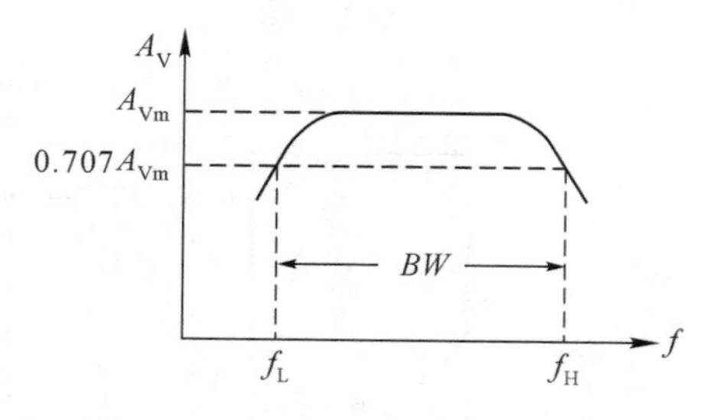

图 11-2-6　放大器通频带测量

放大器的幅率特性就是测量不同频率信号时的电压放大倍数 A_V。为此，可采用前述测 A_V 的方法，每改变一个信号频率，测量其相应的电压放大倍数，测量时应注意取点要恰当，在低频段与高频段应多测几点，在中频段可以少测几点。此外，在改变频率时，要保持输入信号的幅度不变，且输出波形不得失真。

11.3　音响放大器电路设计

11.3.1　音响放大器性能要求

用给定元器件设计一个能对外接收高阻话筒信号、能进行音调控制调节、能对外接 8Ω 扬声器输出功率达 1W 的音响放大器。

1) 输出功率：$P_{OM} \geqslant 1W$，扬声器阻抗 $Z_L = 8\Omega$，采用单电源电压 $V_{CC} = 15V$。

2) 输入阻抗 $R_i > 20k\Omega$。

3) 音响频率响应：$f_L = 40Hz$、$f_H = 15kHz$。

4) 音调控制特性：1kHz：$A_V = 0dB$；

40Hz 与 15kHz：$A_{VL} = A_{VH} \approx \pm 20dB$。

11.3.2　音响放大器各级增益的分配与阻抗匹配

根据设计实验要求，音响放大器整机电路可分为话放与混放级、音调控制级与功放级。根据各级的功能及性能指标要求分配电压增益如图 11-3-1 所示的两种方案。

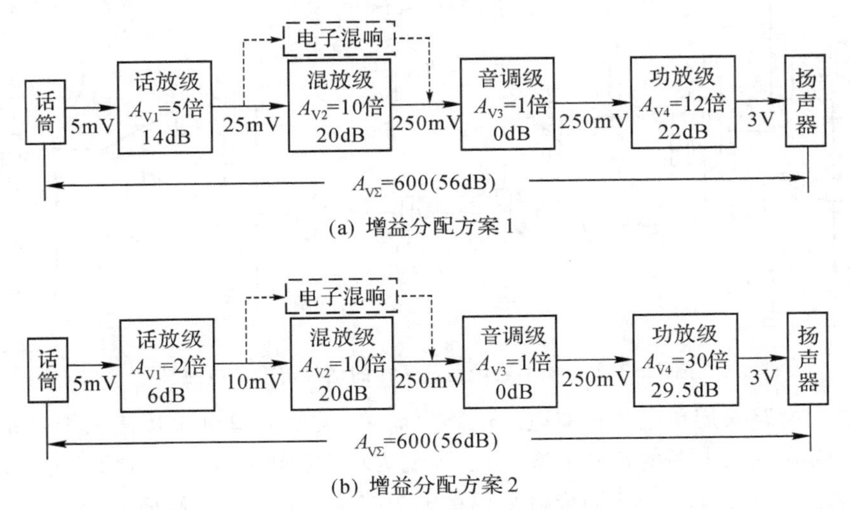

图 11-3-1　音响放大电路框图

如图 11-3-1(a) 所示音响放大电路增益分配方案 1 的特点是：各级增益大体均分，话放级增益 14dB，主要任务解决输入信号的阻抗匹配。音调控制级主要任务是音调调节，虽然在电位器居中时增益为零，但在增益衰减调节时为 −20dB；在增益提升调节时为 20dB。由于普通运放的上限频率较低，增益较高则上限频率更低，因此采用运放驱动大功率管电路可采用此增益分配。

如图 11-3-1(b) 所示音响放大电路增益分配方案 2 的特点是：功放级电压增益较大，比较适用于集成功放电路及采用三极管驱动大功率管的功放电路。

高阻话筒的输出电阻较高，为了使电路的输入阻抗匹配，话放电路宜采用阻抗较高的同相输入电路。

同理，因为音响的负载是 8Ω 的扬声器，在采用单电源供电时电源电压在 12 ～ 15V，要求电路的输出电阻足够小，使音响能输出要求的功率。

11.3.3 单元电路分析

音响放大电路设计主要包含功放电路、话筒信号放大与混放电路、音调控制电路三大部分。设计实验重点是功放电路部分。虽然现在有性能极好的音响集成功放电路模块，但是设计采用普通运放驱动大功率管的功放电路。

1. 采用通用运放前置放大电路

由于话筒的输出信号一般只有 5mV 左右，而输出阻抗达到 20kΩ(亦有低输出阻抗的话筒如 20Ω，200Ω 等)，所以话音放大器的作用是不失真地放大声电信号(最高频率达到 20kHz)。其输入阻抗应远大于话筒的输出阻抗，可采用输入阻抗较大的同相放大器。一般输入电路采用同相输入，在实际应用中的自激噪声较大。可在此运放的输出端与反向输入端间接入一个 0.01μF 的电容来消除自激。

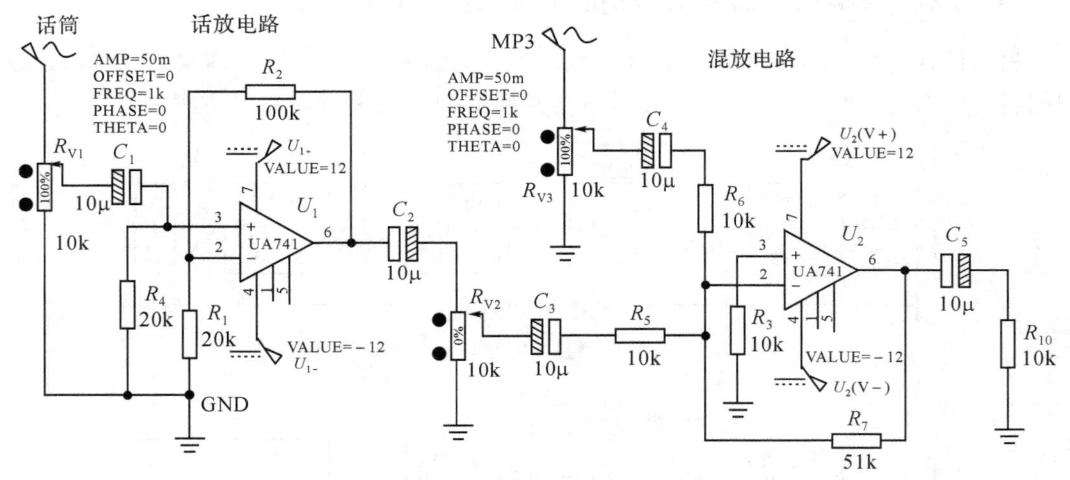

图 11-3-2 采用通用运放 741 的话放与混放电路图

音响放大电路采用单电源比双电源电路要简单，运放的单电源接法只不过是将输入输出电压的参考点由双电源的接地的零电位，改变为单电源电压 V_{CC} 的 1/2 而已。事实上不仅 LM324 可采用单电源，UA741 同样可采用单电源接法，图 11-3-3 就是图 11-3-2 运放 741 的话放与混放都采用单电源供电的电路图。

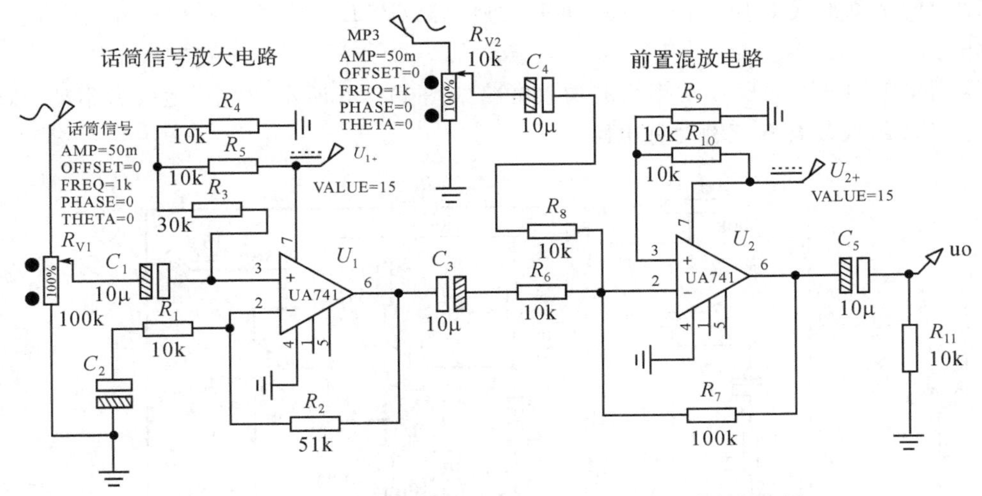

图 11-3-3　用单电源供电的通用运放 741 前置放大电路图

2. 采用专用集成运放的话放电路*（可供选做）

典型的仪表集成运放 AD632 用双电源电压：± 2.5 ～± 5V，一般用单电源电压可取 10V，但其双电源性能也好，电路增益设置简单，仅用一个电阻就可设置电路增益值，在输出端负载电阻应大于 10kΩ 时，输出稳定，作话筒信号放大性能良好。图 11-3-4 所示是采用双电源的低阻话筒信号放大电路。

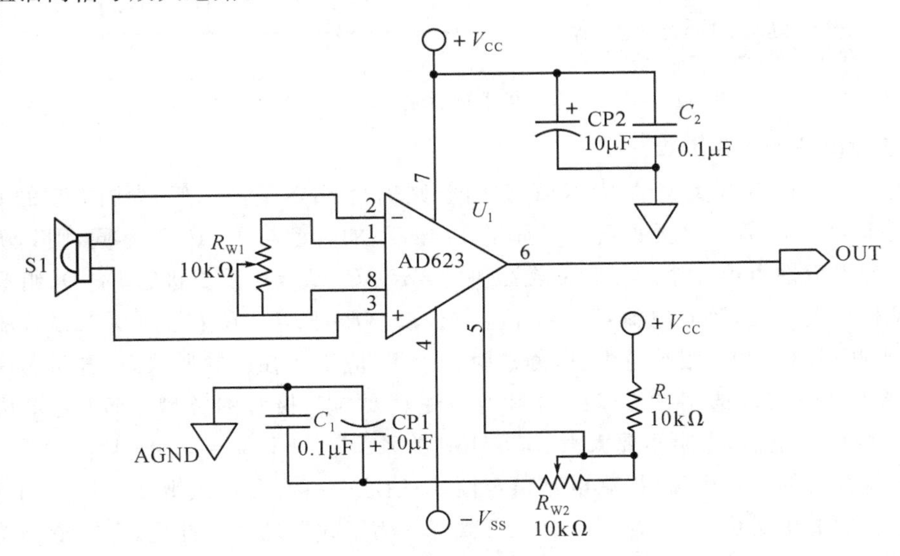

图 11-3-4　用 AD623 的话音放大电路图

AD623 采用单电源供电时，要特别注意调偏置电压，信号输入可采用桥式电路，信号输出最好采用电容耦合输出。

3. 采用运放驱动大功率管的 OTL 功放电路

功率放大器（简称功放）的作用是给音响放大器的负载 R_L（扬声器）提供一定的输出功率。当负载一定时，希望输出的功率尽可能大，输出信号的非线性失真尽可能地小，效率尽可能高。

功放的常见形式 OTL 功放电路、OCL 功放电路、BTL 平衡桥式功放电路，还有立体声功放电路。

采用单电源的运放驱动功率管的功放电路如图 11-3-5 所示。其中，运放为驱动级，三极管 T1－T4 组成复合管互补对称电路。

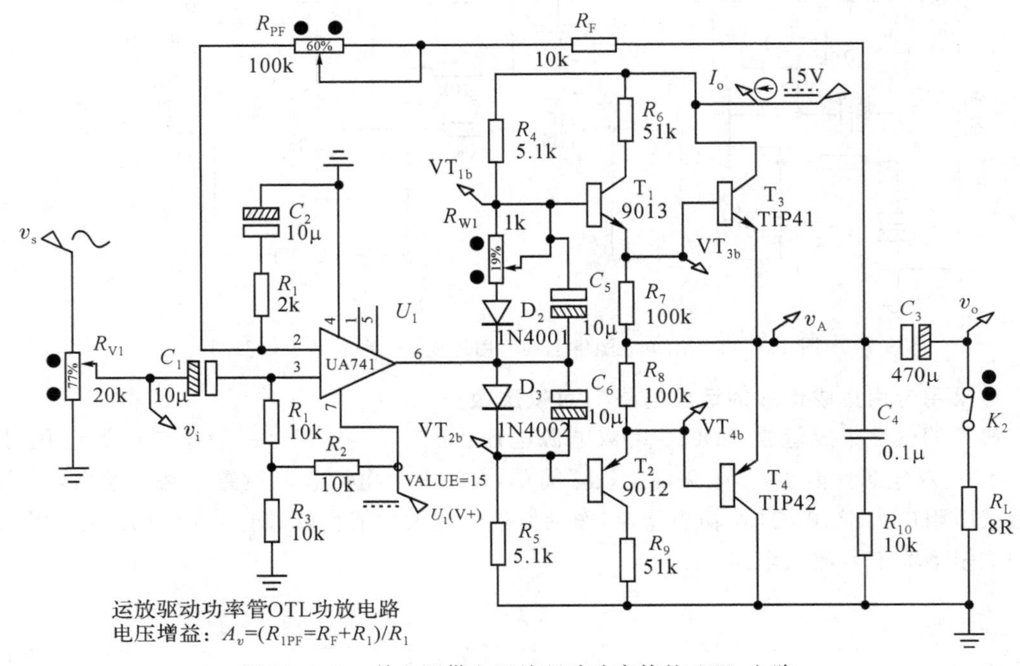

图 11-3-5 单电源供电运放驱动功率管的 OTL 电路

1）功放电路的工作原理

三极管 T_1、T_3 为同类型的 NPN 管，复合管则仍为 NPN 管，T_2、T_4 为同类型的 PNP 管，复合管则仍为 PNP 管。（需要说明的是如果 T_2 或 T_4 的管型与 T_1 或 T_3 不同，则其所组成的复合管的导电极性由第一个三极管的类型决定）。R_4、R_5 及 R_{W1} 及二极管 D_1、D_2 组成两对复合管的基极偏置电路，静态电流：$I_O = (V_{CC} - 2V_D)/(R_4 + R_5 + R_{W1})$。$V_D$ 为二极管的正向压降，为减小静态功耗并克服交越失真，静态时，T_1、T_2 应工作在微导通状态，电路的这种状态为甲乙（AB）类状态，选用二极管的材料类型注意要与三极管的类型一致（例如同为硅材料）R_{W1} 是微调电位器，电阻不要太大。满足下列关系：$V_{T1B} - V_{T2B} = V_{D1} + V_{D2} + V_{RW1}$。$R_7$、$R_8$ 用于减少复合管的穿透电流，提高电路稳定性，一般取一百至几百欧姆。R_6、R_9 为平衡电阻，可使 T_1、T_2 的输出对称，一般取几十至几百欧姆。（为了改善功放的性能，可在复合功率管的输出管脚支路上对称串联反馈电阻，负反馈电阻值一般取 1 欧姆至 2 欧姆）。R_{10}、C_4 为消振电路，有利于消除电感性扬声器易引起的高频自激，改善功放的高频特性。$C_3 = 470\mu F$ 为输出耦合电容，功放的下限频率由此确定：$f_L = 1/(2\pi * R_L * C_3)$

2）功放驱动电路的设置与计算：

功放电路中的运放主要完成电压放大任务，采用自举式同相交流电压放大器。C_1 为输入耦合电容，C_2 是自举电容，有隔直的作用。

R_F 与 R_{PF} 组成反馈电路，与 R_1 共同确定运算电路的比例系数，功放的电压增益为：A_V

$=1+(R_F+R_{PF})/R_1$。

3）功放静态工作点的设置

功放电路参数完全对称，静态时功放的对称中点（输出端）的电压 V_O，在单电源供电时应为 V_{CC} 的 1/2，这就是交流零点。T_1、T_2 的基极电压，应分别约为交流零点加减二极管的正向压降 V_D。由于采用单电源，运放 U_1 的参考电压由 R_2、R_3 组成分压电路确定。（在双电源供电时，输出端对地电压 $V_o=0$）。功放电路的静态电流由 I_o 决定，I_o 过小会有交越失真，I_o 过大则会使功放的效率下降，一般可取 $I_o=2\sim3\text{mA}$。

4. 采用集成功放的参考电路

典型的五端集成功放 TDA200X 系列，性能良好，功能齐全，外接元件少，并附有各种保护和消噪声电路。

典型的 TDA2003 单功放应用电路如图 11-3-6 所示。

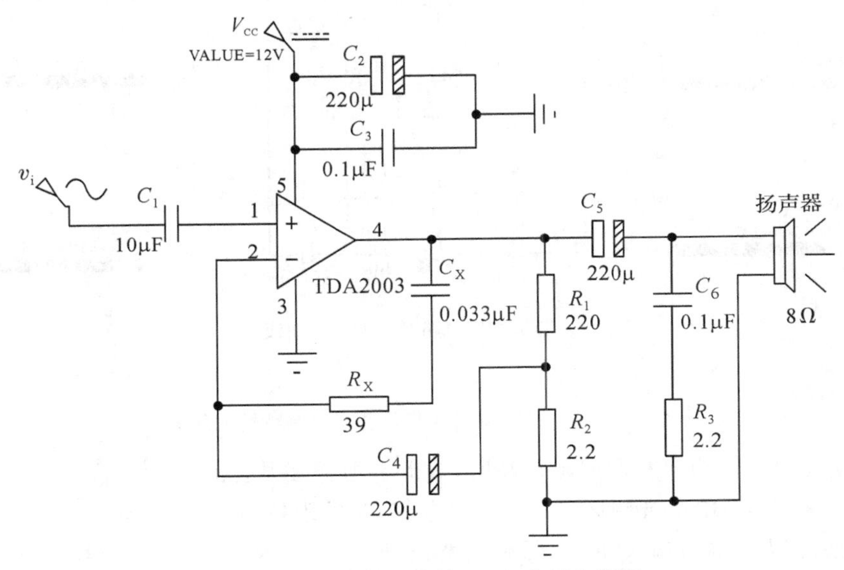

图 11-3-6　单集成功放 TDA 应用电路图

电路补偿支路中的电阻取 $R_X=20R_2$，电容取 $C_X=1/(2\pi R_1 f_C)$。当然，用两个集成功放 TDA2003，可以接成 BTL 桥式功放电路。

5. 音调控制电路

音响放大器的主要特性体现在音调控制电路上，这也是其与通用放大器的区别。音调控制主要是控制音响放大器的幅频特性。以下典型的音调控制电路如图 11-3-7 为例来说明：

以 $f_o=1\text{kHz}$ 为音响的中音频率，设其增益为 0 dB；

f_{L1} 低音转折频率（截止频率），其增益为 ±17 dB；

f_{L2} 低音频区中音转折频率，其增益为 ±3 dB；

f_{H1} 高音频区中音转折频率，其增益为 ±3 dB；

f_{H2} 高音转折频率（截止频率），其增益为 ±17 dB。

可见音调控制电路只对低音频与高音频的增益进行提升或衰减，因此，音调控制电路可由低通滤波器与高通滤波器组成。

典型音调控制电路如图 11-3-7：图中 R_{P1} 为低音控制电位器，其滑动端向左调向音调电路输入端为低音提升，向右调向输出端为低音衰减。

R_{P2} 为高音控制电位器，其滑动端向左调向音调电路输入端为高音提升，向右调向输出端为高音衰减。

高音、低音控制电位器 R_{P1} 与 R_{P2} 均置中端，则音调电路的增益为 0dB（$A_V=1$）。

音调控制电路由低通滤波器与高通滤波器构成。

在图 11-3-7 的电路中，由于 $C_1=C_2=0.033\mu F \gg C_3=C_4=3300pF$，当 $f<f_o$，在中音、低音频区，C_3 与 C_4 可视为开路，电路可作为低通滤波器。

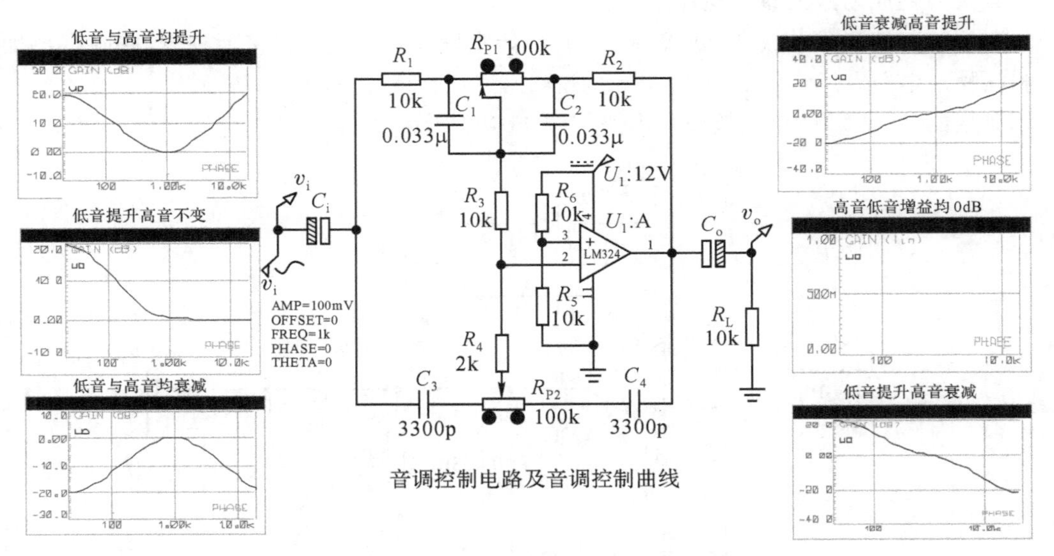

图 11-3-7　音调控制电路及音调控制特性曲线图

当低音音调电位器向左调向输入端时，为低音增益提升；低音频率：$f_L=1/(2\pi R_{P1}C_1)$，令 $C_1=C_2\gg C_3$，在中低音频区 $f<f_o$，因电容 C_3 的阻抗 $X_{C3}\mid_{f=20}\approx 2.4M$，$X_{C3}\gg R_{P1}$，$C_3$ 视为开路；当 R_{P1} 调向输入端 C_1，低频增益提升，$A_{vL}=(R_2+R_{P1})/R_1$。当低音音调电位器向右调向输出端时，为低音增益衰减，如图 11-3-8 所示。

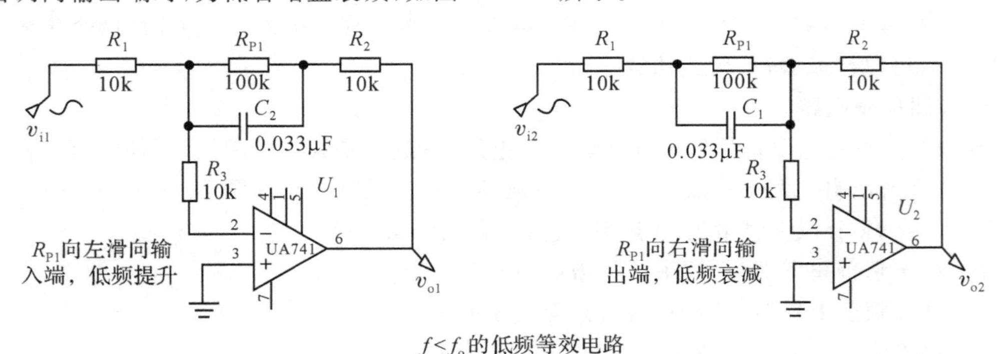

图 11-3-8　低音音调控制等效电路图

同理，对于高音音调控制电路：当 $f>f_o$，在中音、高音频区，将 C_1、C_2 视为短路，R_4 与 R_1、R_2 组成星形连接，将其转换成三角形连接后的电路如图 11-3-9 所示，可视为高通滤波器。$f>f_o$，电容 $C_1=C_2$ 的阻抗 $X_{C1}\mid_{f=20K}=240\Omega$，$C_1$ 与 C_2 可视为短路，等效电路简化为图 11-3-9(a)。对电路作星角变换：$R_A = R_1 + R_3 + R_1 * R_3/R_2 = 3R_1$、$R_A = R_B = R_C = 3R_1 = 30\text{k}\Omega$，等效电路二次简化为图 11-3-9(b)。

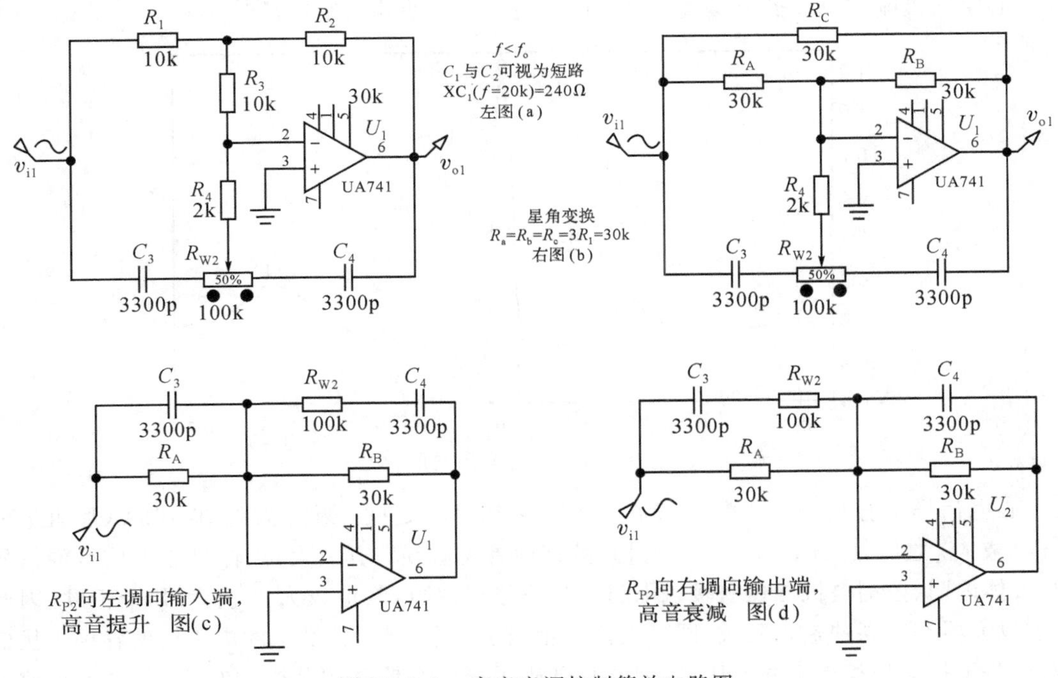

图 11-3-9　高音音调控制等效电路图

在取 $R_3/R_4 = 5$ 时，当高音音调电位器向左调向输出端时，为高音增益提升，电路近似简化为如图 11-3-9(c) 所示。

因为电容 $C_3 = C_4$ 在高音段的阻抗：$X_{C3}\mid_{f=20\text{k}} = 2400\Omega$

高音电位器调向输入端，增益提升：$A_V \approx -[R_B//(X_{C4} + R_{W2})]/[R_A//X_{C3}]$

同理，当高音音调电位器向右调向输入端时，电路近似简化如图 11-3-9(d) 所示。高音增益为衰减。$A_V \approx -(R_B//(X_{C4})/[R_A//(X_{C3} + R_{W2})]$。

11.4　心电信号放大电路设计

11.4.1　设计要求及设计分析

设计用于检测人体心电信号的放大器，要求如下：

1. 输入阻抗 $\geqslant 10\text{M}\Omega$；2. 共模抑制比 $\geqslant 80\text{dB}$；电压放大倍数大于 1000 倍；频带宽度为 0.05 ～ 100Hz；放大器的等效输入噪声(包括 50Hz 交流干扰) $\leqslant 200\mu\text{V}$。

心脏是循环系统中重要的器官。由于心脏不断地进行有节奏的收缩和舒张活动，血液才能在闭锁的循环系统中不停地流动。心脏在机械性收缩之前，首先产生电激动。心肌激动所产生的微小电流可经过身体组织传导到体表，使体表不同部位产生不同的电位。如果在体表放置两个电极，分别用导线联接到心电图机(即精密的电流计) 的两端，它会按照心脏激动的时间顺序，将体表两点间的电位差记录下来，形成一条连续的曲线，这就是心电图，如图

10-4-1所示。基本心电图如上所示，包含如下几个波段：P波——两心房除极时间，P-R间期——心房开始除极至心室开始除极时间，QRS波群——全心室除极的电位变化，ST段——心室除极刚结束尚处以缓慢复极时间，T波——快速心室复极时间。

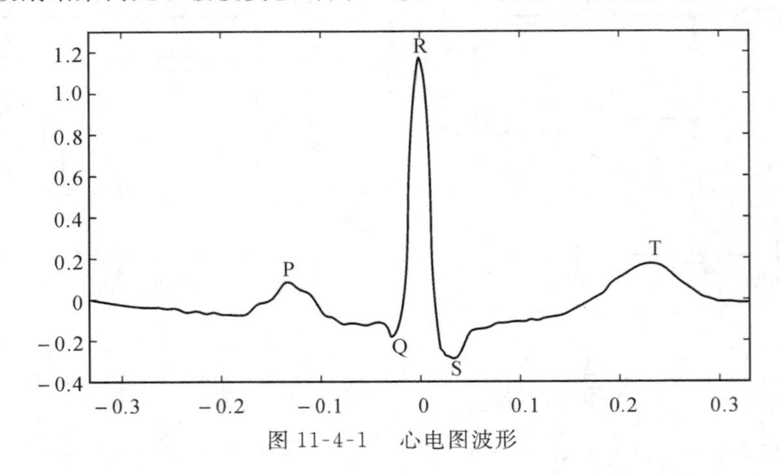

图 11-4-1 心电图波形

心电信号十分微弱，频率一般在0.05～100Hz之间，幅度大约在10μV(胎儿)～5mV(成人)之间，因此，对心电信号进行处理前首先必须对其放大。人体是心电信号的信号源，人体内阻、监测电极与皮肤接触电阻等为信号源内阻，其值较大，一般为几十千欧，因此要求放大器有很高的输入阻抗。同时人体也相当于一个导体，接受空间电磁场的各种干扰信号，这些干扰信号相当于共模信号，因此心电放大器要有较高的共模抑制比。心电信号放大电路系统框图如图11-4-2所示。

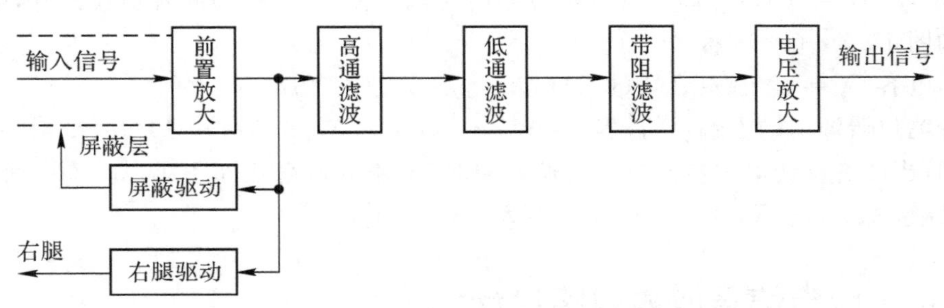

图 11-4-2 信电信号放大电路系统框图

11.4.2 单元电路设计

1. 导联输入

导联线又称输入电缆线。其作用是将电极板上获得的心电信号送到放大器的输入端。心脏电兴奋传导系统所产生的电压是幅值及空间方向随时间变化的向量。放在体表的电极所测出的ECG信号将随不同位置而异。心周期中某段ECG描迹在这一电极位置不明显，而在另一位置上却很清楚。为了完整描述心脏的活动状况，应采用多电极导联方式测量心电信号，这里选择3导联方式：左臂(LA)、右臂(RA)以及右腿(RL)。各导联线以不同颜色的标志来表示所接的部位。为了减少连接时发生错误，国际统一规定字母和导线色标为：R—右臂(红)；L—左臂(黄)；RF—右腿(黑)。为方便实训，这里采用铜片做电极。

2. 输入保护

为保护心电图机，本心电图仪选用二极管保护。

3. 前置放大电路

前置放大电路如图 11-4-3 所示：采用两级放大，为提高输入阻抗、获取更多的心电信号，前置放大的第一级采用同相差动放大，由运放 U1A、U1B 和电阻 R_3、R_4 及 R_5 等组成，其差模输入阻抗为 $2R_1$，共模输入阻抗为 $R_1/2$，增加了输入电阻，进一步抑制了电极噪声与 50Hz 干扰，提高了共模抑制比。考虑到前级存在极化电压，最大为 300mV，此级放大增益不宜过高，大约定在 6 倍左右，选取 $R_4 = R_5 = 24\text{k}\Omega$，$R_3 = 10\text{k}\Omega$，其增益为 $A_{v1} = (R_3 + R_4 + R_5)/R_3 = 6$。

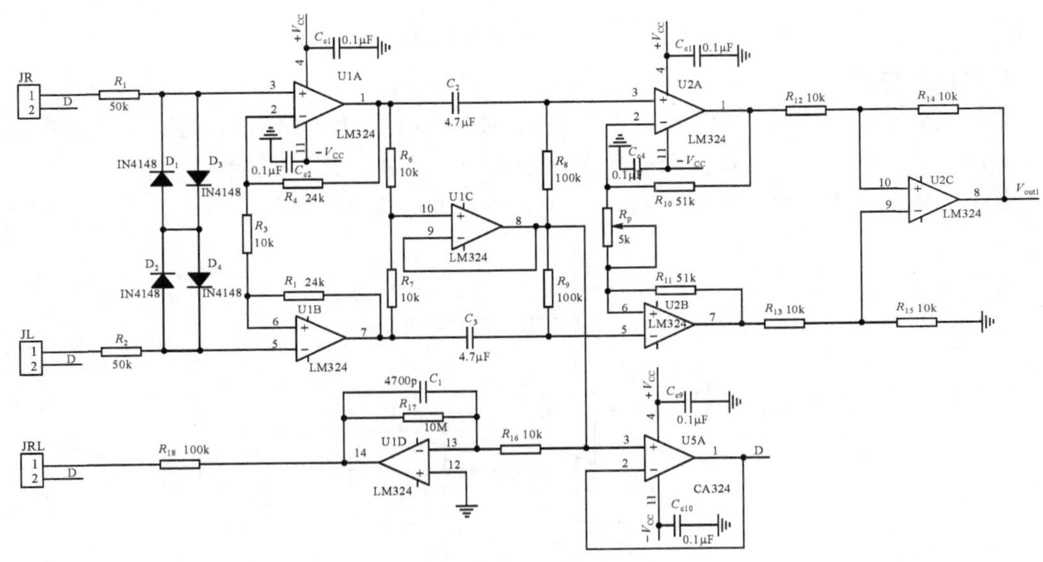

图 11-4-3　前置放大电路

前置放大电路中第一级与第二级放大电路之间加入了去极化电路，心电测量时，在金属电极界面上总会产生极化电压，其最大值可能为 300mV，去极化电路的主要功能就是滤出极化电压及其余低频干扰，这部分选取高通滤波器，由 C_2、C_3、R_6、R_7、R_8、R_9 和运放 U1C 组成，若截止频率为 0.05Hz，根据 $f = 1/2\pi RC$，取 $R_8 = R_9 = 330\text{k}\Omega$，得 $C_2 = C_3 = 10\mu\text{F}$（图 11-4-3 中参数为 $R_8 = R_9 = 100\text{k}\Omega$，$C_2 = C_3 = 4.7\mu\text{F}$，则截止频率为 $f = 1/2\pi RC \approx 0.34\text{Hz}$）。前置放大的第二级采用仪用三运放结构，由运放 U2A、U2B、U2C 和电阻 R_{10}、R_{11}、R_{12}、R_{13}、R_{14}、R_{15} 及电位器 R_p 等组成，其增益为 $A_{v2} = (R_p + R_{10} + R_{11})/R_p = 21$。

前置级放大总的增益为：$A_V = A_{V1} \times A_{V2} = 126$。

4. 右腿驱动电路

右腿驱动电路是一个很好的抑制共模信号的方法，本心电图仪从前置放大的第一级输出引入驱动，避免了因电器元件不匹配使共模信号转化为差模信号而不易滤除的影响。右腿驱动电路由运放 U1D 和电阻 R_{16}、R_{17}、R_{18} 及电容 C_1 组成。

驱动电路的增益为 $K = R_{17}/R_{16} = 1000$。

5. 滤波电路

滤波电路如图 11-4-4 所示。人体心电信号频率大约为 0.05 ～ 100Hz，测量时必须滤除

0.05Hz 以下的低频信号和 100Hz 以上的高频信号，因此，滤波电路是由低通和高通组成的带通滤波器。

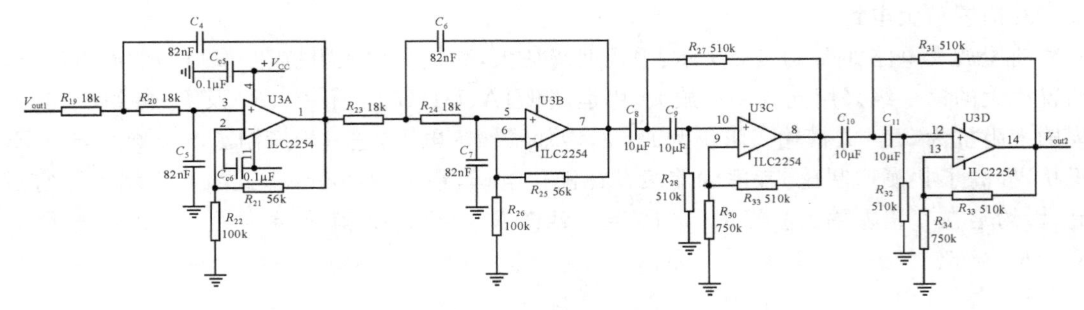

图 11-4-4　滤波电路

6. 主放大电路

主放电路如图 11-4-5 所示：为了进一步提高整个心电放大电路的总增益，主放大器由运放 U4A、U4B 和电阻 $R_{35}-R_{37}$ 等组成，其增益为 $A_{V3}=1+R_{36}/R_{37}=11$。

整个心电图仪总的增益为 $K=A_V\times A_{V3}=126\times 11=1386$。

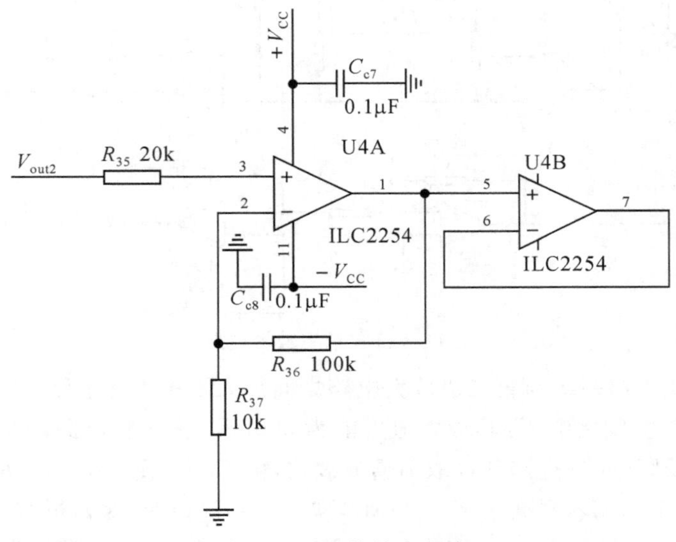

图 11-4-5　柱放大电路

7. 50Hz 陷波电路

50Hz 陷波电路如图 11-4-6 所示，虽然前置放大电路对共模干扰具有较强的抑制作用，但部分工频干扰是以差模信号方式进入电路的，且频率处于心电信号的频带之内，加上电极和输入回路不稳定等因素，经过前面的前置放大，低、高通滤波和主放后，输出仍然存在较强的工频干扰，所以必须专门滤除。采用图所示的“双 T 带阻滤波”来滤除工频干扰，其阻带中心频率为 $f=1/2\pi R_{38}C_{12}=50\text{Hz}$。

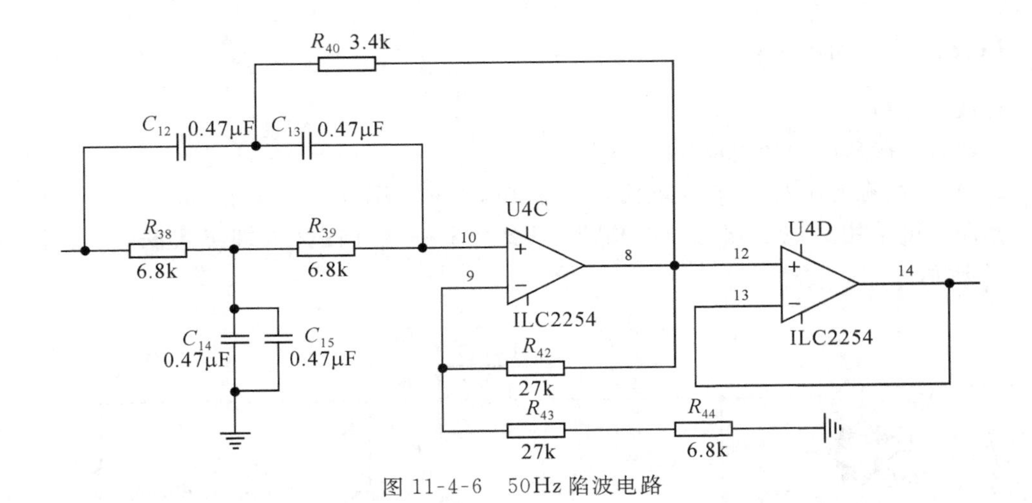

图 11-4-6 50Hz 陷波电路

11.4.3 电路调试

测试仪器：① 直流稳压电源；② 数字万用表；③ 慢扫描示波器；④ 函数信号发生器。

1. 放大电路的测试

利用函数信号发生器在放大电路的前端输入一幅度为 70Hz，1 ～ 10mV 左右的正弦信号，测量放大电路的输出，根据放大电路的增益设置，如果输出信号接近放大关系，表明信号已放大。

2. 滤波器测试

分别在滤波器的前端输入频率在 0.05 ～ 100Hz 之间的不同频率的正弦波信号，经过滤波后得到滤波器的特征曲线，由此判定滤波器的转折频率是否在设计要求的范围内。

3. 心电信号测试

去除铜电极表面的锈迹或氧化膜，将 RA、LA 和 RL 三个电极分别接在右臂、左臂和右腿上，将心电图仪的输出接示波器的一个输入通道，开启心电图仪电源，调节示波器的时间和幅度旋扭，观察得到的波形。

11.5 三端直流稳压电源设计

11.5.1 设计要求

1. 输入交流电压为 220V(50Hz)。
2. 输出直流电压 5V，输出电流为 1A。
3. 输入交流在 220V 上下波动 10% 时，输出电压相对变化量小于 2%。
4. 输出电阻 $R_0 < 0.1$ 欧姆。
5. 输出最大纹波电压小于 10mV。

11.5.2 设计方案

1. 课题分析

三端直流稳压电源的组成框图如下：

220V— 电源变压器 — 整流电路 — 滤波电路 — 稳压电路 — 输出(5V)。

本课题可采用集成三端稳压器构成，只要加上一些外围元件即可实现。其电路如图11-5-1所示。

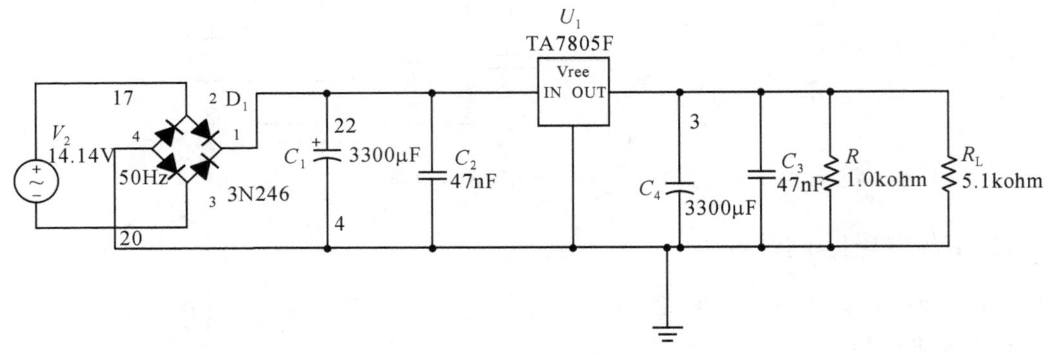

图 11-5-1 三端线性稳压器电路

2. 方案论证

通过分析框图，该电路由四个部分组成，它们的功能分述如下：

(1) 电源变压器

它的任务是把电源电压220V变压到合适的大小。如果变压器次端电压太大，会造成集成三端稳压器7805的功耗大，温升高，且浪费电能。反之，如果变压器次端电压太小，三端稳压器不能正常工作，失去稳压作用。因此变压器次端电压大小要合适，这个值应该使三端稳压器在交流电网电压最低和输出电流最大时能正常工作。而且在正常稳压前提下，它的压降尽可能小，以减少功耗。

(2) 整流电路

它的任务是将正弦波变换成直流电压，这里一般采用桥式整流电路来实现，即可用四个二极管来组成，也可用整流桥来完成，只是参数一定要选择合理。

(3) 滤波电路

它的任务是将整流输出的直流电压通过 *RC* 滤波网络以后变成更加平坦的直流电压，减小脉动，提高整流的效果。这时整流管中通过的瞬时电流值要比平均值大得多，特别是在接通电源瞬间有相当大的冲击(充电电流) 通过整流管，这一点要引起注意。

(4) 稳压电路

要求输出恒定直流电压，且要达到设计所提出的要求。在此选用一片7805芯片来实现。

11.5.3 设计实现

1. 计算 v_2 和 C_2

查阅集成三端稳压器的资料可知，对输出电压在5～12V之间的稳压器，其输入端的电压一般要比输出端电压高2V以上。而输出电压在15～24V的稳压器，其两端电压差达到7

～ 9V 左右。在此我们选 v_2 为 10V。从电容滤波出发，C_1 的容量应足够大，但 C_1 的容量也不能太大，否则整流元件的瞬时电流太大，而且容量越大，电容器的体积越大，价格越贵。根据经验综合各方面情况，则取 $C_1 = 3300\mu F$。

2. 整流元件的参数

① 反向耐压

根据桥式整流电路的性质可知，每个二极管在交流电网电压最高时承受的最大反向峰值电压为：$v_{RM} = \sqrt{2}v_{2max} = [\sqrt{2} \times 10(1 + 10\%)]V = 15.6V$

为了安全，整流管的反向耐压应当比上述值高 50% 以上，因此选择整流管时，其反向耐压应按下式考虑：$v_{RM} \geqslant 15.6V \times (1 + 50\%) \approx 23V$

② 正向电流

桥式整流电路中，每个整流二极管的正向电流平均值是输出电流的一半，其最大值为：

$$(I_{DAV})_{max} = (1/2)I_{0max} = 0.55A$$

由于整流管在接通电源瞬间有相当大的冲击电流（充电电流）通过，因此，整流管的参数 I_F（正向电流平均值）应比上述大（0.5 ～ 2）倍。若按 I_F 比上述值大 1.8 倍考虑，则

$$I_F = 1.8(I_{DAV})_{max} = 1.8 \times 0.55A \approx 1A$$

根据上面的计算，本电源可选用 1A/25V 的整流桥堆。

3. 变压器二次绕组的电流

由于电容滤波电路中，整流管中的电流不是正弦波，变压器二次绕组电流的有效值 I_a 要比输出电流 I_o 大，一般情况下，前者是后者的（1.1 ～ 3）倍。这里我们取

$$I_a = 1.8I_{omax} = (1.8 \times 1.1)A = 2A$$

因此，变压器二次绕组的额定电流（交流有效值）I_a 应按 2A 设计。

4. 估算三端稳压器的功耗和散热器的参数

三端稳压器的功耗基本上等于它的输入端与输出 端之间的压降平均值与输出电流的乘积，即

$$P = [(V_I)_{AV} - V_o]I_o$$

式中，$(V_I)_{AV}$ 为三端稳压器输入电压的平均值。

当交流电网电压最高、输出电压最低且输出电流最大时，三端稳压器的功耗最大，即为

$$V_{2max} = 10V \times (1 + 10\%) = 11V, I_{omax} = 1.1A$$

结合 7805 的参数 V_{omin}=4.75V 估算可得

$$P_{max} = 6.9W$$

集成三端稳压器的正常工作温度是 0 ～ 70 度，为留有裕量，我们按三端稳压器 7805 的最高温度不超过 60 度估算，并考虑最不利的条件（环境温度为 30 度），则散热器的热阻 R_{Tf} 应满足下面的不等式

$$R_{Tf} \leqslant \frac{60℃ - 30℃}{P_{max}} = \frac{30℃}{6.9W} \approx 4.3℃/W$$

查阅叉指型散热器的参数可知，可选用 SRZ106 叉指型散热器，它的热阻为 3 度 /W。

5. 其他元器件的选择

集成三端稳压器存在漏电流，当 R_L 开路时，如果没有 R（即 R 开路），那么输出电压可能不正常，因此在输出端并联电阻 R 。流过 R 的电流应大于三端稳压器的漏电流，一般取：

$$I_R = \frac{V_o}{R} = 5\text{mA}$$

$$R = \frac{V_o}{I_R} \approx \frac{5}{5} = 1\text{k}\Omega$$

R 可采用(1/8W)阻值 1kΩ 的普通电阻。

本章小结

本章首先给出模拟集成运算放大电路的主要技术指标，详细阐述共发射极放大电路设计、音响放大器电路设计、心电信号放大电路设计以及三端直流稳压电路四个典型电路设计，从易到难，逐步加深，设计实例中通过提出任务要求、设计方案分析和设计过程等电路设计的全过程，为学生利用电路知识开展实际电路设计提供案例。

参考文献

[1] Adel S. Sedra, Kenneth C. Smith. Microelectronic Circuits(Fourth Edition). Oxford University Press,1998

[2] 谢嘉奎主编. 电子线路(线性部分)(第四版). 北京:高等教育出版社,1999

[3] 康华光主编. 电子技术基础(模拟部分)(第四版). 北京:高等教育出版社,1999

[4] 张肃文主编. 低频电子线路(第二版). 北京:高等教育出版社,2003

[5] 邵世凡主编. 模拟电子技术. 杭州:浙江大学出版社,2007

[6] 周玲玲等译. 微电子电路(第五版). 北京:电子工业出版社,2006

[7] 赛尔吉欧.佛郎哥著. 基于运算放大器和模拟集成电路的电路设计. 西安:西安交通大学出版社,2004

[8] Donald A. Neamen 著. 电子电路分析与设计. 北京:电子工业出版社,2004

[9] 蔡惟铮主编. 模拟基础电子技术. 北京:高等教育出版社,2004

[10] 周淑阁主编. 模拟电子技术基础. 北京:高等教育出版社,2004

[11] 冈村迪夫著. OP 放大电路设计. 北京:科学出版社,2004

[12] 杨拴科主编. 模拟电子技术基础. 北京:高等教育出版社,2003

[13] 廖惜春主编. 模拟电子技术基础. 武汉:华中科技大学出版社,2008